民机飞行控制技术系列

主 编 李 明

民机飞行控制系统设计的理论与方法

Flight Control System Design for Civil Aircraft

陈宗基 张 平 等编著

李 明 审校

上海交通大学出版社
SHANGHAI JIAO TONG UNIVERSITY PRESS

内容提要

本书根据作者多年来在电传飞行控制系统的科研成果与实践经验,结合了与现代飞行控制系统设计相关的学科知识,结合了与现代飞行控制系统设计密切相关的适航要求、验证与确认、四性要求等工程实际需求,结合了对国外波音与空客公司先进大型民机的现代飞行控制系统的研究与分析。以大型民机飞行控制系统的国际先进水平为起点,系统、深入地介绍大型民机飞行控制系统的先进设计理念、先进理论与方法、先进技术途径以及先进的试验与验证技术。

本书可供民机飞控系统的科技人员学习和参考,也可作为大学飞行控制专业教材。

图书在版编目(CIP)数据

民机飞行控制系统设计的理论与方法/陈宗基等编著.—上海:上海交通大学出版社,2015

(大飞机出版工程)

ISBN 978 - 7 - 313 - 14179 - 8

Ⅰ.①民… Ⅱ.①陈… Ⅲ.①民用飞机-飞行控制系统-控制系统设计 Ⅳ.①V249

中国版本图书馆 CIP 数据核字(2015)第 288833 号

民机飞行控制系统设计的理论与方法

编　著:陈宗基　张　平　等			
出版发行:上海交通大学出版社	地　　址:上海市番禺路 951 号		
邮政编码:200030	电　　话:021 - 64071208		
出 版 人:韩建民			
印　制:上海天地海设计印刷有限公司	经　　销:全国新华书店		
开　本:787mm×1092mm　1/16	印　　张:42.5		
字　数:842 千字			
版　次:2015 年 12 月第 1 版	印　　次:2015 年 12 月第 1 次印刷		
书　号:ISBN 978 - 7 - 313 - 14179 - 8/V			
定　价:175.00 元			

大飞机出版工程

丛书编委会

总主编

顾诵芬（中国航空工业集团公司科技委副主任、中国科学院和中国工程院院士）

副总主编

金壮龙（中国商用飞机有限责任公司董事长）

马德秀（上海交通大学原党委书记、教授）

编　委（按姓氏笔画排序）

王礼恒（中国航天科技集团公司科技委主任、中国工程院院士）

王宗光（上海交通大学原党委书记、教授）

刘　洪（上海交通大学航空航天学院副院长、教授）

许金泉（上海交通大学船舶海洋与建筑工程学院教授）

杨育中（中国航空工业集团公司原副总经理、研究员）

吴光辉（中国商用飞机有限责任公司副总经理、总设计师、研究员）

汪　海（上海市航空材料与结构检测中心主任、研究员）

沈元康（中国民用航空局原副局长、研究员）

陈　刚（上海交通大学原副校长、教授）

陈迎春（中国商用飞机有限责任公司常务副总设计师、研究员）

林忠钦（上海交通大学常务副校长、中国工程院院士）

金兴明（上海市政府副秘书长、研究员）

金德琨（中国航空工业集团公司科技委委员、研究员）

崔德刚（中国航空工业集团公司科技委委员、研究员）

敬忠良（上海交通大学航空航天学院常务副院长、教授）

傅　山（上海交通大学电子信息与电气工程学院研究员）

总　序

国务院在 2007 年 2 月底批准了大型飞机研制重大科技专项正式立项,得到全国上下各方面的关注。"大型飞机"工程项目作为创新型国家的标志工程重新燃起我们国家和人民共同承载着"航空报国梦"的巨大热情。对于所有从事航空事业的工作者,这是历史赋予的使命和挑战。

1903 年 12 月 17 日,美国莱特兄弟制作的世界第一架有动力、可操纵、比重大于空气的载人飞行器试飞成功,标志着人类飞行的梦想变成了现实。飞机作为 20 世纪最重大的科技成果之一,是人类科技创新能力与工业化生产形式相结合的产物,也是现代科学技术的集大成者。军事和民生对飞机的需求促进了飞机迅速而不间断的发展和应用,体现了当代科学技术的最新成果;而航空领域的持续探索和不断创新,为诸多学科的发展和相关技术的突破提供了强劲动力。航空工业已经成为知识密集、技术密集、高附加值、低消耗的产业。

从大型飞机工程项目开始论证到确定为《国家中长期科学和技术发展规划纲要》的十六个重大专项之一,直至立项通过,不仅使全国上下重视起我国自主航空事业,而且使我们的人民、政府理解了我国航空事业半个世纪发展的艰辛和成绩。大型飞机重大专项正式立项和启动使我们的民用航空进入新纪元。经过 50 多年的风雨历程,当今中国的航空工业已经步入了科学、理性的发展轨道。大型客机项目其产业链长、辐射面宽、对国家综合实力带动性强,在国民经济发展和科学技术进步中发挥着重要作用,我国的航空工业迎来了新的发展机遇。

大型飞机的研制承载着中国几代航空人的梦想,在 2016 年造出与波音 B737 和空客 A320 改进型一样先进的"国产大飞机"已经成为每个航空人心中奋斗的目标。然而,大型飞机覆盖了机械、电子、材料、冶金、仪器仪表、化工等几乎所有工业门类,集成了数学、空气动力学、材料学、人机工程学、自动控制学等多种学科,是一个复杂的科技创新系统。为了迎接新形势下理论、技术和工程等方面的严峻挑战,迫切需要引入、借鉴国外的优秀出版物和数据资料,总结、巩固我们的经验和成果,编著一套以"大飞机"为主题的丛书,借以推动服务"大型飞机"作为推动服务整个航空科学的切入点,同时对于促进我国航空事业的发展和加快航空紧缺人才的培养,具有十分重要的现实意义和深远的历史意义。

2008 年 5 月,中国商用飞机有限公司成立之初,上海交通大学出版社就开始酝酿"大飞机出版工程",这是一项非常适合"大飞机"研制工作时宜的事业。新中国第一位飞机设计宗师——徐舜寿同志在领导我们研制中国第一架喷气式歼击教练机——歼教 1 时,亲自撰写了《飞机性能及算法》,及时编译了第一部《英汉航空工程名词字典》,翻译出版了《飞机构造学》《飞机强度学》,从理论上保证了我们飞机研制工作。我本人作为航空事业发展 50 年的见证人,欣然接受了上海交通大学出版社的邀请担任该丛书的主编,希望为我国的"大型飞机"研制发展出一份力。出版社同时也邀请了王礼恒院士、金德琨研究员、吴光辉总设计师、陈迎春副总设计师等航空领域专家撰写专著、精选书目,承担翻译、审校等工作,以确保这套"大飞机"丛书具有高品质和重大的社会价值,为我国的大飞机研制以及学科发展提供参考和智力支持。

编著这套丛书,一是总结整理 50 多年来航空科学技术的重要成果及宝贵经验;二是优化航空专业技术教材体系,为飞机设计技术人员培养提供一套系统、全面的教科书,满足人才培养对教材的迫切需求;三是为大飞机研制提供有力的技术保障;四是将许多专家、教授、学者广博的学识见解和丰富的实践经验总结继承下来,旨在从系统性、完整性和实用性角度出发,把丰富的实践经验进一步理论化、科学化,形成具有我国特色的"大飞机"理论与实践相结合的知识体系。

"大飞机"丛书主要涵盖了总体气动、航空发动机、结构强度、航电、制造等专业方向,知识领域覆盖我国国产大飞机的关键技术。图书类别分为译著、专著、教材、工具书等几个模块;其内容既包括领域内专家们最先进的理论方法和技术成果,也包括来自飞机设计第一线的理论和实践成果。如：2009 年出版的荷兰原福克飞机公司总师撰写的 *Aerodynamic Design of Transport Aircraft*（《运输类飞机的空气动力设计》），由美国堪萨斯大学 2008 年出版的 *Aircraft Propulsion*（《飞机推进》）等国外最新科技的结晶；国内《民用飞机总体设计》等总体阐述之作和《涡量动力学》《民用飞机气动设计》等专业细分的著作；也有《民机设计 1000 问》《英汉航空双向词典》等工具类图书。

　　该套图书得到国家出版基金资助，体现了国家对"大型飞机项目"以及"大飞机出版工程"这套丛书的高度重视。这套丛书承担着记载与弘扬科技成就、积累和传播科技知识的使命，凝结了国内外航空领域专业人士的智慧和成果，具有较强的系统性、完整性、实用性和技术前瞻性，既可作为实际工作指导用书，亦可作为相关专业人员的学习参考用书。期望这套丛书能够有益于航空领域里人才的培养，有益于航空工业的发展，有益于大飞机的成功研制。同时，希望能为大飞机工程吸引更多的读者来关心航空、支持航空和热爱航空，并投身于中国航空事业做出一点贡献。

2009 年 12 月 15 日

序

大飞机工程是我国推进创新型国家建设的重要标志性工程。为了配合大飞机的研制,在国家出版基金的资助下,上海交通大学出版社成功策划出版了"大飞机出版工程",旨在为大飞机研制提供智力支持。"民机飞行控制技术系列"是"大飞机出版工程"系列图书之一。

现代飞行控制技术是现代军机、民机的主要关键技术之一。以电传操纵技术为核心的现代飞行控制系统是现代飞机的飞行安全关键系统,是现代飞机上体现信息化与机械化深度融合的典型标志。飞行控制技术也是大型民机确保安全性、突出经济性、提高可靠性、改善舒适性和强调环保性的重要技术。

1903 年,莱特兄弟在前人研究的基础上,重点解决了飞机三轴可控问题,实现了动力飞机的首次飞行。此后的 60 年,驾驶员利用机械操纵系统来控制稳定飞机飞行,形成了经典的飞行控制系统。飞机机械操纵系统在自动控制技术的辅助下,解决了对飞机性能和任务能力需求不断增长所遇到的一些重大问题——稳定性,稳定性与操纵性的矛盾,精确、安全的航迹控制,以及驾驶员工作负荷等问题。20 世纪 60 年代至 70 年代初发展起来的主动控制技术和电传飞行控制系统对飞机发展具有划时代的意义,改变了传统的飞机设计理念和方法论,使飞机的性能和执行任务的能力上了一个新台阶。这两项技术已成为第三代军机和先进民机的典型标志,同时也为第四代军机控制功能综合以及控制与管理综合建立了支撑平台。在人们对飞机飞行性能的不断追求和实现的过程中,飞行控制系统发挥着越来越重要的作用,飞行控制系统的创新研究、优化设计和有效工程实现对现代飞机的功能和性能的提高起着至关重要的作用。

　　我国的军机飞行控制系统经过五十多年的研究、设计、试验、试飞、生产和使用的实践,已积累了丰富的经验,并取得了大量的成果,在各型军机上得到了广泛的应用,但民机飞行控制系统的研发经验仍相对薄弱。总结现代军机飞行控制系统研发经验,分析和借鉴世界先进民机飞行控制系统新技术,对助力我国大型民机的自主研发是十分必要且意义重大的。

　　本系列丛书编著目标是:总结我国军/民领域的飞行控制技术的理论研究成果和工程经验,介绍国外最先进的民机飞行控制技术的理念、理论和方法,助力我国科研人员以国际先进水平为起点,开展我国民机飞行控制技术的自主研究、开发和原始创新。本系列丛书编著的指导思想和原则是:内容应覆盖民机飞行控制技术的各重要专业;要介绍当今重要的、成功的型号项目,如波音系列和空客系列的飞行控制技术,也要重视方向性的探索和研究;要简明介绍技术与方法的理论依据,以便读者知其然,也知其所以然;要概述民机飞行控制技术的各主要专业领域的基本情况,使读者有全面的、清晰的了解;要重视编著的准确性以及全系列丛书的一致性。

　　本系列丛书包括《飞行控制系统设计和实现中的问题》《民机液压系统》《民机飞行控制系统设计的理论与方法》《民机传感器系统》等专著。其中王少萍教授的专著《民机液压系统》(英文版),已经输出版权至爱思唯尔(Elsevier)出版集团,增强了我国民机飞控技术的国际影响力。

　　在我国飞行控制领域的资深专家李明院士、陈宗基教授和张汝麟研究员的主持下,这套丛书的编委会由北京航空航天大学、清华大学、西北工业大学、南京航空航天大学、中航工业西安飞行自动控制研究所、中航工业沈阳飞机设计研究所、中航工业成都飞机设计研究所、中航第一飞机设计研究院、中航工业航空动力控制系统研究所、中国航空工业集团公司、中国商用飞机有限责任公司等航空院所和公司的飞控专家、学者组建而成。他们在飞行控制领域有着突出的贡献、渊博的学识和丰富的实践经验,他们对于本系列图书内容的确定和把关、大纲的审定和完善都发挥了不可替代的重要作用。

　　上海交通大学出版社"大飞机出版工程"项目组以他们成熟的管理制度和保障体系,组织和调动了丛书编委会和丛书作者的积极性和创作热情。在大家的不懈努力下,这套图书终于完整地呈现在读者的面前。

　　本系列图书得到国家出版基金的资助,充分体现了国家对"大飞机工程"的高度重视,希望该套图书的出版能够达到本系列丛书预期的编著目标。我们衷心感谢参与本系列图书编撰工作的所有编著者,以及所有直接或间接参与本系列图书审校工作的专家、学者的辛勤工作,希望本系列图书能为民机飞行控制技术现代化和国产化发展做出应有的贡献!

民机飞行控制技术系列编委会
2015 年 3 月

作 者 简 介

陈宗基，1983年英国曼彻斯特大学控制系统中心博士，曾任北京航空航天大学研究生院副院长、院长；"飞行器控制一体化技术"国防科技重点实验室主任；北航校学术委员会常务副主任、校学位委员会副主任，中国系统仿真学会常务副理事长。现任"飞行器控制一体化技术"国防科技重点实验室名誉主任。

在飞行控制系统设计、适应性控制系统、自主控制系统、容错控制系统、混合控制系统、先进仿真技术等方面有较显著研究成果。曾获国家教育成果一等奖一项、二等奖一项，北京市教育成果一等奖一项，部级科技进步一等奖一项，二等奖四项，三等奖四项。1997年由国家人事部授予中青年有突出贡献专家，2010年全国优秀科技工作者。在国内外期刊发表论文180多篇，学术会议论文120多篇，其中SCI、EI收录68篇，出版专著两本。

张 平，北京航空航天大学博士，北京航空航天大学自动化学院教授，博士导师。研究方向为飞行控制与仿真，容错控制，故障检测与诊断，机器视觉与导引，虚拟样机等。曾在联邦德国斯图加特大学、联邦军队大学进修，曾任日本东京大学生产技术研究所外国人协力研究员。中国航空学会GNC飞行控制专业委员会委员，航空学会高级会员，系统仿真学报编委。获国防科技二等奖一项，三等奖一项，出版专著两本，发表飞控领域论文100余篇。

前　言

本书为"大飞机出版工程·民机飞行控制技术系列"丛书之一。

现代飞行控制技术是现代军机、民机的主要关键技术之一,以电传操纵技术为核心的现代飞行控制系统是现代飞机上体现信息化与机械化深度融合的典型标志,是现代飞机的飞行安全关键系统,是大型民机确保安全性、突出经济性、提高可靠性、改善舒适性、强调环保性的重要技术保障。当前,在我国大型民用飞机的研制正获得飞速发展之际,本书是着力于为我国大型民机飞行控制系统的研发和人才队伍培养提供技术支撑而编写的一本专著。

本书着重介绍大型民机飞行控制系统设计的先进理念、理论和方法,阐述相关的核心关键技术,介绍并分析当今重要的大型民机飞行控制系统的成功设计案例和经验。本书的特点是总结了国内多年来在电传飞行控制系统的科研与教学成果;结合了与现代飞行控制系统设计相关的学科知识(如空气动力学、飞行力学、现代控制理论、可靠性理论等);结合了与现代飞行控制系统设计密切相关的适航要求、验证与确认、四性要求等工程实际需求;结合了对国外波音与空客公司先进大型民机的现代飞行控制系统的研究与分析。

本书主要内容有大型民机的建模与特性;民机的传感器系统及执行机构系统;民机飞行性能与飞行品质;民机电传操纵与主飞控系统控制律设计;民机自动飞行控制系统;飞行控制系统设计的现代控制理论与方法;民机飞行控制系统的可靠性与安全性设计;结构弹性模态与飞控系统的耦合;民机的飞行管理系统;民机飞控系统的评估与确认;最后给出了民机飞控系统的新技术发展及挑战的展望。

本书由北京航空航天大学的陈宗基、张平、杨超、周锐、夏洁、吴志刚、魏晨、杨凌宇、李卫琪、张晶、宋晨,清华大学的李清,以及南京航空航天大学的江驹,第一飞机设计研究院的高亚奎联合编著。他们都是从事所编著内容多年科研和教学的资深学者。第1章由张平编写,第2、3章由夏洁编写,第4章由张平、李卫琪编写,其中高升力系统(4.6—4.8节)由高亚奎编写,第5章由江驹编写,第6章由周锐、陈宗基编写,第7章由李卫琪、陈宗基和李清编写,第8章由李清编写,第9章由杨超、宋晨和吴志刚编写,第10章由魏晨编写,第11章由陈宗基、李卫琪、张晶和杨凌宇编写。全书由陈宗基和张平统一规划和最终定稿,由夏洁进行排版和集成,最后由李明院士完成了全书的审校。

本书在编著过程中得到了李明院士、张汝麟研究员、高金源教授和高亚奎研究员的许多宝贵意见和建议,对于他们为确保本书的编写质量所作的贡献,在此表示由衷的感谢!

本书内容丰富、特色鲜明,既有较高的学术研究价值,又可供民机飞控系统专业领域的科技人员学习和参考,还可以作为大学本科与研究生的飞行控制学科教材。

2015 年 10 月

飞机方程主要符号表（英美制）

符号定义	名称	单位
H	高度	m
M	马赫数	
V	速度	m/s
Q	飞行速压	kg/m^2
c_A	平均空气动力弦	m
b	翼展	m
S	机翼面积	m^2
m	质量	kg·s^2/m
g	重力加速度	m/s^2
I_x	绕 x 轴惯性矩	kg·m/s^2
I_y	绕 y 轴惯性矩	kg·m/s^2
I_z	绕 z 轴惯性矩	kg·m/s^2
I_{xz}	绕 xz 平面惯性矩	kg·m/s^2
α	迎角	rad，(°)
β	侧滑角	rad，(°)
θ	俯仰角	rad，(°)
ϕ	滚转角	rad，(°)
ψ	偏航角	rad，(°)
p	滚转角速度	rad/s
r	偏航角速度	rad/s
q	俯仰角速度	rad/s
n_z	法向过载	g
n_y	侧向过载	g
T	推力	kg
D	阻力	kg

L	升力	kg
Y	侧力	kg
G	重力	kg
L	滚转力矩	$\mathrm{rad/s^2}$
N	偏航力矩	$\mathrm{rad/s^2}$
M	俯仰力矩	$\mathrm{rad/s^2}$
δ_e	升降舵偏转角	(°)
δ_a	副翼偏转角	(°)
δ_r	方向舵偏转角	(°)
δ_T	发动机推力偏转角	(°)
C_{L_α}	升力对攻角的导数	
C_{D_α}	阻力对攻角的导数	
C_{Y_β}	侧力对侧滑角的导数	
C_{m_α}	俯仰力矩对攻角的导数	
$C_{m_{\dot\alpha}}$	俯仰力矩对攻角变化率的导数	
C_{m_q}	俯仰力矩对俯仰角速度的导数	
$C_{m_{\delta_e}}$	俯仰力矩对升降舵的导数	
C_{l_β}	滚转力矩对侧滑角的导数	
C_{l_p}	滚转力矩对滚转角速度的导数	
C_{l_r}	滚转力矩对偏航角速度的导数	
$C_{l_{\delta_a}}$	滚转力矩对副翼偏转角的导数	
$C_{l_{\delta_r}}$	滚转力矩对方向舵偏转角的导数	
C_{n_β}	偏航力矩对侧滑角的导数	
C_{n_p}	偏航力矩对滚转角速度的导数	
C_{n_r}	偏航力矩对偏航角速度的导数	
$C_{n_{\delta_a}}$	偏航力矩对副翼偏转角的导数	
$C_{n_{\delta_r}}$	偏航力矩对方向舵偏转角的导数	

注:迎角、侧滑角、俯仰角、滚转角和偏航角在飞机方程中会用到 rad 单位,但在所有的仿真响应图中,单位都转换为(°),后面的仿真图如果没标出单位,其单位即为(°)。

目　　录

1 大型民机的建模与特性

大型民用飞机具有大展弦比后掠机翼、发动机由机翼吊挂或后置的气动布局，飞行中承受气流的影响较中小型飞机复杂得多，气动吹风数据复杂，并常常具有纵向与横向气动参数的耦合特性，但由于其飞行任务和航迹相对简单，飞行中不需要大机动动作，因此在研制的初期设计阶段适合使用线性模型。面对复杂的吹风数据、带纵侧向耦合参数的数据特征，如何从非线性模型获得线性模型是大型民机建模和特性分析的关键技术。本章在介绍常规的非线性建模方法基础上，对获得机体轴系的非线性方程及线性化技术进行了专门介绍，在各个典型模态的特性分析方面给出了研究实例。

1.1 飞行力学基本概念[1]

飞行控制系统的被控对象是飞行器。飞行器在三维空间运动，其运动和描述方式都很复杂，为了更好地控制它，必须深入了解它的运动特性。

1.1.1 空气动力学基本知识①

1.1.1.1 流场

1) 流场的描述

可流动的介质称为流体，流体所占据的空间称为流场。流场的数学描述是连续函数，流场中的流动速度、加速度以及流体状态参数(密度 ρ、压强 p、温度 T 等)可表示成几何位置和时间的函数。空气并非连续介质，因为空气分子间有自由行程。但分子间的自由行程与物体(如飞行器)的尺寸比较起来，可视为无穷小，因此我们所研究的空气参数是统计意义上的气体分子群参数，而不是单个分子行为的描述。当我们说流场中某点的流速和状态参数时，是指以该点为中心的一个很小邻域中的分子群，称为流体微团。

2) 流线

流线是流场中存在的一类曲线。在某个瞬间，曲线上每点的切线与当地的流速

---

① 本章理论部分主要来自参考文献[1]，该书已经绝版，谨在此感谢原书作者张明廉教授。

方向一致,这类曲线称为流线。流体微团不会穿越流线,流线也不会相交。

图 1-1 流管中的流动情况

3) 流管

由于流体微团不会穿越流线,可以想象,很多条流线围成管状,管内的流体只在管内流动而不流出,管外的流体也不会流入,此管称为流管,如图 1-1 所示。

4) 非定常流与定常流

如果流场中各点的速度、加速度以及状态参数与几何位置有关且随时间变化,称为非定常流。

如果流场中各点的速度、加速度以及状态参数只是几何位置的函数,与时间无关,则称为定常流。定常流场中的流线不随时间变化。空气动力学以及其中的大部分问题是定常流问题。

5) 流动的相对性

不论是物体静止、空气运动,还是空气静止、物体运动,只要物体与空气有同一速度的相对运动,流场中各点的物理量以及作用于物体的空气动力就是完全相同的,这称为运动的相对性原理。

1.1.1.2 连续方程

在流场中取一较细的流管,在流管上取垂直于当地流管中心线上流速方向的两个截面Ⅰ和Ⅱ(见图 1-1)。由于流管较细,可以认为沿截面上的流速以及状态参数是均匀分布的,分别以 V_1, ρ_1, A_1, m_1 和 V_2, ρ_2, A_2, m_2 表示截面Ⅰ和截面Ⅱ上的气流速度、密度、截面面积和质量流量。由于空气流动是连续的,处处没有空隙,且我们讨论的是定常流动,即流场中各点均无随时间的分子堆积,因而单位时间内,流入截面Ⅰ的空气质量必等于流出截面Ⅱ的空气质量。

$$m_1 = \rho_1 V_1 A_1 = m_2 = \rho_2 V_2 A_2 \qquad (1-1)$$

由于截面Ⅰ和截面Ⅱ是任意选取的,式(1-1)可写成

$$\rho V A = m(\text{常数}) \qquad (1-2)$$

这就是连续方程,是质量守恒原理在流体力学中的应用。式(1-2)也可以写成微分形式:

$$\frac{\mathrm{d}\rho}{\rho} + \frac{\mathrm{d}V}{V} + \frac{\mathrm{d}A}{A} = 0$$

在飞行速度不大的情况下,绕飞机流动的流场中各点的流速差异不大,温度、压强变化很小,因而密度变化也很小,可以认为空气是不可压缩的流体($\rho = $ 常数)。于是连续方程可简化为

$$V A = \text{常数} \qquad (1-3)$$

此式表明,流管截面大的地方流速小,流管截面小的地方流速大。

1.1.1.3 伯努利方程(能量守恒定律)

在定常流场中取一流管,任意截取两个相邻 ds 的截面 Ⅰ 和 Ⅱ,如图 1 − 2 所示。

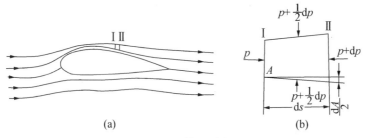

图 1 − 2　流管段受力图

分别以 A,p 和 $A+\mathrm{d}A$,$p+\mathrm{d}p$ 表示截面 Ⅰ 和截面 Ⅱ 的面积和压强,规定压力向右作用为正。流管壁上的压强是变化的,但所取微段长度很小,可用平均压强 $p+\frac{1}{2}\mathrm{d}p$ 表示。截面 Ⅰ 上的作用力为 pA,截面 Ⅱ 上的作用力为 $-(A+\mathrm{d}A)(p+\mathrm{d}p)$,而流管壁上压强合力沿流管中心线方向的分量为 $\left(p+\frac{1}{2}\mathrm{d}p\right)\mathrm{d}A$。微段流管中流体质量为 $\rho\left(A+\frac{1}{2}\mathrm{d}A\right)\mathrm{d}s$。微段流体的加速度为

$$\frac{\mathrm{d}V}{\mathrm{d}t}=\frac{\mathrm{d}V}{\mathrm{d}s}\frac{\mathrm{d}s}{\mathrm{d}t}=\frac{\mathrm{d}V}{\mathrm{d}s}V$$

微段空气的重力远小于作用于微段表面的压力,可以忽略不计。根据牛顿第二定律 $F=ma$,得

$$V\frac{\mathrm{d}V}{\mathrm{d}s}\rho\left(A+\frac{1}{2}\mathrm{d}A\right)\mathrm{d}s=pA-(A+\mathrm{d}A)(p+\mathrm{d}p)+\left(p+\frac{1}{2}\mathrm{d}p\right)\mathrm{d}A$$

略去二阶以上的高阶小量后得

$$\rho A\,\mathrm{d}s\frac{\mathrm{d}V}{\mathrm{d}s}V=-A\,\mathrm{d}p$$

简化得

$$\rho V\mathrm{d}V=-\mathrm{d}p \tag{1-4}$$

在低速不可压缩假设下,密度 ρ 为常数,把式(1−4)沿流管积分,得

$$p+\frac{1}{2}\rho V^2=C(\text{常数})$$

此式称为伯努利方程,表示静压 p 与动压 $\frac{1}{2}\rho V^2$ 之和沿流管不变。动压的物理意义是单位体积空气流动的动能,当 $V=0$ 时,动压为零,此时静压达到最大值,以 p_0 表示,此值称为总压。上式可写为

$$p + \frac{1}{2}\rho V^2 = p_0 \tag{1-5}$$

它表明,在同一流管中,流速大的地方静压小,流速小的地方静压大,静压最大处的流速为零,即为总压。

1.1.1.4　马赫数[①]

马赫数定义为气流速度 V 和当地声速 a 之比:

$$M = V/a \tag{1-6}$$

空气中的声速即声波的传播速度,也就是空气受到微弱扰动时的传播速度。飞机(扰动源)使空气受扰,该扰动以声速向四周传播。当飞行速度小于声速时,前方空气已受到扰动,将绕过飞机,空气密度不发生太大的变化。飞行速度接近声速时,扰动源和扰动波几乎同时到达,前方空气已来不及躲开,局部的空气密度将明显增大。飞行速度超过声速后,前方空气在没有受到扰动的情况下接近飞机,飞机前面临近处的空气密度将会突然增大,这就形成了激波。可见马赫数 M 的大小可以表示空气受压缩的程度。

由气动力学可知,空气中声速

$$a = 20\sqrt{T} \tag{1-7}$$

式中:T 为空气的绝对温度。流场中各点的流速不同,则各点的温度也不同,因而各点的声速也就不同。在定常流场中,声速和马赫数都是几何位置的函数。

1.1.1.5　激波

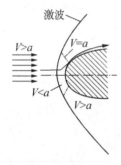

图 1-3　超声速气流流经钝头物体

实际的物体有一定的尺寸和形状,当气流以超声速流经物体时,流场中的受扰区情况与物体的形状有很大关系。图 1-3 表示的是超声速气流流经钝头物体的情况。在钝头之前有一激波,在定常流的情况下,这道激波相对于物体是不动的。激波实际上就是一分界面,在激波之前,气流不受扰动,因此气流速度的大小和方向不变,各状态参数也是常数。气流通过激波,其流速突然变小,温度、压强、密度等也突然升高,即都有一个阶跃的变化。因此激波是气流各参数的不连续分界面。气流流过激波时受到扰动,感受到物体的存在,于是绕过物体而去。

如果我们把观察的坐标与气流相连,则物体顶着激波以 V 的速度向左移(见图 1-3)。因 $V > a$,说明强扰动的传播速度大于弱扰动。原子弹爆炸产生的激波就是强扰动,它以数倍于声速的速度传播。传播距离越远,激波强度越弱,传播速度逐渐接近声速,最后消失。

---

① 本书中马赫数统一用 M 表示。

钝头物体在超声速气流中产生的激波是脱体波,即激波不附在物体上。钝头前激波的中间部分与迎面气流的方向是垂直的,称为正激波。气流经过正激波时,由超声速气流经过阶跃变成亚声速气流,空气受压最严重,压强大大增加,对物体前缘产生很大压力,这就是波阻。故钝头形状不宜作为超声速飞机的机翼前缘。要想减少激波阻力,可把机翼前缘做成楔形。

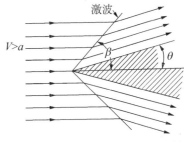

图1-4为超声速气流流经楔形物体的情况。激波是倾斜的,并附在楔形顶尖上,称为斜激波,是附体波,它与前方气流方向是斜置的。超声速气流经过斜激波,速度也是阶跃变小,或仍为超声速,或为亚声速,这与迎面气流的速度大小及楔形物体的半顶角 θ 的大小有关。当 θ 角较大而迎面气流速度不够大时,激波也会脱体,脱体激波的中间部分也变成正激波。

图1-4 超声速气流流经楔形物体

流经斜激波的气体状态参数也是阶跃升高的,但不如正激波那样强烈,因此可减少物体的波阻。

1.1.1.6 临界马赫数

当小于声速的气流流经机翼时,翼面上各点的流速是不同的,有的地方流速比远前方小,有的地方比远前方大。若迎面气流速度逐渐增大,则翼面上流速的最大值也会增大。该处的温度则要降低,因而声速也降低。当迎面气流速度达到某一值时,翼面上最大速度处的流速等于当地声速,此时我们把远前方的迎面气流速度 V_∞

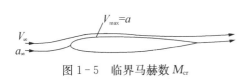

图1-5 临界马赫数 M_{cr}

与远前方空气的声速 a_∞ 之比,定义为该机翼的临界马赫数 M_{cr}(见图1-5)。当迎面气流的 M 数超过 M_{cr} 时,翼面上出现局部的超声速区,将产生局部激波,机翼气动特性将出现急剧变化。

飞机飞行速度的范围划分如下:定义飞行 M 数为飞行速度与远前方空气声速之比。当 $M<0.5$ 时为低速飞行;$0.5<M<M_{cr}$ 为亚声速飞行;$M_{cr}<M<1.5$ 为跨声速飞行;$1.5<M<5$ 为超声速飞行;$M>5$ 为高超声速飞行。

1.1.1.7 膨胀波

前面说明马赫数 M 是考虑空气受压缩程度的参数,我们称 M 数是空气压缩性相似参数。由式(1-4)知

$$\rho V \mathrm{d}V = -\mathrm{d}p \tag{1-8}$$

此式表示在流管中流动的能量守恒微分关系式。在高速流动时,此式也成立,只是密度 ρ 不能作为常数,故伯努利公式不适用于高速流动情况。将式(1-4)变换如下:

$$V \mathrm{d}V = -\frac{\mathrm{d}p}{\rho} = -\frac{\mathrm{d}p}{\mathrm{d}\rho}\frac{\mathrm{d}\rho}{\rho} \tag{1-9}$$

由气体动力学可知,空气中声速的平方等于绝热压缩过程的压强微增量与密度微增量之比:

$$\frac{\mathrm{d}p}{\mathrm{d}\rho} = a^2 = 400T \tag{1-10}$$

式中:a 为声速;T 为空气的绝对温度。

将式(1-10)代入式(1-9)得

$$V^2 \frac{\mathrm{d}V}{V} = -a^2 \frac{\mathrm{d}\rho}{\rho} \tag{1-11}$$

或

$$\frac{\mathrm{d}\rho}{\rho} = -M^2 \frac{\mathrm{d}V}{V} \tag{1-12}$$

连续方程微分形式为

$$\frac{\mathrm{d}\rho}{\rho} + \frac{\mathrm{d}V}{V} + \frac{\mathrm{d}A}{A} = 0$$

代入式(1-12)得

$$(M^2 - 1) \frac{\mathrm{d}V}{V} = \frac{\mathrm{d}A}{A} \tag{1-13}$$

此式说明,当考虑到空气的可压缩性时,在流管截面积增大(dA 为正)的情况下,流速变小或增大与 M 数有关。亚声速时 $M<1$,(M^2-1) 为负值,截面积增大则流速变小;超声速时 $M>1$,(M^2-1) 为正值,截面积增大流速也增大。

按上述定理可解释超声速气流绕凸角的流动情况(见图1-6)。超声速气流在凸角处转弯时,流管的截面积增大,流速增大,压强及密度降低。图1-6中,在1→2的变化过渡区内气体是连续膨胀的,不是阶跃形式。超声速气流的膨胀过程是等熵过程,保持机械能守恒。超声速气流经过激波的压缩过程是增熵过程,即激波前后气流中的熵值是不等的,且总是增加的。增熵表明经过激波的气流机械能有损失,并转化为热能。

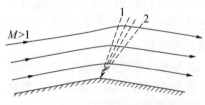

图1-6 超声速气流流经凸角的情况

1.1.2 飞机的空间运动与操纵机构

1.1.2.1 飞机飞行控制中的常用坐标系

本书采用英美坐标系,仅涉及飞行控制常用的坐标系。

1) 地面坐标轴系(地轴系)$S_g - O_g x_g y_g z_g$

原点 O_g 取地面上某一点(如飞机起飞点),使 $O_g x_g$ 轴在地平面内并指向某方向(如指向飞机航向);$O_g y_g$ 轴也在地平面内并垂直于 $O_g x_g$ 轴,指向右方;$O_g z_g$ 垂直于地面并指向地心,其指向按照右手定则确定。一般我们把地面坐标系看作一个"不动"的坐标系,即惯性坐标系。

2) 机体坐标轴系(体轴系) $S_b - Oxyz$

原点 O 取在飞机质心处,坐标系与飞机固连。Ox 轴在飞机对称平面内,平行于飞机的机身设计轴线,指向机头;Oy 轴垂直于飞机对称平面,指向机身右方;Oz 轴在飞机对称平面内,与 Ox 轴垂直,指向机身下方(见图 1-7)。机体轴系通常用于描述飞机的姿态运动。

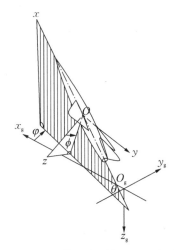

图 1-7 机体坐标系与地面坐标系

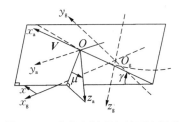

图 1-8 速度坐标系与地面坐标系

3) 速度坐标轴系(气流轴系) $S_a - Ox_a y_a z_a$

速度坐标轴系也称气流坐标系。原点 O 取在飞机质心处,Ox_a 轴与飞行速度 V 重合一致;一般情况下,V 不一定在飞机对称平面内。Oz_a 轴在飞机对称面内垂直于 Ox_a 轴指向机腹下方;Oy_a 轴垂直于 $Ox_a z_a$ 平面并指向机身右方(见图 1-8)。速度坐标系通常用来描述飞机的速度运动,也就是轨迹运动,而一般获得的气动力的吹风数据也是建立在气流轴系上的。

1.1.2.2 飞机的运动参数

1) 飞机的姿态角

飞机的 3 个姿态角表示机体轴系与地面轴系的关系,定义如下(见图 1-7):

(1) 俯仰角 θ——机体轴 Ox 与地平面间的夹角,以抬头为正。

(2) 偏航角 ψ——机体轴 Ox 在地面上的投影与地轴 $O_g x_g$ 间的夹角,以机头右偏航为正。

(3) 滚转角 ϕ——又称为倾斜角,机体轴 Oz 与包含机体轴 Ox 的铅垂面间的夹角,以飞机向右倾斜时为正。

以上 3 个角度统称欧拉角。

2) 速度轴系与地面轴系的关系

以下 3 个角度表示速度轴系与地面轴系的关系(见图 1-8):

(1) 航迹倾斜角 γ——飞行速度矢量 V 与地平面间的夹角,以飞机向上飞时的

γ 为正。

（2）航迹方位角 χ——飞行速度矢量 $\textbf{\textit{V}}$ 在地平面上的投影与 $O_{\mathrm{g}}x_{\mathrm{g}}$ 间的夹角，以速度在地面的投影在 $O_{\mathrm{g}}x_{\mathrm{g}}$ 之右时为正。

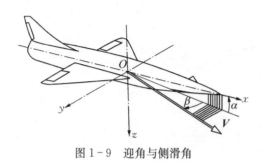

图 1-9　迎角与侧滑角

（3）航迹滚转角 μ——速度轴 Oz_{a} 与包含速度轴 Ox_{a} 的铅垂面间的夹角，以飞机右倾斜为正。

3）速度向量与机体轴系的关系

（1）迎角 α——速度向量 $\textbf{\textit{V}}$ 在飞机对称面上的投影与机体轴 Ox 的夹角，以 $\textbf{\textit{V}}$ 的投影在 Ox 轴之下为正（见图 1-9）。

（2）侧滑角 β——速度向量 $\textbf{\textit{V}}$ 与飞机对称面的夹角，以 $\textbf{\textit{V}}$ 处于对称面之右时为正。

1.1.2.3　各坐标系之间的转换

上述 3 个坐标系依据定义可以进行转换，转换矩阵也可用方向余弦表描述[8]。

1）地面坐标轴系与机体坐标轴系之间的方向余弦表

地面坐标轴系与机体坐标轴系之间的关系可通过图 1-10 的三步转换，得到两坐标系间的转换关系。

由地面坐标轴系 S_{g} 转动偏航角 ψ 到过渡坐标轴系 $S'-Ox'y'z'$，即

$$\begin{bmatrix} x' \\ y' \\ z' \end{bmatrix} = \begin{bmatrix} \cos\psi & \sin\psi & 0 \\ -\sin\psi & \cos\psi & 0 \\ 0 & 0 & 1 \end{bmatrix} \begin{bmatrix} x_{\mathrm{g}} \\ y_{\mathrm{g}} \\ z_{\mathrm{g}} \end{bmatrix}$$

再由过渡坐标轴系 S' 转动俯仰角 θ 到过渡坐标轴系 S''，即

$$\begin{bmatrix} x'' \\ y'' \\ z'' \end{bmatrix} = \begin{bmatrix} \cos\theta & 0 & -\sin\theta \\ 0 & 1 & 0 \\ \sin\theta & 0 & \cos\theta \end{bmatrix} \begin{bmatrix} x' \\ y' \\ z' \end{bmatrix}$$

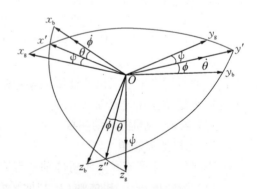

图 1-10　地面坐标轴系与机体坐标轴系的转换关系

由过渡坐标轴系 S'' 到机体坐标轴系 S_{b} 的转换矩阵为

$$\begin{bmatrix} x \\ y \\ z \end{bmatrix} = \begin{bmatrix} 1 & 0 & 0 \\ 0 & \cos\phi & \sin\phi \\ 0 & -\sin\phi & \cos\phi \end{bmatrix} \begin{bmatrix} x'' \\ y'' \\ z'' \end{bmatrix}$$

将上述 3 个式子相乘，得到由地面坐标轴系 S_{g} 到机体坐标轴系 S_{b} 的方向余弦

表(见表 1-1)。

表 1-1　地面坐标轴系到机体坐标轴系的方向余弦表

O	x_{g}	y_{g}	z_{g}
x	$\cos\psi\cos\theta$	$\sin\psi\cos\theta$	$-\sin\theta$
y	$\cos\psi\sin\theta\sin\phi - \sin\psi\cos\phi$	$\sin\psi\sin\theta\sin\phi + \cos\psi\cos\phi$	$\cos\theta\sin\phi$
z	$\cos\psi\sin\theta\cos\phi + \sin\psi\sin\phi$	$\sin\psi\sin\theta\cos\phi - \cos\psi\sin\phi$	$\cos\theta\cos\phi$

表中: $Oxyz$ 为机体轴系, $Ox_{\mathrm{g}}y_{\mathrm{g}}z_{\mathrm{g}}$ 为地轴系。方向余弦表写为矩阵 $\boldsymbol{T}_{\mathrm{bg}}$, 用欧拉角描述, 可写为矩阵形式

$$\boldsymbol{T}_{\mathrm{bg}} = \begin{bmatrix} \cos\psi\cos\theta & \sin\psi\cos\theta & -\sin\theta \\ \cos\psi\sin\theta\sin\phi - \sin\psi\cos\phi & \sin\psi\sin\theta\sin\phi + \cos\psi\cos\phi & \cos\theta\sin\phi \\ \cos\psi\sin\theta\cos\phi + \sin\psi\sin\phi & \sin\psi\sin\theta\cos\phi - \cos\psi\sin\phi & \cos\theta\cos\phi \end{bmatrix}$$

它表明, 可以从地坐标系的点位置获得机体坐标系的点的位置:

$$\begin{bmatrix} x \\ y \\ z \end{bmatrix} = \boldsymbol{T}_{\mathrm{bg}} \begin{bmatrix} x_{\mathrm{g}} \\ y_{\mathrm{g}} \\ z_{\mathrm{g}} \end{bmatrix}$$

由于 $\boldsymbol{T}_{\mathrm{bg}}$ 是复共轭矩阵, 所以有

$$\boldsymbol{T}_{\mathrm{bg}}^{-1} = \boldsymbol{T}_{\mathrm{bg}}^{\mathrm{T}}$$

上式表明, 需要求解从机体坐标系到地坐标系的转换矩阵时, 不需要求逆, 仅通过求 $\boldsymbol{T}_{\mathrm{bg}}$ 的转置即可获得反向转换矩阵。

2) 机体坐标轴系与气流坐标轴系之间的方向余弦表

由于 Oz 轴与 Oz_{a} 轴同在飞机对称平面内, 故可以通过两个气流角来确定气流坐标轴系与机体坐标轴系之间的相对位置, 通过两次变换得到其转换矩阵, 如图 1-11 所示。

首先, 由机体坐标轴系 S_{b} 转动迎角 α 到稳定性坐标轴系 S_{s}, 即

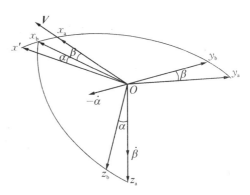

图 1-11　机体坐标轴系与气流坐标轴系之间的转换关系

$$\begin{bmatrix} x_{\mathrm{s}} \\ y_{\mathrm{s}} \\ z_{\mathrm{s}} \end{bmatrix} = \begin{bmatrix} \cos\alpha & 0 & \sin\alpha \\ 0 & 1 & 0 \\ -\sin\alpha & 0 & \cos\alpha \end{bmatrix} \begin{bmatrix} x \\ y \\ z \end{bmatrix}$$

再由稳定性坐标轴系 S_{s} 转动侧滑角 β 到气流坐标轴系 S_{a}, 即

$$
\begin{bmatrix} x_a \\ y_a \\ z_a \end{bmatrix} = \begin{bmatrix} \cos\beta & \sin\beta & 0 \\ -\sin\beta & \cos\beta & 0 \\ 0 & 0 & 1 \end{bmatrix} \begin{bmatrix} x_s \\ y_s \\ z_s \end{bmatrix}
$$

因此由机体坐标轴系 S_b 到气流坐标轴系 S_a 的方向余弦表如表 1-2 所示。

表 1-2　机体坐标轴系到气流坐标轴系的方向余弦表

O	x	y	z
x_a	$\cos\alpha\cos\beta$	$\sin\beta$	$\sin\alpha\cos\beta$
y_a	$-\cos\alpha\sin\beta$	$\cos\beta$	$-\sin\alpha\sin\beta$
z_a	$-\sin\alpha$	0	$\cos\alpha$

写成矩阵形式为

$$
T_{ab} = \begin{bmatrix} \cos\alpha\cos\beta & \sin\beta & \sin\alpha\cos\beta \\ -\cos\alpha\sin\beta & \cos\beta & -\sin\alpha\sin\beta \\ -\sin\alpha & 0 & \cos\alpha \end{bmatrix}
$$

同样有

$$
\begin{bmatrix} x_a \\ y_a \\ z_a \end{bmatrix} = T_{ab} \begin{bmatrix} x \\ y \\ z \end{bmatrix}, \quad T_{ab}^{-1} = T_{ab}^{T}
$$

3) 地面坐标轴系与速度坐标轴系之间的转换

同理，可得地面坐标轴系 S_g 到速度坐标轴系 S_a 间的转换矩阵为

$$
T_{ag} = \begin{bmatrix} \cos\chi\cos\gamma & \sin\chi\cos\gamma & -\sin\gamma \\ \cos\chi\sin\gamma\sin\mu - \sin\chi\cos\mu & \sin\chi\sin\gamma\sin\mu + \cos\chi\cos\mu & \cos\gamma\sin\mu \\ \cos\chi\sin\gamma\cos\mu + \sin\chi\sin\mu & \sin\chi\sin\gamma\cos\mu - \cos\chi\sin\mu & \cos\gamma\cos\mu \end{bmatrix}
$$

同样有

$$
\begin{bmatrix} x_a \\ y_a \\ z_a \end{bmatrix} = T_{ag} \begin{bmatrix} x_g \\ y_g \\ z_g \end{bmatrix}, \quad T_{ag}^{-1} = T_{ag}^{T}
$$

从而进一步可以获得飞机地速与空速的关系为

$$
\begin{bmatrix} \dot{x}_d \\ \dot{y}_d \\ \dot{z}_d \end{bmatrix} = T_{ag}^{-1} \begin{bmatrix} V \\ 0 \\ 0 \end{bmatrix} = T_{ag}^{T} \begin{bmatrix} V \\ 0 \\ 0 \end{bmatrix} = \begin{bmatrix} V\cos\chi\cos\gamma \\ V\sin\chi\cos\gamma \\ -V\sin\gamma \end{bmatrix}
$$

1.1.2.4 飞机运动的自由度

刚体飞机的空间运动有 6 个自由度,包括质心的 3 个移动自由度和绕质心的 3 个转动自由度。对飞机来说,质心的 3 个移动自由度是速度的增减运动、升降运动和左右侧移运动。3 个转动自由度是俯仰角、偏航角和滚转角运动。

飞机对于其纵向剖面是面对称的,不仅几何外形对称,内部质量分布也基本对称。基于这一条件,6 个自由度的飞机运动方程可以分为两组基本不相关的运动方程来描述,每组包括 3 个自由度,即

(1) 纵向运动——包括飞机速度的增减、质心的升降和绕 Oy 轴的俯仰角运动。

(2) 横航向运动——包括质心的侧向移动,绕 Oz 轴的偏航角运动和绕 Ox 轴的滚转角运动。

划分的依据是每一组内部各自由度之间的气动力交联较强,而两组之间的气动力交联很弱。纵侧向划分使得飞机的特性分析与控制问题大为简化,且已被长期的实践证明是成功的。后面在飞机方程的推导过程中进行更进一步的描述。

1.1.2.5 飞机的操纵机构

飞机运动通常利用升降舵、方向舵、副翼及油门杆来控制,大型民机还采用了全动尾翼上加升降舵、机翼上配备扰流片的控制布局,提供更多的控制能力,如图 1 - 12 所示。起飞着陆段采用高升力系统,包括利用前缘缝翼、后缘襟翼增加升力,利用翼面扰流片增加阻力来改善着陆性能。

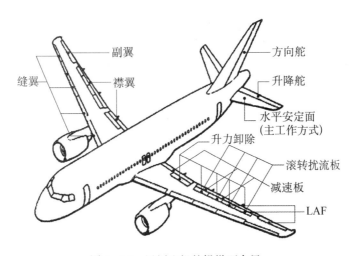

图 1 - 12   民用飞机的操纵面布局

1) 飞机的操纵面

(1) 升降舵与水平尾翼。

升降舵偏转角用 δ_e 表示,规定升降舵后缘下偏为正。δ_e 的正向偏转产生负的俯仰力矩,即低头力矩。

（2）副翼。

副翼偏转角用 δ_a 表示，规定右副翼后缘下偏（左副翼随同上偏）为正。δ_a 正向偏转产生的滚转力矩为负值（左滚）。

（3）方向舵。

方向舵偏转角用 δ_r 表示，规定方向舵向左偏转为正。δ_r 正向偏转产生的偏航力矩为负值（左偏航）。

（4）襟翼。

为了改变升力和阻力，在机翼的后缘和/或前缘装有襟翼，图1-13为几种结构形式中最常用的襟翼形式。主要作为舵面使用的简单后缘襟翼[见图1-13(a)]增大了机翼弯度，提供附加的升力。可向后移动的后缘襟翼[见图1-13(b)和(c)]增加了机翼的弦长，从而进一步提高了升力。为了给上表面气流输入能量，并使气流分离延缓到较大的迎角，襟翼上开有裂缝。按结构形式，也可用前缘襟翼[见图1-13(e)]增大机翼弯度和机翼弦长，以提高后缘襟翼的效能（另外，同时放下前后缘襟翼，会减小附加机翼力矩）。为避免气流在前缘处分离，还常常开有裂缝。

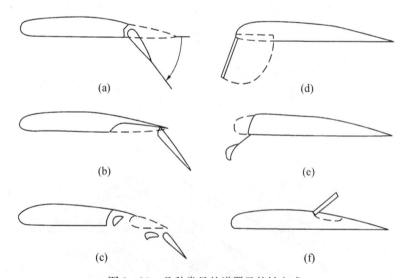

图1-13　几种常见的襟翼及偏转方式

(a) 弯度襟翼，舵面　(b) 福勒(Fowler)襟翼　(c) 双缝襟翼
(d) 克鲁格(Krüger)襟翼　(e) 前缘缝翼　(f) 扰流板

常规的襟翼一般仅提供几个固定角度的分段运动。襟翼偏转角用 δ_f 表示，偏转方向定义与升降舵相同。

（5）扰流板。

为了使气流发生局部分离，从而猛烈地减少升力，可以打开机翼上表面上的扰流板。扰流板位于机翼上方，仅可以向上偏转。在全飞行范围内，可以作为空气制动器使用，而在单侧放出扰流板时，可用于辅助滚转操纵。通常在飞机着陆段着地时迅速打开,形成大的阻力面,在着陆滑跑时提供附加阻力。扰流板偏转角用 δ_{sp} 表示,通常只有正向偏转,即 $\delta_{sp}>0$。

2) 飞机的操纵机构

驾驶员通过驾驶杆和脚蹬操纵舵面,通过操纵油门杆控制推力。

(1) 驾驶杆。

前推位移 W_e 为正(此时 δ_e 亦为正,产生负的俯仰力矩,低头),如图 1-14 所示。

左倾位移 W_a 为正(此时 δ_a 亦为正,产生负的滚转力矩,左滚),如图 1-14 所示。

(2) 脚蹬。

左脚蹬向前位移 W_r 为正(此时 δ_r 亦为正,产生负的偏航力矩,左转)。

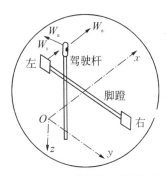

图 1-14 操纵机构及偏转极性

(3) 油门杆。

前推为正,加大油门,从而加大推力;反之为负,即收油门,减小推力。

1.1.2.6 空气动力与空气动力系数

在大气中飞行的飞行器,其表面分布着气动压力。分布的气动压力可归并为一个作用于飞机质心的合力矢量和一个合力矩矢量。平行于气流方向的力称为阻力,垂直于气流方向且处在飞机对称面内的力称为升力,它符合气流轴系的方向,总的合力应按照气流轴系(速度轴系)分解成 X_a,Y_a,Z_a。空气动力学常采用无因次气动力系数形式,定义如下:

沿 Ox_a 轴的分量 $C_{x_a} = X_a / \frac{1}{2}\rho V^2 S_W$,阻力系数 C_{x_a} 向后为正;

沿 Oy_a 轴的分量 $C_{y_a} = Y_a / \frac{1}{2}\rho V^2 S_W$,侧力系数 C_{y_a} 向右为正;

沿 Oz_a 轴的分量 $C_{z_a} = Z_a / \frac{1}{2}\rho V^2 S_W$,升力系数 $C_{L_a} = -C_{z_a}$,向上为正。

机体转动惯量是按机体轴给定的,所以合力矩矢量沿机体轴分解成 $\boldsymbol{L}$,$\boldsymbol{M}$,$\boldsymbol{N}$。无因次力矩系数定义如下:

绕 Ox 轴的滚转力矩系数:$C_l = \boldsymbol{L} / \frac{1}{2}\rho V^2 S_W b$;

绕 Oy 轴的俯仰力矩系数:$C_m = \boldsymbol{M} / \frac{1}{2}\rho V^2 S_W c_A$;

绕 Oz 轴的偏航力矩系数:$C_n = \boldsymbol{N} / \frac{1}{2}\rho V^2 S_W b$。

式中:ρ 为空气密度;V 为飞行速度;S_W 为机翼面积;b 为机翼展长;c_A 为机翼平均气动弦长。S_W、b、c_A 等是每个飞机的特征量。力和力矩系数中属于纵向的有 C_{x_a},C_{z_a} 和 C_m;属于横侧向的有 C_{y_a},C_l 和 C_n。

气动力系数采用无因次形式可以很方便地获得当前飞行状态(飞行高度和马赫数)飞机上承受的空气动力与力矩。

1.1.3　纵向气动力与气动力矩

1.1.3.1　升力 L

1) 机翼的几何形状和几何参数

图 1-15(a)为典型的低速翼型。翼型即翼剖面形状。表示翼型主要几何特征的参数有：

翼弦长 c——翼型前缘点 A 至后缘点 B 的距离；

相对厚度 $\bar{t} = \dfrac{t}{c} \times 100\%$，$t$——最大厚度；

相对弯度 $\bar{f} = \dfrac{f}{c} \times 100\%$，$f$——中弧线最高点至翼弦线距离。

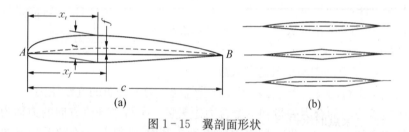

图 1-15　翼剖面形状

图 1-15(b)为超声速机翼常用的翼型。此类翼型的特点是没有弯度且相对厚度很薄。

图 1-16 为各种机翼的平面形状。表示机翼平面形状特征的主要参数有：

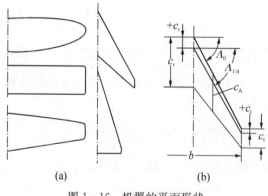

图 1-16　机翼的平面形状

展弦比 $A = b^2/S_\mathrm{w}$，b——机翼展长，S_w——机翼面积；

梯形比 $\lambda = c_\mathrm{t}/c_\mathrm{r}$，$c_\mathrm{r}$——翼根弦长，$c_\mathrm{t}$——翼尖弦长；

前缘后掠角 Λ_0；1/4 弦线后掠角 $\Lambda_{1/4}$。

平均空气动力弦[见图 1 - 16(b)]定义如下：

$$c_A = \frac{2}{S_W} \int_0^{b/2} c^2(y) \mathrm{d}y \tag{1-14}$$

式中：$c(y)$ 表示沿展向坐标 y 处的弦长。

2) 机翼的升力

在亚声速流中，气流流过有迎角 α 的翼型时[见图 1 - 17(a)]，在下表面邻近前缘点处有气流分流点 A，流线在此点分开，在该点上的流速必须为零，故称此点为驻点。驻点以上气流绕翼型上表面流过，驻点以下气流绕翼型下表面流过，然后到后缘点 B 处汇合成一条流线。后缘点也是驻点，其流速亦为零。绕上表面的气流，由于受到上表面拱起的影响，路程较长，故上表面流速较快，按伯努利公式，上表面的压强减小。流得最快处的压强最小，称为最小压力点。最小压力点的位置与迎角 α 的大小有关。大迎角时，最小压力点位于靠近前缘点处；小迎角时，最小压力点要后移。最小压力点的压强值随迎角增大而减小。流经下表面的气流，由于翼型下表面比较平坦，路程较短，流速较小，故压强要比上表面大。作用在翼面上的压力用压力系数表示：

$$\bar{p} = \frac{p - p_\infty}{\dfrac{1}{2}\rho_\infty V_\infty^2} \tag{1-15}$$

式中：p 为翼面上某点的压强，有下标"∞"的参数表示远前方迎面气流的气流参数；压力系数 $\bar{p}$ 是无因次的。$\bar{p}$ 值为负，表示该点压强小于远前方迎面气流的压强，称为吸力，也可推知该点流速比 V_∞ 大。$\bar{p}$ 值为正，表示该点压强大于远前方迎面气流的压强，称为压力，也可推知该点流速比 V_∞ 小。在低速不可压流场中($M_\infty < 0.5$)，利用伯努利公式可推知驻点的压力系数 $\bar{p}_0 = 1$(下角标"0"表示驻点处)，是翼面上最大的压力点。

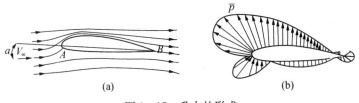

图 1 - 17　升力的形成

翼面上各点压力系数值如图 1 - 17(b)所示。箭头所指为翼面法向，$\bar{p}$ 值为负表示吸力，则箭头向外，$\bar{p}$ 值为正表示压力，则箭头指向翼面。各向量外端光滑连成曲线，得到压力分布图。压力分布图明确表示出上下翼面的压力差。将压力分布投影到 V_∞ 的垂直方向上并沿全翼面积分可得到升力系数 C_{L_W}。升力系数 C_{L_W} 随迎角 α 的变化关系如图 1 - 18 所示。

由风洞实验也可直接测得升力系数与迎角的关系。理论研究和实验表明，机翼的升力 L_W 与机翼面积 S_W 成正比，与动压头 $Q = \dfrac{1}{2}\rho V_\infty^2$ 成正比：

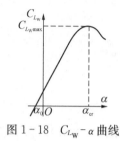

图 1-18 C_{L_W}-α 曲线

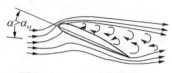

图 1-19 $\alpha > \alpha_{cr}$ 的流态

$$L_W = C_{L_W} Q S_W$$

升力系数 C_{L_W} 是无因次的,是迎角 α 的函数。α 越大 C_{L_W} 也越大。当 $\alpha = 0$ 时 $C_{L_W} \neq 0$。这是因为适用于低速飞行的翼型弯度 $\bar{f}$ 总是正弯度,当 $\alpha = 0$ 时上下翼面压力差仍不为零而是正值,当 α 为某一负值时才有 $C_{L_W} = 0$。使 $C_{L_W} = 0$ 的迎角称为零升迎角 α_0,一般为负值。只有翼型对称时(弯度 $\bar{f} = 0$;且上下翼面曲线对称),零升迎角 α_0 才为零。当迎角达到某一值时,C_{L_W} 达到最大值 $C_{L_W max}$,如果迎角增大则 C_{L_W} 下降,使 $C_{L_W} = C_{L_W max}$ 的迎角称为临界迎角 α_{cr}(见图 1-18)。$\alpha > \alpha_{cr}$ 时,机翼上表面气流严重分离并形成大旋涡,故升力不再增加(见图 1-19),$\alpha < \alpha_{cr}$ 时,上翼面的后缘处气流已经有小的分离,但并不影响整个上翼面,故 α 增大时 C_{L_W} 还能增大。只有当 $\alpha > \alpha_{cr}$ 时,整个上翼面都分离了,C_{L_W} 才不再增加。气流分离就是气流不再沿着翼面流动,而形成许多旋涡。

在 $\alpha \leqslant 10°$ 范围内,C_{L_W} 与 α 呈线性关系:

$$\alpha_W = \frac{\partial C_{L_W}}{\partial \alpha} = 常数$$

式中:α_W 称为机翼升力线斜率,也称为升力迎角导数。在线性范围内,C_{L_W} 与 α 的关系为

$$C_{L_W} = \alpha_W (\alpha - \alpha_0) (注意 \alpha_0 为负值)$$

超声速翼型在超声速气流中的升力形成也是由于上下翼面的压力差所致,图1-20表示出超声速的流动情况。为简单起见用一平板代替相对厚度很薄的翼型。在迎角 α 为正值时上翼面相当于超声速气流绕凸角的膨胀流动情况,故上翼面流速加大,压力降低。而下翼面相当于流经楔形物体时的情况,是压缩流,流速变小压力提高,故上下有压力差且形成升力。附着在翼型前缘下翼面的是激波,附着在上翼面的是膨胀波,而尾随在后缘的下翼面的是膨胀波,尾随在上翼面的是激波,因此气流在前缘点分流后,流经上翼面的气流先于下翼面气流到达后缘点。

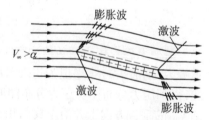

图 1-20 超声速飞行的升力形成

3) 机身的升力

飞机的机身一般接近于圆柱形,亚声速飞机机身是圆头圆尾,中段是圆柱。理

论和实验都表明这类形状在迎角不大的情况下是没有升力的。只有大迎角时,机身背部分离出许多旋涡,才有些升力。超声速飞机的机身头部一般为圆锥形,有迎角时,升力就产生在这圆锥形的头部,而机身的圆柱段部分不产生升力。机身升力为

$$L_b = C_{L_b}\ \frac{1}{2}\rho_\infty V_\infty^2 S_b$$

式中:S_b 为机身的横截面积,而 $a_b = \dfrac{\partial C_{L_w}}{\partial \alpha}$ 表示机身升力线斜率,故机身的升力系数 $C_{L_b} = a_b\alpha$。

4) 平尾的升力

水平尾翼相当于一个小机翼,但是它受到前面机翼下洗的影响。机翼有升力时,上表面的压力低于下表面,因而在左右翼尖处的端头,气流将从下表面向上表面翻卷,然后随迎面气流拖出两条旋涡(见图 1-21),称为翼尖尾涡。尾涡的旋转方向如图 1-21 所示。旋涡将带动周围空气旋转,称为诱导速度场,或称为洗流。水平尾翼处于两条旋涡之间,机翼是正升力时,旋涡对平尾处的气流造成向下的洗流速度(在左右两条旋涡外侧形成向上的洗流)。另外,机翼上表面的流速大于下表面的流速,也就是在机翼上附着了一条旋涡,称为附着涡(从翼尖处拖出的旋涡又称为自由涡)。平尾放置在机翼之后,故而又要受到机翼附着涡的下洗影响(附着涡对机翼之前是上洗)。因此,迎面的气流流到平尾处就要改变方向。如果远前方气流 V_∞ 与平尾翼弦线的迎角是 α(见图 1-22),且有下洗速度 W_t,则气流向下偏转一个角度,称为下洗角 ε(见图 1-22)。

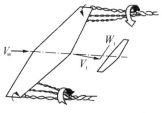

图 1-21　机翼下洗的影响

图 1-22　下洗角

$$\varepsilon = \arctan(W_t/V_\infty) \tag{1-16}$$

若机翼弦线与平尾弦线平行,则 α 是机翼迎角。机翼对平尾的下洗角 ε 与机翼迎角 α 成正比:

$$\varepsilon = \varepsilon_\alpha\alpha$$

式中:$\varepsilon_\alpha = \partial\varepsilon/\partial\alpha$。机翼迎角 α 减小一个 ε,才是平尾的实际迎角 α_t,即

$$\alpha_t = \alpha - \varepsilon = \alpha(1-\varepsilon_\alpha) \tag{1-17}$$

平尾由两部分组成,前面的固定部分称为水平安定面,后面可转动的部分称为

升降舵(见图 1-22)。由于偏转升降舵改变了平尾翼型弯度,因而也改变了平尾升力。向下偏,平尾的升力增加;向上偏,平尾的升力减小。平尾升力可由下式确定:

$$L_t = C_{L_t} Q S_t$$

式中:S_t 为平尾面积;C_{L_t} 为平尾升力系数。

$$C_{L_t} = \frac{\partial C_{L_t}}{\partial \alpha} \alpha_t + \frac{\partial C_{L_t}}{\partial \delta_e} \delta_e \qquad (1-18)$$

超声速飞机或很多大型民机的平尾是一个可转动的整体,称为全动式平尾或水平安定面。全动式平尾的升力系数为

$$C_{L_t} = \frac{\partial C_{L_t}}{\partial \alpha} (\alpha_t + \varphi)$$

式中:φ 为平尾转动角度,仍以后缘下偏为正。

5) 整个飞机的升力

飞机的升力为各部分升力之和:

$$L = L_w + L_b + L_t$$

升力系数不仅与 α,δ_e 有关,还与高度 H 和马赫数有关,一般都是四维函数。吹风数据是在全飞行包线内各个飞行平衡状态上(给定高度 H,马赫数 M)给出的随 α,δ_e 变化的升力系数表格,该表格会随着 H,M 变化。

1.1.3.2 阻力 D

气流作用于物体表面的法向力及气流对物体表面的切向摩擦力等沿远前方气流方向的分量,导致了气流流过物体时产生的阻力。飞机的气动阻力分为两部分,一部分与升力无关,称为零升阻力;另一部分与升力有关,称为升致阻力。还可细分如下。

零升阻力:分为摩擦阻力、压差阻力和零升波阻。

升致阻力:分为诱导阻力和升致波阻。

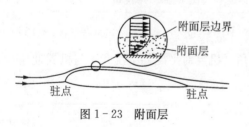

图 1-23 附面层

1) 附面层与摩擦阻力及压差阻力

空气是有黏性的。气流沿物体表面流动时,紧贴物面处的流速 V 为零,且沿物面的法向逐渐增大。从 $V=0$ 到 V 为自由流速的 99% 之间的流层(有较大速度梯度的空气层)定义为附面层(见图 1-23)。牛顿的内摩擦应力公式为

$$\tau = \mu \frac{\partial V}{\partial n} \qquad (1-19)$$

式中:τ 为切向应力;μ 为空气黏性系数;$\dfrac{\partial V}{\partial n}$ 为沿物面法向的速度梯度。

　　附面层很薄,例如流过机翼表面 1 m 处的附面层厚度只有 $7\sim8$ mm,2 m 处的厚度有十几毫米。附面层有两种类型,一种是气流各层之间互不混杂,好像一层在另一层上滑动,称为层流附面层。另一种是附面层内各层之间有毫无次序的流体微团渗合运动,致使各

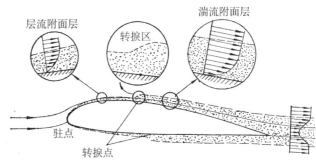

图 1-24　附面层转捩点

层流体乱动起来,称为湍流附面层。湍流附面层的摩擦阻力大于层流附面层。沿其型表面顺流而下,由层流附面层过渡到湍流附面层的过渡区称为转捩点(见图 1-24)。当飞行速度加大或翼面粗糙度增加时,转捩点前移。

　　气流流经翼型时,由驻点沿上翼面流到最小压力点处,该段流速渐增,压力不断降低,称为顺压区,即流速方向与压力减小方向一致,因此附面层很薄。但从最小压力点到后缘这一段的附面层内,流速不断减小,压力不断升高,流速方向是压力的增大方向,称为逆压区,逆压使附面层迅速增厚。空气的黏性引起气流机械能的损失,在附面层内,伯努利公式所表达的机械能守恒关系已不能再维持。因此,位于翼型后缘上的后驻点压力必定小于前驻点总压($\bar{p}_0 = 1$)。如果翼型相对厚度大,或相对弯度大,或迎角较大,或其他使最小压力点后的一段翼面上的流管扩散太快的因素,都会使附面层中气流的动能克服不了逆压的作用,在尚未流到后缘处就已不再沿翼面切线方向流动。开始不沿翼面切向方向流动的地方称为分离点(见图 1-25)。附面层分离后形成旋涡区。迎角愈大,分离点愈靠前。当 $\alpha = \alpha_{cr}$ 时,上翼面几乎全部分离,升力也就不再增加。

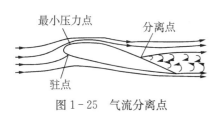

图 1-25　气流分离点

　　由于附面层的存在使静压不能完全恢复,因而就形成翼型前部与后部的压差,即压差阻力。但只要附面层不分离,压力恢复就可以大些,因而压差阻力也就可减小些。附面层分离后形成旋涡使能量损失更大,压力恢复更少,故增加了压差阻力。分离点愈靠前,旋涡区愈大,压差阻力也愈大。

　　附面层内沿物面法向有较大的速度梯度,因此气流对物体表面存在黏性切向应力。沿全翼面积分切向应力就是摩擦阻力。湍流附面层的摩擦阻力比层流附面层的大,但由于湍流附面层里接近物面处的气流动能大,其抗分离的能力强于层流附面层,因此其压差阻力要小些。

2) 零升波阻

飞行器作超声速飞行时,机身头部、机翼和尾翼的前缘都会出现激波。气流经激波突跃后压力升高,升高的压力阻止飞机前进,故称为波阻。升力为零时这种波阻也存在,称为零升波阻。

飞机作亚声速飞行时,只要飞行马赫数超过临界马赫数($M_{cr} < M < 1$),翼面上就会有局部的超声速区。翼面上的气流是从亚声速到超声速,再减速到亚声速的,而气流从超声速减到亚声速必定按激波突跃的方式进行,因此在跨声速飞行段,翼面上有局部激波存在。由于激波对附面层的干扰使附面层分离,即局部激波之后的附面层总是分离的(见图1-26)。此现象在迎角很小,甚至 $\alpha = 0$ 时也会出现。附面层分离也就增加了压差阻力,算作零升波阻。

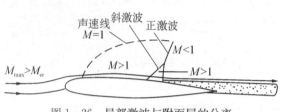

图 1-26 局部激波与附面层的分离

为了减小波阻,一般采用尖前缘薄翼型、大后掠角、小展弦比机翼以及尖锐头部的细长机身等,这些都是超声速飞机气动外形的主要特征。

3) 升致阻力

伴随升力的产生而出现的阻力统称为升致阻力。亚声速飞行时,升致阻力主要是诱导阻力。超声速飞行时,升致阻力主要是升致波阻。

(1) 诱导阻力。

亚声速飞行时,机翼对平尾有下洗,且由翼尖拖出的两条自由涡对机翼自身也有下洗,只是这种对机翼自身的下洗小于对平尾的下洗。

由于翼尖自由涡的存在,沿展向不同处翼剖面的流态是不同的,且翼面上存在横向流动分量[见图1-27(a)]。正升力情况下,上翼面气流向内偏,下翼面气流向外偏。因此,自由涡不仅存在于翼尖处,而且沿机翼后缘展向也拖出一片涡线。左右两半机翼涡线的旋转方向是对称的,在远离机翼处才卷成两条大旋涡。机翼自身也处于涡线的诱导下洗流场之中,使远前方的迎面气流方向在邻近机翼处向下微弯,即翼剖面的实际迎角不再是翼弦线与远前方气流方向间的夹角,而必须减去一个下洗角 ε,即 $\alpha - \varepsilon$。此外,升力的作用方向也因有了下洗而向后偏斜一个下洗角 ε,所以升力在沿远前方气流方向上也就有了向后的分力[见图1-27(b)]。用系数表示为

$$C_{Di} = C_L \varepsilon \qquad (1-20)$$

式中:C_{Di} 称为诱导阻力系数。展弦比愈大,诱导阻力愈小。滑翔机的展弦比很大,因此减小了诱导阻力。

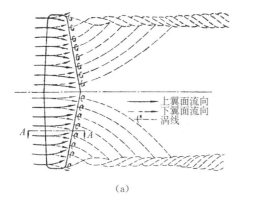
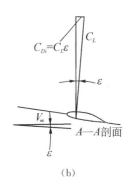

图 1-27 亚声速三维翼的诱导阻力

（2）升致波阻。

在超声速飞行中的机翼，上翼面气流膨胀形成低压，下翼面气流压缩形成高压。由上下翼面压力差形成的升力是垂直于翼弦线的，因此升力沿远前方气流方向有一个向后的分量（见图 1-28），此分量为

$$C_{Di} = C_L \sin \alpha \qquad (1-21)$$

称为升致波阻。

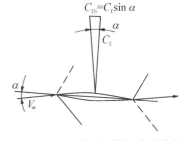

图 1-28 超声速机翼的升致波阻

4）整个飞行器的阻力、升阻极曲线

综上所述，飞机的阻力系数分为两部分，可写为

$$C_D = C_{D0} + C_{Di}$$

式中：C_{D0} 为零升阻力系数；C_{Di} 为升致阻力系数。

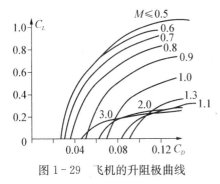

图 1-29 飞机的升阻极曲线

在小迎角情况下，升致阻力系数与升力系数的平方成正比，阻力系数可写为

$$C_D = C_{D0}(M) + A(M)C_L^2$$

表示阻力系数不仅与 C_L 有关，且与 M 数有关。图 1-29 表示以 M 数为参变量的 C_L-C_D 曲线关系，称为升阻极曲线。它表示为了得到升力就必须付出产生一定阻力的代价，因此它表示飞机的气动效率。

1.1.3.3 纵向俯仰力矩 M

纵向力矩是指作用于飞机的外力产生的绕机体 Oy 轴的力矩，包括气动力矩和发动机推力向量因不通过飞机质心而产生的力矩，亦称俯仰力矩。

图 1-30 表示推力向量不通过质心时的情况,发动机推力对质心的力矩为

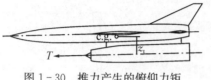

图 1-30 推力产生的俯仰力矩

$$M_t = Tz_t$$

式中:T 表示推力。推力向量在质心之下时,定义 z_t 为正值,则 M_t 为正值,表示力矩矢量与 Oy 轴一致。

空气动力引起的俯仰力矩取决于飞行的速度、高度、迎角及升降舵偏角。此外,当飞机的俯仰速率 $q = \mathrm{d}\theta/\mathrm{d}t$,迎角变化率 $\dot{\alpha} = \mathrm{d}\alpha/\mathrm{d}t$,以及升降舵偏转速率 $\dot{\delta}_e = \mathrm{d}\delta_e/\mathrm{d}t$ 等不为零时,还会产生附加俯仰力矩,称为动态气动力矩。气动俯仰力矩可写为

$$M = f(V, H, \alpha, \delta_e, q, \dot{\alpha}, \dot{\delta}_e)$$

也可用力矩系数 C_m 表示:

$$M = C_m \frac{1}{2}\rho V^2 S_W c_A \qquad (1-22)$$

式中:S_W 为机翼面积;c_A 为机翼平均气动弦。

首先研究定常直线飞行(即速度不变,且 $q = \dot{\alpha} = \dot{\delta}_e = 0$ 的直线飞行)时的俯仰力矩。

1) 定常直线飞行的俯仰力矩

飞行器的俯仰力矩主要由升力引起,严格地讲,阻力也会对纵向力矩有影响。但一般阻力作用线很接近飞行器重心,在一级近似中可忽略阻力对俯仰力矩的影响。飞行器各部件的升力的作用点称为相应各部件的压力中心。习惯上用压力中心到飞机头部顶点(或平均气动弦前缘点)的距离表示压力中心的位置,升力乘以压力中心的距离即为俯仰力矩。

(1) 机翼产生的俯仰力矩 M。

不考虑尾翼的升力,机翼的升力可以表示为

$$L = L_0 + L_a\alpha$$

由升力产生的俯仰力矩 $M = M_0 + M_a$,式中,M_0 为 $\alpha = \delta_e = 0$ 时的俯仰力矩。飞行中压力中心的位置会随着迎角改变,因此用压力中心计算俯仰力矩就很不方便。依据空气动力学原理,我们找到了一个不随迎角变化的作用点来确定纵向俯仰力矩,这个点就是焦点。利用 $C_L - \alpha$ 和 $C_m - \alpha$ 曲线都有线性段的特点可以找到焦点,在这点上,迎角 α 变化时,只有升力变化而力矩大小不变。

将作用于翼型前缘点的升力和力矩在翼弦线上的焦点 F 进行归算。F 点到前缘点的距离是 X_F(见图 1-31),对 F 点的力矩系数可写为

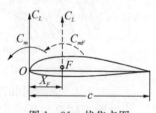

图 1-31 找焦点图

$$C_{mF} = C_L \frac{X_F}{c} + C_m$$

令 $\overline{X}_F = X_F/c$ 为无因次距离,并代入升力 C_L-α 和 C_m-α 线性关系:

$$C_L = \frac{\partial C_L}{\partial \alpha}(\alpha - \alpha_0) \tag{1-23}$$

$$C_m = C_{m_0} + \frac{\partial C_m}{\partial \alpha}(\alpha - \alpha_0) \tag{1-24}$$

式(1-24)为对焦点的俯仰力矩。

可得

$$C_{mF} = \frac{\partial C_L}{\partial \alpha}(\alpha - \alpha_0)\overline{X}_F + C_{m0} + \frac{\partial C_m}{\partial \alpha}(\alpha - \alpha_0)$$

欲使 C_{mF} 不随 α 而变,应满足

$$\frac{\partial C_{mF}}{\partial \alpha} = 0$$

由此可得

$$\overline{X}_F = -\frac{\partial C_m}{\partial \alpha} \Big/ \frac{\partial C_L}{\partial \alpha}$$

由上式可知,只有 $\dfrac{\partial C_m}{\partial \alpha}$ 与 $\dfrac{\partial C_L}{\partial \alpha}$ 都是常数时,$\overline{X}_F$ 才是常值,F 点称为焦点。由于对焦点的力矩是常值,当迎角增加时,其增量升力就作用在焦点上,故焦点又可解释成增量升力的作用点。

无后掠角的大展弦比机翼,亚声速焦点在离平均气动弦前缘 1/4 弦长处($\overline{X}_{F_W} = 1/4$)。大后掠角、小展弦比等因素对焦点位置有较大影响。引入焦点概念后,对飞机质心求力矩就比较方便了。

设飞机质心与平均气动弦前缘点的距离为 $X_{c.g.}$（见图 1-32）。

令 $\overline{X}_{c.g.} = X_{c.g.}/c_A$,则对质心的力矩系数为

$$C_{m_W} = C_{m_{0W}} + (\overline{X}_{c.g.} - \overline{X}_{F_W})C_{L_W}$$

若质心在焦点之前,则 $\overline{X}_{c.g.} < \overline{X}_F$。当 α 增大时升力增量 ΔL 作用在焦点上,对质心产生低头力矩增量（ΔM 为负）,其方向与 α 增大方向相反,是稳定作用。若质心在焦点之后,则 $\overline{X}_{c.g.} > \overline{X}_F$。当 α 增大时,产生抬头的力矩增量（ΔM 为正）,这将促使 α 更增大,是不稳定作用。因此俯仰力矩的稳定与否,取决于质心与焦点的前后位置关系。

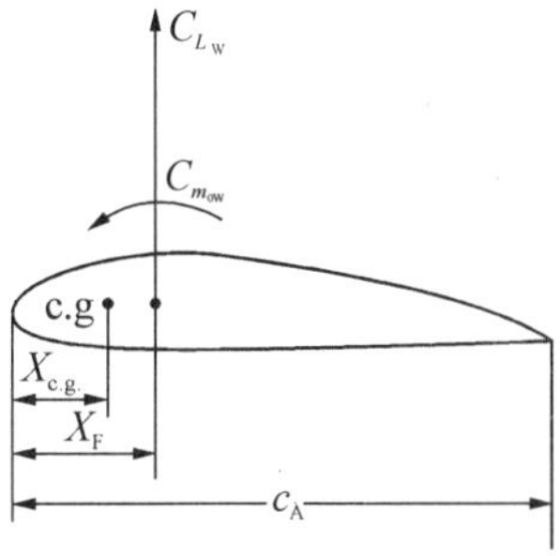

图 1-32 机翼焦点与飞机质心位置

（2）机身产生的俯仰力矩。

空气动力学理论计算和风洞实验表明，亚声速飞机的机身在 $\alpha>0$ 时没有升力，只有一个使 α 增大的纯力偶，因此机身本身的气动力矩特性是不稳定的。风洞试验时常常不区分机身与机翼，吹风数据中是考虑了翼-身组合体的升力产生的俯仰力矩。

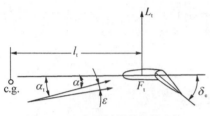

图 1-33 水平尾翼的俯仰力矩

（3）水平尾翼的俯仰力矩。

平尾对重心的俯仰力矩为（见图 1-33）

$$M_t = -L_t l_t$$

式中：L_t 为平尾升力；l_t 为平尾焦点至飞机质心距离，也称平尾力臂。

平尾升力为

$$L_t = \frac{1}{2}\rho V^2 S_t \left[(1-\varepsilon_a)\frac{\partial C_{L_t}}{\partial \alpha}\alpha + \frac{\partial C_{L_t}}{\partial \delta_e}\delta_e \right]$$

平尾对重心的俯仰力矩系数为

$$C_{m_t} = \frac{M_t}{\frac{1}{2}\rho V^2 S_W c_A} = -\frac{L_t l_t}{\frac{1}{2}\rho V^2 S_W c_A}$$

$$= -\left[(1-\varepsilon_a)\frac{\partial C_{L_t}}{\partial \alpha}\alpha + \frac{\partial C_{L_t}}{\partial \delta_e}\delta_e \right]\frac{S_t}{S_W}\frac{l_t}{c_A}$$

令 $\overline{S}_t = S_t/S_W$ 为平尾相对面积，$\overline{l}_t = l_t/c_A$ 为无因次力臂，则可写为

$$C_{m_t} = \frac{\partial C_{m_t}}{\partial \alpha}\alpha + \frac{\partial C_{m_t}}{\partial \delta_e}\delta_e$$

$$= -\overline{S}_t \overline{l}_t(1-\varepsilon_a)\frac{\partial C_{L_t}}{\partial \alpha}\alpha - \overline{S}_t \overline{l}\frac{\partial C_{L_t}}{\partial \delta_e}\delta_e$$

式中第一项与全机迎角 α 有关。α 正向增加则平尾对质心的负力矩也增大，是稳定作用。因此平尾对全机的作用是使焦点后移，后移量是

$$\Delta\overline{X}_{F_t} = -\overline{S}_t \overline{l}_t(1-\varepsilon_a)\frac{\partial C_{L_t}}{\partial \alpha}\Big/\frac{\partial C_{L_W}}{\partial \alpha}$$

式中第二项与升降舵偏转角 δ_e 有关，称为俯仰操纵力矩，可写为操纵力矩系数导数的形式

$$\frac{\partial C_{m_t}}{\partial \delta_e} = -\overline{S}_t \overline{l}\frac{\partial C_{L_t}}{\partial \delta_e}$$

机翼机身和平尾的总和为全机纵向力矩系数。

$$C_m = C_{m_{0W+b+t}} + \frac{\partial C_{m_t}}{\partial \delta_e} \delta_e + [\overline{X}_{c.g.} - (\overline{X}_{F_{W+b}} + \Delta \overline{X}_{F_t})] C_{L_W}$$

此式是当 $\dot{\alpha} = 0$，$d\theta/dt = 0$ 以及 $d\delta_e/dt = 0$ 时的俯仰力矩系数表达式，也称为静力矩表达式。式中 $C_{m_{0W+b+t}}$ 是当 $\delta_e = 0$ 时的零升力矩系数。全机焦点位置为

$$\overline{X}_F = \overline{X}_{F_W} - \Delta \overline{X}_{F_b} + \Delta \overline{X}_{F_t}$$

去掉下标，全机俯仰力矩系数可以简写为

$$C_m = C_{m_0} + C_{m_\alpha}(\alpha - \alpha_0) + C_{m_{\delta_e}} \delta_e \qquad (1-25)$$

式中：$C_{m_{\delta_e}} = \partial C_m / \partial \delta_e$；$C_{m_\alpha} = (\overline{X}_{c.g.} - \overline{X}_F)(\partial C_L / \partial \alpha)$。

2）飞机纵向的平衡与操纵

以迎角 α 为横坐标，δ_e 为参变量，将 C_m - α 画成一组曲线（见图 1-34），可说明飞机纵向平衡与操纵的关系。

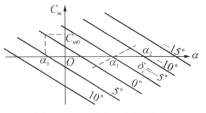

图 1-34　纵向力矩图线族

飞机做等速直线平飞，除了应满足 $L = G$（升力 = 重力）以及 $T = D$（推力 = 阻力）以外，还应满足对质心的力矩 $M = 0$。因此，必须选择一个迎角 α，使之具有一定数值的 C_L，以使 $L = G$。为使 $M = 0$（即 $C_m = 0$），必须偏转相应的升降舵偏度。满足力和力矩的平衡条件之后，剩下的问题就是能否维持这种平衡。

设飞机在 $\delta_e = -5°$ 的 C_m - α 曲线上的 $\alpha = \alpha_1$ 处平衡，如果因风的扰动使 $\alpha > \alpha_1$，负的 C_{m_α} 将产生低头力矩，使 α 自动减小到 α_1 上。反之，在 $\alpha < \alpha_1$ 情况下，负的 C_{m_α} 将产生抬头力矩使 α 能恢复到 α_1。因此，C_{m_α} 为负时能使飞机的平衡具有稳定的性质，称为静稳定平衡。

如果 C_m - α 曲线如图 1-34 中的虚线所示（即 C_{m_α} 为正值），那么当 $\alpha > \alpha_1$ 时有正的抬头力矩使 α 继续增大，当 $\alpha < \alpha_1$ 时有负的低头力矩使 α 继续减小。这种维持不住的平衡，称为静不稳定平衡。C_{m_α} 的符号决定飞机平衡是否稳定，故称 C_{m_α} 为静稳定性导数。C_{m_α} 的正负号只能决定偏离平衡迎角后产生俯仰力矩的方向，而飞机受扰后能否最终回到平衡迎角以及恢复到平衡迎角的过渡过程如何等问题还与飞机的其他参数有关，因而给 C_{m_α} 的名称加一个"静"字以示其意。

总之，要使飞机具有纵向静稳定性，C_{m_α} 应为负值，即飞机质心位置必须在全机焦点之前。

若想以小于原飞行速度 V_1 的速度 V_2 飞行，则驾驶员在减小油门（用以减小发动机推力）时还要拉驾驶杆，使升降舵上偏（负向偏舵，如图 1-35 中 δ_e 由 $-5°$ 偏到 $-10°$），产生一个正的抬头力矩使迎角增大。迎角增大则升力系数 C_L 增大，如此才能达到较小速度下的升力与重力平衡。随着迎角的增大抬头力矩逐渐减小，最终自

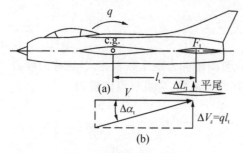

图 1-35　纵向阻尼力矩

动稳定地平衡到较大的迎角上(见图 1-35 中 α_2 的迎角)。由此可见,具有静稳定性的飞机操纵起来是协调的,而在静不稳定情况下驾驶员要维持平衡十分困难,且操纵起来也不协调。

3) 飞机绕 Oy 轴转动产生的俯仰力矩

当飞机绕 Oy 轴的俯仰角速度 $q\neq0$ 时,机翼、机身和平尾都会产生俯仰力矩,其中以平尾的作用最为显著。设飞行速度为 V,同时具有抬头的俯仰角速度 [$q>0$,见图 1-35(a)],则平尾有向下的运动速度,这相当于平尾不动而空气气流向上吹,上吹的速度为

$$\Delta V_z = ql_t$$

使得平尾有一个局部的迎角增量 $\Delta\alpha_t$[见图 1-35(b)],平尾上因此产生了一个升力增量 ΔL_t。

$$\Delta\alpha_t = \arctan\frac{\Delta V}{V} \approx \frac{\Delta V_z}{V} = \frac{ql_t}{V}$$

$$\Delta L_t = \frac{1}{2}\rho V^2 S_t \frac{\partial C_{L_t}}{\partial\alpha}\Delta\alpha_t = \frac{1}{2}\rho V^2 S_t \frac{\partial C_{L_t}}{\partial\alpha}\frac{ql_t}{V}$$

ΔL_t 对质心取矩得

$$\Delta M_t = - l_t\Delta L_t$$

或写成力矩系数为

$$\Delta C_{m_t} = \Delta M_t / \frac{1}{2}\rho V^2 S_W c_A$$

$$= - 2\bar{S}_t \, \bar{l}_t^2 \left(\frac{\partial C_{L_t}}{\partial\alpha}\right)\left(\frac{qc_A}{2V}\right)$$

式中:$\bar{S}_t = S_t/S_W$;$\bar{l}_t = l_t/c_A$。

令 $\bar{q} = qc_A/2V$,$\bar{q}$ 称为无因次俯仰角速度,则平尾的此项力矩导数为

$$(C_{m_q})_t = \frac{\partial C_{m_t}}{\partial\bar{q}} = - 2\bar{S}_t \, \bar{l}_t^2(\partial C_{L_t}/\partial\alpha) \tag{1-26}$$

此项力矩由飞机转动引起,其作用方向总是阻止飞机转动,故称为阻尼力矩。机翼和机身也产生俯仰阻尼力矩。机翼靠近飞机质心,阻尼作用不及平尾大,机身是柱形,阻尼也小。

由经验统计结果,全机阻尼力矩导数近似为

$$C_{m_q} = 1.2 (C_{m_q})_t \tag{1-27}$$

4) 下洗时差阻尼力矩

当飞机迎角 α 的变化率 $d\alpha/dt \neq 0$ 时，机翼上的升力也不是恒定的，因而对平尾的下洗也不恒定。由于气流从机翼流到平尾处需要一定的时间 Δt，平尾处受到的下洗是在 Δt 时间前机翼升力所产生的，称为下洗时差。在计算平尾对质心的俯仰力矩时考虑了定常飞行($\dot{\alpha} = 0$)情况，这就是静力矩。在非定常情况($\dot{\alpha} \neq 0$)时应修正静力矩。下面推导由于下洗时差而产生的平尾力矩修正量。

气流由机翼流到平尾处时

$$\Delta t = l_t / V$$

当 $\dot{\alpha} > 0$ 时，平尾受到的下洗是在 Δt 之前机翼升力产生的，故在平尾静力矩中计算的下洗角为

$$\Delta \varepsilon = \varepsilon_\alpha \Delta \alpha = \varepsilon_\alpha \dot{\alpha} \Delta t = \varepsilon_\alpha \frac{\dot{\alpha} l_t}{V}$$

因此，平尾力矩修正量为

$$\Delta M_t = - l_t \Delta L_t = - l_t \frac{1}{2} \rho V^2 S_t \left(\frac{\partial C_{L_t}}{\partial \alpha} \right) \Delta \varepsilon$$

以系数形式表示为

$$\Delta C_{m_t} = \frac{\Delta M_t}{\frac{1}{2} \rho V^2 S_W c_A} = - 2 \varepsilon_\alpha \overline{S}_t \, \overline{l}_t^2 C_{L_{\alpha t}} \bar{\dot{\alpha}}$$

式中：$\overline{S}_t = S_t / S_W$；$\overline{l}_t = l_t / c_A$；$C_{L_{\alpha t}} = \partial C_L / \partial \alpha$；$\bar{\dot{\alpha}} = \dot{\alpha} c_A / 2V$。

平尾下洗时差阻尼导数为

$$(C_{m_{\dot{\alpha}}})_t = \partial \Delta C_{m_t} / \partial \bar{\dot{\alpha}} = - 2 \varepsilon_\alpha \overline{S}_t \, \overline{l}_t^2 C_{L_{\alpha t}} \tag{1-28}$$

此项作用是阻止 $\dot{\alpha}$ 继续增大，故称下洗时差阻尼力矩。

5) 升降舵偏转速率 $\dot{\delta}_e$ 所产生的力矩

当升降舵的偏转速率 $\dot{\delta}_e \neq 0$ 时，对重心也会产生附加力矩。$\dot{\delta}_e \neq 0$ 相当于升降舵的偏度有变化速率，空气动力学中可以计算，但比较复杂，在此只说明这一导数的存在。

$$C_{m_{\dot{\delta}_e}} = \partial C_m / \partial \bar{\dot{\delta}}_e$$

式中：$\bar{\dot{\delta}}_e = \dot{\delta}_e c_A / 2V$。

6) 俯仰力矩总和表达式

综上所述，飞机俯仰力矩可用系数形式表示为

$$C_m = C_{m_{\alpha=0}} + C_{m_\alpha}\alpha + C_{m\delta_e}\delta_e + C_{m_q}\left(\frac{qc_A}{2V}\right) + C_{m_{\dot\alpha}}\left(\frac{\dot\alpha c_A}{2V}\right) + C_{m_{\dot\delta_e}}\left(\frac{\dot\delta_e c_A}{2V}\right)$$

$$(1-29)$$

式中：C_{m_α}，$C_{m_{\delta_e}}$ 为静气动导数；C_{m_q}，$C_{m_{\dot\alpha}}$，$C_{m_{\dot\delta_e}}$ 为动气动导数。这些导数也是飞行高度 H 和马赫数 M 的非线性函数。

1.1.4 横航向气动力与气动力矩

1.1.4.1 侧力

飞机总气动力沿机体系 Oy 轴的分量称为侧力 Y。侧力可以用侧力系数 C_Y 表示

$$Y = C_Y \frac{1}{2}\rho V^2 S_W$$

飞机外形是对称的，只有在不对称的气流作用下才会有侧力。以下说明由侧滑角 β、偏转方向舵 δ_r、绕 Ox 轴的滚转角速度 p 和绕 Oz 轴的偏航角速度 r 等引起的侧力。

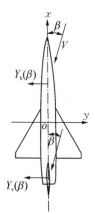

图1-36　侧滑角与侧力

1) 侧滑角 β 引起的侧力

飞机在 $\beta\neq0$ 时会产生侧力 Y，主要是垂直尾翼的作用。右侧滑时 β 角为正，此时产生的侧力 $Y(\beta)$ 为负（与 Oy 轴反向），如图1-36所示。侧力 $Y(\beta)$ 可表示为

$$Y(\beta) = \frac{1}{2}\rho V^2 S_W C_{Y_\beta}\beta$$

式中：$C_{Y_\beta}=\partial C_Y/\partial\beta$（侧力导数）；以机翼面积 S_W 为参考面积；C_{Y_β} 为负值。Y_h 为机头侧力，Y_v 为垂直尾翼侧力，总侧力为两项之和。

2) 偏转方向舵 δ_r 引起的侧力

偏转方向舵的目的是得到航向操纵力矩，但同时在飞机质心上也引起了部分侧力。这与偏转升降舵的气动原理相同。规定方向舵后缘向左偏为正，产生的侧力 $Y(\delta_r)$ 为正。可写为

$$Y(\delta_r) = \frac{1}{2}\rho V^2 S_W C_{Y_{\delta_r}}\delta_r$$

式中：$C_{Y_{\delta_r}} = \partial C_Y/\partial\delta_r$（方向舵侧力导数），一般飞机的 $C_{Y_{\delta_r}}$ 数值不大，可忽略不计。$C_{Y_{\delta_r}}$ 为正值。

3) 滚转角速度 p 引起的侧力

当飞机绕机体轴 Ox 轴的滚转角速度 $p\neq0$ 时，在立尾上有附加侧向速度（见图1-37），即立尾有局部侧滑角，因而产生侧力。一般飞机的 C_{Y_p} 为负值，但数值很小，可忽略不计。

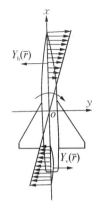

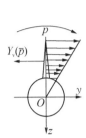

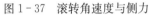

图 1-37　滚转角速度与侧力　　　　图 1-38　偏航角速度产生的侧力

4) 偏航角速度 r 引起的侧力

飞机绕机体 Oz 轴的偏航角速度 $r \neq 0$ 时,在立尾上有局部侧滑角(见图 1-38),因而产生侧力。一般飞机 C_{Y_r} 很小,可忽略不计。

1.1.4.2　滚转力矩

绕机体 Ox 轴的力矩称为滚转力矩 L。飞机的横航向状态变量 β,p,r 和控制变量 δ_a,δ_r 都会产生滚转力矩。

1) 侧滑角 β 引起的 L

此力矩主要由机翼和立尾产生,表示为

$$L(\beta) = \frac{1}{2}\rho V^2 S_W b C_{l_\beta}\beta$$

式中:$C_{l_\beta} = \partial C_l / \partial \beta$(横滚静稳定性导数);$S_W$ 为机翼面积;b 为机翼展长。

(1) 机翼上(下)反角 Γ 的作用。

机翼的上(下)反角是指左右两半机翼的弦平面不在同一平面上时,经翼根弦作一平面垂直于飞机对称面,此平面与翼弦平面间的夹角即为上(下)反角 Γ。翼弦平面在此平面之上称为上反角,反之则称为下反角。

当 $\beta > 0$ 时(见图 1-39),相对空速 V 可分解为平行于飞机对称面的分速 $V\cos\beta$ 和垂直于飞机对称面(即平行于体轴 Oy 轴)的分速 $V\sin\beta$,再将 $V\sin\beta$ 分解成平行于翼弦平面的分速 $V\sin\beta\cos\Gamma$ 和垂直于翼弦平面的分速 $V\sin\beta\sin\Gamma$。分速 $V\sin\beta\sin\Gamma$ 对左右两半机翼起了相反的作用。对右翼,这一分速从下向上,因而增加了迎角,使右翼升力增加。对左翼,这一分速从上向下,因而减小了迎角,使左翼升力减少。右大左小的升力形成的绕 Ox 轴的滚转力矩 L 为负值,也就是气动导数

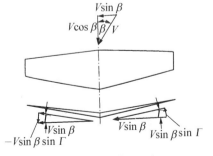

图 1-39　机翼上反角

C_{l_β} 为负。反之,若是下反角,则 C_{l_β} 为正。

（2）机翼后掠角 $\Lambda_{1/4}$ 的作用。

有大后掠角的箭形机翼,原本是为了提高临界马赫数 M_{cr} 的,但同时却对 C_{l_β} 产生了巨大影响。

后掠角 $\Lambda_{1/4}$ 的定义是,在翼弦平面上把各翼剖面翼弦线上 25％ 的点连成直线,称为 1/4 弦线,此直线与机体轴 Oy 轴间的夹角称为后掠角 $\Lambda_{1/4}$。一般翼尖向后掠,故称为后掠角。若翼尖向前,则称为前掠角。

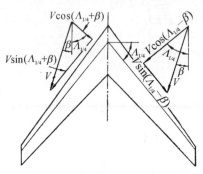

图 1-40　机翼后掠角的作用

由图 1-40 可知,当 $\beta > 0$ 时,将速度 V 在左右两半翼作如下的分解。

右翼：平行于 1/4 弦线的分速为 $V\sin(\Lambda_{1/4} - \beta)$；

垂直于 1/4 弦线的分速为 $V\cos(\Lambda_{1/4} - \beta)$。

左翼：平行于 1/4 弦线的分速为 $V\sin(\Lambda_{1/4} + \beta)$；

垂直于 1/4 弦线的分速为 $V\cos(\Lambda_{1/4} + \beta)$。

垂直于 1/4 弦线的分速称为有效分速（即对产生升力有作用的分速）。显然有

$$V\cos(\Lambda_{1/4} - \beta) > V\cos(\Lambda_{1/4} + \beta)$$

即右翼的有效分速大于左翼。这使得右翼上的升力大于左翼,因而形成的滚转力矩 L 为负值,即后掠翼的 C_{l_β} 为负。

也可看成 $\beta > 0$ 时,右翼的实际后掠角为 $\Lambda_{1/4} - \beta$,左翼的实际后掠角为 $\Lambda_{1/4} + \beta$。同一迎角下,实际后掠角愈大则升力愈小,故右翼升力大于左翼。

由于有效分速不同而形成的升力差与迎角的大小有直接关系,如果 $\alpha = \alpha_0$,则升力系数 $C_L = 0$,因此 $C_{l_\beta} = 0$。C_L 愈大则 C_{l_β} 的负值愈大。在慢速飞行时 C_L 较大,使 C_{l_β} 显得太大,因而稳定性品质太差。为减小 C_{l_β} 的绝对值,箭形机翼往往有下反角。

（3）立尾的作用。

由图 1-36 可知,$\beta > 0$ 时立尾上有侧力,此侧力对 Ox 轴取矩即为滚转力矩。立尾在 Ox 轴之上时 C_{l_β} 负向增加,若立尾在 Ox 轴之下则 C_{l_β} 正向增加。

（4）机翼机身气动干扰的作用。

图 1-41 表示 $\beta > 0$ 时,上单翼飞机翼-身连接处的右侧,因气流受阻使压力增加,左侧气流因有分离旋涡而使压力降低。绕流机身的气流使靠近机身右翼根部的迎角增加,左翼根部的迎角减小,两种因素都产生负滚转力矩。因此上单翼飞机 C_{l_β} 负向增加。反之,下单翼飞机 C_{l_β} 正向增加。中单翼飞机的此项气流干扰效果很小,可忽略不计。

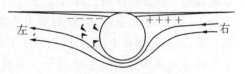

图 1-41　上单翼的气动干扰

全机的 C_{l_β} 为上述各项作用的总和,称为飞机横滚静稳定性导数。C_{l_β} 为负值时飞机具有横滚静稳定性,C_{l_β} 为正则说明横滚静不稳定。横滚静稳定性的意义如下所述。

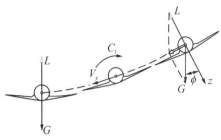

图 1 - 42 表示飞机飞行方向从纸面垂直向上。设因某种干扰使飞机有一滚转角 ϕ (图中 ϕ 为正),我们知道,仅有姿态角的变化是不会产生气动力的,但是滚转角 ϕ 使升力倾斜,升力与重力的合力作用使飞机向右侧滑,侧滑角 $\beta > 0$。由于 C_{l_β} 为负值,因此产生负的滚转力矩,可能使滚转角 ϕ 恢复到零。因此称 C_{l_β} 为负值时飞机具有横滚静稳定性。

图 1 - 42　飞机自动纠正倾斜角的过程

侧滑产生的滚转力矩 L 可表示为

$$L(\beta) = \frac{1}{2}\rho V^2 S_w b C_{l_\beta}\beta$$

式中:$C_{l_\beta} = \partial C_l/\partial\beta$(横滚静稳定导数)。

2) 副翼偏转角 δ_a 引起的 L——滚转控制力矩

副翼正偏转时(右副翼后缘下偏,同时左副翼后缘上偏),右翼升力增大,左翼升力减小,产生的滚转力矩 L 为负值,故 $C_{l_{\delta_a}}$ 为负,可写为

$$L(\delta_a) = \frac{1}{2}\rho V^2 S_w b C_{l_{\delta_a}}\delta_a$$

式中:$C_{l_{\delta_a}} = \partial C_l/\partial\delta_a$(滚转操纵导数);$\delta_a$ 为副翼偏转角。其他参数意义如前。

3) 方向舵偏转角 δ_r 引起的 L——操纵交叉力矩

方向舵正向偏转(方向舵后缘向左偏转)时,产生正的侧力。由于方向舵在机身之上,此侧力对 Ox 轴取矩得正的滚转力矩。可写为

$$L(\delta_r) = \frac{1}{2}\rho V^2 S_w b C_{l_{\delta_r}}\delta_r$$

式中:$C_{l_{\delta_r}} = \partial C_l/\partial\delta_r$(操纵交叉导数);$\delta_r$ 为方向舵偏转角。

4) 滚转角速度 p 引起的 L——滚转阻尼力矩

滚转阻尼力矩主要由机翼产生,平尾和立尾对此也有影响。

当飞机右滚时 p 为正,右翼下行,左翼上行。下行翼迎角增加故升力增加,上行翼迎角减小故升力减小,形成负滚转力矩 L,起到了阻止滚转的作用,称为滚转阻尼力矩,如图 1 - 43 所示。

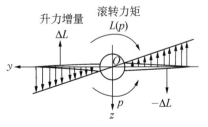

图 1 - 43　由 p 引起的 L

平尾及立尾的作用原理与机翼相同,都是阻止滚转,只是作用小于机翼。

滚转阻尼力矩可写为

$$L(p) = \frac{1}{2}\rho V^2 S_{\mathrm{w}} b C_{l_p} (pb/2V)$$

式中:$C_{l_p} = \partial C_l / \partial \bar{p}$(滚转阻尼导数),$\bar{p} = pb/2V$(无因次滚转角速度)。

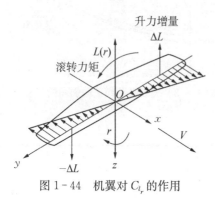

升力增量

ΔL

$L(r)$

滚转力矩

O

x

r

V

y　$-\Delta L$　z

图 1-44　机翼对 C_{l_r} 的作用

5) 偏航角速度 r 引起的交叉动态力矩

由于偏航角速度 $r \neq 0$,因而左右两半翼的相对空速不同。在 $r > 0$ 时(见图1-44),左翼向前转,相对空速增加,故升力增加,右翼向后转,相对空速减小,故升力减小,形成正滚转力矩。此外,$r > 0$ 时立尾的局部侧滑角为负,产生正的侧力。由于一般立尾在机身之上,因而亦产生正滚转力矩。因此交叉动导数 C_{l_r} 为正值,可写为

$$L(r) = \frac{1}{2}\rho V^2 S_{\mathrm{w}} b C_{l_r} (rb/2V)$$

式中:$C_{l_r} = \partial C_l / \partial \bar{r}$(交叉动导数),$\bar{r} = rb/2V$(无因次偏航角速度)。

1.1.4.3　偏航力矩

绕机体 Oz 轴的力矩称为偏航力矩 N。飞机的横航向状态变量 β,p,r 和控制变量 δ_a,δ_r 都会产生偏航力矩。

1) 侧滑角 β 引起的 N——航向静稳定力矩

此力矩主要由机身和立尾产生。空气动力学的理论计算和风洞试验表明,亚声速飞机的机身在侧滑角 β 时虽然没有侧力,但却有一不稳定的偏航力矩。立尾在重心之后,立尾上的侧力对重心的力矩起稳定作用,并要求立尾的稳定作用必须超过机身的不稳定作用且有一定的余量,才能保证飞机航向静稳定性的要求。

此外,箭形机翼对航向静稳定性也起了一些作用。$\beta > 0$ 时,右翼的有效分速大于左翼,故右翼的气动阻力比左翼大,产生正偏航力矩,起稳定作用。

超声速飞机头部在 $\beta \neq 0$ 时有侧力,此侧力对 Oz 轴取矩产生不稳定的偏航力矩。立尾的稳定作用因超声速气动特性而下降,考虑到机身受力弹性弯曲等原因,飞行 M 数很大时航向可能不稳定,因此超声速飞机要限制最大 M 数。

航向静稳定性与纵向静稳定性在原理上相同。C_{m_α} 为负值是稳定的,而 C_{n_β} 为正值是稳定的,这是由于坐标系的规定以及气流角(α 和 β)的定义所致。

航向静稳定性这一术语并不十分恰当。具有航向静稳定性的飞机在受到风扰后,并不能回到原有的方向,而是消除侧滑角,可能使机头转到新的方向。从这个意义上看,称为风标稳定性更为确切。但这已经约定俗成,一提到航向静稳定性皆知

其意。由侧滑角 β 产生的偏航力矩 N 可写为

$$N(\beta) = \frac{1}{2}\rho V^2 S_{\mathrm{w}} b C_{n_\beta} \beta$$

式中：$C_{n_\beta} = \partial C_n / \partial \beta$（航向静稳定性导数）。

2）副翼偏转角 δ_{a} 引起的 N——操纵交叉力矩

偏转副翼原本为了操纵滚转，但却引起了偏航力矩。例如 $\delta_{\mathrm{a}} > 0$ 时，右副翼下偏，右翼弯度加大升力增加，同时阻力也增加。左副翼上偏升力减小，左翼的阻力增加小于右翼，形成正偏航力矩。这一效果在大展弦比机翼上较明显，对操纵飞机转弯很不利。为尽量减小不利效果，最好能变不利为有利，使 $\delta_{\mathrm{a}} > 0$ 时产生负的偏航力矩。通常采用差动机构，使副翼下偏角度小于上偏的角度。副翼操纵交叉力矩可表示为

$$N(\delta_{\mathrm{a}}) = \frac{1}{2}\rho V^2 S_{\mathrm{w}} b C_{n_{\delta_{\mathrm{a}}}} \delta_{\mathrm{a}}$$

式中：$C_{n_{\delta_{\mathrm{a}}}} = \partial C_n / \partial \delta_{\mathrm{a}}$（副翼操纵交叉导数），其值的正负号要依具体情况而定。

3）方向舵偏转角 δ_{r} 引起的 N——航向控制力矩

$\delta_{\mathrm{r}} > 0$（后缘向左偏）时立尾产生正侧力，对 Oz 轴取负偏航力矩，可表示为

$$N(\delta_{\mathrm{r}}) = \frac{1}{2}\rho V^2 S_{\mathrm{w}} b C_{n_{\delta_{\mathrm{r}}}} \delta_{\mathrm{r}}$$

式中：$C_{n_{\delta_{\mathrm{r}}}} = \partial C_n / \partial \delta_{\mathrm{r}}$（航向操纵导数），其值为负。

4）滚转角速度 p 引起的 N——交叉动态力矩

（1）立尾的作用。

如图 1-37 所示，$p > 0$ 时立尾处有局部侧滑角 $\beta > 0$，立尾有负的侧力，对 Oz 轴有正偏航力矩，因此立尾的 C_{n_p} 为正。

（2）机翼的作用。

当 $p > 0$ 时右翼下行，有一个向下的速度增量，相当于机翼不动而气流向上吹，故右翼的迎角增加。同理，左翼上行则左翼迎角减小。两边机翼的阻力不同，对 OE 轴形成偏航力矩。

全机的 C_{n_p} 为机翼和立尾的 C_{n_p} 之和。全机由滚转角速度 p 引起的偏舵力矩表示为

$$N(p) = \frac{1}{2}\rho V^2 S_{\mathrm{w}} b C_{n_p} (pb/2V)$$

式中：$C_{n_p} = \partial C_n / \partial \bar{p}$（交叉动导数），$\bar{p} = pb/2V$（无因次滚转角速度）。

5）偏航角速度 r 引起的 N——航向阻尼力矩

航向阻尼力矩与纵向阻尼力矩原理相同。航向阻尼力矩主要由立尾产生，机身

也有一定的作用。$r \neq 0$ 时,前行翼的相对空速增大,使阻力增大,后退翼的相对空速减小,阻力减小,故为阻尼力矩。总之,都起到阻止转动的作用,称为航向阻尼力矩。表示为

$$N(r) = \frac{1}{2}\rho V^2 S_W b C_{n_r} (rb/2V)$$

式中:$C_{n_r} = \partial C_n / \partial \bar{r}$(航向阻尼导数),$\bar{r} = rb/2V$(无因次偏航角速度)。

1.1.4.4 侧力和侧向力矩表达式

综上所述,由气动力形成的侧力和侧向力矩表示如下:

$$\begin{cases} Y = \frac{1}{2}\rho V^2 S_W (C_{Y_\beta}\beta + C_{Y_{\delta_r}}\delta_r + C_{Y_p}\bar{p} + C_{Y_r}\bar{r}) \\ L = \frac{1}{2}\rho V^2 S_W b(C_{l_\beta}\beta + C_{l_{\delta_a}}\delta_a + C_{l_{\delta_r}}\delta_r + C_{l_p}\bar{p} + C_{l_r}\bar{r}) \\ N = \frac{1}{2}\rho V^2 S_W b(C_{n_\beta}\beta + C_{n_{\delta_a}}\delta_a + C_{n_{\delta_r}}\delta_r + C_{n_p}\bar{p} + C_{n_r}\bar{r}) \end{cases} \quad (1-30)$$

式(1-30)中只计及定常导数(静导数)和旋转准定常导数(动导数),没有涉及非定常导数,如$\dot{\beta}$,$\dot{\delta}_a$,$\dot{\delta}_r$ 等的作用。因为这些非定常导数值都很小,一般都可忽略。由式(1-30)还可看出,在 3 个表达式中几乎每个运动参数都起作用,说明相互的交联较强。偏转副翼引起的侧力太小,故忽略不计。

最后再强调两点:①飞机左右对称使 C_{l_0},C_{n_0} 及 C_{Y_0} 均为零,但纵向的 C_{m_0} 和 C_{L_0} 不为零;②所有空气动力和力矩都与飞行马赫数 M 有关,式(1-30)中各项气动导数都是马赫数 M 的非线性函数。

1.1.5 操纵面的铰链力矩

铰链力矩是作用在舵面上的压力分布的合力对舵面转轴形成的力矩。如升降舵的铰链力矩表示为

$$H_e = C_{h_e} \frac{1}{2}\rho V^2 S_e \overline{C}_e$$

式中:C_{h_e} 为铰链力矩系数;S_e 为升降舵面积;$\overline{C}_e$ 为升降舵几何平均弦长。

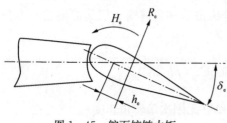

图 1-45 舵面铰链力矩

舵面压力分布的合力 R_e 并不通过舵面转轴,而是有距离的。设转轴距合力 R_e 的垂直距离是 h_e(见图 1-45),则铰链力矩 H_e 可写为

$$H_e = -R_e h_e$$

铰链力矩系数在平尾迎角 α_t 及升降舵偏转角 δ_e 都不大的情况下,可表示为

$$C_{h_e} = \frac{\partial C_{h_e}}{\partial \alpha_t} \alpha_t + \frac{\partial C_{h_e}}{\partial \delta_e} \delta_e$$

式中:$\partial C_{h_e}/\partial \alpha_t$ 及$\partial C_{h_e}/\partial \delta_e$ 为铰链力矩导数,与马赫数 M 有关。

人或舵机操纵舵面不仅要克服操纵机构的摩擦力和惯性力,而且要克服舵面的铰链力矩。随着飞行速度的提高及尺寸的加大,完全依靠人力操纵舵面已不可能,因而现代飞机上都装有电动或液压助力器。

1.2 刚体飞机方程

1.2.1 飞机动力学方程

1.2.1.1 刚体飞行器运动的假设

(1)认为飞机是刚体,质量是常数。

(2)假设地面为惯性参考系,即假设地面坐标为惯性坐标。

(3)忽略地面曲率,视地面为平面。

(4)假设重力加速度不随飞行高度变化。

(5)假设机体坐标系的 xOz 平面为飞行器对称平面,且飞行器不仅几何外形对称,而且内部质量分布亦对称,惯性积 $I_{xy} = I_{yz} = 0$。

1.2.1.2 飞机的动力学方程(锁定舵面)

飞行器动力学方程可由牛顿第二定律导出。该定律的向量形式为

$$\begin{cases} \sum \boldsymbol{F} = \dfrac{\mathrm{d}}{\mathrm{d}t}(m\boldsymbol{V}) \,|_i \\ \sum \boldsymbol{M} = \dfrac{\mathrm{d}\boldsymbol{H}}{\mathrm{d}t} \,|_i \end{cases} \tag{1-31}$$

式中:$\boldsymbol{F}$ 为外力;m 为飞行器质量;$\boldsymbol{V}$ 为飞行器质心速度;$\boldsymbol{M}$ 为外力矩;$\boldsymbol{H}$ 为动量矩;$|_i$ 表示对惯性空间。

依据假设 1,$m=$ 常数;依据假设 2,地面为惯性系。去掉"$|_i$",表示对地面参考系也成立,则式(1-31)可写为

$$\sum \boldsymbol{F} = \frac{\mathrm{d}}{\mathrm{d}t}(m\boldsymbol{V}) \tag{1-32}$$

$$\sum \boldsymbol{M} = \frac{\mathrm{d}\boldsymbol{H}}{\mathrm{d}t} \tag{1-33}$$

采用机体坐标系建立飞机动力学方程,即把对惯性系的绝对速度 $\boldsymbol{V}$ 及绝对动量矩 $\boldsymbol{H}$ 按机体坐标系分解。机体坐标系是动坐标系,依据理论力学,用动坐标系表示的绝对导数可写为

$$\frac{\mathrm{d}\boldsymbol{V}}{\mathrm{d}t} = \boldsymbol{I}_V \frac{\widetilde{\mathrm{d}\boldsymbol{V}}}{\mathrm{d}t} + \boldsymbol{\Omega} \times \boldsymbol{V} \tag{1-34}$$

$$\frac{\mathrm{d}H}{\mathrm{d}t} = I_H \frac{\widetilde{\mathrm{d}H}}{\mathrm{d}t} + \boldsymbol{\Omega} \times \boldsymbol{H} \qquad (1-35)$$

式中:I_V 为沿 $\boldsymbol{V}$ 的单位向量;$\boldsymbol{\Omega}$ 为动坐标系对惯性系的总角速度向量;$\times$ 表示叉积,即向量积;I_H 为沿动量矩 $\boldsymbol{H}$ 的单位向量;$\dfrac{\widetilde{\mathrm{d}V}}{\mathrm{d}t}$,$\dfrac{\widetilde{\mathrm{d}H}}{\mathrm{d}t}$ 为对动坐标系的相对导数。

1) 力方程

首先考虑力方程(1-32)。$\boldsymbol{V}$ 和 $\boldsymbol{\Omega}$ 用机体坐标系上的分量表示为

$$\boldsymbol{V} = \boldsymbol{i}u + \boldsymbol{j}v + \boldsymbol{k}w \qquad (1-36)$$

$$\boldsymbol{\Omega} = \boldsymbol{i}p + \boldsymbol{j}q + \boldsymbol{k}r \qquad (1-37)$$

式中:$\boldsymbol{i}$,$\boldsymbol{j}$,$\boldsymbol{k}$ 分别表示沿机体轴 Ox,Oy,Oz 的单位向量。而

$$\boldsymbol{I}_v \frac{\widetilde{\mathrm{d}V}}{\mathrm{d}t} = \boldsymbol{i} \frac{\widetilde{\mathrm{d}u}}{\mathrm{d}t} + \boldsymbol{j} \frac{\widetilde{\mathrm{d}v}}{\mathrm{d}t} + \boldsymbol{k} \frac{\widetilde{\mathrm{d}w}}{\mathrm{d}t} \qquad (1-38)$$

令 $\dot{u} = \widetilde{\mathrm{d}u}/\mathrm{d}t$,$\dot{v} = \widetilde{\mathrm{d}v}/\mathrm{d}t$,$\dot{w} = \widetilde{\mathrm{d}w}/\mathrm{d}t$,式(1-38)变成

$$\boldsymbol{I}_v \frac{\widetilde{\mathrm{d}V}}{\mathrm{d}t} = \boldsymbol{i}\,\dot{u} + \boldsymbol{j}\,\dot{v} + \boldsymbol{k}\,\dot{w} \qquad (1-39)$$

又有

$$\boldsymbol{\Omega} \times \boldsymbol{V} = \begin{vmatrix} \boldsymbol{i} & \boldsymbol{j} & \boldsymbol{k} \\ p & q & r \\ u & v & w \end{vmatrix} \qquad (1-40)$$

展开式(1-40),得

$$\boldsymbol{\Omega} \times \boldsymbol{V} = \boldsymbol{i}(wq - vr) + \boldsymbol{j}(ur - wp) + \boldsymbol{k}(vp - uq) \qquad (1-41)$$

$\sum \boldsymbol{F}$ 按各轴分解,表示为

$$\sum \boldsymbol{F} = \boldsymbol{i}X + \boldsymbol{j}Y + \boldsymbol{k}Z \qquad (1-42)$$

把式(1-42)、式(1-41),式(1-39)代入式(1-32),然后令其分量分别相等,得飞机的力方程

$$\begin{cases} X = m(\dot{u} + wq - vr) \\ Y = m(\dot{v} + ur - wp) \\ Z = m(\dot{w} + vp - uq) \end{cases} \qquad (1-43)$$

式(1-43)是飞机飞行中受力的动力学方程的综合描述,考虑飞行中的实际受力情况,如图1-46所示。

考虑飞行中飞机受到的力包括：

升力 L——飞机对称面内，垂直于速度方向，向上（气流轴系）；

阻力 D——飞机对称面内，在速度的反方向上（气流轴系）；

侧力 Y——垂直于飞机对称面，指向机体右侧（设为机体轴系）；

重力 G——垂直向下（地轴系）；

推力 T——沿机体轴，向前（机体轴系）。

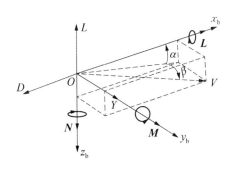

图 1-46　飞机受力图

飞机受到的合力，转换到机体坐标系为

$$\left(\sum \boldsymbol{F}\right)_{\mathrm{b}} = \boldsymbol{T}_{\mathrm{bg}}\begin{bmatrix} 0 \\ 0 \\ G \end{bmatrix} + \boldsymbol{T}_{\mathrm{ba}}\begin{bmatrix} -D \\ 0 \\ -L \end{bmatrix} + \begin{bmatrix} 0 \\ Y \\ 0 \end{bmatrix} + \begin{bmatrix} T \\ 0 \\ 0 \end{bmatrix} \tag{1-44}$$

在机体轴系，可以得到 3 个方向的总受力为

$$\begin{cases} \sum F_x = T - G\sin\theta + L\sin\alpha - D\cos\alpha\cos\beta \\ \sum F_y = G\cos\theta\sin\phi - D\sin\beta + Y \\ \sum F_z = G\cos\theta\cos\phi - L\cos\alpha - D\sin\alpha\cos\beta \end{cases} \tag{1-45}$$

由式(1-43)，飞机机体上的力方程为

$$\begin{cases} \sum F_x = m(\dot{u} + wq - vr) \\ \sum F_y = m(\dot{v} + ur - wp) \\ \sum F_z = m(\dot{w} + vp - uq) \end{cases} \tag{1-46}$$

进一步可以得到

$$\begin{cases} \dot{u} = vr - wq + \dfrac{1}{m}\left(\sum F_x\right) \\ \dot{v} = wp - ur + \dfrac{1}{m}\left(\sum F_y\right) \\ \dot{w} = uq - vp + \dfrac{1}{m}\left(\sum F_z\right) \end{cases} \tag{1-47}$$

由于速度在 3 个方向上的投影为

$$\begin{cases} u = V\cos\alpha\cos\beta \\ v = V\sin\beta \\ w = V\sin\alpha\cos\beta \end{cases} \tag{1-48}$$

将式(1-48)两边求导,得

$$\begin{bmatrix} \dot{u} \\ \dot{v} \\ \dot{w} \end{bmatrix} = \begin{bmatrix} \cos\alpha\cos\beta & -V\sin\alpha\cos\beta & -V\cos\alpha\sin\beta \\ \sin\beta & 0 & V\cos\beta \\ \sin\alpha\cos\beta & V\cos\alpha\cos\beta & -V\sin\alpha\sin\beta \end{bmatrix} \begin{bmatrix} \dot{V} \\ \dot{\alpha} \\ \dot{\beta} \end{bmatrix} = \boldsymbol{P} \begin{bmatrix} \dot{V} \\ \dot{\alpha} \\ \dot{\beta} \end{bmatrix}$$

$$(1-49)$$

所以 $\begin{bmatrix} \dot{V} \\ \dot{\alpha} \\ \dot{\beta} \end{bmatrix} = \boldsymbol{P}^{-1} \begin{bmatrix} \dot{u} \\ \dot{v} \\ \dot{w} \end{bmatrix}$,得

$$\begin{cases} \dot{V} = \dfrac{u\dot{u} + v\dot{v} + w\dot{w}}{V} \\[3mm] \dot{\alpha} = \dfrac{u\dot{w} - w\dot{u}}{u^2 + v^2} \\[3mm] \dot{\beta} = \dfrac{\dot{v} - \dot{V}\sin\beta}{V\cos\beta} \end{cases} \qquad (1-50)$$

将式(1-47)、式(1-45)代入式(1-50),最终得

$$\dot{V} = \frac{1}{m}(T\cos\alpha\cos\beta + Y\sin\beta - D) -$$

$$g(\cos\alpha\cos\beta\sin\theta - \sin\alpha\cos\beta\cos\theta\cos\phi - \sin\beta\cos\theta\sin\phi)$$

$$(1-51)$$

$$\dot{\alpha} = q - \tan\beta(p\cos\alpha + r\sin\alpha) + \frac{g}{V\cos\beta}(\sin\alpha\sin\theta + \cos\alpha\cos\theta\cos\phi) -$$

$$\frac{1}{mv\cos\beta}(L + T\sin\alpha)$$

$$(1-52)$$

$$\dot{\beta} = p\sin\alpha - r\cos\alpha + \frac{1}{mV}(-T\cos\alpha\sin\beta + Y\cos\beta) +$$

$$(1-53)$$

$$\frac{g}{V}(\cos\alpha\sin\beta\sin\theta - \sin\alpha\sin\beta\cos\theta\cos\phi + \cos\beta\cos\theta\sin\phi)$$

2) 力矩方程

考虑式(1-33),其中,单元质量 dm 因角速度引起的动量矩为

$$d\boldsymbol{H} = \boldsymbol{r} \times (\boldsymbol{\Omega} \times \boldsymbol{r})dm \qquad (1-54)$$

如图1-47所示。式中 $\boldsymbol{r}$ 为质心至单元质量 dm 的矢径。对飞行器的全部质量积分,可得总的动量矩

$$\boldsymbol{H} = \int \boldsymbol{r} \times (\boldsymbol{\Omega} \times \boldsymbol{r})dm \qquad (1-55)$$

式中：

$$\boldsymbol{r} = \boldsymbol{i}x + \boldsymbol{j}y + \boldsymbol{k}z, \boldsymbol{\Omega} = \boldsymbol{i}p + \boldsymbol{j}q + \boldsymbol{k}r \qquad (1-56)$$

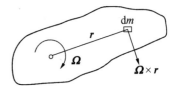

图 1 - 47   以角速度 $\boldsymbol{\Omega}$ 绕质心转
　　　　　　动的物体

依据

$$\boldsymbol{\Omega} \times \boldsymbol{r} = \begin{vmatrix} \boldsymbol{i} & \boldsymbol{j} & \boldsymbol{k} \\ p & q & r \\ x & y & z \end{vmatrix} = \boldsymbol{i}(qz - ry) + \boldsymbol{j}(rx - pz) + \boldsymbol{k}(py - xq) \qquad (1-57)$$

进一步有

$$\boldsymbol{r} \times (\boldsymbol{\Omega} \times \boldsymbol{r}) = \begin{vmatrix} \boldsymbol{i} & \boldsymbol{j} & \boldsymbol{k} \\ x & y & z \\ qz - ry & rx - pz & py - xq \end{vmatrix} \qquad (1-58)$$

展开式(1 - 55)，得

$$\begin{aligned} \boldsymbol{H} = &\boldsymbol{i}\int \left[(y^2 + z^2)p - xyq - xzr \right] \mathrm{d}m + \\ &\boldsymbol{j}\int \left[(z^2 + x^2)q - yzr - xyp \right] \mathrm{d}m + \\ &\boldsymbol{k}\int \left[(x^2 + y^2)r - xzp - yzq \right] \mathrm{d}m \end{aligned} \qquad (1-59)$$

式中：$\int (y^2 + z^2)\mathrm{d}m = I_x$ 是绕 Ox 轴的转动惯量；$\int xy\,\mathrm{d}m = I_{xy}$ 表示惯性积，依据假

设 $I_{xy} = I_{zy} = 0$；$\boldsymbol{H}$ 的各分量为

$$\begin{cases} H_x = pI_x - rI_{xz} \\ H_y = qI_y \\ H_z = rI_z - pI_{xz} \end{cases} \qquad (1-60)$$

代入式(1 - 35)，各轴分量为

$$\begin{cases} \dfrac{\tilde{\mathrm{d}}H_x}{\mathrm{d}t} = \dot{p}I_x - \dot{r}I_{xz} \\[2mm] \dfrac{\tilde{\mathrm{d}}H_y}{\mathrm{d}t} = \dot{q}I_y \\[2mm] \dfrac{\tilde{\mathrm{d}}H_z}{\mathrm{d}t} = \dot{r}I_z - \dot{p}I_{xz} \end{cases} \qquad (1-61)$$

　　假定飞机是质量不变的刚体，内部质量不在机内移动，则惯性矩和惯性积的时
间变化率为零，而

$$\Omega \times H = \begin{vmatrix} i & j & k \\ p & q & r \\ H_x & H_y & H_z \end{vmatrix} = i(qH_z - rH_y) + j(rH_x - pH_z) + k(pH_y - qH_x)$$

$$(1-62)$$

以及

$$\sum M = iL + jM + kN \qquad (1-63)$$

将式(1-60)~式(1-63)代入式(1-35),再代入式(1-33),令其各分量分别相等,可得机体轴系的力矩方程为

$$\begin{cases} \sum L = I_x \dot{p} - I_{xz} \dot{r} + (I_z - I_y)qr - I_{xz}pq \\ \sum M = I_y \dot{q} + (I_x - I_z)pr + I_{xz}(p^2 - r^2) \\ \sum N = I_z \dot{r} - I_{xz} \dot{p} + (I_y - I_x)qp + I_{xz}qr \end{cases} \qquad (1-64)$$

从式(1-64)可得

$$\begin{cases} I_x \dot{p} - I_{xz} \dot{r} = (I_y - I_z)qr + I_{xz}pq + \sum L \\ I_z \dot{r} - I_{xz} \dot{p} = (I_x - I_y)pq - I_{xz}qr + \sum N \\ I_y \dot{q} = (I_z - I_x)pr + I_{xz}(r^2 - p^2) + \sum M \end{cases} \qquad (1-65)$$

由式(1-65),最终得到3个力矩的状态方程:

$$\dot{p} = \frac{-I_z^2 + I_y I_z - I_{xz}^2}{I_x I_z - I_{xz}^2}qr + \frac{I_{xz}(I_z + I_x - I_y)}{I_x I_z - I_{xz}^2}pq + \frac{I_z \sum L + I_{xz} \sum N}{I_x I_z - I_{xz}^2}$$

$$(1-66)$$

$$\dot{q} = \frac{I_z - I_x}{I_y}pr + \frac{I_{xz}}{I_y}(r^2 - p^2) + \frac{1}{I_y}\sum M \qquad (1-67)$$

$$\dot{r} = \frac{I_{xz}(I_y - I_z - I_x)}{I_x I_z - I_{xz}^2}qr + \frac{-I_x I_y + I_x^2 + I_{xz}^2}{I_x I_z - I_{xz}^2}pq + \frac{I_{xz} \sum L + I_x \sum N}{I_x I_z - I_{xz}^2}$$

$$(1-68)$$

式(1-51),式(1-52),式(1-53)和式(1-66),式(1-67),式(1-68)为飞机六自由度动力学力方程与力矩方程。

另外,飞机的过载分别为

法向过载　因为 $a_z m = -L + G\cos(\theta - \alpha)$, a_z 为法向加速度
所以

$$n_z = \frac{a_z}{g} = \frac{-L}{mg} + \cos(\theta - \alpha) \qquad (1-69)$$

侧向过载　因为 $a_y m = Y + G\cos\theta\sin\gamma$

所以
$$n_y = \frac{a_y}{g} = \frac{Y}{mg} + \cos\theta\sin\gamma \qquad (1-70)$$

过载单位为 g。

采用机体轴系建立飞机动力学方程的优点是：

（1）可利用飞机的对称面，$I_{xy} = I_{zy} = 0$，使方程简化。

（2）在重量不变时，各转动惯量的惯性积是常数。

（3）机体轴的姿态角和角速度就是飞机的姿态角和角速度，可用安装在飞机上的位置陀螺和角速率陀螺直接测得而不必转换，对于飞行控制设计和实现是很方便的。

（4）飞控的主要目标是增稳和姿态稳定，使用机体坐标系最直接也最为方便。

1.2.1.3　飞机的其他坐标系及转换

飞机的力矩方程直接建立在机体坐标系下，在用其他坐标系定义时不变，在不同的坐标系定义下力的动力学方程需要改变，因此，下面仅给出稳定轴系和苏制坐标系的力方程描述。

1）美制坐标系的稳定轴系飞机力方程

稳定轴系与机体轴系的关系如图 1-48 所示。

设稳定轴系为 $S_{Ox_s y_s g_s}$，它与机体轴系固连，其 Ox_s 轴与基准运动的质心速度一致，两者仅相差一个固定的等速平飞迎角 α_0。

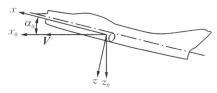

图 1-48　稳定轴系与机体轴系

依据飞机受力图 1-46，考虑稳定轴系，可得

升力 L——飞机对称面内，垂直于速度方向，向上（稳定轴系）；

阻力 D——飞机对称面内，在速度的反方向上（稳定轴系）；

侧力 Y——垂直于对称面，指向机体右侧（稳定轴系）；

重力 G——垂直向下（地轴系）；

推力 T——沿机体轴，向前（机体轴系）。

地面坐标系到机体轴系的变换矩阵 $\boldsymbol{T}_{bg}$ 不变，稳定坐标系到机体坐标系的变换矩阵 $\boldsymbol{T}_{bs}$ 为

$$\boldsymbol{T}_{bs} = \begin{bmatrix} \cos\alpha & 0 & -\sin\alpha \\ 0 & 1 & 0 \\ \sin\alpha & 0 & \cos\alpha \end{bmatrix}, \text{它的逆矩阵：} \boldsymbol{T}_{sb} = \boldsymbol{T}_{bs}^{T}$$

飞机受到的合力，转换到机体坐标系：

$$\left(\sum\boldsymbol{F}\right)_{body} = \boldsymbol{T}_{bg}\begin{bmatrix}0\\0\\G\end{bmatrix}_{ground} + \boldsymbol{T}_{bs}\begin{bmatrix}-D\\Y\\-L\end{bmatrix}_{sta} + \begin{bmatrix}T\\0\\0\end{bmatrix}_{body} \qquad (1-71)$$

在机体轴系，可以得到 3 个方向的总受力为

$$\begin{cases} \sum F_x = T - G\sin\theta + L\sin\alpha - D\cos\alpha \\ \sum F_y = G\cos\theta\sin\phi + Y \\ \sum F_z = G\cos\theta\cos\phi - L\cos\alpha - D\sin\alpha \end{cases} \quad (1-72)$$

经过与前面机体轴系方程的同样推导过程，可以获得稳定轴系的力方程：

$$\dot{V} = \frac{1}{m}(T\cos\alpha\cos\beta + Y\sin\beta - D\cos\beta) -$$

$$g(\cos\alpha\cos\beta\sin\theta - \sin\alpha\cos\beta\cos\theta\cos\phi - \sin\beta\cos\theta\sin\phi)$$

$$(1-73)$$

$$\dot{\alpha} = q - \tan\beta(p\cos\alpha + r\sin\alpha) + \frac{g}{V\cos\beta}(\sin\alpha\sin\theta + \cos\alpha\cos\theta\cos\phi) -$$

$$\frac{1}{mv\cos\beta}(L + T\sin\alpha)$$

$$(1-74)$$

$$\dot{\beta} = (p\sin\alpha - r\cos\alpha) + \frac{1}{mV}(Y\cos\beta - T\cos\alpha\sin\beta + D\sin\beta) +$$

$$(1-75)$$

$$\frac{g}{V}(\cos\alpha\sin\beta\sin\theta - \sin\alpha\sin\beta\cos\theta\cos\phi + \cos\beta\cos\theta\sin\phi)$$

同理，如果要获得速度轴系等其他轴系的力方程描述，采用的方法步骤与获得稳定轴系的方法相同。

2）苏制坐标系机体轴系飞机力方程

苏制坐标系的机体 3 个轴定义与美制坐标系不同，原点 O 取在飞机质心处，坐标系与飞机固连；Ox 轴在飞机对称平面内，平行于飞机的机身设计轴线，指向机头；Oz 轴垂直于飞机对称平面，指向机身右方；Oy 轴在飞机对称平面内，与 Ox 轴垂直，指向机身上方，$Oxyz$ 的方向符合右手定则，符号定义有一些不同。

推导过程与美制坐标系飞机方程导出过程相同。其受力为

升力 Y——飞机对称面内，垂直于速度方向，向上（气流轴系）；

阻力 Q——飞机对称面内，在速度的反方向上（气流轴系）；

侧力 Z——垂直于 Y 和 Q，指向机体右侧（机体轴系）；

重力 G——垂直向下（地轴系）；

推力 T——沿机体轴，向前（机体轴系），无推力矢量。

在机体轴系，可以得到 3 个方向的总受力为

$$\begin{cases} \sum F_x = T - G\sin\theta + Y\sin\alpha - Q\cos\alpha \\ \sum F_y = -G\cos\theta\cos\gamma + Y\cos\alpha + Q\sin\alpha\cos\beta \\ \sum F_z = G\cos\theta\sin\gamma - Q\sin\beta + Z \end{cases} \quad (1-76)$$

依据同样过程的推导,力方程为

$$\dot{V} = \frac{1}{m}(T\cos\alpha\cos\beta - Q + Z\sin\beta) - \tag{1-77}$$

$$g(\cos\alpha\cos\beta\sin\theta - \sin\alpha\cos\beta\cos\theta\cos\gamma - \sin\beta\cos\theta\sin\gamma)$$

$$\dot{\alpha} = \omega_z - \tan\beta(\omega_x\cos\alpha - \omega_y\sin\alpha) + \frac{g}{V\cos\beta}(\sin\alpha\sin\theta + \cos\alpha\cos\theta\cos\gamma) -$$

$$\frac{1}{mv\cos\beta}(Y + T\sin\alpha)$$

$$\tag{1-78}$$

$$\dot{\beta} = \omega_x\sin\alpha + \omega_y\cos\alpha + \frac{1}{mV}(-T\cos\alpha\sin\beta + Z\cos\beta) + \tag{1-79}$$

$$\frac{g}{V}(\cos\alpha\sin\beta\sin\theta - \sin\alpha\sin\beta\cos\theta\cos\gamma + \cos\beta\cos\theta\sin\gamma)$$

1.2.1.4 飞机方程的快速推导程序方法

由于上述各个轴系定义的方程推导过程都相同,可以利用 MATLAB 的符号语言进行推导,避免人工推导中的错误,以便尽快获得飞机的动力学方程。依据式(1-64)~式(1-68),美制坐标系推导力方程的 MATLAB 程序如下:

```
% 美制坐标系, 飞机力方程推导, Z 轴向下, Y 轴向右, X, Y, Z 轴的速度分
别为 u, v, w
% 得出速度 Vdot, 迎角 alfadot, 侧滑角 betadot 的导数方程
% VTR= sym('(u^2+ v^2)^1/2');
u= sym('V*cos(alfa)*cos(beta)');          % 速度 V 在 X 轴的投影
v= sym('V*sin(beta)');                     % 速度 V 在 Y 轴的投影
w= sym('V*sin(alfa)*cos(beta)');          % 速度 V 在 Z 轴的投影
ud= sym('r*v- q*w+ 1/m*fx');              % Vxdot 定义 Vx 的导数
vd= sym('p*w- r*u+ 1/m*fy');              % Vydot 定义 Vy 的导数
wd= sym('q*u- p*v+ 1/m*fz');              % Vzdot 定义 Vz 的导数
Vd= sym('(u*ud+ v*vd+ w*wd)/V');         % Vdot —— V 导数
alfad= sym('(u*wd- w*ud)/(u^2+ w^2)');   % alfadot ——迎角导数
betad= sym('(vd- Vd*sin(beta))/(V*cos(beta))'); % betadot ——侧滑角导数
% 代入 Vx- Vz, Vxd- Vzd, 求 Vdot, alfadot, betadot
Vd1= subs(Vd);
a1= subs(alfad);
b1= subs(betad);
% 定义三个方向的力 fx, fy, fz, 升力 L, 阻力 D, 侧力 Y, 重力 G, 推力
T, 侧力 Z 在机体轴系
% fx= sym('T- G*sin(thita)+ L*sin(alfa)- D*cos(alfa)*cos(beta)
```

```
- Z * cos(alfa)* sin(beta)');  侧力在气流轴系时用
fx= sym('T- G * sin(thita)+ L * sin(alfa)- D * cos(alfa)* cos(beta)');
fy= sym('G * cos(thita)* sin(fai)- D * sin(beta)+ Y');
fz= sym('G * cos(thita)* cos(fai)- L * cos(alfa)- D * sin(alfa)* cos(beta)');
% 代入力fx- fz，求Vdot, alfadot,  betadot
Vd2= subs(Vd1);
a2= subs(a1);
b2= subs(b1);
% 简化Vdot, alfadot,  betadot
Vdot= simplify(Vd2)% 简化Vdot
adot= simplify(a2)% 简化alfadot
b3= simplify(b2);  % 简化betadot
% 再一次简化betadot
b4= subs(b3);
bdot= simplify(b4)% betadot
```

由上式可见，利用 MATLAB 的符号语言可以快速、无误地获得各种坐标系下飞机的非线性方程。

同理，力矩方程可以由下面的程序获得：

```
% 美制坐标系， 飞机力矩方程推导， 机体坐标系
% 计算pdot, rdot, qdot, pd- pdot, rd- rdot, qd- qdot
s1= sym('Ix * pd- Ixz * rd+ (Iz- Iy)* q * r- Ixz * p * q= L');
s2= sym('Iy * qd+ (Ix- Iz)* p * r- Ixz *(r^2- p^2)= M');
s3= sym('Iz * rd- Ixz * pd+ (Iy- Ix)* p * q+ Ixz * q * r= N');
[pdot, qdot, rdot]= solve(s1, s2, s3, 'pd, qd, rd')
```

符号语言推导过程可以大大加快理论导出过程的进程，避免复杂方程导出过程中的错误。

1.2.2　飞机运动学方程

1.2.2.1　飞机的线运动

由空速获得地速为

$$
\begin{bmatrix} \dot{x}_d \\ \dot{y}_d \\ \dot{z}_d \end{bmatrix} = \boldsymbol{T}_{ga} \begin{bmatrix} V \\ 0 \\ 0 \end{bmatrix}
$$

因此飞机飞行的位置为

$$x_{\mathrm{d}} = \int \dot{x}_{\mathrm{d}} \mathrm{d}t$$

$$y_{\mathrm{d}} = \int \dot{y}_{\mathrm{d}} \mathrm{d}t$$

$$z_{\mathrm{d}} = \int \dot{z}_{\mathrm{d}} \mathrm{d}t$$

1.2.2.2 飞机的姿态运动

基于地轴系的飞机的 3 个欧拉角可以由各自的角速率积分获得

$$\theta = \int \dot{\theta} \mathrm{d}t$$

$$\phi = \int \dot{\phi} \mathrm{d}t$$

$$\varphi = \int \dot{\psi} \mathrm{d}t$$

一般飞机的 3 个姿态角速率不直接等于机体轴 3 个角速率的积分,姿态角速率的定义为

$\dot{\psi}$——沿 Oz_{g} 轴的向量,向下为正;

$\dot{\theta}$——在水平面内与 Ox 轴在水平面上的投影线相垂直,向右为正;

$\dot{\phi}$——沿 Ox 轴的向量,向前为正。

将 3 个姿态角变化率向机体轴上投影,得

$$\begin{bmatrix} p \\ q \\ r \end{bmatrix} = \begin{bmatrix} 1 & 0 & -\sin\theta \\ 0 & \cos\phi & \sin\phi\cos\theta \\ 0 & -\sin\phi & \cos\phi\cos\theta \end{bmatrix} \begin{bmatrix} \dot{\phi} \\ \dot{\theta} \\ \dot{\psi} \end{bmatrix} = \begin{bmatrix} \dot{\phi} - \dot{\varphi}\sin\theta \\ \dot{\theta}\cos\phi + \dot{\varphi}\cos\theta\sin\phi \\ -\dot{\theta}\sin\phi + \dot{\varphi}\cos\theta\cos\phi \end{bmatrix}$$

$$(1-80)$$

或反之:

$$\begin{cases} \dot{\theta} = q\cos\phi - r\sin\phi \\ \dot{\phi} = p + (r\cos\phi + q\sin\phi)\tan\theta \\ \dot{\psi} = \dfrac{1}{\cos\theta}(r\cos\phi + q\sin\phi) \end{cases} \quad (1-81)$$

由式(1-81)可知,当飞机滚转角、俯仰角近似为零时,飞机基于地轴系的姿态角速率才等于机体轴系的角速率。

1.3 飞行的平衡状态与飞机非线性模型的线性化

1.3.1 小扰动原理与线性化方法

飞机动力学方程一般是非线性的,在飞机建模时,常常使用线性模型。大型民机的飞行模态包括起飞、着陆、爬升、进场下滑和定常平飞,这些飞行模态为常规定

常飞行模态,即保持姿态固定、速度基本不变和飞行轨迹基本不变的飞行,也定义为平衡状态飞行。飞机的飞行包线包括多个随高度、马赫数变化的平飞平衡状态,也包括爬升、下滑等飞行状态,平衡状态飞行符合小扰动原理。

小扰动原理定义为飞机保持某个平衡状态飞行,受到的扰动包括驾驶员控制指令在较小的范围内,使得飞行不会或仅有小范围偏离原有平衡状态,体现在气动参数仍保持线性段特性,未进入非线性范围。虽然称为"小扰动",但对于大型民机来说,由于基本飞行模态是平衡飞行状态,因此,在大的飞行包线内的各个平衡状态都符合小扰动原理,小扰动原理对于民机基本是全包线适用的。

采用小扰动假设下的飞机非线性模型的线性化原理如下:

设飞机动力学的非线性方程为

$$\dot{x} = f(x, u)$$

在平衡点上,满足平衡条件 $\dot{x}_0 = f(x_0, u_0) = 0$,因此有 $\Delta \dot{x} = \dot{x} - \dot{x}_0 = f(x, u) - f(x_0, u_0) \approx \dfrac{\partial f}{\partial x}\Big|_{x_0, u_0} \Delta x + \dfrac{\partial f}{\partial u}\Big|_{x_0, u_0} \Delta u$。

线化方程按照下面的方式进行:

$$\Delta \dot{x} = \frac{\partial f(x, u)}{\partial x}\Bigg|_{\substack{x=x_0 \\ u=u_0}} \Delta x + \frac{\partial f(x, u)}{\partial u}\Bigg|_{\substack{x=x_0 \\ u=u_0}} \Delta u \tag{1-82}$$

式(1-82)为飞机的线性方程,它表明,线性方程本质上是在平衡状态下的增量方程,即飞机保持平衡状态飞行时,受到扰动或控制时,偏离平衡状态的动态特性,在外界未知扰动下,稳定的飞行应当能够使得线性方程的所有状态量回到起始状态,即增量的变化最终为零。

1.3.2　飞行中平衡状态的定义与平衡飞行条件

1.3.2.1　定值平飞的平衡飞行条件

以定直平飞为例:飞机在某个固定的高度、以某个固定的马赫数做定直平飞时,需要满足的条件为:升力=重力,推力=阻力,俯仰力矩=0,侧力、滚转力矩及偏航力矩均为零,写为

$$L_{\text{lif}} = G, \; T = T_0 = D = D_0, \; Y_0 = 0, \; L_0 = M_0 = N_0 = 0 \tag{1-83}$$

在飞机飞行中受到的合力和合力矩在满足式(1-83)的条件下,飞机的基本状态量为

$$\alpha = \alpha_0, \; \theta = \theta_0 = \alpha_0, \; \beta = \phi = 0, \; q = p = r = 0 \tag{1-84}$$

具体来讲,水平定直平飞时,由飞机的平衡迎角产生平衡升力抵消重力,一般由升降舵偏转的舵偏角产生俯仰力矩与升力产生的俯仰力矩平衡,使飞机俯仰力矩之和为零,同时,飞行中迎角产生的阻力通过发动机推力抵消;其余两轴力矩之和为零;飞机三轴角速率均为零。

飞机在全飞行包线内,只要保持定直平飞,都会满足这个条件。

1.3.2.2 飞行平衡条件导出

飞行中的平衡条件直接由非线性方程代入上述平衡点的定义给出。

1) 推力与阻力

由

$$\dot{V} = \frac{1}{m}(T\cos\alpha\cos\beta + Y\sin\beta - D) -$$
$$g(\cos\alpha\cos\beta\sin\theta - \sin\alpha\cos\beta\cos\theta\cos\phi - \sin\beta\cos\theta\sin\phi)$$

可得

$$\dot{V}_0 = \frac{1}{m}(T_0\cos\alpha_0\cos\beta_0 + Y_0\sin\beta_0 - D_0) -$$
$$g(\cos\alpha_0\cos\beta_0\sin\theta_0 - \sin\alpha_0\cos\beta_0\cos\theta_0\cos\phi_0 - \sin\beta_0\cos\theta_0\sin\phi_0)$$
$$= \frac{1}{m}(T_0\cos\alpha_0 - D_0) - g(\cos\alpha_0\sin\theta_0 - \sin\alpha_0\cos\theta_0)$$
$$= \frac{1}{m}(T_0\cos\alpha_0 - D_0)$$

近似为 $T_0 = D_0$,平飞时满足推力 $T =$ 阻力 D。

2) 升力与重力

由

$$\dot{\alpha} = q - \tan\beta(p\cos\alpha + r\sin\alpha) + \frac{g}{V\cos\beta}(\sin\alpha\sin\theta + \cos\alpha\cos\theta\cos\phi) -$$
$$\frac{1}{mV\cos\beta}(L + T\sin\alpha)$$

可得

$$\dot{\alpha}_0 = q_0 - \tan\beta_0(p_0\cos\alpha_0 + r_0\sin\alpha_0) + \frac{g}{V_0\cos\beta_0}(\sin\alpha_0\sin\theta_0 + \cos\alpha_0\cos\theta_0\cos\phi_0) -$$
$$\frac{1}{mV_0\cos\beta_0}(L_0 + T_0\sin\alpha_0)$$
$$= \frac{g}{V_0}(\sin^2\alpha_0 + \cos^2\alpha_0) - \frac{1}{mV_0}(L_0 + T_0\sin\alpha_0)$$
$$= 0$$

于是有 $g = \frac{1}{m}(L_0 + T_0\sin\alpha_0)$,或 $mg = L_0 + T_0\sin\alpha_0$,近似为 $mg = L_0$,即平飞时:
升力 $L =$ 重力 G。

3）侧力

由

$$\dot{\beta} = p\sin\alpha - r\cos\alpha + \frac{1}{mV}(-T\cos\alpha\sin\beta + Y\cos\beta) +$$

$$\frac{g}{V}(\cos\alpha\sin\beta\sin\theta - \sin\alpha\sin\beta\cos\theta\cos\phi + \cos\beta\cos\theta\sin\phi)$$

可得

$$\dot{\beta}_0 = p_0\sin\alpha_0 - r_0\cos\alpha_0 + \frac{1}{mV_0}(-T_0\cos\alpha_0\sin\beta_0 + Y_0\cos\beta_0) +$$

$$\frac{g}{V_0}(\cos\alpha_0\sin\beta_0\sin\theta_0 - \sin\alpha_0\sin\beta_0\cos\theta_0\cos\phi_0 + \cos\beta_0\cos\theta_0\sin\phi_0)$$

$$= \frac{1}{m}Y_0$$

$$= 0$$

即平飞时侧力＝0。

4）力矩

满足定直平飞条件，需要满足飞机三轴力矩为 0，即 $L_0 = M_0 = N_0 = 0$，同理，三轴角速率也均为 0，$p = q = r = 0$。

1.3.3　基于小扰动原理的线性方程导出

设飞机动力学所有状态量为

$\boldsymbol{x} = \begin{bmatrix} v & \alpha & q & \theta & \beta & p & r & \phi \end{bmatrix}^{\mathrm{T}}$，控制量 $\boldsymbol{u} = \begin{bmatrix} \delta_T & \delta_e & \delta_a & \delta_r \end{bmatrix}^{\mathrm{T}}$

1）速度方程线性化

由速度的非线性方程：

$$\dot{V} = \frac{1}{m}(T\cos\alpha\cos\beta + Y\sin\beta - D) -$$

$$g(\cos\alpha\cos\beta\sin\theta - \sin\alpha\cos\beta\cos\theta\cos\phi - \sin\beta\cos\theta\sin\phi)$$

可得其导数（或增量方程）方程：

$$\Delta\dot{V} = \frac{1}{m}(T'(x)\cos\alpha_0\cos\beta_0\Delta x + T_0(-\sin\alpha_0\cos\beta_0\Delta\alpha) - T_0\cos\alpha_0\sin\beta_0\Delta\beta +$$

$$Y'(x)\sin\beta_0\Delta x + Y_0\cos\beta_0\Delta\beta - D'(x)\Delta x) -$$

$$g(-\sin\alpha_0\cos\beta_0\sin\theta_0\Delta\alpha - \cos\alpha_0\sin\beta_0\sin\theta_0\Delta\beta + \cos\alpha_0\cos\beta_0\cos\theta_0\Delta\theta -$$

$$\cos\alpha_0\cos\beta_0\cos\theta_0\cos\phi_0\Delta\alpha + \sin\alpha_0\sin\beta_0\cos\theta_0\cos\phi_0\Delta\beta +$$

$$\sin\alpha_0\cos\beta_0\sin\theta_0\cos\phi_0\Delta\theta + \sin\alpha_0\cos\beta_0\cos\theta_0\sin\phi_0\Delta\varphi -$$

$$\cos\beta_0\cos\theta_0\sin\phi_0\Delta\beta + \sin\beta_0\sin\theta_0\sin\phi_0\Delta\theta - \sin\beta_0\cos\theta_0\cos\phi_0\Delta\phi)$$

依据平衡条件,设 $\sin\alpha_0 \approx 0$,$\cos\alpha_0 \approx 1$,代入上式,得

$$\Delta\dot{V} = \frac{1}{m}\big[T(x)'\Delta x - D'(x)\Delta x\big] - g(\Delta\theta - \Delta\alpha)$$

设 $T = T(V,\delta_T)$,$D = D(V,\alpha)$,上式进一步写为

$$\Delta\dot{V} = \frac{1}{m}\big[T_V^{\text{a}}\Delta V + T_{\delta_T}^{\text{a}}\Delta\delta_T - D_V^{\text{a}}\Delta V - D_\alpha^{\text{a}}\Delta\alpha\big] - g(\Delta\theta - \Delta\alpha)$$

$$= \frac{T_V^{\text{a}} - D_V^{\text{a}}}{m}\Delta V - \Big(\frac{D_\alpha^{\text{a}}}{m} - g\Big)\Delta\alpha - g\Delta\theta + \frac{T_{\delta_T}^{\text{a}}}{m}\Delta\delta_T \tag{1-85}$$

所以 $$\Delta\dot{V} = T_V\Delta V - D_\alpha\Delta\alpha - g\Delta\theta + T_{\delta_T}\Delta\delta_T$$

式中:$T_v = \dfrac{T_V^{\text{a}} - D_V^{\text{a}}}{m}$;$D_\alpha = \dfrac{D_\alpha^{\text{a}}}{m} - g$;$T_{\delta_T} = \dfrac{T_{\delta_T}^{\text{a}}}{m}$。上标 a 表示是空气动力产生的气动力,以下相同。

2) 迎角方程线性化

由迎角的非线性方程:

$$\dot{\alpha} = q - \tan\beta(p\cos\alpha + r\sin\alpha) + \frac{g}{V\cos\beta}(\sin\alpha\sin\theta + \cos\alpha\cos\theta\cos\phi) -$$

$$\frac{1}{mv\cos\beta}(L + T\sin\alpha)$$

由于 $T\sin\alpha \ll L$,在线性化过程中,上式可忽略 $T\sin\alpha$ 项。

依据与 V 方程相同的方法,对每一项分别求导,代入线性方程的平衡条件,设升力 L 是速度、迎角和升降舵偏转角的函数,可得

$$\Delta\dot{\alpha} = \Delta q - \frac{1}{mV_0}\big[L_V^{\text{a}}\Delta V + L_\alpha^{\text{a}}\Delta\alpha + L_{\delta_e}^{\text{a}}\Delta\delta_e\big]$$

$$= \Delta q - L_V\Delta V - L_\alpha\Delta\alpha - L_{\delta_e}\Delta\delta_e \tag{1-86}$$

式中:$L_V = \dfrac{1}{mV_0}L_V^{\text{a}}$;$L_\alpha = \dfrac{1}{mV_0}L_\alpha^{\text{a}}$;$L_{\delta_e} = \dfrac{1}{mV_0}L_{\delta_e}^{\text{a}}$。

3) 侧滑角方程的线性化

由侧滑角的非线性方程:

$$\dot{\beta} = p\sin\alpha - r\cos\alpha + \frac{1}{mV}(-T\cos\alpha\sin\beta + Y\cos\beta) +$$

$$\frac{g}{V}(\cos\alpha\sin\beta\sin\theta - \sin\alpha\sin\beta\cos\theta\cos\phi + \cos\beta\cos\theta\sin\phi)$$

依据上式相同的方法,对每一项分别求导,代入线性方程的平衡条件,忽略 p 和 r 产生的侧力(很小,一般忽略不计),由于 $T\cos\alpha\sin\beta \ll Y\cos\beta$,可忽略。设

$$Y'(x)\Delta x = Y_\beta\Delta\beta + Y_{\delta_r}\Delta\delta_r$$

可得

$$\Delta \dot{\beta} = -\Delta r + \frac{1}{mV_0}(Y_{\beta}^a \Delta \beta + Y_{\delta_r}^a \Delta \delta_r) + \frac{g}{V_0}\Delta \phi$$

$$= -\Delta r + Y_{\beta}\Delta \beta + Y_{\delta_r}\Delta \delta_r + \frac{g}{V_0}\Delta \phi \tag{1-87}$$

式中：$Y_{\beta} = \dfrac{1}{mV_0}Y_{\beta}^a$；$Y_{\delta_r} = \dfrac{1}{mV_0}Y_{\delta_r}^a$。

4）角速率方程的线性化

三轴角速率方程依据平衡状态下三轴角速率＝0 的条件，可以很容易获得线性方程。

（1）滚转角速率 p。

$$\Delta \dot{p} = b_{1l}(\sum L)' + b_{1n}(\sum N)' = b_{1l}(L_{\beta}^a \Delta \beta + L_p^a \Delta p + L_r^a \Delta r + L_{\delta_a}^a \Delta \delta_a + L_{\delta_r}^a \Delta \delta_r) +$$
$$b_{1n}(N_{\beta}^a \Delta \beta + N_p^a \Delta p + N_r^a \Delta r + N_{\delta_a}^a \Delta \delta_a + N_{\delta_r}^a \Delta \delta_r)$$
$$= (b_{1l}L_{\beta}^a + b_{1n}N_{\beta}^a)\Delta \beta + (b_{1l}L_p^a + b_{1n}N_p^a)\Delta p + (b_{1l}L_r^a + b_{1n}N_r^a)\Delta r +$$
$$(b_{1l}L_{\delta_r}^a + b_{1n}N_{\delta_r}^a)\Delta \delta_r + (b_{1l}L_{\delta_a}^a + b_{1n}N_{\delta_a}^a)\Delta \delta_a$$

$$\Delta \dot{p} = L_{\beta}\Delta \beta + L_p \Delta p + L_r \Delta r + L_{\delta_a}\Delta \delta_a + L_{\delta_r}\Delta \delta_r \tag{1-88}$$

式中：$L_{\beta} = b_{1l}L_{\beta}^a + b_{1n}N_{\beta}^a$；$L_p = b_{1l}L_p^a + b_{1n}N_p^a$；$L_r = b_{1l}L_r^a + b_{1n}N_r^a$；$L_{\delta_a} = b_{1l}L_{\delta_a}^a + b_{1n}N_{\delta_a}^a$；$L_{\delta_r} = b_{1l}L_{\delta_r}^a + b_{1n}N_{\delta_r}^a$。

（2）俯仰角速率 q。

$$\Delta \dot{q} = M_V \Delta V + M_a \Delta \alpha + M_q \Delta q + M_{\dot{\alpha}} \dot{\alpha} + M_{\delta_e}\Delta \delta_e$$

式中：$M_V = b_{23}M_V^a$；$M_a = b_{23}M_a^a$；$M_q = b_{23}M_q^a$；$M_{\dot{\alpha}} = b_{23}M_{\dot{\alpha}}^a$；$M_{\delta_e} = b_{23}M_{\delta_e}^a$。

由于 q 方程中含有变量 $\dot{\alpha}$，将 $\dot{\alpha}$ 方程代入 q 方程，可得

$$\Delta \dot{q} = M_V \Delta V + M_a \Delta \alpha + M_q \Delta q + M_{\dot{\alpha}}(\Delta q - L_V \Delta V - L_a \Delta \alpha - L_{\delta_e}\Delta \delta_e) + M_{\delta_e}\Delta \delta_e$$
$$= (M_V - M_{\dot{\alpha}}L_V)\Delta V + (M_a - M_{\dot{\alpha}}L_a)\Delta \alpha + (M_q + M_{\dot{\alpha}})\Delta q + (M_{\delta_e} - M_{\dot{\alpha}}L_{\delta_e})\Delta \delta_e \tag{1-89}$$

（3）偏航角速率 r。

$$\Delta \dot{r} = b_{3l}(\sum L)' + b_{3n}(\sum N)' = b_{3l}(L_{\beta}^a \Delta \beta + L_p^a \Delta p + L_r^a \Delta r + L_{\delta_a}^a \Delta \delta_a + L_{\delta_r}^a \Delta \delta_r) +$$
$$b_{3n}(N_{\beta}^a \Delta \beta + N_p^a \Delta p + N_r^a \Delta r + N_{\delta_a}^a \Delta \delta_a + N_{\delta_r}^a \Delta \delta_r)$$
$$= (b_{3l}L_{\beta}^a + b_{3n}N_{\beta}^a)\Delta \beta + (b_{3l}L_p^a + b_{3n}N_p^a)\Delta p + (b_{3l}L_r^a + b_{3n}N_r^a)\Delta r +$$
$$(b_{3l}L_{\delta_r}^a + b_{3n}N_{\delta_r}^a)\Delta \delta_r + (b_{3l}L_{\delta_a}^a + b_{3n}N_{\delta_a}^a)\Delta \delta_a$$

$$\Delta \dot{r} = N_{\beta}\Delta \beta + N_p \Delta p + N_r \Delta r + N_{\delta_a}\Delta \delta_a + N_{\delta_r}\Delta \delta_r \tag{1-90}$$

式中：$N_{\beta} = b_{3l}L_{\beta}^a + b_{3n}N_{\beta}^a$；$N_p = b_{3l}L_p^a + b_{3n}N_p^a$；$N_r = b_{3l}L_r^a + b_{3n}N_r^a$；$N_{\delta_r} = b_{3l}L_{\delta_r}^a +$

$b_{3n}N_{\delta_r}^a$；$N_{\delta_a} = b_{3l}L_{\delta_a}^a + b_{3n}N_{\delta_a}^a$。

1.3.4　飞机线性方程的纵向与横航向分类

六自由度飞机线性动力学方程进一步可以分为纵向和横航向线性方程。

纵向运动包括飞机速度的增减、质心的升降和绕 Oy 轴的俯仰角运动,在飞机方程中的变量是飞机的速度 V,迎角 α 和俯仰角速率 q。

由式(1-85),式(1-86)和式(1-89)可得飞机纵向动力学方程:

$$\begin{cases} \Delta \dot{V} = T_V \Delta V - D_\alpha \Delta \alpha - g \Delta \theta + T_{\delta_T} \Delta \delta_T \\ \Delta \dot{\alpha} = \Delta q - L_V \Delta V - L_\alpha \Delta \alpha - L_{\delta_e} \Delta \delta_e \\ \Delta \dot{q} = (M_V - M_{\dot{\alpha}} L_V) \Delta V + (M_\alpha - M_{\dot{\alpha}} L_\alpha) \Delta \alpha + \\ \qquad (M_q + M_{\dot{\alpha}}) \Delta q + (M_{\delta_e} - M_{\dot{\alpha}} L_{\delta_e}) \Delta \delta_e \end{cases} \quad (1-91)$$

飞机的横航向运动包括质心的侧向移动,绕 Oz 轴的偏航角运动和绕 Ox 轴的滚转角运动,在飞机动力学方程中的变量是侧滑角 β,滚转角速率 p 和偏航角速率 r。

飞机横航向动力学方程:

$$\begin{cases} \Delta \dot{\beta} = - \Delta r + Y_\beta \Delta \beta + Y_{\delta_r} \Delta \delta_r + \dfrac{g}{V_0} \Delta \phi \\ \Delta \dot{p} = L_\beta \Delta \beta + L_p \Delta p + L_r \Delta r + L_{\delta_a} \Delta \delta_a + L_{\delta_r} \Delta \delta_r \\ \Delta \dot{r} = N_\beta \Delta \beta + N_p \Delta p + N_r \Delta r + N_{\delta_a} \Delta \delta_a + N_{\delta_r} \Delta \delta_r \end{cases} \quad (1-92)$$

应当注意,如果飞机不是做对称定直平飞(如带侧滑飞行、盘旋飞行等),飞机方程仍可以进行线性化,但飞机的纵向与横航向运动之间会存在小量的相互联系,不可忽略。

1.3.5　飞机六自由度线性方程

最终得出飞机动力学状态方程:

由式(1-91)得纵向四阶线性方程为 $\dot{x} = A_z x + B_z u$, $x = \begin{bmatrix} V & \alpha & q & \theta \end{bmatrix}^T$, $u = \begin{bmatrix} \delta_T & \delta_e \end{bmatrix}^T$,

$$A_z = \begin{bmatrix} T_V & -D_\alpha & 0 & -g \\ -L_V & -L_\alpha & 1 & 0 \\ M_V - M_{\dot{\alpha}} L_V & M_\alpha - M_{\dot{\alpha}} L_\alpha & M_q + M_{\dot{\alpha}} & 0 \\ 0 & 0 & 1 & 0 \end{bmatrix}, \quad B_z = \begin{bmatrix} T_{\delta_T} & 0 \\ 0 & -L_{\delta_e} \\ 0 & M_{\delta_e} - M_{\dot{\alpha}} L_{\delta_e} \\ 0 & 0 \end{bmatrix}$$

$$(1-93)$$

由式(1-92)得横航向四阶线性方程为 $\dot{x} = A_h x + B_h u$, $x = \begin{bmatrix} \beta & p & r & \phi \end{bmatrix}^T$, $u = \begin{bmatrix} \delta_a & \delta_r \end{bmatrix}^T$,

$$\boldsymbol{A}_h = \begin{bmatrix} Y_\beta & 0 & -1 & g/V_0 \\ L_\beta & L_p & L_r & 0 \\ N_\beta & N_p & N_r & 0 \\ 0 & 1 & 0 & 0 \end{bmatrix}, \boldsymbol{B}_h = \begin{bmatrix} 0 & Y_{\delta_r} \\ L_{\delta_a} & L_{\delta_r} \\ N_{\delta_a} & N_{\delta_r} \\ 0 & 0 \end{bmatrix} \qquad (1-94)$$

式中：V 的单位为 m/s；α, β, ϕ, θ, δ_T, δ_e, δ_a, δ_r 的单位为 rad；p, q, r 的单位为 1/s；力的单位为 N；力矩的单位为 N·m；方程中各大导数的单位和定义如表 1-3 所示。

表 1-3　线性方程大导数表

符号	表达式	单位	备注
T_V	$T_V = \dfrac{T_V^a - D_V^a}{m}$	1/s	
D_α	$D_\alpha = \dfrac{D_\alpha^a}{m} - g$	1/s	
T_{δ_T}	$T_{\delta_T} = \dfrac{T_{\delta_T}^a}{m}$	m/s^2	
L_V	$L_V = \dfrac{-L_V^a}{mV_0} = -C_{L_V}\dfrac{QS}{mV_0^2}$	1/m	
L_α	$L_\alpha = \dfrac{-L_\alpha^a}{mV_0} = -C_{L_\alpha}\dfrac{QS}{mV_0} \cdot 57.3$	1/m	
L_{δ_e}	$L_{\delta_e} = \dfrac{-L_{\delta_e}^a}{mV_0} = -C_{L_{\delta_e}}\dfrac{QS}{mV} \cdot 57.3$	1/m	
M_V	$M_V = b_{23}\dfrac{\partial M}{\partial V} = C_{m_V}\dfrac{QSc_A}{I_y V_0}$	1/s^2	
M_α	$M_\alpha = b_{23}\dfrac{\partial M}{\partial \alpha} = C_{m_\alpha}\dfrac{QSc_A}{I_y} \cdot 57.3$	1/s^2	
M_q	$M_q = b_{23}\dfrac{\partial M}{\partial q}\dfrac{c_A}{2V} = C_{m_q}\dfrac{QSc_A^2}{2I_y V_0}$	1/s	
M_{δ_e}	$M_{\delta_e} = b_{23}\dfrac{\partial M}{\partial \delta_e} = C_{m_{\delta_e}}\dfrac{QSc_A}{I_y} \cdot 57.3$	1/s^2	
$M_{\dot\alpha}$	$M_{\dot\alpha} = b_{23}\dfrac{\partial M}{\partial \dot\alpha}\dfrac{c_A}{2V} = c_{m_{\dot\alpha}}\dfrac{QSc_A^2}{2I_y V_0} \cdot 57.3$	1/s	迎角导数取 rad/s
Y_β	$Y_\beta = \dfrac{Y_\beta^a}{mV_0} = C_{Y_\beta} \cdot 57.3\dfrac{QS}{mV_0}$	1/s	
Y_{δ_a}	$Y_{\delta_a} = \dfrac{Y_{\delta_a}^a}{mV_0} = C_{Y_{\delta_a}}\dfrac{QS}{mV_0} \cdot 57.3$	1/s	
L_β	$L_\beta = b_{1l}L_\beta^a + b_{1n}N_\beta^a = C_{L_\beta}\dfrac{QSl}{I_x} \cdot 57.3$	1/s^2	
L_p	$L_p = b_{1l}L_p^a + b_{1n}N_p^a = C_{L_p}\dfrac{QSl}{I_x}\dfrac{l}{2V} = C_{L_p}\dfrac{QSl^2}{2I_x V_0}$	1/s^2	
L_r	$L_r = b_{1l}L_r^a + b_{1n}N_r^a = C_{L_r}\dfrac{QSl}{I_x}\dfrac{l}{2V} = C_{L_r}\dfrac{QSl^2}{2I_x V_0}$	1/s	
L_{δ_a}	$L_{\delta_a} = b_{1l}L_{\delta_a}^a + b_{1n}N_{\delta_a}^a = C_{L_{\delta_a}}\dfrac{QSl}{I_x} \cdot 57.3$	1/s^2	

（续表）

符号	表达式	单位	备注
L_{δ_r}	$L_{\delta_r} = b_{1l}L_{\delta_r}^a + b_{1n}N_{\delta_r}^a = C_{L_{\delta_r}}\dfrac{QSl}{I_x} \cdot 57.3$	$1/s^2$	
N_β	$N_\beta = b_{3l}L_\beta^a + b_{3n}N_\beta^a = C_{N_\beta}\dfrac{QSl}{I_z} \cdot 57.3$	$1/s$	
N_p	$N_p = b_{3l}L_p^a + b_{3n}N_p^a = C_{N_p}\dfrac{QSl}{I_z}\dfrac{l}{2V} = C_{N_p}\dfrac{QSl^2}{2I_zV_0}$	$1/s$	
N_r	$N_r = b_{3l}L_r^a + b_{3n}N_r^a = C_{N_r}\dfrac{QSl}{I_z}\dfrac{l}{2V} = C_{N_r}\dfrac{QSl^2}{2I_zV_0}$	$1/s$	
N_{δ_a}	$N_{\delta_a} = b_{3l}L_{\delta_a}^a + b_{3n}N_{\delta_a}^a = C_{N_{\delta_a}}\dfrac{QSl}{I_z} \cdot 57.3$	$1/s^2$	
N_{δ_r}	$N_{\delta_r} = b_{3l}L_{\delta_r}^a + b_{3n}N_{\delta_r}^a = C_{N_{\delta_r}}\dfrac{QSl}{I_z} \cdot 57.3$	$1/s^2$	

表 1-3 中：迎角、侧滑角、3 个操纵面偏转角均取单位 rad；三轴角速率单位均为 1/s。

另外，$b_{1l} = \dfrac{I_z}{I_xI_z - I_{xz}^2}$，$b_{1n} = \dfrac{I_{xz}}{I_xI_z - I_{xz}^2}$，当 $I_xI_z \gg I_{xz}^2$ 时，$b_{1l} \approx \dfrac{1}{I_x}$，$b_{1n} \approx 0$；

$$b_{3l} = \dfrac{I_{xz}}{I_xI_z - I_{xz}^2}，b_{3n} = \dfrac{I_x}{I_xI_z - I_{xz}^2}，当 I_xI_z \gg I_{xz}^2 时，b_{3l} \approx 0，b_{3n} \approx \dfrac{1}{I_z}$$

注意：

（1）吹风数据中迎角、侧滑角、舵面偏转角等一般用度为单位，三轴角速率一般用 rad/s，计算飞机方程系数时需要转换吹风数据定义与方程一致。

（2）实际各个飞机的力/力矩系数表达式会有所不同，在力和力矩的计算中可以适当修改、添加或减少。

1.3.6　飞机的平衡状态及线性化的数值求解方法

利用小扰动原理实现的线性化方程具有理论研究意义，需要逐项进行气动参数分析和求导，大飞机的吹风数据往往具有较为复杂的特性，如纵向和横航向数据有一定的耦合、数据的参数众多、平衡飞行时可能角速率不完全为 0 等，使得依据小扰动原理进行线性化的过程变得复杂，获得的线性化导数往往不能长时间维持平衡飞行，增加了获得飞机线性模型过程的难度。

在多年研究的基础上，我们给出了一种基于最小二乘原理的数值化方法[9]。它直接建立非线性飞机模型，通过仿真获得飞机输入输出数据（也可以是试飞数据），利用所有数据进行飞机线性模型参数的最优拟合，可以快速和准确地获得飞机线性模型。

以波音 B747 模型为例。取飞行状态（着陆段）为例，高度 $H = 400\,\text{m}$，$V = 75\,\text{m/s}$。

选取纵向状态量:$x=[V \quad \alpha \quad q \quad \theta]^{\mathrm{T}}$,纵向输入量 δ_e,δ_T 指令(见图 1-49)。

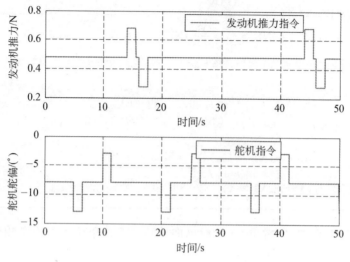

图 1-49　发动机指令与舵机指令

在相同信号激励下获得的线性模型同非线性模型响应进行对比,结果如图 1-50 所示。选取横航向状态量:$x=[\beta \quad p \quad r \quad \phi]^{\mathrm{T}}$;横航向输入:$\delta_a$,$\delta_r$(见图 1-51)。

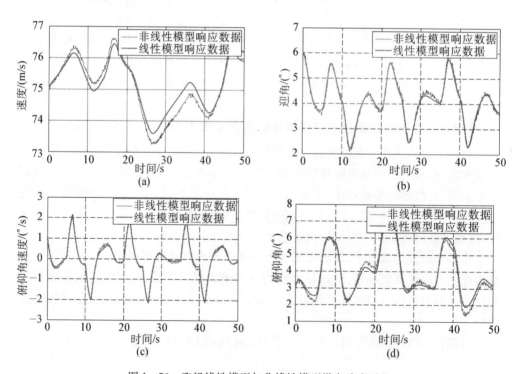

图 1-50　飞机线性模型与非线性模型纵向响应对比

(a) 速度响应对比　(b) 迎角响应对比

(c) 俯仰角速度响应对比　(d) 俯仰角响应对比

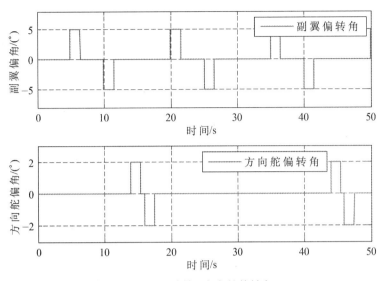

图 1-51 副翼和方向舵偏转角

在横航向指令信号激励下,线性模型与非线性模型的响应对比如图 1-52 所示。

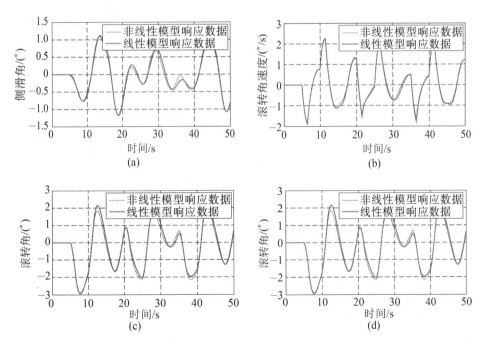

图 1-52 飞机线性模型与非线性模型纵向响应对比

(a) 侧滑角响应对比　(b) 滚转角速度响应对比

(c) 偏航角速度响应对比　(d) 滚转角响应对比

该方法同时获得了该飞行状态的平衡点：

$$\alpha_* = 4.08°, \ \delta_e = -7.92°, \ T_0 = 0.478/100\%$$

该方法可以快捷、高精度地获得飞机的线性模型和平衡点数值，为系统控制律设计打下基础，对于大型民机的研制具有重要的应用价值。

1.4　飞机纵向运动特征分析

1.4.1　飞机纵向方程的解与模态特征

仍以波音 B747 为例。飞行状态：高度 400 m，飞行速度 75 m/s。飞机参数如下。

质量：$m = 255\,826$ kg；

转动惯量：$I_{xx} = 19448000$ kg·㎡，$I_{yy} = 43928000$ kg·㎡，$I_{zz} = 61744000$ kg·㎡；

惯性积：$I_{xz} = 1\,183\,200$ kg·m²；

机翼面积：510.97 m；

平均气动弦：8.324 m；

翼展：59.64 m。

纵向四阶线性方程：$\dot{x} = A_z x + B_z u$，状态量 $x = \begin{bmatrix} \Delta V & \Delta\alpha & \Delta q & \Delta\theta \end{bmatrix}^T$，控制量 $u = \begin{bmatrix} \Delta\delta_T & \Delta\delta_e \end{bmatrix}^T$，其中：$\Delta\delta_T$ 为油门位置，$\Delta\delta_e$ 为升降舵偏转角，纵向四阶线性方程（式 1-93）为

$$A_z = \begin{bmatrix} T_V & -D_\alpha & 0 & -g \\ -L_V & -L_\alpha & 1 & 0 \\ M_V - M_{\dot{\alpha}}L_V & M_\alpha - M_{\dot{\alpha}}L_\alpha & M_q + M_{\dot{\alpha}} & 0 \\ 0 & 0 & 1 & 0 \end{bmatrix}, \ B_z = \begin{bmatrix} T_{\delta_T} & 0 \\ 0 & -L_{\delta_e} \\ 0 & M_{\delta_e} - M_{\dot{\alpha}}L_{\delta_e} \\ 0 & 0 \end{bmatrix}$$

由 1.3 节得出的数值线性化结果：

$$A_z = \begin{bmatrix} -0.032 & 3.0535 & 0 & -9.8054 \\ -0.0034 & -0.5242 & 0.9725 & 0 \\ -0.0007 & -0.5382 & -0.3767 & 0 \\ 0 & 0 & 1 & 0 \end{bmatrix}, \ B_z = \begin{bmatrix} 5.8465 & 0 \\ -0.0090 & -0.0005 \\ 0.1044 & -0.0074 \\ 0 & 0 \end{bmatrix}$$

$$(1-95)$$

方程中取速度单位为 m/s，迎角、俯仰角单位为 rad，俯仰角速率单位为 rad/s，油门位置为百分比，升降舵偏转角单位为（°）。由于是通过数值方法获得的线性方程，矩阵中个别元素与理论推导结果会有小量偏差，但不影响飞机的基本特性。

由 A_z 矩阵可以解得飞机纵向方程的特征值：

$$(-0.4637 \pm 0.7214i), \ (-0.0028 \pm 0.1396i)$$

分别是两对共轭复极点，一对较为远离原点和虚轴，其动态响应振荡相对收敛较快，称为短周期模态；另一对接近原点，其动态响应振荡衰减很慢，称为长周期模

态。两对极点的实部均小于零,说明两个模态都是稳定的。

假设飞机受到瞬时垂直阵风扰动,产生的附加扰动迎角 $\alpha_0 = 5°(0.0873\text{ rad})$。飞机的扰动响应如图 1-53 所示。

从图 1-53 可知,短周期模态的两个变量迎角 α 和俯仰角速率 q 收敛较快,10 s 内基本进入稳态,由于阻尼较小,收敛到零的速度较慢,需要增稳改善。长周期模态的两个变量速度 V 和俯仰角 θ 收敛很慢,后期会有很长时间的振荡才会衰减到零。

幅值为 1 的脉冲响应如图 1-54 所示,仿真时间分别为 50 s 和 200 s。

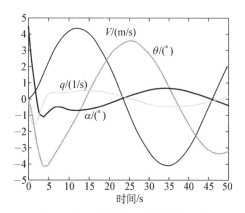

图 1-53　飞机纵向开环扰动响应

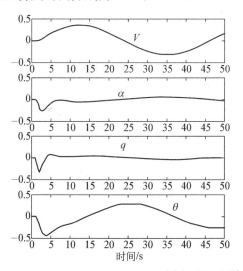
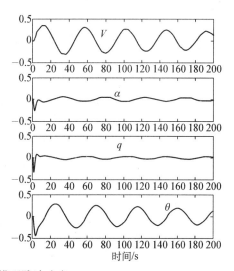

图 1-54　四阶模型脉冲响应

由图 1-54 可知,短周期变量 α 和 q 收敛很快,15 s 内即可进入稳态,长周期变量 V 和 θ 振荡时间很长,300 s 还未进入稳态,显示出两个模态的较大区别。四阶模型的短周期变量也有一些小幅值振荡,说明受到了长周期变量的耦合影响。

1.4.2　飞机纵向运动的模态描述

1.4.2.1　关于模态的概念

所谓模态,即运动的基本动态形式,是线性时不变系统的固有特性。N 阶线性系统有多个模态,各模态以一阶或二阶特征值的方式出现,其响应因此是单调的(一阶模态)或振荡的(二阶模态)。线性系统中各模态都是独立的,系统总的响应是各模态响应的线性组合。

各个模态的运动参数的幅值有固定的比例关系,各运动参数之间的相位差也是固定的,并以同一个频率、同一个衰减指数(或增长指数)运动(如短周期的 α 和 q;长周期的 V 和 θ)。不同的初始条件或控制输入只影响各模态响应的幅值大小,而不影响同一模态中不同运动参数间的幅值比例关系。

飞机的纵侧向运动都用模态的概念来描述,各个模态的数学描述对应着不同的飞行的基础物理运动。

1.4.2.2 纵向的两种扰动运动模态及其成因分析

由图 1-54 可知,迎角 α 和俯仰角速率 q 在扰动运动的初期阶段变化剧烈,数秒钟后即平缓下来。速度 V 则缓慢增长,以后又缓慢减小。俯仰角 θ 兼有以上两者的特点,开始阶段变化剧烈,以后又缓慢变化。可以看出,扰动运动存在两种模态。一种模态周期短,衰减快;另一种模态周期长,衰减慢。前一种模态对应于特征方程的一对大共轭复根,称为短周期模态。后一种模态对应于特征方程的一对小共轭复根,称为长周期模态。各运动参数随时间的变化是上述两种模态的叠加。

一般固定翼飞机的纵向运动都具有上述长、短周期模态的特点。其物理成因如下:飞机受到外界扰动后,出现不平衡的外力和外力矩,外力要改变飞行速度是不易的。外力矩改变迎角(包括俯仰角)比较容易。纵向变量 α, q 表征了飞机的角度运动,转动惯量 I_y 小,改变容易、快;变量 V, θ 表征了飞机的轨迹运动,飞机重量 G 大,改变慢。另外,飞机的俯仰阻尼力矩 M_q 与 $M_{\dot{\alpha}}$ 也不小,表现出周期短阻尼大的特点。在扰动运动初期阶段数秒钟内短周期运动已基本结束,俯仰力矩基本恢复到受扰前的平衡状态。

短周期运动结束后,设飞机的航迹倾斜角 $\gamma = \theta - \alpha$ 为负值,即飞机向下滑,在重力沿轨迹切线方向分力 $-G\sin\gamma$ 的作用下逐渐加速,速度增加则动压 $(1/2\rho V^2)$ 增大,升力也增大。由于 $L > G$,轨迹向上弯曲。轨迹向上重力分力又使飞机减速,动压又逐渐减小。$L < G$ 时,轨迹向下弯曲。这种交替变化,实际上就是飞机动能与位能的交替转换,表现为速度 ΔV 与轨迹角 γ 的振荡运动。起恢复作用的气动力 $T_V\Delta V$ 和起阻尼作用的气动力 $D_V\Delta V$ 远远小于飞机质量 m,因此振荡周期长、衰减慢是长周期模态的特点。在长周期运动中,飞机重心时升时降,故称为浮沉运动(见图 1-55)。

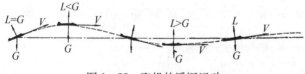

图 1-55 飞机的浮沉运动

飞机纵向扰动运动分成截然不同的两种模态,可用来简化纵向扰动运动特性的分析,对飞行控制系统的设计有很大的实际意义。

1.4.3 短周期模态的传递函数与特性分析

1) 短周期模态的传递函数

飞机纵向四阶线性方程:

$$\dot{x} = A_z x + B_z u$$

状态量
$$x = [\Delta V \quad \Delta\alpha \quad \Delta q \quad \Delta\theta]^T$$

控制量 $$u = \begin{bmatrix} \Delta\delta_T & \Delta\delta_e \end{bmatrix}^T$$

式中：$\Delta\delta_T$ 为油门位置；$\Delta\delta_e$ 为升降舵偏转角。

考虑输出变量即为状态变量，因此输出方程为单位矩阵，$C = I$。系统的传递函数矩阵为

$$\Delta(s) = C(sI - A)^{-1}B$$

可以选择输入量油门偏度和升降舵偏转角，分别得出 4 个输出变量对不同输入的传递函数。先不考虑油门输入，仅考虑升降舵偏转角输入的传递函数，B_z 矩阵中仅考虑第二列作为输入矩阵。油门输入的传递函数在长周期模态分析中讨论。

矩阵 $(sI - A)$ 为

$$A_z = \begin{bmatrix} s - T_V & D_\alpha & 0 & g \\ L_V & s + L_\alpha & -1 & 0 \\ -(M_V - M_{\dot\alpha}L_V) & -(M_\alpha - M_{\dot\alpha}L_\alpha) & s - (M_q + M_{\dot\alpha}) & 0 \\ 0 & 0 & -1 & s \end{bmatrix},$$

$$B_z = \begin{bmatrix} T_{\delta_T} & 0 \\ 0 & -L_{\delta_e} \\ 0 & M_{\delta_e} - M_{\dot\alpha}L_{\delta_e} \\ 0 & 0 \end{bmatrix}$$

利用各变量对应的行列式可得到传递函数。求速度 V 对输入 δ_e 的传递函数时，取分母行列式为 A_z 的矩阵行列式，分子行列式是将 V 对应的第一列换成 B_z 矩阵的第二列（δ_e 的输入列），求解行列式，可得

$$\frac{\Delta V(s)}{\Delta\delta_e(s)} = \frac{\begin{vmatrix} 0 & D_\alpha & 0 & g \\ -L_{\delta_e} & s + L_\alpha & -1 & 0 \\ M_{\delta_e} - M_{\dot\alpha}L_{\delta_e} & -(M_\alpha - M_{\dot\alpha}L_\alpha) & s - (M_q + M_{\dot\alpha}) & 0 \\ 0 & 0 & -1 & s \end{vmatrix}}{\begin{vmatrix} s - T_V & D_\alpha & 0 & g \\ -L_V & s + L_\alpha & -1 & 0 \\ -(M_V - M_{\dot\alpha}L_V) & -(M_\alpha - M_{\dot\alpha}L_\alpha) & s - (M_q + M_{\dot\alpha}) & 0 \\ 0 & 0 & -1 & s \end{vmatrix}}$$

$$= \frac{A_V\left(s + \dfrac{1}{T_{V1}}\right)\left(s + \dfrac{1}{T_{V2}}\right)}{(s^2 + 2\zeta_p\omega_p s + \omega_p^2)(s^2 + 2\zeta_s\omega_s s + \omega_s^2)}$$

$$(1 - 96)$$

式中：A_V，T_{V1}，T_{V2} 分别为速度传递函数的增益和分子时间常数；ζ_p，ω_p 分别为长周期运动的阻尼比和固有频率；ζ_s，ω_s 分别为短周期运动的阻尼比和固有频率。

定义 $D(s) = (s^2 + 2\zeta_p\omega_p s + \omega_p^2)(s^2 + 2\zeta_s\omega_s s + \omega_s^2)$ 是纵向四阶方程的特征多项

式,后面的传递函数中直接引用。

同理,可以得到以 $\Delta\delta_e$ 为输入,$\Delta\alpha$ 为输出的传递函数为

$$\frac{\Delta\alpha(s)}{\Delta\delta_e(s)} = \frac{\begin{vmatrix} s-T_V & 0 & 0 & g \\ -L_V & -L_{\delta_e} & -1 & 0 \\ -(M_V-M_{\dot{\alpha}}L_V) & M_{\delta_e}-M_{\dot{\alpha}}L_{\delta_e} & s-(M_q+M_{\dot{\alpha}}) & 0 \\ 0 & 0 & -1 & s \end{vmatrix}}{D(s)}$$

$$= \frac{-A_\alpha\left(s+\dfrac{1}{T_{a1}}\right)(s^2+2\zeta_a\omega_a s+\omega_a^2)}{(s^2+2\zeta_p\omega_p s+\omega_p^2)(s^2+2\zeta_s\omega_s s+\omega_s^2)}$$

$$(1-97)$$

式中:A_α,T_{a1} 分别为 α 传递函数的增益和分子时间常数;ζ_a,ω_a 分别为 α 传递函数的阻尼比和固有频率。

同理,以 $\Delta\delta_e$ 为输入,$\Delta\theta$ 为输出的传递函数为

$$\frac{\Delta\theta(s)}{\Delta\delta_e(s)} = \frac{\begin{vmatrix} s-T_V & D_\alpha & 0 & 0 \\ -L_V & s+L_\alpha & -1 & L_{\delta_e} \\ -(M_V-M_{\dot{\alpha}}L_V) & -(M_\alpha-M_{\dot{\alpha}}L_\alpha) & s-(M_q+M_{\dot{\alpha}}) & M_{\delta_e}-M_{\dot{\alpha}}L_{\delta_e} \\ 0 & 0 & -1 & 0 \end{vmatrix}}{D(s)}$$

$$= \frac{-A_\theta\left(s+\dfrac{1}{T_{\theta1}}\right)\left(s+\dfrac{1}{T_{\theta2}}\right)}{(s^2+2\zeta_p\omega_p s+\omega_p^2)(s^2+2\zeta_s\omega_s s+\omega_s^2)}$$

$$(1-98)$$

式中:A_θ,$T_{\theta1}$,$T_{\theta2}$ 分别为 θ 传递函数的增益和分子时间常数。

以上 3 个传递函数的分母多项式 $D(s)$ 即飞机纵向运动的特征多项式。一般飞机的 $D(s)$ 为两个二次因式之积,分别为长周期和短周期运动模态。在某些情况下,长周期模态可能变成一正一负的两个实根,其中正实根是不稳定的,表现为单调发散运动。短周期模态在一般情况下不会变成不稳定,只有重心移到焦点之后的飞机,短周期模态才变成一正一负两个实根,其中正实根表征不稳定的单调发散运动,且单调发散的指数比较大。

2) 短周期模态的频率特性

考虑波音 B747 的例子,升降舵偏转角输入为 $\boldsymbol{B}_z$ 阵第二列,式(1-95)如下:

$$\boldsymbol{A}_z = \begin{bmatrix} -0.032 & 3.0535 & 0 & -9.8054 \\ -0.0034 & -0.5242 & 0.9725 & 0 \\ -0.0007 & -0.5382 & -0.3767 & 0 \\ 0 & 0 & 1 & 0 \end{bmatrix},$$

$$\boldsymbol{B}_z = \begin{bmatrix} 5.8465 & 0 \\ -0.0090 & -0.0005 \\ 0.1044 & -0.0074 \\ 0 & 0 \end{bmatrix}$$

利用 MATLAB 软件可以很快获得 4 个状态变量的传递函数。设 $\boldsymbol{C}_z$ 为 4×4 单位矩阵，$\boldsymbol{D}_z$ 为 4×2 零矩阵。利用指令：

Cz= eye(4); Dz= zeros(4, 2);

[num, den] = ss2tf(Az, Bz, Cz, Dz, 2) % 取 Bz 第二列作为输入矩阵，可获得飞机纵向方程的特征多项式 den（s）和分子多项式矩阵：

Den= [1.0000   0.9329   0.7601   0.0222   0.0143]

Num= [0   0.0000   -0.0015   0.0500   0.0354

　　　0   -0.0005   -0.0074   -0.0002   -0.0002

　　　0   -0.0074   -0.0038   -0.0002   0.0000

　　　0   -0.0000   -0.0074   -0.0038   -0.0002]

分别计算 4 个状态变量的传递函数，得到

$$\frac{\Delta V(s)}{\Delta \delta_e(s)} = \frac{-0.0015(s+32.57)(s+0.7245)}{(s^2+0.9274s+0.7354)(s^2+0.0056s+0.0195)}$$

$$\frac{\Delta \alpha(s)}{\Delta \delta_e(s)} = \frac{-0.0051(s+14.77)(s^2+0.0252s+0.0271)}{(s^2+0.9274s+0.7354)(s^2+0.0056s+0.0195)}$$

$$\frac{\Delta \theta(s)}{\Delta \delta_e(s)} = \frac{-0.0074(s+0.45)(s+0.0595)}{(s^2+0.9274s+0.7354)(s^2+0.0056s+0.0195)}$$

Δq 是 $\Delta \theta$ 的微分，其传递函数是在 $\Delta \theta$ 的传递函数分子上增加一个 s 即可。由传递函数分母多项式可知，短周期固有频率在 0.8576 rad 左右，长周期固有频率在 0.1396 附近。频率响应如图 1-56 所示。

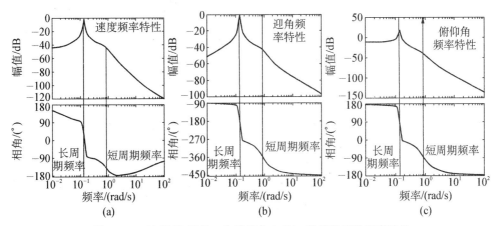

图 1-56 速度 V，迎角 α 和俯仰角 θ 对 δ_e 的传递函数频率特性

(a) 速度 V 对 δ_e 的频率特性 (b) 迎角 α 对 δ_e 的频率特性 (c) 俯仰角 θ 对 δ_e 的频率特性

由图 $1-56(a)$ 可知，短周期固有频率 $(\omega_s = 0.85\,\text{rad/s})$ 的 $\Delta V/\delta_e$ 幅值远小于长周期固有频率 $(\omega_p = 0.14\,\text{rad/s})$ 的 $\Delta V/\delta_e$ 幅值，说明在短周期响应中飞行速度的变化较小。

由图 $1-56(b)$ 可知，在短周期频率范围内，$\Delta\alpha$ 的频率特性比较接近于一个二阶振荡环节，说明主要反映短周期频率特性。但该飞行状态受到长周期的影响也比较大，这一点从时间响应 α，q 在基本收敛之后还保持一定幅值的长周期振荡（见图 $1-54$）可以看出。

由图 $1-56(c)$ 可知，长、短周期固有频率的 $\Delta\theta/\Delta\delta_e$ 均有相当的数值。说明 $\Delta\delta_e$ 无论是以长周期频率操纵飞机，还是以短周期频率操纵飞机都会引起 $\Delta\theta$ 产生相当数量的变化。

3）短周期运动的近似传递函数

纵向运动的初始阶段，短周期运动占主导地位，其过渡过程时间很短，飞行速度变化不大，可以认为速度增量 $\Delta V = 0$。短周期模态的变量是迎角 α 和俯仰角速率 q，忽略 V 和 θ 变化，取状态变量 $\boldsymbol{x} = [\alpha \quad q]^\mathrm{T}$，可得近似短周期模态的状态方程：

$$\boldsymbol{A}_z = \begin{bmatrix} -L_\alpha & 1 \\ M_\alpha - M_{\dot\alpha}L_\alpha & M_q + M_{\dot\alpha} \end{bmatrix}, \ \boldsymbol{B}_z = \begin{bmatrix} -L_{\delta_e} \\ M_{\delta_e} - M_{\dot\alpha}L_{\delta_e} \end{bmatrix} \quad (1-99)$$

进一步得到短周期近似方程的传递函数

$$\frac{\Delta\alpha(s)}{\Delta\delta_e(s)} = \frac{\begin{vmatrix} -L_{\delta_e} & -1 \\ M_{\delta_e} - M_{\dot\alpha}L_{\delta_e} & s-(M_q+M_{\dot\alpha}) \end{vmatrix}}{\begin{vmatrix} s+L_\alpha & -1 \\ -(M_\alpha-M_{\dot\alpha}L_\alpha) & s-(M_q+M_{\dot\alpha}) \end{vmatrix}}$$

$$= \frac{-L_{\delta_e}s + M_{\delta_e} + L_{\delta_e}M_q}{s^2 + (L_\alpha - M_q - M_{\dot\alpha})s - (M_\alpha + L_\alpha M_q)} = \frac{A_\alpha\left(s+\dfrac{1}{T_\alpha}\right)}{s^2 + 2\zeta_s\omega_s s + \omega_s^2}$$

$$(1-100)$$

$$\frac{\Delta q(s)}{\Delta\delta_e(s)} = \frac{\begin{vmatrix} s+L_\alpha & -L_{\delta_e} \\ -(M_\alpha - M_{\dot\alpha}L_\alpha) & M_{\delta_e} - M_{\dot\alpha}L_{\delta_e} \end{vmatrix}}{\begin{vmatrix} s+L_\alpha & -1 \\ -(M_\alpha - M_{\dot\alpha}L_\alpha) & s-(M_q+M_{\dot\alpha}) \end{vmatrix}}$$

$$= \frac{(M_{\delta_e} - M_{\dot\alpha}L_{\delta_e})s + L_\alpha M_{\delta_e} + L_{\delta_e}M_\alpha}{s^2 + (L_\alpha - M_q - M_{\dot\alpha})s - (M_\alpha + L_\alpha M_q)} = \frac{A_q\left(s+\dfrac{1}{T_q}\right)}{s^2 + 2\zeta_s\omega_s s + \omega_s^2}$$

$$(1-101)$$

代入波音 B747 的数据得短周期状态变量 $[\alpha \quad q]^\mathrm{T}$ 和升降舵 δ_e 的状态方程如下：

$$A_z = \begin{bmatrix} -0.524\,2 & 0.972\,5 \\ -0.538\,2 & -0.376\,7 \end{bmatrix}, \quad B_z = \begin{bmatrix} -0.000\,5 \\ -0.007\,4 \end{bmatrix}$$

短周期近似方程的特征值为 $-0.450\,5 \pm 0.719\,7i$，与四阶纵向方程的特征值 $-0.463\,7 \pm 0.721\,4i$ 很接近，偏差：实部 2.85%，虚部 0.24%，说明近似是很合理的。

近似短周期模态的传递函数：

$$\frac{\Delta\alpha(s)}{\Delta\delta_e(s)} = \frac{-0.000\,5s - 0.007\,4}{s^2 + 0.900\,9s + 0.720\,9} = \frac{-0.000\,5(s + 14.8)}{s^2 + 2\zeta_s\omega_s s + \omega_s^2}$$

$$\frac{\Delta q(s)}{\Delta\delta_e(s)} = \frac{-0.007\,4s - 0.003\,6}{s^2 + 0.900\,9s + 0.720\,9} = \frac{-0.007\,4(s + 0.486\,5)}{s^2 + 2\zeta_s\omega_s s + \omega_s^2}$$

输出对 δ_e 的频率特性如图 1-57 所示。

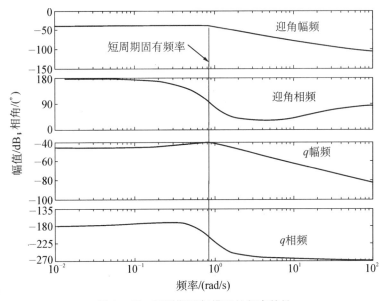

图 1-57　短周期近似模型的频率特性

由图 1-57 中可知，短周期近似模型的固有频率与四阶模型基本相同，少了图 1-56 中的幅频与相频中长周期影响产生的波动。

升降舵偏转角指令为 1 的脉冲响应如图 1-58 所示。由图 1-58 可知，短周期近似模型的状态变量 α，q 响应收敛快速，15 s 内进入稳态，与四阶模型响应相比较，收敛时间接近，但没有了长周期的影响产生的振荡，

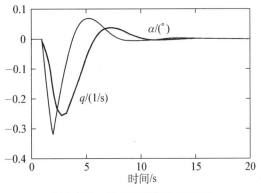

图 1-58　近似短周期阶跃响应

说明短周期近似模型基本可以描述飞机短周期特性。

1.4.4　长周期模态的传递函数与特性描述

纵向长周期模态主要是飞机质心的轨迹运动。与短周期相比,长周期运动响应的各参数变化缓慢得多。因此在长周期运动期间,短周期动态过程已基本结束。在简化处理时,将惯性力矩项和阻尼力矩项忽略,即忽略力矩从不平衡到平衡的动态过程:

$$M_{\dot{\alpha}} = M_q = 0;\ \Delta\dot{\alpha} = \Delta\dot{q} = 0;\ \Delta q = \Delta\dot{\theta}$$

同时忽略升降舵产生的升力 $L_{\delta_e} = 0$,则纵向方程中的③式变为代数方程,纵向状态方程式(1-91)变为

$$\begin{cases} \Delta\dot{V} = T_V\Delta V - D_\alpha\Delta\alpha - g\Delta\theta & ① \\ \Delta\dot{\alpha} = -L_V\Delta V - L_\alpha\Delta\alpha + \Delta\dot{\theta} & ② \\ M_V\Delta V + M_\alpha\Delta\alpha = M_{\delta_e}\Delta\delta_e & ③ \end{cases} \quad (1-102)$$

将式(1-102)中的③式代入①式和②式,得长周期近似方程

$$\begin{cases} \Delta\dot{V} = \left(T_V + \dfrac{D_\alpha M_V}{M_\alpha}\right)\Delta V - g\Delta\theta - \dfrac{D_\alpha M_{\delta_e}}{M_\alpha}\Delta\delta_e \\ \Delta\dot{\theta} = \left(L_V - \dfrac{L_\alpha M_V}{M_\alpha}\right)\Delta V + \dfrac{L_\alpha M_{\delta_e}}{M_\alpha}\Delta\delta_e \end{cases} \quad (1-103)$$

由此得出长周期近似传递函数

$$\frac{\Delta V(s)}{\Delta\delta_e(s)} = \frac{\begin{vmatrix} D_\alpha M_{\delta_e}/M_\alpha & g \\ -L_\alpha M_{\delta_e}/M_\alpha & s \end{vmatrix}}{\begin{vmatrix} s - (T_V + D_\alpha M_V/M_\alpha) & g \\ -(L_V - L_\alpha M_V/M_\alpha) & s \end{vmatrix}} = \frac{\dfrac{M_{\delta_e}}{M_\alpha}(D_\alpha s + g L_\alpha)}{s^2 - \left(T_V + \dfrac{D_\alpha M_V}{M_\alpha}\right)s + g\left(L_V - \dfrac{L_\alpha M_V}{M_\alpha}\right)}$$

$$(1-104)$$

$$\frac{\Delta\theta(s)}{\Delta\delta_e(s)} = \frac{\begin{vmatrix} s - (T_V + D_\alpha M_V/M_\alpha) & D_\alpha M_{\delta_e}/M_\alpha \\ -(L_V - L_\alpha M_V/M_\alpha) & -L_\alpha M_{\delta_e}/M_\alpha \end{vmatrix}}{\begin{vmatrix} s - (T_V + D_\alpha M_V/M_\alpha) & g \\ -(L_V - L_\alpha M_V/M_\alpha) & s \end{vmatrix}} \quad (1-105)$$

$$= \frac{-\dfrac{M_{\delta_e}}{M_\alpha}(L_\alpha s - T_V L_\alpha - L_V D_\alpha)}{s^2 - \left(T_V + \dfrac{D_\alpha M_V}{M_\alpha}\right)s + g\left(L_V - \dfrac{L_\alpha M_V}{M_\alpha}\right)}$$

在式(1-103)中代入式(1-95)近似数值,得到长周期近似状态方程

$$\boldsymbol{A}_z = \begin{bmatrix} -0.0360 & -9.8054 \\ 0.0027 & 0 \end{bmatrix}, \boldsymbol{B}_z = \begin{bmatrix} 0.0420 \\ 0.0072 \end{bmatrix}$$

近似方程的特征值-0.0180 ± 0.1623i，与四阶方程特征值（$-0.0028\pm$ 0.1396i)比较接近，实部更远离虚轴，表明近似模态比精确模态响应收敛更快。

代入数值，得到传递函数

$$\frac{\Delta V(s)}{\Delta \delta_e(s)} = \frac{0.042s - 0.0707}{s^2 + 0.0360s + 0.0267}$$

$$\frac{\Delta \theta(s)}{\Delta \delta_e(s)} = \frac{0.0072s + 0.0004}{s^2 + 0.0360s + 0.0267}$$

升降舵输入的伯德图如图 1-59 所示。

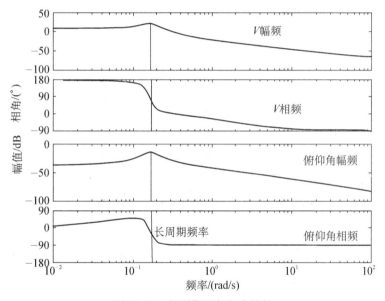

图 1-59　长周期近似频率特性

由图 1-59 可知，长周期固有频率在 0.16 rad/s 左右，与四阶系统的固有频率接近。

长周期近似模型的状态量对于升降舵的脉冲响应如图 1-60 所示，由于近似模态的特征值具有更高的负实部，因而其脉冲响应收敛更快一些，但与短周期特性仍有很大的区别。

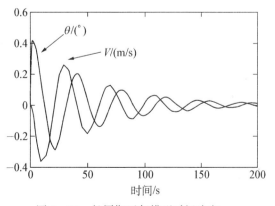

图 1-60　长周期近似模型时间响应

1.4.5 定速静稳定性与定载静稳定性

以偏导数 C_{m_a} 表示的飞机静稳定性只是考虑马赫数 M 为常值的情况下，迎角 α 变化引起俯仰力矩变化而决定的静稳定性。规定 M 数不变，即飞行速度不变，故 C_{m_a} 也称为定速静稳定性。定速情况下，α 的变化引起升力 L 的变化，相应的过载系数（$n_z = L/G$）也变化，因此定速静稳定性也常称为按过载的静稳定性。纵向短周期运动模态是否稳定，很大程度上取决于定速静稳定性。

由短周期近似方程（1-99）知，经拉氏变换后其特征方程为

$$s^2 + (L_\alpha - M_q - M_{\dot\alpha})s - (M_\alpha + L_\alpha M_q) = 0 \tag{1-106}$$

对于二次因式而言，s 的一阶项表明了系统的阻尼，由于 M_q，$M_{\dot\alpha}$ 均为负值，其一阶项系数为正，表明短周期模态的阻尼总是存在的。系统的稳定性取决于特征方程的常数项，由特征多项式可知，常数项大于零的条件是

$$M_\alpha > - L_\alpha M_q \tag{1-107}$$

即使 C_{m_a} 是很小的正值（即有很小的静不稳定），只要满足式（1-107），短周期模态还是稳定的。

当重心移到焦点之后，C_{m_a} 变为正值，且不满足式（1-104），则二次因式的常数项变成负值。此时必有一正根，表示短周期模态变成了单调非周期发散的不稳定模态。虽然 $C_{m_a} < 0$ 表征了短周期模态的静稳定性，但短周期模态的稳定最终取决于式（1-107）是否成立。

驾驶员不干预飞机的情况下，纵向力矩系数 C_m 是迎角 α 和 M 数的函数，写为

$$C_m = C_m(\alpha,\ M)$$

C_m 的微分为

$$\mathrm{d}C_m = \frac{\partial C_m}{\partial \alpha}\mathrm{d}\alpha + \frac{\partial C_m}{\partial M}\mathrm{d}M$$

或

$$\frac{\mathrm{d}C_m}{\mathrm{d}\alpha} = C_{m_a} + \frac{\mathrm{d}M}{\mathrm{d}\alpha}C_{m_M} \tag{1-108}$$

式中：$C_{m_a} = \partial C_m/\partial \alpha$；$C_{m_M} = \partial C_m/\partial M$。

在定载条件下：

$$L = \frac{1}{2}\rho V^2 S_W C_L = G$$

而

$$V = M \cdot a$$

式中:a 为声速。

因此平飞时 ρ, a 和 S_W 均为常值时,定载条件就是

$$M^2 C_L = 常数$$

将此式在平衡点(M_0, C_{L_0})处求导:

$$\frac{\partial(M^2 C_L)}{\partial M}\mathrm{d}M + \frac{\partial(M^2 C_L)}{\partial \alpha}\mathrm{d}\alpha = 0$$

得

$$\left(\frac{\mathrm{d}M}{\mathrm{d}\alpha}\right)_{n_z=1} = -\frac{M_0 C_L}{2C_{L_0} + M_0 C_{L_M}}$$

将此式代入式(1-108)得

$$\left(\frac{\mathrm{d}C_m}{\mathrm{d}\alpha}\right)_{n_z=1} = C_{m_\alpha} - \frac{M_0 C_{L_\alpha}}{2C_{L_0} + M_0 C_{L_M}}C_{m_M} \qquad (1-109)$$

用$(\mathrm{d}C_m/\mathrm{d}\alpha)_{n_z=1}$的形式与$(\partial C_m/\partial \alpha)$加以区别,式(1-109)称为定载静稳定性导数,它的物理意义解释如下:

若

$$\left(\frac{\mathrm{d}C_m}{\mathrm{d}\alpha}\right)_{n_z=1} < 0$$

飞行速度增加时,满足 $n_z = 1$ 则迎角减小。由于$(\mathrm{d}C_m/\mathrm{d}\alpha)_{n_z=1}$为负值,因此

$$\Delta C_m = \left(\frac{\mathrm{d}C_m}{\mathrm{d}\alpha}\right)_{n_z=1}\Delta\alpha > 0$$

即有抬头力矩阻止迎角减小,这将使阻力增大,飞行速度减小。反之,若

$$\left(\frac{\mathrm{d}C_m}{\mathrm{d}\alpha}\right)_{n_z=1} > 0$$

则速度增加时, $n_z = 1$ 即有 $\Delta\alpha$ 为负,此时

$$\Delta C_m = \left(\frac{\mathrm{d}C_m}{\mathrm{d}\alpha}\right)_{n_z=1}\Delta\alpha < 0$$

飞机低头而迎角进一步减小,也使阻力减小而飞行速度进一步增加。因此定载稳定性条件是

$$\left(\frac{\mathrm{d}C_m}{\mathrm{d}\alpha}\right)_{n_z=1} < 0$$

此条件常称为按速度的静稳定性。如果定载不稳定,则长周期模态有单调发散的正根。

低速飞行时,空气可压缩性很小,此时 $C_{m_M} = 0$,则

$$\left(\frac{\mathrm{d}C_m}{\mathrm{d}\alpha}\right)_{n_z=1} = \frac{\partial C_m}{\partial \alpha}$$

即定载静稳定性与定速静稳定性相同。

定速静稳定性一般表征了短周期模态的稳定性,而定载静稳定性表征了长周期模态的稳定性。

有许多飞机进入跨声速飞行段后,由于 C_{m_M} 的负值较大使得定载不稳,此时驾驶员要维持飞机的平衡比较困难,飞机有自动进入俯冲的趋势。有控制系统的飞机采用"M 数配平系统"即可保证速度稳定性。

1.4.6　空速与高度变化对纵向模态特征参数的影响

1) 短周期近似传递函数

(1) 短周期固有频率 ω_s。

由式(1-100)知, $\omega_s = \sqrt{M_\alpha + L_\alpha M_q}$,但一般飞机有

$$\omega_s \approx \sqrt{M_\alpha} = \sqrt{\frac{-1}{I_y}\frac{1}{2}c_A S_W C_{m_\alpha}}\, V_0\sqrt{\rho} \tag{1-110}$$

由式(1-110)知, $\omega_s \propto V_0\sqrt{\rho}$,即飞机在低空飞行时的固有频率大于在高空飞行时,在高速飞行时大于在低速飞行时。焦点随 M 数增加而后移,使 $|C_{m_\alpha}|$ 随 M 增加而增大,故 ω_s 要比 V_0 增加得多些。

(2) 短周期的阻尼比 ζ_s。

由式(1-100)知,

$$\zeta_s \approx \frac{L_\alpha + M_q + M_{\dot\alpha}}{2\sqrt{M_\alpha}} \tag{1-111}$$

式中:分子与 ρV_0 成正比;分母与 $V_0\sqrt{\rho}$ 成正比;故 $\zeta_s \propto \sqrt{\rho}$ 。 ζ_s 随高度增加而降低,与飞行速度几乎无关。但随着 M 数的增加 $|C_{m_\alpha}|$ 在增加,而 C_{L_α} , C_{m_q} , $C_{m_{\dot\alpha}}$ 等先增加,超声速段又减小,故在超声速段 ζ_s 值是减小的。现代高性能飞机的飞行高度很高,可达 $18 \sim 20\,\mathrm{km}$,因此 ζ_s 值降低的太多,必须用人工阻尼改善。

(3) 微分环节的时间常数 T_θ。

式(1-101)是 q/δ_e 的传递函数, θ/δ_e 的传递函数仅在分母上加了一个积分,其分子中的时间常数与式(1-101)相同,近似为

$$T_\theta = \frac{1}{L_\alpha} = \frac{mV_0}{\frac{1}{2}\rho V_0^2 S_W C_{L_\alpha}}$$

即 $T_\theta \propto \dfrac{1}{\rho V_0^2}$ 。 T_θ 的大小影响到飞机的机动快速性。高度增加, T_θ 增大,表明时间常

数会增加,进一步航迹倾斜角 $\Delta\gamma$ 延后姿态角 $\Delta\theta$ 的时间加长,也表明高空的机动能力下降。

速度 V_0 增大则 T_θ 变小,系统频带展宽,表明机动能力提高。

2) 长周期近似传递函数

(1) 长周期固有频率 ω_p。

由式(1-104)知

$$\omega_p \approx \sqrt{gL_V} = \sqrt{\frac{g}{V_0} \frac{1}{mV_0} \left(\frac{1}{2}\rho V_0^2 S_w\right)(2C_{L_0} + M_0 C_{L_M})}$$

低速飞行时, $C_{L_M} = 0$,速度增加则 C_{L_0} 降低,但要满足平飞条件

$$\frac{1}{2}\rho V_0^2 S_w C_{L_0} = G$$

所以

$$\omega_p \approx \sqrt{\frac{2g^2}{V_0^2}} = \sqrt{2}\,\frac{g}{V_0} \tag{1-112}$$

即固有频率 ω_p 与空速成反比。在亚声速段 C_{L_M} 为正, ω_p 随 V_0 增加略有下降。超声速段 C_{L_M} 为负,虽然数值很小,但促使 ω_p 快速下降。

(2) 长周期的阻尼比 ζ_p。

由式(1-104)知

$$\zeta_p \approx \frac{-T_V}{2\omega_p} \tag{1-113}$$

由线性模型系数表1-3知: $T_V = \dfrac{T_V^a - D_V^a}{m}$。装有喷气发动机的飞机, $T_V^a \approx 0$,故

$$T_V = \frac{D_V^a}{m} = \frac{1}{mV_0}\left(\frac{1}{2}\rho V_0^2 S_w\right)(2C_{D_0} + M_0 C_{D_M})$$

在亚声速飞行段, $C_{D_M} \approx 0$,故

$$T_V = \frac{1}{mV_0}\left(\frac{1}{2}\rho V_0^2 S_w\right)2C_{D_0} = \frac{2D_0}{mV_0} \tag{1-114}$$

将式(1-112)及式(1-114)代入式(1-113),得

$$\zeta_p = \frac{D_0}{\sqrt{2}G} = \frac{1}{\sqrt{2}}\frac{C_{D_0}}{C_{L_0}}$$

此式表明长周期运动的阻尼比与飞机的升阻比(C_L/C_D)成反比,也就是气动外形好的飞机 ζ_p 要小些。高度增加, D_0 下降, ζ_p 减小。

3) 气动导数变化对纵向模态特征参数的影响

由式(1-110),得

$$\omega_s \approx \sqrt{M_\alpha} = \sqrt{\frac{-1}{I_y} \frac{1}{2} \rho V_0^2 S_W C_{m_\alpha}}$$

知,纵向定速静稳定导数 C_{m_α} 对短周期固有频率 ω_s 有很大的影响,静稳定度愈大 ω_s 愈大。

由式(1-100)

$$\zeta_s \approx \frac{L_\alpha + M_q + M_{\dot\alpha}}{2\sqrt{M_\alpha}} = \frac{\frac{1}{2V_0}\rho V_0^2 S_W \left(\frac{C_{L_\alpha}}{m} - \frac{C_{m_q}}{I_y}c_A - \frac{C_{m_{\dot\alpha}}}{I_y}c_A \right)}{2\sqrt{-\frac{1}{2I_y}\rho V_0^2 S_W C_{m_\alpha}}}$$

来看,增加 C_{L_α}、$|C_{m_q}|$ 和 $|C_{m_{\dot\alpha}}|$ 都改善 ζ_s,而增加 $|C_{m_\alpha}|$ 将降低 ζ_s。

由

$$\omega_p \approx \sqrt{\frac{g}{V_0} \frac{1}{mV_0} \frac{1}{2}\rho V_0^2 S_W (2C_{L_0} + M_0 C_{L_M})}$$
$$= \sqrt{\frac{g}{m} \frac{1}{2}\rho V_0^2 S_W (2C_{L_0} + M_0 C_{L_M})}$$

看出,升力系数 C_{L_0} 及 C_{L_M} 对 ω_p 有直接影响。在亚声速段 C_{L_M} 为正,在超声速段,C_{L_M} 为负,跨声速段 C_{L_M} 先正后负。这些都会对 ω_p 带来影响,但主要是 C_{L_0} 的影响。由于 V_0 增加,C_{L_0} 下降,ω_p 随之减小。

而

$$\zeta_p \approx \frac{1}{mV_0} \left(\frac{1}{2}\rho V_0^2 \right) S_W (2C_{D_0} + M_0 C_{D_M}) \frac{1}{2\omega_p}$$

由上式可知,增加 C_{D_0} 能增大 ζ_p,但不会为了增大 ζ_p 去增加 C_{D_0}。而且对超声速飞机来说,要想方设法减小 C_{D_0},所以超声速飞机长周期阻尼比很小。C_{D_M} 在亚声速飞行段是正值,对增大 ζ_p 有利,在超声速飞行段 C_{D_M} 是负值,是减小 ζ_p 值的因素。跨声速飞行段 C_{D_M} 先正后负。

1.4.7 油门杆偏转的动力学响应

操纵油门杆即改变发动机推力。推力变化对纵向运动方程中的速度方程[见式(1-91)①]有直接影响。若考虑一般飞机的发动机推力线都通过重心,或非常接近于通过重心,则 $M_{\delta_T} \approx 0$,那么推力变化对迎角、俯仰角速率[见式(1-91)]方程基本无影响。因此改变推力时,长周期模态的响应将占绝对优势。为简化分析,我们以长周期近似处理法分析这个问题。

在方程式纵向状态方程式(1-91)中令 $\Delta\delta_e = 0$,且令 $\Delta\dot{q} = \Delta\dot{\alpha} = 0$,以及 $M_q = M_{\dot\alpha} = 0$ 可得操纵油门杆 $\Delta\delta_T$ 的长周期近似运动方程式

$$\begin{cases} \Delta \dot{V} = T_V \Delta V - D_\alpha \Delta \alpha - g \Delta \theta + T_{\delta_T} \delta_T & ① \\ 0 = -L_V \Delta V - L_\alpha \Delta \alpha + \Delta \dot{\theta} & ② \\ M_V \Delta V + M_\alpha \Delta \alpha = 0 & ③ \end{cases} \tag{1-115}$$

将式(1-115)经拉氏变换后可得

$$\frac{\Delta V(s)}{\Delta \delta_T(s)} = \frac{\begin{vmatrix} T_{\delta_T} & g \\ 0 & s \end{vmatrix}}{\begin{vmatrix} s - (T_V + D_\alpha M_V / M_\alpha) & g \\ -L_V + L_\alpha M_V / M_\alpha & s \end{vmatrix}} = \frac{T_{\delta_T} s}{s^2 - \left(T_V + \dfrac{D_\alpha M_V}{M_\alpha} \right) s + g \left(L_V - \dfrac{L_\alpha M_V}{M_\alpha} \right)}$$

$$\tag{1-116}$$

$$\frac{\Delta \theta(s)}{\Delta \delta_T(s)} = \frac{\begin{vmatrix} s - (T_V + D_\alpha M_V / M_\alpha) & T_{\delta_e} \\ -L_V + L_\alpha M_V / M_\alpha & 0 \end{vmatrix}}{\begin{vmatrix} s - (T_V + D_\alpha M_V / M_\alpha) & g \\ -L_V + L_\alpha M_V / M_\alpha & s \end{vmatrix}} = \frac{T_{\delta_T} (L_V - L_\alpha M_V / M_\alpha)}{s^2 - (T_V + \dfrac{D_\alpha M_V}{M_\alpha}) s + g \left(L_V - \dfrac{L_\alpha M_V}{M_\alpha} \right)}$$

$$\tag{1-117}$$

由式(1-115)中的③式除以 $\Delta \delta_T$,可得迎角对 δ_T 的传递函数为

$$\frac{\Delta \alpha(s)}{\Delta \delta_T(s)} = \frac{-M_V}{M_\alpha} \frac{\Delta V(s)}{\Delta \delta_T(s)} = \frac{M_V T_{\delta_T} / M_\alpha s}{s^2 - \left(T_V + \dfrac{D_\alpha M_V}{M_\alpha} \right) s + g \left(L_V - \dfrac{L_\alpha M_V}{M_\alpha} \right)}$$

$$\tag{1-118}$$

1) 油门杆阶跃偏转的运动参数稳态值

由终值定理知,某参数的稳态输出为

$$\lim_{t \to \infty} x(t) = x(\infty) = \lim_{s \to 0} s x(s)$$

油门杆阶跃偏转的拉氏变换为

$$L[\Delta \delta_T(t)] = L[\Delta \delta_{T_0} I(t)] = \frac{\Delta \delta_{T_0}}{s}$$

由式(1-116)得

$$\Delta V(s) = \frac{T_{\delta_T} s}{s^2 - \left(T_V + \dfrac{D_\alpha M_V}{M_\alpha} \right) s + g \left(L_V - \dfrac{L_\alpha M_V}{M_\alpha} \right)} \frac{\Delta \delta_{T_0}}{s}$$

所以

$$\Delta V(\infty) = \lim_{s \to 0} s \Delta V(s) = 0$$

同理可得

$$\Delta\alpha(\infty) = 0$$

$$\Delta\theta(\infty) = \frac{T_{\delta_T}}{g}\Delta\delta_{T_0}$$

以上 3 个稳定值的解引出了有趣的结论:油门杆前推发动机推力加大,但速度和迎角的增量终值都为零,也就是都回到了推动油门前的状况,只有 $\Delta\theta$ 为正,即飞机抬头。由几何关系知,轨迹角:

$$\Delta\gamma = \Delta\theta - \Delta\alpha$$

$$\Delta\gamma(\infty) = \Delta\theta(\infty) - 0 = \Delta\theta(\infty)$$

即飞机向上爬升。这似乎不符合人们的直观判断,增加了推力为何不增加速度呢?

实际的过渡过程是:增加推力后先是增加速度,随后动压加大使升力增加,因而轨迹上弯。待航迹倾斜角到达一定正值后,重力沿轨迹的分力又使速度减小。在长周期动态过程结束后,航迹倾斜角 $\Delta\gamma$ 达到一稳态值 $\Delta\gamma(\infty)$,使

$$\Delta T = T_{\delta_T}\Delta\delta_{T_0} = G\sin\Delta\gamma \approx G\Delta\gamma$$

即增加的推力完全用于平衡重力沿轨迹的分力,而速度回原值。此外,由于没有偏转升降舵,迎角只能回原值。

如果推油门杆的目的是增加速度而不是向上爬升,那么就应该配合速度的增加逐渐推驾驶杆,使升降舵下偏以减小迎角,使 $L = G$。这样才能达到加速平飞的目的。

综上所述可得出纵向操纵方面的一些概念:

(1)单纯改变油门只能在过渡过程中改变速度,最终的稳态速度和迎角均不改变,但飞行轨迹上升(或下滑)。如果加大推力是为爬升而不是为加快速度,那么加大油门时最好相应地拉驾驶杆(升降舵上偏以增大迎角)来加快轨迹向上弯曲,待达到一定的上升航道倾斜角后推驾驶杆,使升降舵回到原位。若不动驾驶杆,虽然最终飞机还是要到达爬升状态,但是过渡时间就太长了。

(2)若要平飞加速,则应在加大油门后,随着飞行速度的增加逐渐推驾驶杆以减小迎角从而满足 $L = G$。

2)关于反操纵问题

长周期模态稳定才能实现上述几点结论。若长周期模态不稳定,虽然从数学上能解出稳态值,但实际上是不能实现的,因为是不稳定平衡。

长周期模态不稳定通常是定载不稳所致。此时,长周期模态变成非周期的单调发散模态,这种情况下要操纵飞机也变得困难了。例如要使飞机平飞加速,对于定载稳定的飞机来说,只要逐渐推杆即可,这样的操纵符合驾驶员的感觉,称为正常操纵。若飞机定载不稳,那么加大油门使飞行速度增加后,飞机有自动低头的趋势,速度会自动增加,此时如驾驶员按正常操纵推驾驶杆,飞机将进入俯冲。为使飞机不致进入俯冲,必须拉驾驶杆以维持 $L = G$。但不可拉杆太多,否则

飞机减速过快,会自动进入大过载状态(n_z增大过快),可能引起结构上的破坏。这种操纵技巧较难掌握,此情况称为反操纵。飞行品质规范中,对长周期模态不稳定的非周期发散指数有明确规定,也就是允许长周期模态不稳,但要求非周期发散不能太快。

　　许多飞机在进入跨声速段后都有程度不同的定载不稳,故有必要在控制系统中用 M 数配平系统来解决这个问题。

1.5　飞机横航向特征分析

　　飞机的横航向运动包括滚转,偏航和侧移 3 个自由度的运动。操纵面是副翼和方向舵,它们是飞机横航向运动动力学环节的两个输入量。

1.5.1　飞机横航向方程的解与响应特性

飞机横航向四阶线性方程: $\dot{x} = A_h x + B_h u$, $x = \begin{bmatrix} \beta & p & r & \phi \end{bmatrix}^T$, $u = \begin{bmatrix} \delta_a & \delta_r \end{bmatrix}^T$

$$
A_h = \begin{bmatrix} Y_\beta & 0 & -1 & g/V_0 \\ L_\beta & L_p & L_r & 0 \\ N_\beta & N_p & N_r & 0 \\ 0 & 1 & 0 & 0 \end{bmatrix}, \quad
B_h = \begin{bmatrix} Y_{\delta_a} & Y_{\delta_r} \\ L_{\delta_a} & L_{\delta_r} \\ N_{\delta_a} & N_{\delta_r} \\ 0 & 0 \end{bmatrix}
$$

代入 B747 的数值化结果为

$$
A_h = \begin{bmatrix} -0.2126 & 0 & -1 & 0.1672 \\ -1.3679 & -1.0195 & 0.2777 & 0 \\ 0.2369 & -0.1126 & -0.2225 & 0 \\ 0 & 1 & 0 & 0 \end{bmatrix},
$$

$$
B_h = \begin{bmatrix} -0.0005 & 0.0001 \\ -0.0091 & 0.0015 \\ -0.0007 & -0.0029 \\ 0 & 0 \end{bmatrix}
$$

　　飞机方程中取侧滑角、滚转角单位为 rad;滚转角速率、偏航角速率单位为 rad/s;副翼、方向舵偏转角单位为(°)。

　　由 A_h 矩阵解得飞机横航向状态特征值的解:

$$-1.2600, -0.0660 \pm 0.7080i, -0.0626$$

分别是一个大的实极点、一对复极点和一个小的实极点。

　　假设瞬时侧风产生了初始侧滑角 $\beta_0 = 5°$,飞机的横航向响应如图 1-61 和图 1-62 所示。

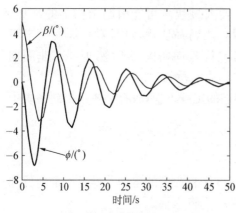

图 1-61　横航向侧滑角、滚转角响应

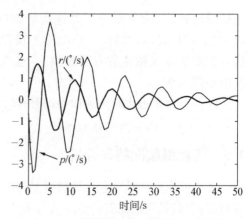

图 1-62　横航向滚转、偏航角速率响应

初值响应表明,飞机横航向运动都是稳定的,但阻尼较小,收敛时间较长,需要人工增稳。

1.5.2　横航向扰动运动的典型模态

由上面的解可以看出,飞机横航向扰动运动有 3 种模态,即大负根代表滚转快速阻尼模态,小根(可正可负)代表缓慢螺旋运动的模态,一对共轭复根代表振荡运动模态。

飞机横航向扰动运动由此 3 种典型模态线性叠加而成,但不同参数对不同模态的响应程度不同。下面就各模态的物理成因做一些解释。

1.5.2.1　滚转阻尼模态

飞机受扰后的滚转运动,受到机翼产生的较大阻尼力矩的阻止而很快结束。一方面由于大展弦比机翼的滚转阻尼导数 $|C_{l_p}|$ 大,另一方面由转动惯量 I_x 较小所致,因此这一模态对应的是一个大的负实根。

1.5.2.2　荷兰滚模态(振荡模态)

飞机受扰后,滚转阻尼运动很快结束,共轭复根所表现的振荡运动显露出来。从初值响应中可以看出,所有状态变量都产生振荡,说明振荡模态在横航向运动各参数中均有明显的表现。

这一模态的形成与纵向短周期模态的物理成因相仿。在纵向短周期模态里,俯仰静稳定性导数 C_{m_α} 起恢复作用,直接消除迎角偏差 $\Delta\alpha$,而升力导数 C_{L_α} 与俯仰阻尼力矩导数 C_{m_q} 和 $C_{m_{\dot{\alpha}}}$ 起阻尼作用;在横航向振荡模态里,航向静稳定性导数 C_{n_β} 起恢复作用,直接消除侧滑角 β,而侧力导数 C_{Y_β} 和航向阻尼力矩导数 C_{n_r} 起阻尼作用。C_{Y_β} 和 C_{n_r} 在数值上远小于 C_{L_α} 和 $C_{m_q}+C_{m_{\dot{\alpha}}}$,因此横航向振荡模态的衰减很慢。此外,与纵向短周期模态不同的是:由于横滚静稳定性导数 C_{L_β} 的存在,伴随着侧滑角 β 的正负振荡,飞机还产生了左右滚转的运动。这一又摇摆又滚转的运动过程说明如下。

设某时刻有正侧滑($\beta>0$),航向静稳定性 C_{n_β} 产生正的偏航力矩,以消除正侧滑,同时横滚静稳定性 C_{L_β} 产生负的滚转力矩,使飞机向左滚转($\phi<0$)。在正偏航力矩消除正侧滑角时,飞机产生正偏航角速率($r>0$)。由于转动的惯性作用,在消除正侧滑角之后会出现负侧滑角($\beta<0$)。但此时飞机已产生了负滚转角($\phi<0$)使升力 L 向左倾斜,L 与重力 G 的合力起到加剧向左侧滑的作用,这就抵消了一部分偏航运动的阻尼效果。出现左侧滑角($\beta<0$)时,又

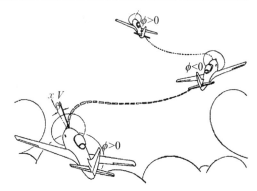

图 1-63 荷兰滚运动的飞行轨迹

会重复上述过程,但方向相反。这种飘摆运动的飞行轨迹呈 s 形,同时又左右偏航左右滚转,很像荷兰人滑冰的动作,故称荷兰滚模态(见图 1-63)。

由上述分析看来,滚转运动加入到振荡运动中使本来就较小的阻尼比进一步减小,所以必须选择适当的横滚静稳定性。若横滚静稳定性设计得太大(C_{L_β} 的负值太大),会使荷兰滚模态不稳定。

1.5.2.3 螺旋模态

当 $|C_{L_\beta}|$ 较小而 $|C_{n_\beta}|$ 较大时,易形成不稳定的螺旋模态。模态的发展过程如下:

若 $t=0$ 时有正的滚转角($\phi>0$),则升力 L 右倾斜与重力 G 合力使飞机向右侧滑,由于 $|C_{L_\beta}|$ 小,则使 ϕ 角减小的负滚转力矩小,而 $|C_{n_\beta}|$ 较大,使得偏航角速率 r 正值大。交叉动导数 C_{L_r} 为正,产生较大的正滚转力矩。当负滚转力矩小于正滚转力矩时,飞机更向右滚转,于是 L 与 G 的合力作用使飞机更向右侧滑。如此逐渐使 ϕ 角正向增大,升力的垂直分量 $L\cos\phi$ 则逐渐减小,轨迹向心力 $L\sin\phi$ 则逐渐增大,致使形成盘旋半径愈来愈小,高度不断下降的螺旋线飞行轨迹,故称为螺旋模态(见图 1-64)。

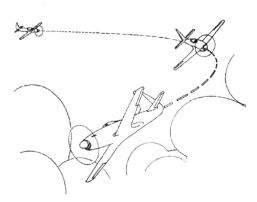

图 1-64 螺旋运动(不稳定)的飞行轨迹

螺旋模态不稳定对应的小实根为正值。若小实根为负值,则螺旋模态是稳定的,此时形不成下降的螺旋飞行轨迹,但仍称它为螺旋模态。如果驾驶员对不稳定的螺旋运动不加干预,那么飞机将最终坠入尾旋。但螺旋模态的初期发散是很缓慢的,只要小实根的正值不太大,即只要不稳定的非周期发散不太快,驾驶员是有足够时间纠正它的。

设计飞机时,可通过选择适当的机翼上反角来调整横滚静稳定性导数 C_{L_β} 的大

小,航向静稳定性导数 C_{n_β} 的值则可通过选择立尾面积来调整。由于荷兰滚模态周期短、阻尼小,飞机左右摇摆不停,给会乘员带来不适,因此设计飞机时,为尽量增大荷兰滚模态的阻尼比,宁可让螺旋模态有轻微的不稳定。虽然可按上述原则选择最合适的 C_{L_β} 和 C_{n_β},但仅靠飞机自身的气动特性还是不能满足荷兰滚模态的品质要求,所以还要采用人工阻尼的办法增加荷兰滚模态的阻尼比。

1.5.3　三种模态的简化处理法

横航向运动各自由度之间力和力矩的相互作用较复杂,绕 Ox_s 轴的运动引起绕 Oz_s 轴的力矩,反之亦然。所以横航向各模态的简化处理就不如纵向长、短周期模态简化处理那样满意。但是简化处理不仅带来极大的简洁性,而且对我们理解各模态的物理成因起了重要作用。所以要设法找到横航向扰动运动 3 个模态的简化处理方法。

1) 滚转阻尼模态的简化处理

具有大展弦比机翼的飞机,其滚转阻尼导数在滚转阻尼模态中占据绝对地位。初步近似认为滚转阻尼作用就是由其导数所致。现只考虑一个滚转速速率 p 的自由度,运动微分方程为

$$\frac{\mathrm{d}p}{\mathrm{d}t} - L_p p = 0（方程中 L_p 为负值）$$

经拉氏变换后得特征方程:

$$s + L_p = 0$$

代入前例数据后得大负实根 -1.2600,而

$$s = L_p = -1.0195$$

与精确解 $s = -1.26$ 较为接近。

2) 荷兰滚模态的简化处理

前面的分析指出荷兰滚模态的物理成因与纵向短周期相仿,但滚转运动对它有影响。初步近似认为滚转运动对荷兰滚模态没有影响,即认为偏航和侧移运动不受滚转速率 p 和滚转角 ϕ 的影响。因此可将 A_h 矩阵式(1-92)简化为

$$\begin{cases} (s - Y_\beta)\beta + r = Y_{\delta_r}\delta_r \\ -N_\beta\beta + (s - N_r)r = N_{\delta_r}\delta_r \end{cases} \tag{1-119}$$

此简化方程与纵向短周期简化方程(1-100)的原理相同。式(1-119)经拉氏变换后的特征方程式为

$$s^2 - (Y_\beta + N_r)s + Y_\beta N_r + N_\beta = 0 \tag{1-120}$$

代入前例数据后得

$$s^2 + 0.3252s + 0.2608 = 0$$

解得

$$s = -0.1626 \pm 0.4841\text{i}$$

三自由度横航向运动中荷兰滚模态的精确解为 $-0.0660 \pm 0.7080\text{i}$,两者偏差在 $20\% \sim 30\%$,有一定的近似性,稳定性不变。

3) 螺旋模态的简化处理

由前例扰动运动解的表示式可以看到,螺旋模态在各运动参数中只占据很小的份额,而且运动参数的变化慢,因此初步近似时,惯性项可以忽略,即令式(1-92)中的 $\dot{\beta} = \dot{p} = \dot{r} = 0$。经拉氏变换后得系数行列式为

$$\Delta(s) = \begin{vmatrix} Y_\beta & 0 & -1 & g/V_0 \\ L_\beta & L_p & L_r & 0 \\ N_\beta & N_p & N_r & 0 \\ 0 & -1 & 0 & s \end{vmatrix} = 0$$

代表螺旋模态的特征方程为

$$(Y_\beta L_p N_r - Y_\beta N_p L_r - L_\beta N_p + N_\beta L_p)s - \frac{g}{V_0}(L_\beta N_r - N_\beta L_r) = 0$$

$$(1-121)$$

代入前例数据有

$$-0.4504s + 0.0399 = 0$$
$$s = -0.0886$$

精确解为

$$s = -0.0626$$

两者是比较接近的,该螺旋模态是稳定的。

1.5.4　横航向运动的传递函数

1.5.4.1　横航向运动传递函数的推导

研究以方向舵 δ_r 和副翼 δ_a 偏转为输入的传递函数。在零干扰和零初始条件下,横航向运动方程组(1-94):$\dot{x} = A_h x + B_h u$ 经拉氏变换后得 $(sI - A_h)x = B_h u$,具体为

$$\begin{bmatrix} s - Y_\beta & 0 & 1 & -g/V_0 \\ -L_\beta & s - L_p & -L_r & 0 \\ -N_\beta & -N_p & s - N_r & 0 \\ 0 & -1 & 0 & s \end{bmatrix} \begin{bmatrix} \beta(s) \\ p(s) \\ r(s) \\ \phi(s) \end{bmatrix} = \begin{bmatrix} 0 & Y_{\delta_r} \\ L_{\delta_a} & L_{\delta_r} \\ N_{\delta_a} & N_{\delta_r} \\ 0 & 0 \end{bmatrix} \begin{bmatrix} \delta_a(s) \\ \delta_r(s) \end{bmatrix}$$

$$(1-122)$$

先令副翼偏转为零 $\delta_a = 0$，分别写出以方向舵 δ_r 为输入，β、ϕ 和 r 为输出的传递函数。

$$\frac{\Delta\beta(s)}{\Delta\delta_r(s)} = \frac{\begin{vmatrix} -Y_{\delta_r} & 0 & 1 & -g/V_0 \\ -L_{\delta_r} & s-L_p & -L_r & 0 \\ -N_{\delta_r} & -N_p & s-N_r & 0 \\ 0 & -1 & 0 & s \end{vmatrix}}{\begin{vmatrix} s-Y_\beta & 0 & 1 & -g/V_0 \\ -L_\beta & s-L_p & -L_r & 0 \\ -N_\beta & -N_p & s-N_r & 0 \\ 0 & -1 & 0 & s \end{vmatrix}}$$

$$= \frac{A_{\beta_r}\left(s+\dfrac{1}{T_{\beta_{r1}}}\right)\left(s+\dfrac{1}{T_{\beta_{r2}}}\right)\left(s+\dfrac{1}{T_{\beta_{r3}}}\right)}{\left(s+\dfrac{1}{T_R}\right)\left(s+\dfrac{1}{T_S}\right)(s^2+2\zeta_D\omega_D s+\omega_D^2)} = \frac{N_{\delta_r}^\beta(s)}{\Delta(s)} \qquad (1-123)$$

式中：A_{β_r} 为以 δ_r 为输入，β 为输出的传递函数增益；$T_{\beta_{r1}}$，$T_{\beta_{r2}}$，$T_{\beta_{r3}}$ 为分子的时间常数；T_R 为滚转阻尼（roll damping）模态时间常数；T_S 为螺旋（spiral）模态时间常数；ζ_D，ω_D 为荷兰滚（Dutch roll）模态的阻尼比和固有频率；$\Delta(s)$ 为横航向方程的特征多项式。

$$\frac{\Delta\phi(s)}{\Delta\delta_r(s)} = \frac{\begin{vmatrix} s-Y_\beta & 0 & 1 & -Y_{\delta_r} \\ -L_\beta & s-L_p & -L_r & -L_{\delta_r} \\ -N_\beta & -N_p & s-N_r & -N_{\delta_r} \\ 0 & -1 & 0 & 0 \end{vmatrix}}{\begin{vmatrix} s-Y_\beta & 0 & 1 & -g/V_0 \\ -L_\beta & s-L_p & -L_r & 0 \\ -N_\beta & -N_p & s-N_r & 0 \\ 0 & -1 & 0 & s \end{vmatrix}}$$

$$= \frac{A_{\phi_r}\left(s+\dfrac{1}{T_{\phi_{r1}}}\right)\left(s+\dfrac{1}{T_{\phi_{r2}}}\right)}{\left(s+\dfrac{1}{T_R}\right)\left(s+\dfrac{1}{T_S}\right)(s^2+2\zeta_D\omega_D s+\omega_D^2)} = \frac{N_{\delta_r}^\phi(s)}{\Delta(s)} \qquad (1-124)$$

式中：A_{ϕ_r} 为以 δ_r 为输入，ϕ 为输出的传递函数增益；$T_{\phi_{r1}}$，$T_{\phi_{r2}}$ 为分子时间常数。

$$\frac{\Delta r(s)}{\Delta \delta_{\mathrm r}(s)} = \frac{\begin{vmatrix} s-Y_\beta & 0 & -Y_{\delta_{\mathrm r}} & -g/V_0 \\ -L_\beta & s-L_p & -L_{\delta_{\mathrm r}} & 0 \\ -N_\beta & -N_p & -N_{\delta_{\mathrm r}} & 0 \\ 0 & -1 & 0 & s \end{vmatrix}}{\begin{vmatrix} s-Y_\beta & 0 & 1 & -g/V_0 \\ -L_\beta & s-L_p & -L_r & 0 \\ -N_\beta & -N_p & s-N_r & 0 \\ 0 & -1 & 0 & s \end{vmatrix}} \tag{1-125}$$

$$= \frac{A_{r_{\mathrm r}}\left(s+\dfrac{1}{T_{r_{\mathrm r1}}}\right)(s^2+2\zeta_{r_{\mathrm r2}}\omega_{r_{\mathrm r2}}s+\omega_{r_{\mathrm r2}}^2)}{\left(s+\dfrac{1}{T_{\mathrm R}}\right)\left(s+\dfrac{1}{T_{\mathrm S}}\right)(s^2+2\zeta_{\mathrm D}\omega_{\mathrm D}s+\omega_{\mathrm D}^2)} = \frac{N_{\delta_{\mathrm r}}^{r}(s)}{\Delta(s)}$$

式中：$A_{r_{\mathrm r}}$ 为以 $\delta_{\mathrm r}$ 为输入，r 为输出的传递函数增益；$T_{r_{\mathrm r1}}$ 为分子时间常数；$\zeta_{r_{\mathrm r2}}$，$\omega_{r_{\mathrm r2}}$ 为分子阻尼比和固有频率。

同样可求出以 $\delta_{\mathrm a}$ 为输入，β，ϕ 和 r 为输出的传递函数，其中系数的含义与上面相同。

$$\frac{\Delta \beta(s)}{\Delta \delta_{\mathrm a}(s)} = \frac{A_{\beta_{\mathrm a}}\left(s+\dfrac{1}{T_{\beta_{\mathrm a1}}}\right)(s^2+2\zeta_{\beta_{\mathrm a2}}\omega_{\beta_{\mathrm a2}}s+\omega_{\beta_{\mathrm a2}}^2)}{\left(s+\dfrac{1}{T_{\mathrm R}}\right)\left(s+\dfrac{1}{T_{\mathrm S}}\right)(s^2+2\zeta_{\mathrm D}\omega_{\mathrm D}s+\omega_{\mathrm D}^2)} = \frac{N_{\delta_{\mathrm a}}^{\beta}(s)}{\Delta(s)} \tag{1-126}$$

$$\frac{\Delta \phi(s)}{\Delta \delta_{\mathrm a}(s)} = \frac{A_{\phi_{\mathrm a}}(s^2+2\zeta_{\phi_{\mathrm a}}\omega_{\phi_{\mathrm a}}s+\omega_{\phi_{\mathrm a}}^2)}{\left(s+\dfrac{1}{T_{\mathrm R}}\right)\left(s+\dfrac{1}{T_{\mathrm S}}\right)(s^2+2\zeta_{\mathrm D}\omega_{\mathrm D}s+\omega_{\mathrm D}^2)} = \frac{N_{\delta_{\mathrm a}}^{\phi}(s)}{\Delta(s)} \tag{1-127}$$

$$\frac{\Delta r(s)}{\Delta \delta_{\mathrm a}(s)} = \frac{A_{r_{\mathrm a}}\left(s+\dfrac{1}{T_{r_{\mathrm a1}}}\right)(s^2+2\zeta_{r_{\mathrm a2}}\omega_{r_{\mathrm a2}}s+\omega_{r_{\mathrm a2}}^2)}{\left(s+\dfrac{1}{T_{\mathrm R}}\right)\left(s+\dfrac{1}{T_{\mathrm S}}\right)(s^2+2\zeta_{\mathrm D}\omega_{\mathrm D}s+\omega_{\mathrm D}^2)} = \frac{N_{\delta_{\mathrm a}}^{r}(s)}{\Delta(s)} \tag{1-128}$$

横航向运动传递函数中，航向运动以偏航角速率 r 为输出量。若以偏航角 ψ 为输出量，则 $\psi(s)/\delta_{\mathrm r}(s)$ 和 $\psi(s)/\delta_{\mathrm a}(s)$ 的分母中将有一个等于零的根，即

$$\frac{\Delta \psi(s)}{\Delta \delta_{\mathrm r}(s)} = \frac{N_{\delta_{\mathrm r}}^{r}(s)}{s\Delta(s)}$$

$$\frac{\Delta \psi(s)}{\Delta \delta_{\mathrm a}(s)} = \frac{N_{\delta_{\mathrm a}}^{r}(s)}{s\Delta(s)}$$

说明 $\delta_{\mathrm r}$ 或 $\delta_{\mathrm a}$ 到 $\varphi(t)$ 之间包含一个积分环节，因而在舵偏角 $\delta_{\mathrm r}$ 或 $\delta_{\mathrm a}$ 为常值时，$\varphi(t)$ 会不停地变化。由于积分环节的输出与输入无比例关系，航向运动受扰后不能回复到受扰前的航向。从物理上很容易理解，飞机航向角的变化不会改变力和力矩的平衡，因此飞机具有航向随遇平衡的性质。这称为横航向运动的一种模态，即航向中立稳定模态。

1.5.4.2　传递函数及频率特性举例

仍以 B747 飞机数据为例，建立横航向运动传递函数，绘出频率特性，并给出相关响应。其横航向运动方程如下（副翼与方向舵角度以 rad 为单位）：

$$\boldsymbol{A}_\mathrm{h} = \begin{bmatrix} -0.2126 & 0 & -1 & 0.1672 \\ -1.3679 & -1.0195 & 0.2777 & 0 \\ 0.2369 & -0.1126 & -0.2225 & 0 \\ 0 & 1 & 0 & 0 \end{bmatrix}, \boldsymbol{B}_\mathrm{h} = \begin{bmatrix} -0.0005 & 0.0001 \\ -0.0091 & 0.0015 \\ -0.0007 & -0.0029 \\ 0 & 0 \end{bmatrix}$$

利用 MATLAB 软件，解得横航向特征多项式：

$$\Delta(s) = (s+1.26)(s+0.0626)(s^2+0.132s+0.5056)$$

进一步解得横航向状态量对于 δ_r 输入的传递函数：

$$\begin{cases} \dfrac{\Delta\beta(s)}{\Delta\delta_\mathrm{r}(s)} = \dfrac{0.0001(s+29.07)(s+1.194)(s-0.0227)}{\Delta(s)} \\[3mm] \dfrac{\Delta r(s)}{\Delta\delta_\mathrm{r}(s)} = \dfrac{-0.0029(s+1.24)(s2+0.0386s+0.167)}{\Delta(s)} \\[3mm] \dfrac{\Delta\phi(s)}{\Delta\delta_\mathrm{r}(s)} = \dfrac{0.0015(s+1.4844)(s-1.6774)}{\Delta(s)} \end{cases}$$

对于 δ_a 输入的传递函数：

$$\begin{cases} \dfrac{\Delta\beta(s)}{\Delta\delta_\mathrm{a}(s)} = \dfrac{-0.0005(s+0.1861)(s^2+0.3443s+3.987)}{\Delta(s)} \\[3mm] \dfrac{\Delta r(s)}{\Delta\delta_\mathrm{a}(s)} = \dfrac{-0.0007(s+0.818)(s^2-0.8808s+0.9087)}{\Delta(s)} \\[3mm] \dfrac{\Delta\phi(s)}{\Delta\delta_\mathrm{a}(s)} = \dfrac{-0.0091(s^2+0.3813s+0.3809)}{\Delta(s)} \end{cases}$$

相对于 δ_r 输入的频率特性如图 1-65 所示。

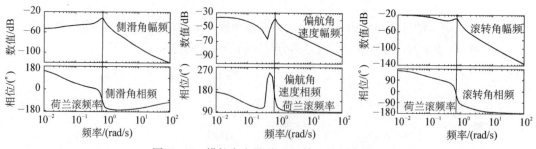

图 1-65　横航向变量对于 δ_r 输入的频率特性

相对于 δ_a 输入的频率特性如图 1-66 所示。

与纵向分析类似，通过传递函数及其频率特性，可了解各种模态在横航向运动暂态响应中所起的作用。

所有传递函数的频率特性中均出现荷兰滚峰值，说明在所有变量的脉冲响应中

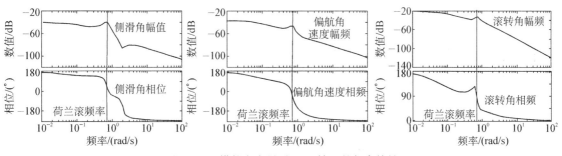

图 1-66 横航向变量对于 δ_a 输入的频率特性

荷兰滚运动都起主要作用。

对于滚转阻尼模态，传递函数 $\dfrac{\Delta\beta(s)}{\Delta\delta_r(s)}$ 和 $\dfrac{\Delta r(s)}{\Delta\delta_r(s)}$ 的分子与分母中都有一次式可以基本相消，表明滚转阻尼模态在由 δ_r 脉冲引起的 $\beta(t)$ 和 $r(t)$ 响应中影响很小。

综上所述，方向舵偏转主要引起荷兰滚模态运动，对滚转模态的影响不很明显。副翼偏转主要引起滚转模态运动，对荷兰滚模态有一定影响。

δ_r, δ_a 在 $t = 1\text{s}$ 时给出幅值为 1rad 持续 1s 的脉冲输入，响应如图 1-67 和图 1-68 所示。

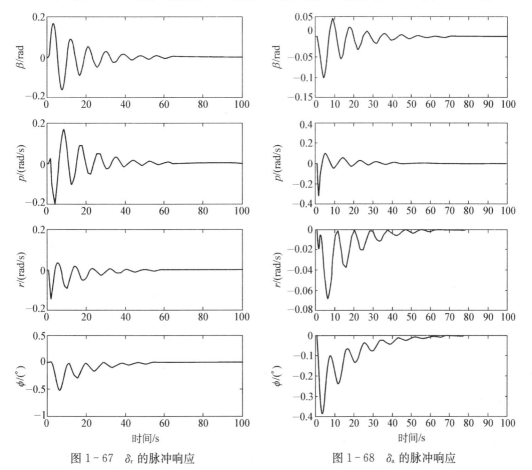

图 1-67 δ_r 的脉冲响应　　　　　图 1-68 δ_a 的脉冲响应

1.5.5　横航向运动的近似传递函数

1) 二自由度荷兰滚运动的近似传递函数

横航向方程式(1-119)经拉氏变换后得

$$\begin{cases} (s-Y_\beta)\Delta\beta(s) + \Delta r(s) - Y_{\delta_r}\Delta\delta_r(s) = 0 \\ -N_\beta\Delta\beta(s) + (s-N_r)\Delta r(s) - N_{\delta_r}\Delta\delta_r(s) = 0 \end{cases}$$

解上式,得荷兰滚运动的近似传递函数:

$$\frac{\Delta\beta(s)}{\Delta\delta_r(s)} = \frac{\begin{vmatrix} -Y_{\delta_r} & 1 \\ -N_{\delta_r} & s-N_r \end{vmatrix}}{\begin{vmatrix} s-Y_\beta & 1 \\ -N_\beta & s-N_r \end{vmatrix}} = \frac{-Y_{\delta_r}(s-N_r) + N_{\delta_r}}{s^2 - (Y_\beta+N_r)s + Y_\beta N_r + N_\beta}$$

$$\frac{\Delta r(s)}{\Delta\delta_r(s)} = \frac{\begin{vmatrix} s-Y_\beta & -Y_{\delta_r} \\ -N_\beta & -N_{\delta_r} \end{vmatrix}}{\begin{vmatrix} s-Y_\beta & 1 \\ -N_\beta & s-N_r \end{vmatrix}} = \frac{-N_{\delta_r}s + Y_\beta N_{\delta_r} + Y_{\delta_r}N_\beta}{s^2 - (Y_\beta+N_r)s + Y_\beta N_r + N_\beta}$$

方向舵偏转引起的侧力一般较小,可认为$Y_{\delta_r}\approx 0$,以上两式可进一步简化为

$$\frac{\Delta\beta(s)}{\Delta\delta_r(s)} = \frac{N_{\delta_r}}{s^2 - (Y_\beta+N_r)s + Y_\beta N_r + N_\beta} \tag{1-129}$$

2) 一自由度滚转运动近似传递函数

副翼偏转主要引起滚转运动,且叠加一定程度的荷兰滚振荡运动。如果忽略荷兰滚运动的影响,认为副翼偏转只产生滚转运动,那么可令$\beta=r=0$,得滚转运动方程为

$$(s-L_p)s\Delta\phi(s) = L_{\delta_a}\Delta\delta_a \tag{1-130}$$

解上式,得滚转运动近似传递函数为滚转角或滚转角速率对副翼偏转角的传递函数:

$$\frac{\Delta\phi(s)}{\Delta\delta_a(s)} = \frac{L_{\delta_a}}{s(s-L_p)}, \quad \frac{\Delta p(s)}{\Delta\delta_a(s)} = \frac{L_{\delta_a}}{(s-L_p)} \tag{1-131}$$

这一简单的传递函数常用于副翼自动驾驶仪的参数选择。

1.5.6　空速、高度变化对横航动力学的影响

1) 荷兰滚模态

荷兰滚模态的简化特征方程为式(1-129),即

$$s^2 - (Y_\beta+N_r)s + Y_\beta N_r + N_\beta = 0$$

由于$|N_\beta|\gg Y_\beta N_r$,这也是一般飞机都具有的关系,荷兰滚模态的固有频率为

$$\omega_D \approx \sqrt{|N_\beta|} = V_0 \sqrt{\rho} \sqrt{\frac{1}{2} Sb C_{n_\beta}/I_z}$$

而阻尼比为

$$\zeta_D \approx \frac{-(Y_\beta + N_r)}{2\sqrt{|N_\beta|}} = \frac{-(SC_{Y_\beta}/2m + Sb^2 C_{n_r}/4I_z)}{2\sqrt{SbC_{n_\beta}/2I_z}} \sqrt{\rho}$$

由于上面两式可知:荷兰滚模态的固有频率 ω_D 与空速成正比,阻尼比 ζ_D 与空速无关,两者都正比于 $\sqrt{\rho}$,即与高度有关。

2)滚转阻尼模态

由式(1-130)得滚转阻尼模态传递函数的时间常数为

$$T_L = 1/|L_p| = -4I_x/Sb^2 C_{l_p}\rho V_0 \qquad (1-132)$$

表明 T_L 与 ρV_0 成反比。

3)螺旋模态

由式(1-121)解得螺旋模态小实根的近似表达式为

$$s = \frac{-\frac{g}{V_0}(L_\beta N_r - N_\beta L_r)}{Y_\beta L_p N_r - Y_\beta N_p L_r - L_\beta N_p + N_\beta L_p} = 0$$

所以时间常数为

$$T_S = 1/s = \frac{Y_\beta L_p N_r - Y_\beta N_p L_r - L_\beta N_p + N_\beta L_p}{-\frac{g}{V_0}(L_\beta N_r - N_\beta L_r)}$$

分子中 $|L_p N_\beta|$ 项,比其他各项都要大 $1 \sim 2$ 个数量级,即

$$L_p N_\beta \geqslant |Y_\beta L_p N_r - Y_\beta N_p L_r - L_\beta N_p|$$

因此 T_S 可近似表示成

$$T_S \approx \frac{N_\beta L_p}{-\frac{g}{V_0}(L_\beta N_r - N_\beta L_r)} = \frac{-C_{L_p} C_{n_\beta}}{C_{L_\beta} C_{n_r} - C_{L_r} C_{n_\beta}} \frac{V_0}{g}$$

表明螺旋模态时间常数与飞行速度成正比。

1.5.7 气动导数变化对横侧动力学特性的影响

1)滚转阻尼模态

由式(1-132)知,滚转阻尼模态时间常数与 L_p 成反比,也与飞机横滚阻尼气动导数 $|C_{L_p}|$ 成反比。亚声速飞机一般都具有机翼大展弦比,$|C_{L_p}|$ 大,滚转阻尼特性好。但大 $|C_{L_p}|$ 使得用副翼操纵滚转变得困难,飞机进入盘旋太慢,影响了盘旋机动性能的快速发挥。超声速飞机一般都是小展弦比机翼,$|C_{L_p}|$ 小,滚转阻尼特性不

好,因此有必要加人工阻尼。

2)荷兰滚模态

由式(1-120)知 $\omega_D \propto \sqrt{C_{n_\beta}}$,即航向静稳定性越大,荷兰滚模态固有频率越高。由式(1-159)知,荷兰滚模态的阻尼比 ζ_D 与 C_{Y_β} 和 C_{n_r} 成正比,与 $\sqrt{C_{n_\beta}}$ 成反比。$|C_{L_\beta}|$ 不太大时,式(1-159)成立,$|C_{L_\beta}|$ 太大会降低 ζ_D,甚至会使 ζ_D 变成负值。

3)螺旋模态

由式(1-121)表示的螺旋模态稳定条件是

$$C_{l_\beta}C_{n_r} - C_{n_\beta}C_{l_r} > 0$$

可以通过改动飞机几何外形的参数(如机翼上反角和垂直尾翼尺寸)对上式 4 个导数施加影响,而不用改变飞机的平面投影形状。加大机翼上反角,$|C_{L_\beta}|$ 会增大,对其他 3 个导数没有影响;但加大垂直尾翼面积,则会同时增大 $|C_{n_r}|$ 和 C_{n_β}。因此,在满足一定的航向静稳定性 C_{n_β} 的要求后,关键是选择适当的上反角以调整 $|C_{L_\beta}|$ 的值,使得螺旋模态稳定,或虽不稳定,但发散不致过快。这些指标在飞机动态品质规范中都有规定。

1.6　飞机本体特性与飞行稳定性与飞行品质的关系

1)飞机本体的稳定性

从前面的模态分析可知,线性飞机的本体特性可以分为

纵向——长周期、短周期模态;

横航向——滚转阻尼、荷兰滚和螺旋模态。

飞机的全部状态变量取决于这几种模态的特性,飞机本体的稳定性也取决于这几种模态的特征值的稳定性。其中:

(1) C_{m_α} ,C_{l_β} 和 C_{n_β} 决定了飞机的三轴静稳定性,它们表征了飞机本体是否具有稳定的趋势,如果某个轴的静稳定导数表明了不稳定,则飞机在该轴的本体特征肯定是不稳定的。

(2)如果三轴静稳定导数均表明稳定,飞机本体特征最终由飞机方程的特征值决定其稳定性,多数情况下与静稳定导数的结论一致,是稳定的;但不排除有不一致的情况,即静稳定导数表明稳定,飞机方程的特征值不稳定。

如果飞机方程不能用线性模型描述,则其稳定性需要更复杂的、适合于非线性系统的方法进行判断。

2)飞机本体特性与飞行品质的关系

飞机的飞行品质定义为:飞机的稳定性和操纵性。关于飞行品质的研究是随着飞机的发展而发展起来的。美国在多年研究的基础上,于 1943 年颁布了第一个飞行品质要求 AAF-C-1815,由于当时还没有闭环的飞行控制系统,或者说飞机只是开环的机械链接控制,因此其要求主要是针对飞机的本体特性提出的。后来发展

的 MIL‐F‐8785C(ASG)针对纵向长短周期、荷兰滚和滚转、螺旋模态都给出了品质评估的指标要求,如短周期模态阻尼、延迟时间和操纵期望参数 CAP;长周期、螺旋模态的倍幅时间;滚转时间常数和荷兰滚阻尼、延迟时间等,这些品质评估指标都是面向飞机本体模态的,对于飞机设计者具有指导意义。

如果飞机本体特性具有好的飞行品质,则不需要增稳系统,很多早期研制的飞机都是机械链接,具有很好的本体特性。

随着飞行控制技术的快速发展,飞机的本体特性要求可以适当放宽,如主动控制技术中的放宽静稳定性气动布局,给飞机的发展带来了巨大的收益,同时使得飞机本体特性不再满足飞行品质要求,因此需要闭环飞控系统加以改善。当前的新型飞机,包括民机与军机,几乎都采用放宽静稳定性气动布局,相应的飞行控制系统也获得了巨大的发展与改进。目前对飞行品质的要求,尽管其指标没有改变,而对象往往是指闭环飞控系统,常常是考虑包括驾驶员在内的人机闭环系统的整体特性。因此,在今天的发展现状下,分析飞机的本体特征往往只是使我们更清楚地认识到飞机作为被控对象的特性和需要改善的技术内涵,而不再对飞机本体特性进行飞行品质评估了。

1.7 结语

本章介绍了飞机的气动特性与飞行力学原理、飞机的建模过程和基本动力学模态的形成原理,介绍了常规的分析方法与模态的基本特性。特别介绍了飞机六自由度非线性线运动与角运动动力学方程的导出过程和线性化过程,给出了基于 MATLAB 符号语言的非线性方程推导程序。介绍了一种由仿真或试验数据获得线性模型的最优处理方法,可以不依赖吹风数据完成线性飞机建模过程,对于大型民机具有较好的工程应用价值。

参 考 文 献

[1] 张明廉.飞行控制系统[M].北京:航空工业出版社,1994.

[2] 北京航空学院五〇九教研室.飞行动力学[G].1980.

[3] 鲁道夫·布罗克豪斯.飞行控制[M].金长江,译.北京:国防工业出版社,1999.

[4] 吴森堂,费玉华.飞行控制系统[M].北京:北京航空航天大学出版社,2005.

[5] BALINT A. Advances in flight control systems [EB/OL]. InTech, www. intechopen. com, 2011,3.

[6] TEWARI A. Automatic control of atmospheric and space flight vehicles [R]. Birkhuser, 2011.

[7] COOK M V. Flight dynamics principles, 2nd Ed. [M]. Elsevier Ltd. 2007.

[8] 熊笑.大型民机建模故障诊断及可靠性一体化研究[D].北京:北京航空航天大学,2013,6.

[9] 欧阳光,熊笑,张平.基于飞行数据的飞机参数辨识与配平状态估计[J].民用航空技术与产业发展专题,2013:79 - 88.

2 大型民机的飞行性能与飞行品质

本章在介绍民机建模与飞机特性的基础上,首先给出飞机在铅垂平面内运动的质心运动方程,着重介绍有关飞行性能的基本概念、发动机推力特性、飞行包线与航程、协调转弯特性及其计算方法,然后针对民机的飞行品质进行介绍阐述。

2.1 飞行性能

飞机的飞行性能与飞机的推力密切相关,而飞机的推力取决于飞机所采用的航空发动机。民用航空发动机的本质特点是:安全性、经济性和环保性。

20 世纪 50 年代开始研发的涡轮风扇发动机(简称涡扇发动机)具有内外两个涵道,在内涵燃气发生器后面增加动力涡轮,将燃气发生器产生的一部分或大部分可用功通过动力涡轮传递给外涵通道中的压力机(或称风扇)。涡扇发动机与涡喷发动机相比,由于将可用功分配给较多的空气,降低了尾喷气流的喷射速度,提高了发动机的推进效率,增大了发动机的推力[1],达到了省油经济的目的。

涡扇发动机的性能指标主要包括涵道比、内外涵的单位推力、总推力 T 和耗油率等。

若将通过内涵燃气发生器的空气流量表示为 q_{ma1},通过外涵风扇的空气流量表示为 q_{ma2},则涵道比 B(bypass ratio)为 $B = q_{ma2}/q_{ma1}$。

以 V 表示飞机的飞行速度。设分开排气涡扇发动机内涵气流在其尾喷管内膨胀并以速度 V_1 喷出,则内涵的单位推力 $T_{s1} = V_1 - V$。设分开排气涡扇发动机外涵气流在其尾喷管内膨胀并以速度 V_2 喷出,则外涵的单位推力 $T_{s2} = V_2 - V$。因此,涡扇发动机的总推力 $T = q_{ma1} T_{s1} + q_{ma2} T_{s2}$。对于不加力涡扇发动机的单位推力为 $T_s = T/q_{ma1} = T_{s1} + BT_{s2}$。

燃油消耗率(specific fuel consumption, sfc)为飞机每小时发动机所消耗燃油量(或称为小时耗油量)q_h 与发动机总推力之比。对于不加力涡扇发动机,$sfc = q_h/T$。几种典型的涡轮喷气发动机和民机用涡扇发动机的耗油率如图 2-1 所示[2]。

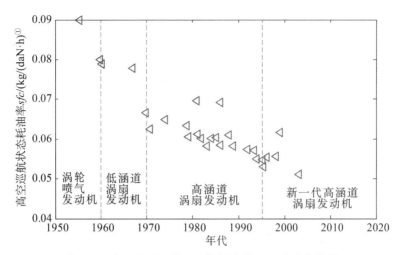

图 2 - 1　航空发动机高空巡航耗油率(sfc)的变化趋势

在高亚声速范围内,提高涡扇发动机的涵道比不仅有利于降低耗油率,而且可以大大降低喷气噪声。因此,现代民航旅客飞机几乎无一例外地采用高涵道比的涡扇发动机[3]。

著名的民用航空发动机公司有:国际航空发动机公司(International Aero Engines,IAE)、国际商用风扇发动机公司(Commercial Fans Motor,CFM)、罗尔斯·罗伊斯发动机公司(Rolls-Royce,RR)、美国通用电气公司(General Electric,GE)、普拉特 & 惠特尼发动机公司(Pratt & Whitney,PW)。主要民用涡扇发动机的相关数据[4]如表 2 - 1 所示。

表 2 - 1　主要民用涡扇发动机的数据[3]

型号	研制单位	推力/kN	耗油率 sfc/(kg/(daN·h))	涵道比 B	用途	需用数
CFM56 - 5B4/P	CFM	120	0.34	6.0	A320	2
CFM56 - 7B24	CFM	108	0.37	6.0	B737 - 700/800	2
CF6 - 80A	GE	213	0.344	4.66	B767 - 200	2
CF6 - 80E1A2	GE	292	0.332	—	A330	2
CF6 - 80C2B6F	GE	270	0.323	5.05	B767 - 300ER	2
GE90 - 76B	GE	341	—	9	B777 - 200	2
GE90 - 115B	GE	510	—	9	B777 - 200LR	2
GP7270	GE联合PW	310	—	8.7	A380 - 800	4
V2500 - A1	IAE	110	0.35	5.42	A320 - 200	2
RB211 - 524G	RR	257	0.58(巡航)	4.4	B747 - 400	4
RB211 - 535E4B	RR	191	0.61(巡航)	4.3	B757	2

① kg/(daN·h)表示公斤/(千瓦·时)。

（续表）

型号	研制单位	推力/kN	耗油率 sfc /(kg/(daN·h))	涵道比 B	用途	需用数
Trent970	RR	311	0.51(巡航)	—	A380-800	4
PW2037	PW	70	0.335	5.8	B757	2
PW4084	PW	373	0.33	—	B777	2

　　飞机的飞行性能主要指飞机质心沿飞行轨迹（常称为航迹）做定常或非定常运动的能力。因此，只要建立并解算飞机的质心运动方程，就可以确定飞机的飞行性能和飞行航迹。这里首先需要建立飞机在铅垂平面内运动的质心运动方程。

　　飞机在铅垂平面内的飞行运动是指无侧滑、不倾斜、飞机对称面与质心运动轨迹所处的铅垂平面相重合的一种飞行运动。此时，速度向量和作用于飞机上的外力均在飞机对称平面内。图 2-2 表示在铅垂平面内飞行时，作用在飞机上的力及其角度关系[5]。

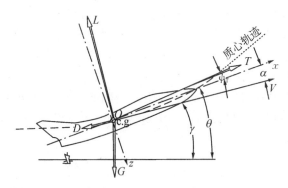

图 2-2　飞机在铅垂平面内飞行时作用在飞机上的力
及其角度关系

　　以质心（c.g.）为力的作用点，x 轴为飞机纵轴，z 轴垂直于 x 指向下方，Oxz 为飞机纵向对称平面；速度 V 沿质心轨迹的切线方向；升力 L 与速度向量垂直，向上为正；阻力 D 与速度向量平行，反向为正；重力 G 与地平面垂直，向下为正；发动机推力 T 与机体纵轴 Ox 成一角度 ψ_T；迎角 α 为纵轴 Ox 与速度 V 间的夹角；俯仰角 θ 为纵轴 Ox 与地平面间的夹角；轨迹倾斜角 γ 为速度 V 与地平面间的夹角，也称为上升角。

　　由图 2-2 可建立飞机的质心运动方程：

$$\begin{cases} \dfrac{G}{g}\dfrac{\mathrm{d}V}{\mathrm{d}t} = T\cos(\alpha+\psi_T) - D - G\sin\gamma & ① \\[2mm] V\dfrac{G}{g}\dfrac{\mathrm{d}\gamma}{\mathrm{d}t} = T\sin(\alpha+\psi_T) + L - G\cos\gamma & ② \\[2mm] \gamma = \theta - \alpha & ③ \end{cases} \quad (2-1)$$

式中:g 为重力加速度。

式(2-1)的①式是沿轨迹切线建立的运动加速度方程;②式是沿轨迹法线建立的向心加速度方程。升力、阻力和发动机推力一般不通过质心,故对质心产生俯仰力矩,但完全可由驾驶员操纵升降舵来平衡,因此最终各力的向量之和通过质心。

角度 $(\alpha + \psi_T)$ 一般为小量,且 $T\sin(\alpha + \psi_T) \ll L$,工程计算中可设 $\cos(\alpha + \psi_T) \approx 1$,并略去 $T\sin(\alpha + \psi_T)$ 项,于是方程(2-1)简化为

$$\begin{cases} \dfrac{G}{g}\dfrac{\mathrm{d}V}{\mathrm{d}t} = T - D - G\sin\gamma \\ V\dfrac{G}{g}\dfrac{\mathrm{d}\gamma}{\mathrm{d}t} = L - G\cos\gamma \\ \gamma = \theta - \alpha \end{cases} \tag{2-2}$$

若飞机在铅垂面内做定常直线飞行,则有 $\dfrac{\mathrm{d}V}{\mathrm{d}t} = 0$,$\dfrac{\mathrm{d}\gamma}{\mathrm{d}t} = 0$,式(2-2)可简化为

$$\begin{cases} T = D + G\sin\gamma \\ L = G\cos\gamma \end{cases} \tag{2-3}$$

若进行 γ 不大的定常直线飞行,还可认为 $\cos\gamma \approx 1$,因而式(2-3)变为

$$\begin{cases} T = D + G\sin\gamma \\ L = G \end{cases} \tag{2-4}$$

当飞机做匀速直线平飞时,$\gamma \approx 0$,于是式(2-4)变为

$$\begin{cases} T = D \\ L = G \end{cases} \tag{2-5}$$

由上面的几个方程可以看出,飞机的质心运动极大受限于飞机发动机的推力,为此本节首先介绍民机发动机的推力特性,然后再分析介绍其飞行性能及其飞行包线与航程,最后介绍协调转弯的特性。

2.1.1 发动机推力特性

发动机是飞机飞行的主要动力装置,为维持飞机在某高度以某速度作等速直线平飞所需的发动机的推力,称为定常平飞需用推力,以 T_r 表示。由式(2-5)知:

$$\begin{cases} T_r = D = \dfrac{1}{2}\rho V^2 S C_D \\ G = L = \dfrac{1}{2}\rho V^2 S C_L \end{cases} \tag{2-6}$$

式中:ρ 为空气密度;S 为机翼面积;C_D 为阻力系数;C_L 为升力系数。

飞机的升阻极曲线以及平飞需用推力曲线如图2-3所示。

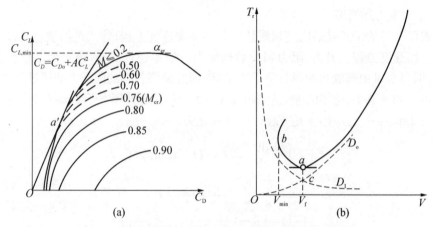

图 2-3　飞机升阻极曲线和平飞需用推力曲线及其组成

(a) 飞机升阻极曲线　(b) 平飞需用推力曲线及其组成

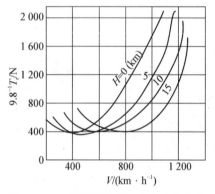

图 2-4　飞机需用推力随高度变化曲线

平飞需用推力随高度的变化如图 2-4 所示。由图 2-4 可以看出，T_r 曲线随高度 H 的增加向右移动，而 $T_{r,\min}$ 几乎没有变。

由于民用航空领域内广泛使用分开排气的涡扇发动机，因此本小节针对内外涵分开排气的涡扇发动机的推力特性进行简单介绍。发动机的推力特性主要包括：油门特性、速度特性以及高度特性。

2.1.1.1 油门特性(转速特性)

改变油门位置可以改变发动机的转速，从而改变发动机的推力。油门特性曲线表示推力 T 随转速 n 的变化关系。图 2-5 给出了在地面静止条件下工作时，涵道比 $B=1$

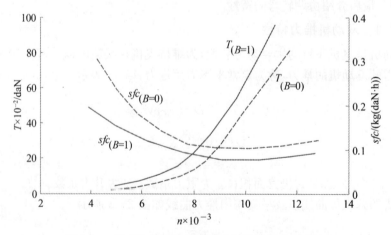

图 2-5　涡喷发动机和涡扇发动机的油门特性曲线

的分排涡扇发动机与具有相同燃气发生器的涡喷发动机(对应以 $B=0$ 表示)的转速特性(燃油消耗率 sfc 曲线和推力 T 曲线)。大体上这两者的转速特性相似,但涡扇发动机的推力更大、耗油率更低。

2.1.1.2　速度特性

速度特性曲线表示高度和转速不变时,推力随飞行速度(或 M 数)的变化关系。图 2-6 给出了具有相同燃气发生器,但涵道比 B 不同的分排涡扇发动机的速度特性。图中涵道比 $B=0$ 表示双轴涡喷发动机。

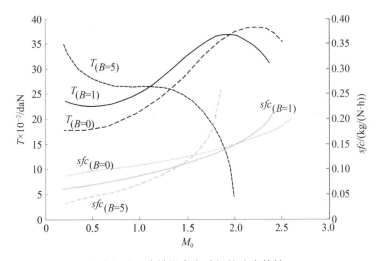

图 2-6　分排涡扇发动机的速度特性

从图 2-6 中可以看出,涵道比越大,在低速飞行时的推力就越大,耗油率越低。大涵道比的涡扇发动机不适宜在高速飞行时使用,只宜于在低速下飞行。

2.1.1.3　高度特性

图 2-7 表示大涵道比分别排气涡扇发动机的推力随高度变化的高度特性。高度增高,空气密度下降,故推力下降。在对流层(11 km 以下),大气温度随高度升高而下降,这对压气机的增压有利,因而使得推力下降比空气密度下降得慢些。在平流层(11 km 以上,或称同温层),耗油率基本不变[6]。

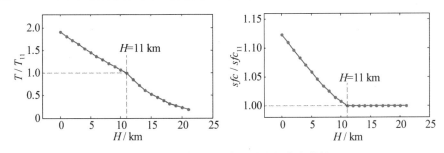

图 2-7　分别排气涡扇发动机的高度特性

2.1.2 飞行包线与航程

2.1.2.1 飞行包线

飞机的基本飞行性能是指飞机作定常或准定常直线运动的性能,如最大平飞速度 V_{max},最小平飞速度 V_{min},最大上升率 $\dot{H}_{max}$,上升时间 t_s 和上升极限 H_{max} 等,它们是决定飞机技术性能的基础。

飞机在某高度以某重力和发动机工作状态(如加力、最大或额定)进行等速直线平飞所能达到的最大速度,称为该高度上的定常最大平飞速度。

最小平飞速度是指在一定高度上,飞机作等速直线水平飞行的最小速度。飞机的平飞最小速度不能小于飞机的失速速度。

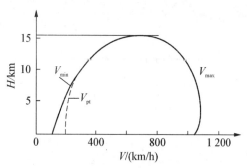

图 2-8 高亚声速飞机的飞行包线

在高度-速度的平面上将各高度上最大平飞速度点和最小平飞速度点连成曲线,就得到飞机的飞行包线[1]。其实质是根据需用推力和可用推力的交点或最大升力系数 $C_{L,max}$ 来决定飞行包线。出于经济和环境代价考虑,民机一般只采用高亚声速飞行,一类高亚声速飞机的飞行包线如图 2-8 所示。飞行包线点的取法只具有理论意义,实际上飞行的最大速度受动压、温度、稳定性和操控性等因素的控制。随着高度的增加,飞机的平飞速度范围急剧减小,因此,实际的包线还要受到这些因素的限制和影响。

2.1.2.2 航程

航程是指飞机在平静大气中沿给定方向耗尽其可用燃料所飞过的水平距离。续航时间(简称航时)则是指飞机耗尽其可用燃料所能持续飞行的时间。

航程包括 3 段:上升段,巡航段和下滑段(见图 2-9)。各段对应的水平距离分别用 l_c,l,l_s 表示,3 段总和为总航程 l_Σ。巡航段的航程和航时占总数的绝大部分,本小节讨论巡航段的最大航程和最久航时的有关问题。

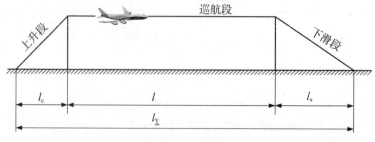

图 2-9 航程的分段

1) 燃料消耗量

发动机每产生 1N 推力的每小时耗油量称为单位耗油率 $q_{k,h}$（或称为耗油率），小时耗油量 q_h 与单位耗油率 $q_{k,h}$ 和发动机推力 T_n 之间存在以下关系：

$$q_n = q_{k,h} T_n \tag{2-7}$$

飞机相对于地面每飞行 1km 所消耗的燃油量称为公里耗油量 $q_{k,m}$，它与 q_h 关系为

$$q_{k,m} = \frac{q_h}{V} = \frac{q_{k\cdot h} T_n}{V} \tag{2-8}$$

式中：V 为相对地面的飞行速度（地速）；$q_{k,m}$ 和 q_n 都与表征发动机的经济性指标参数 $q_{k,h}$ 有关，还与飞机的气动外形、重量和飞行状态也有重要的关系。

2) 飞行状态对航程和航时的影响

飞行重量因燃料消耗而逐渐减小，由于该过程进行很缓慢，因而可认为是定常平飞状态。应满足方程

$$\begin{cases} T = D = T_r & (2-9a) \\ L = G & (2-9b) \end{cases}$$

发动机推力

$$T = \eta T_n \tag{2-10}$$

将式(2-10)代入式(2-7)和式(2-8)，并考虑式(2-9a)，可得

$$q_n = \frac{q_{k,h} T_r}{\eta} \tag{2-11}$$

$$q_{k,m} = \frac{q_{k\cdot h} T_r}{\eta V} \tag{2-12}$$

由此可以看出，小时耗油量 q_n 决定航时，公里耗油量 $q_{k,m}$ 决定航程。

平飞需用推力 T_r 与对应速度 V 的关系曲线如图 2-10 所示。

若进气道效率 η 和 $q_{k,h}$ 为常数，则从图 2-10 可知：

（1）T_r 最小则 q_n 最小，对应图 2-10 中的 a 点。采用 V_a 飞行，在相同燃油消耗量的情况下，航时最长。

（2）过 T_r-V 图的坐标原点作 T_r-V 曲线的切线，切点为 b，可得 $(T_r/V)_{min}$。由式(2-12)可知，若用 V_b 飞行，在相同燃油消耗量的情况

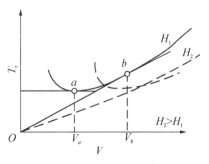

图 2-10　T_r-V 图

下，航程最大。

由图 2-3 和图 2-10 可知，T_r 曲线随高度升高而向右移动，而 $T_{r,\,min}$ 在 $M <$ M_{cr} 范围内基本不变，故飞机的 $q_{h,\,min}$ 在 $M < M_{cr}$ 范围内基本不随高度变化，但$(T_r/$ $V)_{min}$ 的值随高度的升高而减少，意味着高度升高对航程有利。在 $M > M_{cr}$ 后，零升阻力增大，对航程和航时均不利；但速度增大对航程有利，因此可以找到某一高度，其$(T_r/V)_{min}$ 值是所有高度的$(T_r/V)_{min}$ 值中的最小者，这一高度即为最大航程的飞行高度。跨声速飞机最大航程高度一般接近实用升限，最有利速度接近 M_{cr}。

以上讨论基于 η 和 $q_{k,\,h}$ 均不变的情况，实际上，η 和 $q_{k,\,h}$ 与发动机的工作状态有关。一般而言，巡航工作状态的 $q_{k,\,h}$ 最小，因此飞机航程都选用巡航工作状态。计算航程问题比较复杂，必须将飞行状态、发动机工作状态、飞行重量随耗油而减轻等因素综合起来考虑。

2.1.3　协调转弯特性

在实际飞行中，滚转运动与偏航运动并不独立，而是紧密联系、相互交叉耦合。因此飞机在转弯时，容易产生较大的侧滑角 β，致使一方面增大了飞机的阻力，另一方面又会引起使乘员感觉不适的侧向加速度，为此需要飞机进行相应的协调控制和转弯。

2.1.3.1　协调转弯的定义

将飞机在水平面内连续改变飞行方向，且无侧滑、不掉高的转弯飞行定义为飞机的协调转弯。

飞机做转弯动作时，驾驶员可以通过驾驶杆操纵副翼、蹬脚蹬操纵方向舵，两者同时协调操作，并同时控制升降舵，保证不掉高度，以实现协调转弯。

2.1.3.2　协调转弯的实现条件

协调转弯是一种经常出现的工作状态，其实现条件如下：

(1) 飞行高度和飞行速度(空速)为常数，即 $\dot{H} = 0$，$V =$ 常数。

(2) 倾斜转弯时滚转角 $\phi_s =$ 常数，侧滑角 $\beta = 0$。

(3) 对给定 ϕ 和飞行速度 V，只有一个偏航速率 $\dot{\psi} = \dfrac{g}{V} \tan \phi$。

2.1.3.3　消除侧滑的控制方法

可以利用侧滑角反馈、侧向加速度反馈、偏航角速度计算值等方法来消除侧滑。具体实现的方法如下。

1) 利用侧滑角反馈的方法

可以利用如图 2-11 所示的侧滑角反馈的控制系统结构来消除侧滑角。这种方法应用较多，存在的问题是侧滑角传感器易受气流扰动，因而所测量得到的侧滑角的值不够准确好用。可以采用滤波方法(如状态观测器)、低灵敏传感器(如侧向加速度计)等近似得到侧滑角 β 的值。

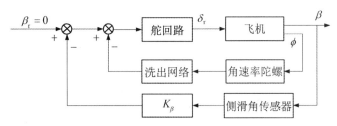

图 2 - 11   利用侧滑角反馈的控制结构

2）利用侧向加速度反馈的方法

侧向加速度计的输出 a_y 与侧滑角成比例，可以推出其关系为

$$a_y = \frac{QSc_y^\beta}{m}\beta = k_\beta\beta \qquad (2-13)$$

这种方法存在的问题是，比例系数 k_β 较小，因此计算结果对侧滑角的变化不灵敏。另外，该方法要求侧向加速度计位于重心，以免飞机角运动引起的切线加速度对测量结果有影响。同时，方向舵产生的侧力也会影响侧力的数值。更重要的是，有侧风时的加速度计信号有一定延迟，从而会产生控制延迟。

3）利用偏航角速度计算值进行控制的方法

飞机协调转弯时，有 $\beta \approx 0$，$\theta \approx 0$，根据
图 2 - 12 有

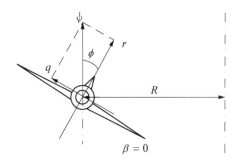

$$\begin{cases} r = \dot{\psi}\cos\phi \\ q = \dot{\psi}\sin\phi \end{cases} \qquad (2-14)$$

利用关系式：

$$\dot{\psi} = \frac{g}{V}\tan\phi \qquad (2-15)$$

可以得到协调转弯时的关系如下：

图 2 - 12   飞机协调转弯时角速率分解

$$\begin{cases} r = \frac{g}{V}\tan\phi\cos\phi = \frac{g}{V}\sin\phi \\ q = \frac{g}{V}\tan\phi\sin\phi \end{cases} \qquad (2-16)$$

在一定空速及倾斜角 ϕ 时，只有对应的偏航角速度才能保证侧滑角为零，要求精确计算偏航角速度值，作为指令信号。

利用滚转角计算偏航速率的控制结构如图 2 - 13 所示。采用这种结构的控制，需要滚转通道配合，保持滚转角不变。

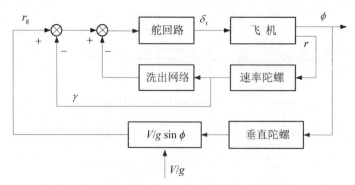

图 2-13　利用滚转角计算偏航速率的控制结构

2.1.3.4　协调转弯中的俯仰控制方法

在实现协调转弯时,除了横侧向需要控制以外,还需要纵向控制的配合。这有两方面的原因:

(1) 为使飞机在转弯时不掉高度,要保证升力的垂直分量与重力相平衡。假设在转弯前升力与重力是平衡的,那么在飞机滚转后,升力的方向也随滚转而变化,它在垂直方向上的分量就与重力不平衡,此时需要增大升力才能够继续保持平衡。因此,为了使飞机不掉高度,必须产生一个迎角增量。而迎角增量会引起一个纵向力矩,它需要由升降舵偏角产生的力矩来平衡。

(2) 根据飞机协调转弯的要求,要克服俯仰阻尼力矩,保持飞机绕铅垂轴盘旋。协调转弯产生上仰角速度 q,因此飞机产生对应低头阻尼力矩,则此时必须偏转升降舵产生抬头力矩来平衡克服这个俯仰阻尼力矩。

因此,在协调转弯时,必须在纵向控制通道加一个控制信号,产生一个上偏的升降舵偏角,从而增大飞机升力以保持飞机不掉高度。图 2-14 是某型飞机在协调转弯过程中的纵向控制。

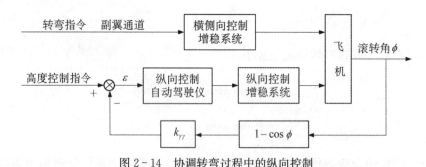

图 2-14　协调转弯过程中的纵向控制

从上面的分析可知,飞机左右倾斜转弯时,均需向上偏转升降舵。因此产生滚转通道与俯仰通道的交叉耦合。协调转弯时需要协调控制 3 个通道,才可满足协调转弯要求。在实际应用中,必须经过原理分析以选定控制系统的结构(反馈参数与通道），可以利用各种设计方法确定控制器参数。

2.2　飞行品质

有人驾驶飞机的飞行品质，简单而言，就是飞行员能否方便地驾驶飞机并精确地完成任务的性能指标[7, 8]。影响飞行员驾驭飞机完成任务的飞机特性很多，但主要特性则是指飞机的稳定性和操纵性，因此，飞机的飞行品质又可狭义地定义为：飞机的稳定性和操纵性。

显然，反映飞行员完成任务好坏的飞行品质，实际上反映了对人-飞机系统特性的评估。这不仅与飞机本体和飞行员本身的动态特性有关，还与影响飞行员完成任务的各种因素，如大气特性、工作环境等有关。但目前所讨论的飞机飞行品质仅限于飞机本身的品质与特性。

关于飞机飞行品质的研究包括两方面：①反映飞机完成任务好坏的飞行品质所应包括的内容；②如何评价和预测飞机的飞行品质。

在 20 世纪初，人类实现了动力飞行。从那时起，人们就开始研究和制定相应飞行品质规范方面的工作。1943 年，美国专家发表了《飞机具有满意飞行品质的要求》一文。该文成为日后《美国军用飞行品质规划》的基础。另一位美国专家发表了《飞行品质的评估及预示》报告，指出了飞行品质与飞行设计之间的关系。同年，美国空军颁布了它的第一个飞行品质标准 AAF - C - 1815，该标准列出了飞机的稳定性和操纵性要求。1948 年，对该标准进行了修订，将稳定性和操纵性要求改成了飞行品质要求。到 1954 年，美国颁布了 MIL - F - 8785，即《有人驾驶飞机的飞行品质规范》，不过该规范仍是评估标准而不是设计标准，规范的实质要求仍然是飞机应满足最低限度飞行品质特性，主要是针对飞机本体动力学特性的，即开环特性的。

1969 年，飞行品质规范的研究才有了突出的进展，美国颁布了军用规范 MIL - F - 8785B。该版本有了重大的变化，许多飞机的稳定性和操纵性的参数要求是基于人-机闭环特性而提出，依据了大量飞行试验和飞行仿真的数据，并且考虑了不同等级飞行员的工作负担和任务性质，按照 3 个飞行品质等级提出。此时的规范 MIL - F - 8785B 不仅是鉴定标准，而且成为飞机设计的主要标准。

从 20 世纪 60 年代以来，由于广泛采用阻尼器、增稳或控制增稳系统，使得描述飞机运动的动态方程阶数可高达 50～70 阶，随之也带来了相位滞后和响应时间延迟等问题。旧规范已经难以适应新的要求，促使人们对高阶飞机的飞行品质进行了研究、修订，并陆续提出一些判定准则。美国于 1980 年又颁布了军用规范 MIL -F- 8785C，在规范架构和内容上未做大的改动，但在某些章节上有重大的修改。首次承认高阶系统的动态效应，提出要用等效系统的方法来评价飞机的飞行品质，并首次正式列入有关大气扰动的定性要求。因此，它不但适用于具有典型特性的飞机，而且也能满足评价现代飞机的要求，即考虑了控制作用的飞机（这时飞机和控制系统已构成了高阶系统）的飞行品质要求。

美国空军于 1987 年颁布了《军用标准:有人驾驶飞行器的飞行品质》,即 MIL-STD-1797(USAF)。该标准保留了与原来相同的结构和许多相同的要求,但不再按纵向、横侧向侧重模态特性来组织条文,而是按运动如俯仰、滚转、偏航及飞行轨迹,如法向及侧向移动等,对章节重新做了安排。其所包括的标准准则,许多都是面向 ACT(主动控制)类型的飞行控制系统。第一次将直接力控制考虑进去(但标准仅是最低要求)。支持该军标的许多标准的数据库主要都是来自高增稳的飞机。

有关民用飞机的飞行品质规范也有发展。不过,对民用飞机要求通常不如军用规范那样详尽。为指导"协和号"飞机的设计,法国和英国当局在 1969 年颁布了超声速运输机标准 TSS Standard 3-0。在美国,联邦航空局(FAA)对 1965 年颁布的动力升力运输机的试用要求的许多有关条文做了修改;并且,联邦航空局还定期更新联邦航空条例中与民用飞机有关的 23.52 节等部分。在英国,民用航空局(CAA)在 1972 年公布了动力升力飞机的临时适航性要求,而且还修订了《英国民用机适航性要求》等。

我国在飞行品质规范的研究工作方面起步较晚,主要是在借鉴国外成果的基础上,开展了一些应用方面的研究。1982 年由航空工业部颁发了《军用飞机飞行品质规范(试用本)》,1986 年出版了军用标准《有人驾驶飞机(固定翼)飞行品质》。1985年由中国民用航空总局制定了 CCAR-25-R3(运输类飞机适航标准),并随后在 1990 年、1995 年、2001 年、2011 年分别进行了 4 次修订。

目前给出的军用飞机飞行品质规范一般适用于军用飞机,其中的 C 种飞行阶段、运输机类要求可以适当应用于大型军用运输机。民用飞机则用适航性条例给出飞行品质的要求。目前我国的民机飞行品质评估主要依据民机 CCAR-25 部适航性条例。

2.2.1 民机 CCAR-25 部适航要求

民机 CCAR-25 部[9]的适航要求由总则(A 分部)、飞行(B 分部)、结构(C 分部)、设计与构造(D 分部)、动力装置(E 分部)、设备(F 分部)、使用限制和资料(G 分部)和附录 A~J 组成。

从前面对飞行品质的定义中可以看出,民机的飞行品质主要涉及民机 CCAR-25 部适航要求中的飞行控制分部。下面将从飞机的稳定性以及操纵性两方面,结合民机 CCAR-25 部的适航要求,对飞机的飞行品质进行介绍。

民机 CCAR-25 部在第 25.171 条的稳定性总则中要求"飞机必须按照第 25.173 条至第 25.177 条的规定,是纵向、横向和航向稳定的。此外,如果试飞表明对安全运行有必要,则在服役中正常遇到的任何条件下,要求有合适的稳定性和操纵感觉(静稳定性)。"

民机 CCAR-25 部在第 25.143 条的操纵性和机动性总则中要求飞机:必须在起飞、爬升、平飞、下降、着陆过程中,"可以安全地操纵并可以安全地进行机动";在临界发动机突然失效或形态改变(包括打开或收起减速装置)的情况下,"必须能从一种飞行状态平稳地过渡到任何其他飞行状态,而不需要特殊的驾驶技巧、机敏或体力",并且在任何可能的使用条件下"没有超过飞机限制载荷系数的危险";在恒定空速或马赫数机动飞行时,"杆力和杆力梯度相对于机动载荷系数必须处于满意的限制条件之内。飞机机动飞行时,杆力必须不得有过度的驾驶员体力要求,也不得太低致使飞机可能轻易无意地进入超应力状态。随载荷系数变化出现的梯度变化必须不得引起保持飞机操纵的过度困难,以及局部梯度不得太低导致过度操纵的危险。"

目前研究飞行品质的传统做法是,将飞机按线性系统划分为纵向和横航向两大类,再辅以纵横交感、失速特性等特殊考虑。下面将按照这种思路,对飞机的纵向以及横航向的稳定性和操纵性方面进行介绍。

2.2.1.1 飞机的纵向稳定性

飞机的纵向稳定性习惯上分为纵向静稳定性与纵向动稳定性。

所谓具有纵向静稳定性的飞机,就是当飞机受到外力小扰动而偏离了原平衡飞行状态(如改变飞机迎角 α),在扰动消失后,飞机本身具有恢复原平衡状态趋势的能力。纵向动稳定性是指:飞机的受扰运动在扰动源撤销后,飞行员不操纵飞机,飞机能自动渐近地回到扰动前的运动状态。两者区别在于,前者仅研究飞机受扰后初始反应的趋势,后者研究飞机受扰后扰动运动的全过程。对于给定飞机,这两种稳定性有一定的联系。

1)飞机的纵向静稳定性

飞机的纵向静稳定性又分为迎角稳定性、速度稳定性和轨迹稳定性等。

(1)迎角稳定性。

迎角稳定性是指迎角改变引起的飞机的纵向力矩的特性。如果纵向力矩特性使飞机趋于返回原平衡状态,则称飞机是迎角稳定的;否则是静不稳定的。如果飞机保持受扰后的姿态,则称为中性稳定。通常以无因次气动导数 C_{m_α} 表征:负值对应静稳定情况;正值对应静不稳定情况。

(2)飞机的速度稳定性。

飞机的速度稳定性是指速度改变引起的飞机纵向力矩特性。若飞机在定载水平平衡状态下飞行,当扰动使飞行速度发生变化,扰动消失后,飞机具有自动恢复原飞行速度的趋势,则称其为速度稳定;否则为速度不稳定。若 $(\mathrm{d}C_m/\mathrm{d}\alpha)_{n_z=1}<0$,则速度是静稳定的。

(3)飞行轨迹稳定性。

飞行轨迹稳定性是指受约束的静稳定性特性。它表征在油门杆不动时,飞机飞行轨迹角 γ 随空速的变化,即 $\mathrm{d}\gamma/\mathrm{d}V$ 的特征。其值小于 0 为静稳定,否则为静不稳定。

民机 CCAR-25 部要求飞机首先是纵向静稳定的,且在第 25.173 条的纵向静稳定性要求(b)中规定,当从配平速度规定范围内的任何速度缓慢地松除操纵力时,

"空速必须回复到初始配平速度";在要求(d)中指出,"在本条(b)所规定的自由回复速度带内,如果不要求驾驶员特别注意,就能回复到并维持所希望的配平速度和高度,则允许飞机不加操纵力而稳定在高于或低于所希望的配平速度的速度"。

2) 飞机的纵向动稳定性

经典飞机的动稳定性用扰动运动的典型模态表示。纵向运动可用短周期和长周期两个运动模态来描述。

(1) 短周期模态。

短周期模态主要反映为快速的迎角和俯仰角速率的振荡。

(2) 长周期模态。

长周期模态描述的是飞机质心的沉浮运动(故而又称沉浮模态),主要反映空速、俯仰角及高度的缓慢振荡,实际反映的是飞机运动的位能与动能的相互转换。

通常情况下,短周期模态是稳定的,即振荡是收敛的;而长周期模态可能是不稳定的,即振荡是发散的。不过由于长周期模态的振荡周期一般比较长,因此,飞行员对长周期模态轻微的发散并不十分害怕,因为他有足够的时间去抑制它。而短周期模态发生和发展迅速,飞行员很难控制。因此,研究动稳定性问题时,重点是短周期模态,只有在基于减轻操纵负担和增加安全性考虑时,才需要重视长周期品质。

2.2.1.2　飞机的横航向稳定性

横航向飞行是指飞机绕纵向平面内两个正交轴的转动(滚转与偏航)和沿纵向平面垂直纵轴的移动。

飞机的横航向稳定性习惯上分为横航向静稳定性与横航向动稳定性。

1) 横航向静稳定性

飞机的横航向静稳定性又分为航向静稳定性和横滚静稳定性。

(1) 航向静稳定性。

传统的航向静稳定性(又称风标静稳定性)是用静导数 C_{n_β} 表示。若其为负值则航向是静稳定的,此时飞机受扰处于右侧滑($\beta > 0$)时,由侧滑角所引起的正的偏航力矩力图使机头(机体轴)和相对风一致,反映飞机本身具有消除侧滑角的倾向;否则是静不稳定的。

(2) 横滚静稳定性。

横滚静稳定性用静导数 C_{l_β} 来表征。如果飞机受某种扰动使之产生倾斜角 $\phi > 0$,因 ϕ 使升力倾斜,则升力与重力的合力作用将使飞机向右侧滑,产生侧滑角 $\beta > 0$,C_{l_β} 为负则产生负的滚转力矩,可使滚转角 ϕ 恢复到 0 值,保持机翼水平的趋势。因此 $C_{l_\beta} < 0$ 时,飞机具有横滚静稳定性。

民机 CCAR - 25 部要求飞机首先是航向和横向稳定的,且在第 25.177 条的横向和航向静稳定性要求(c)中规定,在直线定常侧滑飞行中,"副翼和方向舵操纵行程和操纵力,必须基本上稳定地正比于侧滑角,并且该比例系数必须在与该飞机使用状态相应的整个侧滑角范围内,不超出安全运行所必需的限制。对更大的角度,直到相应于蹬满舵或方向舵脚蹬力达到 800 N(82 kg，180 pt)的角度为止，方向舵脚蹬力不得有反逆现象，增加方向舵偏度必须使侧滑角增加"；在要求(d)中指出，在速度 V_{MO}/M_{MO}（最大使用限制空速/M 数，在特定高度取其临界者）和 V_{FC}/M_{FC}（稳定时的最大速度/M 数）之间的"方向舵梯度必须满足(c)款的要求，但只要发散是逐渐的且易于为驾驶员识别和控制，则（副翼偏度与相应的方向舵输入相反的）上反效应可以是负的"。

2）横航向动稳定性

常规飞机的横航向动稳定性也是用若干典型扰动运动模态来表征的。操纵面固持时，典型的模态有：以大负实根表示的快速滚转运动模态、一对共轭复根表示的荷兰滚模态、以小根（可正可负）表示的缓慢运动螺旋模态。

滚转模态是横航向小扰动运动中的初始阶段的运动模态，通常具有较大的阻尼，它描述了飞机滚转速率/滚转角的运动情况。

荷兰滚模态是在滚转收敛模态基本结束后，由共轭复根引起的一种偏航与滚转相结合的运动。它描述了飞机受扰后的侧滑角、倾斜角/倾斜速率和偏航角/偏航速率随时间做周期性变化的模态。荷兰滚模态具有中等频率及一定的阻尼。如果阻尼不足，则会明显增加操纵负担。为了改善荷兰滚模态的品质，常在飞机上加装荷兰滚阻尼器。

螺旋模态是飞机横侧向扰动运动后期明显表现出的一种缓慢收敛或发散的运动，表现为偏航角和倾斜角单调而缓慢的变化。只要发散较慢，也不会引起太大的操纵困难。

用 V_{SR} 表示飞机的基准失速速度。民机 CCAR-25 部在第 25.181 条的动稳定性要求(a)中规定：在主操纵处于松浮状态或固定状态时，在相应于飞机形态的 $1.13V_{SR}$ 和最大允许速度之间产生的任何短周期振荡（不包括横向和航向的组合振荡），必须受到重阻尼；在要求(b)规定：在相应于飞机形态的 $1.13V_{SR}$ 和最大允许速度之间产生的任何横向和航向组合振荡（"荷兰滚"），在操纵松浮情况下，必须受到正阻尼，而且必须依靠正常使用主操纵就可加以控制，无须特殊的驾驶技巧。

重阻尼一般理解为，在完成操纵输入之后大约两周期内振荡幅值衰减到初始值的 1/10。不同的飞机飞行品质标准对重阻尼的定义是不同的，对应的阻尼比的值也大小各异。波音公司对商用飞机的荷兰滚的要求标准如表 2-2 所示。

表 2-2　波音公司对商用飞机荷兰滚的要求

飞行状态	ζ_{dmin}	$(\zeta_d\omega_{nd})_{min}/(\text{rad/s})$	$\omega_{ndmin}/(\text{rad/s})$
起飞，着陆	0.4	0.35	0.4
爬升，巡航，下降	0.4	0.35	0.4

2.2.1.3　飞机的纵向操纵性

飞机纵向操纵特性是指飞机（包括操纵系统）按照飞行员的操纵意图或指令信号，在一定时间内迅速改变其飞行状态的能力，如过载能力等。如果着眼于研究飞机实现各种平衡飞行所需的操纵量,则属于静操纵特性,其与飞机相应状态下的静稳定性关系十分密切;如果着眼于研究飞机的机动飞行操纵量,则属于动操纵特性,其与相应状态下的动稳定性关系十分密切。

对于飞机纵向运动,静操纵性通常用单位过载所需杆力 $F_c^{n_z}$、杆位移量 $d_c^{n_z}$ 和平尾(升降舵)偏度 $\delta_c^{n_z}$ 来表征。而动操纵性则用飞机和操纵系统组合为一个动态环节时频带宽度和谐振峰值的大小来表征。

民机 CCAR - 25 部在第 25.145 条的要求(a)中规定:飞机状态在第 25.103 条(b)(6)中规定的配平速度配平、襟翼分别在收起或放下位置、发动机分别处于无动力或最大连续功率(推力)状态下,纵向操纵"必须有可能使机头下沉,以便很快加速到这一所选定的配平速度"。要求(c)中规定:在空速为 $1.08V_{SR1}$(对于螺旋桨飞机)或 $1.13V_{SR1}$(对于涡轮喷气飞机)的定常直线水平飞行中,当增升装置从任一位置开始完全收起时,在同时施加复飞设置功率(推力)状态、起落架在放下位置、着陆重量和高度的临界组合等条件下,纵向操纵"无须特殊的驾驶技巧就可以防止掉高度"。

2.2.1.4　飞机的横航向操纵性

横侧操纵面,如副翼和方向舵,无论操纵哪一个,都会同时引起滚转气动力矩和偏航力矩。横滚与航向间耦合程度较大,因此,在研究横航向操纵特性时,不能将滚转操纵与航向操纵截然分开,故在横侧操纵中必须将副翼和方向舵协调起来。一般而言,副翼偏转主要引起滚转运动,方向舵偏转主要引起偏航运动。

在方向舵操纵特性中,飞行员是在稳定侧滑飞行中以单位倾斜角杆力 F_z^β 为主要指标来评定的。实际上民机在飞行中方向舵操纵的主要功用是:在协调转弯中消除侧滑;在有侧风和非对称动力情况下保持直线飞行;在小表速时进行滚转操纵,以抬起一侧机翼;实现直线侧滑飞行。

飞机的滚转常用副翼操纵实现。副翼操纵属于滚转角速度操纵,其操纵运动可假定分为两个阶段:第一阶段是初始操纵运动,此时副翼偏转使飞机形成滚转角速度。此阶段的主要指标是飞机的滚转时间常数 T_r。第二阶段是飞机的横向操纵力矩与滚转气动阻尼力矩平衡,以获得要求的滚转角速度,欲维持该滚转角速度,驾驶员务必保持副翼操纵在要求的位置上。

副翼横向操纵特性中,常用 F_a^p 或 $F_a^{\phi_{t=1}}$ 两种指标进行评价。$F_a^{\phi_{t=1}}$ 表示在 1 s 内,Δp 近似为常数,单位倾斜角所需的杆力;F_a^p 表示操纵副翼时,机翼从水平状态开始绕 Ox_t 轴旋转,使飞机产生 1 rad/s 的滚转角速度 p 所需的杆力。在小 T_r 时,这两种指标相差不大;在大 T_r 时,用 $F_a^{\phi_{t=1}}$ 指标较好。横侧向动操纵研究的重点是滚转操纵响应。

针对航向操纵要求,民机 CCAR - 25 部在第 25.147(a)条中规定:"必须能在机翼保持水平情况下,使飞机向工作发动机一侧偏航和向不工作的临界发动机一侧安全地做 15°的合理的偏航,直到航向突然改变。"

针对横向操纵要求,民机 CCAR - 25 部在第 25.147(c)条中规定:在临界发动机停车且其螺旋桨(如果装有)处于最小阻力位置、其余发动机处于最大连续功率(推力)状态、重心在最不利的位置、起落架分别在收起和放下位置、襟翼在最有利的爬升位置、最大起飞重量等条件下,必须能"从速度等于 $1.3V_{SR1}$ 的定常飞行中,分别向停车发动机一侧和相反方向做 20°坡度的转弯"。

对于全发工作的横向操纵,民机 CCAR - 25 部在第 25.147(f)条规定,"全发工作时滚转响应必须使飞机能做正常机动(如从突风造成的颠倾中恢复和开始做规避机动)。在侧滑(直到正常运行中有可能需要的侧滑角为止)中必须有足够的横向操纵余量,以能做有限量的机动和突风修正。在直到 V_{FC}/M_{FC} 的任一速度下,必须有足够的横向操纵,以提供安全所需的滚转率峰值,而不需要过度的操纵力或操纵行程。"

2.2.2 国内外对民机的飞行品质评估概念和方法

飞行员在对飞机进行评价时,是从安全、有效操纵、任务完成效果等多方面全面衡量飞机的可接受性和适用性。与执行任务的能力和飞行员的工作负担相关联的因素很多,因此,在评价飞机的飞行品质时,必须区分这些不同因素的影响,给出合理的评价方法和准则。

2.2.2.1 飞机的分类及飞行任务阶段分类

现役的飞机种类繁多,对同一架飞机的飞行又有不同的飞行阶段。显然,对不同飞机以及同一架飞机的不同飞行阶段而言,飞行员对其飞行品质要求是不同的,因此,在评定飞机的飞行品质时,必须对不同类型的飞机和不同的飞行阶段给出不同的飞行品质要求。鉴于这种考虑,在美国和我国军用规范中,将飞机分成 4 类(见表 2 - 3),将飞行阶段分为 A, B, C 三种(见表 2 - 4)。

表 2 - 3 飞机分类

类别	类型
Ⅰ	小型、轻型飞机,如初级教练机等
Ⅱ	中等重量、低至中等机动性飞机,如战斗轰炸机、中型运输机、加油机等
Ⅲ	大型、重型、低至中等机动性飞机,如重型运输机、重型轰炸机、货机等
Ⅳ	高机动性飞机,如歼击机、战术侦察机等

表 2 - 4 飞行阶段种类

飞行阶段	种类	内容
非场域	A	要求急剧机动、精确跟踪,如空战、对地攻击、空中加油等
	B	尽可能要求精确控制飞行轨迹,但可通过缓慢的机动,无须精确地跟踪,如爬升、巡航、空投等
场域	C	采用缓慢机动,并要准确地控制飞行轨迹,如起飞、进场着陆等

民用飞机可以参考Ⅲ类飞机、C种飞行阶段的指标进行飞行品质评估。

2.2.2.2 飞行品质的评价等级

在评价飞行品质时,只有飞行员的评估才能确切反映出人-机系统性能与执行任务的工作负担间的相互关系。为了使飞行员的评估有一个共同的衡量尺度和描述术语,需要提供一种统一的定性评价尺度。现时比较通用的评价尺度是美国的库珀(Cooper)和哈珀(Harper)共同制定的 C-H 评价尺度。该尺度从飞机操纵性和飞行员完成飞行任务的工作负担两个主要方面,用文字描述给出了 10 个不同的评价尺度。等级的划分,允许飞行员对飞行品质的描述有足够的范围,其文字简明扼要,易于理解,并能确保清楚区分不同的等级,如图 2-15 所示。

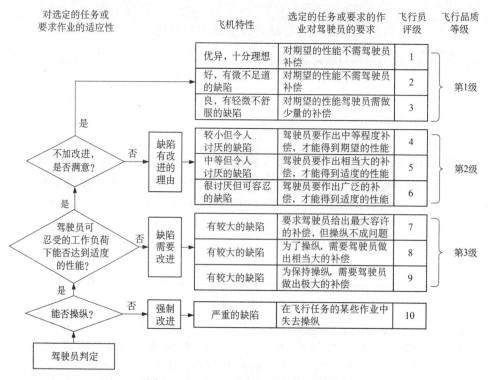

图 2-15 C-H 评价尺度及使用流程

C-H 评价尺度并非尽善尽美,其文字描写简练,但可能引起误解,而且从生理学角度考虑,生理感受的尺度划分也不是等间隔的。另外,C-H 评价尺度是飞行员的主观标准,尽管这样的评价是客观的,但却受飞行员本人技术熟练程度和心理状态的影响,容易产生不同飞行员评分结果的分散性。因此评价前需要对飞行员进行必要的培训,并要利用多个飞行员的评分进行平均处理。

由于飞行品质规范应给出飞机执行设计任务时的飞行特性,因此,必须要给出不依赖于飞行员直接评分且与飞行环境无关的客观评分标准。为此,在飞行品质规范中采用了飞行品质等级的概念。美国军用标准及规范中规定了如下 3 个等级：

（1）等级 1：飞行品质明显地适合完成任务的飞行阶段。

（2）等级 2：飞行品质适合于完成任务的飞行阶段，但飞行员的工作负担有所增加，或完成任务的效果有所降低，或两者兼有。

（3）等级 3：飞行品质满足安全操纵飞机要求，但飞行员的工作负担过重或完成任务的效果不好，或两者兼有。A 种飞行阶段能安全地结束，而 B 种和 C 种飞行阶段能够完成。

上述 3 个等级与 C－H 评分尺度的关系如图 2－15 所示。

2.2.2.3　高增稳飞机飞行品质的评定方法

常规非高增稳飞机的飞行品质主要由它的构型来保证。通过气动-机械操纵设计，可以对飞行品质进一步精化；但总的影响不大，因此，规定少数几个飞机基本模态的参数就可以表征飞机的飞行品质。

现代飞机由于采用主动控制和电传操纵系统，对控制输入的响应形状与常规飞机相比有很大的不同。现行的飞行品质规范考虑到高增稳飞机的特性，采用了低阶等效系统的概念，引入等效时间延迟来考虑高阶模态的影响[8, 10, 11]。

低阶等效系统法的基本思想[8, 10]是寻找一个低阶系统，使其具有或能够近似保留高阶系统输出响应的主导特性，从而可以运用典型的低阶飞机响应模型进行飞行品质评估。所谓一个高阶增稳系统的低阶等效系统是指，两个系统在相同的初始条件下，受同样的外界激励作用，在一定的频域范围内或者时间区段内，相应的输出量的差值在某个指标意义下达到最小，则称此低阶系统是满足某些条件下的高阶系统的低阶等效系统。实际操作中可以使用频域或者时域的拟合方法来求取等效系统参数。注意，这里讨论的等效系统与通常辨识理论中所述的等效系统不同，主要是这里所用的低阶等效系统的形式及阶数必须按一定的格式给定。

1）频域拟合方法

已知高阶增稳飞机的频域响应为 $C_{HOS}(j\omega)$，给定的低阶经典飞机的频域响应为 $G_{LOES}(j\omega)$，寻求 $G_{LOES}(j\omega)$ 中的有关参数，使下述指标函数为最小：

$$M = \sum_{i=1}^{n} \left[\Delta G^2(j\omega_i) + K\Delta\Phi^2(j\omega_i) \right]$$

$$= \sum_{i=1}^{n} \left\{ \left[G_{HOS}(j\omega_i) - G_{LOES}(j\omega_i) \right]^2 + K\left[\Phi_{HOS}(j\omega_i) - \Phi_{LOES}(j\omega_i) \right]^2 \right\}$$

$$(2-17)$$

式中：M 为失配参数；$G_{HOS}(j\omega_i)$ 和 $G_{LOES}(j\omega_i)$ 为取自 $\omega_1 \sim \omega_2$ 之间相应频率点上高阶及低阶系统的频响幅值，以 dB 为单位；$\Phi_{HOS}(j\omega_i)$ 和 $\Phi_{LOES}(j\omega_i)$ 为相应频率点上的相角值，以（°）为单位；参数 K 为加权系数，通常 $K = 0.016 \sim 0.02$（常用 0.0175），物理意义上表示 1 dB 的幅值差与 7° 的相角差在总的失配中有相等的重

要意义。规定频率离散点个数 $n = 20$，并要求 ω_i 是在频率对数坐标轴上按均匀等分取值。

通常规定 $\omega_1 = 0.1\,\mathrm{rad/s}$，但应大于飞机长周期的自然频率 ω_p。$\omega_2 = 10\,\mathrm{rad/s}$，但应大于最后求得的等效短周期的自然频率 ω_{sp} 及 $1/T_{\theta 2}$（俯仰速率传递函数的零点）。

对于常规响应类型的飞机纵向通道，给定的俯仰角速率及法向过载的低阶等效传递函数为下述经典飞机的传递函数：

$$\frac{q(s)}{F_e(s)} = \frac{k_q s(s+1/T_{\theta 1})(s+1/T_{\theta 2})\mathrm{e}^{-\tau_q s}}{(s^2+2\zeta_p\omega_p s+\omega_p^2)(s^2+2\zeta_{sp}\omega_{sp}s+\omega_{sp}^2)} = \frac{k_q(0)(1/T_{\theta 1})(1/T_{\theta 2})}{(\zeta_p,\ \omega_p)(\zeta_{sp},\ \omega_{sp})}\mathrm{e}^{-\tau_q s}$$
(2 - 18)

$$\frac{n_z'(s)}{F_e(s)} = \frac{k_n(s+1/T_{k1})\mathrm{e}^{-\tau_n s}}{(s^2+2\zeta_p\omega_p s+\omega_p^2)(s^2+2\zeta_{sp}\omega_{sp}s+\omega_{sp}^2)} = \frac{k_n(1/T_{k1})}{(\zeta_p,\ \omega_p)(\zeta_{sp},\ \omega_{sp})}\mathrm{e}^{-\tau_n s}$$
(2 - 19)

式中：n_z' 为飞机瞬时转动中心处的法向过载；τ_q，τ_n 分别为对驾驶员杆力或杆位移阶跃输入所产生的等效延迟时间；分母分别为等效长周期及短周期的特征多项式；$T_{\theta 1}$，$T_{\theta 2}$ 分别为对应短周期及长周期的分子时间常数；ζ_{sp}，ζ_p，ω_{sp}，ω_p 分别为短周期及长周期的阻尼比及自然频率。

如果飞机的长短周期可明显分开，可分别对长短周期进行拟配，并采用下述等效传递函数。

长周期：
$$\frac{\theta(s)}{F_e(s)} = \frac{k_q(s+1/T_{\theta 2})}{s^2+2\zeta_p\omega_p s+\omega_p^2}$$
(2 - 20)

短周期：
$$\frac{q(s)}{F_e(s)} = \frac{\dot{\theta}(s)}{F_e(s)} = \frac{k_q(s+1/T_{\theta 1})\mathrm{e}^{-\tau_q s}}{s^2+2\zeta_{sp}\omega_{sp}s+\omega_{sp}^2}$$
(2 - 21)

$$\frac{n_z'(s)}{F_e(s)} = \frac{k_n\mathrm{e}^{-\tau_n s}}{s^2+2\zeta_{sp}\omega_{sp}s+\omega_{sp}^2}$$
(2 - 22)

横航向低阶等效系统方法研究的是滚转角和侧滑角与相应操纵杆力之间的低阶传递函数。由飞机横航向小扰动线性方程，可以得到滚转角和侧滑角传递函数为

$$\frac{\phi(s)}{F_a(s)} = \frac{K_\phi(s^2+2\zeta_\phi\omega_\phi s+\omega_\phi^2)}{(s+1/T_S)(s+1/T_R)(s^2+2\zeta_D\omega_D s+\omega_D^2)}\mathrm{e}^{-\tau_\phi s}$$
(2 - 23)

$$\frac{\beta(s)}{F_r(s)} = \frac{(A_3 s^3+A_2 s^2+A_1 s+A_0)}{(s+1/T_S)(s+1/T_R)(s^2+2\zeta_D\omega_D s+\omega_D^2)}\mathrm{e}^{-\tau_\beta s}$$
(2 - 24)

式中：T_S，T_R 分别为螺旋模态及滚转模态的时间常数；ζ_D，ω_D 分别为荷兰滚模态的阻尼比及自然频率；F_a 是横杆输入量；F_r 是脚蹬的输入量。

考虑到飞机的频带基本分布在中频段，据国外资料记载，较为合理的方法是将

纵向低阶系统拟配的失配参数进行分段处理。即在 $1 < \omega < 10$ 范围内,取失配参数包络的范围很窄,而在高频或低频段,可以适当放宽。因此,在等效系统拟配时,针对频率的失配包络线是一个沙漏形的图形,如图 2-16 所示。该包络线显示中心频率的偏差明显比频率两端的偏差更值得关注。试飞数据表明,如果在各频率点的失配值能处于如图 2-16 所示的包络线内,则拟配是合适的。

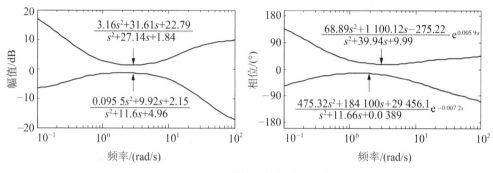

图 2-16 纵向等效系统的失配包络线

近三十年的使用表明,等效系统方法是好用的。这种方法允许根据熟知的非增稳飞机的动力学特性以及常规的飞行品质规范进行飞行品质分析、设计,并且能考虑高增稳飞机所产生的时延影响。但这种方法也并不通用,即不能用于各种不同类型的飞机响应。

2) 时域拟合方法

低阶等效系统时域拟配方法的思想与前述频域拟配方法相同,只是其在系统的时域响应特性中定义失配参数。

已知高阶系统离散时刻的响应数值,需求给定的低阶系统的等效参数,使下述性能指标最小:

$$M_t = \frac{1}{K} \sum_{t_1}^{t_k} \left[y_{\text{HOS}}(t) - y_{\text{LOES}}(t) \right]^2 \qquad (2-25)$$

式中:y_{HOS},y_{LOES} 分别为高阶系统与低阶系统在相同输入激励下的输出;K 为时间响应的离散点个数;t_1,t_k 分别为起始时刻和终止时刻;M_t 为时域的失配参数。纵向低阶等效系统的形式同式(2-20)~式(2-22),横侧向低阶等效系统的形式同式(2-23)和式(2-24)。

2.2.2.4 国内外对民机的飞行品质评估方法

国外对民机的飞行品质评估方法主要体现在纵向方面。C^* 准则应用简便,比较适合运输机类飞控系统的品质评估。

C^* 准则是一种纵向时域评价准则,低速飞行时,法向过载变化较小,驾驶员主要感受俯仰角速率响应;高速飞行时,法向过载变化较大,驾驶员对法向过载最关心,并按过载进行操纵。在实际操纵时,飞行员感受到的是这两个量的混合响应,并依此来评价飞行品质。该混合响应定义为 C^* 响应:

$$C^* = n_z + \frac{V_{CO}}{g}q \qquad\qquad (2-26)$$

式中:n_z 为法向过载;q 为俯仰角速率;V_{CO} 为交叉速度(在此速度下,飞行员对 n_z 及 q 变化的注意力相同),一般取 $122\,\mathrm{m/s}$。依据大量的地面试验及其飞机试飞,可以确定 C^* 时间响应边界线如图 $2-17$ 所示。

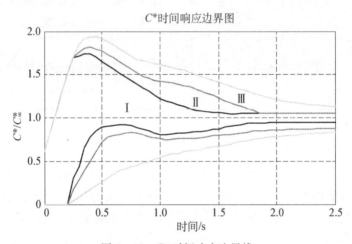

图 $2-17$　C^* 时间响应边界线

C^* 响应准则的重要缺点是它与驾驶员操纵品质评价之间缺乏好的相关性,并且没有对扰动的影响和操纵力以及诱发振荡做全面考虑。但是 C^* 响应准则还常常应用于民机电传系统设计,并且作为军机飞行品质的辅助性准则被使用。

C^* 准则是评价飞机纵向飞行品质的一种准则,也可以作为纵向控制律的设计准则。美国的波音 B747,B777 飞机,空客 A320 飞机的纵向控制律设计都采用了 C^* 准则[12]。

2.2.3　部分可借用的军机飞行品质评估标准

从民机 CCAR-25 部适航要求中可以看出,基本上这些适航要求都是定性要求,很少有定量的要求,这对于飞行品质的评估计算将带来极大不便。为此,可以借鉴军机飞行品质规范的相关要求,利用Ⅲ类飞机 C 种飞行阶段的部分指标进行适当的定性计算及其评价。本小节将简单介绍军机有关方面的飞行品质要求。有关军机品质方面的数据来自国军标 GJB 2874—97[13]。

2.2.3.1　飞机俯仰轴飞行品质要求

1) 长周期俯仰响应

根据飞机纵向方程,如果飞机的纵向长短周期可以分开,则长周期等效系统可以表示为式(2-20)所示的一个二阶系统。

为此,以空速和俯仰姿态变化为特征的长周期模态响应,任何长于15 s的振荡,其阻尼比均应满足以下要求:

- 1级:等效阻尼比 $\zeta_p > 0.04$;
- 2级:等效阻尼比 $\zeta_p > 0.0$;
- 3级:发散的倍幅时间 T_2 应该大于55 s。

2）短周期俯仰响应

短周期阻尼比 ζ_{sp} 的限制范围如表2-5所示。

表2-5　短周期阻尼比 ζ_{sp} 限制

等级	A 种和 C 种飞行阶段		B 种飞行阶段	
	最小	最大	最小	最大
1	0.35	1.3	0.3	2.0
2	0.25	2.0	0.3	2.0
3	$T_2 \geqslant 6s$	—	$T_2 \geqslant 6s$	—

将操纵期望参数 CAP 定义为初始俯仰角加速度与稳态法向过载变化之比,根据飞机的纵向传递函数,利用终值定理和初值定理,可以将 CAP 表示为

$$CAP = \frac{\omega_{sp}^2}{(n_z/\alpha)} \tag{2-27}$$

CAP 的物理意义是单位杆力所产生的初始俯仰角加速度与稳态飞行时产生单位法向过载所需杆力之积,其直接影响操纵性的好坏,必须将 CAP 的值控制在一定范围。C 种飞行阶段的 CAP 边界线及其短周期的频率需求如图2-18所示。

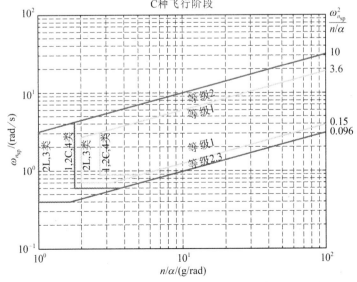

图2-18　对俯仰操纵器的短周期俯仰反应要求（$\omega_{n_{sp}} - n/\alpha$）

等效延迟时间 τ_e 对各种类型飞机和飞行阶段,建议采用表 2-6 中的数据。

表 2-6　飞机俯仰轴反应延迟时间限制

等级	1 级	2 级	3 级
允许的延迟/s	0.1	0.2	0.3

对于 3 级飞行品质,俯仰姿态的非周期一阶发散是允许的,但发散的倍幅时间 $T_2 = -\ln(2)/\lambda$ 至少应该大于 6s(其中 λ 为一阶不稳定根)。如果还存在任何 3 级飞行品质时,除非为完成飞行任务,飞行安全已经得到保证外,否则短周期阻尼比 ζ_{sp} 至少应该大于 0.05。

2.2.3.2　飞机滚转轴飞行品质要求

军机对于滚转轴的飞行品质要求是多方面的,其中滚转操纵时的滚转响应特性是最重要的,它主要通过滚转模态时间常数、螺旋模态的稳定性和等效延迟时间等几种指标反映出来。

滚转模态时间常数 T_R 描述了飞机的滚转阻尼特性,建议采用表 2-7 中数值。

表 2-7　滚转模态时间常数 T_R 的最大值(s)

飞行阶段	飞机类型	1 级	2 级	3 级
A	Ⅰ,Ⅳ Ⅱ,Ⅲ	1.0 1.4	1.4 3.0	
B	全部	1.4	3.0	10
C	Ⅰ,Ⅱ-C,Ⅳ Ⅱ-L,Ⅲ	1.0 1.4	1.4 3.0	

螺旋模态是一种在滚转扰动时,飞机产生缓慢的滚转及航向响应。在滚转角受到较大扰动后,这种响应将会呈现出发散的趋势,必须对这种螺旋不稳定的发散速度加以限制。建议飞机受到不大于 20° 的倾斜角扰动后,倾斜角发散的倍幅时间值应该大于表 2-8 所列数值。

表 2-8　螺旋稳定性——最小倍幅时间要求(s)

飞行阶段	1 级	2 级	3 级
A,C	12	8	4
B	20	8	4

对滚转轴的等效延迟时间的建议限制值如表 2-9 所示,但缺少实质性的数据。

表 2-9　飞机滚转轴允许的等效延迟的建议值

等级	1级	2级	3级
允许的延迟/s	0.1	0.2	0.25

在民机适航性条例中，没有明确给出时间延迟的要求，美国麦道公司的 Possitto[14] 等根据地面模拟试验，包括模拟器的试飞结果，给出了适用于大型运输机电传飞行控制系统的时间延迟要求，如表 2-10 所示。

表 2-10　大型运输机延迟时间要求

飞行品质等级	俯仰轴/s	滚转轴/s
1	0.44	0.33
2	0.63	0.73
3	0.76	1.10

2.2.3.3　飞机航向轴飞行品质要求

航向轴的飞行品质要求主要反映飞机对航向动态响应的要求。这其中主要以荷兰滚模态的阻尼比 ζ_D，自然频率 ω_D 以及两者的乘积来表征，去掉 A 种飞行阶段的军事任务（如空战、密集编队等）的特殊要求外，其他种类和阶段的建议如表 2-11 所示[8,10]。军机规范中对航向轴的等效延迟时间没有提出要求。

表 2-11　建议的最小荷兰滚频率及阻尼

等级	飞行阶段	类型	最小 ζ_D	最小 $\zeta_D\omega_D$/(1/s)	最小 ω_D/(1/s)
1	A	I，IV	0.19	0.35	1.0
		II，III	0.19	0.35	0.4
	B	全部	0.08	0.15	0.4
	C	I，II-C，IV	0.08	0.15	1.0
		II-L，III	0.08	0.10	0.4
2	全部	全部	0.02	0.05	0.4
3	全部	全部	0	—	0.4

2.2.4　关于大型民机的飞行品质算例分析

在多年对于飞行品质评估准则与验证的研究基础上，通过将定性的指标转换为可信度高的定量指标，参照国外各大航空公司的标准和军机中较为详细的军用标准，适当修改应用于民机，北京航空航天大学自动化学院研究开发了"民机飞行品质适航性评估软件"。该评估软件以适航性条例的定量化指标为基础，遵循适航性条例的结构，集成多种飞行品质评价准则，通过对飞行控制系统数学模型以及实测数据进行分析、仿真,完成对飞机或模型的静态特性、动态特性的计算,并给出飞行品质评价结果。该软件具有的功能可参见评价准则选择界面(见图 2-19)。该软件在MATLAB 环境下建立,适合于离线评估。

图 2-19　评价准则选择界面

　　考虑某型大型飞机是一个存在严重非线性环节的复杂高阶的系统,需要检查其飞行品质,进行相关的飞行品质设计和检查,然后进行低阶等效系统的拟配。

2.2.4.1　C^* 检查和 C^* 设计

　　取一个指定飞行状态点(高度 8 000 m,速度 0.6M),首先进行开环的 C^* 响应结果检查。仅对水平舵面 X_e 施加一个 2.5 s 的单位杆力信号,检测飞机的俯仰角速率以及迎角信号,利用迎角与法向过载的关系计算得到相应的法向过载值,借助于式(2-26)就可以计算得到该飞机在指定飞行点的 C^* 响应结果,将该响应结果曲线与 C^* 时间响应边界线绘制于同一张图中,就可得到如图 2-20 所示结果。从图 2-20 可以看出,该飞机在指定状态点的 C^* 响应不好,都没有进入 3 级飞行品质要求的包线内。按照某种设计方法(如显模型跟踪最优二次型方法等,具体算例见第 5章),对该飞机进行 C^* 设计,然后再对施加了 C^* 闭环设计后得到的飞机进行 C^* 设计结果检查,同样仅对水平舵面 X_e 施加一个 2.5 s 的单位杆力信号,然后绘制出该特定状态点的闭环 C^* 设计响应结果曲线,如图 2-21 所示。

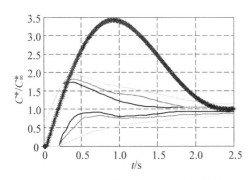

图 2-20　特定状态点的 C^* 响应结果

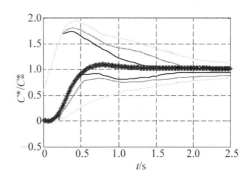

图 2-21　特定状态点的闭环 C^* 设计响应结果

从图 2-21 可以看出,该飞机已经大部分进入 1 级飞行品质的包线内。下面进行的纵向和横航向低阶等效拟配都是在闭环 C^* 设计后得到的飞机上进行的。

2.2.4.2　纵向时域低阶等效拟配评估纵向稳定性与操纵性指标

对水平舵面 X_e 施加一个 7 s 的单位杆力阶跃信号,检测得到高阶非线性飞机的俯仰角速率以及法向过载信号,对应标记为 HOS 信号。然后利用民机飞行品质适航性评估软件中的纵向等效系统时域拟配,选择"q/F_e 与 n_z/F_e 双拟配"进行等效拟配。

拟配结果为:拟配失配数 $M = 0.000589$,对应俯仰角速率及法向过载的低阶等效延迟时间分别为:0 s 和 0.03 s,$CAP = 0.224856$,短周期阻尼比 $= 0.605198$,短周期频率 $= 1.952986$,将拟配得到的等效延迟时间及其他结果参数代入对应式(2-21)和式(2-22),得到相应的纵向低阶等效系统为

$$\frac{q(s)}{F_e(s)} = \frac{-0.16218(s + 0.899353)}{s^2 + 2.3639s + 3.8142}$$

$$\frac{n_z'(s)}{F_e(s)} = \frac{-1.925335}{s^2 + 2.3639s + 3.8142}e^{-0.03s}$$

针对同样的激励信号,低阶等效系统的俯仰角速率以及法向过载信号,对应标记为 LOES。将高阶系统和低阶系统的时域响应绘制于同一张图上,得到图 2-22。

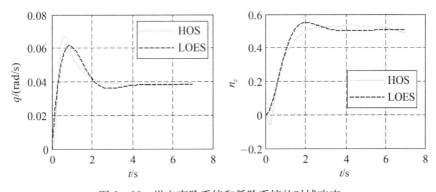

图 2-22　纵向高阶系统和低阶系统的时域响应

借用军机 C 种飞行阶段的飞行品质参数进行评价,得到短周期阻尼比及其对应等级如图 2-23 所示,延迟时间及其对应等级如图 2-24 所示,短周期 CAP 数值及其对应等级如图 2-25 所示。

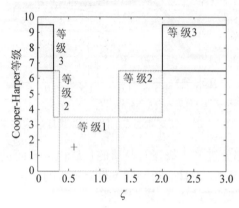

图 2-23　短周期阻尼比及其对应等级　　　　图 2-24　延迟时间及其对应等级

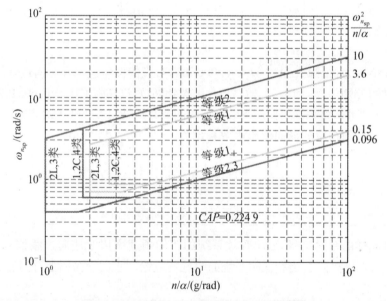

图 2-25　短周期 CAP 数值及其对应等级图

2.2.4.3　纵向频域低阶等效拟配

对水平舵面 X_e 施加一个 40 s 的扫频信号:$X_e = \sin[(0.2t + 0.01) \times t]$,检测得到高阶非线性飞机的俯仰角速率以及法向过载信号,对应标记为 HOS 信号。利用民机飞行品质适航性评估软件中的纵向等效系统频域拟配,选择"q/F_e 与 n_z/F_e 双拟配"进行等效拟配。

拟配结果为:拟配失配数 $M = 1408.801048$,$CAP = 0.475255$,对应俯仰角速

率及法向过载的低阶等效延迟时间分别为:0 s 和 0 s,短周期阻尼比 = 0.822644,短周期频率 = 2.112338,将拟配得到的等效延迟时间及其他结果参数代入对应式(2-21)和式(2-22),得到相应的纵向低阶等效系统为

$$\frac{q(s)}{F_e(s)} = \frac{-0.247\,351(s+0.497\,778)}{s^2+3.475\,4s+4.462\,0}$$

$$\frac{n_z'(s)}{F_e(s)} = \frac{-2.682\,856}{s^2+3.475\,4s+4.462\,0}$$

针对同样的激励信号,对应低阶等效系统的俯仰角速率以及法向过载信号,对应标记为 LOES 信号。将高阶系统和低阶系统的频域响应信号绘制于同一张图上,得到图 2-26。高阶系统和低阶系统的频域失配情况如图 2-27 所示。

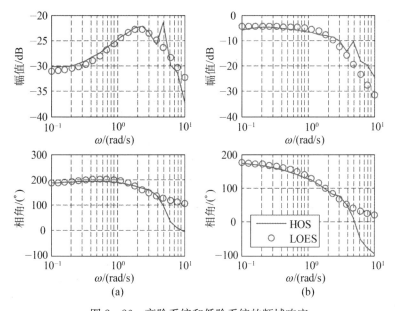

图 2-26　高阶系统和低阶系统的频域响应

(a) q/F_e 频域拟合曲线　(b) n_z/F_e 频域拟合曲线

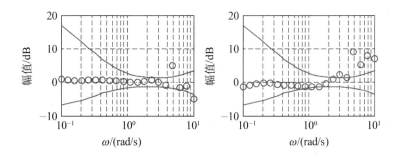

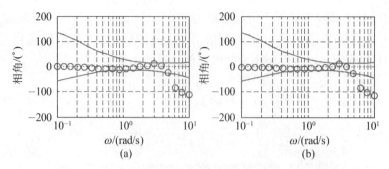

图 2 - 27　纵向高阶系统和低阶系统的频域失配拟合曲线

(a) q/F_e 失配包络线　(b) n_z/F_e 失配包络线

借用军机 C 种飞行阶段的飞行品质参数进行评价,得到短周期阻尼比及其对应等级如图 2 - 28 所示,延迟时间及其对应等级如图 2 - 29 所示,短周期 CAP 数值及其对应等级如图 2 - 30 所示。

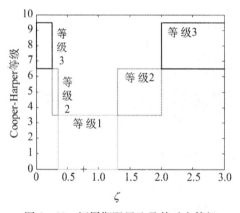

图 2 - 28　短周期阻尼比及其对应等级

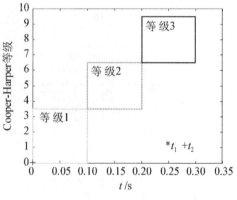

图 2 - 29　延迟时间及其对应等级

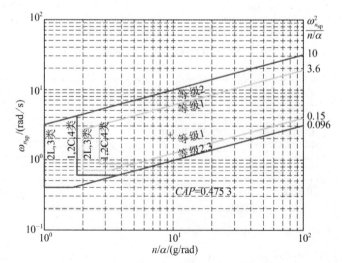

图 2 - 30　短周期 CAP 数值及其对应等级

2.2.4.4　横航向时域低阶等效拟配

只对副翼舵面 X_a 施加一个 8 s 的单位杆力阶跃信号,检测得到高阶非线性飞机的滚转角信号,对应标记为 HOS 信号。利用民机飞行品质适航性评估软件中的横航向等效系统时域拟配,选择"ϕ/F_a 单拟配"进行等效拟配。

拟配结果为:拟配失配数 $M = 0.000012$,荷兰滚阻尼比 $= 0.590966$,荷兰滚频率 $= 10.100265$,滚转模态时间常数 $= 1/0.509714 = 1.9619$,低阶等效系统延迟时间 $= 0.00175$ s。

将拟配得到的等效延迟时间及其他结果参数代入对应式(2-23),得到相应的滚转角低阶等效系统传递函数为

$$\frac{\phi(s)}{F_a(s)} = \frac{-3.375380(s^2 + 1.9262s + 3.46)}{(s - 7.8641)(s + 1.9619)(s^2 + 11.9378s + 102.0154)}e^{-0.00175s}$$

针对同样的激励信号,低阶等效系统的滚转角标记为 LOES。将高阶系统和低阶系统滚转角的时域响应绘制于同一张图上,得到图 2-31。

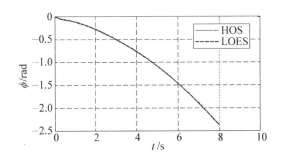

图 2-31　横航向高阶系统和低阶系统的滚转角对
X_a 单位激励的时域响应

借用军机 C 种飞行阶段的飞行品质参数进行评价,得到滚转模态时间常数及其对应等级如图 2-32 所示,延迟时间及其对应等级如图 2-33 所示,荷兰滚模态阻尼与频率及其对应等级如图 2-34 所示。

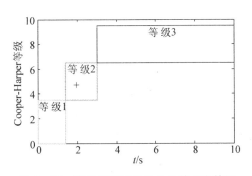

图 2-32　滚转模态时间常数及其对应等级

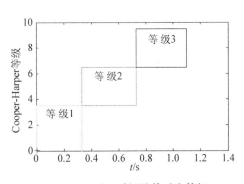

图 2-33　延迟时间及其对应等级

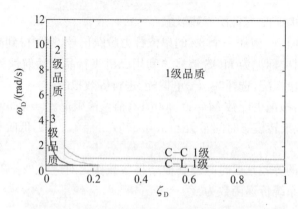

图 2-34   荷兰滚模态阻尼与频率及其对应等级

只对方向舵面 X_r 施加一个 8 s 的单位脚蹬力阶跃信号,检测得到高阶非线性飞机的侧滑角信号,对应标记为 HOS 信号。利用民机飞行品质适航性评估软件中的横航向等效系统时域拟配,选择"β/F_r 单拟配"进行等效拟配。

拟配结果为:拟配失配数 $M = 0.000034$,荷兰滚阻尼比 $= 13.117284$,荷兰滚频率 $= 17.702859$,滚转模态时间常数 $= 1/0.742085 = 1.3476$,低阶等效系统延迟时间 $= 0.148551$ s。

将拟配得到的等效延迟时间及其他结果参数代入对应式(2-24),得到相应的侧滑角低阶等效系统传递函数为

$$\frac{\beta(s)}{F_r(s)} = \frac{10.354365s^3 + 76.767263s^2 + 279.442729s + 65.192955}{(s+1.2401)(s+1.3476)(s^2+464.4269s+313.3912)}e^{-0.148551s}$$

针对同样的激励信号,低阶等效系统的侧滑角标记为 LOES。将高阶系统和低阶系统侧滑角的时域响应绘制于同一张图上,得到图 2-35。

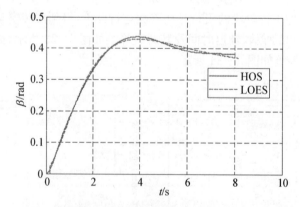

图 2-35   横航向高阶系统和低阶系统的侧滑角对 X_r 单
位激励的时域响应

借用军机 C 种飞行阶段的飞行品质参数进行评价,得到滚转模态时间常数及其对应等级如图 2-36 所示,延迟时间及其对应等级如图 2-37 所示,荷兰滚模态阻尼与频率及其对应等级如图 2-38 所示。

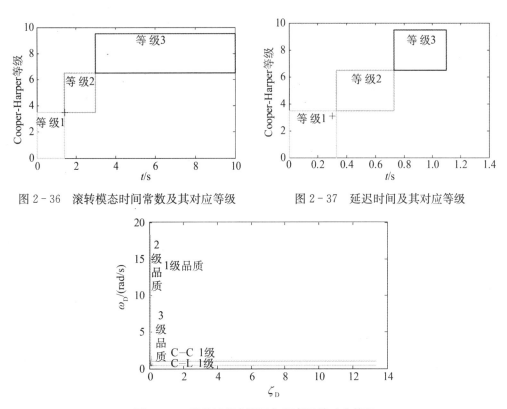

图 2-36 滚转模态时间常数及其对应等级　　　　图 2-37 延迟时间及其对应等级

图 2-38 荷兰滚模态阻尼与频率及其对应等级

2.3 结语

飞机的飞行性能与飞机的推力密切相关,飞机的推力又取决于所采用的航空发动机。涡扇发动机比涡喷发动机具有更大的推力且经济省油。在低速飞行时,随着涡扇发动机的涵道比增大,有利于降低油耗、减少喷气噪声;而在高速飞行时则没有这样的性能。因此,高速飞行的军机不适合采用涡扇发动机,而飞行速度较低的民机,以安全性、经济性和环保性为本质特点,其发动机均采用高涵道比的涡扇发动机。本章第 1 节首先介绍了民机发动机的几个主要推力特性:油门特性、速度特性以及高度特性,然后给出了飞机质心运动的诸参数的基本定义,分析了航程与飞机推力的关系。针对飞机的协调转弯特性,介绍其定义及其实现条件,给出了协调转弯过程中消除侧滑的 3 种方法,分析指出这几种方法的应用情况、存在问题,给出目前可能的改进策略。此外,还针对协调转弯中的俯仰通道,分析了高度控制的需求因素,介绍了相关的控制方法。

飞机的稳定性是飞机设计中衡量飞行品质的重要参数,它包括纵向稳定性、航向稳定性以及横向稳定性。飞机的操纵性又称为飞机的操纵品质,是指飞机对操纵的反应特性,也分为纵向、横向和航向操纵。本章第 2 节从飞机的稳定性及操纵性两方面,结合民机 CCAR-25 部的适航要求,进行了民机飞行品质的评估方法的归纳总结。

针对军机飞行品质规范的研究及其要求起步早且要求研究深入,美国颁布的军用规范 MIL-F-8785B 不仅是针对飞机的鉴定评估标准,也成了飞机设计的主要标准。军用规范 MIL-F-8785C 不但适用于具有典型特性的飞机,且也能满足评价现代飞机的飞行品质要求。军用规范将飞机分成 4 类,将飞行阶段分为 A、B、C 三种。在评定飞机的飞行品质时,必须对不同类型的飞机和不同的飞行阶段给出不同的飞行品质要求。民机 CCAR-25 部适航要求基本上都是定性要求,很少有定量的要求,且要求通常不如军用规范那样详尽。这对于民机飞行品质的评估计算将带来极大不便。为此,可以借鉴军机飞行品质规范的相关要求,利用Ⅲ类飞机 C 种飞行阶段的部分指标进行适当的定性计算及其评价。

无论军机民机,都可用 C-H 评价尺度进行飞行品质评估。此外,现代民机由于采用主动控制和电传操纵系统,因而成为高增稳飞机,具有高阶系统特性。可以引用低阶等效系统法进行等效拟配,从而利用传统飞机基本模态的参数来评价民机的飞行品质。为此,文中介绍了低阶等效频域拟配方法和低阶等效拟配时域方法。此外,还比较详细介绍了波音、空客等飞机公司采用的一种纵向时域评价准则——C^* 准则。文中还介绍了部分可借用的军机飞行品质评估标准,包括:①飞机俯仰轴飞行品质要求(包括长周期俯仰响应、短周期俯仰响应、操纵期望参数 CAP、等效延迟时间等);②飞机滚转轴飞行品质要求(通过滚转模态时间常数、螺旋模态的稳定性和等效延迟时间等几种指标反映出滚转操纵时的滚转响应特性);③飞机航向轴飞行品质要求(以荷兰滚模态的阻尼比、自然频率以及两者的乘积来反映飞机对航向动态响应的要求)。

本章最后给出关于大型民机的飞行品质算例分析,分别进行 C^* 检查及其 C^* 设计、纵向时域低阶等效拟配评估纵向稳定性与操纵性指标、纵向频域低阶等效拟配、横航向时域低阶等效拟配,对于民机的飞行品质评估具有较好的工程应用参考价值。

参 考 文 献

[1] 王云. 航空发动机原理[M]. 北京:北京航空航天大学出版社,2009.

[2] 蔡元虎,宋江涛,邓明. 大型民机发动机的特点及关键技术[J]. 航空制造技术,2008,1(1):44-47.

[3] 陈光. 高涵道比涡轮风扇发动机发展综述[J]. 航空制造技术,2008,13:40-45.

［4］黄太平.民用航空涡轮发动机现状与发展趋向［J］.机电技术,2003,1:38-46.

［5］文传源,等.现代飞行控制系统［M］.北京:北京航空航天大学出版社,2004.

［6］廉筱纯,吴虎.航空发动机原理［M］.西安:西北工业大学出版社,2005.

［7］张明廉.飞行控制系统［M］.北京:航空工业出版社,1994.

［8］高金源,李陆豫,冯亚昌.飞机飞行品质［M］.北京:国防工业出版社,2003.

［9］中国民用航空规章第 25 部运输类飞机适航标准 CCAR-25-R4(中国民用航空条例第 25 部)［S］.北京:中国民用航空局,2011.

［10］HODGKINSON J. Aircraft handing qualities ［M］. AIAA Education Series.

［11］高金源,焦宗夏,张平.飞机电传操纵系统与主动控制技术［M］.北京:北京航空航天大学出版社,2005.

［12］FIELD E J. The application of a C^* flight control law to large civil transport aircraft ［R］. Collage of Aeronautics Report,No9303,1993.

［13］中华人民共和国国家军用标准 GJB 2874-97.电传操纵系统飞机的飞行品质［S］. 1997-05-23 发布,1997-12-01 实施.

［14］POSSITTO K F, HODGKINSON J. Longitudinal and lateral directional flying qualities investigation of high-order characteristics for advanced-technology transports ［J］. AIAA-93-3815-CP,1993.

3 民机飞控系统的传感器与执行机构系统

3.1 概述

典型的民机飞行控制系统的结构组成如图 3-1 所示。

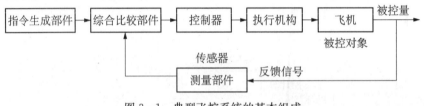

图 3-1 典型飞控系统的基本组成

飞机作为被控对象,其具体的被控物理参数可能是飞机某一个运动参数,如俯仰角、高度或倾斜角等,被控的参量通常称为被控量。测量部件(传感器)用以测量和感受飞机被控量的变化,并输出相应的电信号。指令生成部件给定系统的输入指令信号,通常是被控量的期望值。综合比较部件将测量的反馈信号与指令信号进行比较,得到相应的误差信号。控制器(目前数字电传飞控系统中均采用数字计算机来实现)则依误差信号和系统的要求,进行分析、解算,产生相应的控制指令。执行机构(又称舵机或舵回路)的作用是接收控制指令,其输出跟踪控制指令的变化并输出一定的功率,产生相应的力和力矩,拖动舵面偏转,控制飞机的姿态运动。实际上,不同用途、型号的飞行控制系统的组成可能是不同的,但它们的基本功能部件是类似的。

3.1.1 民机飞控系统中的传感器

在民机电传飞控系统中,传感器分系统由很多种类的传感装置构成,以达到转换驾驶员指令、感知飞机的主要运动参数以及大气信息、反馈飞机运动参量、向系统输入控制指令的目的,实现闭环控制功能。传感器分系统是飞行控制系统中不可缺少的硬件分系统。

按功能分类,可将一般民机电传飞控系统需要使用的传感器分为这样几类[1]:

①驾驶员指令传感器；②飞机运动传感器；③大气数据和惯性基准传感器；④特殊用途传感器。

驾驶员指令传感器用于形成驾驶员对飞机的操纵指令，包括驾驶杆位移传感器或力传感器、脚蹬位移传感器或力传感器。一般大型客机均采用双驾驶员体制，须为两个驾驶员（左为正，右为副）各配置一个驾驶杆/盘或侧杆和一副脚蹬，两个驾驶员共同使用一个油门控制杆（或两个控制杆利用机械装置刚性连接在一起）和一个减速控制杆。空客 A340 和波音 B777 的驾驶员指令传感器如表 3-1 所示。

表 3-1　A340 和 B777 的驾驶员指令传感器配置情况[2~4]

飞机	A340	B777
主操纵形式	侧杆＋脚蹬	中央盘／杆＋脚蹬
传感器种类及余度配置	俯仰杆位置传感器×8	驾驶杆位置传感器×6
	俯仰杆力传感器	驾驶杆力传感器×2
	滚转杆位置传感器×10	驾驶盘位置传感器×6
	滚转杆力传感器	驾驶盘力传感器×1
	脚蹬位置传感器	脚蹬位置传感器×4
传感器信号处理单元的余度等级	主飞控计算机×3 辅飞控计算机×2	作动器控制电子装置（ACE）×4

飞机运动传感器用于感知飞机的主要运动参量，可能涉及的主要传感器有：垂直/法向/侧向加速度计、俯仰/横滚/偏航速率陀螺、无线电高度计（R/A）、大气数据惯性基准组件（ADIRU）、备份大气数据姿态基准单元（SAARU）等。这部分内容将在本章的第 3 节展开介绍。空客 A340 的飞机控制功能及所需传感器如表 3-2 所示。

表 3-2　A340 飞机控制功能及所需传感器[2, 4]

控制模态及功能		反馈信号及来源	
		信号	来源及余度等级
纵向控制	控制增稳 俯仰姿态保护 失速保护 高速保护	法向载荷因子 俯仰速率 俯仰姿态 高度	垂直／法向加速度计×2 俯仰速率陀螺 ADIRU×3 R/A×4
侧向控制	控制增稳	滚转角、滚转角速率、偏航角速率、侧滑角（由侧向角速度估算）	ADIRU 横滚速率陀螺 偏航速率陀螺×2 侧向加速度计×1
航向控制	航向阻尼	偏航角速率	偏航速率陀螺

　　B777 飞机有 3 种控制模态,根据系统完好的程度可由正常控制模态降为次级控制模态以及直接控制模态。各模态功能不同,所需传感器种类也不同,其飞机控制功能及所需传感器如表 3-3 所示。

表 3-3　B777 飞机控制功能与所需传感器对应表[3, 4]

功能		所需信号	对应传感器	正常模态	次级模态	直接模态
俯仰控制,控制升降舵	具有速度反馈的 C^* 机动指令控制	驾驶杆位置	驾驶杆位置传感器	√	√	√
		俯仰速率	俯仰速率传感器	√	√	√
		法向过载	垂直加速度计/ADIRU/SAARU	√		
	失速保护	驾驶杆力	驾驶杆力传感器	√	√	√
		俯仰姿态	ADIRU/SAARU	√		
	增稳舵面指令	俯仰速率	俯仰速率传感器			√
横滚控制,控制副翼和襟副翼	舵面指令控制	驾驶盘位置	驾驶盘位置传感器	√	√	√
		计算空速	ADIRU	√		
	副翼锁定	高度	ADIRU	√		
	倾斜角保护	大气数据	ADIRU	√		
		驾驶盘力	驾驶盘力传感器	√		
偏航控制,控制方向舵	模态抑制	模态加速度	模态加速度计	√		
	突风抑制	突风压力	突风抑制压力传感器	√		
	液压压力控制	高度	ADIRU	√		
	偏航阻尼	惯性数据	ADIRU/ SAARU	√	√	
		大气数据	ADIRU/ SAARU	√	√	

　　随着综合化程度的提高和一体化系统设计技术的发展,原来为电传飞行控制系统单独配置的飞机运动传感器在民机上不同程度地被航电系统使用的大气数据和惯性基准传感器所替代。

　　大气数据和惯性基准传感器主要有两种形式:一种是分立式,即独立的、外场可更换的大气数据基准(ADR)/大气数据模块(ADM)和惯性基准单元(IRS);另一种是组合式,即将大气数据单元/模块和惯性基准单元/模块组合在一个外场可更换单元内。不同的飞机配置的大气数据和惯性基准传感器稍有不同。Λ340 和 B777 的大气数据和惯性基准传感器如表 3-4 所示。

表 3 - 4 **A340 和 B777 的大气数据和惯性基准传感器**[2~4]

飞机	传感器种类		提供的信息	余度	连接关系
A340	ADIRU	ADR	大气数据	3	与三余度主飞控计算机和二余度辅飞控计算机相连
		IRS	惯性数据	3	
	R/A		无线电高度	2	
B777	ADIRU		大气数据、惯性数据	1×2	通过三余度的飞控总线与 3×3 余度飞控计算机相连
	SAARU		大气数据、惯性数据	1	
	ADM		静压和全压,供 ADIRU/SAARU	6	
	R/A		无线电高度	3	

若定义速率陀螺、法向/侧向加速度计等为常规传感器,则特殊用途传感器是专指基本的三轴控制增稳功能之外的其他功能所使用的非常规传感器。例如 A340 为实现地面扰流板功能,还需配置特殊的转速计、起落架位置传感器等,用于采集机轮转速信息,以控制模态间的正确转换。B777 和 A340 的高升力控制功能的实现需配置襟翼/缝翼操纵杆指令传感器、襟翼/缝翼位置传感器、襟翼/缝翼不对称传感器及襟翼断开/轨迹传感器。襟翼/缝翼操纵杆与减速杆一样都属于辅助操纵指令装置。襟翼/缝翼反馈所用的位置传感器和襟翼/缝翼不对称传感器是必须为此功能专门配置的,以完成操纵面倾斜或偏转不对称时切断功能后的正常工作。另外,民机的乘坐舒适性是飞控系统设计所追求的指标之一。为使飞机在遭遇湍流和阵风等外部气流变化条件下或在飞机的侧向和垂直弯曲模态下,仍能具有令人满意的乘坐品质,需要利用特殊的传感器,如模态加速度计、阵风抑制压力传感器等,来感知这些模态和参数。

民机电传飞控系统传感器的配置原则是[4]:①反馈传感器根据具体的控制功能和算法确定;②可充分利用机载系统共用的大气数据和惯性基准传感器;③根据故障检测算法及其他特殊功能可补充部分传感器。

3.1.2 民机飞控系统中的执行机构

执行机构是民机飞行控制系统的一个重要环节,它按照指令模型装置或敏感元件输出的电信号,提供必要的动力给飞行运动控制面,是对用来控制飞机各个气动控制面所对应的作动系统的总称。其目的是完成对主飞行控制(如控制滚转、俯仰和偏航的机动及稳定)以及对辅助飞行控制(如控制增升装置或减升装置)的驱动,实现对飞机姿态和航迹的控制。

执行机构系统是由作动器控制器与伺服作动器两种功能单元、反馈元件所构成的一个闭环伺服控制系统,因此也称为伺服作动系统。典型伺服作动器的构成如图 3 - 2 所示[1]。

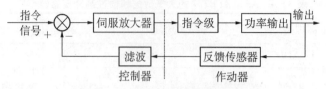

图 3-2 伺服作动器原理结构

伺服作动器是为实现电气至机械运动之间的信号转换，从而达到驱动飞机气动面作机械运动的目的而设计的执行机构，通常称为舵机。舵机直接与被控对象——舵面连接，通过驱动舵面实施飞行控制。舵机是执行机构的关键组成部件，它包括控制级和功率作动级两个功能层次。具体功能单元可分为信号转换、综合、均衡，信号放大，机械运动与功率输出，机械运动反馈信号的拾取，作动器故障检测，作动器能源控制和其他附件。

由于受到飞机对执行机构重量、体积和安装方式的约束以及设计思想的不同，舵机的形式可以是多种多样的，而且，即便是同一架飞机，其飞行控制系统的不同气动面所对应的舵机形式也可能是迥然不同的。

作动器控制器是执行机构的控制装置。为了实现执行机构的闭环控制，伺服控制器的基本功能单元包括信号综合、前置放大/校正、输出线路以及反馈信号的处理与增益设置等。

由于执行机构系统是由作动器控制器、舵机以及反馈元件所构成的一个闭环伺服控制系统，因此通常也称为舵回路。

飞行控制系统的执行机构系统应根据飞机气动面的多少而设计多个相应的伺服系统。在飞行控制系统的总体规范的指导下，应当依照系统对气动面进行控制权限的分配，逐一对各伺服系统进行单独设计。

执行机构系统将电气信号转换为机械运动，因此对其机械输出部分有负载能力以及输出范围等机械要求。作为闭环控制系统的执行机构系统，首先应该保证闭环稳定性并具备一定的稳定储备。此外，还需要保证具有静态稳定特性（保证电气指令转换为机械运动的静态传动比）和静态输出特性及闭环动态特性。

按使用能源的不同，执行机构系统大致可以分为三类：机电伺服作动系统、电液伺服作动系统、气动伺服作动系统。早期的作动系统基本上都是机电式的（对应舵机为电动舵机），这种系统由于惯量和时间常数比较大，响应比较慢，很难满足飞行控制系统高精度和快速响应的要求。随着液压控制技术的日益成熟，逐渐被电液伺服系统（对应舵机为液压舵机）所替代。至于气动伺服作动系统，由于气体的可压缩性，很难得到高的响应特性，因此限制了它在飞行控制系统中的应用。

电动舵机以电力为能源，通过齿轮传动装置输出，可直接拖动舵面。采用电动舵机的执行机构系统本质上是一个电气伺服系统。由于铁磁材料在低磁通下容易饱和，因此基于电磁作用的电动机难以获得比较大的力矩。

　　液压舵机(hydrostatic actuator，HA)以高压液体为能源，可以直接推动舵面偏转，或通过液压主舵机(即液压助力器)带动舵面偏转。传统的电液作动系统是一个由伺服阀控制的线性油缸或液压马达，因此又称为阀控电液作动系统(electro-hydraulic servo valve，EHSV)。

　　对现代高速军用飞机以及大中型民用客机而言，需要施加的舵面操纵力和操纵功率都很大，绝大多数(特别是主操纵面的控制)采用液压舵机。其主要原因是，与电动舵机相比，液压舵机具有 3 个突出的优点[5]：①同样的功率下，液压舵机体积小，重量轻，液压驱动具有很高的功率重量比和功率体积比；②液压舵机的重要优点是所产生的力矩与其本身运动部件的惯量比值大，运动平稳，快速性好；③液压舵机的功率增益大，控制功率小，灵敏度高，可承受的载荷大。但液压舵机也有其缺点，主要是加工精度要求高，设备复杂，维修困难，成本高，需要高度可靠的液压能源。

　　随着高磁能及稀土永磁材料的研究与应用、大功率半导体驱动器件的出现，相应的驱动电机变得具有输出功率大、转动惯量小、效率高的特点，从而促进了功率电传(power-by-wire，PBW)作动系统的发展[5~7]。所谓功率电传是指，由飞机第二能源系统至作动系统各执行机构之间的功率传输是通过电导线以电能量传输的方式完成的。现有功率电传作动系统主要有 3 种形式：集成电液作动器、机电作动器、电动静液作动器。

　　集成电液作动器(integrated actuation package，IAP)是由定转速的驱动电机、伺服控制的液压柱塞泵(伺服泵)、液压作动筒和伺服泵控制器等 4 部分构成。

　　机电作动器(electro mechanical actuator，EMA)由可伺服控制的双向调速电动机、高速齿轮减速装置，和实现往复运动的滚动丝杠机构或齿轮旋转执行机构组成。

　　电动静液作动器(electro hydrostatic actuator，EHA)由伺服控制的双向调速电机、定量柱塞泵、作动筒、功率控制器和电控单元组成。具有很高的定位精度和刚度，且可以很方便地实现无级调速，并可以很好地解决系统的发热问题，同时还具有与传统阀控系统一样的舵面接口，保留了传统液压系统的很多优点，对现有系统的结构改动量少，技术风险小。

　　电备份静液作动器(electrical back-up hydrostatic actuator，EBHA)是将电动静液作动器与传统的液传电液系统相结合构成双余度的作动器系统。EBHA 含有两个独立的能源(传统的集中液压源和 EHA 所需的电源)，可通过模式切换，独立地驱动同一作动筒。

　　与传统的阀控电液作动系统 EHSV 相比，其他各种功率电传作动系统虽然有诸多优点，但就其动态响应特性而言，仍然不及 EHSV。因此，在飞行控制系统当中，常规的 EHSV 仍然占据着主要地位。新型的功率作动器，如机电作动器、电静液作动器、电备份静液作动器目前只是作为备份或者用于辅助操纵[6]。

　　民机的控制面数量远多于军机，作动器的余度配置也不一样。民机由于高可靠性的要求，机上拥有 3 套液压系统(采用 EHA 可以取消一套液压系统)，分别标识为蓝、绿、黄,由发动机和电机分别驱动液压泵。民机的作动器大都采用多余度的配置,依靠多台作动器驱动同一舵面满足任务可靠性的要求,同时驱动同一舵面的作动器由不同的液压系统提供能源,可以消除由于油源产生的共态故障。例如 A320 升降舵作动器,左右各有 2 个作动器,右侧分别由蓝(主)/黄(备)油源驱动,左侧分别由绿(主)/蓝(备)油源驱动。A380 的舵面由不同形式的作动器驱动,包括传统的电液作动器(HA)、先进的功率电传电静液作动器 EHA 及电备份静液作动器 EBHA。由于采用了 EHA 及 EBHA,A380 飞机的液压系统由原来的 3 套降低为 2 套。

在具有高安全性、高可靠性、较高的响应要求和较大的功率要求的民机主舵面上还未有使用机电作动器的成功经验,目前只有新研发并取得适航证的 B787 飞机率先在两侧机翼中部两块扰流板上安装使用了机电作动器。

3.2　飞控系统中的测量变量

本节首先归纳飞行中需要测量的运动参量,然后分析这些运动参量是否可测以及测量误差的影响,检查传感器的延迟、噪声与漂移特性,并介绍适当的处理方法。

3.2.1　飞行中需要的测量变量

除了来自俯仰杆、滚转杆和方向舵脚蹬等的控制指令外,飞机实际运行中需要的运动参量与系统要实现的控制功能及相应的控制算法密切相关。一般而言,实现不同控制功能所需要的反馈信息可归结如下:

(1) 控制增稳必需的反馈信息,俯仰、滚转和偏航角速率;

(2) 基本的调参变量,马赫数和气压高度;

(3) 自动过载限制所需的信息,法向加速度;

(4) 防止失速/尾旋和增益调参所需的信息,迎角和侧滑角;

(5) 来自驾驶舱的开关指令,如起落架收/放,减速板接通/断开等。

所有这些待测信息可归结为姿态角(迎角、侧滑角)和航向角,角速率(俯仰、滚转和偏航),加速度或过载(垂直、法向、侧向),高度、空速和 M 数,大气数据,导航信息等[7]。

3.2.2　飞行状态的可测试性及其误差的影响

飞行状态测量的特殊性表现如下:

(1) 要测量的是在运动空气场中的飞行器的 6 个自由度的运动。

(2) 大多数测量要在运动的飞机上,并在具有加速度、振动和温差范围大的气候等影响的条件下进行,且要求重量和能量消耗要尽量小。

(3) 对测量信息的可靠性有很高的要求[7]。

飞机众多的运行参数和状态可以分成 3 类:

(1) 可以直接测量的量。如大气状态的压强和温度、加速度分量(比力),通过陀螺可以测量得到角速度和姿态角,通过磁罗盘可测量得到方位角,利用多普勒方法可以测量得到航迹速度,利用风向仪或压力探头可以测量气流角等。

(2)需通过间接方法测量的量。如利用加速度差计算角加速度,利用动压计算来流速度,利用压力和温度计算马赫数,利用压强计算气压高度,利用惯性系统计算航迹速度和位置矢量。

(3)必须经过大量复杂的测量、计算和仿真才能确定,而且在飞行中还不能足够准确地加以确定的量。如风速梯度和矢量、力矩矢量和力矢量、飞机质量、惯性矩等。

传感器是一种以一定的精度将被测量转换为与之有确定对应关系的某种物理量的测量装置。传感器的工作精度一般反映其对实际物理量测量的准确程度,常以误差来衡量,其中最大允许误差称为容许误差。

衡量传感器的主要指标有灵敏度、迟滞、漂移、分辨率、死区等。其中,灵敏度为输出特性斜率;迟滞表示输入信号相反时与输出信号不重合的程度;漂移表示输入信号没有变化时,输出量缓慢变化的情况(一般还可细分为零点漂移、灵敏度漂移和零位随时间变化的时间漂移);死区表示输入量变化时,没有输出的范围。

传感器的误差通常可分为原理误差(由测量方法本身所决定)、工艺误差(由制造工艺所决定)、静态误差(稳态误差)、动态误差(与过渡过程时间、超调量、振荡次数等有关)、系统误差(为有规律的、原则上可以修正的误差)、随机误差(为无规律的、按统计方法计量的误差)、基本误差(标准工作条件下的误差)、附加误差(在非标准工作条件下的误差)、绝对误差(实际值与理论值之差)、相对误差(绝对误差与标准值之比)。其测量误差可以分成测量原理误差、设备原理误差、测量数据传输和处理造成的误差。

由于物理量和测量所得量之间存在一种不能准确把握的关系,而采用替代方式来换算(例如,压力和高度之间的关系通过标准大气来换算)而造成的误差就属于测量原理误差。此外,只能把握某地的量(与测量地点和飞行状态有关,如重心移动情况下的加速度测量,在飞机机体上的压力测量)以及与飞机运动有关的量(如在立尾上测量空速要受到俯仰转动角速度的影响,测出的地磁场分量与飞行姿态有关)的误差都属于测量原理误差。修正这些测量原理误差需要进行很复杂的校准,有一部分要在空中进行,且只能作很有限的校正。

对于因对实际物理量和所测量的替代量之间的关系了解得不够(如膜盒的偏转和压力之间的关系受到迟滞和温度的影响)、因摩擦弹性以及不平衡等影响引起的变化(如自由陀螺的漂移)、传感器动态特性造成的测量时移和失真(如长的压力管路造成压力测量滞后、加速度计和角速度陀螺的振动特性等)、传感器的测量范围太大或者太小等造成的测量误差归属于设备原理误差。减少设备原理误差的方式可以有:通过补偿方法把传感器(如角速度陀螺、压力计等)的偏转减小到最小、尽可能提高传感器的频带宽度、按飞行任务选择合适的测量范围等。

一般情况下,无线电高度计的测量范围小于 1 000 m,精度相对较高,主要在飞机起飞和着陆构型下使用;而大气数据利用静压信号解算飞行高度,其范围可达10 000 m以上,在飞机的整个飞行剖面都可以使用。

测量数据传输和处理造成的误差,常常是由于干扰信号的杂散影响、相对时移和数字传输中的有限字长、过低的采样频率、处理过程中的不准确积分和微分、频率范围受到测量噪声滤波的限制等所引起,而且所有测量系统都存在这类误差,应通过仔细的信号处理和数据处理,把它们的影响减到最小。

3.2.3　传感器信号的处理

通过传感器获得的相关信号一般需要通过飞控计算机(flight control computer,FCC)来进行信号的预处理。信号预处理的典型功能是先确定数据源的有效性,再与其他资源的相似信号进行调理和融合。

传感器信号预处理中主要涉及的因素包括数据延迟、采样频率、传感器故障的快速检测、数据融合等。

从硬件实现的角度来看,相关控制系统设计人员可通过选择专用集成电路,快速采样和解码自动增稳控制律所需的数据,以避免传感器和 FCC 之间过大的相位滞后,使得机载动态传感器的数据延迟最小。

FCC 按一组 ms 级的离散帧时间运行,而现代民机又基于数字传感器的输出信号运行,因此通常通过正确选择采样频率以及采用抗混叠或降噪滤波器来保证采样数据不出现混叠。

针对传感器故障检测、信号重构以及数据融合等方面描述的内容见 3.4 节。此外,还需要特别对传感器的延迟、噪声与漂移特性进行相关的处理。

3.2.3.1　传感器的延迟处理

一些典型传感器(如高度表、速率陀螺等)的动态特性表现为一阶或者二阶环节,而一些传感器(如姿态陀螺)提供的测量数据则没有滞后。无线电技术测量中还含有传输时间,其大小可能从 ms 级到 s 级。因此,测量数据中可能含有测量滞后。此外,对数据测量延迟的考虑还应包括测量数据变换、采样、传输、滤波和处理过程中的时间延迟。

针对传感器延迟的常用处理方式是:从控制技术的要求出发,先检查测量传感器的动态特性对控制过程影响到何种程度,以及在控制器设计时是否可以略去动态特性的影响。由于飞机(视为刚体)运动的传输信号的频带宽度小于 1 Hz,若传感器在 1 Hz 的相位损失只有几度,那么就可以不计测量传感器的传输特性的影响。实际情况是绝大多数延迟确实属于这种情况,因为与控制对象的时间常数相比,测量传感器的时间常数都是小量,因此可以忽略其动态影响。当然,如果在测量中飞机的弹性自由度起作用的话,则需要较高的频带宽度。

3.2.3.2　传感器的噪声和漂移特性处理

传感器的噪声和漂移是一种非常复杂的随机时变过程,且对于各种飞控传感器均不相同,常规的处理方法是:先建立随机误差模型,然后应用一定的滤波技术对其进行估计与补偿。

　　目前常用的实时滤波技术主要包括数字滤波(平均值滤波、中值滤波、限幅滤波和惯性滤波)、卡尔曼滤波、小波滤波、奇异值分解滤波和各种非线性滤波方法。这些滤波技术有各自的特点,因此,在应用于飞控系统传感器滤波时,不可能找到一种对所有的传感器都适用的万能的滤波方法,必须根据不同传感器的特点(如传感器输出信号的频率)、噪声模型、输出精度要求以及实时性要求进行分析比较,找出对应于不同传感器的滤波方法。

　　例如,对于陀螺仪的静态漂移,通常的做法[8]是:①采集原始观测数据,对其进行数据预处理,得到适用于时间序列分析法的平稳、正态、零均值的时间序列;②利用时间序列分析方法进行建模,构造一个数学模型(AR,MA 或 ARMA 模型)来逼近真实的随机漂移数据;③选用上面提到的滤波技术,基于所建立的随机漂移模型,对陀螺漂移进行预报,进一步达到补偿的目的。

3.3　民机中常用的传感器

3.3.1　空气动力学相关的变量与传感器

　　大气参数测量传感器是测量飞机与大气之间的作用力及飞机所在位置的大气参数,并经过飞机的总压、静压系统转换成相应电信号的装置。这类传感器都基于膜盒式测压原理[7, 9],其敏感元件为真空膜盒,如图 3-3 所示。当高度增加时真空膜盒膨胀,这种膨胀偏转又被转换成与高度成正比的电信号。为了计算准确,还需要知道环境温度,且只有当动压和静压是在未受飞机扰动的气流中测量时,这种测量才准确。常采用前伸式测量杆或拖曳式探头,但仍余留与飞行状态有关的安装误差,必须通过校正予以补偿。对于非对称气流的影响(侧滑角误差),则通过在飞机左右机身对称安装的一对测量探头予以降低。

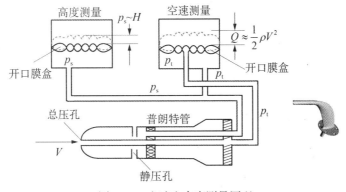

图 3-3　空速和高度测量原理

　　高度等传感器所感受到的静压变化是机外静压通过空速管及机内漫长管路传来的。传感器入口静压滞后于机外静压变化。空速管(又称皮托管,pitot)气路延时

的动态特性可用一阶惯性环节描述,对应的传递函数为

$$G_{\mathrm{p}} = \frac{1}{\lambda s + 1} \qquad (3-1)$$

对某机的空速管进行试验测试,结果是时间常数 λ 随飞行高度增加而增大:高度在 10 km 以下时,$\lambda \leqslant 0.4$ s;高度在 15 km 时,$\lambda \approx 1$ s;高度在 18 km 时,$\lambda \approx 1.5$ s。实际情况是空速管的管道越长、管径越细、容积越大,在进行压力气体传输过程中的动态时间常数越大。

静压传感器和总压传感器都属于弹性敏感元件并等效于一个二阶系统,以 p 表示被测压力,x 表示弹性敏感元件的位移,则其动态特性可以表示为

$$G_{\mathrm{s}}(s) = \frac{X(s)}{P(s)} = \frac{K_{\mathrm{p}}\omega_{\mathrm{p}}^2}{s^2 + 2\zeta_{\mathrm{p}}\omega_{\mathrm{p}}s + \omega_{\mathrm{p}}^2} \qquad (3-2)$$

式中:K_{p} 为弹性敏感元件的静态传递系数;ζ_{p} 为弹性敏感元件的等效阻尼比系数;ω_{p} 为弹性敏感元件的固有频率(rad/s)。通常 ω_{p} 非常高,ζ_{p} 又远小于 1。

3.3.1.1 飞行高度的测量

飞行高度是飞机在空中距离某一基准面的垂直距离。按照选定基准面的不同,飞行高度可以分为如图 3-4 所示的不同种类[9]。

(1) 绝对高度(absolute altitude):飞机与海平面之间的垂直距离。

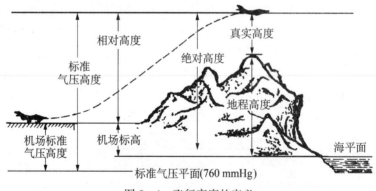

图 3-4 飞行高度的定义

(2) 真实高度(height,true altitude):飞机与地面目标(山顶、地面等)之间的垂直距离。

(3) 相对高度(relative altitude):飞机与机场之间的垂直距离。

(4) 标准气压高度(pressure altitude):飞机与气压为 101.325 kPa 的标准气压面之间的垂直距离。

根据国际标准大气(IAS)规定,取标准海平面为零高度(基准高度),以 ρ_0,p_0,T_0,c_0 分别表示标准大气下海平面的空气密度、大气压力(静压)、热力学标准温度以及声速,并有 $\rho_0 = 1.225 \ \mathrm{kg/m^3}$,$T_0 = 15\,℃$。

气压高度测量原理根据下列的标准大气的静压和高度之间的关系得到[7]:

$$H = \frac{T_0}{\tau}\left[\left(\frac{p}{p_0}\right)^{\frac{-R}{g}} - 1\right]$$ (3-3)

式中:$\tau = -6.5(°/km)$ 为温度梯度;$R = 287.052\,87\ m^2/(K \cdot s^2)$ 为气体常数。

气压式高度传感器的测量误差中的原理误差是由于实际海平面不满足标准海平面条件(压力、温度和温度梯度)所引起的。对于气压误差,可以利用修正机构进行相应的修正;对于温度误差和温度梯度的误差,由于难于修正,所以一般不做修正。

气压高度传感器动态过程在工程上采用式(3-1)近似,其时间常数常取为 0.3~1.0 s[7]。

3.3.1.2 空速和马赫数的测量

1) 飞机速度测量

飞机的飞行速度是指飞机在静止空气中的相对运动速度。常用 4 种飞行速度表示,分别为真空速、指示空速、地速和垂直速度。

真空速 V:飞机相对于空气的运动速度,或者说考虑空气密度影响的飞机运动速度,简称为空速。在导航系统中常常采用 V_{TAS} 来表示真空速,又记为 V_{zs}。

指示空速 V_{IAS}(indicated airspeed, IAS):换算到标准空气(ρ_0)速度的真空速,或者说忽略空气密度变化的飞机运动速度。指示空速又称为仪表空速,简称表速,又记为 V_{bs}。

地速(ground speed, GS):飞机相对于地面运动速度的水平分量,也是真空速和风速水平分量的矢量和。

垂直速度:飞机相对于地面运动速度的垂直分量,即飞机的升降速度。

根据图 3-3,动压 Q 为普朗特管驻点上可测到的总压 p_t 与静压 p_s 之差。膜盒的膨胀变形与动压成正比,在不可压缩流动中,动压又与来流速度的平方成正比,故有下式成立:

$$Q = p_t - p_s = \frac{1}{2}\rho V^2$$ (3-4)

式中:ρ 为空气密度,与温度有关。记 ρ_H,p_H,T_H 分别表示高度为 H 处的空气密度,静压以及热力学温度。

通常,飞行速度小于 400 km/h 时,可认为空气是不可压缩的;而当飞行速度大于 400 km/h 时,空气压缩效应显著。取热传导系数 $K = 1.405$,则可以得到以下关系:

$$V = \begin{cases} \sqrt{\dfrac{2(p_t - p_H)}{\rho_H}} = f(\Delta p, \rho_H), & V < 400\ km/h \\[4mm] \sqrt{\dfrac{2Kp_H}{(K-1)\rho_H}\left[\left(1 + \dfrac{\Delta p}{p_H}\right)^{\frac{K-1}{K}} - 1\right]} = f(\Delta p, \rho_H, p_H), & V \geqslant 400\ km/h \end{cases}$$

(3-5)

由于大气密度不易测准,因此人们用标准大气下的 ρ_0, p_0 代替实际的 ρ_H, p_H。则当飞行速度小于 400 km/h 时,可以得到表速满足

$$V_{\text{bs}} = \sqrt{\frac{2\Delta p}{\rho_0}} = f(\Delta p) \tag{3-6}$$

真空速 V_{zs} 与表速 V_{bs} 的关系为

$$V_{\text{zs}} = V_{\text{bs}} \sqrt{\frac{p_0 T_H}{p_H T_0}} = f(\Delta p, p_H, T_H) \tag{3-7}$$

因此,只要在测量表速的基础上附加一个 p_H 和 T_H 的修正机构,就可以制成真空速表。

2) 马赫数测量

马赫数 M 是气流速度与飞机所在高度的声速之比,其定义见 1.1.1.4 节。在高亚声速和超声速范围,马赫数 M 不仅对确定最优飞行范围,而且对确定边界飞行范围,都比空速重要得多。M 与其他物理量的关系如下:

$$M = \begin{cases} \sqrt{\dfrac{2(p_t - p_H)}{K p_H}} = A \sqrt{\dfrac{\Delta p}{p_H}} = f(\Delta p, p_H), V < 400 \text{ km/h} \\[4mm] \sqrt{\dfrac{2}{K-1}\left[\left(1 + \dfrac{\Delta p}{p_H}\right)^{\frac{K-1}{K}} - 1\right]} = f(\Delta p, p_H), V \geqslant 400 \text{ km/h} \end{cases} \tag{3-8}$$

式(3-5)~式(3-8)只是空速和马赫数的静态计算关系。实际测量则经过空速管、静压传感器等测量计算得到,其测量的动态过程在工程上采用式(3-1)近似,对应时间常数常取 0.2~0.5 s[7]。

3.3.1.3　迎角和侧滑角的测量

迎角是飞机机翼弦线与迎面气流间的夹角;侧滑角是飞机速度向量与飞机对称平面间的夹角。当机翼的迎角改变时,机翼上下表面的压力将发生变化。压力的重新分配将造成机翼产生一个与迎角大小有关的压力差,因而可以利用这个压力差来衡量迎角的大小,并制成迎角传感器。迎角传感器按结构可分为风标式、压差管式和探头式 3 种。

1) 风标式迎角(侧滑角)传感器

如图 3-5 所示,风标式迎角传感器采用翼形叶片来感受迎面气流。迎角改变时,作用在叶片上下表面的压力不等,驱使叶片绕其轴旋转,直到翼形叶片中心线与迎面气流方向一致为止。叶片转过的角度就是飞机当时的迎角。这类迎角传感器一般安装在机头或机翼。若将其安放在机体轴系的 Oxz 平面中,则该传感器就可以用于测量飞机的侧滑角。

2) 压差管式迎角(侧滑角)传感器

压差管式迎角传感器采用安装成一定角度 2ϕ 的两个皮托管所构成的压差管来

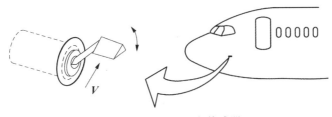

图 3 - 5　风标式迎角传感器

感受气流。迎角改变时,两个皮托管所感受的压力 p_1, p_2 不同,压力差为 $\Delta p = p_1 - p_2$。若迎角为 α,则满足以下静态关系:

$$\frac{\Delta p}{p_1} = \frac{2\sin\phi\tan\alpha}{\cos\phi + \sin\phi\tan\alpha} \tag{3-9}$$

若取 $\phi = 45°$,且 α 较小时,有

$$\frac{\Delta p}{p_1} = \frac{2\tan\alpha}{1 + \tan\alpha} \approx 2\alpha \tag{3-10}$$

实际上,压差管头部有 5 个小孔。两个对称孔用于测量迎角,与其成 90°的轴线上的两个对称孔用于测量侧滑角,开在中心轴线处的一个孔用以测量当时的总压。因此压差管式传感器可以同时测量得到总压、迎角和侧滑角。

测量迎角的动态过程一般采用一个二阶环节来描述,其传递函数可以表示为

$$G_\alpha(s) = \frac{K_\alpha\omega_\alpha^2}{s^2 + 2\zeta_\alpha\omega_\alpha s + \omega_\alpha^2} \tag{3-11}$$

式中:K_α 为增益系数;ζ_α 为阻尼比;ω_α 为固有频率(rad/s)。通常取值为 $\zeta_\alpha = 0.7 \sim 1.0$, $\omega_\alpha = 30 \sim 120 \text{ s}^{-1}$[7]。

3.3.1.4　大气数据计算机

大气数据计算机(air data computer,ADC)是一种根据传感器测得的原始参数,计算得到所需要的与大气数据有关的飞行参量并对其适当修正的机载综合测量系统。大型飞机上均装有两套以上的大气数据计算机系统。数字式大气数据计算机(digital air data computer,DADC)的组成如图 3 - 6 所示。

大气数据计算机的计算输出参数有:大气总压、大气静压、指示静压、未经修正的动压、修正的真实动压、飞行高度、高度差、修正高度、高度变化率、指示空速、真空速、马赫数、马赫变化率、大气密度、大气总温、静温等。

采用大气数据计算机的主要优点是:①减少了大量重合的分立式仪表和传感器,减少体积和重量;②提高了参数的测量精度,还可采用误差补偿等方法提高测量精度;③提高了信息的一致性;④提高了可靠性,通常都设有自动检测和故障监测功能。

DADC 中的传感器有总压和静压传感器、总温传感器和迎角传感器(多采用零

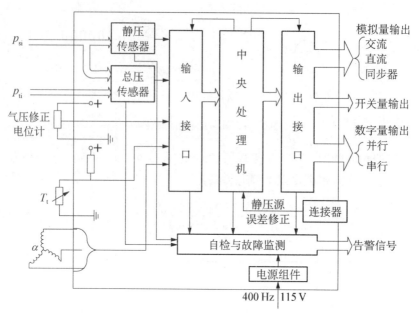

图 3 - 6　大气数据计算机原理

压差式迎角传感器)。DADC 中的自检用于起飞前或飞行后的检查,可迅速判断大气数据计算机的工作状况。DADC 中的故障监测用于飞行过程中连续检测大气数据计算机各部分的故障,并诊断出故障源,根据故障的性质发出相应的告警信号。

3.3.2　惯性变量与传感器

　　飞机运动包括重心的线运动和绕机体轴的角运动。线加速度传感器用于测量飞机重心的线加速度,角加速度则是通过速率陀螺仪与微分电路来得到。加速度传感器和角速率陀螺主要是根据在弹簧上系留的质量来测量力和力矩,是飞行控制器中最经常采用的传感器。可以采用气体方式、液体方式或电气方式阻尼,在精确计算控制回路时,必须考虑它们的动力学特性。

　　自由陀螺仪是悬挂在万向支架上的空间固持的转动质量,它提供测量角度的固定基准。

　　飞机 3 个轴上的陀螺和加速度传感器,常常都在一个测量平台上彼此紧密连接在一起。这样彼此可以很准确地进行校准,而且它们之间的角度皆固定不变。3 个加速度传感器和 3 个角速度陀螺给纵向和侧向运动的基本控制提供了足够的信息。综合这些信息,不仅可确定航迹速度矢量,甚至还能确定飞机的位置。如果这些传感器相互间以一定角度安装,那么它们的信号彼此是冗余的,可彼此检测。根据信号品质和信号的进一步处理情况,这类系统被称为"惯性测量单元"(IMU),或"惯性基准系统"(IRS)。

3.3.2.1　线加速度传感器

　　线加速度传感器的敏感轴位于机体轴的 3 个轴向,可感受和测量飞机的轴向线加速度。其力学模型一般可等效为由敏感质量块、弹簧和阻尼器组成的单自由度二阶运动系统,如图 3-7 所示[10]。

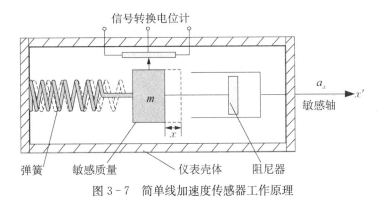

图 3-7　简单线加速度传感器工作原理

假定飞机在惯性空间内运动,位移量为 x',相应线加速度 $a_x = \mathrm{d}^2 x'/\mathrm{d}t^2$。由于线加速度传感器通过仪表与飞机固连,飞机的位移量亦为仪表壳体的位移量,其线加速度就是线加速度传感器的输入量。仪表中的敏感质量块具有惯性,相对惯性空间的运动位移量为 z;电刷固连于质量块,在仪表壳体内相对电位计骨架的位移量为 x,因此线加速度传感器的输出量 $x = z - x'$。若阻尼器系数为 c,弹簧系数为 K,忽略质量块运动时的摩擦力,可得

$$\frac{\mathrm{d}^2 z}{\mathrm{d}t} + \frac{c}{m}\frac{\mathrm{d}x}{\mathrm{d}t} + \frac{K}{m}x = \frac{\mathrm{d}^2 x}{\mathrm{d}t} + a_x + \frac{c}{m}\frac{\mathrm{d}x}{\mathrm{d}t} + \frac{K}{m}x = 0 \qquad (3-12)$$

对应的传递函数为

$$\frac{x(s)}{a_x(s)} = \frac{-1}{s^2 + 2\zeta\omega_0 s + \omega_0^2} \qquad (3-13)$$

式中: $\zeta = c/(2\sqrt{mK})$ 为相对阻尼系数; $\omega_0 = \sqrt{K/m}$ 为固有频率(rad/s)。通常取值为 $\zeta = 0.7 \sim 1.0$, $\omega_0 = 120 \sim 300\ \mathrm{s}^{-1}$[7]。式(3-13)中的负号表明输入输出信号相位差为 $180°$。

简单线加速度传感器构造简单,但存在电刷与电位计间摩擦较大的缺点,且线性度差,灵敏度低,难以满足高精度要求。为此,常采用力矩系统取代弹簧,并增加浮子式阻尼器,成为目前常用的浮子摆式加速度传感器。

3.3.2.2　陀螺仪

陀螺仪(gyroscope)是敏感旋转的一种装置,广泛应用于测量飞机的姿态角及相应的角速率。从工作机理来看,可将陀螺仪分成以经典力学为基础的以及以非经典力学为基础的两类。前一类陀螺仪基于角动量原理工作,有刚体转子陀螺仪、液体转子陀螺仪和振动陀螺仪等,这类陀螺的精度难以达到 $0.01 \sim 0.001°/h$ 的要求。后一类陀螺仪有哥氏振动陀螺仪、激光陀螺仪和光纤陀螺仪等,被称为现代陀螺仪。

高速旋转的物体均具有保持其旋转轴方向不变的特性,这种现象称为陀螺现象。为了测量运动物体的角位移或角速度,用支架将高速旋转的陀螺转子支撑起来就构成了陀螺仪。这种陀螺仪即为刚体转子陀螺仪,其核心部分为绕自转轴(又称陀螺主轴或转子轴)高速旋转的钢体转子。安装转子的框架或特殊支撑使转子相对于基座具有一个或两个转动自由度,对应构成了陀螺仪的两种类型,即单自由度陀螺仪和二自由度陀螺仪。

1) 二自由度陀螺仪

二自由度陀螺是指自转轴具有绕内环轴和绕外环轴两个自由度的陀螺仪,其基本组成如图3-8所示。由内环和外环组成的框架装置常称为万向支架。3根轴线相交点为万向交点,亦为陀螺仪的支撑中心。二自由度陀螺仪具有定轴性、进动性并产生对应的陀螺力矩。

高速旋转的物体,其轴线具有保持空间方向的特性,这个空间称为惯性空间。二自由度陀螺仪的转子绕自转轴高速旋转,如果不受外力矩的作用,将力图保持其自转轴相对于惯性空间方位稳定的特性,称为陀螺仪的稳定性,也常称为定轴性(rigidity)。利用陀螺仪的定轴性可以提供飞机姿态运动的参考基准,测量飞机的姿态角。

将太阳系空间视为惯性空间,由于地球以其自转角速度绕地轴相对惯性空间转动,所以观测者若以地球为参考基准,将会看到陀螺仪相对地球的转动。这种相对运动成为陀螺仪的"表观运动",如图3-9所示。实际工程处理时,对于民机只考虑地球自转角速度就足够精确了。若希望陀螺转子方向跟踪地垂线或水平面,则必须适当地控制陀螺仪,也称为修正。这样的陀螺仪称为定位陀螺仪;不加任何控制或修正的陀螺仪称为自由陀螺仪。

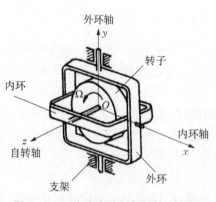

图3-8 二自由度陀螺仪结构原理图

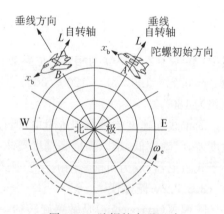

图3-9 陀螺的表观运动

二自由度陀螺仪受外力矩 M 作用。若 M 绕 Ox 作用,则陀螺仪绕 Oy 转动[见图3-10(a)];若 M 绕 Oy 作用,则陀螺仪绕 Ox 转动[见图3-10(b)]。陀螺仪的转动方向与外力矩的作用方向相垂直的特性,称为陀螺仪的进动性(precession)。将陀螺仪绕与外力矩方向的垂直方向的转动称为进动,对应转动角速度称为进动角速度,进动所绕的轴称为进动轴。

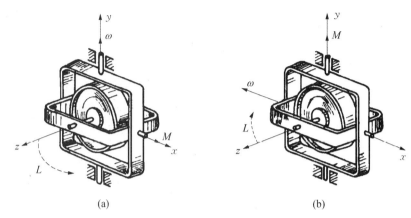

图 3 - 10 外力矩作用下陀螺的进动

(a) 外力矩绕内框作用 (b) 外力矩绕外框作用

可用右手定则来决定进动角速度的方向,如图 3 - 11 所示。陀螺仪进动角速度为

$$\omega = \frac{M}{L} = \frac{M}{I_z\Omega} \tag{3-14}$$

式中:L 为陀螺角动量;I_z 为转子的转动惯量;Ω 为自转角速度。

受外力矩作用产生进动的陀螺仪必然生成反作用力矩,该反作用力矩常称为"陀螺力矩",记为 M_G,满足 $\boldsymbol{M}_G = \boldsymbol{L} \times \boldsymbol{\omega}$,且大小与外力矩相等,方向相反,如图3-11所示。

如图 3 - 12 所示的二自由度陀螺仪,假设陀螺仪在惯性基座上,则坐标轴包括:$Oxyz$ 为固连于基座的坐标系(惯性坐标系);$Ox_ay_az_a$ 为固连于外环的坐标系;$Ox_\beta y_\beta z_\beta$ 为固连于内环的坐标系。起始时,3 个坐标系重合。当陀螺外环绕外环轴 y 转动时,转动角加速度和角速度分别为 $\ddot\alpha$ 和 $\dot\alpha$,外环坐标系为 Oyx_az_a,并与 $Oyxz$ 形成偏角 α。同样当内环绕内环轴转动时,转动角加速度和角速度分别为 $\ddot\beta$ 和 $\dot\beta$,内环坐标系为 $Oy_\beta x_\beta z_\beta$,并与 Oyx_az_a 形成偏角 β。转角 α 和 β 称为欧拉角。陀螺转子的角动量为 L,陀螺对内、外环轴的转动惯量分别为 I_x,I_y,假设绕内环轴的外力矩为 M_x,沿 x_a 轴的正向;绕外环轴的外力矩为 M_y,沿 y 轴正向。在外力矩作用下,陀螺仪绕内、外环转动,出现角加速度 $\ddot\beta$、$\ddot\alpha$ 和角速度 $\dot\beta$、$\dot\alpha$,这样就产生了一般定轴转动刚体的转动惯性力矩,其方向与角加速度方向相反,所以绕内环的惯性力矩 $I_x\ddot\beta$ 沿 x_a 轴负向,绕外环的惯性力矩 $I_y\ddot\alpha$ 沿 y 轴负向。此外存在的摩擦力矩分别为 $M_{T\beta}$ 和 $M_{T\dot\alpha}$,其方向分别与转动角速度 $\dot\beta$ 和 $\dot\alpha$ 相反。

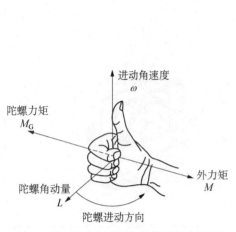

图 3-11　进动角速度与陀螺力矩向量图

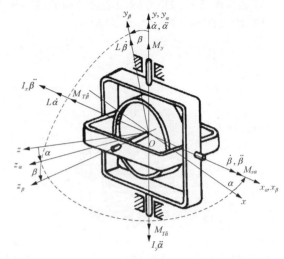

图 3-12　二自由度陀螺仪运动坐标系

假设摩擦力矩很小可以忽略不计,则可以得到二自由度陀螺仪的运动方程为

$$\begin{cases} M_{xa} = I_x\ddot{\beta} + L\dot{\alpha} \\ M_y = I_y\ddot{\alpha} - L\dot{\beta} \end{cases} \tag{3-15}$$

二自由度陀螺仪的应用场合是构建:①带指针的、测量与指示飞机相对水平面的俯仰角和滚转角的航空地平仪(gyro horizon);②测量飞机姿态角的垂直陀螺仪(vertical axis-gyroscope);③测量飞机航向角的航向陀螺仪(gyrocompass)和陀螺磁罗盘。

2) 单自由度陀螺仪

单自由度陀螺仪只有内环一个自由度,可测量飞机沿某机体轴的转动角速度,故称为角速度陀螺,也称速率陀螺或阻尼陀螺。适当改装可得到某信号的积分,称为积分陀螺。

角速度陀螺仪在工程应用中常见有框架式结构和液浮式结构两种。框架式速度陀螺仪采用滚珠轴承的框架式结构,结构简单,但支承轴上的摩擦力矩对仪表的灵敏度影响比较大。液浮式陀螺(floating rate gyroscope)采用液体将内环浮起来,可以达到比较高的精度要求,目前已经广泛应用于惯性导航系统(inertial navigation system,INS)。

单自由度陀螺的工作原理如图 3-13 所示,Ox 为内环轴(也是信号输出轴),Oz 为转子轴,Oy 为测量轴。当基座沿测量轴 y 轴有转速 ω_y 时,由于陀螺仪绕 y 轴没有转动自由度,因此强迫陀螺仪绕 y 轴进动,即形成沿 Oy 轴方向的支架力矩 M_L 作用在陀螺仪上。如图 3-14 所示,$Oxyz$ 为基座坐标系,Oxy_cz_c 为内环坐标系。

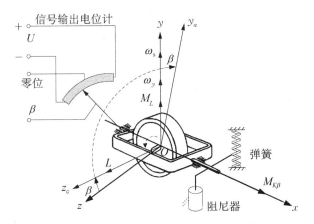

图 3-13 框架式角速率陀螺的原理图

陀螺仪绕 x 轴进动，出现 $\dot{\beta}$ 和 $\ddot{\beta}$，同时在 x 轴正向出现弹簧力矩 $M_{K\beta} = K\beta$（K 为弹簧刚性系数）、阻尼力矩 $M_c = K_g\dot{\beta}$（K_g 为阻尼系数）、摩擦力矩 M_{Tx} 和惯性力矩 $I_x\ddot{\beta}$。在 $M_{K\beta}$ 作用下，陀螺绕 y 轴作正向进动，进动角速度为 ω_s 并与 ω_y 同向。当 $\omega_s = \omega_y$ 时，陀螺达到平衡状态。

由于出现了 β 角，基座此时还有相对于惯性空间的角速度 ω_y 和 ω_z，沿 x 轴形成陀螺力矩的分量 $L\omega_y\cos\beta$ 和 $L\omega_z\sin\beta$。根据力矩平衡原理 $\sum M_x = 0$，有

$$I_x\ddot{\beta} + K_g\dot{\beta} + K\beta + M_{Tx} = L\omega_y\cos\beta - L\omega_z\sin\beta + I_x\dot{\omega}_x \qquad (3-16)$$

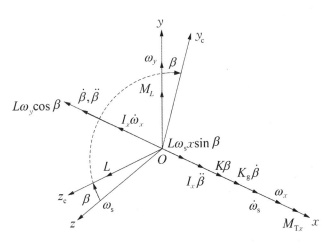

图 3-14 角速率陀螺输出轴上的力矩

理想状态时，β 很小，设 $\cos\beta \approx 1$，$\sin\beta \approx 0$，若 $\dot{\omega}_x = 0$，$\omega_z = 0$，$M_{Tx} \approx 0$，则可简化为

$$I_x\ddot{\beta} + K_g\dot{\beta} + K\beta = L\omega_y \qquad (3-17)$$

单自由度陀螺仪的传递函数为

$$W(s) = \frac{\beta(s)}{\omega_y(s)} = \frac{K_1\omega_0^2}{s^2 + 2\zeta\omega_0 s + \omega_0^2} \tag{3-18}$$

式中：$K_1 = L/K$ 为静态传递系数（亦称为"速率陀螺的灵敏度"）；$\zeta = K_g/(2\sqrt{I_x K})$ 为相对阻尼系数；$\omega_0 = \sqrt{K/I_x}$ 为固有频率。通常取值为 $\zeta = 0.7 \sim 1.0$，$\omega_0 = 60 \sim 180 \text{ s}^{-1}$[7]。

单自由度陀螺仪的应用场合是构建指示仪表（如转弯仪和侧滑仪），充当角速度传感器，成为稳定陀螺平台（stabilized platform）的敏感元件等。

3）现代陀螺仪

现代陀螺仪是基于塞纳克效应（Sagnac）工作的一类陀螺仪。这类陀螺仪包括哥氏振动陀螺仪、激光陀螺仪和光纤陀螺仪等。

激光陀螺仪（laser gyroscope）是一种无质量的光学陀螺仪，它利用环形激光器在惯性空间转动时正反两束光随转动而产生频率差的效应，来感知物体相对于惯性空间的角速度或转角。激光陀螺仪的优点是没有机械转动部件的摩擦引起的误差，测量范围广、精度高，且直接提供数字信号，结构简单，启动快，工作寿命长，维修方便，可靠性高，对加速度不敏感，不引入加速度误差。缺点是需采用膨胀系数低的材料，需采用热补偿措施。自 20 世纪 70 年代中期出现以来，已得到广泛的应用。

激光陀螺仪的工作原理：当两个光束以相反方向在一个封闭的光环运转，如果光环有一个转动速度，而且其转轴垂直于光环平面，由于光速 c 为常数，所以这两个光束之间会形成一个传播时间差 Δt 和光程差 Δl，可证明光程差与干涉仪转速成正比，即满足

$$\Delta l = \frac{4S}{kc}\Omega \tag{3-19}$$

式中：S 为光环所包围的面积；Ω 为干涉仪的角速度。若光环的半径为 R，考虑到干涉仪的角速度远远小于光速，则有 $k = \left(1 - \frac{\Omega R}{c}\right)\left(1 + \frac{\Omega R}{c}\right) \approx 1$。

将光程差的测量转成相位差测量的激光陀螺称为干涉式激光陀螺。通过采用多匝光纤，可以使陀螺仪的灵敏度倍增。这类激光陀螺仪已经进入应用范围。

另一类激光陀螺将光路设计成闭合的谐振腔，制成激光振荡器，使正反光束在谐振状态下工作，通过测量其频差（或拍差）可以求得其基座角速度。这类陀螺仪称为谐振腔式激光陀螺。将正反光束在谐振腔中沿光环路传播一周的振荡频率差记为 $\Delta\nu$，以 λ 表示激光的波长，则可以得到

$$\Delta\nu = \frac{4S}{l\lambda k}\Omega = K\Omega \tag{3-20}$$

式中：$K = 4S/(l\lambda k)$ 为激光陀螺仪的灵敏度。由此可见，激光陀螺将测量飞机的转动角速度归结为测量谐振频率的频差。对于有源谐振腔，频差就是两束激光之间的拍差。

激光陀螺的传感元件为气体激光器。气体易泄漏,需要高性能气体密封,同时激光陀螺的气体放电需要几千伏电压。

光纤陀螺的基本原理也是 Sagnac 效应,它采用光导纤维缠绕成一个光路来代替石英玻璃上加工出的环形谐振腔。与激光陀螺相比,光纤陀螺结构简单、成本低廉,无需超高精度光学加工,不必高性能气体密封,可靠性高并易于小型化。

3.3.3　其他变量、GPS 功能

3.3.3.1　定位原理

飞机的导航是寻找航路、在规定的时间到达目的地的技术。对导航的要求是要知道任何时刻下:①飞机在何处(定位);②要向何方(飞行计划);③如何到达和何时到达目的地(飞行性能、燃料情况、时间计划)。

原理上有两种定位方法。第一种方法是选择地面固定点,进行测距和测向,并计算得到飞机相对于该固定点的位置。这类方法是观测者确定自己相对于该坐标系的位置,这样的坐标系常称为"惯性"坐标系。将测出的位置与该时刻所希望的位置进行比较,可以定出航迹修正量。所有无线电技术方法(除多普勒测量方法外)都属于这种定位方法。

第二种方法是根据测出的速度大小和方向(罗盘),计算出所飞过的路程。按照这种方法,由已知的起始点就可以确定飞机实际所在位置。人们把这样确定出的航路段互相连接起来的导航方法称为推测导航,这种根据罗盘指示逐段确定航路的方法也称为"航迹推算法"(dead reckoning)。这就是所说的惯性导航。惯性系统在飞机内完全自成一体,不需要从外面接收信号,不依赖外界信息,是一种自主式导航系统。但要注意的是,惯性导航系统需要精确获取飞机的初始位置。

3.3.3.2　无线电测高和雷达测高

无线电测高仪、雷达测高仪和激光测高仪主要用于测量飞机的真实高度。前两种测高仪都是利用地面无线电波的反射特性来测量。电磁波在空中以光速 c 传播,碰到地面能够反射。飞机上装有无线电发射机和接收机。发射天线与接收天线间的距离一般远远小于测量高度,故在计算时可忽略不计。若发射的无线电波经地面发射回到接收天线所用的时间为 τ,则飞行高度满足

$$h = \frac{1}{2}c\tau \tag{3-21}$$

无线电测高仪的测量范围约为 750 m,受量化限制的测量精度在地面附近约为 0.6 m。雷达测高仪可用于较高高度,其精度为 1 m。

3.3.3.3　无线电测距

无线电测距的工作原理类同无线电测高。飞机发射一个询问信号,该信号在所选择的地面固定点(DME 站)站内触发一个应答信号。询问信号和应答信号之间的传播时间也是距离的一种量度。若与发射机距离较远,实际上连接飞机到固定点的

距离就等于水平距离,然而,在发射机附近,则应该考虑"高度误差"。由于无线电信号直线传播的缘故,在低高度下其作用距离会受到障碍物的限制。由于同样的原因,其作用距离随高度的增加而增大,可达 200 n mile(海里)。如果采用随机重复询问——应答的方法,当接通接收机时,需要持续 20 s 的搜索。在接下来的随动工作状态中,进行测量和计算的脉冲重复频率为 25~30 次/秒。现代 DME 系统的信号量化为 0.1 km,因而是最精确的定位方法之一。当量化为 10 m 级时,采用更新的系统(精密 DME),力求使测距精度达到 10 m。

3.3.3.4 GPS 定位

美国军方发展并使用的卫星定位系统"全球定位系统 GPS",在全球范围内提供的精度优于 100 m。

GPS 定位的基本原理是:每次对至少 3 颗卫星测量其距离,而这些卫星的瞬时位置是已知的(卫星不间断地发送自身的星历参数和时间信息),因此,飞机的位置就是以这些卫星为中心的 3 个球面(基准面)的交点。为了补偿时间误差,需要对第 4 颗卫星进行测量。可以利用测量学中的空间后方交会法等其他相关方法,对飞机的位置进行定位。

GPS 系统误差的来源可归为 3 种:卫星相关误差、观测相关误差和接收机相关误差。卫星相关误差是由卫星轨道即钟差所组成;观测相关误差是由信号传播的大气效应和诸如相位整数未定值等与观测有关的误差所组成;接收机相关误差则是由接收机的钟差及相位中心变化等误差所组成的。

3.3.4 导航系统

导航(navigation)是引导载体到达目的地的过程。确定飞机的位置并引导其按预定航线航行的整套设备(包括飞机上的和地面上的设备)称为飞机的导航系统。

早期飞机主要靠目视导航。20 世纪 20 年代中期开始发展仪表导航,30 年代出现无线电导航,50 年代初惯性导航系统用于飞机导航,50 年代末出现多普勒导航系统。60 年代开始使用远程无线电罗兰 C 导航系统,70 年代以后发展成为全球定位导航系统。在此过程中,为发挥不同导航系统的特点,出现了组合导航系统。

惯性导航系统(INS)是通过测量飞机的惯性加速度,并自动进行积分运算,以获得飞机即时速度和即时位置数据的一门综合性技术。组成惯性导航系统的设备都安装在飞机内,工作时不依赖外界信息,也不向外界辐射能量,是一种自主式导航系统。

惯性导航的力学基础是牛顿第二运动定律。用线加速度计测量到飞机的运动加速度 a 后,飞机的即时速度 V 和即时位置(飞行的距离)S 可由下式获得:

$$V = V_0 + \int_0^t a\mathrm{d}t \tag{3-22}$$

$$S = V_0 \int_0^t \mathrm{d}t + \frac{1}{2}\int_0^t \int_0^t a\mathrm{d}t \tag{3-23}$$

设想飞机在一个平面内飞行,且飞行时间不长,则可以认为地球不转(不计地球转动)。在飞机上设有一个始终平行于飞机所在的水平面的平台,在平台上沿南北方向和东西方向各放置一个加速度计。飞机起飞地点为直角坐标系的原点。当飞机起飞后,两个加速度计可以随时测出飞机沿南北方向和东西方向的线加速度,对加速度按式(3-22)和式(3-23)积分,可得飞机沿两轴方向的即时速度和路程。为实现这样的导航原理,要求在飞机航向改变时,一个加速度计输入轴始终沿南北方向,一个加速度计输入轴始终沿东西方向。为此,飞机上安放加速度计的平台应相对飞机机体转动。

惯性导航系统通常由惯性测量组件、计算机、控制显示器等组成。惯性测量组件包括加速度计和陀螺惯性元件。3个陀螺仪用来测量飞机沿三轴的转动角运动;3个加速度计用来测量飞机质心运动的加速度。计算机根据加速度信号进行积分计算,并进行系统的标定、对准以及机内的检测与管理。控制显示器实时显示导航参数。

惯性导航系统可分为平台式惯性导航系统和捷联式惯性导航系统。

平台式惯性导航系统(platform IRS)将惯性测量元件安装在惯性平台的台体上,由平台建立导航坐标系,3个正交安装的加速度计输入轴分别与导航坐标系相应轴向重合,且在飞机所在点的水平面内。飞机的姿态角直接利用惯导平台获得。在平台式惯性导航系统中,惯导平台能隔离飞机的角振动,优化加速度计和陀螺仪的工作条件,但惯导平台结构复杂,加工制造难度大,尺寸大,且故障率较高,使工作的可靠性受到影响。

捷联式惯性导航系统(strap down IRS)将惯性元件直接安装在飞机上,没有机电装置的惯导平台,测量机体转动的陀螺仪的输入轴和加速度计的输入轴都置于与机体轴向一致的位置。捷联惯导由于没有惯导平台,所以结构简单、体积小,但是由于陀螺仪和加速度计直接安装在飞机上,有复杂的计算且工作条件不佳,所以对仪表要求较高。相对于平台式惯性导航系统,捷联惯导系统的系统误差比较大,精度较低,可靠性较高。

随着科学技术的发展,惯性导航系统在现代大型民用客机上得到了广泛的应用。就民机引进的大中型飞机而言,如波音B747-400,B757,B767,B737-300,B777以及空客A300-600,A310等飞机上均装备了激光陀螺惯性基准系统。这种系统实际上就是使用激光陀螺的捷联式惯导系统。

惯性导航系统的优点在于它的自主性,但是它的定位误差随时间而积累,在系统长时间工作后,会产生积累误差。因此,纯惯导系统不能满足远程、长时间飞行的导航精度要求。提高惯导系统精度有两条技术途径:一是提高惯性元件制造精度,或探索新型惯性元件;二是采用组合导航技术,发展以惯导系统为主,辅之其他导航系统,实现互补,提高导航精度。第二条途径被认为是导航技术的发展方向。组合导航的形式有多种,其中全球定位系统(GPS)与惯导系统(INS)组合、惯性与图像匹配组合是20世纪90年代的新型导航技术。未来的惯性导航将向着数字化和智能化的多功能惯性基准系统发展。

3.4　传感器的容错与重构

3.4.1　传感器信号对飞控系统的影响

飞行控制系统作为飞机的重要组成部分,主要用于稳定飞机姿态,在各种状态下增强飞机的稳定性、改善飞行品质和提高飞机的机动性。飞机的稳定飞行需要依靠飞行控制律反馈回路来控制,飞行控制律又需要测量元件提供准确可靠的飞机飞行状态参数。例如,为改善飞机角运动的阻尼特性,需要引入角速度信号,形成反馈回路从而调节飞机角运动的阻尼比,改善飞行品质;为改善飞机的纵向和航向静稳定性,需要引入飞机的迎角、侧滑角、法向过载等信号,形成反馈回路从而构成增稳系统;为同时实现操纵指令的精确跟踪和提高飞机阻尼比与固有频率,在阻尼器和增稳系统的基础上可构建控制增稳系统。但如果在飞行过程中传感器发生故障,测得的飞机迎角、侧滑角、角速度、过载等信号会与实际信号有较大差异甚至完全相反,就会导致控制律解算输出的各个舵面偏转值及油门产生差异,甚至造成飞控系统不稳定。这种故障差异轻则使飞机无法准确完成给定飞行任务,重则将威胁人机安全,造成重大损失。

3.4.2　传感器的故障模式与容错要求

每个 FCC 接受来自传感器的数字数据通常包括一些故障状态位信息,以表明传感器自检测软件所确认的故障状态。当故障状态被标注时,该传感器给出的数据将被排除。而模拟传感器不提供任何故障显示,所以需要采取信号混合、数据平均等措施,使传感器故障信号的瞬态突变降到最小,然后再用来确定传感器的状态情况。

飞控系统的传感器种类繁多,发生故障的表现形式不一。通过故障机理的比较分析,可以将飞控传感器故障行为主要归结为 3 种:增益变化、卡死、偏差。

设 y_f 为飞控传感器的实际输出,y_g 为飞控传感器正常工作时的输出,则飞控传感器故障模式的数学描述如下。

(1) 增益变化故障。

$$y_f(t) = ay_g(t) \tag{3-24}$$

式中:a 为增益系数。

(2) 卡死故障。

$$y_f(t) = b \tag{3-25}$$

式中:b 为常数,当 $b = 0$ 时,也称为传感器完全失效。

(3) 偏差故障。

$$y_f(t) = y_g(t) + c \tag{3-26}$$

式中:c 为偏差值。

上述传感器的故障行为,将造成控制器的误控制,进一步改变被控对象的动态方程。

通过硬件、软件或硬/软件综合手段,仅依靠自身的能力,提供的故障检测与识别的方式,称为自监控或称为自检测。目前,自监控主要依靠在被监控对象的自身内部设置故障检测装置,或者利用自身工作过程中的一些特点或者设计一些专门的软件实现监控功能。传感器局部参数自检测包括电气信号测试和输出信号的合理性判断等。

考虑到传感器故障对飞控系统所产生的严重影响,为提高飞控系统的可靠性,传感器大都按照硬件余度结构进行配置,并具有自监控功能;此外,还要求容错系统对于飞控传感器的故障,可以快速、准确检测出来,并确定相应的隔离策略,制定容错方案,保证飞控系统持续、安全、稳定运行,并具有可以接受的性能指标。特别要求对飞控传感器的故障检测与隔离必须满足实时性(要在飞机未出现严重失控前迅速查出故障)和可靠性(要求较小的虚警率和漏报率,算法不能发散,要能够适应较宽的故障范围)的要求。

3.4.3 传感器系统的余度结构与监控表决

民用大型运输机对安全性有极高的要求,由于飞控系统的某一失效状态造成飞机灾难性事故的概率不能大于 10^{-9}/飞行小时,为此必须采用余度技术对飞控系统进行保证。

余度(redundancy)技术是指具有多余的资源,当系统中的一部分(或全部)出现故障时,可以由冗余的部分顶替故障的部分工作,以保证系统在规定的时间内正常地完成规定的功能[11, 12]。其基本思想是,增加余度资源,提高可靠性。余度资源包括硬件和软件余度、时间重复、信息余度以及设置余度逻辑状态等。

自动飞行控制系统通常会有多个传感器的动态数据来源,因此要用算法来混合或调理这些数据以排除突发故障瞬态。典型的数据混合算法是取 4 个源数据的两个中间值的平均值,或取 3 个源数据的中值。有时还保存每个信号同综合信号的差值,在某一传感器检测到故障后的有限时段内,用于修正原始数据,以降低数据源中突发故障瞬态的影响。

采用余度系统时,通常需要考虑的是:①选择余度形式(相似余度、非相似余度、解析余度);②对余度通道的工作方式(热运行、冷备份)的取舍;③选择余度结构(备用冗余、并行冗余);④决定余度数目和余度级别;⑤确定余度管理策略。

高性能飞机的出现,特别是电传飞机的问世,对飞行控制系统提出了更高的要求,因而,对飞行控制系统所使用的传感器在可靠性、生存性、工作环境、使用范围等方面提出了更严格的要求。

飞行控制系统所采用的传感器需要采用高可靠性的传感器,且按多余度来配置(一般采用二余度、三余度或四余度),并应具有自监控功能,以实现空中的实时监控和地面的自检测,还出现了 3 个、4 个或同类传感器组合装配在一个盒子内的传感器组件。在具体实施上,可根据各传感器在系统中的重要性、系统可靠性要求及对传感器部件的可靠性分配等来选择传感器余度配置方案。

1) 余度级别

驾驶员指令传感器担负着转换驾驶员指令的职责,若不能正常工作,则直接影响到允许全时/全权限使用的人工飞行控制功能的实现。因此,驾驶员指令传感器的余度等级通常较高,A340 和 B777 飞机配置的驾驶员指令传感器如表 3-1 所示。

飞控系统各部件的具体余度等级与其关键度、重要度、产品本身的可靠度及系统构型都有关。传感器的余度配置使其在发生局部故障后仍能提供飞行控制所需的信息。除了具有硬件重复配置的特点外,还必须具备有效的余度管理功能,即实行对传感器系统中各部件的工作状态的检测与监控(发现差误和故障)、实现对所发现的差误和故障的处理(如故障隔离)、实施对传感器信号的重构。

2) 余度通道工作方式

传感器多余度通道之间,往往采用热并行运行的工作方式,即全部余度传感器均在执行同一任务的热运行之中,且往往采用多余度表决原则进行监控。

此外,还可以利用动力学系统的模型(物理模型、数学模型),产生一个以传感器故障检测为目的的余度系统,可以作为一个余度通道参与对传感器物理功能余度的监控与表决。例如大气数据、惯性数据以及飞机运动传感器信息之间存在着多种基于运动学和动力学的解析关系,适当利用解析信号也可辅助部分故障的检测。实际上,空客系列飞机共配置了 3 个 ADIRU (3ADR+3IRS),当仅剩一个 IRS 时,可以利用俯仰速率信号估计载荷因子作为解析余度信息来验证 IRS 的信息。

3) 信号表决

信号表决是指采用指定的表决准则或算法,从多个同名的可用余度信号中选择(或处理)出供系统使用的工作信号。实现这一功能的线路、机构或逻辑,称为表决器。

传感器余度结构与信号处理单元间的表决关系如图 3-15 所示。

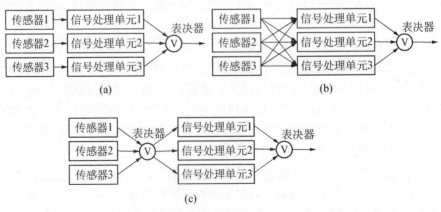

图 3-15　传感器余度结构及其表决关系示意图

(a) 形式 1　(b) 形式 2　(c) 形式 3

假定参与表决的传感器信号已经过监控器的判定是可用信号,则实现信号表决的原则一般采用以下几种:

(1) 信号的多数表决原则。在多余度同名信号中,取多数相同的信号值为选定值。

(2) 指定信号值表决准则。指定余度信号中的某种具有特定属性的信号值为使用信号。

(3) 均值表决原则。取可用信号的平均值作为选定的信号值。

由于角速率陀螺在电传操纵系统中是关键的测量部件,通常,其余度等级与飞控计算机及电子部件的等级相同,其余度系统的连接方式具有图 3 - 15 中的 3 种形式。其中的第三种形式的可靠性比较高。

民机电传飞控系统传感器的余度配置原则[4]是:①安全工作模式所需使用的传感器余度等级最高;②传感器的余度等级应与传感器信号处理单元的余度等级相匹配。

3.4.4　监控表决系统的局限性与信号重构

传感器的余度与监控表决系统原理上提高了传感器系统的任务可靠度,当 1 个或 2 个传感器发生故障时剩余有效传感器仍能够正常工作。但当传感器系统出现 1∶1(或 2∶2)故障时,监控表决系统无法判断哪一个(或一对)传感器故障,从而无法进行选择,只能切断所有的传感器,这势必造成传感器反馈无效,飞机进入开环状态,依据飞机本体特性飞行。对于放宽静稳定性的飞机,其稳定性、操控性都会受到巨大影响,严重时甚至造成飞机失控。对于三余度系统,相当于仅有单故障/工作能力,对于四余度系统,如果传感器是一个一个出现故障的,可以实现双故障/工作;如果出现了 2∶2 检测结果,则实质上不具备故障/工作能力。多数表决监控逻辑的故障/工作等级并不高,采用的余度结构较为复杂,而获得的任务可靠性不高。

一个有效的解决办法是在数字计算机中添加信号重构功能,即在某传感器出现故障时,利用剩余的其他有效传感器信号构造故障传感器信号,在出现 1∶1(或 2∶2)故障时可以协助监控表决系统判断正确的传感器,避免直接关闭监控表决系统,实现更高的故障/工作等级;另一方面,在某个传感器全部故障时,可以近似给出该传感器的信号,进一步提高传感器的故障/工作等级[13]。

对于本身设计为静稳定的飞行器,驾驶员的操纵负载也将大大增加,而对于静不稳定的飞行器,驾驶员有可能无法有效控制飞行器(对于有经验的飞行员,在这种情况下有可能凭借丰富的经验,在一定范围内仍能操纵飞行器,使其飞行较稳定,但驾驶员的操纵负担很大)。在这种情况下,如果能有一个可靠的信号,可以代替传感器的测量信号,并用于飞行器的闭环反馈,最差情况下仍可保证飞行器的稳定性不受破坏,保证驾驶员的操纵负担较轻,飞行器的飞行品质在一定程度上得以保证。

此外,利用解析方法生成传感器的解析信息,通过硬件余度与解析余度组成的混合余度控制系统,可以增加信号余度、辅助故障判断、辅助故障安全,进一步提高系统的可靠性。

飞控系统中的某些传感器测量值之间存在着解析关系,解析冗余法就是通过飞控系统测量值之间的物理解析关系来解算出某些物理量的值,然后根据解算量和实测量之间的比较结果,判断对应传感器是否发生了故障,并依此进行传感器的故障检测与信号重构。

例如,利用传感器信息间的解析关系进行角速率信号解析推算的过程如下:

按照飞机机体轴角速率和欧拉角的运动学关系式(1-80),有

$$
\begin{cases}
p = \dot{\phi} - \dot{\psi}\sin\theta \\
q = \dot{\theta}\cos\phi + \dot{\psi}\cos\theta\sin\phi \\
r = -\dot{\theta}\sin\phi + \dot{\psi}\cos\theta\cos\phi
\end{cases}
\tag{3-27}
$$

由式(3-27)可知,在姿态角 θ, ψ, ϕ 测量准确的前提下,再通过一阶向后差分法或者非线性跟踪微分器等多种方法获取姿态角的导数,就可以实现对角速率 p, q, r 的信号解算。

在进行解析推算的过程中特别需要注意的是,实际的姿态角信号含有测量噪声,因此需要对姿态角的测量信号进行适当的预处理,否则噪声会被严重放大,无法得到较为准确的微分信号。

对于高可靠性要求的现代飞行控制系统,当前的传感器一般采用三余度系统,为了使系统在出现如前所述的 1∶1 故障时,仍可以使飞行控制系统有可以使用的信号,采用如式(3-27)建立的观测器得到解析信号后,将这个解析信号与原三余度信号组成混合通道,经过监控表决算法后,用于飞行器的增稳控制。

混合余度的监控表决算法为:监控表决算法首先判断是否有传感器故障,如果未发生传感器故障,则表明 3 个通道的传感器测量值满足阈值要求,从而逻辑表决器输出三者的平均值;如果发生传感器故障,根据传感器故障通道号在比较表决器中去掉该通道,从而从剩余通道中对传感器信号进行多数表决:如果是一个传感器故障,则对剩余两个通道及解析通道进行监控表决,如果一对传感器故障,则对剩余的单传感器与解析通道进行监控表决,如果 3 个传感器均故障,则将解析通道作为备用通道输出。

实现传感器故障下的信号重构是传感器容错技术的一个新的研究课题,它要求信号重构的可信度高,在传感器的硬件系统故障时通过计算机软件给出近似可用的信号,保持飞控系统的稳定性和好的操控性;另外也要求重构速度快,满足飞控系统的动态过程实时性要求。这一新技术还有待深入的理论研究和实现技术开发。

3.5　大型民机的操纵与执行机构系统

3.5.1　大型民机的操纵面

飞机的飞行操纵面(flight controls surfaces),是用铰链连接(简称铰连)在飞机

机翼、水平尾翼和垂直尾翼上的可动翼面[14,15]。在飞机飞行和在地面高速滑跑时,飞行操纵面用于操控飞机。大型民机的操纵面如图 3-16 所示。

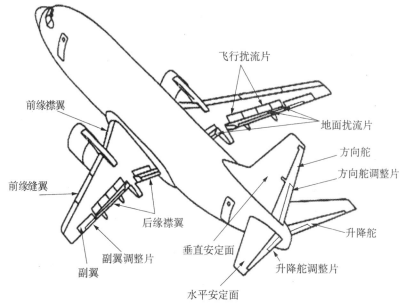

图 3-16　大型民机的飞行操纵面

与机翼铰链有关的飞行操纵面分别是飞机的副翼(aileron),襟翼(flap),扰流片(spoiler)和缝翼(slat)。

副翼位于飞机左右机翼后缘的外侧,通过左右差动偏转在两侧机翼上造成升力差,产生滚转力矩,用以控制飞行器的滚转运动。为了增加这个滚转力矩,副翼大多布置在靠近机翼翼尖的位置。由于固定翼飞行器的滚转轴运动和航向轴运动耦合,副翼结合升降舵也可以用来控制飞机的航向运动。

襟翼又分为前缘襟翼(leading edge flap)和后缘襟翼(trailing edge flap)。使用襟翼时会改变机翼剖面的弧度,增加机翼可提供的升力,在低速起飞与降落的时候最常使用。

在大迎角情况下,前缘襟翼向下偏转,既可减小前缘与相对气流之间的角度,消除旋涡,使气流能够平滑地沿上翼面流过,同时也可增大翼剖面的弯度,延缓气流分离,从而提高最大升力系数和临界迎角。在巡航期间,前缘襟翼完全收上;起飞时完全打开以增加升力,可使飞机在较低速度起飞;在着陆时,前缘缝翼完全打开,以增加升力防止失速。与前缘襟翼作用相同的还有一种"克鲁格(Krüeger)"襟翼,一般位于机翼根部的前缘,靠作动筒收放。打开时突出于下翼面,既可增大机翼面积,又可增大翼剖面的弯度,具有很好的增升效果。

后缘襟翼有简单襟翼、开裂襟翼、开裂缝翼、后退式襟翼、富勒襟翼等多种形式,且位于机翼后缘,靠近机身。在起飞期间,每侧机翼上的两块双缝襟翼会展开,以增加升力。这可以使飞机低速起飞;在巡航期间,后缘襟翼完全收上;在着陆时,后缘襟翼完全展开以增加升力和阻力,使飞机接地时速度降低。

前缘缝翼是安装在机翼前缘的狭长小翼。当前缘缝翼打开,它与机翼前缘表面形成一道缝隙,下翼面压力较高的气流通过这道缝隙,得到加速流向上翼面,增大了上翼面附面层中气流的速度,降低了压力,消除了这里的分离旋涡,从而延缓了气流的分离,提高了临界迎角,增大了最大升力系数。

扰流片又称减速板、扰流板,为铰连在机翼后缘上表面的可动部件,常位于襟翼根部以上,按作用不同分为地面扰流片和飞行扰流片。地面扰流片用于飞机降落滑行场合,可以迅速减少机翼下方的升力,配合发动机反推,迅速降低滑行速度,缩短滑行距离。飞行扰流片既可在空中使用,也可在地面使用(此时其作用同地面扰流片)。飞行扰流片在飞行过程中用于减缓速度并降低高度,或者破坏两侧机翼的升力平衡,辅助飞机转向。当飞机遇到乱流,也能配合副翼来防止飞机翻滚,使飞行更为舒适。大型客机上的扰流片还能辅助方向舵,控制飞机飞行姿态。因为当飞机速度较大时,方向舵的转向功能有限,这时飞行员能通过升起飞机一侧的扰流片,迅速降低一侧机翼的升力,让飞机失去平衡向一边倾斜,从而达到转向的目的。

升降舵(elevator)是铰连在水平安定面的后缘上的可动部件,用于操纵飞机的俯仰运作。水平安定面(horizontal stabilizer)的作用是保持飞机的纵向平衡、提供飞机具有适当的纵向静稳定性,产生俯仰阻尼力矩,保证飞机纵向动稳定性。

与垂直安定面(亦称垂直尾翼)后缘相铰连的可动部件是方向舵(rudder),用于操纵飞机的航向。垂直安定面的作用是提供飞机横向静稳定性,产生横向阻尼力矩,保证飞机横向动稳定性。

飞机主要操纵面(副翼、升降舵、方向舵)后缘的铰接小翼面或可调小翼片称为调整片。在外廓上,调整片是主操纵面的后缘部分。控制调整片的偏度可以改变主操纵面上的气动力矩,因而能消除不平衡力矩、减小主操纵面铰链力矩。

由图3-16可以看出,在大型民机的众多飞行操纵面中,主飞行操纵面有副翼、升降舵和方向舵,用于控制飞机的俯仰、航向和滚转运动。辅助操纵面用于调整飞行状态和飞行速度,主要有调整片、扰流片、襟翼、缝翼等。

主飞行控制面直接产生绕飞机重心的力矩,间接地通过姿态变化控制飞行航迹,它们对于飞机的安全至关重要,当有一个或多个主飞行控制面或其执行机构出现故障时,飞机都可能处于危险境地。在飞机飞行寿命期内,飞机控制面或执行机构系统出现故障的情况是不可避免的。因此,必须按照故障防护多重设计理念来设计飞机主飞行控制所对应的执行机构系统,以保证在出现故障的情况下,也可以实现和近似满足安全性和完整性的要求。

辅助飞行控制面主要用于调整飞机构形,其中最主要的当属着陆襟翼。对于多数辅助控制面,不需要保证故障情况下的全操纵需求。虽然辅助控制面的一次失效可能会引起飞机的飞行状态受限,例如,要求无扰流板着陆会使飞机的最大迎角受限,但这些都不会直接损毁飞机。然而,某些辅助控制面的故障持续结果可能会使飞机产生致命的后果,例如,进气罩处于关闭状态会使发动机熄火。在这些情况下,必须采用故障-工作-故障-安全,或故障-安全的容错准则,此时的设计要求是确保辅助控制面被切换到一个安全的位置或出现故障后锁死。在上述例子中,执行机构需要在故障后打开进气罩。采取这些措施后会使得操作性能低于正常状态。

现役大型民机常用的各种增升装置如图 3-17 所示[16]。

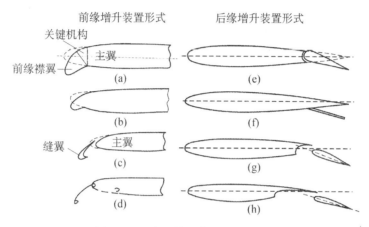

图 3-17 常见前后缘增升装置形式

(a) 前缘襟翼 (b) 前缘下垂 (c) 前缘缝翼 (d) 克鲁格襟翼
(e) 简单襟翼 (f) 开裂襟翼 (g) 单缝襟翼 (h) 富勒襟翼

飞机起降性能是飞机设计必须考虑的关键指标,增升系统设计是影响起降性能的主要因素,它不仅决定着载荷大小、操纵系统设计、飞机结构设计和飞机重量,而且直接影响增升系统的气动效率。

3.5.2 大型民机的执行机构

3.5.2.1 几种典型的民机执行机构系统中的舵机

舵机是执行机构系统中的重要部件,舵面负载会对舵机的工作产生影响,因此首先介绍舵面的负载特性,然后再介绍典型民机执行机构系统中的舵机。

舵面负载亦称为铰链力矩,是作用在舵面上的气动力相对于舵面铰链轴的力矩。其值与舵面的类型、几何形状、马赫数、迎角或侧滑角以及舵面的偏转角有关。一般的铰链力矩的表达式可以近似为

$$M_{\mathrm{j}} = m_{\mathrm{j}}^{\delta}QS_{\delta}b_{\mathrm{A}\delta}\delta = M_{\mathrm{j}}^{\delta}\delta \qquad (3-28)$$

式中:M_{j}^{δ} 表示由于舵偏角 δ 所产生的铰链力矩导数;Q 为飞机动压;S_{δ} 为舵面面积;$b_{\mathrm{A}\delta}$ 为舵面几何平均弦长;M_{j}^{δ} 表示单位舵偏角产生的铰链力矩。

从式(3-28)可以看到,铰链力矩的方向与系数 M_{j}^{δ} 的符号相关。当舵面气动力的压力中心位于舵面偏转轴后面时,$M_{\mathrm{j}}^{\delta} < 0$,铰链力矩的方向力图使舵面回复到中

立位置。当压力中心位于前面时，$M_j^\beta > 0$，铰链力矩的方向则力图使舵面继续偏转，此时便出现铰链力矩反操纵现象。铰链力矩的大小和方向随飞行状态的变化，会对舵机的工作产生很大的影响。

1) 电动舵机

电动舵机以电力为能源，通常由电动机、测速装置、位置传感器、齿轮传动装置和安全保护装置组成，可以直接拖动舵面。其控制方式一般有直接式与间接式两种。直接式电动舵机通过直接改变电动机的电枢电压或激励电压，就可以直接控制舵机输出轴的转速与转向。间接式电动舵机是在电动机恒速转动时，通过离合器的吸合，间接控制舵机输出轴的转速与转向。电动舵机的操纵机构原理如图3-18所示。

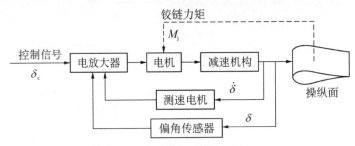

图 3-18　电动舵机的操纵机构原理

电动舵机(包括离合器)的机械特性和力矩特性均可用一簇非线性曲线表示。工程实践中常采用线性化的方法研究某一平衡状态附近的增量运动。为此，将这里的机械特性曲线近似为斜率为 B 的线性机械特性曲线[见图3-19(a)]：

$$\tan \beta = -\left.\frac{\partial M}{\partial \omega}\right|_{U=常数} = -B \tag{3-29}$$

式中：β 为机械特性曲线 M 与横坐标 ω 的夹角。

将力矩特性曲线近似为斜率为 A 的线性力矩特性[见图3-19(b)]：

$$\tan \alpha = \left.\frac{\partial M}{\partial I}\right|_{\omega=常数} = A \tag{3-30}$$

式中：α 为力矩特性曲线 M 与横坐标 I 的夹角。

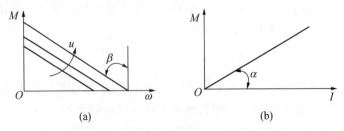

图 3-19　电动舵机中电动机的线性化特性

(a) 线性化机械特性　(b) 线性化力矩特性

　　假设电机轴到舵面传动机构的传速比为 i，离合器、舵面及其传动机构等折算到电机轴（包括电机轴）上的总转动惯量为 J，离合器传递到电机轴上的力矩为 M，直流电机控制绕组的输入电压为 U，电流为 I，电感量为 L，电阻值为 R，电机角速度和转角分别为 ω 和 δ_k，舵面偏角为 δ。忽略摩擦力矩的影响，电动舵机的运动方程可以描述为

$$\begin{cases} \Delta U = L\,\dfrac{\mathrm{d}\Delta t}{\mathrm{d}I} + \Delta IR \\[2mm] \Delta M = A\Delta I \\[2mm] \Delta M = J\,\dfrac{\mathrm{d}\Delta \omega}{\mathrm{d}t} + B\Delta \omega + \dfrac{\Delta M_j}{i} \\[2mm] \Delta M_j = M_j^{\delta}\Delta \delta \\[2mm] \Delta \delta = -\dfrac{\Delta \delta_k}{i} \end{cases} \qquad (3-31)$$

式中：Δ 表示增量；负号表示舵面偏转方向与电机轴转动方向相反。

　　式(3-31)经拉氏变换，可以得到电动舵机的方框图如图 3-20 所示。

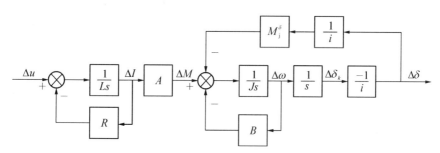

图 3-20　电动舵机方块图

　　进一步，假设电动舵机机械特性曲线斜率 $B \approx 0$。当舵面负载为零（$\Delta M_j = 0$）时，称为空载。由图 3-20 可得电动舵机的传递函数为

$$W_M(s) = \frac{\Delta \delta_k(s)}{\Delta U(s)} = \begin{cases} \dfrac{k_M}{s^2(T_M s + 1)}, & \Delta M_j = 0 \\[4mm] \dfrac{Ai^2/M_j^{\delta}R}{(T_M s + 1)\left[(Ji^2/M_j^{\delta})s^2 - 1\right]}, & \Delta M_j \neq 0 \end{cases} \qquad (3-32)$$

式中：$T_M = L/R$ 为电动舵机的电气时间常数；$k_M = A/JR$ 为电动舵机的静态增益。

　　一般情况下，时间常数 T_M 的值比较小，在近似分析中可以忽略，因此，式(3-32)可以写为

$$W_M(s) = \frac{\Delta \delta_k(s)}{\Delta U(s)} = \begin{cases} \dfrac{k_M}{s^2}, & \Delta M_j = 0 \\[4mm] \dfrac{Ai^2/M_j^{\delta}R}{\left[(Ji^2/M_j^{\delta})s^2 - 1\right]}, & \Delta M_j \neq 0 \end{cases} \qquad (3-33)$$

由以上分析可以看出,电动舵机的空载特性可以描述为一个惯性环节与两个积分环节的串联;有载特性可以描述为一个惯性环节与一个二阶振荡环节的串联。

2) 液压舵机,电液作动器 HA

一种典型的电液舵机的原理结构如图 3-21 所示[9]。

电液伺服阀将控制器来的电信号转换为一定功率的液压信号,控制液体的流量和方向,它一般包括力矩马达和液压放大器。力矩马达将电控制信号转换成与之成比例的衔铁的机械偏转角。液压放大器将衔铁的机械偏转角转化为阀芯两腔的压力差,迫使阀芯移动,同时把相应的进油口和出油口打开,高压油进入负载,进入负载的油量与进油口打开的程度成正比。当控制信号改变极性,阀芯位移换向,负载进出油路互换,负载亦改变运动方向。

作动筒又称液压筒或油缸,是舵机的施力机构,主要由筒体和运动活塞组成,被拖动的负载(如舵面)与活塞相连。作动筒和活塞的相对运动受滑阀控制。位移传感器将活塞的位移或速度变化转换成相应的电信号,提供给舵回路。

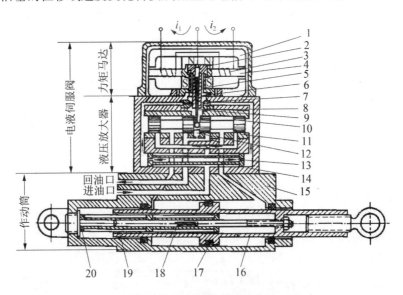

图 3-21　典型电液舵机原理结构组成

1—导磁体;2—永久磁体;3—控制线圈;4—衔铁;5—弹簧管;6—挡板;7—喷嘴;8—溢流腔;
9—反馈杆;10—阀芯;11—阀套;12—回油节流孔;13—固定节流孔;14—油滤;
15—作动筒壳体;16—活塞杆;17—活塞;18—铁芯;19—线圈;20—位移传感器

液压舵机的主要部件是滑阀和作动筒。下面分析图 3-22 所示的简单四边滑阀活塞式液压舵机的运动特性。图中的 p_0 为进油压力;A,B 为活塞的两腔;x 为滑阀阀芯位移量(假设左移为正);y 为活塞杆移动量。

设密度为 ρ 的流体在容器中的压力为 p_1,该流体经图 3-23 所示的节流孔流入

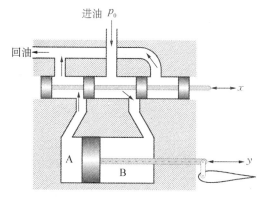
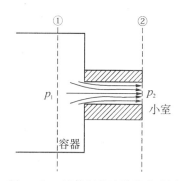

图 3-22　四边滑阀活塞式液压舵机原理示意图　　图 3-23　流体经节流孔的流动图

小室,截面②的流体压力、流速和截面积分别为 p_2,V_2 和 A_2。忽略流体在容器中的流速,按照伯努利方程有 $\dfrac{p_1}{\rho} = \dfrac{p_2}{\rho} + \dfrac{V_2^2}{2}$,故可得 $V_2 = \sqrt{\dfrac{2}{\rho}(p_1 - p_2)}$,截面②的流量为

$$Q_2 = A_2 V_2 = C_d A_0 \sqrt{\frac{2}{\rho}(p_1 - p_2)} \qquad (3-34)$$

式中:A_0 为节流孔截面积;C_d 为流量系数(与节流前通道的几何形状有关)。

　　假设回油压力为零,活塞两腔压力分别为 p_A 和 p_B,则由式(3-34)可得滑阀左移时,经滑阀流入活塞 A 腔的流量 Q_A 和从 B 腔流回的流量 Q_B。

$$\begin{cases} Q_A = C_d A_0 \sqrt{2(p_0 - p_A)/\rho} & ① \\ Q_B = C_d A_0 \sqrt{2 p_B/\rho} & ② \end{cases} \qquad (3-35)$$

式中:A_0 为阀芯开启的窗口面积,正比于阀芯位移量 x,满足 $A_0 = bx$(b 为比例系数)。

　　由于液体的连续性和不可压缩性,因此满足 $Q_A = Q_B$,记 $Q = Q_B$ 为滑阀的输出流量。令 $p = p_A - p_B$ 为两腔的压力差,则由(3-35)的 ② 式,可得

$$Q = C_d bx \sqrt{2(p_0 - p)/\rho} \qquad (3-36)$$

　　式(3-36)描述滑阀输出流量 Q 与负载(两腔压力差)之间的关系,即为滑阀的负载特性。图 3-24(a)为某种滑阀的负载特性曲线,显然也是一簇非线性关系。与电动舵机分析一样,采用线性化方法分析,将滑阀负载特性近似为一簇线性特性[见图 3-24(b)]。

　　则滑阀相对于平衡状态(p 和 x 均为常数)的输出流量的增量可以写成

$$\Delta Q = K_1 \Delta x - C_1 \Delta p \qquad (3-37)$$

式中:ΔQ,Δx 和 Δp 为相对于其平衡状态的增量值;K_1 是 p 为常数时,滑阀输出流

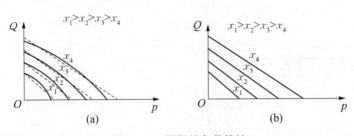

图 3-24　滑阀的负载特性

（a）实际的曲线　（b）线性化的曲线

量 Q 对阀芯位移量 x 的偏导数；C_1 为阀芯位移量等于常数时，输出流量 Q 对压差 p 的偏导数。

实际上，滑阀输出的流量一方面补偿活塞移动时被推出的流量，另一方面补偿作动筒高压腔经活塞柱面与作动筒筒壁之间缝隙流入作动筒低压腔的漏油量 ΔQ_L，此外述补偿由油液压缩性便油液密度变化，和高压油流过非刚性油管与作动筒壳体使体积变化而造成的流量差 ΔQ_V。如果 F 为活塞的有效面积，则滑阀的实际输出流量应为

$$\Delta Q = F \frac{\mathrm{d}\Delta y}{\mathrm{d}t} + \Delta Q_L + \Delta Q_V \tag{3-38}$$

由于

$$\begin{cases} \Delta Q_L = C_2 \Delta p \\ \Delta Q_V = \frac{1}{2}\left(k_e + \frac{V_0}{E}\right)\frac{\mathrm{d}\Delta p}{\mathrm{d}t} \end{cases} \tag{3-39}$$

式中：C_2 为液流系数；k_e 为油管管道弹性系数；E 为油液体积弹性系数；V_0 为作动筒两腔容积平均值。

将式（3-38）、式（3-39）代入式（3-37），整理后得到

$$K_1 \Delta x = F \frac{\mathrm{d}\Delta y}{\mathrm{d}t} + (C_1 + C_2)\Delta p + \frac{1}{2}\left(k_e + \frac{V_0}{E}\right)\frac{\mathrm{d}\Delta p}{\mathrm{d}t} \tag{3-40}$$

假设舵面及其舵面传动机构折算到活塞（包括活塞杆）的总质量为 m，活塞运动的阻尼系数为 f，摇臂长为 L。忽略摩擦力影响，则活塞在两腔压差 Δp 作用下的运动方程为

$$\begin{cases} F\Delta p = m \frac{\mathrm{d}^2 \Delta y}{\mathrm{d}t^2} + f \frac{\mathrm{d}\Delta y}{\mathrm{d}t} + \frac{\Delta M_j}{L} \\ \Delta M_j = M_j^\delta \Delta\delta \\ \Delta\delta = -\frac{57.3}{L}\Delta y \end{cases} \tag{3-41}$$

式中：ΔM_j 为铰链力矩增量。

对式(3-40)和式(3-41)进行拉氏变换，可以画出相应的液压舵机，如图 3-25 所示。

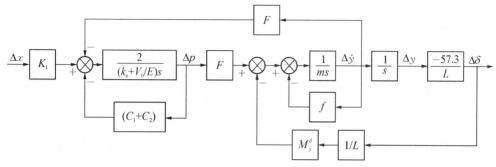

图 3-25　液压舵机方块图

由图 3-25 可得滑阀阀芯位移 x 到活塞移动量 y 的传递函数为

$$W_M(s) = \frac{\Delta y(s)}{\Delta x(s)}$$

$$= \begin{cases} \dfrac{k_M}{s(T_M^2 s^2 + 2\zeta_M T_M s + 1)}, \ \Delta M_j = 0 \\[4mm] \dfrac{k_M}{T_M^2 s^3 + 2\zeta_M T_M s^2 + \left[1 - \dfrac{57.3 k_M M_j^\delta}{2K_1 FL^2}\left(k_e + \dfrac{V_0}{E}\right)\right]s - \dfrac{57.3 k_M M_j^\delta (C_1 + C_2)}{K_1 FL^2}}, \ \Delta M_j \neq 0 \end{cases}$$

$$(3-42)$$

式中：液压舵机的静态增益 $k_M = K_1 F / [F^2 + f(C_1 + C_2)]$；

液压舵机的时间常数 $T_M = \sqrt{m[k_e + (V_0/F)]/2[F^2 + f(C_1 + C_2)]}$；

液压舵机的阻尼比 $\zeta_M = \left[2m(C_1 + C_2) + f\left(k_e + \dfrac{V_0}{E}\right)\right]/4T_M[F^2 + f(C_1 + C_2)]$。

目前飞控系统中采用的液压舵机的时间常数 T_M 的值为 10^{-3} s，远远小于飞机周期运动的固有周期，在近似分析中可以忽略，因此式(3-42)可以近似写为式(3-43)。

$$W_M(s) = \frac{\Delta y(s)}{\Delta x(s)} = \begin{cases} \dfrac{k_M}{s}, \ \Delta M_j = 0 \\[4mm] \dfrac{k_M}{\left[1 - \dfrac{57.3 k_M M_j^\delta}{2K_1 FL^2}\left(k_e + \dfrac{V_0}{E}\right)\right]s - \dfrac{57.3 k_M M_j^\delta (C_1 + C_2)}{K_1 FL^2}}, \ \Delta M_j \neq 0 \end{cases}$$

$$(3-43)$$

3) 综合电液作动器 IAP

综合电液作动器 IAP 的伺服控制是由伺服泵完成的,其原理结构如图 3-26 所示。

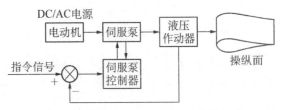

图 3-26　综合电液作动器原理结构组成

伺服泵是一个以固定转速旋转的斜轴式双向变量泵,可根据偏差控制信号对作动筒进行控制,可靠性好、效率高,通过控制斜盘倾角改变泵的输出流向和流量。而斜盘位置调节由一个内环控制的伺服阀控变量油缸完成,并借助此泵内置的增压补油泵提供变量油缸的控制流量。IAP 仅要求电机以固定的转速和转向驱动伺服泵即可,电机的转向与作动方向无关。其控制系统的结构是常见的带内环的双环负反馈系统。

4) 机电作动器 EMA

机电作动器由可调速的双向电机带动减速器,将高速低转矩的电机输出转换成低速大转矩的机械转动,然后通过滚动丝杠转换为输出杆的直线位移,并依靠内部的线性差分位移传感器(linear variable differential transformer, LVDT)形成闭环控制。其电控单元由主控制器和电机控制器组成。主控制器负责调理传感器信号,控制辅助机构,根据执行机构的力、速度和位置反馈输出转矩等。电机控制器的类型由所选择的电机确定。机电作动器的原理结构如图 3-27 所示。

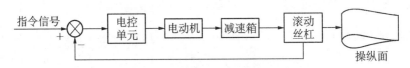

图 3-27　机电作动器原理结构组成

机电作动器直接由电驱动,无需液压源,但故障安全的结构设计复杂。由于 EMA 难以实现旁通功能,因此一般用在单个作动器驱动单个舵面的情况。此类作动系统已经实际应用于大型飞机的扰流片和副翼的操纵。

5) 电静液作动器 EHA

电静液作动器 EHA 包括一个或几个液压作动筒,其油腔与双向定量液压泵相连,液压泵由功率电子控制的可变速电动机驱动,其典型原理结构如图 3-28 所示。

控制器包含数字控制和电机控制两部分。数字控制部分起着伺服控制的作用,实现回路闭合、系统监控和余度管理等功能;接收飞行控制计算机的控制指令并将

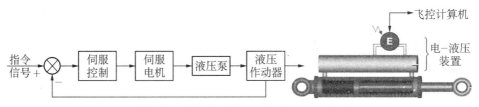

图 3-28 电静液作动器 EHA 原理结构组成

作动器实时数据发送给飞控计算机进行故障诊断。电机控制部分则响应数字控制部分的指令,对电机实施脉宽调制,把电力加到电机上以驱动液压泵。

6)电备份静液作动器

电备份静液作动器中的主控系统是传统的阀控电液作动系统 EHSV,EHA 作为备份,待 EHSV 出现故障时接替工作,此切换是由特制的电磁换向阀完成。其原理结构如图 3-29 所示。

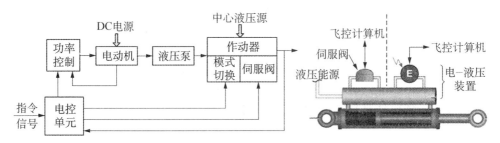

图 3-29 电备份静液作动器 EBHA 原理和结构

功率控制模块根据控制偏差及被控电机的类型产生相应的功率控制形式以驱动电机。受功率控制模块控制的电机带有刹车能量回收装置,以避免功率整流器过电压。电磁阀的功能是模式切换,即根据控制信号将作动筒的油口切换至相应的接口。当中心液压系统故障时将作动筒的连接切换到 EHA 工作状态;当控制回路发生故障时可同时切除 EHSV 和 EHA 工作状态,使作动系统处于旁路阻尼状态,以防止操纵面震颤。

待 EHA 发展完善之时,将有可能取代传统阀控作动系统的主控地位,进而取消阀控系统。目前 EBHA 还有一定的适用场合,因为它毕竟提供了真正的余度备份(非相似余度)[6]。

3.5.2.2 民机执行机构系统中的舵回路

无论采用何种舵机,执行机构系统在操纵舵面时,均需克服空气动力所造成的气动负载。舵面负载是作用在舵面上的气动力相对于舵面铰链轴的力矩,其值取决于舵面的类型与几何形状、马赫数、仰角或侧滑角以及舵面的偏转,其中以舵面的偏转所产生的铰链力矩为主。其大小和方向随飞行状态变化,对舵机的工作有很大的影响。

为了改善舵机跟踪控制指令的特性和精度,减少作用于舵面上的铰链力矩的影响,通常是将舵机用舵机偏转角闭环反馈,形成一个舵回路,如图 3-30 所示。通常,舵回路除了包括有舵机偏转角度反馈信号外,还有偏转角速度反馈信号,用以改善舵回路的动态特性。通过选择控制器的结构和参数,可使舵回路的动态及静态特性满足技术要求[7]。

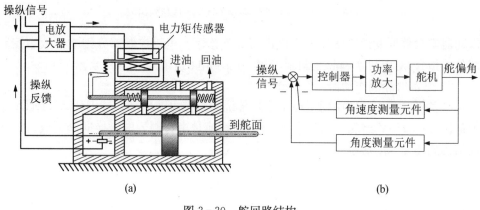

图 3-30　舵回路结构

(a) 原理结构　(b) 原理方块

3.5.3　飞控计算机与执行机构的连接

民机的飞控计算机与执行机构的连接一般都是通过特定的总线进行;与飞机的其他系统进行数据交换,也是通过特定的总线进行。不同的公司采用不同型号的总线,例如,波音公司采用的是 ARINC 629 总线,而空客公司采用的是 ARINC 429。

通常以 PFC 表示主飞行计算机(primary flight computer)、ACE 表示作动器控制电子装置(actuator control electronics)、PCU 表示动力控制组件(power control unit)。

3.5.3.1　波音公司的飞控计算机与执行机构的连接

B777 是波音公司采用 ARINC 629 数据总线的第一种客机,B787 的飞行控制系统在 B777 的基础上发展,全面采用电传操纵技术并进行了全面的优化设计。在飞行控制系统中,ARINC 629 数据总线用于实现 ACE 与 PFC 之间以及它们同飞机其他系统的信息交换。波音公司的飞控系统与执行机构的连接结构如图 3-31 所示。

驾驶员通过传统的驾驶杆、驾驶盘和方向舵脚蹬操纵飞机,指令信号通过传感器送给 ACE,ACE 把这些模拟信号转换成数字量并通过余度的 ARINC 629 总线传送给 PFC。PFC 除接收驾驶员指令信号外,还通过 ARINC 629 总线接收来自 AIMS(飞机信息管理系统)、ADIRU 和 SAARU 的飞机运动姿态和大气数据等信息。PFC 根据控制律计算出舵面控制指令,然后通过 ARINC 629 总线传回 ACE。

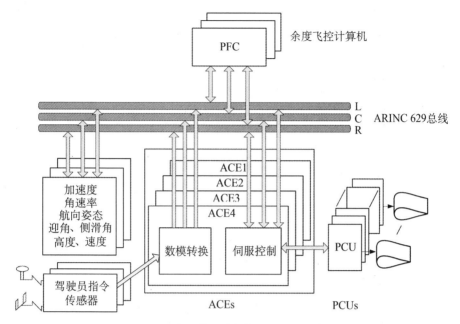

图 3-31　波音飞控系统与执行机构的连接结构

ACE 将接收到 PFC 的数字指令转换成模拟信号发送给 31 个 PCU 去驱动舵面偏转。系统共有 4 个 ACE,所有舵面控制在 4 个 ACE 中分配。通过合理分配,任意一个 ACE 控制的一组舵机都可以实现对飞机的安全控制。飞机的主要操纵面都有 2 个或 3 个舵机并行主动工作,每个舵机由 1 个 ACE 控制,每个 ACE 可以接收所有 PFC 的指令。

3.5.3.2　空客公司的飞控计算机与执行机构的连接

A340 的电传飞控系统延续了 A320 的系统设计策略,其飞控计算机系统包括 3 个飞控主计算机(FCPC)、2 个飞控辅助计算机(FCSC)、2 个飞行控制数据集中器 (FCDC)和 2 个缝翼/襟翼计算机(SFCC)。飞控系统使用 ARINC 429 总线进行信息传输。A340 所有操纵舵面的控制在 5 个飞控计算机伺服控制中进行分配。一旦全部电子控制系统失效,为了保证飞行安全,A340 飞机还具有对方向舵和水平安定面的机械备份操纵功能,保证飞机安全着陆。空客飞控系统与执行机构的连接如图 3-32 所示。

A380 的电传系统使用了和 A340 相似的设计策略,采用了更先进的技术。主飞控计算机系统包括 3 个主计算机(PRIM)、3 个辅助计算机(SEC)、2 个飞行控制数据集中器(FCDC)和 2 个缝翼/襟翼计算机(SFCC)。在所有的 PRIM 和 SEC 或者它们的电源供给失效情况下,由电气备份系统控制飞机,取代了以往的直接机械备份操纵。备份控制模块(BCM)对飞机的水平安定面、全部方向舵、内侧副翼和内侧升降舵提供应急电气备份控制。

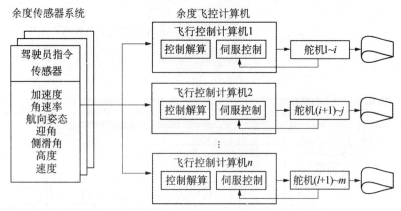

图 3-32　空客飞控系统与执行机构的连接结构

3.5.4　几种典型大型民机的执行机构

3.5.4.1　波音公司 B777

B777 飞机是美国波音飞机公司制造的第一架采用电传主飞行控制系统的中远程宽体商用运输机。飞机采用传统外型布局,下单翼外挂两个发动机吊舱,水平安定面/升降舵以及垂直安定面/方向舵位于机尾。B777 飞机的飞行操纵面如图 3-33 所示。

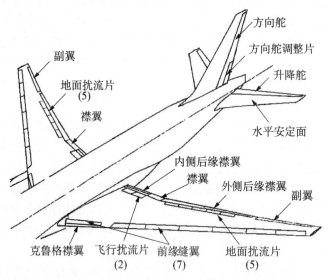

图 3-33　B777 飞机气动操纵面布局

B777 飞机的主要操纵面如下所述。

- 1 个可配平的水平安定面,2 个升降舵;
- 1 个方向舵;
- 2 个副翼,2 个后缘襟翼。

为了增加低速下升力以进行起飞和着陆,每侧机翼上还安装了以下增升装置:

- 1个内侧后缘襟翼；
- 1个外侧后缘襟翼；
- 7块扰流片；
- 7个前缘缝翼；
- 1个克鲁格襟翼。

B777的执行机构的组成有：ACE，PCU，配平作动筒（trim actuators），A/P反驱动伺服器（A/P back drive），速度制动作动筒（speed brake actuator）。其主要组成单元如图3-34所示。ACE，PCU和控制面可以构成一个控制回路。

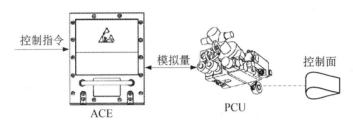

图3-34 B777的执行机构组成

ACE的输出结果将发送到PCU和安定面配平控制模块，主要构成如图3-35所示。其主要功能还包括：直接操纵方式选择逻辑、直接操纵方式指令计算、对PCU实现闭环控制、激磁电源控制。

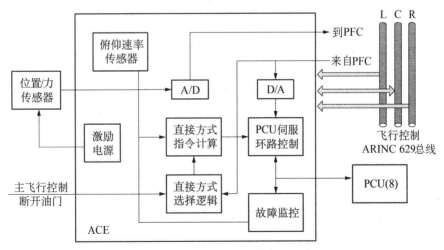

图3-35 B777的ACE的主要组成

B777的电传操纵系统有3种操纵方式：正常方式、次要方式和直接方式。

正常操纵方式下，ACE接收飞行员操纵输入信号，送给3台PFC。PFC利用这些信号及来自其他飞机系统的有关信息，按控制规律计算出操纵面指令送到ACE，由ACE分发给相应操纵面作动器。

当PFC由于内部故障或缺少飞机其他系统所需的信息而不能支持正常工作方式时,PFC将自动转到次要方式,此时,PFC使用简化的控制规律来产生飞行操纵面指令,因此将使飞机的飞行品质降低。

B777的直接操纵方式是驾驶员不通过主飞行计算机,直接通过ACE控制PCU操纵气动舵面的一种操纵方式。驾驶员可以人工地通过主飞行计算机断开电门将ACE转换到直接操纵方式。此外,当来自3个飞行控制总线上的数据不能得到,或者当内部监控器发现故障时,主飞行计算机将自动产生转换为直接方式的指令,ACE内部的控制逻辑将执行这些指令,实现直接控制方式。

PCU为操纵各种气动舵面提供动力。每个PCU包括1个作动筒、1个电液伺服阀和位置反馈传感器,并与ACE一起形成闭环伺服回路,如图3-36所示。ACE中有1个故障监控器,用于监控伺服阀输入信号、伺服阀位移反馈信号以及作动器的位移反馈信号。当某个部件发生故障被检测到时,通过监控器将其切断。因此,B777的伺服回路采用的监控方式是自监控。

B777执行机构系统与主飞控计算机PFC的连接方式如图3-36所示。

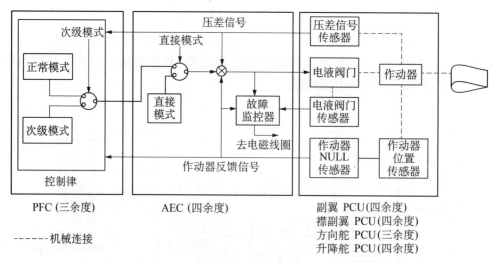

图3-36　B777执行机构的闭环伺服回路与PFC的连接

B777全机共有31个PCU,每个扰流片由1个PCU控制;每个副翼、襟副翼和升降舵由2个PCU控制;方向舵由3个PCU控制。两套安定面配平控制模块控制水平安定面驱动马达和制动装置的液压动力。B777的主要操纵面(副翼、升降舵、方向舵)采用余度技术增强可靠性。每一片副翼、升降舵都有两个舵机,方向舵有3个舵机。系统共有4个作动器控制电子设备(ACE),所有舵面控制在4个ACE中分配。通过对舵机的合理分组,使得任意一个ACE控制的一组舵机都可以安全操纵飞机。

B777有左、中、右3套液压系统,同一舵面的作动器均由不同的液压源提供压力。当一套液压源故障时,其他作动器可以继续工作,不会导致该舵面失效。B777仅在三余度的飞控计算机 PFC 中采用了非相似余度技术,它的 3 套液压能源和余度伺服系统均是相似余度的。ACE、液压系统以及舵面分布如图 3-37 所示,除水平安定面配平舵机外,每个舵机由 1 个 ACE 控制。

B777 飞机的高升力控制系统采用基于数字计算机的控制方案[17],为前缘缝翼和后缘襟翼驱动及作动系统提供电传控制、保护、BIT(机内自检测)和维护功能。

高升力控制系统主要由电子控制部分和电机传动两大部分组成。电子控制部分包含两台完全相同的双通道的襟缝翼控制器,即控制通道和监控通道,两通道采用不同的微处理器。襟翼操纵系统的电-机传动由 PDU,扭力管,齿轮箱及滚珠丝杠副组成。缝翼操纵系统的电-机传动包括 PDU,扭力管,旋转作动器及小齿轮和齿条。高升力控制的 PDU 是一个变速机构,连接扭力管驱动链与主模式操作下的液压马达或辅助模式和备用模式的电动马达。

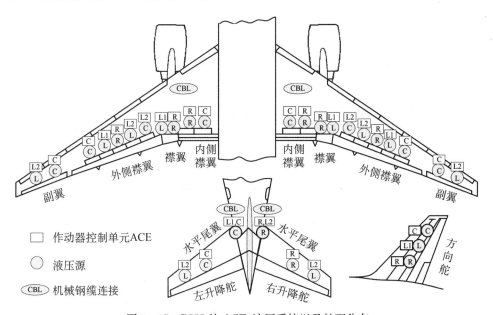

图 3-37　B777 的 ACE、液压系统以及舵面分布

在襟缝翼控制器中,为了满足系统统可靠性、部件级故障-工作容错能力、信号一致性及控制律重构的要求需求,系统设计有 3 个比较监控面:硬件自监控面、外界输入信号监控面以及控制律计算监控面。通过对这些表决面的设立和实现,完成襟缝翼控制器故障的监控和故障定位。

3.5.4.2　空客公司 A380

A380 飞机采用传统外型布局,下单翼外挂 4 个发动机吊舱,水平安定面/升降舵以及垂直安定面/方向舵位于机尾。A380 在扰流片、升降舵和方向舵上采用了功率电传技术,并在 2006 年成功进行了验证飞行。

A380 飞行操纵面如图 3-38 所示,主要操纵面及其增升操纵面分别如下:

- 1 个可配平的水平安定面,每侧有 2 个独立的升降舵;
- 上下 2 个独立的方向舵;
- 每侧的副翼分成独立的 3 个:内侧副翼、中副翼、外侧副翼;
- 每侧 3 个后缘襟翼;
- 每侧 8 个扰流片;
- 每侧 6 个前缘缝翼;
- 2 个前缘下垂。

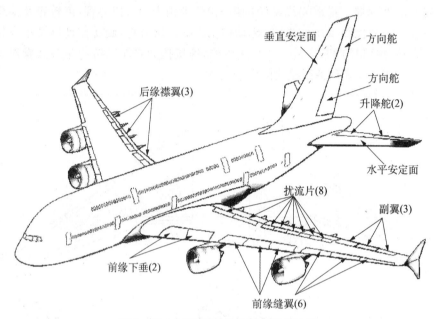

图 3-38　A380 飞机的气动操纵面布局

A380 的电传操纵系统采用双体系结构,将作为主动控制的常规电液伺服作动器 EHSV 与用于备份系统的电动作动器结合起来,形成 4 套独立的主飞行控制系统。其中 2 套作动系统以液压(green 和 yellow)为动力,来驱动常规的 EHSV;另外两套以电(E1 和 E2)为动力,来驱动电动静液作动器 EHA。因此,这种体系结构也称为 2H/2E 结构布局。理论上,这 4 套系统中的任何一套都可以用来对飞机进行控制。实际使用时,A380 液压系统采用绿(G)、黄(Y)两套液压系统,加上 E1, E2 两套电系统组成第三套系统,用以代替第三套液压系统[18]。

A380 结构体系为:3 台主计算机(primary computer, PRIM)和 3 台辅助计算机(secondary computer, SEC)。每台 PRIM 可以提供正常方式、直接方式或备份方式下的全部飞行控制;SEC 仅能提供直接方式下的全部飞行控制。此外还提供一个电备份系统,在所有的 PRIM 和 SEC 均失效的情况下,接管飞机的控制。PRIM 和 SEC 采用不同的结构,使用不同的技术和软件以增加系统的鲁棒性。空客飞机将飞控计算机与作动器控制电子集成实现,没有设置专门的 ACE,因此 A380 的作动器以及飞控计算机切换逻辑过程如图 3-39 所示。

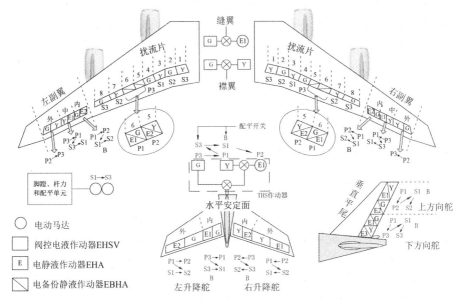

图 3-39 A380 的作动器以及飞控计算机切换逻辑过程

S1,S2,S3—SEC 计算机;P1,P2,P3—PRIM 计算机;B—最终备份控制模块
G—绿液压源;Y—黄液压源;E1,E2 和 E3—使用的交流源;→箭头表示操纵变更优先权

A380 的每个独立的升降舵均配置一个 EHSV 和一个 EHA,都有双余度动力源;每个独立的方向舵均使用两个电备份液压作动器 EBHA,都具有四余度动力源;水平安定面通过一个由液压马达加一个备用电动马达提供动力的滚珠螺旋作动器驱动。每个副翼均由两个作动器来驱动,其中内侧副翼和中副翼采用一个 EHSV 和一个 EHA,而外侧副翼采用两个 EHSV。每侧机翼上的 8 个扰流片中的 2 个采用 EBHA,6 个采用 EHSV。襟翼和缝翼则由机械旋转式作动器与 PCU 联结驱动。襟翼作动器包含两个液压马达,缝翼作动器包括 1 个液压马达和 1 个电动马达。

就动力源余度而论,A380 实际上由三余度提高到了四余度。由于使用液压/电力两种不同的动力源,将会使飞机的安全性进一步加强。A380 的 2H/2E 多电结构布局仅将电力作动器作为备用,而常规的液压伺服控制被规定用于正常的主动作动器,特别是主飞行控制系统。这种固有的"故障-安全"余度为引进新技术方面降低了很大的风险。

3.6 对执行机构系统的要求

3.6.1 飞控系统对执行机构系统的要求

执行机构系统是飞行控制系统的重要组成部分,对整个飞行控制系统的性能有

很大的影响。该系统必须提供足够的操纵面响应速度和功率,使给定飞机具有所要求的稳定性和机动性。其基本性能要求如下:

- 应能驱动具有正反向载荷的操纵面,同时能够保持适应控制要求的运动速率。
- 应能使操纵面在两个方向上具有最大给定载荷的情况下,都保持在所需的位置。
- 执行机构系统频率响应特性(增益衰减和相位滞后)对低频(刚体飞机)的FCS回路稳定裕度的影响应尽量小。
- 对于柔性飞机,与高频振荡模态的交互作用应尽量小。

对于执行机构还有一些特殊的性能要求,具体包括:失效载荷、最大速率能力、频率响应、动态刚度、故障瞬态等。

执行机构的失效载荷是指直接作用在主作动器上的,由所能获得的供油压力可以支撑的最大压力,超过该压力作动器将开始反向移动。将飞行包线各点预估的最大气动铰链力矩值乘以适当的放大因子后,就可作为所需的设计失效载荷。

速率能力被定义为对于给定载荷和给定作动器活塞两侧的压差所需的拉伸速度。最大速率能力必须能以所需的速度来驱动气动操纵面,从而保证具有令人满意的驾驶员操纵品质。

执行机构系统在特定测试条件(如载荷、振幅、闭环方法等)下的频率响应的需求定义为一定的频率响应范围。定义频率响应范围是为保证执行机构对低频(刚性飞机)模态的影响最小,此时作动筒的位移对指令运动的增益近似为 0 dB 且相位滞后最小,而在高频提供足够大的增益衰减以减少飞机与操纵面结构振动(柔性飞机)模态的相互作用。

动态刚度或阻抗是执行机构系统抵制外部振荡载荷的能力,其作用相当于一个实际的弹簧和阻尼器。阻抗标准是基于避免操纵面出现颤振的需求而规定的,作动器系统规范中还定义了阻抗需求边界。

故障瞬态的要求通常定义为故障发生后活塞对筒体位移的边界。这里必须考虑不同种类的故障,包括电气通道故障、硬偏故障(例如多通道电机的一路发生故障,要求全电流运行,需其他通道进行补偿,才能控制执行器直到故障得到确认和隔离)和液压源故障。故障瞬态特别受到系统内的力纷争、主阀压力增益特性的影响,需有一个高逼真度的作动器模型来准确预测故障瞬态。

执行机构系统是飞行控制系统的重要组成部分,对整个飞行控制系统的性能有很大的影响。因此,对应执行机构系统有严格的技术要求。这些要求分别针对执行机构中的舵机及舵回路提出。

1) 针对舵机的要求

(1) 应有足够的功率输出,以保证舵机能按要求的速度偏转舵面,并克服舵面上的气动载荷。

(2) 应具有一定的输出行程(或转角)。

(3) 舵机偏转角速度应连续可调,并且速度的调节范围要宽,以适应不同飞行状态下的控制要求。

（4）要求舵机的动态响应要快，惯性小，且运行平稳，死区（不灵敏区）及滞环要小。

（5）应有安全保护装置以及制动能力。

（6）体积重量小，安装维护方便。

2）针对舵回路的要求

（1）在各种飞行状态下，舵回路均应稳定地工作，保证这种稳定性是首要的。

（2）舵回路的静态性能应满足系统所提出的输入与输出关系的要求，并应满足一定的不灵敏区的要求。

（3）舵回路应有较宽的通频带。一般要求比飞机的通频带大一个数量级，至少不应小于 3~5 倍。

（4）舵回路应有良好的动态响应特性，具有较大的阻尼，在飞机通频带范围内的相位滞后应较小。

3）对执行机构与操纵面系统的容错要求

除了采用硬件余度技术以提高执行机构系统的可靠性与容错能力外，还要求飞控系统对于操纵面的故障，可以快速、准确检测出来，并确定相应的隔离策略，制订控制重构方案，保证飞控系统持续、安全、稳定运行，并具有可以接受的性能指标。特别要求对执行机构故障检测与隔离必须满足实时性和可靠性（要求较小的虚警率和漏报率，算法不能发散，要能够适应较宽的故障范围）的要求。

3.6.2 适航对执行机构的要求

民机的适航性是指航空器包括其部件及子系统整体性能和操纵性能在预期的运行环境和使用限制下保持安全性和物理完整性的一种品质。

适航对执行机构的要求主要可以从几个方面来考察：①操纵面（第 25.651 条、第 25.657 条）；②操纵系统［第 25.671 条（c）］；③增稳系统及自动和带动力的操纵系统（第 25.672 条（c））；④襟翼与缝翼的交连（第 25.701 条）。

中国民用航空规章 CCAR - 25 - R4[19]在"设计与构造 D 分部"中的第 25.651条需要对操纵面有强度符合性证明，第 25.655 条为对操纵面的安装要求，第 25.657条为对操纵面铰链的限制值要求以及针对平行于铰链轴线载荷的铰链在强度和刚度的要求。

在操纵系统的总则第 25.671 条（c）中明确规定：必须用分析、试验或两者兼用来表明，在正常飞行包线内发生飞行操纵系统和操纵面（包括配平、升力、阻力和感觉系统）的下列任何一种故障或卡阻后，不要特殊的驾驶技巧或体力，飞机仍能继续安全飞行和着陆。可能出现的功能不正常必须对操纵系统的工作只产生微小的影响，而且必须是驾驶员能易于采取对策：

（1）除卡阻以外的任何单个故障（如机械元件的脱开或损坏或作动筒、操纵阀套和阀门一类液压组件的结构损坏）。

（2）除卡阻以外未表明是极不可能的故障的任意组合（如双重电气系统或液压系统的故障，或任何单个损坏与任一可能的液压或电气故障的组合）。

（3）在起飞、爬升、巡航、正常转弯、下降和着陆过程中正常使用的操纵位置上的任何卡阻，除非这种卡阻被表明是极不可能的或是能够缓解的。若飞行操纵器件滑移到不利位置和随后发生卡阻不是极不可能的，则须考虑这种滑移和卡阻。

针对增稳系统及自动和带动力的操纵系统，第 25.672 条（c）要求除了必须符合第 25.671 条中各项规定外，还需要在增稳系统或任何其他自动或带动力的操纵系统发生任何单个故障后符合下列规定：

（1）当故障或功能不正常发生在批准的使用限制内且对于该故障类型是临界的任何速度或高度上时，飞机仍能安全操纵。

（2）在《飞机飞行手册》中规定的实际使用的飞行包线（如速度、高度、法向加速度和飞机形态）内，仍能满足本部所规定的操纵性和机动性要求。

（3）飞机的配平、稳定性以及失速特性不会降低到继续安全飞行和着陆所必需的水平以下。

针对襟翼与缝翼的交连，第 25.701 条规定：

（1）飞机对称面两边的襟翼或缝翼的运动，必须通过机械交连或经批准的等效手段保持同步，除非当一边襟翼或缝翼收上而另一边襟翼或缝翼放下时，飞机具有安全的飞行特性。

（2）如果采用襟翼或缝翼交连或等效手段，则其设计必须计及适用的不对称载荷，包括对称面一边的发动机不工作而其余发动机为起飞功率（推力）时飞行所产生的不对称载荷。

（3）对于襟翼或缝翼不受滑流作用的飞机，有关结构必须按一边襟翼或缝翼承受规定对称情况下出现的最严重载荷，而另一边襟翼或缝翼承受不大于该载荷的80%进行设计。

（4）交连机构必须按对称面一边受交连的襟翼或缝翼卡住不动而另一边襟翼或缝翼可自由运动，并施加活动面作动系统全部动力所产生的载荷进行设计。

3.7 执行机构系统的余度设计与余度管理

执行机构系统的主要功能是根据飞行控制计算机指令，按照规定的静态和动态要求，实现对飞机各操纵面的控制。早期的执行机构系统为无余度的，随着飞行控制技术的迅速发展，特别是电传飞控系统的出现，对执行机构系统的工作可靠性提出了更高的要求，利用余度技术是保证高可靠性的必然途径。由于采用了余度技术，为保证执行机构系统正确地完成其主要功能，还必须增加一些辅助的功能，如系统状态检测、故障监控与隔离、系统重构、信息处理以及通道均衡等。这些功能的实现均配置于作动器控制器上。

由于执行机构系统一般要求具有双故障工作能力，因此大都采用四余度或带自监控的三余度系统。目前,民用飞机均采用电子、电气部分四余度或三余度配置。另外,为了满足结构完整性需求,民机大都要求采用 3 个以上的动力作动器来驱动操纵面。

执行机构系统余度设计的依据是:①飞控系统的全局可靠性指标及分配给执行机构系统的可靠性要求;②飞控系统的余度配置等级;③各执行机构系统及其控制的飞机气动面在保证飞行安全上的重要程度;④执行机构系统可以实现的可靠性水平以及飞机能源限制和空间、重量约束等。

对现代民机装备有自动起飞着陆系统的飞行控制系统,特别是采用电传操纵系统的民机,为了安全可靠,都装有余度舵机。所谓余度舵机,就是用几台结构和性能完全相同的舵机共同操纵同一个操纵面,每一个舵机都由独立的伺服通道进行控制。不同通道之间的控制和管理由控制计算机根据冗余技术理论设计的软件完成。

余度舵机可以按不同的方法进行分类。最常见的可分为力综合式余度舵机、气动力综合式余度舵机以及自监控主/备式余度舵机。

1) 气动综合式余度舵机

气动综合技术就是把每一种舵面按系统余度数分割成几块,每一块由一套单舵机(无余度)和助力器驱动,即控制力不在舵机输出端综合,而是在舵面上按气动力方式综合。这种方法的优点是用完全分开的几个单套舵机代替整体式多余度舵机,简化了舵机结构,提高了系统可靠性。"协和号"飞机采用的就是这种气动综合技术。

2) 力综合式余度舵机

力综合式余度舵机又可分为机械力综合式与液压力综合式两种。图 3 - 40(a)表示机械力综合式余度舵机结构,3 套舵机并列,分别通过活塞轴连接到力综合臂上,再由力综合臂转换单一的输出去拖动舵面。目前采用机械力综合形式的舵机较多。机械力综合式的缺点是,当各通道输入有差异或各通道结构参数有差异时,通道间存在力纷争。

液压力综合式余度舵机结构如图 3 - 40(b)所示,它将所有作动筒串联起来,各个活塞上的液压力叠加,由单一的活塞杆输出。由于是串联相加,在发生故障时,故障瞬态容易传到舵面,当余度数大于 2 时,余度舵机显得较长,因此限制了应用。液压力综合式余度舵机的优点是无力纷争。

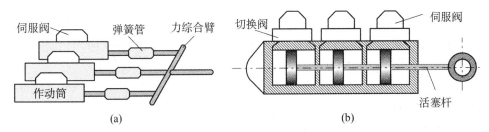

图 3 - 40　力综合式余度舵机结构简图

(a) 机械力综合式　(b) 液压力综合式

3）自监控主/备式余度舵机

主/备式余度舵机是最简单的一种余度舵机。它由两台相同的单舵机组成,当主舵机运行时,备用舵机处于热备份状态;当主舵机故障时,备用舵机立即被接入系统代替主舵机进行工作。主/备式余度舵机最重要的用途是故障发生后,可以迅速检测出故障并及时接通备用舵机。自监控主/备式余度舵机本身可以实现故障检测、故障隔离和故障转换。

根据不同的余度数,一般还有三余度舵机和四余度舵机。依余度舵机通道状态,余度舵机分别可实现不同的故障-工作/安全功能。一般,三余度舵机可实现单故障-工作,双故障-安全能力。如果三余度舵机系统本身还具有自监控能力,则可以实现双故障-工作能力。四余度舵机通常均可实现双故障-工作、三故障-安全能力。

为了保证多套舵机协调工作,控制计算机要通过一套复杂的余度管理算法,对余度舵机进行控制管理。余度舵机的余度管理算法主要应完成故障监控的功能,即检测出发生的故障并及时隔离,选择正确的信号供舵面使用,进行系统结构和控制重构、故障记录和报警处理、故障恢复处理等,以保证系统正常工作。故障监控的方法很多,如比较监控、自监控、交叉监控等。

所有 A320 的操纵面都是靠液压驱动和电信号传输的,还提供了可机械控制安定面和方向舵的备份模式。在波音 B777 上,驾驶员指令自传统控制盘引入,由具备 3×3 余度结构的飞控系统处理。正常的指令通道由一个可逆的指令通道(直连模式)作备份,最终的机械备份模式使用了水平安定面和一对扰流片。

各种民机的执行机构系统的余度配置形式、余度等级与管理方式等,允许存在差别,而不必求全一致。

3.8　操纵面的容错及控制重构

电传飞控系统已经成为高性能飞机的关键机械设备,并极大增强了飞控系统的控制能力,且通过采用执行机构系统的余度技术,提高了系统的可靠性。但电传飞控系统的余度配置仅对执行机构有效,对操纵面的损伤造成的危害不能起到容错作用。经国外研究机构对大量研究数据的分析发现,操纵面损伤及其连接的执行机构机械锁死是飞机损失的主要原因。因此,这类作动器故障成为提高飞控系统可靠性的障碍[20]。

3.8.1　操纵面故障模式及其影响分析

通常情况下,飞机执行机构系统中的作动器常见故障包括:损伤、卡死和松浮,这里考虑的是操纵面及其连接的执行机构铰链部件故障。

设 u_{out} 表示操纵面的实际输出,u_{in} 为操纵面正常工作时的输出,则飞控系统操纵面故障模式的数学描述如下。

1）损伤

$$u_{out}(t) = a \cdot u_{in}(t) \tag{3-44}$$

式中:a 为损伤比例系数,且 $0 \leqslant a \leqslant 1$。它表明大型民机上飞行中出现的操纵面部分或完全断裂。

2) 卡死

$$u_{out}(t) = b \tag{3-45}$$

式中:b 为常数。实际控制中,操纵面的输出在一定的范围内,即 $u_{min} \leqslant u_{out}(t) \leqslant u_{max}$,因此有 $u_{min} \leqslant b \leqslant u_{max}$,表明飞行中操纵面铰链的机械锁死。

3) 松浮

$$u_{out}(t) = 0 \tag{3-46}$$

松浮是一种特殊的故障类型,表示操纵面不受控制,只是随飞机的飞行呈现出飘浮状态,表明操纵面铰链完全断开。

实际过程中,一般的处理方法是:将操纵面的松浮作为舵面全部损失处理,认为此时的故障舵面不对飞机产生任何作用力和力矩;将损伤作为部分舵面效能损失处理,根据受损程度的不同,可认为故障舵面对应的气动导数变成原气动导数的几分之一;将卡死视为飞机有一个固定的非指令常值干扰舵面输入[20]。

飞行中操纵面的故障行为将严重影响系统的动态性能,造成突发的气动效益变化,严重时会给飞机带来致命的影响。如操纵面的机械卡死常会产生很大的常值干扰气动力和力矩,会在极短的时间内造成飞机的失控;操纵面的损伤破坏了飞机原有的气动平衡,增加了控制耦合和驾驶员的负担,损伤程度较高时也会使飞机失控。

3.8.2 操纵面故障下的控制重构概念与系统设计

操纵面故障下的控制重构技术是在飞机某些舵面/铰链发生故障后,通过重构控制策略,采用剩余的正常有效操纵面抵消故障操纵面的有害气动影响、补偿损伤操纵面控制效能,使飞控系统在发生故障时仍可以控制飞机安全飞行,或仍可具有一定的飞行品质。

控制重构的前提基础是故障的检测与诊断。故障检测与诊断(failure detection and identification, FDI)就是对执行机构或操纵面的卡死、损伤故障进行实时检测与精确定位,及时提供故障信息,以用于控制重构、在线告警和自主维护[20]。

对于操纵面或执行机构卡死故障,一般主要有以下几种检测方式:基于飞机模型的全局检测、基于舵机模型的局部检测、基于故障特征的直接检测。

针对操纵面松浮或损伤故障,一般采用实时气动参数识别方式或基于模型的故障检测滤波器的方式进行检测。

根据故障检测信息、利用操纵面的控制冗余,用有效的操纵面自动代替或补偿损伤操纵面,以保证飞机继续完成任务或安全着陆。

针对执行机构系统故障后的控制重构系统设计,基本上可以分为 3 类:①基于故障诊断的主动容错飞行控制系统设计(主要的方法:控制律重构设计、伪逆法、基于特征结构配置法);②不基于故障诊断的自适应容错飞行控制系统设计(包括间接多模型自适应控制和直接自适应控制);③智能重构容错飞行控制系统设计(包括基于神经网络、模糊技术等容错控制系统)。

容错飞行控制系统的控制律重构设计是利用先验的操纵面故障及各种信息,预先设计重构方案并存储于机载计算机中;采用飞行控制系统多模式切换方式,不改变系统的控制律;在发生故障时,根据故障诊断的结果,重新分配控制指令,利用剩余有效操纵面继续完成飞行任务或保证安全着陆。

一个比较简单的控制重构方法是采用伪逆法进行重构。在操纵面发生故障时,利用剩余无故障操纵面进行适当的线性组合(在原输入矩阵前乘上一个伪逆矩阵),重构故障操纵面信号,相当于通过改变有效舵面的反馈增益来完成故障系统的重构,使得重构后的系统性能接近正常飞机的性能。伪逆重构法对应算法简单,但是求逆计算以及系统的稳定性问题是制约其发展的关键因素。

目前,在控制重构方面的理论研究已经广泛开展,但尚无具体应用的范例。

3.9　结语

飞机各控制回路均需要获得飞机的状态信息,这些状态信息一般都是通过飞控传感器来获取或间接计算得到。通过飞控系统控制律计算得到的控制信号需要通过相应的执行机构作用,产生相应的力和力矩,拖动舵面偏转以控制飞机的姿态运动。

本章首先归纳飞行中需要测量的运动参数,分析飞行状态的可测性及其误差的影响,介绍对传感器信号的处理方法,如对延迟、噪声和飘移特性的处理。与空气动力学有关的变量,往往采用基于膜盒式测压原理的传感器,通过相关计算得出。惯性变量,往往采用加速度计和各种陀螺等传感器来测量。本章介绍了二自由度陀螺仪和单自由度陀螺仪的基本结构、工作原理及其运动方程,并对几种现代陀螺仪的工作原理进行了介绍,还针对飞机的定位原理、无线电测高测距、GPS 定位、导航系统等方面进行了简单概述。文中分析了传感器信号对飞控系统的影响,给出传感器的故障模式与容错要求,介绍传感器系统的余度结构与监控表决,指出监控表决系统的局限性。

通过分析典型执行机构系统中电动舵机和液压舵机的工作原理及其动态过程,本章得到它们各自对应的传递函数。介绍了波音和空客两大系列民机的操纵面、飞控计算机与执行机构的连接方式,归纳得到飞控系统对执行机构系统的要求、民机适航性对执行机构的要求;总结了操纵面故障的几种模式及其对飞控系统的影响,介绍了操纵面故障下的控制重构概念与系统设计。

参 考 文 献

[1] 刘林,郭恩友.飞行控制系统的分系统[M].北京:国防工业出版社,2003.

［2］ BRIERE D. AIRBUS A320/A330/A340 electrical flight controls/a family of fault-tolerant system［C］. IEEE,1993:616-623.

［3］ YEH Y C. Triple-Triple redundant 777 primary flight computer［C］. IEEE,1996:293-307.

［4］ 李哲.先进大型运输机电传飞控系统传感器配置及应用［C］.第三届中国航空学会青年科技论坛文集,2008.

［5］ 王占林.近代电气液压伺服控制［M］.北京:北京航空航天大学出版社,2005.

［6］ 祁晓野,付永领,王占林.功率电传机载作动系统方案分析［J］.北京航空航天大学学报,1999,25(4):426-430.

［7］ 鲁道夫·布罗克豪斯.飞行控制［M］.金长江,译.北京:国防工业出版社,1999.

［8］ 樊尚春,吕俊芳,张庆荣.航空测试系统［M］.北京:北京航空航天大学出版社,2005.

［9］ 张明廉.飞行控制系统［M］.北京:航空工业出版社,1994.

［10］ 吴森堂,费玉华.飞行控制系统［M］.北京:北京航空航天大学出版社,2005.

［11］ 高金源,焦宗夏,张平.飞机电传操纵系统与主动控制技术［M］.北京:北京航空航天大学出版社,2005.

［12］ 宋翔贵,张新国.电传飞行控制系统［M］.北京:国防工业出版社,2003.

［13］ LIN J,ZHANG P. Direct analytical reconfiguration method of the flight control systems angular rate sensors signals［C］. IMCCC 2013,Shenyang,Liaoning,China,2013:307-312.

［14］ 史超礼,戴锡全,何述章.航空概论［M］.北京:北京航空学院出版社,1986.

［15］ 章健.航空概论［M］.北京:国防工业出版社,2010.

［16］《飞机设计手册》总编委会.飞机设计手册:第6册气动设计［M］.北京:航空工业出版社,2002:49-94.

［17］ 杜永良,潘妍红.波音777飞机高升力控制系统余度管理分析［J］.民用飞机设计与研究,2012,3(106):33-40.

［18］ 路多.A380的液压与作动系统［J］.国际航空杂志,2006,4(4):72-73.

［19］ 中国民用航空规章第25部运输类飞机适航标准 CCAR-25-R4(中国民用航空条例第25部)［S］.2011.

［20］ 杨伟,等.容错飞行控制系统［M］.西安:西北工业大学出版社,2007.

4 民机电传操纵与主飞控系统控制律设计

以电传操纵技术为核心的现代飞行控制系统是现代飞机上体现信息化与机械化深度融合的典型标志,是现代飞机的飞行安全关键系统,是大型民机确保安全性、突出经济性、提高可靠性、改善舒适性、强调环保性的重要技术保障。本章主要介绍民机电传操纵系统的发展及收益、结构与功能,以及主飞控系统及其控制律设计的理论、方法与关键技术。

4.1 民机电传飞控系统的发展与现状[①]

4.1.1 飞机飞控系统的基本结构

有人驾驶飞机飞控系统的基本结构如图4-1所示。

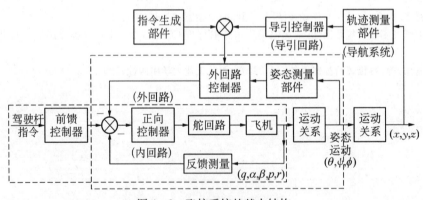

图4-1 飞控系统的基本结构

如图4-1所示,有人驾驶飞机的飞控系统基本可以分为3个层次,分别是内回路、外回路和导引回路。

1) 内回路

内回路即常说的电传飞控系统回路,它包括驾驶员杆指令系统、主飞控计算机、

---

① 本章部分理论及设计算例来自参考文献[3],谨在此感谢原著作者高金源教授。

舵机系统和内回路传感器系统。通过驾驶员指令控制飞机的角速率与加速度(迎角、侧滑角),改变飞行姿态与航向。

内回路面向飞机的纵向短周期、横航向滚转与荷兰滚模态,通过飞机的迎角、侧滑角、三轴角速率、过载反馈,控制和改善短周期阻尼、延迟时间、CAP 和 C^* 等纵向指标和滚转模态时间常数、荷兰滚阻尼、横航向延迟时间等横航向指标,从而改善飞行品质,达到飞控系统品质要求。内回路是飞机稳定的基本控制回路,是驾驶员直接操纵的飞控系统,对民用飞机一般也称为电传飞控系统或主飞控系统。

2) 外回路

外回路即常规的自动驾驶仪中的姿态保持回路,通过测量和反馈飞机的三轴姿态角,使得飞机在飞行中始终按照给定的姿态角飞行,以保证可以进一步达到按照给定的航线飞行的目的。其设计指标是姿态角的跟踪保持精度、动态调节时间等,姿态稳定控制由飞控系统的自动驾驶仪系统完成。

3) 导引回路

导引回路包括导航系统、飞行管理系统和指引器等,通过测量和反馈飞机的航路(位置)信息,保证飞机按照给定的航线飞行,到达预期的飞行目的地,需要时可实现精确的自动着陆和滑跑控制。其设计指标是飞机位置(经度、纬度、高度等)的跟踪保持精度、动态调节时间等,有时还包括预置飞行时间的精确控制(四维导航)。航线稳定控制与姿态稳定控制一起由自动驾驶仪系统完成。

上述 3 个回路是按照飞控系统的反馈通道和控制原理划分的,在飞控系统设计中具有不同的需求、技术指标和设计方法。目前在所有的飞机中,外回路和导引回路一起由自动飞行控制系统(自动驾驶仪)完成,而在一些现代民机中,自动飞行控制系统与主飞控系统的控制律在相同的计算机中实现,但仍然由不同的模块分别实现功能。

民机飞控系统包括内回路控制增稳系统和控制姿态航线的自动飞行控制系统,它与飞行管理系统、座舱航电系统及人感系统等组成综合飞行控制/管理系统。电传飞控系统通常指图 4 - 1 中的内回路,也称为主飞控系统,其主要功能是增稳和/或控制增稳,实现驾驶员的杆力操纵对飞机的控制,保证飞控系统具有好的稳定性和操纵特性。

本章讨论电传飞控系统的控制结构与控制律设计,自动飞行控制系统将在第 5 章中详细介绍。

4.1.2　电传飞控系统的发展及收益

电传飞行控制系统(fly-by-wire, FBW)通过电信号(电缆)实现驾驶员对飞机运动进行操纵,用电缆代替机械杆系驱动飞机的执行机构系统,带动飞机的操纵面偏转,提供需要的控制力/力矩,从而改变飞机的姿态和航迹。电传飞控系统的主要优点是在飞机飞行包线的每一点可裁剪系统的特性,这是通过随飞行条件调参的飞行控制律(FCL)实现的。由于数字计算机的发展,数字电传飞控系统具有了易于综合、校正、改变或转换控制律的便捷性,为实现更高智能水平的控制律和控制功能提供了条件。

早期的飞机主操纵系统是简单的机械操纵系统[3]：由钢索的软式操纵发展为拉杆的硬式操纵，驾驶杆及脚蹬的运动经过钢索或拉杆的传递，直接拖动舵面运动，如图 4-2(a)所示。飞行员在操纵过程中，必须克服舵面上所承受的气动力，但只要对传动的摩擦、间隙和传动系统的弹性变形加以限制，就可以获得满意的性能。

随着飞机尺寸、重量及飞行速度的不断提高，由于舵面铰链力矩的增大，飞行员已难以直接通过钢索或拉杆去拉动舵面。20 世纪 40 年代末出现了液压助力器，将其安装在操纵系统中，如图 4-2(b)所示，作为一种辅助装置来增大施加在操纵舵面上的作用力，以发挥飞机的全部机动能力，这即为助力操纵系统。在这种系统中，操纵杆与舵面之间仍然有直接的钢索或拉杆连接，飞行员控制力的一部分仍然直接传递到舵面，因此也称为半助力操纵。飞行员仍能通过拉杆或钢索感受到舵面上所受到的气动力，并依据这种感觉来操纵飞机。

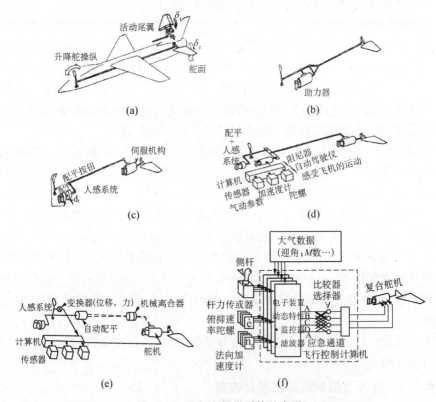

图 4-2　飞机主操纵系统的发展
(a) 直接机械连动机构　(b) 助力操纵　(c) 全助力操纵
(d) 增稳系统　(e) 控制增稳电传操纵系统　(f) 四余度电传操纵系统

当超声速飞机出现后，其飞行时飞机的焦点急剧后移，纵向静稳定力矩剧增，此时需要相当大的操纵力矩才能满足飞机的机动性要求。此外，由于尾翼上出现了超声速区，升降舵操作效能大为降低，因此，不得不采用全动平尾进行操纵。全动平尾的铰链力矩很大,并且数值的变化范围较宽,非线性特性影响严重,飞行员无法直接承受舵面上的铰链力矩并依据它来操纵飞机,因此出现了全助力操纵系统,如图 4 - 2(c)所示。在这种系统中,断掉了舵面与驾驶杆的直接联系,飞行员的操纵指令将直接控制助力器上的分油活门,从而通过助力器改变舵面的偏转,并承受舵面的铰链力矩。此时,驾驶杆上所承受的杆力仅用于克服传动机构中的摩擦力,与飞行状态无关;飞行员亦无法从杆力的大小来感觉飞机飞行状态的变化,这不符合飞行操纵要求。为使飞行员获得必要的操纵感觉,感受到适当的杆力和杆位移,在系统中须加入人感装置。人感装置是由弹簧、缓冲器以及配重等构成的系统,用来提供驾驶杆上所受的人工感力。驾驶杆的操纵特性(如杆力梯度和杆位移梯度)要求随飞行状态变化,可利用特定的力臂调节器等来解决。例如,美国的 F - 86,F - 104,B - 727 以及苏联的米格 19,都采用了这种全助力操纵系统。

从 20 世纪 50 年代中期以来,随着飞机向高空、高速方向发展,飞行包线不断扩大,飞机的气动外形很难既满足低空、低速的要求,又满足高空、高速的要求,常常会出现在高空、高速飞行时,飞机的静稳定增加、阻尼不足;而在低速飞行时稳定性不够的现象。通常,单纯依靠改变人工操纵系统和飞机的气动外形,难以满足操纵品质的要求。为了提高飞机的稳定性和改善飞机的阻尼特性,全助力操纵系统第一次将人工操纵系统与自动控制结合起来,将增稳系统引入到人工操纵系统中,具有了增稳功能,如图 4 - 2(d)所示。在这种系统中,利用角速率陀螺或加速度计测量飞机的特性变化,形成人工阻尼和增稳信号,通过串联或并联舵机操纵舵面,飞机在高空或高速条件下仍具有满意的操纵品质。从飞行员操纵角度来看,增稳系统是飞机的组成部分,飞行员操纵的犹如一架具有优良品质的“等效飞机”。在这种系统中,增稳系统和驾驶杆是互相独立的,增稳系统并不影响飞行员的操纵。由于舵面既受驾驶杆的机械传动指令控制,又受增稳系统产生的指令控制,为了操纵安全起见,增稳系统对舵面的操纵权限受到限制,一般仅为舵面权限的 3% ～6% 。

增稳系统在增大飞机的阻尼和改善稳定性的同时,在一定程度上降低了飞机的操纵反应灵敏性,从而使飞机的操纵性变坏。为了克服这个缺点,在增稳系统的基础上,进一步发展了控制增稳系统。其与增稳系统的主要区别在于:在控制增稳系统中,还将飞行员操纵驾驶杆的指令信号变为电信号,并经过一定处理后引入到增稳系统中,作为增稳系统的指令输入信号,控制舵机的运动。通过合理的设计,将可获得满意的操纵性和机动性,较好地解决了稳定性与操纵性之间的矛盾。控制增稳系统的典型结构如图 4 - 2(e)所示。由于飞行员可通过该系统直接控制舵面,因此,控制增稳的权限可以增大到全权限的 30% 以上。

传统的机械操纵系统以及增稳或控制增稳系统都存在一系列缺点:重量重、占据空间大及存在非线性(摩擦、间隙)和弹性变形,将保证飞机有合适操纵性的机构变得相当复杂。20 世纪 70 年代初,电传操纵系统(FWB)的成功研制和开发,较好地克服了机械操纵系统所存在的一系列缺点。所谓电传操纵系统,就是将控制增稳系统中的机械操纵部分完全取消,飞行员的操纵指令完全通过电信号,利用控制增稳系统实现对飞机的操纵。电传操纵系统的结构图如图 4-2(f)所示。从图中可见,电传操纵系统就是一个全时、全权限的"电信号系统＋控制增稳"的飞行操纵系统。

电传技术对于民用飞机的收益[7]:

- 改善飞机的固有动力学性能,即稳定性、操纵品质、抗扰动能力和乘坐舒适性。
- 提供飞行包线保护,必要时允许驾驶员全权指令,而不偏离安全飞行包线,或产生飞机过应力。
- 在常规的控制任务中,通过减少驾驶员工作负荷,来增加安全性,使他能够专注于执行更高级别的飞行导引任务。
- 通过在同类飞机中提高通用性来减少航空机务人员的培训费用(交叉机组证书)。
- 更高效地使用机组人员资源,如一个驾驶员可以驾驶同一等级的不同类型的飞机。
- 很容易完成飞机构型的改变,提供开发的灵活性和升级潜力。
- 通过改进的可维护性和更高的派遣率来减少操作成本。
- 去掉较重的机械操纵部件来减轻飞机重量。

最初的电传操纵系统是模拟式系统,并都采用了机械备份系统,以提供更高的安全可靠性。20 世纪 60 年代中期集成电路的出现,对航空技术发展产生了巨大的影响,为制造小型、可靠的余度电传操纵系统提供了物质条件。1972 年出现了第一架无机械备份的电传操纵系统的飞机 YF-16 轻型战斗机,目前很多战斗机均取消了机械备份,而民机仍保留了机械备份。20 世纪 80 年代以来,电传操纵系统获得了极大的发展,成为许多新型民机与军机一致采用的飞控系统的基本构架。

电传操纵系统的发展与数字计算机的发展为民用飞机的主飞控系统发展提供了更为有利的基础与环境,可以进一步实现其他更多的一些控制功能(如主动控制、故障检测与控制重构等),并为解决现代高性能飞机操纵系统中许多问题提供了有效方法,在飞控领域形成了很多新技术。

4.1.3　民机电传飞控系统的结构与功能

由于电系统的故障率较高,可靠性远不如机械系统,为保障电传操纵系统的可靠性,飞控系统采用了余度结构,即用多重可靠性较低的相同或相似的元部件组成任务可靠性较高的系统。电传主飞控系统主要包括飞控计算机、传感器系统和执行机构系统,所有这些子系统均采用了余度配置,民机飞控计算机系统常采用 3~4 余度计算机、每台计算机中包含 2~3 个 CPU 的高余度结构,以保证 $1.0 \times 10^{-9} \sim 1.0 \times 10^{-10}$ 的任务可靠性要求。传感器、舵机系统也都采用多余度结构。由于电传主飞控系统是飞机最底层的控制,飞行航线和其他任务都需要通过主飞控系统实现,因此,对于电传主飞控系统的可靠性要求是最高的,其余度配置也是最高级别的,一般为 3~4 余度。而自动飞行控制系统、航电系统的余度配置相对低一些,一般为 2~3

余度。

本章主要研究民机电传操纵系统的主飞控系统及其控制律设计,民机电传操纵系统的余度容错结构及其可靠性与安全设计将在第 7 章介绍。

4.2 民机主飞控系统控制律结构功能分析

民机电传飞控系统常常是指主飞控系统,或飞控系统的内回路控制系统。驾驶员杆指令,与传感器信息一起馈入飞控计算机,解算出的控制律指令驱动舵机,带动舵面偏转,改变飞机的姿态和航迹。主飞控系统原理如图 4-3 所示。

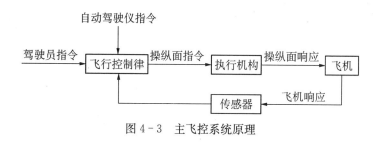

图 4-3 主飞控系统原理

主飞控系统测量飞机的三轴角速率和加速度、过载,姿态角、高度、马赫数等基本运动变量,响应驾驶员的操作指令,提供给驾驶员满意的飞行操纵品质,使飞机能够依照驾驶员操纵实现需要的飞行姿态和航迹。

民机主飞控系统的控制律通常指为增稳或控制增稳控制律,它的作用是调节飞机纵向短周期模态、横航向滚转和荷兰滚模态特性,提供人工阻尼或改善稳定性,同时还要求满足一定的飞行品质要求,实现边界限制等提高安全性可靠性的功能。

4.2.1 主飞控系统控制律基本结构

参考文献[3]给出了电传主飞控系统控制律的基本结构与原理分析。

4.2.1.1 纵向通道控制模块

目前常规的民机纵向主动飞控系统控制律基本模块如图 4-4 所示。

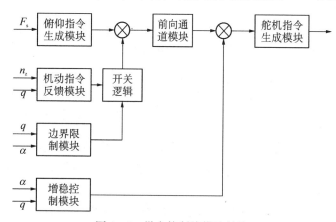

图 4-4 纵向控制律模块结构

由图 4-4 可知,俯仰通道主要功能模块包括俯仰指令生成、增稳控制、机动指令反馈和边界限制、前向通道和舵机指令生成几个基本控制模块。各模块分述如下。

1) 俯仰指令生成模块

俯仰指令生成模块主要包括:

(1) 杆指令整形,即依据规范的要求,实现所要求的杆力梯度特性。

(2) 俯仰过载限制。系统基本上是实现杆力对应稳态过载,所以为了限制高速飞行时的法向过载,引入杆力的饱和特性,达到限制法向过载的目的。由于飞机对正负过载要求不同,所以其正负限制值也不同。

(3) 前置滤波器。一般是一个滞后-超前的低通滤波器,也称为飞行员指令模型(或指令成型前置滤波器),其传递函数通常为 $(T_1 s+1)/(T_2 s+1)$,用以滤除杆力的猛烈冲动和高频噪声,并且可使指令变得柔和平滑。该网络的极点和零点的大小及其相互关系对电传系统的等效延迟时间影响极大,必须精心选择和设计。通常,极点 $-1/T_2$ 多为 $-8\sim-10$,零点可取为 $-1/T_1 = -15 \sim -20$。

2) 增稳控制模块

飞机主飞控系统的主要功能就是增强飞机的稳定性,即使飞机本体是静不稳定的,通过主飞控系统控制律设计,也可以实现稳定性补偿。增强飞机稳定性较好的方法是采用迎角及俯仰角速率的组合反馈,后面在增稳系统控制律设计方法时详细讨论。

3) 机动指令反馈模块

机动指令反馈是指设置稳态时俯仰杆指令所实现的机动参数。它可能对应俯仰速率、法向加速度、迎角或三者的任意组合,应依据飞行条件、飞机的构型、空速或飞机的实际机动要求确定。一般高速飞行时,飞行员主要感受过载变化,所以采用过载反馈;低速飞行时,过载响应不重要,此时控制律采用法向过载和俯仰角速率的组合形式。

4) 边界限制模块

为了实现飞行员对飞机的无忧虑操纵,电传系统应设法对飞机的某些重要变量的边界值加以限制。通常应对法向过载和迎角的边界值加以限制。由于该系统杆力在高速飞行时对应稳态过载,所以,如前所述,过载限制是通过在杆力指令模块中引入限幅环节实现的。但一般只限制过载还不能保证对迎角的限制。由过载与迎角的关系 $n_z = \dfrac{V}{g} Z_\alpha \alpha$ 可知,高速时限制了过载 n_z 即限制了迎角 α,但当飞行速度较低时,迎角 α 可能已经超过了最大限制值,过载 n_z 并不会达到最大值。因此需要对迎角 α 进行限制。目前所有具有电传飞控系统的民机主飞控系统都具有过载限制和迎角限制。

另外,民机电传飞控系统通常还包括滚转角、滚转角速率、速度、马赫数等限制回路,以保证民机安全和稳定飞行。

5) 前向通道模块

系统中前向通道模块主要实现如下功能:

(1) 中性速度稳定性。

前向通道中串联有积分环节,便可实现中性速度稳定性。高速机动飞行时,前向积分器将杆指令与法向过载的稳态误差保持为零;在低速飞行中,积分器使任何非指令的俯仰速率和法向过载自动减小到零。当杆指令为零时,前向积分器使飞机处于平飞状态;当飞机改变飞行速度或高度时,杆力(杆位移)始终在零位附近,积分器起自动配平的作用,保持飞机平直飞行。由于在正向通道中含有积分环节,使杆力与升降舵面偏转角无比例关系,从而使飞机的稳态迎角或过载与杆力无比例关系。这种特性通常被称为中性速度稳定性(neutral speed stability, NSS)。

从飞行力学可知,对于速度稳定的飞机来说,在平直飞行或等过载飞行时,杆力与飞行速度 V 的变化曲线的斜率 $\tan\alpha|_{V_{PP}} = dF_e/dV = F_e^V$ 为杆力梯度。对于速度稳定飞机,若

$F_e^V > 0$,即增加速度需向前推杆,则为正速度稳定性(positive speed stability, PSS);

$F_e^V < 0$,即增加速度需向后拉杆,则为负速度稳定性,速度不稳定;

$F_e^V = 0$,即速度变化与杆力无关,则为中性速度稳定性。

飞行中如果飞机受到纵向不平衡力矩扰动,或飞行速度发生了变化,需要飞行员手动杆力进行配平,即人工配平。为了减轻飞行员的负担,希望系统具有中性速度稳定性,此时,系统本身具有补偿随飞行速度变化带来的飞机升降舵配平变化的能力,即飞机具有对飞行速度扰动不敏感的特性和自动配平能力。另外,中性速度稳定性并没有改变飞机本身的速度稳定性,只是由电传操纵系统完成了飞行员的配平功能。

但是在起飞、着陆等端点飞行阶段,有时飞行员须借用杆力(杆位移)来均匀地调节迎角的大小,此时必须取消自动配平,而采用正速度稳定性 PSS,因此,电传系统应在端点飞行阶段将系统转为正速度稳定性 PSS,即将前向通道中的积分环节取消。

(2) 结构模态的滤波功能。

在主飞控系统控制律设计时,一般视飞机为刚体;但对于具有较长机身、较大翼展的民用飞机来说,飞机的刚度有所下降。飞机在空中飞行时,除了刚体运动外,还包括有机体的弹性结构模态。通常弹性模态的振动频率较高,阻尼较小,并且振型多达六阶以上。飞机的这种结构模态运动很容易被飞机的角速率陀螺等传感器所感受,并将这种振型引入主飞控系统,干扰主飞控系统工作。严重时,由于电传系统的高增益以及结构模态信号的过大相位延迟,会使闭环飞控系统发生耦合发散振

荡,导致飞机损坏。采用合适的角速率陀螺等传感器的安装位置可减小结构模态的干扰,但实际上理想位置很难找到。因此,目前比较流行的方法是,在系统中加入机体的结构模态滤波器。

结构模态滤波器的频率特性通常是一种陷波特性,它对于弹性模态频率的输入信号有较大的抑制功能,而对其他频带的输入信号影响极微。该滤波器的传递函数分子分母均为二阶复数零极点,形成一对复数偶极子,其频率特性如图 4-5 所示。该滤波器的陷波频率应根据给定的飞机低阶结构模态频率确定。

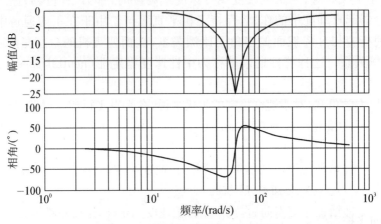

图 4-5　结构模态陷波器频率特性

从图 4-5 可见,该滤波器对频率为 $\omega = 60/s(f = 9.6\,\text{Hz})$ 的弹性模态有较大的衰减,即阻塞该频率信号通过。由于其频率特性的形状呈凹陷形,故称其为陷波器。

将结构陷波器置于电传系统正向通道的后端,可集中对不同传感器引入的结构模态频率进行滤除;但它也对杆力信号进行滤波,引起系统操纵的延迟。因此,在有些电传系统中,将结构滤波器置于不同反馈信号的通道里,但这将增加控制律的结构复杂性。

6) 舵机指令生成模块

舵机指令生成模块通常应给出输入到升降舵舵机回路的指令,包括:

● 舵机位置的最大、最小指令限幅;

● 舵机的最大、最小速率限幅;

● 为抑制舵机的抖动,设置后置平滑滤波器(它将降低系统的稳定性,并增加等效延迟时间)。

图 4-6 为输出指令的位置及速度限幅的一种可行方案。

后置滤波器一般采用一阶惯性环节,其时间常数需要合理调节以减小系统延迟。

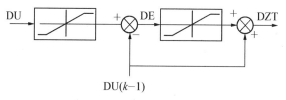

图 4-6 位置极速度限幅器

4.2.1.2 横航向增稳控制系统基本模块

飞机主飞控系统横航向控制增稳控制系统结构如图 4-7 所示。

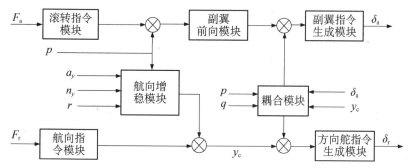

图 4-7 横航向飞控系统结构框架

横航向飞控系统主要包括接受驾驶员的滚转通道（侧杆）和偏航通道（脚蹬）的指令，接受滚转角速率 p 和偏航角速率 r 及侧杆加速度 a_y（或侧向过载 n_y）的反馈信号，通过控制律计算求得副翼及方向舵舵机的指令。其中：

1）滚转指令通道

● 滚转指令梯度函数：

按有关要求形成飞行员指令梯度，通常应保证小杆量时低灵敏度，大杆量时高灵敏度。

● 滚转指令限幅：

实现对飞机滚转角速率的最大值限幅。

● 飞行员指令模型：

与纵向通道中指令模型的作用相同，但具体参数应根据滚转通道特性选取。

2）横滚通道动态反馈模块

引入滚转角速率 p 反馈信号与杆力信号进行综合，故稳态时，杆力对应滚转角速率。为了抑制飞机结构模态的影响，滚转角速率回路中通常会引入结构陷波器。

3）滚转通道的前向模块

该通道中，除了有通常的可调增益外，还包括副翼位置及速率的限幅器。

4）偏航轴指令生成模块

该模块所包括的运算功能与滚转轴通道类似。

5) 偏航轴动态反馈模块

一般采用偏航角速率 r 及侧向过载 n_y 信号反馈。由于偏航角速率通道中有洗出网络,故稳态时偏航指令对应一定的侧向过载。在该模块中,系统利用偏航角速率及侧向过载形成对偏航轴荷兰滚模态的阻尼和增稳。为了抑制飞机结构模态的影响,在偏航角速率及侧向过载通道分别加入了结构陷波器。为了避免偏航角速率反馈对飞机稳态偏航速率的影响,在该通道中引入了洗出网络。

在该模块中还包括了必要的可调增益以及引入的超前-滞后网络,以保证获得所需的飞行品质。

6) 偏航轴前向通道模块

该通道主要包括了方向舵舵机的位置及速率限幅环节。

7) 交联模块

● 滚转角速率与迎角反馈信号到航向增稳模块的交联:

滚转时间常数随飞行条件变化较大,副翼操纵效益变化大,有时取滚转速率随迎角调参,使得闭环特性变化小;进场着陆阶段,一般会采取较大迎角飞行,需要滚转速率反馈保证好的滚转响应,有侧风时,荷兰滚阻尼是重要因素,有时需要依据迎角进行调参。

● p 和 q 之间的耦合:

在大的组合驾驶指令时,由于耦合效应,会发生大的侧滑。$p \times q$ 反馈的目的就是增加偏航速率,以减少侧滑,也是减少纵横向惯性交感的一种措施。

● 副翼信号引入方向舵指令:

滚转与偏航有控制耦合,航向通道有时需要横向增稳辅助。方向舵输入在航向增稳的基础上可以添加副翼交链信号 $K_{\delta_a}\delta_a$,协调航向控制。

4.2.2　A320 电传飞控系统增稳控制律实例分析

A320 电传飞控系统增稳控制律主要包括杆位移特性和三轴增稳控制回路[1]。

1) 侧杆力的位移特性

A320 的杆位移特性如图 4-8 所示,其正反方向的杆力梯度相同。

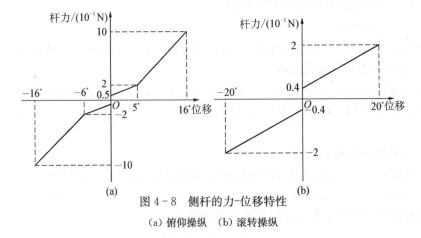

图 4-8　侧杆的力-位移特性

(a) 俯仰操纵　(b) 滚转操纵

2）俯仰轴控制增稳

A320 的俯仰轴控制增稳系统结构如图 4-9 所示。

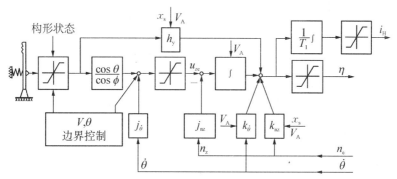

图 4-9　A320 的俯仰轴控制增稳系统结构

与 C^* 类似的 θ 信号混合实现载荷系数预置,相当于具有输入控制和积分控制器的状态反馈,所有控制增益都与飞行速度和中心位置相匹配;状态反馈改善动特性,积分项与输入控制一起保证引导精度;升降舵操纵信号通过积分器形成自动配平,升降舵总是回到中立位置;在着陆情况下,冻结自动配平。

3）滚转轴

正常情况下滚转通道操纵仅用侧杆完成,侧杆偏移度对应滚转角速度引导信号（15°/s）,经 PI 控制器产生滚转角信号,与实际角度比较的偏差控制滚转通道。当侧杆处在中间位置时,保持达到的倾斜角。限制最大倾斜角限制为 33°,对应侧杆的中间位置,通过图 4-10 中的滚转通道非线性反馈实现。副翼和扰流板以全权限完成操纵,方向舵阻尼荷兰滚和转弯协调。

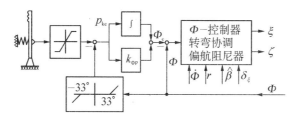

图 4-10　A320 的滚转轴增稳系统

4）偏航轴

方向舵由侧向运动控制器进行纯电控制,驾驶员脚蹬预置侧滑角,自动地与相应的滚转角协调。为平衡发动机故障时的偏航力矩,预先规定了一个控制律,用方向舵稳定侧滑角和倾斜角,驾驶员用脚蹬把侧滑角恢复到 0°,用侧杆稳定住航向角。这种调节是由控制器完成的。

4.3　民机主动控制技术及应用

4.3.1　民机采用的主动控制技术

如前所述,数字电传飞控系统使得主飞控计算机中可以实现更为复杂的控制律解算功能,因此使得主动控制技术(active control technique, ACT)得到快速发展。主动控制技术包括:

(1) 放宽静稳定性(relaxed static stability, RSS)。

(2) 直接力控制(direct lift control, DLC)。

(3) 机动载荷控制(maneuvering load control, MLC)。

(4) 阵风载荷减缓(gust load alleviation, GLA)。

(5) 乘坐品质控制(ride quality control, RQC)。

(6) 飞行边界保护(boundary control, BC)。

(7) 飞行包线保护(flight envelope protection, FEP)。

(8) 颤振模态抑制(flutter mode control, FMC)。

表 4-1 为几个主要的主动控制技术的功能及其对民用飞机产生的效益。

表 4-1　主要主动控制技术的功能及其对民用飞机产生的效益

主要功能		主要效益
放宽静稳定度(RSS)		减轻机体重量,减少阻力 重心控制容易
直接力控制(DFC)	直接升力控制(DLC) 直接侧力控制(DSFC)	减少阵风扰动,保持正确的航迹 提高侧风着陆能力
机动载荷控制(MLC)		减轻机翼载荷和结构损伤,减轻机翼结构重量
颤振模态控制(FMC)		减轻结构-弹性振动和结构损伤,减轻机体重量 飞行速度增加
阵风缓和(GA)	乘坐品质控制(RC)	乘坐更加舒适 进场着陆容易控制
	结构模态控制(SMS)	飞机疲劳寿命延长 机体重量减轻

民用飞机采用主动控制技术后,可在各种飞行状态下通过机载计算机根据飞行员指令及飞行运动传感器信息,按预定程序控制相应操纵面,使作用在飞机上的气动力按照需要变化,从而最大限度地改进飞机性能,减轻飞机重量、扩大飞行包线,增加飞机机动能力,提高燃油效率,降低使用与维护成本。各国的大型运输机、民航机都不同程度地采用了主动控制技术,获得了很好的收益:

● B-52 轰炸机采用放宽静稳定布局,把飞机的焦点移到重心前面的 $5.5\% \, b_A$,平尾面积由 $84 \, m^2$ 减小到 $46 \, m^2$,不改变发动机和起飞总重的情况下,结构重量减小了 6.4%,阻力减小了 2%,航程约增加了 4.3%;机动载荷降低,对于增量为 $1g$ 的机动,翼根弯矩降低了 40%,与放宽静稳定度综合起来可减小重量 20%。

- KC-10A 空中加油机,采用常规布局和放宽静稳定布局的两种方案,在同样的有效载荷和完成同样任务的条件下,后者比前者起飞重量减轻 16%,空载减轻 25%,成本降低 20%,耗油量减小 25%。

- C-5A 飞机采用主动升力分布控制系统,减小翼根弯矩 30%~50%,采用了机动载荷控制系统时,其载重能力由 77.7 t 提高到 102.5 t(2.5g 过载条件下)。

- F-4 飞机若把静稳定性放宽到 12%,在保证同样的操纵品质下,重量可减轻 10%,发动机尺寸可减小 21%。

- B7J7 将飞机重心移到离握杆中性点 5%~10% b_A,同时引入了飞行包线限制,对失速、机动、超速自动进行限制,使 B7J7 的轮挡油耗比 A320 低约 20%。

- B-52 飞机应用了载荷缓和及模态稳定系统。

- XB-70 阵风衰减与结构动态稳定性增稳系统,主要包括载荷缓和及利用结构模态控制技术降低疲劳损伤率。

- B-52G 和 B-52H 安装稳定性增稳系统,在低空和高速飞行状态下降低疲劳损伤率。

- B-52 飞机上完成了乘坐品质控制、颤振模态控制、机动载荷控制及增强稳定性 4 种 ACT 原理的飞行验证,都获得了成功。

- 在 L-1011 运输机上,利用先进的偏航阻尼器减少横向阵风载荷使极限设计载荷减少 20%。

- B747 的模态抑制增稳系统(MSAS)提高后舱乘客横向乘坐品质。

- B-1 战略轰炸机利用结构模态控制技术,在执行地形跟踪任务过程中,提高了机组人员乘坐品质。

- C-5A 飞机设计的升力分配主动控技术(ALDCS)可以减少机翼的设计极限机动和阵风载荷及机翼疲劳损伤率。

A320,A330/340,A380 和 B777 均应用了 RSS,FMC,GLA,RQC,BC,FEP 等主动控制技术。而直接力控制更多的是作为一种新概念技术,利用飞机的多操纵面布局应用到阵风减缓、乘坐品质减缓、机翼载荷减缓等控制中去。

下面介绍 A320 的几个主动控制系统。

4.3.2 A320 边界保护功能

1) 迎角边界控制

保证在极低速度飞行时具有静稳定性。按照马赫数、前缘襟翼和后缘襟翼的位置,规定了各种极限迎角,如襟翼放下时给出图 4-11 中的 $\alpha_{Prot} = 12°$,$\alpha_{Prot} = 14.5°$,$\alpha_{Lim} = 15°$。

迎角限制方案:当达到 α_{Prot} 时,从 C^* 控制律转换到图 4-12 所示的迎角控制律,倾斜角配合控制。

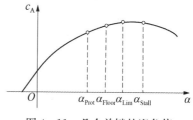

图 4-11 几个关键的迎角值

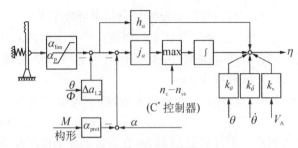

图 4-12　A320 的迎角边界限制

2）高速边界控制

限制拉升的载荷系数的同时，防止超过允许使用的最大速度 V_{mo} 或 M_{mo}，当 V_A > V_{mo} + 6 kn 或 $M > M_{mo}$ + 0.01 时，自动接通这一功能。同时在侧向运动中，从滚转角速度预置转换到滚转角预置，侧杆中心位置 $\phi_c = 0$，全偏转时 $\phi_{cmax} = \pm 45°$。一旦 $V_A \leqslant V_{mo}$ 或 $M \leqslant M_{mo}$，这项功能被中止。

3）俯仰姿态边界控制

C^* 控制的积分部分，当俯仰角正向或负向偏角较大时，驾驶员操纵指令受到限制。这项功能辅助迎角边界控制和高速边界控制。

4）风切变中的边界控制

在风切变中要靠空速来保持飞行航迹，并要及时提高推力。需要载荷系数预置控制，对抗下沉风，用升降舵保持过载 = 1。不论油门在什么位置，都要把推力放在全起飞状态，发动机可直接设在最大转数。

5）横向运动使用的边界控制

限制倾斜角和侧滑角，如滚转轴控制所述。

4.3.3　A320 的机翼载荷减缓控制

A320 的机翼载荷减缓控制目的是降低强湍流下机翼上的载荷，为此，副翼和外侧扰流板与载荷相关地对称偏转。如图 4-13 所示，当飞机本身的载荷系数比驾驶员给出的载荷系数大出 0.3 时，它们以很高的调节速度 200°/s 作卸载调节偏转（向上），保持至少 0.5 s，然后减速收回。所造成的俯仰力矩由升降舵偏转来平衡。当 C^* 控制器工作时使用这项功能。

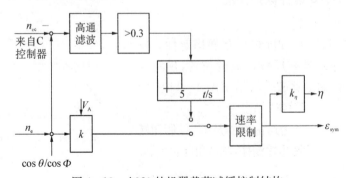

图 4-13　A320 的机翼载荷减缓控制结构

机翼载荷减缓系统与正常增稳系统共同工作,控制律切换仅依赖驾驶员指令过载与实际过载的比较自动完成,没有专门的切换装置,切换后的指令信号具有速率限制功能,限制过快的切换速率。

下面介绍几种增稳控制和主动控制的控制律设计方法与设计案例。

4.4 主飞控系统的控制律设计

4.4.1 主飞控系统增稳与控制增稳控制律设计

增稳系统一般分为阻尼系统、增稳系统和控制增稳系统,飞控系统的内回路主要控制短周期、滚转和荷兰滚模态,增稳系统通过迎角(或法向过载)、侧滑角(或侧向过载、加速度)、三轴角速率反馈增加短周期、荷兰滚模态的阻尼;改善滚转模态时间常数,提高和保证飞控系统的三轴稳定性,并提高和改善稳定裕度。如果飞机特性呈现非线性,或飞机模型是非线性的,也都需要在增稳回路中实现反馈线性化和增强稳定性。

4.4.1.1 阻尼系统及原理分析

随着飞行包线的扩大,飞机自身运动的阻尼下降,驾驶飞机时飞机角速度会出现强烈振荡,使得飞行品质变差,驾驶员操纵困难。

飞控系统的阻尼系统有时也简称为阻尼器,它通过飞机的三轴速率陀螺测量,同时反馈角速度值给飞控系统,形成闭环,可以有效抑制振荡,改善飞机三轴的阻尼特性[4]。

早期的机械操纵系统中,阻尼器是将速率陀螺测量的角速率信号通过放大器输入给舵回路,再通过助力器控制飞机的,统称为阻尼器,如图 4-14(a)所示,在飞控系统中,阻尼器与飞机形成的新的回路如图 4-14(b)所示。现代新型带数字电传的飞机都配备了数字飞控计算机系统,测量得到的角速率信号通过飞控计算机进行控制律解算后再输出给舵机系统,因此改变了阻尼器的结构,形成了电传飞控系统的阻尼回路,如图 4-14(c)所示。

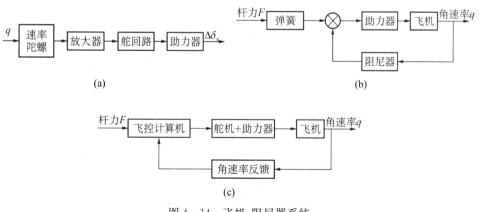

图 4-14 飞机-阻尼器系统

(a) 阻尼器结构 (b) 带阻尼器的机械式飞控系统 (c) 电传飞控系统速率反馈回路

飞机角运动可分为绕机体轴的 3 个角速率，分别为俯仰、滚转和偏航阻尼系统。

1）俯仰阻尼器

飞机纵向短周期模态的阻尼较差时，需要提高俯仰阻尼改善短周期模态的动态品质。由第 1 章可知，飞机短周期模态的阻尼比 ζ_d 主要受 M_q 的影响，M_q 的值反映了飞机自身俯仰阻尼力矩 $M_q \dot{\theta}$ 的值。如果取舵偏角与俯仰角速率成比例：

$$\delta_e = L_q q \tag{4-1}$$

则舵面的力矩等效于阻尼力矩，因而等效增大了飞机的阻尼。

设舵机＋助力器系统为一个常值增益 K_δ 环节，角速率反馈取式（4-1）形式，由第 1 章可知，俯仰角速率对于舵机输入的传递函数为

$$\frac{\Delta q(s)}{\Delta \delta_e(s)} = \frac{K_q(T_q s + 1)}{T_d^2 s^2 + 2\zeta_d T_d s + 1} \tag{4-2}$$

飞控计算机实现了角速率的负反馈，其闭环系统如图 4-15 所示。

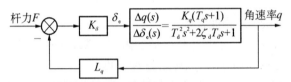

图 4-15　俯仰角速率反馈回路方框图

闭环系统的传递函数为

$$
\begin{aligned}
\frac{q(s)}{F(s)} &= \frac{K_\delta K_q(T_q s + 1)/(T_d^2 s^2 + 2\zeta_d T_d s + 1)}{1 + K_\delta K_q L_q(T_q s + 1)/(T_d^2 s^2 + 2\zeta_d T_d s + 1)} \\
&= \frac{K_\delta K_q(T_q s + 1)}{T_d^2 s^2 + 2\zeta_d T_d s + 1 + K_\delta K_q L_q(T_q s + 1)} \\
&= \frac{K_\delta K_q(T_q s + 1)}{T_d^2 s^2 + (2\zeta_d T_d + K_\delta K_q L_q T_q)s + K_\delta K_q L_q + 1} \\
&= \frac{K_\delta K_{qe}(T_q s + 1)}{T_{qe}^2 s^2 + 2\zeta_{qe} T_{qe} s + 1}
\end{aligned}
\tag{4-3}
$$

式中：

$$K_{qe} = \frac{K_q}{1 + K_\delta K_q L_q} \tag{4-4a}$$

$$T_{qe} = \frac{T_d}{\sqrt{1 + K_\delta K_q L_q}} \tag{4-4b}$$

$$\zeta_{qe} = \zeta_d + \frac{K_\delta K_q L_q T_q}{2T_d \sqrt{1 + K_\delta K_q L_q}} \tag{4-4c}$$

由式（4-4c）可知，闭环系统的阻尼比 ζ_{qe} 较开环增大，而前向增益 K_{qe} 随反馈增

益 L_q 增加而减小，K_{qe} 表示闭环系统的静操纵性，说明阻尼比的增大是以牺牲静操纵性达到的。

另外，取控制律 $\delta_e = L_{\dot\theta}\,\dot\theta$，在飞机作水平转弯飞行时，由于要求 $\dot\theta = q = \varphi\sin\phi$，速率陀螺将感受这个稳态值并通过俯仰阻尼器产生一个常值舵偏角 $\delta_e = L_{\dot\theta}q = L_{\dot\theta}\varphi\sin\varphi$，驾驶员需要适当补偿消除这个舵偏角，因而增加了驾驶员的负担。可以采用的方法是配平舵机，通过加入洗出网络(高通滤波)滤去速率陀螺输出信号中的稳态分量，这样转弯时所要求的 q 值不会影响阻尼器的工作。洗出网络的传递函数为 $\dfrac{\tau s}{\tau s + 1}$，由于分子上有一个 s 环节，稳态时该网络的输出为零，带有洗出网络的俯仰阻尼回路控制律为

$$\delta_e = L_{\dot\theta}\,\frac{\tau s}{\tau s + 1}\,\dot\theta$$

这样保证了水平转弯时 q 是常值，而舵面的偏转角为 0，不需要驾驶员操纵补偿。带洗出网络的俯仰阻尼回路如图 4-16 所示。

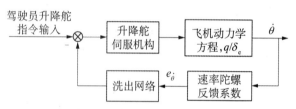

图 4-16　俯仰阻尼回路结构图

一般来讲，阻尼回路反馈增益 $L_{\dot\theta}$ 的作用与飞机的当前飞行状态有关，大飞行包线内需要依据高度、M 数或动压进行调参。另外，阻尼回路包含了舵机和助力器环节，由于舵机与助力器传递函数 $G_e(s)$ 与 $G_\delta(s)$ 都有延迟，产生的实际控制律为 $\delta_e = G_e(s)G_\delta(s)L_{\dot\theta}\,\dot\theta$，由自控原理可知，它们的影响取决于其连接频率与系统开环截止频率的关系，如果适当选取 $L_{\dot\theta}$，使得它们的连接频率都在截止频率的 3～5 倍以上，则对系统开环幅频特性影响很小，产生的相位差也影响较小。

2) 横滚阻尼器

小展弦比飞机在超声速或大迎角飞行时，滚转阻尼力矩显著减小，滚转角速度过大，驾驶员难以操纵，可通过滚转阻尼回路增加滚转阻尼。滚转阻尼通道没有洗出网络，控制器结果如图 4-17 所示。

另外，由于飞机的滚转通道常常近似为一阶环节，由副翼偏转角到滚转角速率的开环传递函数近似为

$$\frac{p(s)}{\delta_a(s)} = \frac{L_{\delta_a}}{s - L_p}$$

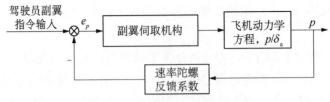

图 4-17 滚转阻尼通道方框图

如果取控制律为 $\delta_a(s) = K_p p(s) + \delta_{a1}(s)$，式中 $\delta_{a1}(s)$ 仍为副翼输入信号，则闭环传递函数为

$$\frac{p(s)}{\delta_{a1}(s)} = \frac{L_{\delta_a}}{s - L_p - L_{\delta_a} K_p}$$

由上式可知，采用滚转速率反馈可以改变滚转模态的时间常数，或者说改变了滚转模态的极点，从而可以改善滚转模态的收敛速度。

3) 偏航阻尼器

采用偏航阻尼是为了改善荷兰滚模态的振荡阻尼。虽然可以通过修改飞机外形（如增大垂尾面积）提高荷兰滚阻尼，但会使得飞机结构和阻力大大增加，加剧飞机对侧风的响应，降低飞机性能。因此，采用偏航阻尼是低成本和更为有效的方法。

由第 1 章知，偏航通道的近似传递函数如下式所示，分母为荷兰滚模态特征多项式。

$$\frac{\Delta r(s)}{\Delta \delta_r(s)} = \frac{-N_{\delta_r} s + Y_\beta N_{\delta_r} + Y_{\delta_r} N_\beta}{s^2 - (Y_\beta + N_r)s + Y_\beta N_r + N_\beta} = \frac{K_{\delta_r}(T_{\delta_r} s + 1)}{s^2 + 2\zeta_r \omega_r s + \omega_r^2}$$

偏航通道近似传递函数的形式与俯仰通道式(4-2)相同，主要反映了荷兰滚模态的振荡特性，取偏航角速率 r 反馈可以改善荷兰滚模态的阻尼。如果取偏航角速率反馈 $\delta_r = L_r r$，其结果也与俯仰角速率反馈相同，即可以改善荷兰滚模态的阻尼，同时降低了驾驶员的操纵效益。另外，与俯仰通道相同，为了保证水平转弯时的常值偏航角速率，又不能让驾驶员操纵补偿，需要引入洗出网络，在水平转弯时滤掉 r 的稳态值反馈，其原理和方式与纵向俯仰通道相同。偏航阻尼相同的结构图如图 4-18 所示。

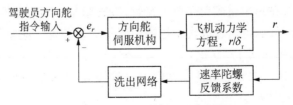

图 4-18 偏航阻尼系统方框图

考虑偏航通道舵机的延迟特性等方面问题也与俯仰通道相同，不再详述。

4）设计举例

（1）纵向。

以第 1 章中 B747 的数据为例，纵向短周期模态的状态变量为迎角 α 和俯仰角速率 q，控制量为升降舵偏转角 δ_e。短周期模态的状态方程为

$$A_z = \begin{bmatrix} -0.5242 & 0.9725 \\ -0.5382 & -0.3767 \end{bmatrix}, \quad B_z = \begin{bmatrix} -0.0286 \\ -0.424 \end{bmatrix}$$

式中：升降舵输入变量单位为（°）。取角速率反馈控制律 $\delta_e = K_q q$，仿真方块图如图 4-19 所示。

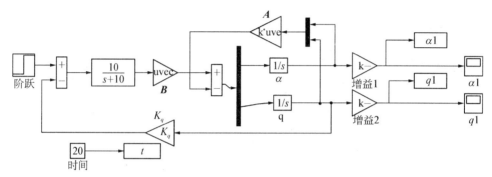

图 4-19 俯仰角速率反馈仿真系统

仿真考虑舵机＋助力器为一阶惯性环节，杆输入信号为零，角速率为负反馈，考查阵风引起的 5°扰动响应。当 $K_q = 0$ 时为系统开环特性，速率反馈值 $K_q = -2$。仿真结果如图 4-20 所示。

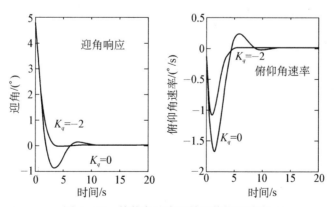

图 4-20 俯仰角速率反馈系统闭环响应

图中结果表明，增加俯仰角速率反馈后，短周期模态的响应和俯仰角速率振荡性都得到了改善。系统开环阻尼比为 0.5363，闭环阻尼比变为 0.6885。

（2）横航向。

B747 横航向状态变量取侧滑角、滚转和偏航角速率 $x=\begin{bmatrix}\beta & p & r\end{bmatrix}^{\mathrm{T}}$，控制变量为副翼和方向舵偏转角 $u=\begin{bmatrix}\delta_{\mathrm{a}} & \delta_{\mathrm{r}}\end{bmatrix}^{\mathrm{T}}$。横航向状态方程为

$$
A_{\mathrm{h}}=\begin{bmatrix}-0.2126 & 0 & -1.0000 \\ -1.3679 & -1.0195 & 0.2777 \\ 0.2369 & -0.1126 & -0.2225\end{bmatrix},\ B_{\mathrm{h}}=\begin{bmatrix}-0.0005 & 0.0001 \\ -0.0091 & 0.0015 \\ -0.0007 & -0.0029\end{bmatrix}
$$

式中副翼和方向舵输入变量单位为 rad。取角速率反馈控制律 $\delta_{\mathrm{a}}=K_{\mathrm{a}}p$，$\delta_{\mathrm{r}}=K_{\mathrm{r}}r$，仿真方块图如图 4-21 所示。系统开环荷兰滚阻尼为 0.2529。

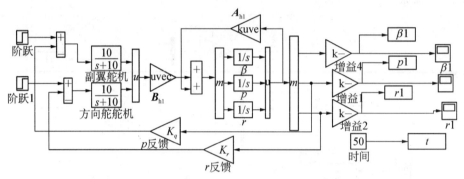

图 4-21　横航向角速率反馈控制律方框图

仿真考虑舵机＋助力器为一阶惯性环节，副翼杆和方向舵输入信号为零，角速率为负反馈，考查阵风引起的 5°扰动响应。当 $K_{\mathrm{a}}=0$，$K_{\mathrm{r}}=0$ 时为系统开环特性，速率反馈值取 $K_{\mathrm{a}}=-2$，$K_{\mathrm{r}}=-2$。仿真结果如图 4-22 所示。

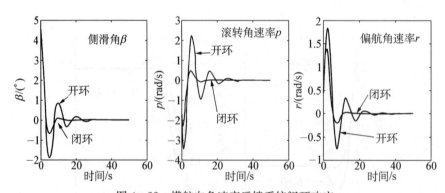

图 4-22　横航向角速率反馈系统闭环响应

图中结果表明，增加滚转和偏航角速率反馈后，滚转和荷兰滚模态的响应和滚转、偏航角速率的振荡性都得到了改善。系统开环滚转通道时间常数为 -1.1355，荷兰滚阻尼为 0.2619；闭环滚转通道时间常数为 -2.6742，荷兰滚阻尼变成了 0.6885，表明横航向的动态过程收敛加快了。

4.4.1.2 增稳系统控制律设计

飞机的角速率反馈仅仅改善了短周期模态的阻尼,而对稳定性和自然振荡频率改变不大。对于现代采用了放宽静稳定性主动控制技术的大型民机,其静稳定性得到放宽,极点向虚轴移动,有的甚至变成了临界稳定,这一点往往反映在短周期模态的特征多项式的第二项(常数项)上,常数项接近零或变成负数则意味着短周期模态成为静不稳定的。放宽静稳定性给飞机整体带来了巨大的收益(见 4.3.1 节),但同时对飞控系统提出了更高的要求,需要人工增稳来获得短周期模态的合理的稳定性,从而保证飞行品质和操纵品质。因此现代高性能民机都需要进行三轴增稳系统设计。

1) 俯仰通道增稳控制律设计原理

俯仰通道可以采用迎角、法向过载或法向加速度信号反馈设计增稳控制回路。

(1) 迎角反馈。

由第 1 章式(1-100)得到迎角对升降舵的传递函数为

$$\frac{\Delta\alpha(s)}{\Delta\delta_e(s)} = \frac{-L_{\delta_e}s + M_{\delta_e} + L_{\delta_e}M_q}{s^2 + (L_\alpha - M_q - M_{\dot\alpha})s - (M_\alpha + L_\alpha M_q)} = \frac{A_\alpha(s + \frac{1}{T_\alpha})}{s^2 + 2\zeta_s\omega_s s + \omega_s^2}$$

可得迎角与升降舵的输入输出关系近似为

$$[s^2 + (L_\alpha - M_q - M_{\dot\alpha})s - (M_\alpha + L_\alpha M_q)]\alpha = M_{\delta_e}\delta_e \qquad (4-5)$$

也可写为

$$(s^2 + C_1 s + C_2)\alpha = M_{\delta_e}\delta_e \qquad (4-6)$$

由式(4-6)可知,取 $\delta_e = K_q q$ 会改变式中的 s 项,而如果取 $\delta_e = K_\alpha \alpha$ 则会改变常数项。设取

$$\delta_e = K_\alpha \alpha + K_g D_g \qquad (4-7)$$

式中:D_g 为驾驶杆指令。将式(4-7)代入式(4-6)可得

$$[s^2 + C_1 s + (C_2 - M_{\delta_e}K_\alpha)]\alpha = M_{\delta_e}K_g D_g \qquad (4-8)$$

由式(4-8)可知,适当选取 K_α 可以改变常数项 C_2 的数值和符号,如果飞机的短周期模态不稳定,其常数项 $C_2 < 0$,增加迎角反馈可以使新常数项 $(C_2 - M_\delta K_2)$ > 0,从而使得短周期模态变得稳定。

从另一个方面讲,迎角反馈等效改变了飞机的纵向静稳定导数 C_{m_α}。考虑

$$C_m = C_{m_0} + C_{m_\alpha}\alpha + C_{m_{\delta_e}}\delta_e + [动导数各项]$$

取 $\delta_e = K_\alpha \alpha$,则有

$$C_m = C_{m_0} + C_{m_\alpha}\alpha + C_{m_{\delta_e}} K_\alpha \alpha + [\text{动导数各项}]$$

$$= C_{m_0} + (C_{m_\alpha} + C_{m_{\delta_e}} K_\alpha)\alpha + [\text{动导数各项}] \quad\quad (4-9)$$

$$= C_{m_0} + C_{m_\alpha}{}'\alpha + [\text{动导数各项}]$$

式中：$C_{m_\alpha}{}'$相当于一个闭环等效的纵向静稳定导数。

采用迎角反馈虽然增大了自然频率和稳定性，但也在一定程度上减小了阻尼比。如果希望既可以增大稳定性，又可改善阻尼，通常可采用迎角 α 与俯仰角速率 q 的组合反馈。

（2）法向过载反馈。

如果没有迎角传感器，可以采用法向过载反馈代替迎角反馈。过载增量与迎角增量的近似关系为

$$\Delta n_z = \frac{QSC_{L_\alpha}}{G}\Delta\alpha \doteq \frac{V}{g}Z_\alpha\Delta\alpha \quad\quad (4-10)$$

将式（4-10）代入式（4-6）可得

$$(s^2 + C_1 s + C_2)n_z = \overline{M}_{\delta_e}\delta_e \quad\quad (4-11)$$

式中：

$$\overline{M}_{\delta_e} = \frac{QSC_{L_\alpha}}{G}M_{\delta_e} \doteq \frac{V}{g}Z_\alpha M_{\delta_e} \quad\quad (4-12)$$

如果采用控制律，则

$$\delta_e = K_n n_z + K_g D_g \quad\quad (4-13)$$

$$[s^2 + C_1 s + (C_2 - \overline{M}_{\delta_e} K_n)]n_z = \overline{M}_{\delta_e} K_g D_g \quad\quad (4-14)$$

由式（4-14）可知，采用法向过载反馈也可以改变短周期模态特征多项式的常数项，从而改变稳定性，增加了自然振荡频率。与迎角反馈相同，过载反馈在改善稳定性的同时减小了阻尼比，若要同时改善阻尼比，可以同时取俯仰角速率和过载反馈。

另外，依据定义飞机的法向加速度与法向过载成正比，$\Delta a_z = \Delta n_z g$，因此原理上也可以采用法向加速度信号反馈实现纵向增稳。但加速度信号较小，易受噪声干扰，需串接低通滤波器。

例如，设某型机短周期模态传递函数，则有

$$G_\alpha(s) = \frac{\alpha(s)}{\delta_e(s)} = \frac{-13.8196}{(s+2.9202)(s-0.6621)}$$

$$G_q(s) = \frac{q(s)}{\delta_e(s)} = \frac{13.8196(s+0.9188)}{(s+2.9202)(s-0.6621)}$$

由上两式可知，迎角 α 和俯仰角速率 q 对升降舵偏转角的传递函数分母上有一

个不稳定极点,飞机是纵向静不稳定的。采用 α 和 q 反馈 $\delta_e = L_a\alpha + L_q q$,其闭环特征多项式变为

$$\Delta(s) = s^2 + (2.258 + 13.8196L_q)s + (13.8196L_a + 12.697L_q - 1.9335) = 0 \tag{4-15}$$

(1) 仅采用迎角反馈:$L_q = 0$。

若要 $\omega_d = 3$,可得 $L_a = 0.79$,此时阻尼比 $\zeta_d = 0.376$,偏小。

(2) 仅采用俯仰角速率反馈:$L_a = 0$。

若要 $\omega_d = 3$,可得 $L_q = 0.86$,此时阻尼比 $\zeta_d = 2.357$,过大。

(3) 组合反馈。

依据自动控制原理,两个反馈参数可以唯一决定一对极点的位置,因此可以任意组合配置闭环自然振荡频率和阻尼比,如选择 $\omega_d = 3$,$\zeta_d = 0.7$,可得反馈参数:$L_q = 0.1405$,$L_a = 0.662$。

2) 纵向增稳控制律设计举例

对于大型民机,常用的纵向控制律构型是:角速率反馈、迎角加俯仰角速率反馈、法向过载加俯仰角速率反馈。空客采用的 C^* 控制构型就是利用俯仰角速率加法向过载反馈实现纵向增稳控制的。

进一步以 B747 数据为例。B747 某飞行条件纵向短周期状态方程为

$$\boldsymbol{A}_z = \begin{bmatrix} -0.5242 & 0.9725 \\ -0.5382 & -0.3767 \end{bmatrix}, \boldsymbol{B}_z = \begin{bmatrix} -0.0286 \\ -0.4240 \end{bmatrix} \tag{4-16}$$

式中:状态量 $\boldsymbol{x} = [\alpha \quad q]^T$,控制量 $u = \delta_e$。短周期模态的特征值 $s = -0.4505 \pm j0.7197$,开环阻尼比 $\zeta = 0.5306$,开环极点位于 s 左半平面,系统稳定,但阻尼比相对较低。如果希望增加阻尼比同时保证较好的稳定性和稳定裕度,假设希望闭环极点位于 $s = -1 \pm j1$。可以利用 MATLAB 相关程序完成设计。

线性系统的极点配置算法在 20 世纪 80 年代已经得到证明并由德国的 Ackermann 研究给出标准算法,并编入 MATLAB 控制工具箱,成为大家可以利用其进行线性系统设计的标准软件。在 MATLAB 程序中的指令为"acker",在 MATLAB 环境中键入"help acker"可以获得该指令的介绍和应用解释。对上述例题的设计程序如下:

```
% Ackermann's design  ＊＊＊＊＊＊＊ 程序定义
Clear＊＊＊＊＊＊＊＊＊＊＊＊＊＊＊＊＊＊ 清理页面
a= [- 0.5242  0.9725
    - 0.5382 - 0.3767]  ＊＊＊＊＊＊ 定义A矩阵
b= [- 0.0286
    - 0.4240]＊＊＊＊＊＊＊＊＊＊＊＊＊ 定义B矩阵
eig(a)＊＊＊＊＊＊＊＊＊＊＊＊＊＊＊＊＊ 求开环极点
```

dp＝［－1＋1j －1－1j］＊＊＊＊＊＊＊＊＊＊＊＊ 给出闭环极点

k＝acker(a，b，dp)　　＊＊＊＊＊＊＊＊＊＊＊＊ 极点配置设计，获得闭环反馈增益K矩阵

eig(a－b＊k)＊＊＊＊＊＊＊＊＊＊＊＊＊＊＊＊＊＊ 验证闭环极点

　　经过运行该程序，得到反馈增益 $K＝［－1.8156 \quad －2.4697］$，闭环极点位于 $s＝－1\pm j1$，与设计要求一致。反馈增益需要进行仿真验证，不能过大超出舵机的限幅值，即既要保证纵向短周期模态的闭环稳定性、动态过程的快速性和较小的振荡性，也要保证系统工作在线性范围内。如果超出了舵机的角度和速率限幅值，则舵机输出幅值会停留在最大值，不再增加，产生闭环系统的非线性振荡，不能保证系统的闭环性能。

　　上述程序的仿真方框图如图4－23所示。图中飞机方程为短周期状态方程(4－16)，仿真时包括舵机环节、舵机的速率限制与角度限制模块，限制值分别为 $|\mathrm{d}\delta_e/\mathrm{d}t|＜40°/\mathrm{s}$，$|\delta_e|＜25°$。控制律模块由指令输入和状态反馈组成：$u＝u_c＋K［x_1 \quad x_2］^\mathrm{T}$。开环时断开控制律模块，仅运行飞机模态。由于仅仅是状态反馈，对外输入指令不能做到无静差跟踪，因此仿真仅进行初值响应仿真，设初始附加阵风初值扰动迎角5°。

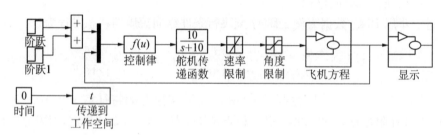

图4－23　纵向增稳系统仿真方框图

开环与闭环系统的比较如图4－24所示。

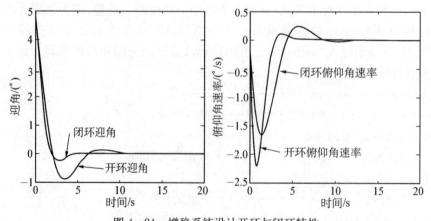

图4－24　增稳系统设计开环与闭环特性

由图中可知,设计的反馈增益对迎角改善较好,减小振荡,加快扰动下的收敛速度,对俯仰角速率也有一定的改善。上述设计中给出的闭环极点仅保证系统稳定和闭环阻尼比,不一定是保证闭环动态特性的最优位置。要调节好系统动态响应,还需要对系统的零点或整体传递函数进行调节。

另外,增稳系统设计仅在系统状态量的动态特性上进行了改善,保证系统稳定并快速收敛。但不能保证系统跟踪指令输入。上述例子中,设系统初始扰动为零,指令输入为幅值 0.2 的方波,持续时间 10 s,则系统响应如图 4 - 25 所示(图中角度单位为(°),以下相同)。

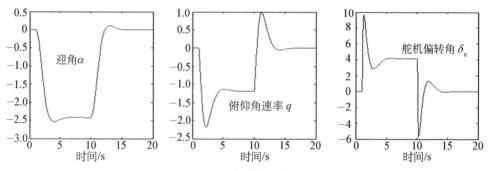

图 4 - 25 纵向短周期系统指令响应

由图中可知,舵机工作在线性区域,迎角与俯仰角速率动态响应过程与图 4 - 24 相同,响应的稳态值与指令无对应关系。

3) 横向通道增稳控制律设计

与纵向相同,横向增稳设计解决系统滚转模态的稳定和阻尼问题。由第 1 章可知,飞机的滚转通道可用一阶近似传递函数描述:

$$\frac{\Delta p(s)}{\Delta \delta_a(s)} = \frac{L_{\delta_a}}{(s - L_p)} \qquad (4-17)$$

式(4 - 17)为一阶环节,由自控原理可知,选择副翼的控制律 $\delta_a = K_p p + \delta_{af}$,其中 δ_{af} 为副翼新的外输入。其闭环特性为

$$\Delta p(s)(s - L_p) = L_{\delta_a} \Delta \delta_a(s) = L_{\delta_a}[K_p \Delta p(s) + \Delta \delta_{af}(s)]$$

$$\frac{\Delta p(s)}{\Delta \delta_{af}(s)} = \frac{L_{\delta_a}}{s - (L_p + L_{\delta_a} K_p)} \qquad (4-18)$$

式(4 - 18)表明,取副翼滚转角速率反馈,可以改变滚转通道的闭环极点,从而改善其单调收敛过程。

以 B747 横航向某飞行模态数据为例,其三阶状态方程为

$$\boldsymbol{A}_{\mathrm{h}} = \begin{bmatrix} -0.2126 & 0 & -1.0000 \\ -1.3679 & -1.0195 & 0.2777 \\ 0.2369 & -0.1126 & -0.2225 \end{bmatrix}, \boldsymbol{B}_{\mathrm{h}} = \begin{bmatrix} -0.0286 & 0.0057 \\ -0.5214 & 0.0859 \\ -0.0401 & -0.1662 \end{bmatrix}$$

$$(4-19)$$

式中:状态量 $\boldsymbol{x} = \begin{bmatrix} \beta & p & r \end{bmatrix}^{\mathrm{T}}$,分别为侧滑角 β、滚转角速率 p 和偏航角速率 r。控制量 $\boldsymbol{u} = \begin{bmatrix} \delta_{\mathrm{a}} & \delta_{\mathrm{r}} \end{bmatrix}^{\mathrm{T}}$ 分别为俯仰偏转角 δ_{a} 和方向舵偏转角 δ_{r}。其中,近似滚转模态可以只取与 p 相关的部分:

$$\dot{p} = -1.0195p - 0.5214\delta_{\mathrm{a}} \qquad (4-20)$$

由式(4-20)可知,系统的开环极点位于 $s = -1.0195$,如果设置闭环极点为 $s = -2.5$,取 $\delta_{\mathrm{a}} = K_p p + \delta_{\mathrm{af}}$,则有

$$\dot{p} = -1.0195p - 0.5214(K_p p + \delta_{\mathrm{af}}) = (-1.0195 - 0.5214K_p)p - 0.5214\delta_{\mathrm{af}}$$

根据闭环极点 $s = -2.5$ 的要求,有 $-1.0195 - 0.5214K_p = -2.5$,因此得到 $K_p \doteq 2.84$。

4) 航向通道增稳系统设计

与横向通道相同,航向通道增稳系统设计也可以针对荷兰滚模态进行。由式(4-19)取状态量 $\boldsymbol{x} = \begin{bmatrix} \beta & r \end{bmatrix}^{\mathrm{T}}$,控制量 $\boldsymbol{u} = \delta_{\mathrm{r}}$,可得近似状态方程为

$$\boldsymbol{A}_{\mathrm{hh}} = \begin{bmatrix} -0.2126 & -1.0000 \\ 0.2369 & -0.2245 \end{bmatrix}, \boldsymbol{B}_{\mathrm{hh}} = \begin{bmatrix} 0.0057 \\ -0.1662 \end{bmatrix} \qquad (4-21)$$

荷兰滚模态的特征值 $s = -0.2175 \pm \mathrm{j}0.4867$,开环阻尼比 0.408。如果希望设置闭环极点位于 $s = -0.8 \pm \mathrm{j}0.8$,与纵向设计相同,可以利用 Ackermann 公式计算。结果得到

$$\boldsymbol{K} = \begin{bmatrix} 4.5556 & -6.8528 \end{bmatrix}$$

设计得到的反馈增益可以保证闭环极点位于预置位置,但是否能获得好的闭环特性仍需要仿真验证。

5) 横航向全状态反馈设计

由于横航向系统是具有两个输入变量的多变量系统,变量之间存在较大的耦合,而采用依据各个模态单独进行极点配置的设计方法,取两个模态的近似方程进行设计,忽略了模态变量之间的耦合,具有一定的近似性。另一方面,对于具有多个输入的多变量系统,仅配置极点,其解是不唯一的,即存在着多个反馈增益满足闭环极点要求,因此获得的解也不一定是最优的。

对于具有多个输入量的多变量系统,采用二次型最优方法设计,可以兼顾稳定性和动态过程,同时保证获得的反馈增益幅值较小,避免增益过大、系统实现困难。理论证明,二次型最优设计不仅可以保证系统闭环稳定,同时保证了系统的动态过

程,即设计同时满足了系统的闭环特征值与特征向量要求,因此其解是唯一的,设计过程可以通过对二次型加权阵的调整进行,选择最优加权阵参数,获得相应的最优增益,以保证系统在稳定的前提下获得好的动态过程。

考虑 B747 横航向某飞行条件式(4-19)为例,该系统是可控的。这里采用二次型最优设计方法,其设计原理见第 6 章。二次型最优设计可以利用 MATLAB 控制工具箱中的"lqr"命令完成,输入系统 **A**、**B** 矩阵和加权矩阵,得到最优反馈增益矩阵。设计程序如下:

```
% 波音 747 横航向数据
Ah= [- 0.2126          0  - 1.0000
     - 1.3679  - 1.0195   0.2777
       0.2369  - 0.1126  - 0.2225]; % 定义系统 A 阵
Bh= [- 0.0286    0.0057
     - 0.5214    0.0859
     - 0.0401  - 0.1662]; % 定义系统 B 阵
eig(Ah)    % 求开环特征值
  Q= [10  0   0
      0  10   0
      0   0  10]; % 定义加权 Q 阵
  R= [1  0
      0  1]; % 定义加权 R 阵
[kopt, s] = lqr(Ah, Bh, Q, R); % 解最优反馈增益阵
Kopt    % 显示最优反馈增益阵
eig(Ah- Bh* kopt)  % 求解系统闭环特征值
```

运行上面的程序,可得最优反馈增益阵

$$K = [0.9240 \quad -1.7224 \quad -0.7281 \quad 1.5787 \quad 0.2820 \quad -4.2515]$$

系统开环特征值-0.2616±j0.6269,-1.2474,闭环特征值-0.5488±j0.6716,-1.9976,表明系统特征值在 s 平面上左移,稳定性更好。

飞机横航向增稳系统仿真方框图如图 4-26 所示,其中的舵机系统如图 4-27 所示。

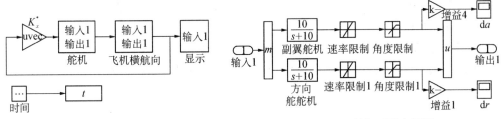

图 4-26　横航向闭环系统方框图　　　　图 4-27　舵机系统方框图

　　图4-26表明,增稳系统仅仅是一个状态反馈系统,通过全状态反馈增加系统的稳定性,减小响应振荡和超调,但不具备跟踪指令的能力。图4-27表明仿真中增加了舵机的速率限制和角度限制,以保证所设计的控制律不会超出舵机的线性区域,控制律是有效的。图中的速率限制为$40°/s$,幅值限制为$25°$。

　　系统开环和闭环响应如图4-28所示。

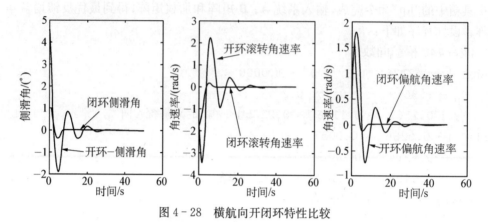

图4-28　横航向开闭环特性比较

其中两个舵机的开环响应为零,闭环响应如图4-29所示。

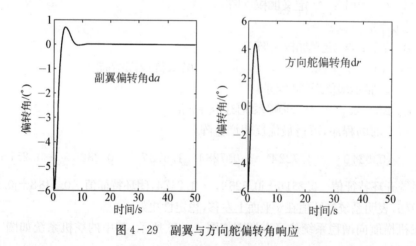

图4-29　副翼与方向舵偏转角响应

　　从图4-29可知,增稳系统的舵机响应最大幅值在$6°$以内,舵机工作在线性范围,表明控制律是可实现的。

　　二次型最优设计适合于具有准确参数的线性系统,如果系统具有较大的不确定性,理论上其最优性不能保证。但由于其获得的闭环系统具有一定的鲁棒性,在一定范围内其参数还是有效的,可以作为飞控系统的初步设计阶段的有效手段进行利用。

4.4.1.3　控制增稳系统控制律设计

如前所述,阻尼和增稳系统设计虽然可以增加稳定性和调整闭环动态过程,但会在一定程度上减少驾驶员的操纵效益,如式(4-4)所述,减少飞机的静操纵性。

控制增稳是在增稳的基础上,将驾驶员的机械操纵指令变换为电信号,变换处理后通过增稳控制装置,对飞机实现控制的技术。控制增稳不但可以增强飞机的稳定性,同时又能改善飞机的操纵特性,从而使飞机可以获得优良的飞行品质,满足驾驶员的操纵要求。现代所有具有数字电传的新型飞机都采用了控制增稳系统,而不是仅仅采用增稳系统。

控制增稳系统本质上就是驾驶员指令的跟踪系统,既要保证系统稳定,又要满足跟踪驾驶员指令的动态过程要求,仅靠状态反馈无法满足跟踪要求,因此需要补充指令跟踪系统。

由自控原理可知,线性系统的输出如果要求无静差跟踪阶跃输入,需要在前向通道中加入一个积分环节。飞机纵向控制增稳系统一般都有中性速度稳定环节,即在前向通道设置一个积分环节,保证了系统输出响应可以自动消除扰动,无静差跟踪指令输出要求。

简单的控制增稳系统设计可以在增稳系统的基础上增加前向通道,包括增加一个积分环节、由指令到输出的比例环节和调整相关增益等过程。目前,常规的经典设计方法仍然是大型民机飞控系统控制律设计的主流,经典设计方法本质上是依据工程设计人员的经验进行的,可以使设计者清楚地看到系统的性能是如何修正的(如极点配置、频率域超前或滞后网络设计等),因此仍然是广大工程设计人员的首选。但这种设计方法仅考虑单输入单输出系统,对于具有多变量输入输出特征的飞控系统,其参数选择本质上具有一定的局限性,选择合理的参数较为困难。

由于现代大型民机的包线逐渐扩大、速度大幅度提高、参数具有更多的不确定性、大型民机存在的纵侧向气动耦合和采用主动控制的放宽静稳定性等后本机性能变差等多方面原因,利用经典控制原理的设计变得更为困难;由于飞机的状态量、控制量较多,需要满足的指标较多,本质上是一个多输入、多输出、多指标要求的多变量系统,尤其现代新型飞机的操纵面系统变得冗余度更多、更为复杂,简单的调整一两个控制面的数据方法已经很难满足飞控系统的整体要求,利用多变量系统的现代控制理论进行控制律设计已经成为飞控系统设计的趋势和潮流。同时,多变量控制理论的发展和数字电传飞控技术的普遍应用,也为实现数字式、复杂控制律提供了基础。因此,利用现代控制理论进行飞控系统设计及相关的试验、验证,一直在坚持不懈地进行,现代控制理论设计方法已经逐渐在飞机设计过程中得到应用。目前,现代控制理论和智能控制等概念和方法在飞控技术的研究中已经得到广泛关注和日益深入的研究,几种现代设计方法的介绍详见第6章。

另一方面,研究表明,现代控制理论的方法并不能完全适应飞控系统的设计,其原因如下：

- 飞机作为被控对象，难以得到准确的数学模型，吹风获得的气动数据往往具有较大的参数不确定性，控制律必须具有较大的鲁棒性。

- 目前的性能指标评估标准往往是面向飞机的基本模态的，与现代控制理论设计的控制律不存在一一对应关系，需要进一步研究其应对关系与标准的应用。

- 全状态反馈在实际系统中往往难以实现，飞机的可测量变量大大少于状态量，因此设计的控制律需要进行更深入的调整和适应性改善。

上述问题已经被认识到并在不断深入地研究着。美国波音公司在应用现代多变量最优控制技术设计飞控系统方面起步较早，在总结经验时提到[3]：

- 应把现代多变量技术与经典技术及灵敏度分析技术结合起来。

- 应建立和确定可将实际设计要求转换为求解的数学表达式的实际指导规则。

- 应对工程技术人员进行现代多变量技术应用的有效训练。

- 应开发和发展人-机界面非常友好的设计软件。

目前，分析和设计经验表明，现代多变量控制方法在国内外已经广泛应用于飞控系统设计方法的研究中，上述的相关技术也得到了重视和重点研究，取得了一定的成效。

这里仅给出利用最优二次型方法进行控制增稳系统设计的算例，并以某型民机数据为例。

1) 纵向控制增稳系统设计

与前述纵向增稳系统设计相同，飞机的纵向控制增稳系统一般仅考虑纵向短周期模态，因为飞机的迎角最容易受到气流扰动，短周期模态是表征飞机稳定的基本模态，控制不好，飞行中在气流的扰动下容易发散，使得飞机失速。长周期模态的控制需要调节发动机推力，在定常平飞中受到扰动时其响应过程较长，经常可以被驾驶员纠正，也可以设计发动机调节控制律调节飞行速度。下面的纵向控制增稳系统仅考虑纵向短周期模态。

考虑飞机纵向短周期模态状态方程：

$$\begin{bmatrix} \dot{\alpha} \\ \dot{q} \end{bmatrix} = \begin{bmatrix} A_{11} & A_{12} \\ A_{21} & A_{22} \end{bmatrix} \begin{bmatrix} \alpha \\ q \end{bmatrix} + \begin{bmatrix} B_1 \\ B_2 \end{bmatrix} \delta_e \tag{4-22}$$

状态量 $x = \begin{bmatrix} \alpha & q \end{bmatrix}^T$，控制量 $u = \delta_e$，状态量与控制律单位均为 rad 或 rad/s。空客系列的大型民机纵向控制构型多数采用 C^* 响应构型。这里也采用 C^* 响应控制构型设计控制增稳系统。

考虑到低速飞行时驾驶员主要感受俯仰角速率响应；高速飞行时驾驶员对法向过载最关心；实际操纵时，驾驶员感受的是这两个量的混合响应，由此定义了 C^* 响应（详见第 2 章相关描述）：

$$C^*(t) = k_1 n_z(t) + k_2 q(t) \tag{4-23}$$

普遍认为存在一个中间速度 V_{co}，此时驾驶员对 q 及 n_z 的变化注意力相同。式中一般取 $k_1 = 1$，$k_2 = V_{co}/g$，依经验值，取 $V_{co} = 122\,\mathrm{m/s}$，可得

$$C^* = n_z + \frac{V_{co}}{g}q \tag{4-24}$$

式中：g 为重力加速度。采用二次型最优与自适应控制中的模型跟踪控制结合的方法设计控制增稳控制律。对驾驶员指令输入，设置跟踪动态理想模型，具有较高的阻尼比和令人满意的跟踪过程。理想 C^* 响应模型通常可用 2 阶环节表示：

$$G_{\mathrm{m}}(s) = \frac{\omega_{\mathrm{m}}^2}{s^2 + 2\zeta_{\mathrm{m}}\omega_{\mathrm{m}}s + \omega_{\mathrm{m}}^2}$$

如果期望理想模型闭环 $\zeta_{\mathrm{m}} = 0.7$，$\omega_{\mathrm{m}} = 8\,\mathrm{rad/s}$，由此可得

$$G_{\mathrm{m}}(s) = \frac{64}{s^2 + 11.2s + 64} \tag{4-25}$$

此模型对应的 C^* 时间响应边界图如图 4-30 所示。

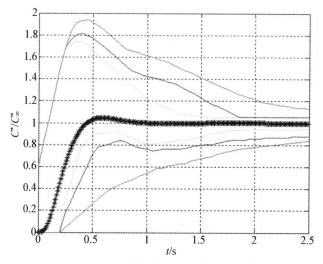

图 4-30　理想模型 C^* 时间响应边界

图 4-30 中，依据式（4-25）得到的理想 C^* 响应位于 C^* 包络要求的一级品质区域之内，以此作为满足 I 级飞行品质要求的理想模型，可以用来实现 C^* 响应的显模型跟踪最优设计。图 4-31 为纵向控制增稳系统结构图，将驾驶员指令经过滤波（消除噪声），通过理想 C^* 模型获得理想输出响应，将飞机纵向短周期响应变量迎角 α 和俯仰角速率 q 组合成 C^*，与理想 C^* 模型输出比较，其偏差经积分环节（中性速度稳定性），在 $u = Kx$ 处形成全状态反馈输出给舵机系统，控制飞机响应，通过将理想 C^* 模型与实际 C^* 模型的偏差调整为零，使得闭环系统可以获得与理想 C^* 模型

相同的稳态输出和近似的动态过程。

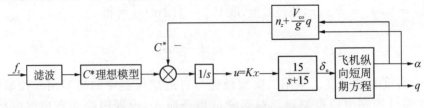

图 4 - 31　飞机纵向控制增稳系统构型

依据图 4 - 31，系统的状态变量定义为 $\boldsymbol{x} = \begin{bmatrix} \alpha & q & \delta_e & n_{zm} & \int dC^* & C_{m1} & C_{m2} & F_m \end{bmatrix}^T$，共有 8 个状态变量，控制量为 u。其中各状态变量具体定义如下。

（1）飞机系统。

飞机状态量 $x_1 = \alpha$，$x_2 = q$，其状态方程为式（4 - 22）。

（2）舵机及助力器系统。

伺服回路由舵机及助力器组成，由于舵机回路的频带较高，设计时可将舵机的高频动态特性略去，仅考虑助力器的时间常数。助力器近似数学模型为一阶惯性环节，即动态特性以传递函数 $\dfrac{15}{s+15}$ 近似等效。方程为 $\dot{\delta_e} = -15\delta_e + 15u$，式中，$\delta_e$ 为舵机偏转角，定义为状态变量 x_3，u 是图 4 - 31 中的最优控制输入，由全部状态量组合形成。舵机系统为

$$\dot{x}_3 = -15x_3 + 15u \tag{4-26}$$

（3）法向过载滤波器。

C^* 响应要求将迎角和俯仰角速率信号组合形成，需要获得法向过载的信号，法向过载信号可以由测量的迎角信号近似得到，也可以直接测量获得。由于法向过载传感器易感受飞机上其他信号干扰，需通过一阶低通滤波器滤波，取滤波器为 $\dfrac{5}{s+5}$。定义滤波器输出为状态变量 x_4，故有 $x_4 = \dfrac{5}{s+5}n_z = -\dfrac{5}{s+5}\dfrac{VA_{11}}{g}\alpha = -\dfrac{5}{s+5}\dfrac{VA_{11}}{57.3g}x_1$，即

$$\dot{x}_4 = -5 \cdot \dfrac{V}{57.3g}A_{11}x_1 - 5x_4 \tag{4-27}$$

（4）中性速度稳定性（C^* 误差积分环节）。

为了实现空中飞行时的中性速度稳定，在正向通道中需引入一个积分环节，其输入为理想模型响应与实际 C^* 响应之差（见图 4 - 31 积分环节），可以使理想模型响应与实际 C^* 响应的稳态误差保持为零。该环节输出定义为状态变量 x_5，方程如下：

$$\dot{x}_5 = C_m^* - C^* = x_7 - \left(\frac{V_{co}}{57.3g}x_2 + x_4\right) = -\frac{V_{co}}{57.3g}x_2 - x_4 + x_7 \quad (4-28)$$

式中：x_7 定义为理想模型的输出，见下所述。

（5）飞行员指令模型成型器。

考虑到飞行员操纵指令的信号会受到噪声干扰，且杆力传感器的频带较高，故操纵指令需通过一阶滤波器滤除干扰成型，因此在开环构型中引入指令成型器模型 $\frac{1}{s+1}$。方程为 $\dot{n}_p = -n_p + f_z$，式中：f_z 为杆力输入，n_p 为杆指令信号，定义为状态变量 x_6。即

$$\dot{x}_6 = -x_6 + f_z \quad (4-29)$$

（6）被跟踪的理想模型。

为了实现 C^* 响应的显模型跟踪最优设计，选取一个理想模型，本设计选取的 C^* 传递函数为 $G_m(s) = \dfrac{64}{s^2 + 11.2s + 64}$，写成状态方程的形式可得

$$\begin{bmatrix} \dot{C}_m^* \\ \ddot{C}_m^* \end{bmatrix} = \begin{bmatrix} 0 & 1 \\ -64 & -11.2 \end{bmatrix} \begin{bmatrix} \dot{C}_m^* \\ \dot{C}_m^* \end{bmatrix} + \begin{bmatrix} 0 \\ 64 \end{bmatrix} n_p$$

式中：定义 C_m^* 和 $\dot{C}_m^*$ 为状态变量 x_7 和 x_8；n_p 为杆指令成型器信号，定义为状态变量 x_6。理想 C^* 模型的状态方程：

$$\begin{cases} \dot{x}_7 = x_8 \\ \dot{x}_8 = -64x_7 - 11.2x_8 + 64x_6 \end{cases} \quad (4-30)$$

综上所述，可得纵向控制增稳系统的构型如图 4-32 所示。

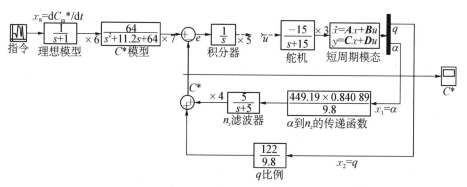

图 4-32　纵向控制增稳系统的最优设计开环构型图

系统开环状态方程如下：

$$\dot{x}(t) = Fx(t) + G_1 u(t) + G_2 f_z \qquad (4-31)$$

系数矩阵 F、G_1、G_2 分别如下：

$$F = \begin{bmatrix} A_{11} & A_{12} & 57.3B_1 & 0 & 0 & 0 & 0 & 0 \\ A_{21} & A_{22} & 57.3B_2 & 0 & 0 & 0 & 0 & 0 \\ 0 & 0 & -15 & 0 & 0 & 0 & 0 & 0 \\ -5\dfrac{V}{57.3g}A_{11} & 0 & 0 & -5 & 0 & 0 & 0 & 0 \\ 0 & -V_{co}/g/57.3 & 0 & -1 & 0 & 0 & 1 & 0 \\ 0 & 0 & 0 & 0 & 0 & -1 & 0 & 0 \\ 0 & 0 & 0 & 0 & 0 & 0 & 0 & 1 \\ 0 & 0 & 0 & 0 & 0 & 64 & -64 & -11.2 \end{bmatrix}$$

$$(4-32)$$

$$G_1 = \begin{bmatrix} 0 \\ 0 \\ 20 \\ 0 \\ 0 \\ 0 \\ 0 \\ 0 \end{bmatrix}, \; G_2 = \begin{bmatrix} 0 \\ 0 \\ 0 \\ 0 \\ 0 \\ 1 \\ 0 \\ 0 \end{bmatrix}$$

式中各状态变量的定义总结如下：

x_1 为迎角 $\alpha(°)$；x_2 为俯仰角速度 $q(°/s)$；x_3 为升降舵偏转角 $\delta_e(°)$；x_4 为滤波后的过载；x_5 为 C^* 误差的积分；x_6 为指令整形模型；x_7 为参考模型变量；x_8 为参考模型输出。

根据系统设计要求，选择下述变量为系统设计用响应变量：

r_1 为 C^* 跟踪误差，即 $C_m^* - C^* = e = \dot{x}_5$；表明重点希望控制跟踪误差趋于零；

r_2 为 C^* 误差积分，即 $\int edt = x_5$；表明不仅需要控制误差，还要控制误差的积分；

r_3 为升降舵偏转角，即 $\delta_e = x_3$；为了减少舵机输出反馈，避免改变舵机特性；

r_4 为控制量 $u(t)$。

根据上述定义的响应向量，系统的响应状态方程如下：

$$r(t) = Hx(t) + Du(t)$$

系数矩阵 H，D 分别为

$$\boldsymbol{H} = \begin{bmatrix} 0 & -K_{\mathrm{qcs}} & 0 & -1 & 0 & 0 & 1 & 0 \\ 0 & 0 & 0 & 0 & 1 & 0 & 0 & 0 \\ 0 & 0 & 1 & 0 & 0 & 0 & 0 & 0 \\ 0 & 0 & 0 & 0 & 0 & 0 & 0 & 0 \end{bmatrix}, \quad \boldsymbol{D} = \begin{bmatrix} 0 & 0 & 0 & 1 \end{bmatrix}^{\mathrm{T}}$$

二次型最优设计要求

$$J = \int_0^\infty (\boldsymbol{r}^{\mathrm{T}} \boldsymbol{Q} \boldsymbol{r}) \mathrm{d}t$$

根据最优二次型指标函数,则有代价函数为

$$\begin{aligned} J &= \int_0^{+\infty} \boldsymbol{r}^{\mathrm{T}} \boldsymbol{Q}_1 \boldsymbol{r} \mathrm{d}t = \int_0^{+\infty} (\boldsymbol{H} \boldsymbol{x} + \boldsymbol{D} u_z)^{\mathrm{T}} \boldsymbol{Q}_1 (\boldsymbol{H} \boldsymbol{x} + \boldsymbol{D} u_z) \mathrm{d}t \\ &= \int_0^{+\infty} (\boldsymbol{x}^{\mathrm{T}} \boldsymbol{H}^{\mathrm{T}} \boldsymbol{Q}_1 \boldsymbol{H} \boldsymbol{x} + u_z^2 \boldsymbol{D}^{\mathrm{T}} \boldsymbol{Q}_1 \boldsymbol{D} + 2 \boldsymbol{x}^{\mathrm{T}} \boldsymbol{H}^{\mathrm{T}} \boldsymbol{Q}_1 \boldsymbol{D} u_z) \mathrm{d}t \end{aligned} \tag{4-33}$$

式中:

$$\boldsymbol{Q} = \boldsymbol{H}^{\mathrm{T}} \boldsymbol{Q}_1 \boldsymbol{H}, \ \boldsymbol{R} = \boldsymbol{D}^{\mathrm{T}} \boldsymbol{Q}_1 \boldsymbol{D}, \ \boldsymbol{N} = \boldsymbol{H}^{\mathrm{T}} \boldsymbol{Q}_1 \boldsymbol{D} \tag{4-34}$$

合理选取式(4-33)中的 $\boldsymbol{Q}_1$ 阵,可使代价函数取最小值,即达到最优控制效果。最优控制为

$$\boldsymbol{u}(t) = \boldsymbol{K} \boldsymbol{x}(t)$$

$\boldsymbol{K}$ 为 1×8 的最优控制增益矩阵。调用 MATLAB 指令:

$$\begin{bmatrix} K & S & e \end{bmatrix} = \mathrm{lqry}(F, G1, H, D, Q, R) \tag{4-35}$$

得到状态反馈增益阵 $\boldsymbol{K}$。

针对图 4-32 所示的纵向控制增稳系统的最优设计开环构型,进行最优二次型设计。由式(4-32)可知,该控制构型适合对大飞行包线的多数飞行状态进行设计,设计师仅改变飞机参数 A_{11},A_{12},A_{21},A_{22} 就可以了。所以这种设计方法也可以进行批处理运算,如果不改变 $\boldsymbol{Q}$ 阵,可以一次解出多个飞行条件的反馈增益矩阵,利用当前的计算机条件很容易完成。

例如某型民机的几个飞行条件的短周期数据如表 4-2 所示。

表 4-2 几个飞行条件短周期模态气动数据

数据名称	N0304 $H=3000, M=0.4$	N0305 $H=3000, M=0.5$	N0506 $H=5000, M=0.6$	N0507 $H=5000, M=0.7$
A_{11}	-0.8200	-1.0223	-0.9686	-1.1294
A_{12}	1.0000	1.0000	1.0000	1.0000
A_{21}	-4.6030	-7.2040	-8.0952	-11.0024
A_{22}	-1.6584	-2.0663	-1.9544	-2.3020

（续表）

数据名称	N0304 $H=3000, M=0.4$	N0305 $H=3000, M=0.5$	N0506 $H=5000, M=0.6$	N0507 $H=5000, M=0.7$
B_{11}	-0.0024	-0.0030	-0.0029	-0.0034
B_{21}	-0.0556	-0.0869	-0.0966	-0.1314

表中数据表明，几个飞行条件的气动参数随着高度、M 数变化范围较大，高达 1 倍以上。

选取 $\boldsymbol{Q}=\mathrm{diag}[1\quad 100\quad 0.01\quad 0.01]$，求得 4 个飞行条件的 $\boldsymbol{K}$ 值如表 4-3 所示。

表 4-3　纵向反馈增益矩阵

飞行条件	$\boldsymbol{K}$ 值
N0304	$\boldsymbol{K}=\begin{bmatrix}-0.6083 & 2.6313 & -0.6856 & 7.9525 & -31.6228 & -6.5031\\ -8.9868 & -0.6394\end{bmatrix}$
N0305	$\boldsymbol{K}=\begin{bmatrix}-0.1598 & 2.0227 & -0.7358 & 8.1250 & -31.6228 & -5.4465\\ -9.3667 & -0.6312\end{bmatrix}$
N0506	$\boldsymbol{K}=\begin{bmatrix}0.9142 & 1.3252 & -0.6562 & 7.7432 & -31.6228 & -7.8420 & -8.4822\\ -0.6390\end{bmatrix}$
N0507	$\boldsymbol{K}=\begin{bmatrix}7.6562 & 1.5821 & -0.8040 & 17.6146 & -100.0 & -20.8637 & -18.5187\\ -1.5121\end{bmatrix}$

由表中数据可知，反馈增益数值相差比较大，达 10 倍，表明大飞行包线中飞行时反馈增益需要调参。

考虑升降舵回路、各种传感器、结构陷波器等高频环节以及非线性环节，检验设计结果的线性仿真结构如图 4-33 所示。

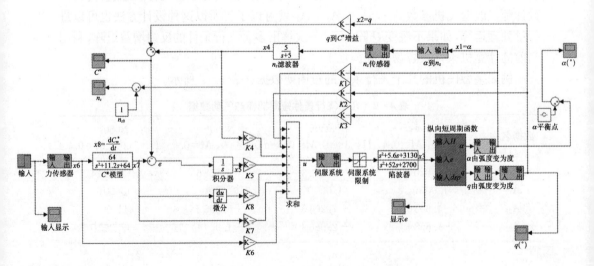

图 4-33　纵向控制增稳系统仿真结构图

经仿真验证,4 个飞行条件的闭环 C^* 响应如图 4-34 所示。

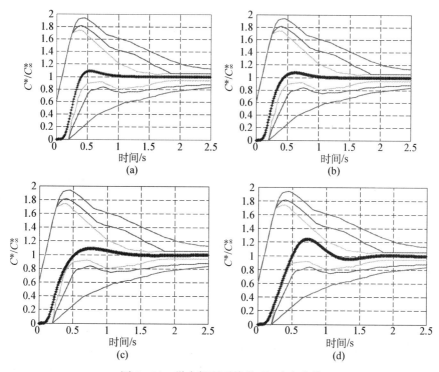

图 4-34 纵向闭环系统的 C^* 响应曲线

(a) N0304 (b) N0305 (c) N0506 (d) N0507

由图 4-34 可知,几个飞行条件的 C^* 响应均在品质包络范围内,表明设计是有效的。这几个飞行条件的短周期模态开环都是稳定的,经过二次型设计闭环的稳定性会更好。

如果借用我国军用标准运输机类的飞行品质评估指标,其评估结果如图 4-35 所示。

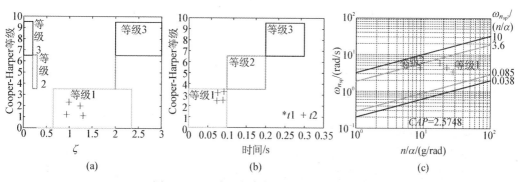

图 4-35 4 个飞行条件飞行品质评估指标

(a) 短周期阻尼比 ζ 图(B 种飞行阶段) (b) 延迟时间 t (c) 短周期频率要求(B 种飞行阶段)

由图可知，4 个飞行条件的阻尼比、延迟时间和 CAP 指标均在一级飞行品质范围内。

由设计过程可知，设计得到的反馈增益矩阵是随着飞行条件变化的，因此控制增稳设计之后还需要增益调参设计。

另外，依据飞行品质要求，主飞控系统还必须满足杆力梯度要求。所谓杆力梯度，是指稳态时单位过载所需杆力的大小（F_e/n_{zss}），可以通过对设计的闭环系统进行仿真获得给定杆力 F_e 时的稳态过载值，依据杆力梯度要求（F_e/N 的值）计算杆力指令通道的前馈增益 K_F：

$$F_e K_F / n_{zss} = (F_e/N), \ K_F = (F_e/N) n_{zss} / F_e$$

由于 K_F 是前馈增益，所以它的取值不影响系统闭环特性。

最终经过增益调参设计的反馈增益还需要通过飞机非线性模型仿真验证，在真实的计算机系统中实现的半物理仿真验证，以及铁鸟台架试验和试飞等验证过程，所有增益需要不断调整，最后才能确认。目前介绍的方法仅是初步设计的方法，可以借用计算机工具快速获得增益的初始值，减少人工试凑的时间和设计周期，每一次选参数之后即可进行飞行品质评估，加快设计过程。目前飞机建模、设计和评估过程已经建成一体化设计环境，在数字电传飞控系统设计方面提供了很好的软件工具。

2）横航向控制增稳系统设计

横航向控制分为滚转通道控制与偏航通道控制。在横航向控制中，采用比例控制，而不再采用比例积分控制。民机横航向控制主要是通过副翼控制滚转角速率，达到一定的滚转角即要反向压杆，这个过程通常较快；航向控制需要配合横向通道在飞机作滚转机动时消除侧滑，因此横航向通道一般不需要无静差跟踪指令。因此这里采用经典控制方法设计横航向控制律。

滚转通道操纵主要是利用副翼差动偏转产生滚转角速率 p，因而这种控制律构型引入滚转速率反馈，改善以至消除滚转角振荡。控制构型如图 4 - 36 所示。

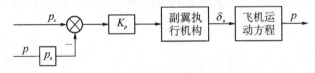

图 4 - 36　滚转通道控制构型

航向通道控制律的基本构型一般采用偏航速率 r 和侧向过载 a_z（或侧滑角）。如前所述，引入这样的反馈可改善荷兰滚转模态的阻尼比和提高航向稳定性。控制系统构型如图 4 - 37 所示，在偏航角速率通道引入了洗出网络，以便在协调转弯中消除常值方向舵偏转角。考虑到横航向本身的气动参数耦合，在偏航通道中加入了滚转角速率 p 的交联；同时引入了纵向迎角的交联通道。

另一方面，由于飞机的滚转通道和偏航通道是不可分的，因而在滚转通道控制中也加入侧滑角 β 的交联反馈，滚转机动时利用方向舵偏转减小滚转时的侧滑角，

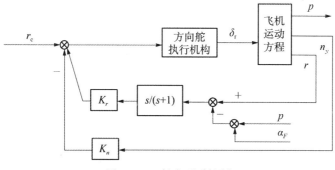

图 4 - 37　航向通道控制

实现无侧滑角(或小侧滑角)滚转;在偏航通道中引入滚转角速率的交联通道,达到协调操纵的目的。

按上述分析,横航向运动控制系统的基本控制器构型,如图 4 - 38 所示。

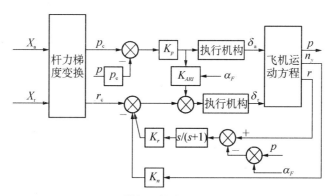

图 4 - 38　横航向控制增稳系统方框图

考虑到每种机型的杆力梯度变换及其滤波环节形式不同,且与闭环设计无关,这里设杆力梯度变换环节为 1。同样以上面的国产某型民机为例。设计的飞机横航向方程仅考虑滚转模态和荷兰滚模态,为

$$
\begin{bmatrix} \dot{\beta} \\ \dot{p} \\ \dot{r} \end{bmatrix} = \begin{bmatrix} Y_{\beta} & 0 & -1 \\ L_{\beta} & L_{p} & L_{r} \\ N_{\beta} & N_{p} & N_{r} \end{bmatrix} \begin{bmatrix} \beta \\ p \\ r \end{bmatrix} + \begin{bmatrix} Y_{\delta_{a}} & Y_{\delta_{r}} \\ L_{\delta_{a}} & L_{\delta_{r}} \\ N_{\delta_{a}} & N_{\delta_{r}} \end{bmatrix} \begin{bmatrix} \delta_{a} \\ \delta_{r} \end{bmatrix} \tag{4-36}
$$

考虑 4 个飞行条件,如表 4 - 4 所示。

表 4 - 4　横航向增稳控制设计飞行状态点

序号	飞行条件标号	高度 H/m	马赫数 M
1	N0104	1 000	0.4
2	N0506	5 000	0.6

（续表）

序号	飞行条件标号	高度 H/m	马赫数 M
3	N0807	8 000	0.75
4	N1008	10 000	0.8

4 个飞行条件的横航向气动数据如表 4-5 所示。

表 4-5　4 个飞行条件横航向气动数据

数据名称	N1004	N0506	N0807	N1008
A_{11}	−0.148 2	−0.137 2	−0.115 7	−0.093 6
A_{12}	0.990 2	0.994 1	0.995 1	0.995 3
A_{13}	0.063 4	0.037 6	0.031 7	0.038 9
A_{21}	−0.668	−0.861 9	−0.853 1	−0.725 9
A_{22}	−0.382 6	−0.370 1	−0.315 3	−0.242 9
A_{23}	0.226 5	0.213 2	0.179 1	0.156 6
A_{31}	−8.252	−11.224 2	−12.051 4	−10.783 2
A_{32}	−0.979 8	−1.045	−1.137 7	−1.054 6
A_{33}	−3.080 8	−3.716 2	−2.873 2	−2.536 2
B_{11}	0	0	0	0
B_{12}	0.000 4	0.000 3	0.000 2	0.000 2
B_{21}	−0.002 9	−0.003 8	−0.003 2	−0.002 4
B_{22}	0.018 7	0.025 8	0.027	0.023
B_{31}	0.054 8	0.079 1	0.077 9	0.062 9
B_{32}	0.016 6	0.022 2	0.022 9	0.019 3

从表中可知，4 个飞行条件的气动参数变化幅度较大，最大的可达 50%。

设计时取反馈参数 $k_{\text{ARI}} = 0.13\alpha_F - 0.7$。通过调节图 4-38 中的几个参数可以获得良好的闭环特性和飞行品质、操纵品质，设计获得的反馈参数如表 4-6 所示。

表 4-6　横航向增稳控制设计参数

序号	飞行条件	K_p	K_n	K_r	p_c
1	N0104	2	5	5	0.6
2	N0506	1.8	5	5	0.7
3	N0807	1.85	5	5	0.75
4	N1008	4	5	5	0.7

4 个飞行条件的时域响应近似，如图 4-39 所示。

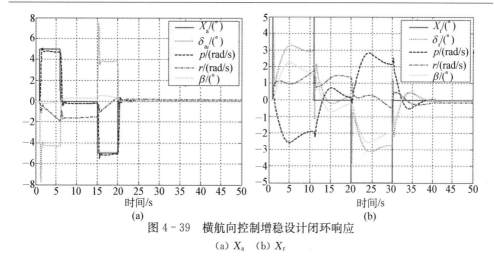

图 4-39　横航向控制增稳设计闭环响应

(a) X_a　(b) X_r

　　仿真图表明,对于副翼侧杆输入,副翼响应跟踪较快,滚转角速率 p 也跟踪很快,可以达到指令下快速产生滚转角的要求。对于脚蹬指令,方向舵响应有一定延迟,侧滑角 β,滚转角速率 p 和偏航角速率 r 都响应较快。

　　借用军标运输机 C 种飞行阶段评估指标,采用的拟配是 ϕ/X_a 或 β/X_r 单匹配,拟合曲线如图 4-40 所示。4 个飞行条件评估结果如图 4-41 所示。

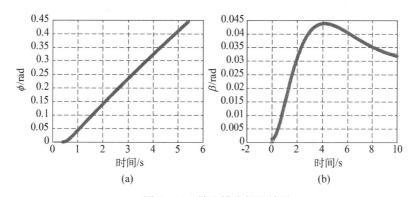

图 4-40　输入输出拟配效果

(a) ϕ/X_a　(b) β/X_r

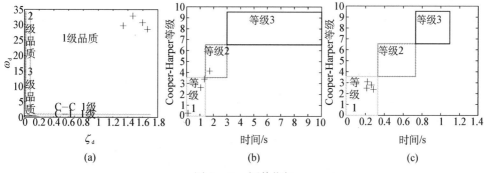

图 4-41　评估指标

(a) 荷兰滚模态阻尼与频率图(C 种飞行阶段)　(b) 滚转模态时间常数 T_R 图　(c) 延迟时间 t

由图可知,时域拟配的拟合程度较高,误差较小,评估参数可信。所有评估参数几乎都在一级品质范围内,表明反馈参数可以获得较好的控制增稳系统闭环响应和飞行品质。

4.4.1.4 大飞行包线的增益调参设计

飞控系统的阻尼器设计、增稳与控制增稳设计都是针对飞机在各个平衡状态的线性模型进行的,对于整体飞行包线的系统闭环设计,通常是将飞行包线按照高度、M 数进行网格划分,在网格的各个飞行状态平衡点上进行飞机模型线性化,针对线性模型进行设计。设计出的反馈增益与飞行条件相关,随着飞行高度、M 数或动压的变化而变化。因此,所有针对线性模型设计的控制律其增益需要依据飞行条件改变,叫做增益调参设计,获得随飞行状态时变的控制律反馈增益,还需要经过非线性模型仿真验证,最后获得的控制器作为基本设计结果进入后续的仿真验证阶段。

调参设计有很多种方法,目的是找到适应飞行条件变化规律、又能保证飞行的稳定性和飞行品质、操纵品质的反馈增益。由于飞行包线大、其间的高度、M 数变化范围宽,反馈增益数目较多,因此调参设计是一个较为繁复的过程。下面简单介绍几种目前流行的方法。

1) 曲线拟合调参

文献[3]中给出了通过曲线或直线拟合进行调参的算例。例如,某型机 11 个飞行条件控制增稳设计获得的反馈增益矩阵各元素如表 4-7 所示,增益从 K_1 到 K_{11},分别随飞行条件(H、M、动压等)变化。

如果将其中的参数 K_9/K_{10} 表示成动压的函数:

$$K_9/K_{10} = \begin{cases} (0.94 - 7/60\,000q), & q \leqslant 6\,000 \\ 0.24, & q > 6\,000 \end{cases} \tag{4-37}$$

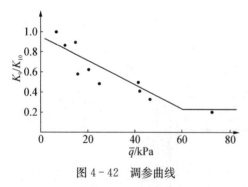

图 4-42 调参曲线

则曲线如图 4-42 所示:

它表明了飞控系统反馈参数的一种近似特性,需要通过仿真验证其有效性。

另外,从表 4-7 中可知,有些参数在设计时如果能选择在大飞行范围内基本不变化,则调参设计过程相对简单。

2) 网格划分实时插值

另一种方法是将反馈增益按照飞行包线内各个飞行状态(高度、M 数、动压等)设计的网格在每个设计点上实现,对于设计点之间的飞行状态对各个增益进行差值运算,如果网格划分的足够小,其有效性是可以保证的。

如某型民机的包线与设计的飞行状态点如图 4-43 所示。

表4-7　某型机设计反馈增益数据表

参数＼状态	N0003M	N0008M	N0010M	N0508M	N1007M	N1009M	N1015M	N1515M	N1522M	N2018M
K_1	0.35366E+00	0.26843E+00	0.23007E+00	0.30209E+00	0.36212E+00	0.32166E+00	0.26226E+00	0.29963E+00	0.29355E+00	0.33749E+00
K_2	0.18924E-02	0.85270E-03	0.32166E-03	0.10149E-02	0.16161E-02	0.82916E-03	-0.80810E-03	-0.16715E-02	-0.12187E-02	-0.27442E-02
K_3	0.63487E+00	0.17474E+00	0.36557E-01	0.31008E+00	0.52581E+00	0.389660E+00	0.41439E+00	0.54861E+00	0.47301E+00	0.63503E+00
K_4	-0.10858E+00	-0.29477E+00	-0.26969E+00	-0.20247E-01	-0.14832E-01	-0.14914E-01	-0.31900E-02	0.79314E-02	0.77112E-02	0.17633E-01
K_5	-0.12607E-01	-0.93899E-02	0.99517E-02	0.64687E-02	-0.44684E-02	-0.34933E-02	-0.53951E-02	-0.28980E-02	-0.26326E-02	-0.14946E-01
K_6	-0.19244E-01	-0.18764E-01	-0.13456E-01	-0.41228E-01	0.36690E-01	-0.28665E-01	-0.27669E-02	0.10156E-01	0.74156E-02	0.18602E-01
K_7	0.38730E-02	0.38729E-02	0.38730E-02	0.38729E-02	0.38730E-02	0.38730E-02	0.38730E-02	0.38730E-02	0.38730E-02	0.38730E-02
K_8	0.13516E-02	0.17255E-02	0.18163E-02	0.16298E-02	0.14478E-02	0.15797E-02	0.16663E-02	0.15469E-02	0.16079E-02	0.14433E-02
K_9	0.17487E-02	0.67844E-03	0.46904E-03	0.92402E-03	0.14478E-02	0.10614E-02	0.82075E-03	0.11504E-03	0.97761E-03	0.14579E-02
K_{10}	0.14597E-02	0.20376E-02	0.21484E-02	0.19024E-02	0.16142E-02	0.18258E-02	0.19619E-02	0.17765E-02	0.18740E-02	0.16069E-02
K_{11}	0.19038E-03	0.12195E-03	0.11503E-03	0.12437E-03	0.11724E0-03	0.12390E-03	0.12560E-03	0.12396E-03	0.12582E-03	0.17779E-03

增益K阵

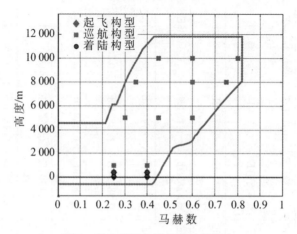

图 4-43 飞机包线与设计状态点

控制律中的控制参数 $\boldsymbol{K}=\begin{bmatrix} k_1 & k_2 & k_3 & k_4 & k_5 & k_6 & k_7 & k_8 \end{bmatrix}$ 是在不同的平衡点下设计的,平衡点依据飞机的飞行高度、马赫数和重心位置选取,因此,在设计调参控制律时,也应依飞行高度、马赫数和重心进行调参。考虑到飞机的飞行构型包括起飞、着陆及巡航状态,在不同的飞行构型下,飞机襟翼、起落架及扰流板等状态不同,因而要分为起飞构型调参,巡航构型调参及着陆构型进行调参。

调参反馈增益(或增益阵)可表示为 $\boldsymbol{K} = f(H, M, XT)$,在不同的高度,马赫数及重心位置进行线性插值,对当前飞机飞行状态寻找到满足当前状态下的反馈增益。其中将 1~52 状态制成高度巡航调参增益插值表,52~68 制成起飞调参增益插值表,69~84 制成着陆调参增益插值表。在不同的飞行条件及控制构型下,调用不同的调参增益插值表。仿真时可将调参控制律按照图 4-44 实现。

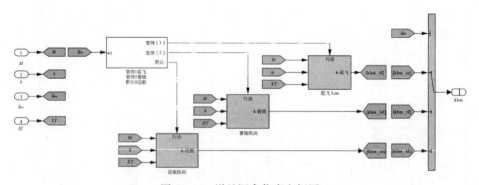

图 4-44 增益调参仿真方框图

其中,M 为马赫数,h 为高度,X_{ruz} 为飞行构型,XT 为重心位置。

调参增益插值调用函数 $\boldsymbol{K}=\text{interp}(M_{tab}, h_{tab}, XT_{tab}, K_{tab}, M, h, XT)$ 即可在 MATLAB/SIMULINK 软件环境中实现。其纵向调参仿真结果与图 4-34 近似,横航向仿真结果与图 4-39 接近,表明调参是有效的。

3) 神经网络实现

采用神经网络实现增益调参具有更多的优势,神经网络具有在训练点上复现训练数据,在非训练点上可进行非线性外推,因此对于大飞行包线的增益调参具有更高的适应性和合理性。

设某型机 7 个飞行条件控制增稳反馈增益矩阵[8]参数如表 4-8 所示。

表 4-8　增稳系统纵侧向反馈增益表

飞行条件	K_{11}	K_{12}	K_{23}	K_{24}	K_{25}	K_{33}	K_{34}	K_{35}
N0009	−0.1984	−0.2479	0.8423	−0.4464	0.1967	0.1923	−0.1377	−0.4018
N0306	−0.3117	−0.2942	0.9605	−0.4474	0.2619	0.0142	−0.1303	−0.5269
N0508	−0.1983	−0.2884	0.8345	−0.4611	0.2232	0.0851	−0.142	−0.4756
N1108	−0.3708	−0.3752	1.3724	−0.4594	0.4318	−0.0064	−0.1515	−0.6514
N1322	−0.0186	−0.2607	2.1308	−0.4310	0.5816	−0.5588	−0.125	−1.1326
N1518	−0.0691	−0.2772	2.0207	−0.4408	0.6184	−0.1784	−0.1365	−1.0197
N1820	−0.0867	−0.3001	2.2459	−0.4483	0.8621	−0.4636	−0.1225	−1.4222

设计结果使得飞控系统在垂直阵风和侧风瞬时扰动下具有较好的回零响应过程,如图 4-45 所示。

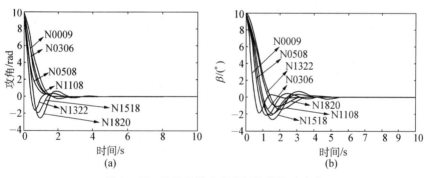

图 4-45　最优设计 7 个飞行条件扰动响应

(a) 纵向迎角响应　(b) 横航向侧滑角响应

具体分析反馈参数随高度、马赫数及动压变化情况,如图 4-46 和图 4-47 所示。

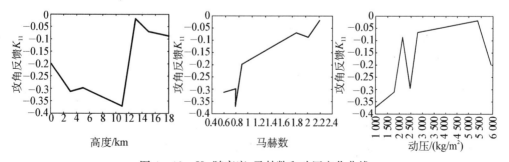

图 4-46　K_{11} 随高度、马赫数和动压变化曲线

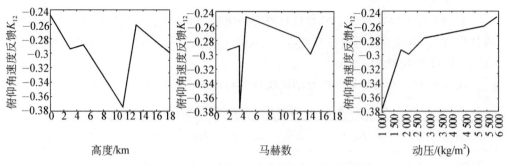

图 4-47　K_{12} 随高度、马赫数和动压变化曲线

由图 4-47 可知,纵向反馈参数 K_{11},K_{12} 随高度、M 数和动压的变化都不具备较好的规律性。如果按照某一个参数进行调参,对于飞行稳定性和对建模误差的适应性都有一定困难。其他参数情况也相同。

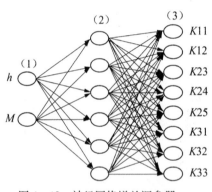

图 4-48　神经网络增益调参器

选用 3 层 BP 前馈网络,利用 7 个平衡点上的反馈参数作为教师信息进行训练。考虑到实现简单工程化要求,取隐层为 6 个节点,网络输出需要 8 个结点,如图 4-48 所示。

该神经网络经 318 次学习收敛,收敛过程如图 4-49 所示。由训练的网络得出的纵向反馈参数 K_{11} 随高度和马赫数变化的网格化结果如图 4-50 所示。其他增益也具有相应结果。

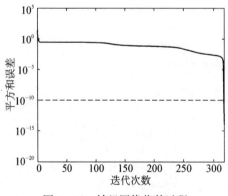

图 4-49　神经网络收敛过程

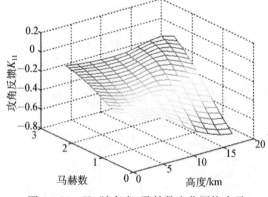

图 4-50　K_{11} 随高度、马赫数变化网格表示

利用神经网络控制器,在原平衡点上纵向建模误差变化 50%(极点趋近原点方向)时的垂直风迎角扰动响应如图 4-51 所示。在其他未进行训练的平衡点上,分

别取为:高度 4 km,马赫数 0.7;高度 5 km,马赫数 0.6;高度 5 km,马赫数 1.2;高度 15 km,马赫数 2.2 等。利用神经网络控制器得到的闭环系统垂直风迎角扰动响应如图 4-52 所示。

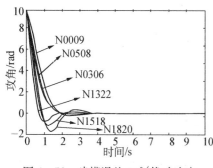

图 4-51　建模误差 50%扰动响应

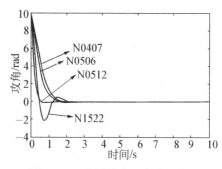

图 4-52　非设计点垂直阵风响应

神经网络调参控制器可以将反馈增益变为多个参数的非线性函数,最大限度地逼近设计点结果,与仅将反馈增益变为某个飞行参数的调参方法相比具有更为合理的结果。

由于该神经网络隐层仅有 6 个节点,实现 tansig 非线性函数较为简单。而输出层取 purelin 函数,是一个线性函数,实现也更为简单。因此这种神经网络控制器具有较好的实时性和工程可实现性。

4.4.2　边界保护系统设计

4.4.2.1　边界保护功能需求分析

边界保护系统(包括限制系统)是指对飞机的一些重要状态变量的边界值(包线)实现限制的飞行控制系统,其目的是减轻飞行员的工作负担,实现"无忧虑操纵",保证飞机安全和防止飞行事故。主动控制技术发展的早期将边界限制技术归于主动控制,随着飞控技术的发展,边界限制技术已经成为所有型号飞机必须采用的安全飞行技术之一,目前已经不再将其归纳为主动控制技术了。

通常应考虑的包线限制可分为如下几种[3]。

● 与失去控制相对应的限制:

主要为飞机的迎角、侧滑角和空速限制。迎角超过最大升力迎角,将会引起飞机失速和尾旋。迎角过大还会引起横侧向不稳定。侧滑角也应限制在允许范围内,否则会造成过大的侧向过载。另外,飞机的空速既不能过高,也不能过低。飞机速度不断提高极易引起飞机的弹性振荡模态阻尼降低,从而引起飞机伺服弹性颤振,为此应将飞机的飞行速度限制在临界颤振速度之内;而飞机速度过小,有可能造成失速。

● 与飞机结构应力过大相对应的限制:

主要为过载和滚转速率等参数限制。过载过大,会造成飞机部件的应力疲劳,甚至损伤、破坏。以此类推,滚转速率过高,将使机翼承受较大的载荷。

- 与飞行员耐力相关的限制：

如在定常条件下，过载的大小的限制以及在瞬变条件下过载变化率的限制。

此外，可能还有其他参数的限制，如与发动机正常工作相关的参数等的限制。在设计边界（包线）保护系统时，应区分下述两种包线的区别：

- 限制包线：

允许飞行员在应急情况下超过该包线边界（如为避免摔机），其后果可能发生某型永久性结构变形。

- 极限包线：

超过该包线边界将会引起飞机损失。

在飞机许多参数边界限制中，过载与迎角限制最为重要，它直接影响飞机的稳定性，因此这里重点讨论过载与迎角限制。

早期的电传系统对参数边界的限制仅采用告警方案，即当某个参数超过设定的边界值时，系统以声响或灯光方式提示给飞行员，由飞行员采取措施加以限制。现代数字电传操纵系统可以同时实现告警与边界限制功能。下面介绍一种过载与迎角限制方案及具体系统结构。

4.4.2.2　过载与迎角限制

1）过载限制

在常用的 g 指令响应构型飞控系统中，对法向过载边界限制的基本方法是在杆力输入的前馈通道中加入指令限幅器，如图 4-54 所示。稳态时其主反馈为过载信号，杆指令为过载指令，因此在指令信号后面的即为过载限制，其正负限幅值可依据所允许的许用过载加以确定。

2）迎角限制

过载限制不能代替迎角限制。依据 $n_z = \dfrac{V}{g} Z_\alpha \alpha$，通常可以认为过载与迎角为常值关系，限制过载似乎就限制了迎角。实际上高速飞行时 $\dfrac{V}{g} Z_\alpha \alpha$ 较大，当 n_z 被限制时，迎角 α 可能还较小，不会超过最大迎角；而在低速飞行时，由于 $\dfrac{V}{g} Z_\alpha \alpha$ 较小，当 n_z 还未被限制时，迎角 α 可能超过最大迎角。因此在飞控系统中还需要加上迎角限制。

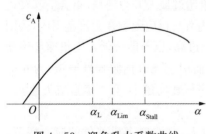

图 4-53　迎角升力系数曲线

迎角限制方案通常不会改变系统原有控制律，而是在设计好的闭环系统上增加适当的迎角限制器。下面介绍两种迎角限制器的设计方法。

（1）闭环迎角限制器方案。

大型飞机的典型升力系数曲线如图 4-53 所示。限制位置被规定为 α_L，杆完全后拉时对应 α_{Lim}，飞机的失速迎角为 α_{Stall}。

图 4-54 给出了控制增稳加迎角限制环节的飞机纵向飞控系统方框图,图中下部为控制增稳系统,经最优二次型设计实现理想 C^* 模型跟踪控制。在正常情况下,只有控制增稳系统起作用。图中右上角虚线方块内为迎角过载限制器。杆指令对应过载信号,杆指令后的限幅环节为过载限制环节。迎角与给定迎角比较,其偏差 $\Delta\alpha$ 与俯仰角速度 q 反馈组合形成新的增稳控制律,在迎角限制回路接通时实现飞控系统的增稳控制。此时飞控系统不再具有控制增稳功能,表明在接近迎角限制极限时仅实现增稳控制。

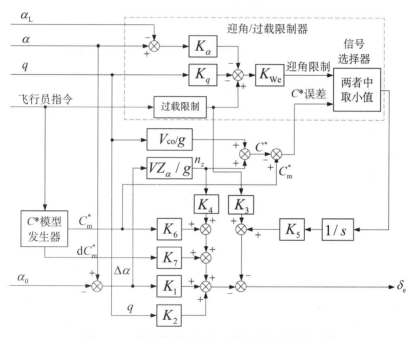

图 4-54 闭环控制系统迎角限制与控制增稳系统

图 4-54 中的信号选择器可以比较选择迎角限制回路输入,或者控制增稳系统 C^* 误差输入,两者取小值作为输出值。当迎角回路的信号小于正常回路的控制信号时(这里因为是负反馈信号,故取两者中的小值),信号选择器选择迎角限制器回路的值,此时切换到迎角限制系统从而间接实现边界值的限制。

以某型民机在 $H = 400\,\mathrm{m}$, $M = 0.25$ 的飞行条件为例进行仿真验证。仿真采用的杆力输入信号为方波,从 1 s 处加入阶跃指令信号,过载为 1。10 s 处指令恢复到零,运行时间为 15 s,如

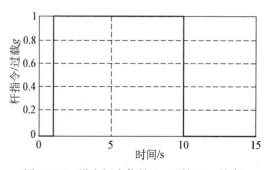

图 4-55 纵向杆力信号(1 s 开始,10 s 结束)

图 4 - 55 所示。迎角限制值为 20°。

信号选择器的输出响应如图 4 - 56 所示。

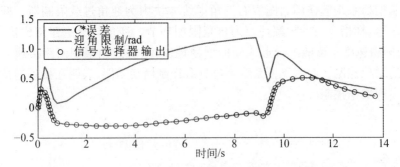

图 4 - 56　增稳控制与迎角限制系统的信号选择器输出响应

由图可知,由于采用了取小值的策略,信号选择器的输出在两个信号中始终取小值,使得升降舵获得的指令总是朝着减少迎角的方向。状态变量的响应曲线如图 4 - 57 所示。

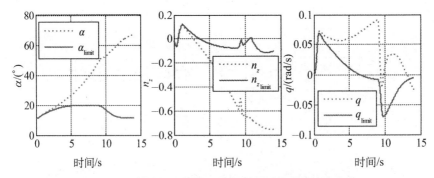

图 4 - 57　是否加入闭环迎角限制器后状态的响应曲线

图中,虚线为未加入迎角限制回路响应,实线为加入迎角限制回路响应。由图可知,加入迎角限制器后,迎角被限制在 20°,过载也较小,角速率反向,防止迎角加大。

（2）迎角非线性反馈限制器方案。

在新型飞机的电传操纵系统中,迎角边界限制通常采用一种硬限制的、非线性形式的反馈控制器结构来实现。在杆指令一定的条件下,迎角反馈通过一个针对给定迎角的硬限制非线性控制器,其输出与驾驶员杆指令信号相综合,形成带有迎角限制功能的综合指令。限制的迎角通常是两段,如图 4 - 58(a)所示。当迎角较小时,该控制器输出为 0,此时迎角限制器不起作用;当迎角超过 α_{L1} 时,该控制器输出较小的反馈信号,从而减弱了杆力输入信号;当迎角超过 α_{L2} 时,输出的反馈信号增大,从而进一步减小了杆力输入信号,如图 4 - 58(b)所示。

图中的迎角限制输出为:

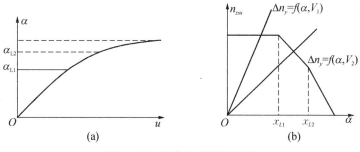

图 4-58　迎角边界限制曲线

在 $\alpha < \alpha_{L1}$ 时稳定过载为 $n_{zss} = n_{zL}$（驾驶员指令过载限制器输出）；

在 $\alpha_{L1} < \alpha < \alpha_{L2}$ 时，$n_{zss} = n_{zL} - K_{L1}(\alpha - \alpha_{L1})$；

在 $\alpha > \alpha_{L2}$ 时 $n_{zss} = n_{zL} - K_{L1}(\alpha - \alpha_{L1}) - K_{L2}(\alpha - \alpha_{L2})$。

与前例题相同，控制增稳系统加入非线性迎角反馈的系统结构图如图 4-59 所示。

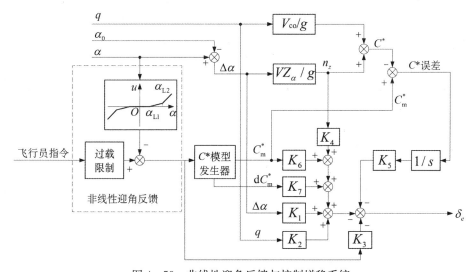

图 4-59　非线性迎角反馈与控制增稳系统

图 4-59 中，右侧部分为控制增稳系统，实现最优的 C^* 误差跟踪。左边方框内为迎角过载限制器。一般，α_{L1} 选择为开始实施迎角限制器的迎角阈值，可以参照第一种迎角限制器中 α_L 的选取来对应选取该值，目的是在飞机小迎角飞行时不产生迎角反馈作用。α_{L2} 的选取值可以借鉴杆完全后拉对应 α_{Lim} 的值，并适当减少，以便使得飞机迎角未到 α_{Lim} 时，迎角反馈就开始起作用并达到抑制迎角的目的。并且有 $K_{L1} < K_{L2}$。

以上述某型民机飞控系统在同样的飞行条件下的控制为例。若期望 $\alpha_L = 15°$，$\alpha_{Lim} = 20°$，可以选取：$\alpha_{L1} = \alpha_L = 15°$，$\alpha_{L2} = \alpha_{Lim} - 2$；$K_{L1} = 0.1$，$K_{L2} = 0.5$，过载

限制器的上限为 1.0,下限为 −0.5。进行相应过载指令的仿真验证,得到响应曲线如图 4 – 60 所示。

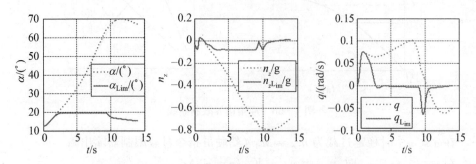

图 4 – 60　加入非线性迎角反馈前后状态的响应曲线

由图可知,在相同指令下,加入迎角限制器后,迎角被限制在 20°,过载响应较小,角速率响应基本反向,防止了迎角的加大。

比较曲线最终可以得出结论:

(1) 当迎角未达到限制值之前的一段时间内,迎角响应曲线与原系统响应曲线基本重合,这表明在迎角值处于正常范围内时,迎角限制器不会对原控制系统特性产生影响。

(2) 两种迎角限制方案都可以防止迎角超出预置值,保证了飞机在安全飞行包线内。但在限制迎角的同时也较大地限制了过载,使得静态增益减小,驾驶员的操纵能力受到限制。

4.4.2.3　滚转角速率与滚转角限制

空客 A320 的滚转角速率与滚转角限制是与控制增稳系统结合在一起完成的。下面给出一种与该方案相同的设计。以某大型民机为例,某飞行条件下的横侧向线性方程如下:

$$
\frac{\mathrm{d}}{\mathrm{d}t}\begin{bmatrix} \beta \\ p \\ r \\ \gamma \end{bmatrix} = \begin{bmatrix} -0.07896 & 0.10725 & 1 & 0.060798 \\ -2.97233 & -0.95063 & -0.28324 & 0 \\ -0.53913 & 0.056971 & -0.18073 & 0 \\ 0 & 1 & -0.10767 & 0 \end{bmatrix} \begin{bmatrix} \beta \\ p \\ r \\ \gamma \end{bmatrix} +
$$

$$
\begin{bmatrix} 0 & -0.00170 \\ -0.0172 & -0.03462 \\ 0.00135 & -0.04865 \\ 0 & 0 \end{bmatrix} \begin{bmatrix} \delta_a \\ \delta_r \end{bmatrix}
$$

采用经典的方法设计了该状态下横向控制增稳系统,如图 4 – 61 所示。

滚转角和滚转角速率限制已包含在回路中(图中横线所示)。侧向运动的滚转操纵用侧杆来完成,杆的偏度被处理成滚转角速度信号,并被限幅(最大滚转角速度

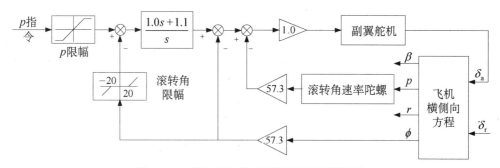

图 4-61 滚转角与角速度限制的控制器结构

指令为 $10°/s$）。前向通道中有一个积分环节，正常时可以保证滚转角速率跟踪指令。杆处于中央位置时，保持增稳系统控制可达到的倾斜角，最大为 $\pm20°$，滚转角限制通道不起作用。当 $|\phi| > 20°$ 时，滚转角的非线性反馈通道接通，减少指令幅度，限制滚转角速率，起到防止滚转角过大的作用。根据上图可计算出保持操纵杆时，最大可以达到的滚转角为 $|\phi|_m = 2|p_c| + 20°$。从而滚转角最大可达到 $\pm40°$。

图 4-61 中考虑了舵机、角速率陀螺和滤波器等环节。舵机环节如图 4-62 所示。

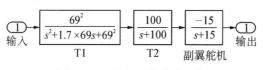

图 4-62 舵机环节传递函数

速率陀螺环节如图 4-63 所示。

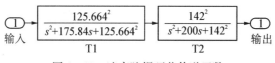

图 4-63 速率陀螺环节传递函数

滚转角和滚转角速率限制仿真结构图如图 4-64 所示。

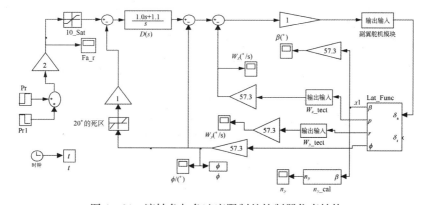

图 4-64 滚转角与角速度限制的控制器仿真结构

图 4-65 给出了 $p_c = 2°/s$ 时的响应情况。从响应可以看出,滚转角速率跟踪指令,滚转角限制在 $20°$ 左右,整个过程中侧滑角和侧向过载都较小。可见,该系统可使飞行员容易地进入和保持给定的滚转角,且不超过安全值。

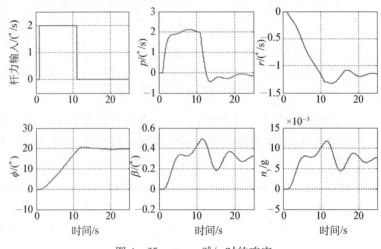

图 4-65　$p_c = 2°/s$ 时的响应

另外,飞控系统还应有空速、马赫数限制等功能,需要兼顾考虑飞机长周期模态,通过调节发动机推力实现,常常与自动飞行控制系统结合在一起,这里不再详述。

4.4.3　阵风减缓与乘坐品质控制律设计

阵风减缓是研究如何利用主动控制技术减小风干扰下飞机可能产生的过载,从而达到减少机翼弯曲力矩和减轻结构疲劳的目的。乘坐品质控制是为了使机上乘员在风干扰情况下也感到乘坐的舒适性;也可以在突发强风引起飞机急跌时适当减轻乘员感觉到的附加过载,保证乘员安全。两种控制都是根据风干扰条件下载荷减缓的程度来衡量其控制效果,从不同的指标要求出发,具有的功能是相同的。

对于大型民机,飞行的安全性、可靠性和舒适性是重要的设计指标,在具有数字电传飞控系统和多操纵面气动布局的现代飞机上,实现阵风减缓和乘坐品质控制是可行且必要的。

要设计阵风减缓和乘坐品质控制系统,首先需要了解飞行中风干扰的影响。下面介绍风干扰模型及其对飞机的影响。

4.4.3.1　大气扰动对飞机运动的影响

在大气中,经常有各个方向的气流,飞机在这种不平静的空气中飞行时将产生过载。若飞机以速度 V_0 在平静大气中飞行,遇到恒值上升气流 w_0 扰动,其大小和方向都会改变。有图 4-66 可见,此时合成速度 V 为[3]

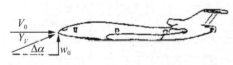

图 4-66　飞机平飞遇到常值上升气流

$$V = V_0 / \cos \Delta\alpha$$

图 4-66 中，$\Delta\alpha = w_0 / V_0$ 为风引起的迎角改变量。此时，由于 $\Delta\alpha$ 较小，可以假定速度 V 不变，即 $V = V_0$，因此，升力主要因迎角增量而改变。令 L_0 为平飞时的升力，则此时升力为

$$L = L_0 + \Delta L, \quad \Delta L = C_{L_\alpha} QS \Delta\alpha$$

于是过载为

$$n_z = (L_0 \pm \Delta L)/G = 1 \pm (C_{L_\alpha} QS \Delta\alpha)/G$$

若将 $\Delta\alpha$ 代入，则有

$$n_z = 1 \pm C_{L_\alpha} QS w_0 / (V_0 G) = 1 \pm C_{L_\alpha} Q w_0 / (V_0 p)$$

式中：$p = G/S$ 为机翼载荷。从该式可见，飞机在阵风中飞行时，过载增量与飞行速度 V、翼载 p 以及升力线斜率 C_{L_α} 有关，同时也与垂直阵风速度 w_0 成正比。由此可见，大气扰动会使机翼上所承受的过载增加，在飞机结构强度设计时必须考虑这一点。利用飞控系统减轻大气扰动产生的过载，减轻机翼载荷，也是很多大型飞机采用的主动控制方法。

大气扰动对飞机的影响，除了对飞机刚体引起的法向过载增量外，由于飞机机体的弹性，还会引起飞机的结构弹性振动，这不仅会引起乘员感觉不舒服，严重时会影响飞行员完成任务的能力，这就是乘坐品质问题。经验表明，在垂直振动过载超过 $0.2g$ 时，仪表判读就很困难；超过 $0.5g$ 并持续几分钟后，飞行员由于担心飞机要出事故，因而会改变飞机的高度和速度。气候变化有时会形成飞行局部区域的气流急剧变化，法向过载突然大幅度增加，飞机产生急跌，严重时会造成乘员伤亡。横向振动过载的允许值约为垂直过载的 $1/2$。

飞机在大气扰动中飞行时，刚性和弹性振动产生的法向过载比例，对不同的飞机是不同的。有些飞机弹性振动较小，如 B-52 飞机仅占 50%；但有些飞机所占比例较大，如 B-1 轰炸机，几乎占 90% 以上。因此，对于不同的飞机，应根据具体情况，选用适当的阵风减缓方案。现代飞机都装有增稳控制系统，这些系统可以较好地控制飞机的刚体运动，通过仔细选择传感器的安装位置，可以避免采集来自任何弹性结构模态的信号，一般不会改变飞机的结构振型。但增稳系统仅可以部分减少大气扰动引起的不期望的振动，针对弹性结构模态控制的结构陷波器设计将在第 8 章介绍。

4.4.3.2 大气扰动的数学模型

大气扰动通常有 3 种形式：大气湍流，突风和风切变。下面分别描述这 3 种大气扰动的数学模型。

1) 大气湍流的数学模型[3]

大气湍流是指叠加在常值风（平均风）上的连续随机脉冲。通常认为湍流是一

种平稳、均匀、各态历经及各向同性的随机过程。该过程的统计特性不随时间变化。大气湍流有两种数学模型：

（1）德莱顿（Dryden）模型。

根据大量的测量和统计数据，德莱顿提出了下述大气湍流的速度功率谱函数。

$$\begin{cases} \text{水平前向风} \quad \Phi_{\mathrm{ug}}(\Omega) = 2\sigma_u^2 \dfrac{L_u}{\pi} \dfrac{1}{1+(L_u\Omega)^2} \\[3mm] \text{侧向风} \quad \Phi_{\mathrm{vg}}(\Omega) = \sigma_v^2 \dfrac{L_v}{\pi} \dfrac{1+3(L_v\Omega)^2}{[1+(L_v\Omega)^2]^2} \\[3mm] \text{垂直风} \quad \Phi_{\mathrm{wg}}(\Omega) = \sigma_w^2 \dfrac{L_w}{\pi} \dfrac{1+3(L_w\Omega)^2}{[1+(L_w\Omega)^2]^2} \end{cases} \quad (4-38)$$

式中：Ω 为空间频率；L_u、L_v、L_w 为湍流尺度；σ_u、σ_v、σ_w 为风速的均方值。这个模型被用于各国和中国的军用标准，由于没有其他模型，在民机的风干扰分析中也被采用。其中的参数规定为：$L_u = L_v = L_w = 533.4\,\mathrm{m}$，$\sigma_u = \sigma_v = \sigma_w$，其具体数值由图形曲线给出。这种模型形式简单，是有理式，可以作因式分解，有利于湍流的数值仿真。这种模型比较适于刚性飞机，不适于柔性飞机的弹性模态分析。

（2）冯·卡门（von. Karman）模型。

冯·卡门模型的大气湍流速度功率谱模型为

$$\text{水平前向风} \quad \Phi_{\mathrm{g}}(\Omega) = \sigma_u^2 \frac{L_u}{\pi} \frac{1}{[1+(1.339L_u\Omega)^2]^{5/6}}$$

$$\text{侧向风} \quad \Phi_{\mathrm{vg}}(\Omega) = \sigma_v^2 \frac{L_v}{\pi} \frac{1+\dfrac{8}{3}(1.339L_v\Omega)^2}{[1+(1.339L_v\Omega)^2]^{11/8}}$$

$$\text{垂直风} \quad \Phi_{\mathrm{wg}}(\Omega) = \sigma_w^2 \frac{L_w}{\pi} \frac{1+\dfrac{8}{3}(1.339L_w\Omega)^2}{[1+(1.339L_w\Omega)^2]^{11/8}}$$

式中：$L_u = L_v = L_w = 762\,\mathrm{m}$，$\sigma_u = \sigma_v = \sigma_w$，其具体数值也由图形曲线给出。这种模型为高阶无理分式函数，不便于加入线性方程中进行仿真。由于该模型频谱斜率较高，所以更适于与飞机结构模态有关的飞行品质研究。

（3）离散突风。

突风又称阵风，表现为确定性的风速变化。它主要体现了水平及垂直风速急剧变化的梯度。如上升暖气流和下降冷气流边缘，山脉、悬崖及温度变化地区和风暴边缘区，都会出现风速的急剧变化。这种扰动常常不能用连续的高斯随机风模型来描述。当这种气流变化梯度足够大时，飞机处于强风力场作用下，在飞机上引起瞬态载荷，使飞机运动发生变化，故设计飞控系统时应当对此加以考虑。

在飞行品质评定和飞控系统设计时，广泛使用的离散突风模型为（1−cos）型。离散突风模型分为全波长和半波长模型。全波长离散风模型为

$$V_w = \begin{cases} 0, & x < 0 \\ \dfrac{V_{w_m}}{2}\left(1 - \cos\dfrac{\pi x}{d_m}\right), & 0 \leqslant x \leqslant 2d_m \\ 0, & x > 2d_m \end{cases}$$

其形状如图 4 - 67(a)所示。

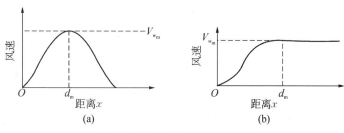

图 4 - 67　(1−cos)型离散突风

半波长离散突风模型为

$$V_w = \begin{cases} 0, & x < 0 \\ \dfrac{V_{w_m}}{2}\left(1 - \cos\dfrac{\pi x}{d_m}\right), & 0 \leqslant x \leqslant d_m \\ V_{w_m}, & x > d_m \end{cases}$$

其形状如图 4 - 67(b)所示。

除了(1−cos)型突风外,也可以采用斜波型和阶跃型突风,如图 4 - 68 所示。

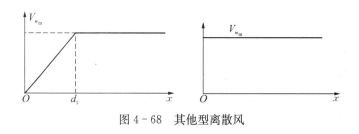

图 4 - 68　其他型离散风

其中,斜波型突风主要考察风速线性变化的影响;阶跃型突风主要考察风速突变时的特性。

离散突风主要由突风尺度 d_m 和强度 V_{w_m} 确定。使用时为使突风影响与飞机和飞控系统各有关自振频率相协调,应选用各种不同尺度 d_m 的突风进行分析。突风强度和尺度可与连续随机湍流模型中的强度和尺度一致。

(4) 风切变。

在近地面时,由于空气黏性作用,风速是不均匀的,形成了随高度变化的风剖面。在不同高度上风速的大小及方向不同,此即为风切变,如图 4 - 69 所示。

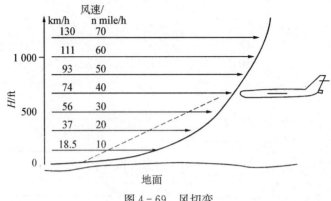

图 4-69　风切变

由图可知,水平风速 w 沿铅直方向有较大梯度变化。实践表明,风切变对飞机起飞和着陆阶段的飞行有重大影响。当迎头风速减小时,改变了空速,减小了发动机推力,使飞机产生更大的下降速度,引起飞行轨迹的偏差,这在下滑阶段非常危险。此外,由于飞机着陆时已接近它的失速边界,空速降低是非常危险的。所以,在风切变出现时必要迅速纠正和改出。

我国规范中规定的风切变模型是线性的:

$$w = w_0 + 0.133H(\text{m/s})$$

式中:w_0 值随飞机类型和风向而不同。

美国 8785C 军用规范中规定的风切变模型为对数型:

$$W(H) = W_{20} \frac{\ln(H/z_0)}{\ln(20/z_0)}$$

式中:$z_0 = 0.15\,\text{ft}\,(0.0612\,\text{m})$(C 种飞行阶段);$W_{20}$ 是高度为 $20\,\text{ft}(8.16\,\text{m})$ 处的风速。

2) 大气扰动对飞机运动的影响

(1) 湍流仿真模型。

以大气扰动的湍流形式为例进行说明,其他风扰动可以直接建立仿真模型。如前所述,目前常用的湍流风模型为德莱顿模型,该模型为有理式,适用于刚体飞机。由于德莱顿模型是以空间变量 Ω 表示的,故需将其转换为时间变量。因为时间频率与空间频率的关系为 $\omega = V_0\Omega$,所以湍流功率谱式(4-38)又可表示为

$$\begin{cases} \Phi_u(\omega) = \dfrac{2\sigma_u^2 L_u}{V_0\pi} \dfrac{1}{\left[1 + (L_u/V_0)^2\omega^2\right]} \\[3mm] \Phi_v(\omega) = \dfrac{\sigma_v^2 L_v}{\pi V_0} \dfrac{\left[1 + 3(L_v/V_0)^2\omega^2\right]}{\left[1 + (L_v/V_0)^2\omega^2\right]^2} \\[3mm] \Phi_w(\omega) = \dfrac{\sigma_w^2 L_w}{\pi V_0} \dfrac{\left[1 + 3(L_w/V_0)^2\omega^2\right]}{\left[1 + (L_w/V_0)^2\omega^2\right]^2} \end{cases} \tag{4-39}$$

上述功率谱密度是一种有色噪声,使用不方便。为了便于仿真,通常利用成型

滤波器方法来产生相应的有色噪声功率谱密度。单位强度的白色噪声 $r(t)$，通过一个传递函数为 $G(s)$ 的滤波器，产生随机过程 $x(t)$，则 $x(t)$ 的频谱密度函数为

$$\Phi_x(\omega) = G^*(\mathrm{j}\omega)G(\mathrm{j}\omega) = |\,G(\mathrm{j}\omega)\,|^2 \tag{4-40}$$

因此，将湍流各频谱密度按式(4-40)进行分解，则可得到产生给定频谱密度函数的成型滤波器传递函数 $G(s)$，即

$$\begin{cases} G_u(s) = \sqrt{K_u}/(s+\lambda_u) \\ G_v(s) = \sqrt{K_v}(s+\beta_v)/(s+\lambda_v)^2 \\ G_w(s) = \sqrt{K_w}(s+\beta_w)/(s+\lambda_w)^2 \end{cases} \tag{4-41}$$

式中：$K_u = 2V_0\sigma_u^2/L_u\pi$，$K_v = 3V_0\sigma_v^2/L_v\pi$，$K_w = 3V_0\sigma_w^2/L_w\pi$，$\beta_v = V_0/\sqrt{3}L_v$，$\beta_w = V_0/\sqrt{3}L_w$，$\lambda_i = V_0/L_i$，$(i = u, v, w)$。为了简单起见，也可以近似将 $G_v(s)$ 和 $G_w(s)$ 简化为一阶环节：

$$\begin{cases} G_v(s) = \sqrt{K_v}/(s+\lambda_{v1}), & \lambda_{v1} = V_0\sqrt{3}/L_v \\ G_w(s) = \sqrt{K_w}/(s+\lambda_{w1}), & \lambda_{w1} = V_0\sqrt{3}/L_w \end{cases} \tag{4-42}$$

依据该传递函数，当输入为白色噪声时，其输出即为湍流的阵风。上述传递函数还可以转换为状态空间模型。

(2) 湍流对飞机运动影响的计算。

大气湍流对飞机运动的作用就是改变了飞机上的相对气流，从而改变了气动力。这种附加气动力的变化可通过飞机运动状态量的等价改变来表示。

x 方向的湍流速度 u_g 的作用相当于减少了前进速度，用 ΔV 表示：

$$\Delta V_\mathrm{g} = -u_\mathrm{g}$$

y 方向湍流速度 v_g 的效果是引起侧滑角增量：

$$\Delta\beta_\mathrm{g} = -v_\mathrm{g}/V_0$$

z 方向湍流速度 w_g 的效果是引起迎角增量：

$$\Delta\alpha_\mathrm{g} = -w_\mathrm{g}/V_0$$

式中：V_0 为未扰动的飞行速度。

因此，飞机在大气扰动下的飞机动力学运动方程为

$$\begin{bmatrix} \Delta\dot{V} \\ \Delta\dot{\alpha} \\ \Delta\dot{q} \\ \Delta\dot{\theta} \end{bmatrix} = \boldsymbol{A}_L \begin{bmatrix} \Delta V + \Delta V_\mathrm{g} \\ \Delta\alpha + \Delta\alpha_\mathrm{g} \\ \Delta q \\ \Delta\theta \end{bmatrix} + \boldsymbol{B}_L \begin{bmatrix} \delta_\mathrm{T} \\ \delta_\mathrm{e} \end{bmatrix}, \quad \begin{bmatrix} \Delta\dot{\beta} \\ \Delta\dot{p} \\ \Delta\dot{r} \\ \Delta\dot{\phi} \end{bmatrix} = \boldsymbol{A}_L \begin{bmatrix} \Delta\beta + \Delta\beta_\mathrm{g} \\ \Delta p \\ \Delta r \\ \Delta\phi \end{bmatrix} + \boldsymbol{B}_L \begin{bmatrix} \Delta\delta_\mathrm{a} \\ \Delta\delta_\mathrm{r} \end{bmatrix}$$

$$\tag{4-43}$$

由式(4-43)可知,大气扰动的影响等效为 ΔV_g, $\Delta \alpha_g$, $\Delta \beta_g$,这相当于在飞机的运动方程中引入了 ΔV_g, $\Delta \alpha_g$, $\Delta \beta_g$ 的干扰,可以直接将风模型的风速输出变为相应状态变量加入飞机方程进行仿真,可以看到风对飞机运动的影响。

前面描述大气湍流时,是以地坐标系为基础的,并且认为其不随时间而改变(冻结湍流场)。在分析大气湍流对飞机的作用时,有时需要考虑其变化。在机体坐标系中,湍流既随坐标 x, y, z 而改变,又随时间而变,即在某一瞬间,机翼和平尾所受到的湍流速度不同,而在某一部件(如平尾)上,在不同时刻所受到的湍流速度也不一样。这种随时间的变化是由于飞机前向运动的速度造成的,因此,在研究湍流的影响时,有时必须考虑湍流在飞机 x, y, z 轴上的梯度分布。为了简单起见,通常可以认为这种分布是线性的,即

$$\begin{cases} u_g(x) = u_g(0) + \partial u_g / \partial x \\ v_g(x) = v_g(0) + \partial v_g / \partial y \\ w_g(x, y) = w_g(0) + \partial w_g / \partial x + \partial w_g / \partial y \end{cases} \quad (4-44)$$

湍流速度梯度 $\partial w_g / \partial x$ 在气动效果方面相当于俯仰角速度 q,即 $q_g = \partial w_g / \partial x$;而 $\partial w_g / \partial y$ 相当于负的滚转角速度 $p = -\partial w_g / \partial y$;而 $\partial v_g / \partial y$ 相当于偏航角速度 $r = \partial v_g / \partial y$。如果将飞机看做质点,则可以不计及上述梯度的影响。

4.4.3.3　直接力控制概念[3]

对于常规飞机来说,产生改变航迹的气动力是通过改变飞机的姿态引起迎角或侧滑角变化来实现的,而姿态的变化又是通过气动操纵面的偏转产生力矩而实现的。因此,常常将这种操纵称为"力矩操纵"或"间接升力操纵"。它是建立在力和力矩或航迹与姿态运动耦合的基础上。其主要的缺点如下所述。

● 升力或侧力的建立或航迹的改变比较缓慢,在控制与航迹变化之间不可避免地会产生时间滞后。大飞机进场着陆时,这种滞后可达 $2 \sim 3$ s。由于航迹变化的滞后,无法较好地补偿高频阵风的扰动。图 4-70 表示了纵向拉杆时,飞机升力和高度的变化过程,从中可见轨迹滞后的过程。

● 由于常规操纵时,舵面偏转所产生气动力与航迹运动所需气动力是相反的,因此在开始时会产生一种相反的航迹变化,这也是很不利的。例如,在飞机进场着陆时,通过控制升降舵控制航迹上升时,就会首先尝试一种下沉的航迹,这对安全着陆是不利的。特别当飞机

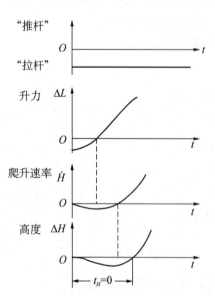

图4-70　常规飞机操纵时高度变化的滞后过程

受到顺风作用时,由于气流速度的减小,升力受到损失,导致下沉速度。在这种情况下,升降舵拉升作用所产生的反向升力的不利影响就更为明显,这将使下沉速度进一步增大。

● 当飞机需要机动时,有时需要使升降舵有较大偏转。此时力矩可以得到改善,但它对升力及航迹的改变却产生了坏影响,上述时间延迟不仅不能缩短,甚至延长了。

● 这种操纵使飞机的转动运动与平移运动强烈耦合,从而使飞机快速跟踪轨迹的能力降低了。

为了克服上述常规操纵的缺点,提出了直接力控制。即通过附加操纵面的控制,在不产生力矩的条件下,直接产生升力或侧力,实现了力与力矩的解耦。直接力控制不仅可以克服上述缺点,还可以改善飞行特性,改善飞机在阵风扰动中的响应特性。为了产生直接力,光凭一个操纵面是无法实现的(除非这个操纵面所产生的空气动力正好作用于质心),因为此时除了产生升力外,还会同时产生力矩。

直接力控制分为直接升力、直接侧力及直接阻力与推力控制。对于大型民机,产生直接升力的控制面可以有以下几种,如图4-71所示。

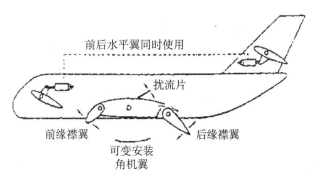

图4-71　直接升力操纵面

● 水平鸭翼的对称偏转与平尾的组合,平尾和鸭翼同时后缘向下偏转,它们各自产生的纵向力矩互相抵消,则可产生单纯向上的升力。

● 对称襟翼与平尾组合,襟翼可以是机动前缘或后缘襟翼,这种方案可能产生较大的升力。

● 水平鸭翼与机动襟翼相配合,可以产生更大的升力。

● 扰流片的偏转与水平鸭翼相配合等。

直接侧力通常要有垂直鸭翼和方向舵配合来实现。

无论哪种操纵面,在用于直接力控制时,均应满足如下要求:

● 操纵面的偏转必须是快速的、连续可调的。

● 操纵面必须能够产生正的和负的力变化。

● 合成的直接力作用点应位于质心附近。

对于大型民机,可用于阵风减缓的操纵面可以是副翼(对称偏转)、扰流片(从中立位置开始)、襟翼(连续可调)与尾翼结合及鸭翼(如果有)与尾翼结合等操纵面的组合。如果机翼上有分片襟翼或襟副翼,则都可以用来实现阵风减缓控制功能。

4.4.3.4　阵风载荷减缓控制律设计

虽然带有角速率反馈的阻尼系统及控制增稳系统在一定程度上可以降低阵风引起的过载增量,但其作用是有限的。一个理想的阵风减缓系统必须设法消除阵风引起的升力变化,因此,在阵风影响的瞬时需要偏转相应的操纵面,产生一个大小相等、方向均相反的升力变化,来抵消升力的影响;本质上需要利用直接力控制。

在已有的国内外的研究成果中,能够作为阵风响应的技术指标有很多种。可以用迎角、俯仰角、俯仰角速度、法向过载在阵风干扰下的时域响应曲线来评估,也可以用系统对垂直湍流,水平湍流的响应过程来进行分析。纵向通常使用过载响应的均方值来衡量阵风缓和的效果,此外,过载的均值、方差、极差、均方根,升降舵、襟翼偏角的均方差等统计学指标也可以作为阵风减缓响应的评价指标,它们可以得出较为直观的评估结果。下面的例题采用湍流扰动下的过载均方根值进行阵风减缓效果评估。

阵风减缓控制律可以采用开环设计或者闭环设计方法,下面仅介绍一种开环控制方法。

设某型民机纵向线性方程为

$$
\begin{bmatrix} \dot{V} \\ \dot{\alpha} \\ \dot{q} \\ \dot{\theta} \end{bmatrix} = \begin{bmatrix} -0.00813 & 7.56534 & 0 & -9.8 \\ -0.000449 & -0.66254 & 1 & 0 \\ 0.001008 & -0.51396 & -1.39869 & 0 \\ 0 & 0 & 1 & 0 \end{bmatrix} \begin{bmatrix} V \\ \alpha \\ q \\ \theta \end{bmatrix} +
$$

$$
\begin{bmatrix} 0 & 0 & 0 & 0 & 0 & 0 \\ -0.000685 & -0.0005294 & -0.0000798 & -0.0000934 & -0.00013 & -0.00013 \\ -0.040841 & -0.009345 & -0.0007084 & -0.0009184 & -0.0014466 & -0.00162 \\ 0 & 0 & 0 & 0 & 0 & 0 \end{bmatrix} \boldsymbol{\delta} +
$$

$$
\begin{bmatrix} -2.2347 \\ -0.66254 \\ -0.51396 \\ 0 \end{bmatrix} \alpha_w
$$

$$
\tag{4-45}
$$

式中:$\boldsymbol{\delta}$ 为控制矢量,各分量分别为升降舵,对称偏转的副翼和四组扰流片。对于阵风减缓控制,将差动偏转的副翼改为对称偏转;另外,由于飞机上的扰流片只能朝一个方向偏转,这里将扰流片预设在 $20°$ 位置,从而可以相对该位置正负偏转($\pm 20°$)。式(4-45)可以写为

$$
\dot{x}(t) = \boldsymbol{A}x(t) + \boldsymbol{B}\delta(t) + \boldsymbol{B}_w \alpha_w(t) \tag{4-46}
$$

开环控制即利用多操纵面直接抵消阵风影响,即令

$$\boldsymbol{B}\dot{\delta}(t) + \boldsymbol{B}_w\alpha_w(t) = \boldsymbol{0} \tag{4-47}$$

由于控制面变量较多,可以有多种选择,或进行最优意义下的控制分配。为了简单起见,可以令扰流片和对称偏转的副翼有相同动作,将副翼和扰流片的对应值相加,得到一个等效的新控制量消除阵风影响,后面表明的副翼都是加入扰流片的等效副翼:

$$\delta_n(t) = -\boldsymbol{B}_n^{-1}\boldsymbol{B}_w\alpha_w(t) \tag{4-48}$$

其控制系统方框图如图 4-72 所示。

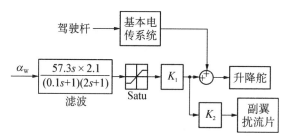

图 4-72 阵风减缓控制律方框图

图 4-72 表明,该方案是一种开环方案,与主飞控系统一起工作。计算得到的阵风迎角,经滤波、限幅后依据比例送给升降舵通道和副翼、扰流片,产生附加控制抵消阵风产生的过载的影响。通过选择和调试 K_1,K_2,副翼、扰流片组合与升降舵对阵风迎角的开环控制为

$$\begin{bmatrix} \delta_e \\ \delta_{a'} \end{bmatrix} = \begin{bmatrix} 234.0439 \\ -854.8307 \end{bmatrix}\alpha_w$$

仿真采用 5 000 m 高度上中等尺度的湍流风产生干扰风,如图 4-73 所示。

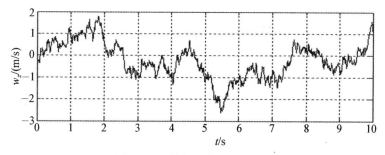

图 4-73 外加的湍流随机扰动

仿真结果如图 4-74 所示,其中,最后一张图为操纵面偏转角响应。

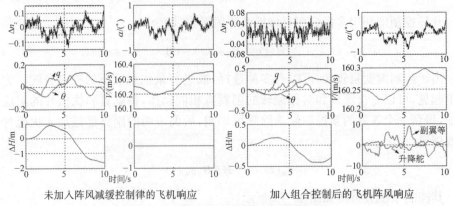

未加入阵风减缓控制律的飞机响应　　　加入组合控制后的飞机阵风响应

图 4-74　阵风减缓控制系统仿真比较

仿真结果表明,阵风减缓控制使得在湍流扰动下,等效副翼适当偏转起抵消附加过载的作用,使得阵风扰动下的过载大幅度减小,从而高度变化减小。经计算,无控制作用时,过载的均方根值为 0.044 7,控制后的过载均方根为 0.025 5,减少了 43%,表明这种阵风减缓控制方案具有较好的效果。

开环控制的方法较为简单易行。空客即采用的开环控制方案。设计阵风减缓系统的闭环控制律可以采用最优控制方法,通过选取多操纵面的反馈增益,使得阵风引起的法向过载最小,具体描述见参考文献[3]第 190 页例题,这里不再详述。

4.4.3.5　乘坐品质控制律设计[9]

乘坐品质控制本质上与阵风减缓控制相同,但强调阵风扰动时对飞机质心的法向加速度抑制,改善大型飞机的乘坐舒适性。

1) 乘坐品质的评价指标

作为民用飞机重要的设计指标的飞机的乘坐品质,是对于驾驶员或者乘员在座位上的舒适性的评价,也是大型民机的重要设计指标之一。影响乘客舒适性的成因比较复杂,其中最重要的因素就是大气扰动响应,飞行中出现大幅度的湍流或垂直风造成的飞机颠簸等,都会严重影响乘员的感觉,严重时甚至会造成乘员受伤。目前国内外对于乘坐品质的评价准则有很多种。而根据美军标 MIL-F-9490D 的规定,可以作为乘坐品质评估指标的大致上还包括:舒适性指数 C、乘员工作效能指数 H_{ep}、舒适性概率指数 C_g、法向增量 n_z、人体振动界限法 VGL、法向加速度概率 F_{az} 等[10]。其中常用的为基于平均加速度概率指标的乘坐舒适度 C 准则。而由于乘员对加速度的不适应是与瞬时加速度联系在一起的,所以用加速度超过某个数值的最小概率作为标准来量化讨论乘坐舒适度是很有必要的。可以用在每分钟飞行时间内,驾驶员或者乘员座位处的法向过载增量穿越 0.5g 的次数 N 作为乘员评价准则[11]。综上所述,本章中采用以下 3 种设计指标来对飞机的乘坐品质进行评估。

2) 乘坐舒适性指标 J_{RD}

作为飞机乘坐品质的评价指标,乘坐舒适性指标,在美国 MIL-F-9490D 中有所规定。该指标定义为

$$J_{RD} = kC_{L_a}/(W/S) \tag{4-49}$$

式中:(W/S) 是机翼的翼载;C_{L_a} 是机翼升力系数对迎角的导数;k 为比例常数。飞机越大,该指标越小。通常,$J_{RD} < 0.1$ 则意味着乘坐是舒适的,或者乘务人员工作负担是轻的;若 $J_{RD} > 0.28$,则飞行员为了减少大气扰动对飞机运动的影响,必须改变飞机航迹、空速或高度。

纵向飞机短周期运动方程中的法向力可以近似表示为(以垂直速度表示)[3]

$$\dot{w} = Z_w w + V_0 q + \sum_{j=1}^{m} Z_{\delta_j} \delta_j \tag{4-50}$$

所以,质心处的法向加速度为

$$a_{zc.g.} = \dot{w} - V_0 q = Z_w w + \sum_{j=1}^{m} Z_{\delta_j} \delta_j \tag{4-51}$$

法向力方程中的气动导数 Z_w 在 $C_D \ll C_{L_a}$ 的条件下,可以近似表示为

$$Z_w = -\frac{\rho S V_0}{2m} C_{L_a} = -\frac{\rho V_0 g}{2k} J_{RD} \tag{4-52}$$

将式(4-52)代入式(4-51)可知 J_{RD} 可用飞机质心处的加速度指标来衡量,即

$$a_{zc.g.} = -\frac{\rho V_0 g}{2k} J_{RD} \omega + \sum_{j=1}^{m} Z_{\delta_j} \delta_j \tag{4-53}$$

可知若使 J_{RD} 最小,则要求飞机在质心处的法向加速度最小。由于 $C_{m_a}/C_{L_a} = -x_{AC}/c_A$,$x_{AC}$ 为飞机焦点与质心间的距离,c_A 为平均气动弦长,因此,J_{RD} 又可以表示为

$$J_{RD} = -k(S/W) c_A (C_{m_a}/x_{AC}) \tag{4-54}$$

由式(4-50)和式(4-54)可知,若要减小 J_{RD} 或 $a_{zc.g.}$,就要减小 Z_w 和 C_{m_a},这表明乘坐品质系统将影响飞机的短周期模态,因此必须与控制增稳系统共同使用。

利用飞机大气扰动响应的均方差来计算乘坐舒适性指数 C,国内外常见的数学模型有 5 种。如果只考虑纵向运动引起的乘坐品质问题,这 5 种模型如下[10]:

(1) $C_1 = 2 + 11.9 \bar{a}_z$;

(2) $C_2 = 1.8 + 11.5 \bar{a}_z$;

(3) $C_3 = 1.15 + 6 \bar{a}_z$;

(4) $C_4 = 1.8 + 10.6 \int_0^\infty w \phi \bar{a}_z(w) dw$;

(5) $C_5 = 19 \bar{a}_z$。

式中:$\bar{a}_z$ 为法向加速度的均方根值。根据前人的研究表明,前 4 种模型的结果基本一致,而模型(5)的结果过于乐观。因此,本文中决定采用模型(1)作为评价乘坐品质问题的指标。该准则的乘坐舒适性指数 C 与乘坐品质的描述关系如表 4-9

所示。

表 4 - 9　乘坐品质 C 准则

C 值范围	$C<2$	$2<C<3$	$3<C<4$	$4<C<5$	$C>6$
乘坐品质等级	非常舒适	舒适	中等舒适	不舒适	非常不舒适

该准则的计算是按照给定的风场的强度,在给定飞机基准状态的情况下,能够得到一个确定的 C 值。

3) 设计举例

考虑某型民机在高度 $5\,000\,\mathrm{m}$,速度 $180\,\mathrm{m/s}$ 下平飞,机动襟翼 δ_j 作为新增的产生直接升力的控制面,其短周期系统矩阵为

$$\begin{bmatrix}\dot{\alpha}\\\dot{q}\end{bmatrix}=\begin{bmatrix}-0.8975 & 0.9839\\-5.9754 & -1.3287\end{bmatrix}\begin{bmatrix}\alpha\\q\end{bmatrix}+\begin{bmatrix}-0.0013 & -0.0002\\-0.1123 & -0.0105\end{bmatrix}\begin{bmatrix}\delta_e\\\delta_j\end{bmatrix}$$

取过载 n_z 为输出量,过载的表达式:

$$n_z=\frac{V}{g}Z_a\alpha+\frac{V}{g}Z_a\Delta\alpha_\mathrm{g}+\frac{V}{g}Z_{\delta_e}\delta_e+\frac{V}{g}Z_{\delta_j}\delta_j$$

首先进行增稳设计,采用与前述增稳控制相同的二次型最优设计方法,取 $\boldsymbol{x}(t)=\begin{bmatrix}q & n_z & \delta_e & \delta_j & C_\mathrm{m}^* & \dot{C}_\mathrm{m}^* & F_e & C^* & \int edt\end{bmatrix}^\mathrm{T}$,获得的最优增益

$$\boldsymbol{K}=\begin{bmatrix}2.9871 & 0.1281 & -0.9839 & -0.0536 & -0.2558 & -0.0166 & -0.0979 & 0.1105 & -0.3148\\0.2811 & 0.0121 & -0.0536 & -0.4193 & -0.0241 & -0.0016 & -0.0092 & 0.0104 & -0.0296\end{bmatrix}$$

在此基础上,进行乘坐品质控制系统设计。选择的控制方案如图 4 - 75 所示。

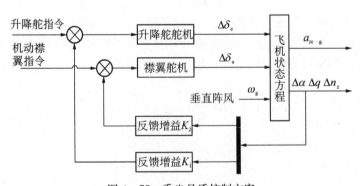

图 4 - 75　乘坐品质控制方案

由图可知,阵风干扰引起的过载增量 Δn_z 通过反馈增益 K_2 驱动作为直接升力机构的机动襟翼,同时通过反馈增益 K_1 协调偏转升降舵,两者产生一个净升力增量抵消风引起的法向过载,同时两者形成的俯仰力矩则相互平衡。在直接升力控制模

块中,直接力的反馈增益可以结合相应的关系式配合求取,最终选取 $K_1 = 0.1$, $K_2 = -10$ 来实现载荷减缓乘坐品质控制的功能。

选择阵风强度为 $3\,\mathrm{m/s}$,阵风尺度为 $80\,\mathrm{m}$ 的垂直阵风作为扰动,进行乘坐品质控制效果评估。

由已知的纵向方程的系数 $Z_\alpha = (\rho V_0^2 C_{L_\alpha} S)/2mV_0$ 可以得知 $C_{L_\alpha} = 2mV_0 Z_\alpha / \rho V_0^2 S$,在此基础结合飞机模型的各个参数,得到飞机质心处法向加速度的公式为

$$
\begin{aligned}
a_{zc.\,g.} &= -\frac{\rho V_0 g}{2k} J_{\mathrm{RD}}\omega + \sum_{j=1}^{m} Z_{\delta_j}\delta_j \\
&= -\frac{\rho S V_0}{2m} C_{L_\alpha}\omega + Z_{\delta_e}\delta_e + Z_{\delta_j}\delta_j \\
&= -\frac{\rho S V_0}{2m} \frac{2mV_0 Z_\alpha}{\rho V_0^2 S}\omega + Z_{\delta_e}\delta_e + Z_{\delta_j}\delta_j \\
&= -Z_\alpha\omega + Z_{\delta_e}\delta_e + Z_{\delta_j}\delta_j \\
&= Z_\alpha V_0 \Delta\alpha_\mathrm{g} + Z_{\delta_e}\delta_e + Z_{\delta_j}\delta_j \\
&= 161.325\,4\Delta\alpha_\mathrm{g} + 0.074\,5\delta_e + 0.011\,5\delta_a
\end{aligned}
$$

通过比较无载荷减缓乘坐品质控制和有载荷减缓乘坐品质控制的系统对于垂直阵风干扰输入的质心法向加速度响应(见图 $4-76$),可以从图中得知:在系统稳定时,响应量 $\Delta a_{zc.\,g.}\,(\mathrm{m/s^2})$ 的稳态值由原来的 1.04 减小到 0.06 左右。这反映了乘坐舒适指标 J_{RD} 得到了大幅改善,乘员的乘坐舒适性得以提高。

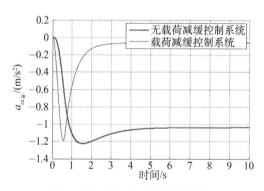

图 $4-76$ 质心法向加速度曲线

为了准确的评价飞机的乘坐品质,选取驾驶员所在处为基点,然后选取不同的阵风速度的响应进行了乘坐品质 C 准则的评估,如表 $4-10$ 所示。

表 4-10 乘坐品质等级(离散阵风)

风速 m/s	1	2	3	4
无控飞机响应$\bar{a}_z$	0.035 3	0.070 6	0.105 8	0.141 1

（续表）

风速 m/s	1	2	3	4
乘坐舒适性指数 C	2.4201	2.8401	3.2590	3.6791
乘坐品质等级	舒适	舒适	中等舒适	中等舒适
有控飞机响应 $\bar{a}_z$	0.0193	0.0386	0.0580	0.0733
乘坐舒适性指数 C	2.2297	2.4593	2.6902	2.8722
乘坐品质等级	舒适	舒适	舒适	舒适

由表 4-10 的结果可以看出，在不同风速的阵风扰动下，采用乘坐品质控制系统的飞机能一定幅度地改善乘坐舒适性指数 C，使得乘员能在恶劣天气环境下保持舒适的乘坐感受，提高了民机的经济性和舒适性。

以同样的垂直湍流风强度和尺度作为扰动，系统是否采用了乘坐品质控制的阵风响应如图 4-77 所示。图示表明，飞机的迎角，俯仰角速度，法向过载的振动从幅度到频率上都有一定的减缓。

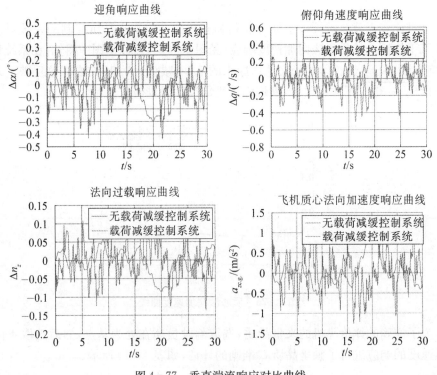

图 4-77　垂直湍流响应对比曲线

将垂直湍流响应减缓的效果进行量化，以任一响应量的均方根值的变化率来评价阵风载荷减缓的效果。将迎角 $\Delta\alpha$、俯仰角速率 Δq 以及法向过载增量 Δn_z 的响应的均方根值记作 $\sigma_{\Delta\alpha}$，$\sigma_{\Delta q}$ 和 $\sigma_{\Delta n_z}$。则各自的减缓率 η 如表 4-11 所示。

表 4-11　垂直湍流响应均方根值与减缓率

均方根值	无阵风减缓	有阵风减缓	减缓率 $\eta/(\%)$
$\sigma_{\Delta a}$	0.1727	0.0804	53.44
$\sigma_{\Delta q}$	0.1932	0.1013	47.57
$\sigma_{\Delta n_z}$	0.0496	0.0231	53.43

由上述图表可以得知,采用阵风减缓的系统对于垂直湍流风亦有一定的减缓作用,大大提高了乘员在大气湍流条件下的舒适性指数。

选取驾驶员所在处为基点,然后选取不同的垂直湍流强度的响应进行了乘坐品质 C 准则的评估,如表 4-12 所示。

表 4-12　乘坐品质等级(垂直湍流)

垂直湍流强度 $\sigma_u/(\mathrm{m \cdot s^{-1}})$	1.5	3	7
无控飞机响应 $\bar{a}_z$	0.0248	0.0496	0.1109
乘坐舒适性指数 C	2.2951	2.5902	3.3197
乘坐品质等级	舒适	舒适	中等舒适
有控飞机响应 $\bar{a}_z$	0.0115	0.0231	0.0516
乘坐舒适性指数 C	2.1369	2.2749	2.6140
乘坐品质等级	舒适	舒适	舒适

由表的结果可以看出,在不同垂直湍流强度的干扰下,采用阵风减缓乘坐品质控制系统的飞机能在一定程度上改善乘坐舒适性指数 C。使得乘员能在恶劣天气环境下保持舒适的乘坐感受,提高了民用飞机的乘坐舒适性。

4.4.3.6　机翼载荷减缓控制律设计[3]

大型飞机长期工作于巡航状态,并承受 $1g$ 的过载。此时,机翼上的升力分布呈椭圆形。如果飞机进行机动,则机翼上的载荷分布将按比例增大,载荷分布不变,如图 4-78 所示。显然,机动时翼根弯曲力矩的增大与过载系数成比例。为了保证飞机在实施允许最大机动时的机翼承载能力,必然要求机翼大梁断面有足够的面积,从而使机翼重量增加。

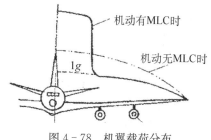

图 4-78　机翼载荷分布

如果在机动飞行时能够将升力重新分布,在保持总升力不变的情况下,使机翼的升力向翼根处集中,则合成升力对翼根的力臂减小,使翼根处的弯曲力矩减小,在相同的安全系数下,机翼的结构重量将会减轻。所以,大型民机的机翼载荷减缓控制的主要目的,就是通过控制机翼上的载荷分布来达到减小翼根处的弯曲力矩,

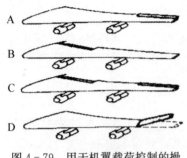

图 4 - 79　用于机翼载荷控制的操纵面

从而减轻机翼结构重量和机动飞行时的疲劳载荷。

实现机翼升力向翼根处靠近的方法如图 4 - 79 所示。

● 对称向上偏转外侧副翼,使机翼外侧的升力减少,通常可使机翼结构重量降低 8.2%(见图 4 - 79A);

● 后缘机翼向下偏转,使机翼内侧升力增加,通常可减轻机翼结构重量 4.4%(见图 4 - 79B);

● 外侧副翼与内侧后缘襟翼组合运动,即副翼对称向上偏转,襟翼同时向下偏转,此时机翼的结构重量可降低 12.2%(见图 4 - 79C);

● 采用翼尖副翼对称向上偏转,此时效益更佳,可使机翼结构重量减轻 16.8%(见图 4 - 79D)。

如果机翼还有其他辅助操纵面,如扰流片、前缘机动襟翼或整个机翼外段可偏转时,也可以适当组合来实现机翼升力的重新分布。

对大型飞机,降低阵风作用下的机翼上的载荷是非常有意义的。大型客机 A320 的阵风减缓控制系统(见图 4 - 72)使其在严重大气扰动下的机翼载荷减少了 15%,从而使飞机机翼的结构重量减轻了 180 kg,并提高了在恶劣气象条件下的乘坐品质。L - 1011 - 500 飞机上也成功使用了阵风减缓和结构阻尼系统。该机在机翼外侧设置了附加副翼,由翼尖处和质心处的加速度之差来驱动,以减少阵风引起的气动载荷,同时控制升降舵来减少副翼偏转所引起的飞机角运动。

进一步,在进行机翼载荷减缓控制系统设计时,往往将测量装置安装在机翼载荷变化最敏感处,安装的传感器(一般用加速度计)用来感受机翼载荷或者过载的变化,通过计算对机翼载荷进行评估。通过在机翼两端安装两个加速度计,分别测量翼根处的加速度;在飞机重心处安装另一个加速度计,测量重心处的加速度,取机翼加速度的均值,与重心处加速度进行比较,其值反映了翼根的弯曲变形,这样就能实现翼根弯曲力矩的计算。而为了检验弯曲力矩的减缓情况,可以选择机翼上不同位置的四个截面进行应力分析。

机翼载荷减缓控制本质上仍然是利用飞机的多操纵面布局实现机翼上的主动的升力配置,减小翼根弯曲力矩。下面介绍 C - 5A 运输机的主动升力分布控制系统[3]。

20 世纪 70 年代,美国洛克希德(Lockheed)公司开始了主动升力分布控制系统(简称 ALDCS)的研究计划。该计划的目的是,使飞机在湍流及法向机动过程中,机翼载荷最小,或者说减缓机翼受力。

ALDCS 系统利用副翼及内侧升降舵的对称偏转实现升力的主动分布。系统输入信号为驾驶杆的指令信号、垂直加速度信号、俯仰速率以及空速/马赫数信号。舵面的控制指令由专门的 ALDCS 计算机产生,并通过原有增稳系统计算机和主伺服作动系统作用于相应舵面。系统与舵面、作动器、修改的增稳系统及大气数据计算机的关系如图 4-80 所示。

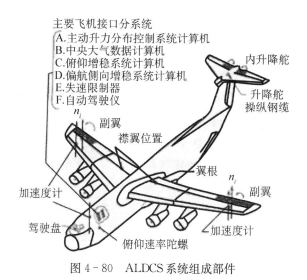

图 4-80 ALDCS 系统组成部件

ALDCS 控制系统简化方框图如图 4-81 所示。该系统为故障-安全式双通道系统,在一般的飞行速度和高度范围内全时间工作。

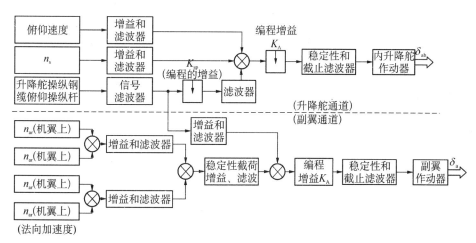

图 4-81 ALDCS 控制系统方框图

俯仰通道利用俯仰角速率信号提供俯仰阻尼,以减小在连续大气扰动中飞机的低频响应,并利用机身上的加速度信号来补偿副翼对称偏转时所产生的俯仰力矩。ALDCS 计算机利用新安装在机翼上的加速度计信号控制副翼对称偏转,抑制机翼的 1 阶弯曲振型,并使机翼气动力重新分布,以减小机动弯曲力矩。俯仰操纵杆信号同时输入到副翼通道,提供驾驶杆的超前输入,以减缓飞机突然机动时机翼上的气动载荷。

ALDCS系统减轻结构载荷的效果已由飞行试验证实。ALDCS接通时翼根弯曲力矩减小了30%～50%,而扭曲力矩增加不到5%。阵风载荷减缓的效益得益于副翼的响应,也得益于俯仰通道的俯仰阻尼作用。

上述机动载荷减缓控制方案存在的问题包括:升力分布向中段集中,增加了机动飞行的阻力;降低了飞行时的最大可用升力;增加了对平尾下洗的影响等。它进一步表明,这种方案不适于经常处于机动的战斗机。对于大型民机,由于其主要任务是平飞,其机动时间较少,机动时对最大可用升力要求较低,采取这种措施对减轻结构重量、增加使用寿命都是有利的,因此,这种方案对于大型民机是可行的。

4.5　飞控系统的多模态控制律的实时切换

电传主飞控系统会具有多模态控制律,有些控制律需要依据运行状态进行实时切换,如某些边界限制控制律,故障时需要切换到另外的支路;自修复控制律,依赖故障的检测与定位结果采用不同的控制律等;而另外一些控制律则可能不需要切换,仅通过一些控制逻辑实现参数的变换,如过载与迎角限制、阵风减缓控制律等。依据逻辑进行转换的控制系统较为简单,但阈值的大小和转换逻辑也需要深入研究和严格限制。实时切换逻辑相对较为复杂,目的是避免直接切换产生的执行机构和操纵面的大幅度高频突变,从而造成飞机响应的振荡[12]。

4.5.1　控制模态的逻辑管理

飞行控制系统各个控制模态的逻辑管理可依下述方法进行设计:

(1)详细分析所设计的飞行控制系统的各种控制模态的工作要求、时序关系、模态的优先级和模态的兼容性以及各工作模态的相互关系和外部设备的关系。

(2)分析各模态的输入、输出数据特征关系。

(3)采用逻辑数学方法建立模态管理的数学模型:

- 依模态逻辑管理关系推导和建立模态的接通和断开条件;
- 建立相应的模态逻辑状态转换图关系;
- 建立用布尔代数表达的逻辑数学方程。

逻辑布尔代数是按一定的逻辑进行运算的代数,它是分析设计逻辑电路的数学工具,它用代数表达式代替了语言的叙述。布尔代数表示了二值性函数关系。在应用中主要使用布尔代数中的交换律、结合律、分配律、吸收律、0-1律和求补律6个基本定律来描述各种逻辑关系。

为了精确地体现实际物理模型量,更清楚地表示各模态的转换条件,每个工作模态分别用接通方程和断开方程表示。满足模态接通方程,模态不一定接通,满足模态断开方程,则模态一定断开。由于每个模态均用接通和断开两个方程表示,这就无法保证方程的最终运算结果的唯一性。所以,在模态接通与断开方程之后加进

了一个表决器,接通的表决规则如下:

当模态接通方程、断开方程均为 0 时,表决结果维持上一模态;

当模态接通方程为 0、断开方程为 1 时,接通表决结果为 0;断开表决结果为 1;

当模态接通方程为 1、断开方程为 0 时,接通表决结果为 1;断开表决结果为 0;

当模态接通方程、断开方程均为 1 时,接通表决结果为 0;断开表决结果为 1。

采用这种表决规则,保证了接通运算结果的唯一性。表决器的原理结构如图 4 - 82 所示。

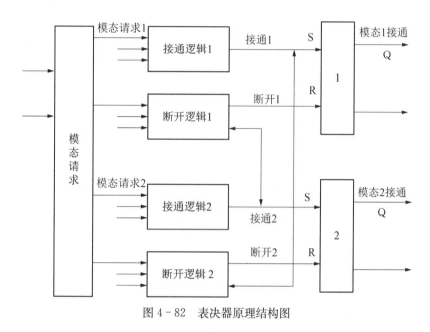

图 4 - 82　表决器原理结构图

对所设计的模态管理数学表达式进行数学仿真研究,验证所设计的逻辑方程的正确性。

在模态逻辑管理设计时应满足如下基本要求:

- 应能可靠地实现所选择的模态;
- 应防止可能产生非需求模态的无意接通;
- 选择到优先模态时应能断掉现存的不兼容模态;
- 应提供在某些模态接通时,相关待命模态进入待命的措施;
- 设计的逻辑关系中不应隐含矛盾方程。

4.5.2　控制模态转换瞬态影响的抑制方法

为了实现模态转换时抑制瞬态的影响,要解决两个问题:一个问题是在控制模态转换时如何消除由于输出指令的阶跃扰动引起的飞机舵面及飞机响应的瞬时变化问题。另一个问题就是在转换时新的控制模态计算支路各个动态环节差分方程初始值如何设置。

抑制转换瞬态的控制算法很多,但在选择和设计抑制瞬态响应的算法时应保证该算法满足一定的性能要求。这些要求主要为:

(1) 抑制算法的复杂性,算法实时计算所要求的计算时间及存储量应较小。

(2) 加入抑制算法所引入的系统相位及增益稳定裕度的损失应较少。

(3) 抑制算法对转换前后控制算法的适应性,特别是当系统为多输入输出时,就更应注意所选算法的适应性。

(4) 抑制算法通常为一滞后的平滑算法,是一个动态环节,因此应注意该算法本身的动态特性对整个系统特性的影响,同时还应注意所选择的算法对转换瞬态抑制的能力,即对瞬态响应幅值的抑制能力。

由于模态转换所产生的瞬态可能会给系统的余度管理带来问题,因此,要特别注意各个环节所产生的转换瞬态与余度管理算法的兼容性。

转换瞬态的抑制算法通常称之为淡化器,转换时应使被断开的模态逐渐退出,接通模态逐渐进入。通常有如下几种形式的淡化器:

(1) 自由转换淡化器。

用惯性延迟环节来抑制转换瞬态,其抑制转换原理简单。

(2) 热备份式转换淡化器。

淡化器同时计算两种控制模态的控制律,仅由其中的一种控制飞机的运动,另一种控制律作为热备份,可随时投入运行。

(3) 同步跟踪转换淡化器。

当模态 A 工作时,模态 B 控制律的动态环节已被初始化,受转换开关控制,可以随时投入使用。由于在模态接通时,已完成初始化,使转换瞬态得到抑制。

4.5.3 动态环节初始化

1) 共用环节的初始化

飞行控制系统各模态控制律中常常有一些环节在模态转换前后是共用的,模态转换后,该环节各变量有可能发生突跳,并引起环节输出的突变。为防止这种现象,在模态转变时应将该环节各变量初始化。初始化的基本方法是保留该环节在转换前的各变量的内存值,不再清零,相当于将 A 模态的断点值作为 B 模态的初始值。

2) 非共用环节的初始化

新模态支路动态环节差分方程初始值设置问题可以采用一定的方法处理。一种简单的方法是:一个动态环节的前一时刻的输入设置等于现今的输入,而前一时刻及当前时刻的输出设置等于当前输入乘以该动态环节的直流增益。若为积分器,其输出可以简单设置为零。

4.6 民机高升力控制分系统简介

4.6.1 民机高升力控制分系统

高升力控制分系统(HLCS)是民用飞机的重要组成部分,主要功能是通过控制飞机前缘缝翼和后缘襟翼（见图 4-83）的收放增加机翼弯度和有效面积，实现飞机辅助增升功能，提高飞机起降阶段的升力，达到飞机低速时仍具备足够升力的目的，能够有效缩短飞机的起飞滑跑距离、减小飞机着陆速度和冲击载荷。

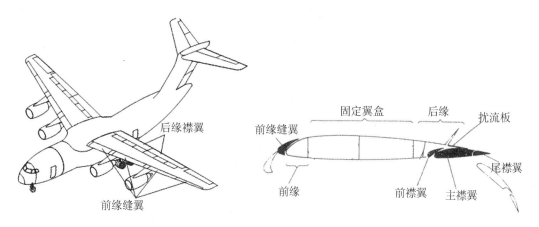

图 4-83 飞机典型襟/缝翼布置示意

飞机的安全性是民机设计过程中需要首先考虑的因素。通过专业机构对飞行事故的连续调查发现：飞机在起飞和着陆阶段花费的时间仅占总飞行时间的 6%，但在此阶段发生的飞行故障却高达 68.3%。先进的高升力控制分系统在改善飞机起降特性及提高飞行安全等方面有着重要的意义，也成为市场竞争的关键影响因素。随着高升力控制分系统重要度的日益凸显，它如今已与主飞行控制系统并列，成为航空界公认的重要飞机分系统。

目前高升力控制分系统广泛采用的闭环控制方式有效地实现了对系统工作状态的监测及故障保护，极大地提升了系统安全裕度，而空客、波音等航空工业巨头目前都致力于先进高升力控制分系统的研究。以空客公司的 A380 飞机为例（见图 4-84），该飞机在高升力控制分系统核心部件——动力驱动装置（PDU）的设计过程中，采用了先进的变排量液压马达技术，能够有效减少能量损耗并降低结构复杂性。同时，空客公司目前正在开展另一种新式的后缘高升力系统设计——先进的下伸铰链襟翼。这种襟翼具有结构简单，运动件少、重量轻，维修简单且费用较低等多项优点。

同样，波音公司在 B787 飞机高升力控制分系统的设计上同时采用了 3 项先进技术：变弯度技术、扰流板辅助偏转技术和新型运动机构设计技术（见图 4-85）。通过采用这些先进设计技术，B787 有效地减小了巡航阻力，大幅度地简化了运动机构和安装结构的复杂度，减轻了系统重量。由于高升力控制分系统的性能直接影响到飞机起降距离、载重能力和航程等关键性能指标，波音公司还与 NASA 兰利研究中心美国国家跨声速风洞合作对 B787 飞机的高升力控制分系统的设计进行系统性的评估。

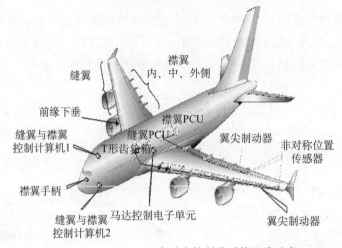

图 4-84 A380 飞机高升力控制分系统组成示意

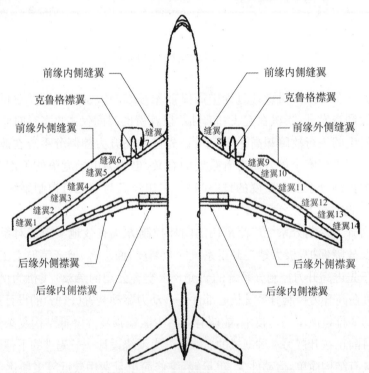

图 4-85 B787 飞机辅助增升舵面布置示意

4.6.2 B777 飞机高升力控制分系统

4.6.2.1 系统概述

B777 飞机的辅助增升舵面分为前缘缝翼和后缘襟翼，单侧前缘缝翼由 7 块缝翼舵面和 1 块克鲁格襟翼组成；单侧后缘襟翼由内侧襟翼和外侧襟翼两部分组成，左右机翼完全对称。

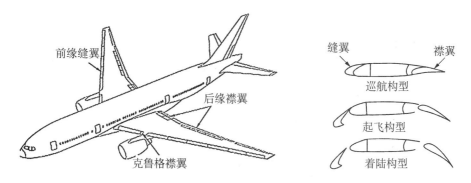

图 4-86 B777 飞机前缘缝翼和后缘襟翼示意

　　B777 飞机高升力控制分系统(见图 4-86)由襟缝翼操纵手柄(FSCL)、襟缝翼超控控制板、襟缝翼控制器(FSEU)、动力驱动装置(PDU)、机械传动线系、位置检测装置和倾斜检测装置等部件组成。襟缝翼操纵手柄包含 7 个挡位,对应襟、缝翼 7 种不同的偏转角度,具体如表 4-13 及图 4-87 所示。

表 4-13　B777 襟缝翼操纵手柄位置与舵面偏角对应表

手柄挡位	缝翼位置	襟翼位置	对应空速/kn	功能
收起	0	0	N/A	巡航
1	中间	0	240	爬升/进近
5	中间	5	220	起飞
15	中间	15	200	起飞
20	中间	20	190	高原起飞
25	放出	25	180	着陆
30	放出	30	170	着陆

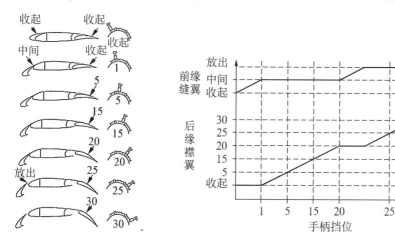

图 4-87　B777 飞机手柄挡位与襟、缝翼位置对应示意

4.6.2.2 工作原理

B777 飞机高升力控制分系统(见图 4-88)有正常(液压驱动,液压源提供动力)、降级(电动驱动,机上汇流条提供电源)及备份(电动驱动,机上汇流条提供电源)等 3 种工作模式。

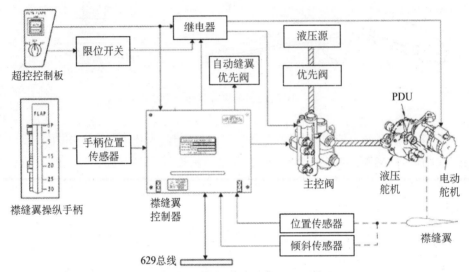

图 4-88 B777 飞机高升力控制分系统工作原理示意

正常和降级工作模式下,飞行员通过襟缝翼操纵手柄(FSCL)发送控制指令,手柄内置的指令传感器(RVDT)将手柄的机械运动转化为电信号输出给襟缝翼控制器(FSEU),襟缝翼控制器解调后形成襟翼和缝翼的目标位置指令;同时,安装在翼尖位置的舵面位置传感器实时检测舵面当前位置并反馈给 FSEU,FSEU 将舵面目标位置与当前位置的差值通过控制律解算后通过总线发送给动力驱动装置,由动力驱动装置通过机械传动线系驱动舵面运动,实现襟、缝翼的偏转。

正常模式下,由优先阀控制液压舵机的液压流量,实现对 PDU 输出转速和转矩的控制;降级模式下,FSEU 向继电器发送吸合指令,主控阀处于旁通状态,液压舵机无扭矩和转速输出;同时 PDU 的电动舵机被接通,实现由电动舵机驱动舵面运动的功能。系统处于正常和降级工作模式时具有 BIT 自检测、总线通信、系统状态监测与指示,故障 LRU 级隔离及处置等功能,系统状态信息将显示在 EICAS 上。正常模式下襟、缝翼收放时,手柄的档位信息、襟翼和缝翼的当前位置都在 EICAS 有显示信息,直到襟翼和缝翼均回到"收起"位置 10 s 后,相关指示信息消失;降级模式时,EICAS 分别显示左右两侧襟翼和缝翼的位置。

备份工作模式由飞行员人工按压超控控制板上的超控预位开关进入,预位开关接通后 FSEU 将被断开,系统无法继续正常/降级模式;继电器接通后主控阀处于旁通状态,液压舵机停止工作。飞行员扳动超控开关后,电动舵机接通,可实现襟、缝翼的放出或收回功能。备份模式襟、缝翼时,EICAS 将分别显示左右两侧襟翼和缝翼的位置。

4.6.2.3 工作模态详述

1）正常工作模态

襟缝翼操纵手柄有"收起"，"1"，"5"，"15"，"20"，"25"和"30"共 7 个挡位，手柄在"收起"挡位时，襟、缝翼收回；挡位"1"和"20"设有机械卡槽防止飞行员误操作；襟缝翼操纵手柄挡位与襟、缝翼偏转角度之间的对应关系如下所示。

- 手柄由挡位"收起"→"1"，缝翼运动到"中间"位置，襟翼在"收起"位置；
- 手柄在"5"，"15"和"20"挡时，襟翼运动到各挡位对应的位置，缝翼保持在"中间"位置；
- 手柄由挡位"20"→"25"时，缝翼先放到"放下"位置，襟翼再放到"25"；
- 手柄由挡位"25"→"30"时，缝翼保持在"放下"位置，襟翼由"25"放至"30"；
- 襟、缝翼收回过程与上述顺序相反。

高升力控制分系统正常工作模态包括载荷减缓、自动缝翼、非指令运动保护、倾斜保护等保护功能，具体如下所示。

（1）襟翼载荷减缓功能。

襟翼载荷减缓功能用于保护襟翼机械传动线系和机体结构避免受过大气动载荷作用产生破坏。襟翼载荷减缓功能分为襟翼自动收回和无法放出两种：飞机飞行速度超出襟翼该角度对应的最大设计速度后，系统将阻止襟翼放出，防止过大的气动载荷对机体机构及系统产生破坏，直到飞行速度降至设计门限以内时，襟翼才可以正常放出；如飞行员在飞机起飞后忘记收回襟翼，当空速超过襟翼"15"至"30"位置时的设计门限时，襟翼将自动收回到与当前空速相适应的位置，收回极限为襟翼"5"位置。

（2）自动缝翼功能。

自动缝翼功能用于改善飞机的失速特性。高升力控制分系统接收到告警系统的失速告警信号后，前缘缝翼将自动由"中间"位置放至"放下"位置，改善飞机的失速特性；告警信号消失后，缝翼将自动收回到"中间"位置。

（3）非指令运动保护功能。

襟、缝翼的运动与指令反向或到达目标位置后继续运动等故障发生时，系统出现非指令运动故障。非指令运动故障时，系统自动将发生故障的襟翼或缝翼切换到降级模态，并在 EICAS 上出现"襟翼正常工作模态故障"或"缝翼正常工作模态故障"提示信息；如果故障继续存在，系统将被自动切断，并在 EICAS 上出现"襟翼驱动故障"或"缝翼驱动故障"的告警信息。

（4）倾斜保护功能。

倾斜保护功能用于防止襟、缝翼运动过程中出现运动不同步或左右两侧的襟、缝翼出现不对称故障。襟翼/缝翼出现运动不同步或左右两侧的机翼运动不对称时，倾斜检测传感器或安装在翼尖的位置检测传感器会将故障信息反馈给 FSEU，由 FSEU 关闭 PDU 后系统停止运动，同时在 EICAS 上显示"襟翼驱动故障"或"缝翼驱动故障"的告警信息。倾斜保护功能在系统处于正常和降级工作模态时都有效。

2）降级工作模态

正常模态无法实现襟、缝翼的位置闭环控制时（如液压能源失效），系统将自动转入降级工作模态。降级工作模态下,由 PDU 内的电动马达驱动襟翼和缝翼偏转,此时"自动缝翼"功能被禁用。如果降级工作模态接通时缝翼在"中间"位置,缝翼将保持在当前位置,襟翼被收回后缝翼才收回;如果降级工作模态接通时缝翼在"收回"位置,缝翼将先运动至"中间"位置后襟翼才开始运动;如果襟翼运动偏角大于"20"时,缝翼将先运动到"放出"位置后,襟翼才开始运动。以上收放逻辑都用于改善飞机的失速特性。

3) 备份工作模态

备份工作模态由飞行员人工控制缝、襟翼的放出和收回。襟缝翼超控控制板包括:

- 预位开关(用于断开主模态和辅助模态操作);
- 超控开关(用于超控模态下控制襟、缝翼的收放)。

超控开关能够实现备份工作模态下手动收放襟、缝翼。备份模态襟翼放出极限为 20,缝翼放出极限为"中间"位置。为防止襟、缝翼收放过程中出现失速故障,襟翼和缝翼同时放出,但襟翼回到"收起"之前缝翼是无法先回到"收起"位置。备份工作模态下,倾斜保护、非指令运动保护、自动缝翼及载荷减缓功能都处于不可用状态。

4.6.3　A380 飞机高升力控制分系统描述

4.6.3.1　系统概述

A380 飞机的辅助增升舵面分为前缘缝翼和后缘襟翼,单侧前缘缝翼有 8 块舵面;单侧后缘襟翼分为内侧襟翼、中间襟翼和外侧襟翼三部分。高升力控制分系统由襟缝翼控制手柄(FSCL)、高升力计算机(SFCC)、动力驱动装置(PDU)、机械传动线系、翼尖防收制动装置(WTB)、位置检测装置(RVDT)和倾斜检测装置等部件组成。襟缝翼操纵手柄包含 5 个挡位,对应襟、缝翼 5 种不同的偏转角度,具体如图4-89所示。

襟翼手柄位置	飞机中央电子监控系统显示构型	最大速度	飞行阶段
0		VMO/MMO	巡航
1	S 1 F	263kn	盘旋等待
	S 1+F F	222kn	起飞/近进
2	S 2 F	220kn	起飞/近进
3	S 3 F	196kn	起飞/近进/着陆
全部	S FULL F	182kn	着陆

图 4-89　A380 飞机襟缝翼控制手柄与襟、缝翼构型对应关系

4.6.3.2 系统组成

A380 飞机高升力控制分系统的前缘缝翼和后缘襟翼架构相同,以前缘缝翼控制为例进行说明。前缘缝翼的控制架构由状态监测子系统、动力驱动子系统、动力传输子系统、扭矩增益子系统和故障保护子系统 5 部分组成。

- 状态监测子系统用于控制和监测系统的工作状态,实现系统闭环控制。本子系统包括襟缝翼操纵手柄(FSCL)、高升力计算机(FSCC)、位置传感器(APPU)、缝翼倾斜传感器、襟翼倾斜传感器及动力驱动装置(PDU)中的线位移传感器(LVDT)。

- 动力驱动子系统作为系统的动力源,向高升力控制分系统提供动力驱动。本子系统包括动力驱动装置(PDU)。缝翼 PDU 执行部件采用液主电备驱动形式,1♯ 为电动马达,由机上汇流条直接供电,2♯ 为液压马达,由绿色液压源供压;襟翼 PDU 执行部件采用为全液压驱动形式,1♯ 液压马达由绿色液压源供压,2♯ 液压马达由黄色液压源供压。

- 动力传输子系统用于 PDU 转矩和转速的传输。本子系统主要由机械传动线系组成,包括扭力杆、支架组件、变角减速器和下吊式边角减速器等。

- 扭矩增益子系统用于放大 PDU 的输出扭矩,通过大减速比的减速器实现增扭功能。本子系统包括旋转作动器(GRA)和 PDU 中的齿轮箱。

- 故障保护子系统用于保护故障时系统的完好性。本子系统包括防襟缝翼收制动装置(WTB)、PDU 中的掉电/掉压制动器(POB)、单边扭矩限制装置及旋转作动器中的力矩限制器。

4.6.3.3 工作原理

A380 飞机高升力控制分系统由飞行员通过襟缝翼控制手柄(FSCL)向系统发送控制指令,手柄的机械运动信号被转化为电信号发送给高升力计算机(SFCC),SFCC 发送指令给 PDU 内的掉压制动器(POB)为液压马达提供动力;POB 打开的同时,SFCC 发送指令给 WTB,使 WTB 转为打开状态,确保机械传动线系处于可驱动状态,具体如图 4 - 90 所示。

A380 飞机的高升力控制分系统包含两台高升力计算机,单台计算机包含襟翼控制和缝翼控制两个通道,分别实现对缝翼运动和襟翼运动的控制;两个襟翼或者缝翼控制通道之间采用 CCDL 数据交换,当一个控制通道故障后,另一个故障通道可实现故障通道的切换。

襟、缝翼收放过程中,安装在机翼两侧翼尖的位置检测装置(APPU)监测两侧机翼运动的不对称、不一致及非指令运动等故障;PDU 中的 LVDT 用于监测动力驱动装置的工作状态;内、外侧缝翼倾斜传感器用于分别监测内、外侧缝翼是否出现倾斜故障;襟翼倾斜传感器用于监测襟翼是否出现倾斜故障,如图 4 - 91 所示。

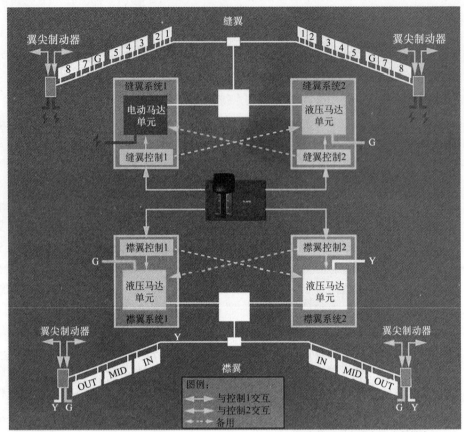

闪电符号：交流主汇流条供电
黄色Y符号：黄色液压回路提供压力
绿色G符号：绿色液压回路提供压力

图 4-90 A380 的高升力系统结构

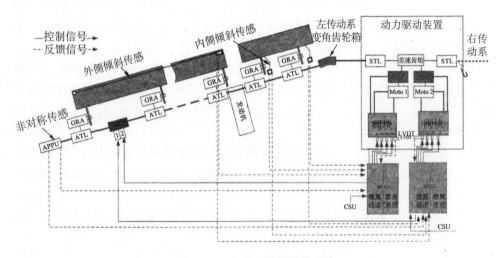

图 4-91 空客的缝翼监控系统

4.6.3.4 系统保护功能详述

A380 飞机高升力控制分系统在系统故障监测、系统保护等方面具有一系列完整的控制逻辑,系统保护功能如表 4-14 所示。

表 4-14 **A380 飞机高升力控制分系统故障监测**

故障形式	监控设备	判断依据
襟翼/缝翼不对称运动	APPU	两侧机翼 APPU 的信号不一致
襟翼/缝翼非指令运动	APPU	APPU 的反馈信号与 FSCL 的控制信号不一致
襟翼/缝翼不一致监控	APPU	APPU 的反馈信号与 FSCL 的控制信号不一致
襟翼/缝翼倾斜	倾斜传感器	倾斜传感器反馈信号不一致
丢失一块内测缝翼	内缝翼倾斜传感器	断开点倾斜传感器无反馈信号
丢失一块外测缝翼	外缝翼倾斜传感器	外侧缝翼倾斜传感器有反馈信号
丢失一块襟翼	襟翼倾斜传感器	断开点倾斜传感器无反馈信号

(1)自动襟缝翼功能(ARS)。

当飞机空速大于 212 kn 而襟缝翼处于“1+F”构型时,襟翼将自动收回到“1”构型,避免襟翼承受过大载荷,并改善飞机的爬升性能;当飞机空速小于 205 kn 而襟缝翼处于“1”构型时,襟翼将自动放至“1+F”构型。

(2)襟翼载荷减缓功能。

当飞机空速超过襟翼在该角度设计的速度门限时,襟翼将自动收回到前一档位对应的角度,限制襟翼上的气动载荷。襟翼载荷减缓功能仅在襟缝翼构型“2”“3”和“FULL”状态时可用。

(3)缝翼/襟翼巡航抑制功能。

飞机巡航阶段,当操纵手柄由挡位“0”扳至挡位“1”时,巡航抑制功能将禁襟缝翼的放出,避免舵面受到的载荷超出设计门限。

(4)缝翼失速保护功能。

当飞机的飞行迎角过大或飞机飞行速度过低时,缝翼失速保护功能将禁止缝翼收回到“0”位。

(5)不对称运动。

襟翼/缝翼运动过程中,APPU 实时将机翼的位置反馈给 SFCC。当两侧 APPU 的输出值不一致度达到系统设定的门限时,SFCC 认为系统出现不对称运动,发送指令停止 PDU 运动,并发送信号 POB 和 WTB,将机翼锁定到当前位置;同时在 EICAS 上出现告警信息。

(6)非指令运动。

襟翼/缝翼运动过程中,当襟、缝翼在规定时间内没有到达目标位置或超过目标位置时,系统出现非指令运动故障。SFCC 给 PDU 发送停止运动指令,并发送信号 POB 和 WTB,将机翼锁定到当前位置;同时发送告警信息给 EIACS 和飞控计算机。

（7）传感器信号监控。

SFCC 在比对 FSCL 的输入信号、APPU 的反馈信号和 PDU 中 LVDT 的反馈信号时，如果发现信号超过设定门限值，SFCC 将发送指令停止动力驱动装置运动，并发送信号 POB 和 WTB，将机翼锁定到当前位置；同时发送告警信息给 EIACS 和飞控计算机。

（8）倾斜保护。

SFCC 通过比较相邻两个倾斜传感器的反馈信号判断舵面是否出现倾斜故障。如果发生倾斜故障，SFCC 将发送指令停止动力驱动装置运动，并发送信号 POB 和 WTB，将机翼锁定到当前位置；同时发送告警信息给 EIACS 和飞控计算机。

（9）襟/缝翼舵面丢失故障。

如果出现襟/缝翼舵面丢失故障，SFCC 能立即收到襟/缝翼的倾斜传感器发送的反馈信号，系统紧急制动，同时发送告警信息给 EIACS 和飞控计算机。

（10）驱动装置卡阻或舵面过载故障。

前缘缝翼滑轨出现卡滞故障时，卡阻位置的旋转作动器（GRA）持续受到 PDU 输出扭矩的作用，导致内部的力矩限制器制动，将过大的输入扭矩传递到机体结构上，保证旋转作动器的输出力矩不超过设定限制力矩。当力矩限制器的摩擦力矩增加到 PDU 单侧最大输出力矩时，集成在 PDU 中的系统力矩限制器将制动，导致 PDU 中的 LVDT 和翼尖 APPU 反馈给 SFCC 信号不一致，系统紧急制动。同时发送告警信息给 EIACS 和飞控计算机。

4.7 结语

本章给出了民机电传飞控系统的基本结构、功能、设计方法及设计算例，对于主飞控系统，从传统的阻尼系统、增稳系统和控制增稳系统到边界控制、大包线飞行控制律的设计，都给出了较为详细的设计示例，特别是针对主动控制的阵风减缓、乘坐品质和载荷减缓等方面的控制理论及其应用进行了设计概念和方法研究。对于民机广泛使用的高升力系统，也结合国内外相关资料，介绍了高升力控制分系统的功能和基本结构，由于资料不足，且高升力系统也是一种机电伺服控制系统，所以没有涉及系统设计的具体内容，仅介绍了 B777 飞机和 A380 飞机的高升力系统的结构和功能，以供参考。

参 考 文 献

［1］鲁道夫·布罗克豪斯著. 飞行控制[M]. 金长江，译，肖业伦，校. 北京：国防工业出版社，1999.

［2］严雅琳. 民用飞机电传飞控系统浅析[J]. 民用飞机设计与研究，2010(2)：35-36.

［3］文传源. 现代飞行控制[M]. 北京：北京航空航天大学出版社，2004,12.

［4］宋翔贵，张新国，等. 电传飞行控制系统[M]. 北京：国防工业出版社，2003,1.

［5］张明廉. 飞行控制系统[M]. 北京：航空工业出版社，1994.

［6］ BALINT A. Advances in flight control systems[EB/OL]. InTech, www. intechopen. com, 2011,3.

［7］ PRATT R W. Flight control systems practical "issues" in design and implementation [C]. United Kingdom：The Institution of Electrical Engineers，USA：The American Institute of Aeronautics and Astronautics，2000.

［8］ 张平,杨新颖,陈宗基.大飞行包线控制律的神经网络调参设计[J].北航学报,2005,31(6)：604－608.

［9］ 毛珊珊.大型民机的阵风减缓关键技术研究[D].北京：北京航空航天大学,2012,12.

［10］ 施毅坚.大气湍流对飞机法向乘坐品质影响的评价方法[J].飞行力学,1989,2：25－27.

［11］ 曹竹梅.飞机横侧乘坐品质的分析[D].北京：北京航空航天大学,2010.

［12］ 赵亚斌.飞行控制系统多模型模态转换方法应用研究[D].北京：北京航空航天大学,2004,12.

［13］ 丁凯.关于飞机高升力系统发展的思考[N].中国航空报,2014－5－4.

［14］ 中国航空信息网.波音公司应用 NASA 风动测试 787 高升力系统设计[R/OL].[2006－02－21]. http://www. sina. com. cn.

［15］ Continental Airlines-Boeing. 777 flight manual [M]. 2002.

［16］ JON R P E. Boeing 777 high lift control system [J]. IEEE AES Systems Magazine, 1993,8：15－21.

［17］ 徐向荣,孙军帅.民用飞机高升力系统浅析[J].中国制造业信息化,2001,40(19)：61－64.

［18］ Customer Services，AIRBUS. A380－800 flight deck systems briefing for pilots [M]. 2006,2.

5 民机自动飞行控制系统

5.1 民机自动飞行控制系统的功能与要求

5.1.1 民机自动飞行控制系统的结构与功能

5.1.1.1 自动飞行控制系统的工作原理

自动飞行控制系统(automatic flight control system，AFCS)是一种在系统功能与工作状态由驾驶员设定后，无须驾驶员直接操纵，就能自动控制和稳定飞机姿态、航迹的控制系统。AFCS大大减轻了驾驶员的负担，使飞机可以在长时间和长距离内自动沿预先设定的航线实现自动飞行。

自动飞行控制系统的结构如图 5-1 所示。

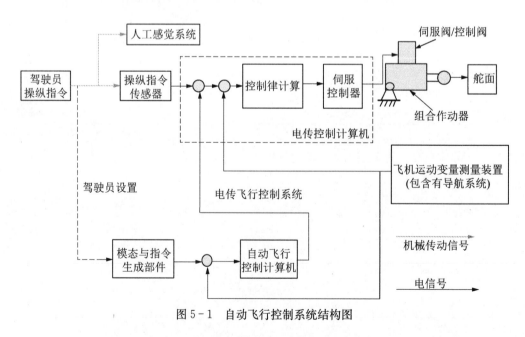

图 5-1 自动飞行控制系统结构图

图 5-1 中除去驾驶员操纵的机械部分，即为传统的自动驾驶仪结构。如第 4

章所述,电传飞控系统是飞机的主飞控系统,重点实现驾驶员的操纵杆精确控制。它的控制模式主要包括:增稳与控制增稳、边界保护、阵风与载荷减缓和故障下的控制重构等,以保证飞机的稳定飞行,并具有良好的飞行品质和操纵品质。当驾驶员设定航路、飞机进入预定航线后,即可采用自动飞行控制系统进行控制,它断开了驾驶员的驾驶杆输入,由自动飞行控制系统通过导航、飞行指引计算,获得需要保持的姿态、高度、速度等指令,通过自动飞行控制计算机指令驱动执行机构控制飞机,在保证稳定的前提下使飞机按照预定航线飞行。通常,也将自动飞行控制系统和主飞行控制系统合并,称为飞行控制系统。

自动飞行控制可以实现飞机三轴姿态角、垂直和水平航迹、空速、高度的控制与稳定,并可实现低高度拉起、地形跟随等控制。装有自动着陆设备时,还可实现自动着陆控制。

在自动飞行过程中,如果飞机的实际飞行状态与飞行管理系统(或者飞行员)选择的指令状态有偏差,则敏感元件将感受到该偏差的大小和方向,并转换成相应信号,经过计算机处理,操纵执行机构,控制飞机舵面产生相应偏转,以消除该偏差。当偏差变为零后,飞机控制舵面重新回归到配平状态。

一般情况下,在客机起飞和着陆滑跑过程中,需要飞行员较多的人工操纵,而在航线飞行阶段则由自动飞行控制系统完成飞行任务,减轻飞行员的操纵负担、保证飞行的安全性。所以自动飞行控制系统是现代大型民机中必不可少的组成部分。

5.1.1.2 自动飞行控制系统的组成结构

1) 基本结构

典型的自动飞行控制系统一般由飞行指引系统(FD)来显示飞行参数,由飞行模态控制面板(MCP)来选择飞行模态。此外,还包括自动驾驶仪(AP)、自动油门系统(ATS)、自动配平系统(A/T)和偏航阻尼系统(Y/D),有时也将自动着陆系统作为自动飞行控制系统的一部分。

2) 各部分简介

自动驾驶仪(AP)的基本组成是传感器系统、计算机系统和伺服作动系统。自动驾驶仪是自动飞行控制系统中十分重要的组成部分,其设计要求是使飞机处于自动飞行阶段时实现满足性能指标要求的姿态角控制,同时使飞机响应具有较好的阻尼特性、操纵性和稳定性。自动驾驶仪的底层是电传飞控系统,包括阻尼与增稳控制回路,在整个飞行过程中改善飞控系统的稳定性、操纵性和飞行品质,该部分内容在第4章中已有介绍,本章不再重复。俯仰自动配平系统自动调整水平安定面,以保持飞机的俯仰稳定性,并使升降舵随时保持足够的正向和负向操纵能力。

自动油门系统(ATS)可以在起飞到降落的全过程实现对飞机发动机推力的全程自动控制,从而实现飞机速度控制。需要指出的是:在利用油门杆控制飞行速度时,需要与飞机姿态保持系统协同工作,以保持俯仰姿态稳定。

飞行指引系统(FD)是一种半自动飞行仪表系统,是机上各种导航系统的终端处理与显示系统,它接收飞机上姿态系统、导航系统、大气数据计算机系统等设备输出的信息,除向飞行员提供连续的常规飞行姿态、航迹、下滑等导航位置信息外,还可以给飞行员提供经过逻辑处理与综合计算得到的操纵飞机所需的操纵指令,使飞行员在巡航、着陆、进场飞行时,可根据指引仪表显示的操纵指令,方便准确地操纵飞机,使飞机准确地切入或保持在希望的航迹上。当采用全自动飞行时,FD还可起到监控、对比作用。由于篇幅的限制,本章对 FD 不做详细介绍。

自动着陆(autoland)是指由机载自动飞行系统完全控制航空器进行着陆飞行的过程。此时航空器飞行员只是监视飞行状态,在出现异常时才进行人工干预。自动着陆系统多数装备在大型客机上,在跑道视程低于 600 m 或者是特殊进场情况下使用。在使用上需要配合仪表着陆系统的信号和飞机上导航计算机同时运作,而飞行员必须具备相关的认证才可以执行自动着陆。

本章重点介绍飞机的姿态稳定、高度和速度稳定控制,自动油门控制和自动着陆控制系统等。

5.1.1.3 自动飞行控制系统的功能

在飞行的不同阶段,自动飞行控制系统可以完成不同功能:

(1) 在起飞阶段,AFCS 可以对发动机进行自动控制。在飞机起飞阶段,飞机的操控主要靠人工完成,现在有些大型客机也开始尝试在起飞阶段引入自动控制,但是基于安全的考虑能交给自控系统完成的功能有限。

(2) 在爬升、下滑阶段,AFCS 可以完成自动爬高,也可以完成自动下滑。

(3) 在巡航阶段,AFCS 根据飞行员选择的模态或飞行管理系统存储的航线信息自动实施预定航线的巡航飞行,如高度保持/选择、航向保持/选择、自动配平。

(4) AFCS 在导引信息完全的条件下也可以完成自动进场着陆控制。

AFCS 还有一些贯穿整个飞行阶段的功能,如包线保护,它们可自动接入,不需要飞行员操作。现在先进的 AFCS 也可以完成其他更为复杂的功能,比如地形回避、抗阵风扰动、载荷减缓、飞行规划以及四维导航下的轨迹精确控制等。

5.1.1.4 自动飞行工作模态

1) 自动飞行工作模态简介

在民机飞行过程中,需要自动飞行控制系统实现多种控制任务,其中每种控制任务都对应一种或多种控制模态。飞机上设置哪些自动飞行工作模态并没有统一的规定,一般而言,基本的模态包括:姿态保持、航向保持、高度保持、空速保持以及航线保持等。

对于大型客机,一般从安全、舒适、经济的角度出发,以安全性为首要因素,以实现航线飞行为任务,来确定工作模态。一种工作模态实质上就是一种飞行状态的主要表现形式。

2) 自动飞行控制系统的主要模态

表 5-1 给出了几种型号自动飞行控制系统的主要模态,同时也是一些基本功

能,其他一些功能如边界控制、阵风减缓、风切变探测与抑制等均未列出。可通过飞行程序的设定实现表 5-1 中不同工作模式,再加上正确的逻辑判断即可实现不同工作模式间控制律的切换,从而实现全自动飞行控制。当然,也可以通过模态选择板对单独的工作模式进行选择与控制,以实现某种功能。

表 5-1　几种自动飞行控制系统及其主要模态

自动飞行控制系统型号	621-2	A320 的自动飞行控制系统	SP-300	SEP-5
应用机型	国内运输机	空客 A320	波音 B737-300	英国三叉戟
自动飞行控制系统的主要模态	姿态保持与控制	姿态保持与控制	姿态选择/保持	俯仰姿态保持与控制 倾斜姿态保持与控制
	航向保持	垂直速度控制	航向选择/保持	航向保持
	气压高度保持	高度控制	高度选择/保持和告警	高度保持,预选高度和下降速率保持
	操纵飞机爬升、俯冲和协调转弯	速度控制	空速/M 数选择/保持	M 数保持
	±120° 范围内的预选航向自动转弯	推力控制	垂直速度选择/保持	
	升降舵调整片的自动卸载荷	方位角控制	侧向导航	
		航向角选择	垂直导航	
		VOR 导航控制	空速/自动配平	空速保持
		着陆航向控制	Ⅲa 级自动着陆	手动与 ILS 耦合
		自动起飞、自动复飞,自动着陆	机内自检测	自动拉平

5.1.1.5　自动飞行控制系统与其他机载系统的关系

1) 自动飞行控制系统与手动飞行控制系统的关系

一般情况下,在客机起飞和着陆滑跑过程中,需要飞行员较多的人工操纵,而在航线飞行阶段则由自动飞行控制系统完成飞行任务,从而减轻飞行员的操纵负担,进一步保证飞行的安全性。

在电传操纵系统中,驾驶杆输出的不再是机械位移信号,而是电信号,它与自动飞行控制系统产生的电信号综合后共同操纵舵面,所以电传操纵系统将人工操纵与自动控制在功能上和操纵方式上融为一体。

2) 与导航系统、飞行管理系统的关系

飞行管理系统的功能是:

（1）飞行管理系统将飞机上的导航、大气数据、自动飞行及推进控制、电子仪表显示等装置实现综合优化管理，目的是实现以最优方式控制和管理飞机的飞行，并极大地减轻驾驶员的工作负担。

（2）监测飞机飞行包线并计算每一飞行阶段的最优速度，同时在整个飞行包线内确保最小速度和最大速度都有一定的安全裕度。

（3）自动控制发动机推力以控制速度。

飞行管理系统这些功能的实现都需要自动飞行控制系统来执行，所以自动飞行控制系统是飞行管理系统的一个组成部分[1]。

自动飞行控制系统与飞行管理系统的结构关系如第9章图9-1所示。

自动飞行控制系统需要导航系统提供导航信息，通过计算机处理和计算得到控制量，再由电传系统传递给执行机构，从而达到自动控制飞机的目的。导航系统可以看做是飞行控制系统的姿态、位置传感器环节，电传系统可以看做是底层姿态稳定控制环节，自动飞行控制系统主要是航向和速度保持控制器环节。对于目前生产的大多数大型民用客机，若要实现全自动飞行，必须要自动飞行控制系统、导航系统和电传系统等协同完成。

3）与电传主飞控系统的关系

传统的自动驾驶仪包括了自动飞行控制回路与电传增稳控制回路，具体结构如第4章图4-1所示。电传飞控系统完成飞行器的基本稳定与增稳控制，自动飞行控制系统完成外回路的姿态和航线控制。接通自动飞行控制系统时，即断开驾驶员操纵回路，由自动飞行控制系统通过主飞控系统控制飞机保持航线飞行。

随着计算机技术的发展，一些大型民用飞机或军机上已经取消了自动飞行控制计算机，将自动飞行控制律计算功能设置为电传主飞控计算机中的一个独立模块，飞行中由飞行管理计算机计算导航与指引信息，给出状态、航线控制指令，通过自动飞行模块计算控制律，指令主飞控计算机驱动执行机构实现自动飞行控制的各项任务。因此，后面的论述中会用自动飞行控制系统取代自动驾驶仪这个词。

5.1.2 民机自动飞行控制系统设计要求

5.1.2.1 民机自动飞行控制系统设计的基本要求

对自动飞行控制系统的基本要求包括：功能要求、性能品质要求、稳定性要求、交联关系要求、可靠性要求、生存性要求、安装要求、可维修性要求、能源要求等[2]。

1）对系统的功能要求

上节介绍了民机所具有的工作模式（基本功能），除此之外，大型运输机通常可能包括如下工作模式如：垂直速度保持/选择、高度保持/选择、飞行高度改变、垂直导航（VNAV）、进场/着陆、自动起飞、复飞、大下滑角进场、速度选择/保持（自动油门控制）、俯仰配平、航向保持/选择、伏尔（VOR）导航、方位信标截获与跟踪、水平导航（LNAV）、对准跑道/改平、推力不对称补偿、航向配平等，此外，还有风切变的探测与规避。

2) 对系统的性能品质要求

主要是对各个工作模态下系统的控制与保持精度及其动态品质的要求。稳定性要求则给出系统的增益和相位稳定裕度。除了一些特殊要求外,系统的性能品质和稳定性要求可参照通用规范(如 GJB 185—86 和 GJB 2191—94)予以确定。

3) 交联关系要求

反映了自动飞行控制系统与其他机载航空电子设备的交联接口和相互控制方式的要求,包括数据总线的要求以及人机接口的要求。

4) 可靠性与生存性要求

该要求取决于关键的飞行阶段或任务的关键度。如Ⅱ类自动着陆系统的余度等级应是故障—安全的,而Ⅲ类自动着陆系统应具有故障—工作的余度等级,并且应满足一次着陆的平均致命事故率小于 1×10^{-7} 的要求。自动地形跟随控制系统对余度等级和致命事故率的要求与自动着陆系统相同。

5) 安装要求

民用飞机通常要求标准的外形尺寸和安装方式,如计算机采用标准的 ATR 尺寸和标准尺寸的飞行控制部件。

6) 可维修性要求

可维修性是提高自动飞行控制系统可用性的另一重要因素。可维修性包含可维护性和可修理性。良好的可维护性要求能尽快地检测飞机上设备的故障并准确地为故障定位,通过更换备件尽快地恢复机上系统功能。可修理性主要是以平均修理时间来衡量,它取决于维修中心的设置,维修人员的培训和库存零部件的配置管理。

7) 能源要求

飞机的能源(电源与液压源)是系统设计的约束条件,反之飞行控制系统也应根据其具体工作情况(功能和可靠性)对飞机的能源提出要求,包括功率和余度等级的要求。

5.1.2.2 民机自动飞行控制系统总体设计要求

民机适航性条例中包含了对民机适航飞行品质的具体要求,民机投入使用前必须通过适航性认证,以鉴定是否符合适航性条例的要求。表 5-2 列出了一些和自动控制系统相关条例准则,在设计飞机时可以加以参考[3]。

国内及国际上关于民机自动飞行控制系统的设计标准经历了多个发展阶段,由以往的性能规定条款渐渐发展为指导性条款,在新飞机飞行控制系统设计过程中需要采用不同方法将它们转化成可以用以指导飞机设计的指标要求。

ARINC417 的第 12 章规定了自动驾驶仪各控制模式的性能,包括过渡过程响应、稳态剩余振荡、控制精度、接通/断开瞬态、操纵限制等。虽然这部标准中的许多标准已经随着技术的发展不再适用,然而它在指导飞机设计方面仍有一定作用。

目前最新、最重要的民机适航性标准是 CCAR-25-R4,如其第 25.1329 条"飞行导引系统"中规定了自动驾驶仪的接入/切断、瞬间影响、包线保护、故障隔离等内容。

表 5-2　民机自动飞行控制系统相关的主要标准

标准代号	标准名称
AC25.1329-1X	Approval of Flight Guidance Systems（飞行导引系统的批准）
AC25.1309-1B	System Design and Analysis（Draft）（系统设计和分析（草案））
SAE ARP 4754	Certification Considerations for Highly Integrated or Complex Aircraft Systems（关于高度综合或复杂的飞机系统的合格审定考虑）
SAR ARP 4761	Guidelines and Methods for Conducting the Safety Assessment Process on Civil Airborne Systems and Equipment（民用机载系统和设备安全性评估过程的指导和方法）
SAE ARP 4102	Flight Deck Panels, Controls, and Displays（驾驶舱面板、控制器和显示器）
SAE ARP 419A	Automatic Pilots Installation（自动驾驶仪安装）
SAE ARP 5366	Autopilot, Flight Director, and Autothrust Systems（自动驾驶仪、飞行指引仪和自动推力系统）
SAE ARP 4104	Design Objectives for Handling Qualities of Transport Aircraft（运输机操纵品质的设计目标）
SAR ARP 4105B	Abbreviations, Acronyms, and Terms for Use on the Flight Deck（驾驶舱使用的缩写词、首字母缩写和术语）
ARINC 417	Guidance Material for the Design of an Air Transport Automatic Flight Control System（运输机自动飞行控制系统设计的指导材料）
TSO C9c	Automatic Pilots（自动驾驶仪（CTSOC9c））
SAE AS 402B	Automatic Pilots（自动驾驶仪）
RTCA DO-160F	Environmental Conditions and Test Procedures for Airborne Equipment（机载设备的环境条件和测试规程）
RTCA DO-254	Design Assurance Guidance for Airborne Electronic Hardware（机载电子硬件的设计保证指南）
RTCA DO-178B	Software Considerations in Airborne Systems and Equipment Certification（机载系统和设备合格审定中对软件的要求）

5.1.2.3　民机自动飞行控制系统硬件设计要求

先进民机自动飞行控制系统涉及的硬件主要包括：自动飞行控制计算机、通信总线系统、伺服作动系统、传感器系统。

这些硬件的设计内容包括功能实现、工作环境测试、冗余度设计等。这些硬件产品在设计中需参照 RTCA DO-160（具体版本需根据项目申请时间确定）中的环境要求考虑必要的电磁防护设计和/或恰当的材料、元器件及紧固件选择等，至少应能满足 SAE AS402B 中的环境条件。若硬件产品含有复杂电子硬件如 CPLD（复杂可编程逻辑器件），ASIC（特定用途集成电路），FPGA（现场可编程门阵列）等，根据

AC20-152 的要求,还需遵循 RTCA DO-254 开展全寿命周期的过程受控的研制活动。控制装置因位于驾驶舱且涉及人机交互作用,还需参考 SAE ARP4102 和 SAE ARP4105B 等标准。

需要注意的是应该为自动飞行控制系统提供多个硬件接入选择,飞行数据也需要提供备份显示。现在较为普遍的做法是为飞机飞行员提供人工感觉装置,使得飞行员能够实时监测控制系统行为。有些硬件可能在相关适航性准则中没有设计要求,但是它们有相应的行业标准,设计时应加以注意。

5.1.2.4 民机自动飞行控制系统软件设计要求

DO-178B 是针对民用航空机载软件的开发和适航认证所制定的标准。对民用飞机来说,其机载软件必须通过 DO-178B 的适航认证。它针对不同级别的软件,定义了一系列的目标、这些目标的独立性要求、实现这些目标应生成的生命周期,并定义了这些数据的控制类别。根据系统方案设计分配给软件的功能,利用 SAE ARP 4754 的程序指导以及 SAE ARP 4761 方法说明,在系统安全性评估的基础上,需先对软件架构进行设计,并最终确定各模块软件的设计保证等级。在 RTCA DO-178B 相应设计保证等级对应的各阶段过程目标指导下,开展相应的过程活动,形成必要的过程证据,来保证软件的安全性。

如何能够通过软件的适航审查,可参考中国民用航空总局于 2000 年发布的 AC-21-02,即机载系统和设备合格审定中的软件审查方法,其中对 RTCA DO-178B 的部分要求进行了较细致的说明。

5.2 民机的姿态控制

民机的姿态控制一般由姿态反馈和角速度反馈构成的俯仰回路、横滚回路和偏航回路 3 个基本控制回路来实现。它以自然飞机及其增稳系统为内回路,所构成的控制回路主要用来控制和稳定飞机的姿态。

5.2.1 姿态控制

5.2.1.1 纵向姿态保持与控制

民机姿态控制中的纵向姿态控制主要是进行飞机的俯仰角控制,其主要功能是使俯仰角保持在飞行员设定的数值上,实现俯仰角姿态保持;同时也可以作为其他模态控制,如高度保持、自动着陆等控制系统的内回路。这主要通过飞机的纵向自动飞行控制系统对飞机的俯仰角进行控制来实现。其控制回路如图 5-2 所示。

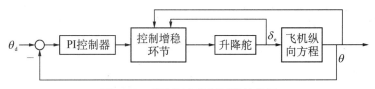

图 5-2 俯仰姿态控制回路结构图

通常俯仰姿态控制系统内回路采用单独阻尼器或 C^* 控制构型两种方案：单独阻尼器是指在俯仰姿态保持控制回路仅进行俯仰角速度 q 反馈,用于增加俯仰通道的阻尼；C^* 控制构型包括阻尼控制与法向过载控制,协调实现增稳控制(具体见第4章)。

图 5-2 所示的俯仰姿态控制器将飞行器的俯仰角信号与给定俯仰角指令信号进行比较,比较结果输入俯仰姿态控制器进行计算,得到控制信号后传输给飞机升降舵舵机,从而控制俯仰通道,保持给定的俯仰角。

俯仰姿态控制器的控制律一般是 PI 控制器,在前向通道中引入比例积分环节,可以保证俯仰角跟踪具有很好的动态特性,没有稳态误差。

5.2.1.2　侧向姿态保持与控制

飞机侧向姿态的保持与控制就是要保证偏航角 ψ 和滚转角 ϕ 的稳定与控制,使飞机实现满意的航向保持或转弯。该任务一般由横侧向自动驾驶仪完成。通常,其内回路是横侧向控制增稳系统或阻尼系统,它可以有效地减小滚转时间常数和滚转螺旋耦合；稳定荷兰滚模态,增加荷兰滚频率和阻尼；同时还可有效地降低副翼操纵时的滚转速率和侧滑中的荷兰滚分量；提高飞机对滚转速率指令的快速响应；减小滚转侧滑耦合,改善滚转操纵特性；在滚转操纵、协调转弯、小角度转弯中具有良好的自动协调功能。这些功能都可以有效地增加飞控系统的稳定性。

偏航力矩使飞机纵轴在水平面内转动,而垂直于速度的侧向力使速度向量在水平面内转动。飞机侧滑时,侧向力来自侧滑产生的侧向气动力。当飞机有滚转时,侧向力来自升力倾斜的水平分量,或者同时来自侧滑和滚转。因此飞机侧向控制基本方式有下列 3 种。

1) 通过方向舵稳定与控制航向

此类侧向自动驾驶仪由垂直陀螺仪测量飞机滚转角,将此信号加入副翼通道构成滚转稳定回路,保持飞机机翼水平。用航向陀螺测量飞机纵轴相对给定航向的偏离。将该信号加入方向舵通道构成航向保持与控制回路,保持给定航向,其控制原理结构图如图 5-3 所示。为增加运动的阻尼将角速度加入各回路中,其控制律为

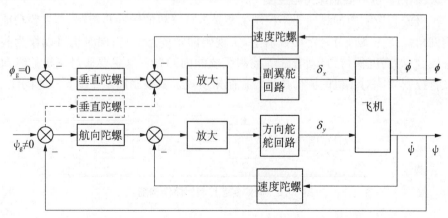

图 5-3　侧向自动驾驶仪原理结构图

$$\begin{cases} \delta_x = K_{\dot\phi}\,\dot\phi + K_\phi\phi \\ \delta_y = K_{\dot\psi}\,\dot\psi + K_\psi(\psi-\psi_g) \end{cases} \tag{5-1}$$

这种控制方法涉及的滚转通道与偏航通道相互独立,便于控制律设计,但这种方法带来的弊端是存在较大的侧滑角,纵轴与空速协调性差,转弯半径较大,只适用修正小角度。

2) 通过副翼修正航向,方向舵用来削弱荷兰滚及减小侧滑

将以上的副翼通道控制律修改为

$$\delta_x = K_{\dot\phi}\,\dot\phi + K_\phi\phi + K_\psi(\psi-\psi_g) \tag{5-2}$$

即增加图 5-3 中虚线部分[5]。

若飞机纵轴偏离给定航向 ψ_g,使 $\psi-\psi_g>0$(机头右偏),将此偏差信号加入副翼通道,使 $\delta_x=K_\psi(\psi-\psi_g)>0$,产生负的滚转力矩,飞机向左滚转,这样升力的水平分量提供了使飞机的空速矢量向左转(即转向给定航向)的侧力。因 $K_\phi\phi$ 与 $K_\psi(\psi-\psi_g)$ 符号相反,所以随 ϕ 增大而 δ_x 减小。当 $K_{\dot\phi}\,\dot\phi+k_\phi\phi$ 与 $K_\psi(\psi-\psi_g)$ 信号平衡时,副翼回到初始位置。在空速向量转向给定航向初期,纵轴还未转动,纵轴落后空速向量,出现 β 角,利用飞机偏航稳定力矩使纵轴跟随空速向量。

随着飞机转向,航向偏差信号减小,滚转信号将超过它,副翼反向偏转,ϕ 开始减小,ψ 回到 ψ_g,ψ 和 β 也都回到零。必须指出式(5-2)所给的控制律能保持航向,但不能保持航迹。由上述看出,在修正航向时有侧滑角 β,如果飞机自身航向稳定性较小,β 角会较大,这是不希望出现的。

3) 同时使用副翼和方向舵稳定与控制航向

这种就是航向协调稳定方式,有以下两种情况。

(1) 将航向偏差信号同时送入方向舵和副翼通道。两个通道的控制律为

$$\begin{cases} \delta_x = I_\phi\phi + I_\psi(\psi-\psi_g) \\ \delta_y = K_\phi\phi + K_{\dot\psi}\,\dot\psi + K_\psi(\psi-\psi_g) \end{cases} \tag{5-3}$$

将某一通道的被控量加到另一通道,使两通道协调的方式称为协调控制,加入的信号称为协调交联信号。只要适当选取传递函数,可保证在最小侧滑(或无侧滑)情况下使飞机回到给定航向。这种消除 β 的方法是"开环补偿"的方法,它能消除产生侧滑的原因。但产生侧滑的偶然因素不能完全考虑,再加上飞行状态的变化,所以很难做到完全补偿。也可采用"闭环调整"的方法来消除 β 角,即引入 β 信号。不过这种方法是被动的,即产生 β 角后才起作用。同时采用开环补偿和闭环调整两种方法可得更好的结果,这时控制律为

$$\begin{cases} \delta_x = I_{\dot p}\,\dot p + I_p p + I_\phi\phi + I_\psi(\psi-\psi_g) \\ \delta_y = K_{\dot r}\,\dot r + K_r r + K_\psi(\psi-\psi_g) - K_\beta\beta \end{cases} \tag{5-4}$$

（2）在副翼和方向舵通道分别加入相应的交联信号。这种控制律的特点是航向偏差信号送入副翼通道，副翼工作后产生的滚转信号引入方向舵通道，这适用于小转弯状态，控制律为

$$\begin{cases} \delta_x = I_{\dot\phi}\,\dot\phi + I_\phi\phi + I_\psi(\psi - \psi_g) \\ \delta_y = K_{\dot\psi}\,\dot\psi - K_\phi\phi \end{cases} \tag{5-5}$$

5.2.2　协调转弯控制

在飞机转弯过程中，由于空速矢量与纵轴不能重合协调转动，会产生侧滑角 β，使飞行阻力增大，乘坐品质变差，不利于飞机转弯机动。为了克服该问题，必须研究侧向转弯过程中的协调控制问题，即协调转弯。协调转弯是指飞机在水平面内连续改变飞行方向，保证 $\beta = 0$，即滚转与偏航运动两者之间耦合最小，并能保证不掉高度的一种转弯。

5.2.2.1　协调转弯原理分析

实现协调转弯应满足的条件为：

（1）稳态的滚转角为常值；

（2）稳态的偏航角速率为常值；

（3）稳态的升降速度为零；

（4）稳态的侧滑角为零。

衡量协调转弯的形式有 3 种：

（1）当飞机做协调转弯飞行时，速度向量 V 与飞机对称平面间夹角为零（$\beta = 0$），并以相同的偏航角速率绕地轴的垂直轴转动。

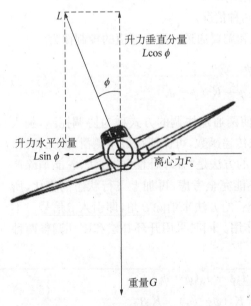

（2）由于飞机重心处的侧向过载正比于侧滑角，所以协调转弯飞行时，侧向过载 $a_y = 0$。

（3）做协调转弯飞行时，在垂直方向上的升力分量与重力平衡，水平方向的升力分量与离心力平衡。

基于上述分析不难推导出实现协调转弯飞行的公式。为了便于推导，假设俯仰角 $\theta = 0$，这样当进行协调转弯飞行时，飞机在水平和垂直方向的受力分析如图 5-4 所示[5]。据此，写出水平和垂直方向的力平衡方程为

$$\begin{cases} mg = L\cos\phi \\ mV\dot\psi = L\sin\phi \end{cases} \tag{5-6}$$

图 5-4　飞机协调转弯时的受力

式中：L 为升力；V 为空速。

求解式(5-6)可得协调转弯公式为

$$\dot{\psi} = \frac{g}{V}\tan\phi \qquad (5-7)$$

为了进一步分析进行协调转弯时的操纵原理，将恒定的偏航角速率 $\dot{\psi}$ 向机体轴系投影，如图 5-5 所示[5]。

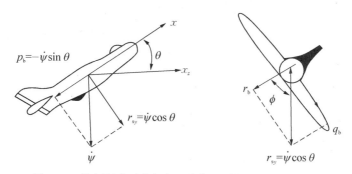

图 5-5 协调转弯时偏航角速率 $\dot{\psi}$ 在机体轴上的投影关系

当飞机进行等高度协调转弯飞行时，偏航角速率 $\dot{\psi}$ 是垂直于地面的。为了不掉高度并保持恒定的偏航角速率 $\dot{\psi}$，飞机将存在俯仰角 θ 和滚转角 ϕ。首先利用俯仰角 θ 将偏航角速率 $\dot{\psi}$ 向机体纵轴 x 和机体 O_{zy} 平面内投影，得到滚转角速度 $p_b = -\dot{\psi}\sin\theta$ 和 $r_{zy} = \dot{\psi}\cos\theta$。在通常情况下，因为 θ，ϕ 较小，所以滚转角速度 $p_b = -\dot{\psi}\sin\theta$，它对协调转弯飞行的影响可忽略不计；下面利用滚转角 ϕ 将投影 $r_{zy} = \dot{\psi}\cos\theta$ 分别分解到机体轴 z，y 上，得到绕机体轴 z，y 的偏航角速度 $r_b = \dot{\psi}\cos\theta\cos\phi$ 和俯仰角速度 $q_b = \dot{\psi}\cos\theta\sin\phi$。考虑到协调转弯公式 $\dot{\psi} = \frac{g}{V}\tan\phi$ 后，最后得到偏航角速度 r_b 和俯仰角速度 q_b 的表达式为

$$\begin{cases} r_b = \dot{\psi}\cos\theta\cos\phi = \dfrac{g}{V}\cos\theta\sin\phi \\[2mm] q_b = \dot{\psi}\cos\theta\sin\phi = \dfrac{g}{V}\sin\phi\tan\phi \end{cases} \qquad (5-8)$$

由此可见，飞机要完成等高度的协调转弯飞行，需要同时协调操纵副翼、升降舵和方向舵。

5.2.2.2 协调转弯飞行时自动驾驶仪的控制律

将给定的滚转角 ϕ_g 和偏航角速率 $\dot{\psi}_g$ 控制信号分别加入到自动驾驶仪控制律的滚转与航向两个通道中，同时在航向通道中引入侧滑角 β 信号，使方向舵的偏转不仅取决于偏航角偏差 $(\psi - \psi_g)$ 和偏航角速率 $\dot{\psi}$，而且也与侧滑角 β 的积分信号有关，以便减小侧滑角 β，由此形成以下的控制规律

$$\begin{cases} \dot{\delta}_x = I_{\ddot{\phi}}\ddot{\phi} + I_{\dot{\phi}}\,\dot{\phi} + I_{\phi}(\phi - \phi_g) \\ \dot{\delta}_y = K_{\ddot{\psi}}\ddot{\psi} + K_{\psi}(\dot{\psi} - \dot{\psi}_g) - K_{\beta}\beta \end{cases} \tag{5-9}$$

或写成

$$\begin{cases} \delta_x = I_{\dot{\phi}}\,\dot{\phi} + I_{\phi}\phi + I_{\int\phi}\!\int(\phi - \phi_g)\mathrm{d}t \\ \delta_y = K_{\dot{\phi}}\,\dot{\phi} + K_{\psi}(\psi - \psi_g) - K_{\beta}\!\int\beta(t)\mathrm{d}t \end{cases} \tag{5-10}$$

式中：ϕ_g 和 $\dot{\psi}_g$ 分别为给定的滚转角和偏航角速率控制信号，且满足协调转弯公式 $\dot{\psi}_g = \dfrac{g}{V}\tan\phi_g$。

5.2.2.3 协调转弯的纵向控制

飞机在实现协调转弯时，除了横侧向需要控制以外，还需要纵向控制的配合。这是因为在协调转弯飞行时由于存在着滚转角 ϕ，作用在垂直方向上的升力分量将减小 ΔL，飞机将损失飞行高度。为了保持飞机转弯时飞行高度的稳定，必须操纵升降舵面负向偏转并产生附加迎角增量 $\Delta\alpha > 0$，从而补偿减小的升力增量 ΔL，使得在垂直方向上达到力的平衡，即满足

$$(L + \Delta L)\cos\phi = G \tag{5-11}$$

式中：ΔL 为升力增量，则 $\Delta L = (G - L\cos\phi)/\cos\phi$，由于在转弯前认为 $L = G$，因此可得升力增量 ΔL 的公式为

$$\Delta L = \frac{G(1 - \cos\phi)}{\cos\phi} \tag{5-12}$$

又有升力增量 ΔL 的关系式 $\Delta L = QS_{\mathrm{w}}c_{z\alpha}\Delta\alpha$，这样由上述关于升力增量 ΔL 的两个公式能够得到附加迎角增量 $\Delta\alpha$ 公式为

$$\Delta\alpha = \frac{G\left(\dfrac{1 - \cos\phi}{\cos\phi}\right)}{QS_{\mathrm{w}}c_{z\alpha}} \tag{5-13}$$

由式(5-13)可见，在通常情况下，因为迎角升力系数为正值（$c_{z\alpha} > 0$），所以由式(5-13)所确定的附加迎角增量为正值（$\Delta\alpha > 0$）。

下面计算产生由式(5-13)确定的附加迎角增量 $\Delta\alpha$ 所需要的升降舵面偏角。

根据纵向短周期传递函数式可得到稳态的力矩平衡方程 $\omega_{\mathrm{sp}}^2\Delta\alpha = M_{\delta_e}\Delta\delta_{\mathrm{el}}$，由此方程和附加迎角增量公式(5-13)可以得到所需要的负向偏转的升降舵面偏角为

$$\Delta\delta_{\mathrm{el}} = \frac{\omega_{\mathrm{sp}}^2 G(1 - \cos\phi)}{M_{\delta_e}QS_{\mathrm{w}}c_{z\alpha}\cos\phi} \tag{5-14}$$

另外,由式(5-8)所确定的俯仰角速度 q_b 引起的俯仰阻尼力矩,同样也需要依靠升降舵面负向偏转 $\Delta\delta_{e2} < 0$ 产生的俯仰操纵力矩来平衡。

根据纵向短周期传递函数式可以得到稳态平衡力矩方程

$$\omega_{sp}^2 q_b = M_{\delta_e} Z_\alpha^* \Delta\delta_{e2} \tag{5-15}$$

再结合式(5-9),则有

$$\Delta\delta_{e2} = \frac{\omega_{sp}^2}{M_{\delta_e} Z_\alpha^*} q_b = \frac{\omega_{sp}^2}{M_{\delta_e} Z_\alpha^*} \cdot \frac{g}{V} \cos\theta\sin\phi\tan\phi = -\frac{g\omega_{sp}^2}{M_{\delta_e} Z_\alpha^*} \cos\theta\sin\phi\tan\phi \tag{5-16}$$

综上所述,在协调转弯飞行时需要产生负向偏转的附加升降舵总偏角为

$$\Delta\delta_e = \Delta\delta_{e1} + \Delta\delta_{e2} = \frac{g\omega_{sp}^2}{M_{\delta_e}}\left[\frac{m(1-\cos\phi)}{QS_w c_{z\alpha}\cos\phi} - \frac{1}{Z_\alpha}\cos\theta\sin\phi\tan\phi\right] \approx \frac{g\omega_{sp}^2}{M_{\delta_e}}\mid\phi\mid \tag{5-17}$$

由式(5-17)可知,当飞机在协调转弯飞行时,由于存在滚转角 ϕ,将损失飞行高度。为保持协调转弯飞行高度的稳定,必须产生负向偏转的附加升降舵偏角来增大迎角,从而补偿足够的升力,使得在垂直方向上达到新的力平衡状态。在式(5-17)中,由于 M_{δ_e} 为负值,所以增益 $\frac{g\omega_{sp}^2}{M_{\delta_e}}$ 也为负值,因此能够确保不管滚转角 ϕ 是正还是负,通过式(5-17)都将产生负的附加升降舵偏角,形成抬头的正俯仰力矩,来增大迎角补偿升力,从而实现等高度的协调转弯飞行。

图5-6所示为某型飞机在协调转弯过程中控制系统结构[2]。

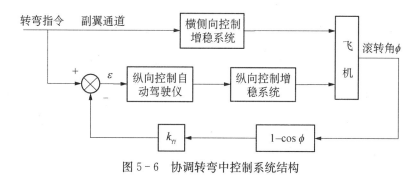

图5-6 协调转弯中控制系统结构

5.3 空速与马赫数控制

5.3.1 控制空速与马赫数控制的作用

空速与马赫数控制系统是民机飞行控制系统中一个重要的子系统,对空速与马赫数的控制具有重要的意义。

当飞机平飞时,根据飞机纵向运动方程可得速度增量 ΔV 的一阶微分方程:

$$\Delta \dot{V} = -\left(X_V - \frac{Z_V}{Z_\alpha} X_\alpha \right) \cdot \Delta V + X_{\delta_T} \cdot \Delta \delta_T \quad (5-18)$$

解此微分方程可知,当满足式(5-19)条件时,速度会发散,即出现速度不稳定;反之,飞行速度是稳定的。

$$X_V - \frac{Z_V}{Z_\alpha} X_\alpha \leqslant 0 \quad (5-19)$$

从信号反馈的结构进行分析,由式(5-18)速度的关系得出图 5-7[5]。

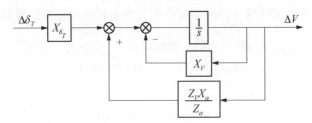

图 5-7　速度关系

由图 5-7 可以看出,飞行速度的关系图中有两个反馈通道,一个为负反馈回路,一个为正反馈回路。当正反馈回路的信号起主导作用时,速度不稳定,即满足式(5-19);反之,当负反馈回路的信号起主导时,速度稳定。

当飞机在低动压状态下飞行时,由于反映飞机机动性能的参数 Z_α 减小,且其通常要比 Z_V 减小得多,这样就使得正反馈起主导作用,也即满足式(5-19),这就导致飞行速度出现不稳定的可能性变大。

因此,需要利用空速与马赫数控制系统保证飞机在低动压下平飞时,保持稳定的飞行速度。

另一方面,空速与马赫数控制是航迹控制的必要前提。由关系式 $\dot{H} = V \sin \phi$ 可知,飞机通过控制角运动来控制航迹,其前提条件必须是速度不变化,但是在低动压或长时间机动时,就不能保证这个前提,因此就需要空速与马赫数控制系统以保持飞行速度的稳定。

还有,当飞机进入跨声速飞行时,飞机的气动焦点随着马赫数的增大而后移,结果会使飞机产生低头的趋势,使得飞机进行俯冲飞行,导致速度越来越大,这样会导致速度不稳定,使飞机出现长周期运动单调发散。因此,需要采用空速与马赫数控制系统来稳定飞行速度。

5.3.2　空速与马赫数控制策略与系统构成

由切向力方程可知,飞机俯仰角的变化或油门杆位移的变化,均能使飞机的速度发生改变,由此,引出空速与马赫数控制的 3 种控制策略。

1）通过控制升降舵，改变俯仰角以达到速度控制

通过控制升降舵，改变俯仰角以达到速度控制的方法，其实质是改变重力在飞行速度方向上的投影，从而引起飞行加速度的变化，进而来控制速度。

采用空速传感器与俯仰角自动控制系统构成内回路的联接，以实现飞机的重力在飞行速度方向上投影的变化，如图 5-8 所示[7]。

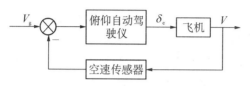

图 5-8　控制升降舵的速度控制系统结构

因为马赫数 M 等于空速 V 与所在高度下的声速 a 之比（即 $M = V/a$），替换其中的控制量 V，并将相关的系数做相应调整，即可实现马赫数的自动控制。在这个方案中，由于油门杆固定不变，只是通过升降舵来控制飞机的速度，因此，飞行速度的调节范围是有限的。

2）通过控制油门，改变发动机推力以达到速度控制

通过控制油门的大小，改变发动机推力从而实现速度的控制，称之为自动油门系统，其结构图如图 5-9 所示。在图中自动驾驶仪有两种工作方式，一种是工作在高度 H 稳定状态，另一种是工作在俯仰姿态 θ 稳定状态。该控制方法一般用于低动压下的空速保持与控制，可以用于巡航飞行，但更多的是用于进场着陆或爬升时的空速保持与控制。

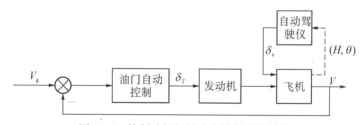

图 5-9　控制油门杆的速度控制系统结构

因为自动驾驶仪有着两种不同的工作状态，所以使得这两种不同工作状态下的速度控制策略存在着下列的差异：

（1）如果自动驾驶仪工作在高度保持状态，空速向量处于水平方向，则重力在切向上的投影为零。如果增加油门，则发动机的推力增量将全部反映在空速增加上。

（2）如果自动驾驶仪工作在俯仰角保持状态，则控制油门产生的发动机推力的变化，只有一部分反映在空速中。因为当进行无滚转飞行时，俯仰角与迎角 $\Delta\alpha$ 和

航迹倾斜角 $\Delta\gamma$ 满足关系式 $\Delta\theta = \Delta\gamma + \Delta\alpha$,所以除反映在空速变化中的发动机推力之外,其余部分的发动机推力引起了迎角 $\Delta\alpha$ 和航迹倾斜角 $\Delta\gamma$ 的变化和高度的变化。

3）自动油门控制系统与俯仰角控制系统结合

大型客机的俯仰姿态控制与自动油门控制是分不开的,没有自动油门的控制难以实现较好的俯仰姿态控制,同样没有俯仰姿态控制,具有空速和迎角保持功能的自动油门控制也不能实现。对自动油门控制系统的设计经验表明,可将姿态控制系统的设计与自动油门控制系统的设计分开进行,即实现解耦控制。要实现解耦控制,必须要在自动油门控制器与自动驾驶仪之间增加交联信号,如图 5 - 10 所示[6]。应该指出,要真正达到全解耦是很困难的,目前应用的是部分解耦方案。

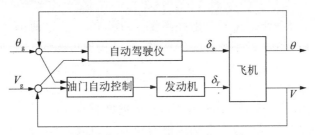

图 5 - 10   自动油门控制系统与俯仰角控制系统相结合的控制结构

5.4   高度与侧向偏离控制

飞机的轨迹控制系统是在飞机的姿态控制系统基础上构成的,姿态控制系统是飞机轨迹控制系统的内回路。

5.4.1   高度控制

高度控制属于飞机的重心控制,在飞机的远距离巡航和进场着陆时的初始阶段都需要保持高度稳定。飞机的纵向姿态保持与控制不能满足高度保持与控制的任务需求。姿态稳定系统虽然能保持飞机在垂直气流作用下俯仰角的稳定,但是在几秒钟后,飞行速度方向将会偏离原方向,发生高度漂移现象。此外,在俯仰角稳定的过程中,航迹倾斜角变化量的平均值不为零也会引起飞行高度发生变化。

原则上,可采用控制升降舵或发动机推力的方法来控制飞机的飞行高度。但是,控制发动机推力的方法需通过控制速度从而控制高度,属于间接控制,因而不是很有效。因此,一般采用控制升降舵的方法控制飞机飞行高度。

通过操纵升降舵控制飞行高度的高度稳定系统以俯仰角控制系统为内回路,由高度传感器测量高度偏差信号,将高度偏差信号输入到俯仰角控制系统,从而改变飞机的航迹倾斜角,从而控制飞机的高度,使飞机回到预定的高度。图 5 - 11 所示为高度稳定系统的一般结构[5]。

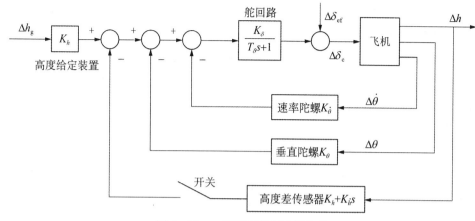

图 5-11　一般高度稳定系统构成

为方便飞行状态的转换,高度稳定系统内回路的控制律通常就是俯仰角控制系统的控制律,不重新进行设计。

若不考虑外界干扰所产生的升降舵偏角 $\Delta\delta_{ef}$,且采用简化的舵回路传递函数 K_δ,则由图 5-11 可写出高度稳定和控制的控制律为

$$\Delta\delta_e = K_z^\theta \Delta\theta + K_z^{\dot\theta} \Delta\dot\theta + K_z^h(\Delta h - \Delta h_g) + K_z^{\dot h}\Delta\dot h \qquad (5-20)$$

式中:$K_z^\theta = -K_\delta K_\theta$, $K_z^{\dot\theta} = -K_\delta K_{\dot\theta}$, $K_z^h = -K_\delta K_h$, $K_z^{\dot h} = -K_\delta K_{\dot h}$。

可见,控制律(5-20)主要是在俯仰角 θ 稳定回路的基础上构成的,为了避免在给定高度 Δh_g 上下出现振荡,应当引入高度差的一阶微分信号 $\Delta\dot h$ 以改善高度稳定系统的阻尼特性。

根据多变量函数的泰勒公式,可将运动方程 $\dot h = V\sin\gamma$ 进行线性化处理:

$$\dot h = V_0\sin\gamma_0 + V_0\cos\gamma_0\Delta\gamma + \sin\gamma_0\Delta V = \dot h_0 + \Delta\dot h_{\Delta\gamma} + \Delta\dot h_{\Delta V} \qquad (5-21)$$

式中:$\dot h_0$ 为起始高度变化率;$\Delta\dot h_{\Delta\gamma}$ 为航迹倾斜角 $\Delta\gamma$ 引起的高度变化率;$\Delta\dot h_{\Delta V}$ 为速度 ΔV 引起的高度变化率。

定高系统的运动学环节如图 5-12 所示[8]。

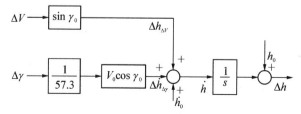

图 5-12　定高系统运动学环节

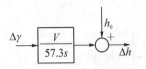

图5-13　简化后的定高系
统运动学环节

一般情况下，飞行员在飞机平飞时才接通定高系统。若飞机在给定的高度指令下飞行，接通定高系统，初始航迹角和初始升降速度为零，则图5-12可简化为图5-13[5]。

基于以上的运动学关系，可画出高度稳定和控制系统的结构，如图5-14所示[6]。

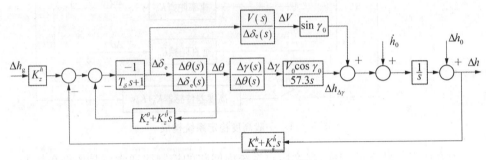

图5-14　高度稳定系统结构

若飞机不具有动力补偿的速度稳定与控制系统，即不能保证 ΔV 所引起的高度变化为零，则必须考虑长周期模态 ΔV 对高度稳定的影响。

5.4.2　侧向偏离控制

前面介绍了飞机的高度控制，下面将要介绍的是飞机侧向偏离运动的控制，即飞机左右运动轨迹的控制。

飞机侧向偏离运动控制与高度控制在原理上很相似，都是以姿态控制系统为内回路，只是飞机的横侧向有两个操纵机构（副翼和方向舵），能单独或联合控制飞机的侧向运动，因此，飞机侧向偏移的控制方案较多。又由于两个通道相互耦合，所以分析起来也比较困难。

由以上章节可知，飞机横航向的增稳控制有 3 种方式，其中协调控制方式的控制规律为

$$\delta_x = I_{\dot{\phi}}\,\dot{\phi} + I_{\phi}\phi + I_{\psi}(\psi - \psi_g) \tag{5-22}$$

$$\delta_y = K_{\psi}\,\dot{\psi} - K_{\phi}\phi \tag{5-23}$$

若将式(5-22)和式(5-23)构成的控制结构作为内回路，组成侧向偏离控制系统还需要一个反映侧向偏离几何关系的外环。根据侧向偏离信号反馈位置的不同，可以得到以下三种控制方案：

（1）通过副翼控制滚转以修正侧向偏离 y（侧向偏离信号加入副翼通道），方向舵只起阻尼与辅助作用，此方案目前使用最广泛。

（2）同时通过副翼与方向舵两通道协调转弯来控制 y。

（3）利用方向舵控制转弯来修正 y（侧向偏离信号加入方向舵通道），副翼通道起辅助协调作用。

以上三种方案都是通过协调转弯来修正 y。除此以外，还有其他的控制方案：

（1）利用方向舵使飞机保持航向，通过滚转产生侧滑来修正 y。在自动着陆时，利用此方案虽能使机头保持与跑道中心线平行的方向，但为了修正而需滚转，使机翼有碰地的危险。

（2）通过飞机不倾斜的平面转弯来修正 y，副翼竭力保持机翼水平，方向舵控制飞机平面转弯来修正侧向偏离 y。

这两种方案靠侧滑角产生侧力，侧力值一般不大，故修正 y 的过程较缓慢。限于篇幅，这里只讨论第一种方案。

采用第一种方案的控制律如下：

$$\begin{cases} \delta_x = I_{\dot{\phi}}\dot{\phi} + I_\phi\phi + I_\psi(\psi - \psi_g) + I_y(y - y_g) & ① \\ \delta_y = K_{\dot{\psi}}\dot{\psi} - K_\phi\phi & ② \end{cases} \quad (5-24)$$

式（5-24）中，$y - y_g > 0$ 表示飞机向右偏离了航线。下面以飞机纠正侧向偏离的过程来说明采用式（5-24）控制规律的侧向偏离控制系统的工作原理。

图 5-15 是飞机侧向偏离控制系统修正初始侧向偏离的过程。假定飞机向右偏离原航线，$y - y_g > 0$，由式（5-24）可知，$\delta_x > 0$，产生滚转力矩 $I < 0$，飞机向左倾斜。此时由于驾驶仪 $\delta_y = -k_\phi\phi > 0$，使飞机左转弯，$\psi$ 逐渐变负，且 $I_\psi\Delta\psi < 0$ 的信号逐渐加大，减弱 $I_y y$ 信号的作用，飞机逐渐改平。飞机水平飞行，飞向原航线。当侧向偏离 y 减小时，$I_\psi\Delta\psi$ 信号超过了 $I_y y$ 信号，于是 $I_\psi\Delta\psi + I_y y < 0$。在这合成信号作用下飞机向右倾斜。最终 y，ψ 和 ϕ 都回到零，飞机沿原航线行[5]。

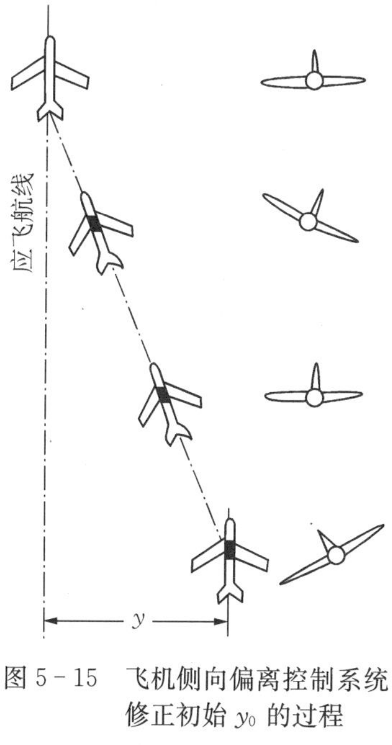

对比高度偏差的修正过程，可以发现两者有很多相似之处。侧向偏离控制系统中由于有了 $I_\psi\Delta\psi$ 信号，起到阻尼作用。简单地分析一下式（5-24）的①，可以知道 $I_y y$ 是主信号，$I_\psi\Delta\psi$ 是阻尼信号，而在式（5-22）中，$I_\psi\Delta\psi$ 是主信号，$I_\phi\Delta\phi$ 是阻尼信号，以下可以以此类推。

为了建立副翼通道的结构图，首先必须建立飞机速度 V 引起侧向偏移 y 的运动学关系。假设小扰动，认为 θ，ψ，ϕ，β，α 均为小值，把速度投影到机体轴上，于是有

图 5-15　飞机侧向偏离控制系统修正初始 y_0 的过程

$$\begin{cases} u = V_0\cos\beta\cos\alpha \approx V_0 \\ v = V_0\sin\beta \approx V_0\beta/57.3 \\ w = V_0\cos\beta\sin\alpha \approx V_0\alpha/57.3 \end{cases} \quad (5-25)$$

式中：V_0 为基准空速。

考虑到机体轴系和地轴系的关系，侧向偏离方程为

$$\frac{\mathrm{d}y}{\mathrm{d}t} = u\cos\theta\sin\psi + v(\sin\phi\sin\theta\sin\psi + \cos\phi\cos\psi) + w(\cos\phi\sin\theta\sin\psi - \sin\phi\cos\psi)$$

$$(5-26)$$

将式(5-25)代入式(5-26)，并略去二阶小量可得

$$\frac{\mathrm{d}y}{\mathrm{d}t} = \frac{V_0}{57.3}(\beta + \psi) \tag{5-27}$$

由于是协调转弯，故满足下列公式：

$$\dot{\psi} = \frac{g}{V}\tan\phi \approx \frac{g}{V_0}\phi \tag{5-28}$$

这样，在滚转角控制回路的基础上构成侧向偏离控制系统如图 5-16 所示[6]。图中，测量侧向偏离的装置通常是导航装置。其控制律见式(5-24)。

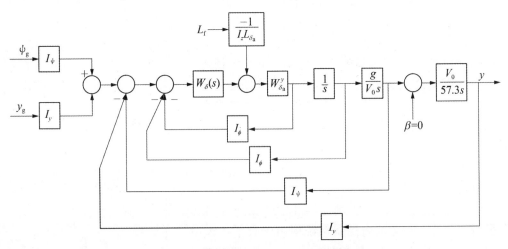

图 5-16　侧向偏离控制系统结构（副翼通道）

5.5　航迹控制

5.5.1　自动爬升控制

5.5.1.1　自动爬升控制策略

常见民机的自动爬升控制策略主要有以下几种方式[8]。

1) 减推力爬升

飞行管理计算机根据推力的减少量自动地选择减推力爬升模式。飞行管理计算机通常提供两种减推力爬升的方式。如 B777，减推力爬升方式 1 为降低额定爬

升推力的 10%,爬升方式 2 为降低额定爬升推力的 20%。

2) 经济爬升

飞行管理计算机规定的经济爬升可以最低化飞行成本,经济爬升速度随着爬升总重量的变化而变化,并且受到飞行成本指标的影响,因此,经济爬升时,飞行管理计算机规定的爬升速度是关于飞行成本指标和重量的函数。

在飞机满载的情况下,经济爬升速度通常超过 250 kn。在 10 000 ft 以下,爬升速度限制在 250 kn,如果使用较高的飞行速度,那么经济爬升速度将会节省额外的飞行成本。

3) 最大爬升率爬升

最大爬升率爬升时,飞机具有较高的爬升率,能够在最短的时间内达到巡航所要求的高度。当飞行管理计算机没有提供最大爬升率爬升时的速度,可以近似地等于襟翼操纵速度加上 60 kn。

4) 最大迎角爬升

在越障安全高度、最低横越高度或者在最短的飞行距离内达到指定的高度的情况下,通常使用最大迎角爬升的方式进行爬升,飞行管理计算机提供最大迎角爬升时的爬升速度,它随着飞行重量的变化而变化,并且具有与襟翼操纵速度相同的爬升梯度。

5) 无动力爬升

无动力爬升时,爬升速度近似为最大迎角爬升速度,并且随着爬升重量和高度的改变而改变。在较高飞行高度和爬升重量情况下,无动力爬升速度的上限为一个固定大小的马赫数。无动力爬升速度一般为飞行管理计算机给定的默认值。

5.5.1.2 自动爬升控制系统框架

长期以来,自动驾驶仪简单的常规工作方式是把高度控制器接通瞬时所在的高度作为规定值,并保持它为常数进行自动飞行,这是高度保持方式;其另一种工作方式是高度捕获方式,是指预选一个规定高度,接通后由控制器在遵守指定的条件下自动地达到这个高度,然后保持这个高度不变,这就是自动爬升的过程。在自动起飞和自动着陆进场的初始阶段都需要高度捕获控制。高度控制器接通的瞬时可能出现较大的控制偏差 ΔH,从而给基本控制器预置一个很大的俯仰角规定值,这必须通过 θ_c 的限制予以避免。除此以外,应在适当的垂直加速度($n_z < 1.10$)下以柔和的过渡方式改变高度,两者都可以通过控制回路来实现,如图 5-17 所示。

这个控制回路的功能如下:高度规定值的正向阶跃变化(ΔH 为负),首先引起一个正的俯仰角。若 $\theta < 10°$,则 θ 反馈只通过高通滤波器才有效,因为临近限幅器的相反的 θ 信号互相对消了。在高度规定值变化不大时,若高度以高通滤波器的时间常数(约为 15 s)趋近规定值,那么,经过滤波的 θ 信号就刚好补偿了控制误差 ΔH(调节信号 ≈ 0)。

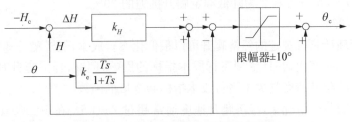

图 5-17   改变高度规定时限制俯仰角

高度规定值阶跃变化很大时,组合信号 $k_H \Delta H - \theta$ 被限制在 $10°$。当达到 $10°$ 时,操纵信号近似为零,尽管仍存在大的控制偏差 ΔH,将以等俯仰角达到新的高度。约在达到新的高度规定值之前 60 m 时,限制不再起作用,这样,基于高通滤波器向水平飞行的过渡就变成一个 e 函数。当接近规定高度值,例如,当 $\Delta H = 6$ m 时,控制器又转变成线性高度保持。若另外还用垂直速度作为反馈,这也与 θ 方式一样,可以用来生成柔和的过渡过程。除此之外,大多要限制出现的垂直加速度。

在起飞上升、变换飞行高度、提高巡航高度以及进场飞行等情况下,飞机较长时间处在等边界条件下的上升或下降飞行阶段,这类飞行阶段通过自动驾驶仪垂直速度保持(vertical speed hold)工作方式,实现自动控制。这与高度控制器一样,涉及恒定值控制,即用这种方式保持接通瞬时的垂直速度 $\dot{H}$。因而,驾驶员在选择这种规定方式之前,必须达到希望的垂直速度,并配平飞机。

$\dot{H}$ 控制器作为航迹控制器要比姿态控制好,所以,在新型自动驾驶仪上,它已替代姿态控制器作为基本控制器。在 B777 飞机的控制器中,用航迹倾角 γ 作为基本控制变量。只要保持 H 近似不变,垂直速度控制器甚至能补偿风和湍流的影响,因此,用升降舵作为唯一的调节变量就足够了。

在这个基础上,还使用预置(输入)控制器,B737 飞机为第一种成批装备了基于 $\dot{H}$ 控制的驾驶盘操纵(control wheel steering)的客机。但是,当预置的垂直速度变化较大时,为避免空速变化,必须修正推力。因此,$\dot{H}$ 预置控制器始终要与油门控制器一起使用,相互联系并相互制约。

爬升阶段所要实现的自动飞行控制模态是俯仰姿态选择/保持、倾斜姿态保持、垂直速度选择/保持、高度控制以及空速保持与控制。对于利用经典控制方法设计自动飞行模态控制律,一般将需要控制的变量反馈到相应通道,同时应当注意到,具有阻尼增稳效果的内回路的设计,对整个控制系统的性能具有重要的影响。经典控制方法在理论研究和工程应用方面都较为成熟。通常对于内回路,角速率反馈能够有效地提高相应运动模态的阻尼,进而改善飞机动稳定性。但是过多的角速率反馈会减小静态传动比,使相应运动的操纵性降低,通过引入高通滤波网络等校正环节可以在改善动稳定性的同时,又不改变稳态时的静态传动比,使系统具有较好的操纵性。

图 5-18 所示为爬升阶段自动飞行控制系统的控制结构[7]。

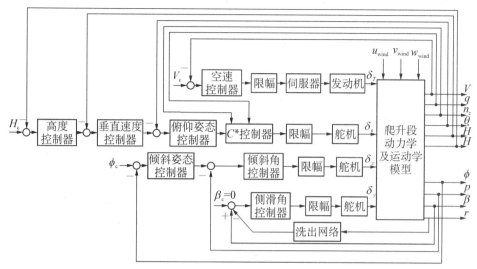

图 5-18　爬升阶段自动飞行控制结构

图 5-18 所示的自动飞行控制结构能够实现俯仰姿态控制方式、垂直速度控制方式和高度控制方式 3 种爬升方式,同时可以实现空速保持与控制和倾斜姿态保持与控制功能。

5.5.2　自动导航控制

控制和导航是飞行器完成飞行任务的两项关键技术,广泛应用于飞机、导弹和航天器中。对飞机而言,它们起着稳定和控制飞机以及引导飞机沿一定航线从一处飞到另一处的作用。导航系统与飞控系统交联实现自动导航控制,自动地控制飞机按预定的航线飞行,控制飞机进入预定目标或自动返回预定机场。

自动导航控制是一种航迹控制系统,对飞机的质心运动进行稳定和控制。导航系统提供飞机的姿态、航向、飞机当前坐标位置、应飞航线、待飞距离和当前偏离航线的偏差信号等,自动飞行控制系统接收导航系统的输出信号,通过改变飞机的角运动引导飞机按照预定的航线飞行。

根据飞机控制模态的划分,可把自动导航控制划分为垂直导航控制(vertical navigation,VNAV)和侧向导航控制(lateral navigation,LNAV)。

5.5.2.1　垂直导航控制

垂直导航控制(VNAV)是在垂直面内对航迹偏差的控制,用于控制飞机按预定的轨迹爬升或下降,从而进入某一高度的某一地理坐标位置。其主要工作方式包括引导飞机爬升或下降进入预定目标区域、民用飞机进入巡航阶段的爬升段控制以及各类飞机的返航/进场下滑控制。

垂直导航控制系统接收导航系统或飞行管理系统/任务管理系统的控制指令。

其典型的指令为俯仰角指令和垂直速度指令,用作自动驾驶仪控制律的输入。由于飞机在爬升或下降高度时会产生动能与势能的转换,因此为了保持飞行速度,自动或手动控制油门是必需的,有关自动油门控制系统的设计见本书5.3节。俯仰指令控制系统控制律设计已在5.2节做了介绍,垂直速度控制回路的构成如图5-19所示[2],简单高度控制回路参见5.4.1节介绍。

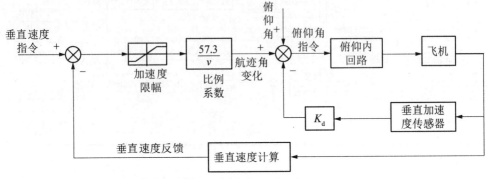

图 5-19　垂直速度控制回路结构图

　　垂直速度指令与反馈速度比较之后经过加速度限幅,限制速度的变化。在实际工程设计中,通常还要在指令入口进行垂直速度限幅,还应加入俯仰角指令限幅。

　　当垂直导航模式被选择后,系统按照飞行管理计算机中所规划的高度指令进行飞行,如图5-20所示。

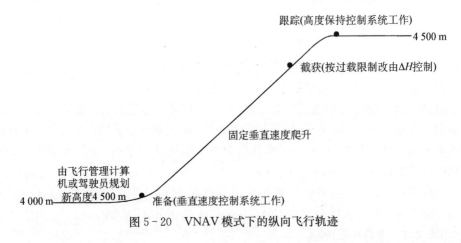

图 5-20　VNAV 模式下的纵向飞行轨迹

　　图5-20所表示的垂直导航飞行形式,是用高度保持控制系统和垂直速度控制系统来共同完成的。所谓垂直导航就是对任意高度的跟踪和保持问题,只不过在该模式下,将整个的飞行阶段分为准备、截获高度、跟踪或高度保持这3个阶段,在每个阶段采用不同的控制系统进行控制。

　　准备阶段:当预设高度和飞机当前高度之差不满足高度保持控制接通条件时

（A320 飞机高度保持接通条件：高度之差的绝对值小于 250 ft），系统将首先转入垂直速度控制，飞向预设的高度。

截获高度阶段：当高度差值（绝对值）满足规定条件时（A320 飞机条件：等于 150 ft），系统将转入截获状态，以限制过载的形式使飞机无超调地切入预设高度。

跟踪或高度保持阶段：当高度差值（绝对值）符合规定条件时（A320 飞机条件：小于 20 ft，并延时 1.25 s），系统将接通高度保持控制。

显然，在准备阶段和跟踪阶段可应用垂直速度控制系统和高度保持控制系统来完成控制任务。截获阶段，可使用垂直速度控制系统来跟踪设定的垂直速度指令，使飞机的纵向轨迹以指数曲线形式无超调地切入预设高度。在此机动过程中，需要对垂直速度指令按纵向过载进行限制，以防止控制过程中过大的航迹倾角速度引起大的纵向过载，从而可能突破飞机的过载性能限制。

5.5.2.2　侧向导航控制

1）侧向导航控制方式

侧向导航控制（LNAV）又称为平面导航控制，指在水平面内对航线偏差进行控制。侧向导航控制包括 3 种航线飞行方式：大圆航线飞行方式、等航迹角航线飞行方式（简称等角飞行）以及这两种飞行方式的综合，即综合航线飞行方式。

大圆航线飞行控制可保证飞机准确地按预定航迹线飞行，预定的航线在地面上的投影是连接两个相邻航路点之间的一条直线，在空中是绕地球的一条圆弧线，因此称之为大圆航线。

大圆航线飞行时，飞行的航线是由多个航路点构成，导航计算机依次存储这些航路点的位置信息，并根据飞机的当前位置按顺序地给出飞机飞向下一个航路点的航线。图 5-21 为大圆航线导航控制的几何关系[2]。

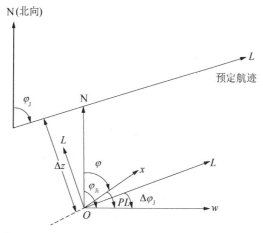

图 5-21　大圆航线导航控制的几何关系

图 5-21 中，PL 为偏流角，为地速 w 与机体 Ox 轴在水平面内投影的夹角，地

速位于 Ox 轴右方为正；φ 为飞机当前航迹角，机头相对于北向右偏为正；φ_J 为飞机应飞航迹角；Δz 为飞机对应飞航迹线在水平面投影的侧向偏离。

由图 5-21 所示的几何关系，可得到飞机当前航迹角：

$$\varphi_{Ji} = \varphi + PL \tag{5-29}$$

飞机对预定的航迹线的航迹误差角为

$$\Delta\varphi_J = \varphi_{Ji} - \varphi_J = \varphi + PL - \varphi_J \tag{5-30}$$

为了控制飞机沿预定航迹线飞行，必须使 $\Delta z = 0$，$\Delta\varphi_J = 0$。

等角飞行控制可保证飞机准确地飞向预定航路点，而不需要使飞机回到两个航路点的连线上去。为了使飞机飞向预定的航路点，应使飞机飞行的航迹方向与飞机到目标点（航路点）的连线相重合。在不考虑偏流角时，应使飞机的机体轴 Ox 转向目标航向，当考虑偏流的影响时，飞机是以朝着目标点迎着风速的方向飞行。图 5-22 给出等角飞行时的几何关系[2]。

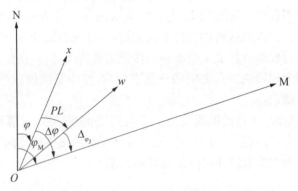

图 5-22　等角飞行时各变量的几何关系

由图 5-22 可得飞机对目标点的航迹角误差为

$$\Delta\varphi_J = \Delta\varphi + PL = \varphi - \varphi_M + PL \tag{5-31}$$

式中：$\Delta\varphi$ 为飞机对目标 M 的航向偏差，机头偏右为正；φ_M 为目标航向，对北向顺时针转动为正。

等角飞行控制的目的是使 $\Delta\varphi_J = 0$，由于 $\Delta\varphi$ 是随飞机向前飞行而变化的，所以飞机实际的飞行轨迹是一条螺旋形的圆弧线。

2）侧向导航控制律设计

侧向导航控制系统通过副翼和方向舵两个通道控制飞机在水平面内的航迹运动，它以偏航角控制系统或倾斜角控制系统为内回路，接收来自导航系统或飞行管理系统的指令信号。其中最为典型的方案是以副翼通道为主通道，以方向舵通道为辅助通道，通过副翼控制飞机转弯以修正飞机的航迹。图 5-23 为侧向导航控制的典型结构框图[2]。

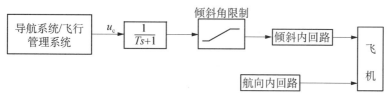

图 5-23 侧向导航控制的结构框图

导航系统(或飞行管理系统)输出的侧向导航控制指令 u_c 通过惯性滤波器和倾斜角限制器后送入倾斜内回路,控制副翼偏转;惯性滤波器 $\dfrac{1}{Ts+1}$ 滤除导航指令 u_c 信号中的快变信号,使飞机的转变过程平滑柔和;倾斜角限制器依据飞机的最大转弯角限制来设置。导航控制信号 u_c 通常都在导航计算机内计算,但其参数的选择应根据内回路的参数确定。以下讨论不同导航控制方式下 u_c 信号的设计。

(1) 大圆航线控制方式。

当 $\Delta z = 0$ 时,要保持飞机不偏离预定航迹线,必须使 $\varphi_{Ji} = \varphi_J$,即 $\Delta\varphi_J = 0$。由此可用侧向偏离 Δz 和航迹角偏差 $\Delta\varphi_J$ 构成导航综合控制信号:

$$u_{c1} = k_{\psi1}\Delta\varphi_J - k_{z1}\Delta z \qquad (5-32)$$

式中:$k_{\psi1}$ 和 k_{z1} 为信号的传动比,应根据倾斜角内回路的设计进行选择。

由于定义飞机偏离应飞航迹线右边时 Δz 为正,则飞机向左转弯可消除 Δz,而由于定义飞机机头偏离应飞航线左边时 $\Delta\varphi_J$ 为正,则飞机向右转弯可消除 $\Delta\varphi_J$,所以式(5-32)中两个控制变量的符号是相反的,$\Delta\varphi_J$ 对 Δz 的变化起阻尼作用。当 Δz 控制过程欠阻尼时可引入 Δz 的变化速率,这可由 Δz 通过微分得到,也可采用如下方式增加其过程阻尼。由图 5-21(大圆航线导航控制的几何关系)可见,飞机对预定航线侧向偏离变化速率为

$$\Delta\dot{z} = \frac{\mathrm{d}\Delta z}{\mathrm{d}t} = w\sin\Delta\varphi_J \approx \frac{w}{57.3}\Delta\varphi_J \qquad (5-33)$$

式中:$\Delta\varphi_J$ 的单位为度。

由此可见,可以用 $w\Delta\varphi_J$ 代替 $\Delta\dot{z}$ 引入控制系统以增加 Δz 控制过程的阻尼,于是可得到第二种方案的导航控制信号为

$$u_{c2} = -k_{\psi2}w\Delta\varphi_J - k_{z2}\Delta z \qquad (5-34)$$

试验证明:由式(5-34)控制 Δz 过程比式(5-32)给出的过程要好。

不论是用 u_{c1} 或是用 u_{c2} 进行控制,对 Δz 都必须进行限幅处理,以防止其值过大时造成转弯角大于 $90°$,使 Δz 的修正过程产生如图 5-24[11]所示的"S"形轨迹运动。

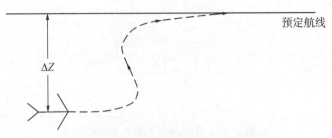

图 5-24　过大的 Δz 引起的"S"形轨迹运动

Δz 的限幅大小可按如下方法进行初步估算:如果忽略飞机运动的惯性与延迟,则当飞机从修正 Δz 的转弯过程改为平飞时(或反坡度转弯开始那一瞬间),航迹角偏差 $\Delta \varphi_J$ 为最大值 $\Delta \varphi_{Jm}$,并且有 $\gamma = 0$,$u_c = 0$。由此可得

对于式(5-32)对应的第一种控制律方案,Δz 的限幅大小为

当 $\mid \Delta z \mid \geqslant \dfrac{k_{\psi 1}}{k_{z1}} \mid \Delta \varphi_{Jm} \mid$ 时,$\qquad \Delta z = \dfrac{k_{\psi 1}}{k_{z1}} \mid \Delta \varphi_{Jm} \mid \mathrm{sign}(\Delta z)$

对于式(5-34)对应的第二种控制律方案,Δz 的限幅大小为

当 $\mid \Delta z \mid \geqslant \dfrac{k_{\psi 2}}{k_{z2}} w \mid \Delta \varphi_{Jm} \mid$ 时,$\qquad \Delta z = \dfrac{k_{\psi 2}}{k_{z2}} w \mid \Delta \varphi_{Jm} \mid \mathrm{sign}(\Delta z)$

上述两式中:$\mathrm{sign}(\Delta z)$ 表示取 Δz 的符号,通常 $\mid \Delta \varphi_{Jm} \mid \leqslant 60$。可见,当所期望的最大修正转弯角确定后,$\Delta z$ 的限幅即可确定。

(2) 等角飞行控制方式。

由式(5-31)可知,等角飞行控制是对偏离目标航向误差的控制,相当于对给定航向转弯的控制,可按航向角的稳定与控制过程进行设计。但是,给定航向为一给定的固定值,而目标航向是连接飞机重心与目标点的直线相对北向的偏角,是随着飞机相对于目标点的运动而变化的。当飞机接近目标点时,其重心运动引起目标航向的变化更为灵敏。因此,采用给定航向转弯的控制律对目标航向进行控制,当飞机接近目标点时有可能产生修正过程来回摆动的现象。为了防止出现这种情况,可增大系统的阻尼,或用飞机到目标点的距离对航向偏差信号进行控制。对等角飞行的自动导航控制过程,也常常采用当飞机到目标点小于一定距离后转换为按预定航线飞行,以保证飞机能准确地飞过航路中途点,并克服等角飞行接近目标点时的摆动现象。

(3) 航路中途点的切换控制。

飞机由一航路点切换至下一航路点的最为简单的切换控制是依据飞机与中途点的距离 S,当飞机距导航中途点的待飞距离小于某一值时,或飞过中途点某一距离后,自动切换为按对下一段航线偏差或航迹角偏差进行控制。但是这种方式不能适用于两段航线的预定航迹角变化较大的情况,当两段航线之间的转弯角较大时,会使飞机切换到下一段航迹线的控制过程产生较大的超调。

为了克服按飞机与导航中途点的距离为一固定值进行切换的缺点,可根据飞机的速度和两段航线之间的转折角的大小决定切换的时间。如某飞机自动导航方式为大圆航线导航控制,提前向下一段航线导航进行控制切换,则切换时间一般选用如下经验公式计算:

$$D_T^* = kw\tan\left|\frac{\varphi_{\mathrm{J}i+1}-\varphi_{\mathrm{J}i}}{2}\right|+C \tag{5-35}$$

式中:w 为地速;$\varphi_{\mathrm{J}i}$ 为飞机当前的预定航迹角;$\varphi_{\mathrm{J}i+1}$ 为飞机下一段航迹的预定航迹角;k,C 为根据飞机的实际能力和经验计算选取的常系数和常数。当到航路中途点的待飞时间 D_T 等于 D_T^* 时进行切换。

按式(5-35)计算的航路中途点转换时间,由于考虑了飞行速度和两段航线转折角的影响,飞机切换进入下一段航线的超调比较小。

在控制律设计时,为了改善飞机修正 Δz 进入应飞航线的过程,可根据 Δz 改变倾斜角的限幅值:当 Δz 比较大时,飞机倾斜角大,飞机以较小的转弯半径转弯;而当 Δz 小时,滚转角限幅值小,飞机以较大的转弯半径平缓地进入应飞航线,如图 5-25 所示[2]。

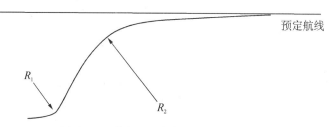

图 5-25　依据 Δz 改变飞机的转弯半径

5.5.3　自动着陆控制

仪表着陆系统(instrument landing system,ILS)俗称盲降,是目前应用最为广泛的飞机精密进近和着陆引导系统,能在低天气标准或飞行员看不到任何目视参考的天气下,引导飞机进近着陆。盲降的作用在天气恶劣、能见度低的情况下显得尤为突出。它可以在飞行员肉眼难以发现跑道或标志时,给飞机提供一个可靠的进近着陆通道,以便让飞行员掌握位置、方位、下降高度,从而安全着陆。

目前盲降被分为三类,一类盲降的降落标准是前方能见度不低于 800 m 或跑道视距不小于 550 m,着陆最低标准决断高不低于 60 m。二类盲降的降落标准是前方能见度不低于 400 m 或跑道视距不小于 350 m,着陆最低标准的决断高不低于 30 m。三类盲降又细分为 A,B,C 三个等级,只有三类 C 的标准为前方能见度和决断高为 0 m,才是完全意义上的盲降。以第一类仪表降落系统(CAT Ⅰ)为例,系统可引导飞机在下滑道上,自动驾驶下降至距跑道 60 m 的高度,若在此决断高度飞行员看清跑道即可实施落地,否则复飞。CAT Ⅲ C 类无决断高和跑道视程的限制,也就是说凭借盲降引导可自动驾驶安全着陆滑行。目前 ICAO 还没有批准Ⅲ C 类运行。

为了实现全天候飞行，保证飞机能在最低的能见度下安全着陆，自动着陆控制系统已广泛应用在民机着陆阶段，目前应用最为广泛的自动着陆控制系统为仪表着陆控制系统。

着陆的整个过程一般包括定高、下滑、拉平和滑跑等阶段。以仪表着陆控制系统为例，整个着陆过程如图 5-26 所示[7]。

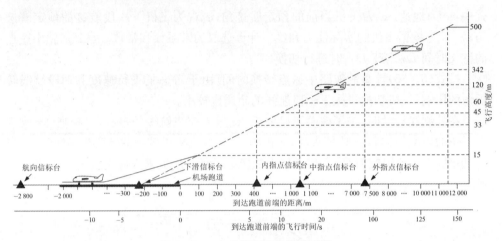

图 5-26　自动着陆飞行过程示意

整个着陆阶段从 500 m 高度开始，在 500 m 定高飞行过程中，捕获波束信号，在无线电导引信号及导引系统控制下跟踪标准下滑线进行下滑，在离地 45 m 处断开波束导引系统，以当前轨迹和姿态继续下滑，当离地高度为 15 m 时接入自动拉平着陆控制系统直到飞机着陆触地，整个进近着陆过程结束。

5.5.3.1　波束导引控制

为了实现全天候飞行，保证飞机能在恶劣气象情况及无目视基准的条件下实现自动着陆，波束导引系统已成为现代高性能飞机必不可少的机载系统。

波束导引系统主要包括下滑波束导引系统和侧向波束导引系统。实现波束导引的地面设备主要为无线电信标台，包括航向信标台和下滑信标台以及内、中、外指点信标台，各种信标台在机场的分布如图 5-27 所示[5]。

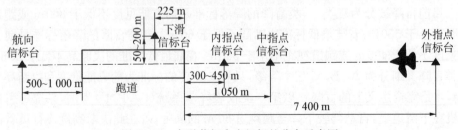

图 5-27　各种信标台在机场的分布示意图

1) 下滑波束导引控制

实现下滑波束导引控制所需的地面设备为下滑信标台,它为飞机提供了标准下滑轨迹,它向飞机着陆方向连续发射频率为 90 Hz 和 150 Hz 的无线电调幅波。两种频率的电波形成等信号线,即为下滑波束中心线,控制系统要求下滑波束导引律能够使飞机始终维持在波束中心线上,按一定的下滑坡度下滑。大多数民机下滑速度为 70~85 m/s,航迹倾斜角为 −2.5°~−3.5°,垂直速度为 −3.5~−4.5 m/s。

下滑波束导引运动学环节指的是航迹倾角与轨迹运动变量之间的关系,也即航迹倾角到波束偏差角之间的关系。下滑波束导引系统的运动学关系如图 5-28 所示[12]。

图 5-28 中,Γ 为下滑波束偏差角;Ω 为下滑线仰角;d 为飞机重心到下滑波束中心线的垂直距离,并规定飞机在中心线上方时 $d > 0$,反之则 $d < 0$;γ 为飞机的航倾斜角;R 表示飞机重心到信标台的线段在下滑波束中心线上的投影长度。

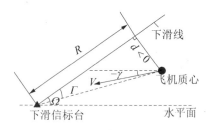

图 5-28 下滑波束导引过程的几何关系

设飞机下滑时的速度为 V,由图 5-28 可以得到

$$\dot{d} = V \cdot \sin[\Omega + \gamma(t)] \tag{5-36}$$

由式(5-36)可以看出,当初始航迹倾斜角 $\gamma_0 = -\Omega$ 时,飞机按下滑线下滑。如果速度 V 偏离初始航迹倾斜角 γ_0 时产生 $\Delta\gamma$ 时,则根据式(5-36)有

$$\dot{d} = V\sin[\Omega + \gamma_0 + \Delta\gamma] \approx \frac{V}{57.3}(\Omega + \gamma_0 + \Delta\gamma) \tag{5-37}$$

$$\Gamma = \arctan\frac{d}{R} \approx \frac{57.3d}{R} \tag{5-38}$$

由式(5-38)可以得到下滑波束导引运动学环节,如图 5-29 所示。

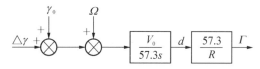

图 5-29 下滑波束导引运动学环节结构图

下滑波束导引系统包括下滑耦合器和俯仰角控制系统,系统结构如图 5-30 所示。

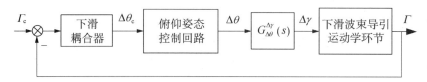

图 5-30 下滑波束导引系统结构框图

2）侧向波束导引控制

实现侧向波束导引控制的地面设备为航向信标台,它为飞机提供标准的侧向波束中心线,其功能原理与下滑信标台相同。

侧向波束导引控制系统是通过侧向波束耦合器,将飞机偏离航向信标台发射的无线电波束等强度线的信号变为滚转控制指令,输给自动驾驶仪侧向通道,操纵副翼偏转改变航迹方位角,进而修正飞机的水平航迹。

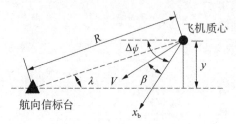

图5-31　侧向波束导引过程的几何关系

要建立侧向波束导引控制系统首先要建立运动学关系,如图5-31所示[12]。

图5-31中,$\Delta\psi$是飞机纵轴偏离给定航向的偏航角;V是飞行速度;y是飞机重心到侧向波束中心线的距离;R是飞机质心到航向信标台的距离;λ是飞机偏离侧向波束中心线的偏差角,当飞机朝信标台飞行且飞机在中心线右侧时,$\lambda > 0$。

由图5-31,根据几何关系可以推导出如下关系:

$$\dot{y} = V\sin(\Delta\psi - \beta) \approx V(\Delta\psi - \beta)/57.3 \tag{5-39}$$

$$\lambda = \arcsin(y/R) \approx 57.3\frac{y}{R} \tag{5-40}$$

对侧向波束运动学关系,即式(5-40)进行微分,当$R \gg \lambda$且$\beta = 0$时,可以得到

$$\lambda(s) = \frac{V\Delta\psi(s)}{Rs} \tag{5-41}$$

可见波束偏差角近似正比于偏航角的积分。

由此,可以得到侧向波束导引控制结构如图5-32所示。

图5-32　侧向波束导引控制结构示意

5.5.3.2　自动拉平着陆控制

在飞机将要触地时,必须控制它的下降速度,使垂直速度在允许的触地速度范围内,并且在规定高度上以连续的航线飘落,同时保证规定的正值俯仰角,以保证安全触地,这就是自动拉平着陆。

通常自动拉平控制策略是在离地15 m处,使飞行高度按指数衰减形式着陆。理想情况下,当下降速度为0时,高度刚好为0,这样拉平轨迹可以由下式来表示:

$$H + T\dot{H} = 0 \tag{5-42}$$

求解式(5-42)得到拉平轨迹:

$$H(t) = H_0 \mathrm{e}^{-t/T} \tag{5-43}$$

式中:H_0 为自动拉平初始时刻的高度;H 是实时高度;T 是拉平时间常数。

若按式(5-43)来设计拉平轨迹,则只有当拉平时间足够长时,才能使飞机触地滑跑,这显然是不符实际的。实际上,飞机的触地速度并不为 0,而是一个非常小的速度,设为 $\dot{H}_{\mathrm{id}}$。则拉平轨迹为

$$\dot{H} = -\frac{H}{T} + \dot{H}_{\mathrm{id}} \tag{5-44}$$

$$H(t) = H_0 \mathrm{e}^{-t/T} + T\dot{H}_{\mathrm{id}} \tag{5-45}$$

根据式(5-44),借助关系式 $\dot{H}_{\mathrm{g}} = -\dfrac{H}{T} + \dot{H}_{\mathrm{id}}$ 设计拉平耦合器,只要自动拉平系统能够确保实际的下降速度能够准确地跟踪给定的下降速度 $\dot{H}_{\mathrm{g}}$,便可实现自动拉平着陆。

图 5-33 给出了一个典型的拉平耦合器的原理结构图[13],拉平耦合器主要由无线电高度表、垂直速度传感器及信号变换、放大、校正装置等部分组成。无线电高度表测出飞机相对于地面的高度,并给出相应电信号;垂直速度传感器输出拉平系统

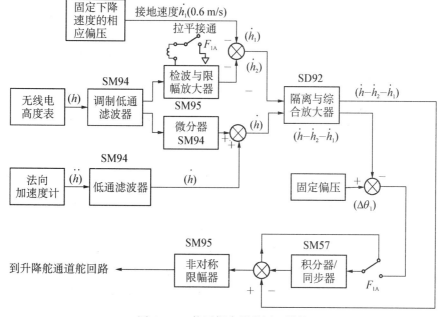

图 5-33 拉平耦合器的原理结构

的反馈信号,它主要由升降速度表、加速度传感器,限幅器及滤波器等组成。气压式升降速度计输出速度信号,并经限幅器限幅,以防止速度信号超过下滑状态所允许范围,同时速度信号还经滤波器滤波以抑制其噪声电平;但滤波器的设置也延迟了有用信号,因而采用了加速度传感器产生的加速度信号来补偿信号延迟,经补偿后垂直速度传感器可成为无惯性环节。

　　自动拉平着陆控制系统主要由拉平耦合器、姿态控制系统及下滑波束导引运动学环节组成,如图 5-34[7] 所示。

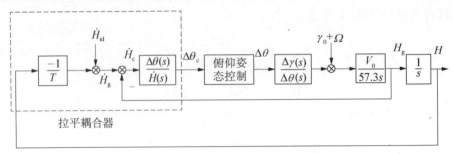

图 5-34　自动拉平着陆控制系统结构

5.6　自动油门系统

5.6.1　系统的组成和工作原理

5.6.1.1　飞行速度控制系统

　　飞行速度是飞机主要运动参数之一,也是标志飞机飞行性能的重要参数。近几十年来,随着航空事业的飞速发展,民航飞机性能不断提高,功能上由原来的一般飞行发展到全天候飞行、自动进场、自动着陆等。所有这些都对飞行速度的自动控制提出了更新、更高、更紧迫的要求。

　　飞行速度的控制大体可归结为对速度方向的控制和对速度大小的控制。改变飞行速度的方向实质上是一个航迹控制问题,不是本节所讨论的问题。本节只对飞行速度大小的控制问题加以讨论。

　　实现速度控制的方法在本章 5.3 节做过详细介绍,这里将不再赘述。其中,自动油门技术在飞行速度控制系统中有着重要地位。自动油门系统用于起飞至着陆期间自动控制发动机推力,可减轻飞行员工作量,是一个计算机控制的机电系统[17]。同时,随着机载设备数字化、综合化控制技术的发展,自动油门系统已趋向综合化。自动油门系统与自动飞行控制系统一起构成"推力-飞行控制系统",与导航系统、飞行管理计算机系统一起构成"飞行管理系统"。在这些综合系统中,有一个顶层管理计算机负责全机功能的协调和管理。自动油门系统可以在统一管理下最大限度地发挥作用,实现从起飞到着陆的全时、全程控制,并保持最佳的发动机推力状态和最优飞行航迹。

5.6.1.2 自动油门系统和自动驾驶仪的协同工作

在没有俯仰姿态保持的情况下,用自动油门系统控制空速往往达不到预期的目的。研究表明,当给定油门杆一个正的移动量时,空速即随之增大,同时升力也随着增加了。正的升力将迫使速度矢量向上偏转,产生附加的航迹偏转角及俯仰角。这时由于重力在速度矢量上的投影增加,迫使速度下降。最终在一个新的平衡位置上稳定下来。这样,油门杆移动的结果没有产生预期的飞行速度变化,只是产生姿态和高度的变化,是不符合原来操纵意图的(具体推导见第 1 章 1.4.7 节)。

为了有效地控制飞行速度,必须抑制俯仰角的变化。具体办法是当驾驶员操纵油门杆时,同时相应地操纵升降舵来平衡飞机的姿态变化。在装有自动油门控制系统的飞机上,则应当同时装有自动驾驶仪。

如果对空速不进行必要的控制,航迹角的控制也不能达到预期的目的。特别是在低动压下航迹控制几乎是不可能的。

控制飞机航迹角的过程是这样进行的:首先操纵升降舵,改变飞行姿态。借助于飞机本身的升力增量的变化使速度矢量以非周期过程趋近于姿态角的变化,最终使轨迹倾角与姿态角达到一致。但是上述过程是以飞行速度不发生变化为前提的,即要求 $\Delta V = 0$。为了使速度不致发生大的变化,操纵飞机爬升时应增加油门,操纵飞机下滑时应减小油门。大量的计算和飞行实践表明,角运动和航迹控制是以飞行速度控制为必要前提的。

5.6.1.3 自动油门系统的组成

自动油门系统一般应由下列部件组成:自动油门计算机、油门杆伺服机构、飞行速度传感器和控制显示器等[2]。

自动油门计算机是自动油门控制系统的核心部件,是实现各种控制功能的处理器件。自动油门计算机可以是独立的,也可以与自动驾驶仪的计算机合并。其主要功能是完成对输入信号的变换和处理、控制律计算、伺服放大以及逻辑处理等功能。

当今,自动油门计算机一般应采用数字计算机,且具有自检测能力。

油门杆伺服机构通常为电动伺服机构,一般技术要求有:总行程(转角)、工作行程、位移速度、拖动力矩(即输出功率)等。油门杆伺服机构是自动油门系统的执行机构。伺服机构与油门杆之间应当通过离合器连接,为了确保安全,必须保证伺服机构与油门杆能够完全脱开,并具有不可逆的操纵特性。在应急情况下应能进行人工操控,操控力应符合规范要求。

典型的油门杆伺服机构应具有限位开关和机械限位装置,以保证在任何情况下都不会超出安全极限位置。

飞行速度传感器用来测量飞机空速。通常,飞机上都安装有空速传感器或大气数据计算机,自动油门系统一般不另行加装飞行速度传感器,而是借用机上设备。

速度传感器(大气数据计算机)的输出有模拟量和数字量两类,可根据油门计算机的不同形式决定选用。一般情况下应选用大气数据计算机的信号作为主用信号。

因为数字量精确,便于传输和处理,具有数据的有效性标志,使用安全可靠。

控制显示器可以是独立的,也可以与自动驾驶仪的控制显示器合并。其主要功能是设置系统参数,用文字或灯光的形式显示系统的工作状态、参数设置情况以及提示信息。

自动油门系统一般应具备如下功能:速度保持功能、进场功能、起飞/复飞功能、速度保护功能、自检测功能等。

自动油门系统的控制对象是发动机,发动机的推力具有较大的惯性,一般从油门改变到推力改变需要数秒钟。飞行速度对应于飞机的长周期运动,从而决定了整个系统的动态是缓慢的,因此要求油门系统具有良好的低速运行品质。

系统应具有随意的零平衡点,即要求系统接通前的任意时刻系统的输出总是为零,以确保接通时油门杆不会产生误动作。

5.6.2　自动油门系统设计

在设计自动油门系统时,首先需要建立适用于油门控制的飞机数学模型。前面已经指出,利用油门杆控制飞行速度时,需要与飞机姿态保持协同工作,以保持俯仰姿态稳定。因此,在油门杆控制系统设计时需要连同俯仰角控制系统一并考虑。

5.6.2.1　飞机数学模型描述

采用飞机全面纵向小扰动运动方程可以导出飞行速度对推力的传递函数[2]:

$$\frac{\Delta V(s)}{\Delta \delta_T(s)} = \frac{K_v(s + 1/T_v)(s^2 + 2\zeta_v \omega_v s + \omega_v^2)}{(s^2 + 2\zeta_{ch}\omega_{ch}s + \omega_{ch}^2)(s^2 + 2\zeta_d \omega_d s + \omega_d^2)} \tag{5-46}$$

式中:K_v 为速度传递函数的增益;T_v 为速度传递函数分子的时间常数;ζ_v 为速度传递函数分子多项式阻尼比;ω_v 为速度传递函数分子多项式固有频率;ξ_{ch} 为长周期运动阻尼比;ω_{ch} 为长周期运动固有频率;ζ_d 为短周期运动阻尼比;ω_d 为短周期运动固有频率。

对于特征方程根的研究表明,特征方程的根通常由一对大的复数根和一对小的复数根组成。一对大复数根对应着飞机的短周期运动;一对小复数根对应着飞机的长周期运动。对于速度控制而言,飞机的短周期运动模态对油门控制没有影响。也就是说,自动油门系统设计,可以不考虑飞机的短周期运动。于是,关于飞行速度对油门控制的传递函数可以进一步简化为

$$\frac{\Delta V(s)}{\Delta \delta_T(s)} = \frac{K_v(s + 1/T_v)}{s^2 + 2\zeta_{ch}\omega_{ch}s + \omega_{ch}^2} \tag{5-47}$$

式(5-47)可以作为用于油门杆控制的飞机数学模型。

5.6.2.2　发动机数学模型描述

发动机的动态可以近似地看成一个惯性环节。其形式为[2]

$$G(s) = \frac{\text{发动机推力}}{\text{油门杆位移}} = \frac{k_{\mathrm{g}}}{T_{\mathrm{g}}s + 1} \quad (5-48)$$

此环节的输入为油门杆位移,环节的输出为发动机的推力。惯性环节的增益 k_{g} 为油门杆位移每度所产生的推力值,该值可以由发动机厂商提供的发动机校准推力曲线查得,在发动机的使用范围内,取推力曲线的平均斜率。如果有多个发动机,k_{g} 应为多个发动机的单位推力之和。时间常数 T_{g} 是从油门杆移动到发动机推力改变的时间延迟,它与发动机的型号有关。此参数应由发动机制造厂商给出,当前我们所知的发动机 T_{g} 一般在 $0.5\sim3\,\mathrm{s}$ 之间。

5.6.2.3 控制律设计

自动油门控制律设计的目的是增强舒适性、经济性和飞行操作的安全性。通过控制发动机油门进行精确的速度控制和速度保护,并减小飞行员负担,从而安全性得到了加强[16]。

自动油门系统控制律可以这样来设计:首先建立飞机和发动机的动态方程,以某运输机为控制对象,采用简化的飞行速度对推力的传递函数式(5-47),代入飞机参数后可以写为

$$\frac{\Delta V(s)}{\Delta \delta_T(s)} = \frac{K_v(s + 1/T_v)}{s^2 + 2\zeta_{\mathrm{ch}}T_{\mathrm{ch}}s + \widetilde{\omega}_{\mathrm{ch}}^2} = \frac{0.0326(s + 0.04)}{(s^2 + 0.033\,26s + 0.027\,48)} \quad (5-49)$$

发动机单台推力为 $0.835\,\mathrm{kN}$,四台发动机的单位推力为 $3.34\,\mathrm{kN}$。发动机推力延迟时间为 $0.75\,\mathrm{s}$。发动机的动态方程可以写为

$$G(s) = \frac{k_{\mathrm{g}}}{T_{\mathrm{g}}s + 1} = \frac{3.34}{0.75s + 1} \quad (5-50)$$

第二步是选择合适的控制规律。对于飞行速度控制系统,飞行速度的误差信号当然是主控信号;为了增强系统阻尼,还需要引入速度的微分信号。比例加积分的控制规律常常用于自动油门系统。采用积分控制的目的主要是提高速度的控制精度。但是,积分增益是有限的,过大的积分增益会导致系统振荡。因此,积分通道通常设有一个限制开关。当空速误差信号过大时,停止使用积分通道。积分器门限的选择要依据仿真结果而定,在初步设计时先选取在 $\pm5\,\mathrm{m/s}$ 以内。自动油门系统的控制律可以写为

$$\delta_{\mathrm{p}} = \frac{k_{\mathrm{t}}}{T_{\mathrm{t}}s + 1}(k_1 \Delta V + k_2 \int \Delta V \mathrm{d}t + k_3 \dot{V}) \quad (5-51)$$

式中:k_{t} 为油门伺服机构的传动比,即每伏输入电压的输出机械行程;T_{t} 为油门伺服机构的时间常数;k_1,k_2,k_3 分别为速度信号、积分信号和微分信号的传动比。

由控制律结构可以画出自动油门系统的控制结构如图 5-35 所示[2]。采用根轨迹法初步设计系统参数,在此不做详细介绍。

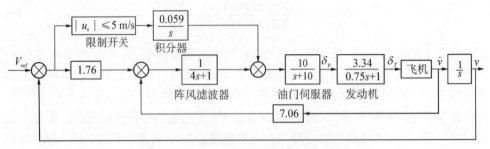

图 5-35　自动油门系统的控制律结构图

5.6.3　典型民机的自动油门系统

5.6.3.1　波音 B767 的自动油门系统

波音 B767 是一种双发动机半宽机身中程商业运输飞机。1981 年首次试飞，1982 年 6 月首批交付使用。机上装有柯林斯公司研制的数字式自动飞行控制系统以及 ARINC-700 系列的设备等。

波音 B767 飞机的自动飞行控制系统包括：偏航阻尼器系统（双套），自动驾驶仪/飞行指引仪系统（三套），推力管理系统（单套），水平安定面自动配平系统（双套）。

自动驾驶仪/飞行指引仪系统（AFDS）提供自动导航并控制飞机的副翼、升降舵和方向舵，它也给飞行指引仪显示设备提供导引信息如图 5-36 所示[19]。

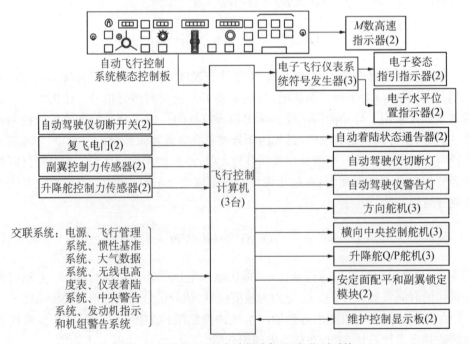

图 5-36　波音 B767 自动驾驶仪/飞行指引系统

波音 B767 的自动油门杆功能由 AFCS 模态控制面板上的自动油门杆模态开关控制,也可用垂直导航(VNAV)模态中的 FMC 进行选择,它们显示在 EADI 上。

自动油门伺服器电动发电机安装在油门控制台下面靠近 WL - 200 的地方。它通过离合器组件来驱动油门杆和钢索。反馈用的测速发电机采用 115 V AC 激磁。电动机以 14°/s 的最大油门速率驱动油门杆。伺服电机经过单独的离合器驱动油门杆,驾驶员能够随时操控离合器,进行干预。在每一个油门杆上安装有一个自动油门断开开关。

5.6.3.2　协和号超声速客机的自动油门系统

"协和号"飞机是英国和法国合作研制的飞机,原型机预定于 1966 年试飞,1970 年进行批量生产。英国负责研制远程型,法国研制中程型。实际上,开始航班飞行是在 1976 年 1 月。从这时起,"协和号"飞机已成功地使用了电传操纵。

"协和号"飞行控制系统由 6 个分系统组成:自动驾驶仪和飞行指引仪,三轴自动增稳系统,自动油门系统,电配平系统,安全飞行控制系统及综合试验与维护系统。

自动油门系统根据指示空速或马赫数操纵驾驶员的油门杆去控制推力,自监控技术和通道余度使系统在进场和巡航飞行时,具有故障生存能力。

图 5 - 37 所示是"协和号"飞机的自动油门系统[19],在进出与巡航飞行时依据指示空速或马赫数提供推力控制。

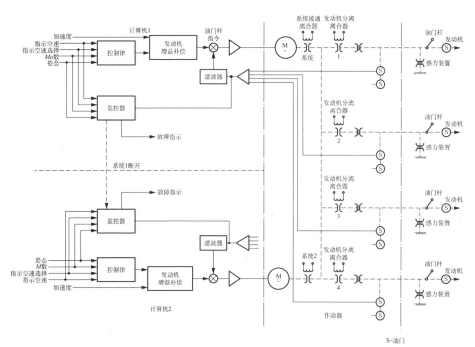

图 5 - 37　"协和号"飞机自动油门系统简化示意图

这个系统是双重监控的,不但在自动着陆机动飞行时,而且在整个规定的飞行模态中,在单个故障之后均可实现故障生存。此系统包括下述设备:自动油门计算机、双重自动油门作动器、加速度计等。

自动油门系统的控制和接通装置与整个自动飞行控制系统控制装置组合在一起。

正、副驾驶员的速度选择装置的作用,是通过移动控制装置上的指令计算器获得所期望的空速,直到 741.3 km/h。

自动油门系统包括两个独立控制通道,双重作动器的每个独立操作部分,具有单个的机械输出到驾驶员的 4 个油门杆。

有两个驾驶员专用的断开开关(每个驾驶员外侧油门杆上都有一个),这些断开开关是内锁互连的,采用这种方式,在联锁回路中可能出现的故障不会阻止驾驶员的断开。

每个自动油门杆的单独接通开关装在自动飞行控制装置上。开关动作时,选择的系统开始工作。

发动机控制是将驾驶员油门杆的位移,经过传感器变成电信号来控制的。在油门杆装置中具有驾驶员人感机构。应急时,脱开作动器的离合器,自动油门杆作动器可以人工操纵。采用自动油门监控时,自动油门系统可以自动断开,于是正常的驾驶员动作便可断开开关,就不需要"人工克服"了。

驾驶员可以改变油门杆相对位置而不断开系统,因为监控装置仅对 4 个油门杆的平均位置敏感。

5.6.4　综合飞行推进控制

现代民用飞机已经普遍采用了飞行管理系统,自动油门控制系统作为飞行管理系统的一个执行子系统,将自动驾驶仪和发动机的推力控制联系在一起,实现了综合飞行推进控制[18]。综合飞行/推进控制技术就是把飞机与推进系统综合考虑,在整个飞行包线内最大限度地满足飞行任务的要求,以适应推力管理,提高燃油效率和飞机的机动性,有效地处理飞机与推进系统之间的耦合影响,减轻驾驶员的负担等,从而使系统达到整体性能优化。

飞机与推进系统之间的耦合会使系统产生发散的横向振荡、畸变系数超过限制、不稳定的荷兰滚和长周期振荡,甚至可能发生发动机熄火的故障。主要原因是由于主动控制飞机要求多舵面协同操纵,以实现直接力、阵风减缓、机动载荷控制、乘坐品质控制及主动颤振抑制等功能,随着变几何进气道、推力矢量和变循环发动机等先进技术的应用,推进系统具有大量的受控参数,使得飞机与推进系统之间附加了强烈的耦合效应,严重地影响飞机和推进系统的性能、稳定性和控制。所以,只有对这些先进的飞行控制和推进控制进行综合设计,克服其不利的耦合作用,利用其有利的耦合作用,才能改善和提高飞机的生存能力和任务的有效性。

　　综合飞行推进控制技术包含系统功能综合和系统物理综合。系统功能综合是提高飞机武器系统整体性能的有效途径,系统物理综合可以改善系统的有效性和降低系统的全寿命费用。

　　系统功能综合可以按不同的要求综合。按综合控制模式有失速裕度控制、快速推力调节、格斗、推力矢量、自动油门和性能寻优控制等模式;按子系统综合有进气道/发动机、机体/进气道、飞机/发动机和飞行/矢量喷管等综合控制。

　　系统物理综合包括系统硬件的布局、软硬件一体化设计、总线通信、资源共享及故障监控和诊断等。

　　综合飞行推进控制的设计思想有子系统间信息共享和控制的动态综合两种。一般带推力矢量的综合飞行推进控制系统的原理图如图 5-38 所示[6]。该综合系统是递阶和分布式系统。其中,机动指令产生器的功能是把驾驶员指令或飞行管理提供的信息转换为飞行指令,产生希望的飞机过渡过程响应。控制器计算出跟踪期望轨迹所需要的控制量,并对计算出的输出反馈进行优化。控制选择器输出按一定控制逻辑构成的执行指令,使各气动面、进气道、发动机和尾喷管协调匹配,获得最佳性能。

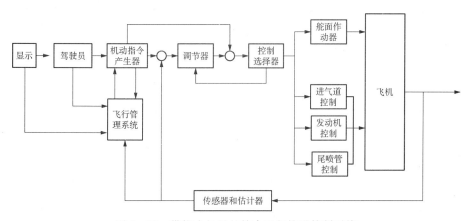

图 5-38　带推力矢量的综合飞行推进控制系统

5.7　自动配平系统

　　平衡飞机的纵向力矩和驾驶杆的杆力是操纵飞机的基本要求。飞机飞行时,由于速度的变化、重心的变化(由于油量消耗和投掉外挂物等)和气动外形的改变(由于襟翼和扰流板偏转等)都会导致飞机力矩不平衡,影响飞机的正常飞行。此时驾驶员操纵飞机会因长时间施力于驾驶杆而疲劳。为此需要对飞机进行配平,以便消除平衡力矩和稳态飞行时的驾驶杆力。按照配平的轴向划分,可分为俯仰配平、横向配平和航向配平。其中俯仰配平使用最多,最具代表性,因此本节主要介绍俯仰自动配平。

　　自动配平系统包括自动杆力(纵、横向驾驶杆力或脚蹬力)配平系统和马赫数配平系统。自动杆力配平系统主要用于消除稳态飞行时的驾驶杆力或脚蹬力。而马赫数配平系统则主要用于克服飞机跨声速飞行时，由于马赫数增大和气动力焦点后移，使飞机自动进入俯冲，操纵驾驶杆会出现反操纵的现象。

5.7.1　俯仰自动杆力配平

俯仰自动配平通常是指对飞机的不平衡的纵向力矩进行自动配平。其作用不仅是消除纵向驾驶杆力，更重要的是用以消除作用在自动驾驶仪升降舵机上的铰链力矩，避免自动驾驶仪断开时由于舵机回中使飞机产生过大的扰动。

在自动驾驶仪接通工作过程中，由于某种原因破坏了纵向力矩或力的平衡时，飞机就会产生俯仰偏离运动。此时自动驾驶仪使升降舵偏转一个角度 $\Delta\delta_e$，以平衡纵向力矩使飞机重新平衡。升降舵偏转 $\Delta\delta_e$ 产生的铰链力矩将由升降舵机来承担。一旦断开自动驾驶仪，舵机回中时，舵面铰链力矩将使升降舵急剧回收，使飞机产生法向过载。如果自动驾驶仪断开时产生过大的法向过载，特别是负过载，是不允许的，也是不安全的。没有俯仰自动配平的自动飞行控制系统，为了防止断开自动驾驶仪时舵面产生突然的动作，常常要求断开系统前驾驶员施加一定的杆力（一般为拉杆力），显然这是很不方便的。另外，当系统故障，监控系统会自动切除自动驾驶仪，驾驶员来不及操作，会使舵面突然偏转，迎角突然改变，产生较大的法向过载，当法向过载过大时也会危及安全。这是采用自动配平系统的主要原因。自动配平系统有各种形式，图 5-39 给出了无动压传感器的自动配平系统原理方块图[6]。

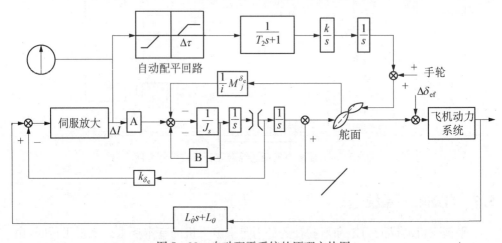

图 5-39　自动配平系统的原理方块图

图 5-39 中，k_{δ_e} 是指舵回路传递函数，$\Delta\delta_{ef}$ 是干扰舵偏角，L_θ 是俯仰角引起的舵偏角速度，$L_{\dot\theta}$ 是指单位俯仰角速度引起的舵偏角速度，$M_j^{\delta_e}$ 是舵操纵纵向力矩。在自动配平系统中设置了死区和延时环节，目的在于减轻配平回路的工作，使驾驶仪和自动配平系统各自执行任务。民航飞机的配平系统延迟时间一般不超过 5 s。

5.7.2　马赫数配平系统

当飞机进入跨声速飞行时,由于翼面上方出现局部的超声速区(低压区),并随着马赫数的增加而向后扩展,造成翼型所受的合力-升力中心与翼弦的交点向后移动,产生使飞机低头的力矩。为了克服由此使飞机自动进入俯冲的危险情况,需要采用马赫数配平系统,按着马赫数的变化自动调整水平安定面的安装角或转动升降舵面,以补偿焦点后移所产生的低头力矩和自动平衡纵向力矩。

马赫数配平系统的基本组成包括马赫数传感器、配平计算机和配平舵机。

配平作动面的偏角是马赫数的函数。图 5 - 40 给出了 Y - 10 飞机的配平的平尾偏角 $\Delta\Phi_T$ 与马赫数的函数关系曲线,表 5 - 3 给出马赫数与 $\Delta\Phi_T$ 的典型点的对应关系[2]。

表 5 - 3　Y - 10 飞机的 $\Delta\Phi_T$ 与马赫数的对应关系

马赫数	0.79	0.8	0.82	0.85	0.88	0.90	0.92
平尾偏角 $\Delta\Phi_T/(°)$	0	0	0.08	0.4±0.12	0.8±0.25	1.08±0.25	1.36±0.25

由图 5 - 40 和表 5 - 3 可见,马赫数配平系统应使飞机平尾的偏角依据马赫数的值进行调节,于是得到图 5 - 41 所示的马赫数配平系统原理框图。

图 5 - 41 中,马赫数传感器按预定要求给出马赫数函数信号(对于 Y - 10 飞机,它是由大气数据计算机的马赫数函数电位计给出的,对数字式系统,则可由计算机计算得到),此信号与平尾位置传感器给

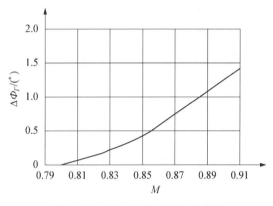

图 5 - 40　Y - 10 飞机的配平曲线

出的反馈信号综合,其差值输入马赫数配平系统的伺服放大器,通过正交切除、相敏放大得到与误差信号极性有关的直流信号,通过开关放大器,输出信号控制舵机驱

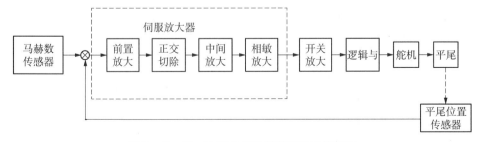

图 5 - 41　Y - 10 飞机的马赫数配平系统框图

动平尾偏转。当平尾偏转角度满足预定曲线要求时,平尾位置传感器输出的反馈信号与马赫数输入信号相抵消,伺服放大器的输入为零,系统停止工作,可见马赫数配平系统是一个随动控制系统,它使平尾偏角按预定的函数关系随马赫数变化。

5.8　自动飞行功能的实现

5.8.1　空客 A380 自动飞行系统

空客 A380 是欧洲空客工业公司研制生产的四发 550 座级超大型远程宽体客机,投产时也是全球载客量最大的客机,有"空中巨无霸"之称。A380 采用了更多的复合材料,改进了气动性能,使用新一代的发动机,先进的机翼、起落架,减轻了飞机的重量,减少了油耗和排放,降低了营运成本[9]。

在控制律方面 A380 出现了 4 个主要创新点:

(1) 侧向正常模式采用 Y^* 控制律,需要安装侧滑传感器;

(2) A380 独有的载荷缓和技术;

(3) 在出现数据分歧时,采用投票机制而不是以往的"开关选择"机制;

(4) 更好地融合了自动驾驶技术。

在飞机控制方面,采用了电动静液压作动器(EHA)和电备份液压作动器(EBHA),取消了机械控制,其控制舵面组成如图 5-42 所示。

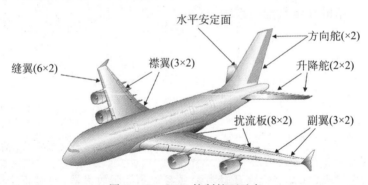

图 5-42　A380 控制舵面示意

图 5-43 展示了 A380 的自动飞行系统(autopilot flight system, AFS),它由飞行导引系统(flight guidance, FG)和飞行管理系统(flight management system, FMS)组成,图 5-43 中的略缩词的含义分别是:

自动飞行系统(autopilot flight system, AFS);

飞行导引系统(flight guidance, FG);

主飞行控制导引计算机(primary flight control and guidance computer, PRIM);

飞行控制单元(flight control unit);

飞行包线系统(flight envelope, FE);

飞行指引仪(flight director, FD);

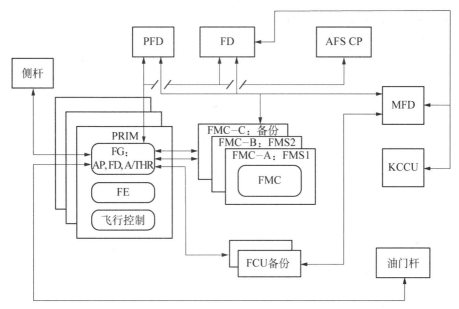

图 5 - 43　A380 自动飞行系统结构

飞行管理系统(flight management system，FMS)；

多功能显示器(multi function display，MFD)；

主飞行显示器(primary flight display，PFD)；

自动驾驶仪(autopilot，AP)；

键盘鼠标控制单元(keyboard and cursor control unit，KCCU)；

自动油门(autothrust，A/THR)。

自动飞行系统(AFS)的硬件设施包括：

3 个主飞行控制导引计算机(PRIM)：这 3 台计算机都可以实现自动驾驶、飞行导引和自动推力功能；

3 个飞行管理计算机(FMC)：它们共同操纵 2 个飞行管理系统。

自动飞行系统的人机接口包括：

1 个 AFS 控制面板：这个控制面板是飞行导引系统(FG)的主要人机接口。多功能显示器可以作为控制面板的 1 个备份；

2 个多功能显示器(MFD)：这是飞行管理计算机(FMS)的主要人机接口；

2 个主飞行显示器(PFD)，显示内容包括：主要飞行参数、飞行指引目标(比如，空速和高度目标)、接入的飞行模式(这一信息来自飞行模式指示器，FMA)、飞行指引仪(FD)的指引命令、仪表进场着陆信息；

2 个导航显示器，显示主要内容包括：纵向和横侧向飞行计划和相应的导航信息；

2 个驾驶杆上各有 1 个自动驾驶仪按钮；

4 个油门杆和 2 个自动油门按钮。

飞行导引系统(FG)如图 5 - 44 所示：由飞行机组或者飞行管理系统设定参数，

从而为飞机提供横侧向和纵向短期(short-term)指引。为此,FG 需要控制自动驾驶仪(AP)、自动油门(A/THR)和飞行模态指示器。

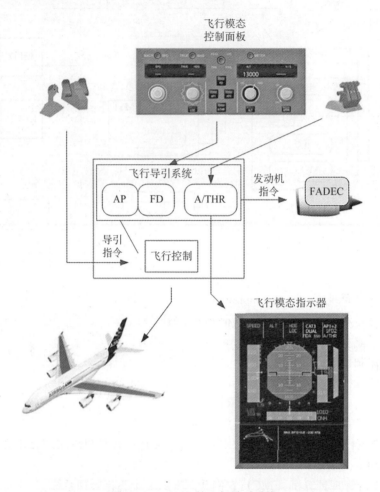

图 5 - 44　A380 的飞行导引系统

FG 的两种工作方式如下。

人工选择指引:需要飞行员通过自动驾驶仪控制面板(AFS control panel,AFS CP)手动选择导引目标,这些目标将直接送到 FG,如图 5 - 45 所示。

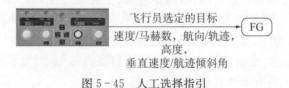

图 5 - 45　人工选择指引

自动管理指引:FMS 根据飞行计划计算导引目标然后发送到 FG,如图 5 - 46

所示。

图 5-46 自动管理指引

需要说明的是横侧向指引和纵向指引可以分别独立设置以上两种工作模式,但是横侧向是手动方式时,纵向就不能是自动管理方式。

FG 的模态可以分为 3 类:横侧向模态、纵向模态和油门模态,这些模态可以通过操纵 AFS CP 或油门推杆来接入。

飞行管理系统(FMS):通过向 FG 发送目标,实现飞机长期(long-term)指引。它可以帮助飞行员完成飞行操作任务,其主要功能包括:导航、飞行规划、性能计算及最优化、长期(long-term)导引以及相关数据显示。

A380 上有两套并行工作的 FMS,它们分别位于不同的飞行管理计算机(FMC)上,此外每个 FMS 还包括众多的人机接口,比如一个多功能显示器、一个键盘光标控制单元、电子飞行控制系统控制面板等。

FMS 的工作模式包括如下 3 种。

双重模式:飞行管理计算机 FMC-A 和 FMC-B 上的两套 FMS 都正常工作,FMC-C 上的系统作为备份。这种模式下,可以通过控制面板开关选择一台计算机上的系统作为主控制系统,另一个为副控制系统。主控制系统和副控制系统相互交换、比较和综合控制数据。备份系统不进行数据计算,仅仅接受主控制系统发送过来的数据更新。当有一台 FMC 损毁时,备份的 FMC 就会接管一套 FMS。

独立模式:当主控制和副控制两个系统,对于一些重要数据的计算结果不一致时它们就会停止数据交换,从而进入独立工作模式。此时机组人员可以通过开关选择其中的一个 FMC 实施控制。

单一模式:当机上两个 FMC 损坏就会损失一套 FMS,从而使得只有一套 FMS 工作。

5.8.2 波音 B777 自动飞行系统

波音 B777 自动飞行控制系统中有 3 个主飞行计算机(PFC)。每个称为一个通道,而且在设计上是相同的,执行相同的计算。每个 PFC 内部有独立的 3 套微处理器、ARINC629 接口和电源,每套称为一条支路,所有支路执行相同的计算。PFC 内部的单条支路发生故障只切断那条支路。该通道将依靠两条支路继续正常工作,而不丧失功能。若这两条支路又有一条支路发生故障,则切断该通道。

B777 自动飞行控制系统分为自动飞行指引系统(AFDS,见图 5-49)和自动油门系统两部分,这两部分都受到模态操纵面板(MCP)和飞行管理计算机的操作。

MCP 的功能是提供自动飞行控制系统与飞行员的接口。飞行员可以通过 MCP 选择自动飞行系统的工作模态,也可以用于设立高度、速度、爬升下降等的指令值,同时也包括了一些数字显示窗、指示灯等,数字显示窗能够显示这些指令值。B777 的 MCP 如图 5 - 47 所示。

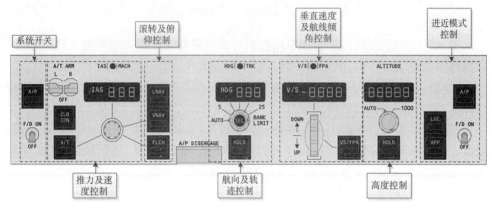

图 5 - 47 B777 中 MCP 功能划分

在 B777 自动飞行中,主飞行显示器(PFD)的作用也很重要。PFD 会根据设置显示自动飞行系统的一些数据,比如飞行模式,AP 接通状态,MCP 中的速度设定值,实际速度值。

B777 的 PFD 如图 5 - 48 所示,其主要组成部分及功能是:

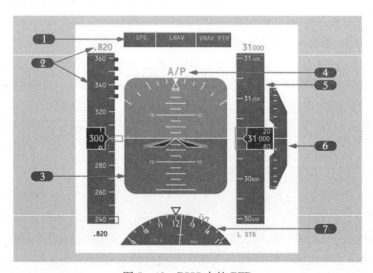

图 5 - 48 B777 中的 PFD

(1)飞行模态指示器。

(2)空速/马赫数显示,用于显示大气数据惯性基准系统(ADIRS)提供的空速信息和其他相关信息。

（3）姿态显示，显示 ADIRS 提供的姿态信息。

（4）自动驾驶仪，飞行指引系统状态显示。

（5）高度显示，显示 ADIRS 提供的高度及相关信息。

（6）垂直速度显示，显示 ADIRS 提供的垂直速度及相关信息。

（7）航向和轨迹显示，显示 ADIRS 提供的航向、轨迹及相关信息。

在功能方面，AFDS 可以完成自动滚转和俯仰控制、自动航向轨迹迎角控制、自动垂直速度航迹倾斜角控制、自动高度控制、自动进场模式控制。

B777 的自动油门系统能够从起飞到着陆全程提供控制。自动油门系统主要受到 MCP 和控制显示单元（CDU）的控制。CDU 的作用在于为 FMC 提供推理参考模式选择。即使自动指引系统（见图 5-49）和自动驾驶仪都未接入，自动油门系统仍能单独工作。

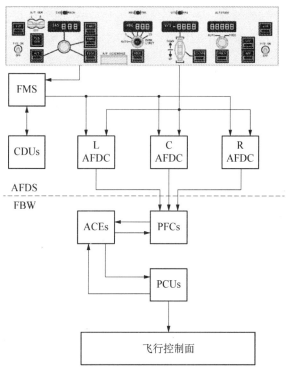

图 5-49　B777 自动飞行指引系统结构

5.9　民机自动飞行控制系统的发展趋势

民用飞机自动飞行控制系统将随着未来飞机操纵布局的变化以及新技术的进步而推进，也将随着空中交通环境、飞行操作程序、人机关系等因素上的变化而发展[4]。

1）面向超大型和高速度飞行

21 世纪初推出的民用客机有空客公司的超大型 A380 和波音公司的 B787，前者倾向于增加客座和航程，后者倾向于提高飞行速度。

2）采用新技术

随着飞机设计中新材料新技术的出现和应用，飞行控制系统的设计也将与之相适应。通常许多新概念和新技术均先应用于军用高速飞机上，但一旦积累经验和达到成熟后，将和自动控制技术/随控布局技术（ACT/CCV）结合，逐步移植并应用到民用飞机的自动飞行控制系统（AFCS）、电传飞控（FBW）/光传飞控（FBL）中。例如，利用柔性材料结合气囊或鼓包改变翼弦剖面、改变空气动力性能去适应不同飞行速度的气动力要求。

3）新控制理论的应用

军用飞机上已经进行过一些神经网络和自适应控制的实验，此外，还有多变量控制器、推力矢量控制等方法。例如，NASA 在 F-15 ACTIVE 试验机上进行推力矢量控制系统试验以后，又于 1999 年进行了一种在线自学习智能飞行控制系统雏形的试飞。它采用按 F-15 的气动数据库进行"预训练"的神经网络软件及其自适应控制器。神经网络驻留在原先的四余度飞行控制计算机以外的另一个独立计算机中，也和三通道飞行器管理系统（VMS）计算机分开。其系统软件可识别飞机的稳定性和操纵性，并立即调整控制系统，以保持最优的飞行性能，产生最优的增益，从而实现最优控制。但将这些新理论和方法应用到民机上还有许多工作要做，特别是在适航问题上。

4）发展多电或全电飞机

现代民机设计正在朝向全电/多电的方向迅速发展，多电飞机的实质是用电力系统部分取代次级功率系统，其特征是具有大容量的供电系统和广泛采用电力作动技术。现代民机的作动系统仍然以需要中央液压源提供动力的传统液压作动器为主，缩小或取消集中式的液压系统，广泛采用电力作动器和功率电传技术可使飞机可靠性、维修性、灵活性大为改善，重量大幅度降低。

另外有一些不同于传统电液作动器的新型作动器如电动静液压作动器（EHA），机电作动器（EMA）得到了航空业界的广泛关注，有了广阔的应用需求及发展前景。

5）采用新的分布式通信系统

随着飞行器内部电子系统综合程度的不断提高和通信信息量的不断增加，传统的 ARINC 429 总线已经不能满足要求，在大中型运输机的航空电子综合化应用中具有明显优势的航空电子全双工交换式以太网（AFDX）已经展现出其巨大优势。而光纤通道（FC）标准与可扩展的一致性接口（SCI）技术则更是因其先天的巨大优势引起了人们的高度关注，这两种技术一旦应用于民航客机，其数据传输机制、分布式处理能力和吞吐率等方面将引发巨变。

5.10 结语

本章首先介绍了民机自动飞行控制系统的结构与功能,并从飞行品质、总体要求、硬件与软件 4 个方面分析了设计要求。根据模态划分,全面分析了民机姿态、空速与马赫数、高度与侧向偏离以及轨迹等控制系统的原理、结构及控制律设计,同时还结合民机实例介绍了自动油门系统以及自动配平系统的工作原理和控制律设计。最后基于新型民机实例介绍了自动飞行控制系统的实现及未来发展方向。

参 考 文 献

[1] 王鹏鹏,刘超,徐州,等.CJ818 自动驾驶仪系统及控制律设计[J].民用飞机设计与研究,2009, 1:155 - 158.
[2] 申安玉,申学仁,李云保,等.自动飞行控制系统[M].北京:国防工业出版社,2003.
[3] 李哲.民机自动驾驶仪系统的设计支撑标准研究[J].航空标准化与质量,2010,4:15.
[4] 周其焕.民用飞机自动飞行控制系统的发展(下)[J].航空电子技术,2002,33(1):25 - 30.
[5] 吴森堂,费玉华.飞行控制系统[M].北京:北京航空航天大学出版社,2010.
[6] 蔡满意.飞行控制系统[M].北京:国防工业出版社,2007:(166).
[7] 李欣.大型客机自动飞行控制律研究[D].南京:南京航空航天大学,2013.
[8] Boeing Inc. Boeing 777/787 flight crew training manual [M]. 2006.
[9] A380 flight deck and systems briefing for Pilots [S].
[10] Boeing Inc. 777 operations manual [M]. 2003.
[11] 于涛.波音 777 飞行控制系统[J].民用飞机设计与研究,1998,2:4 - 6.
[12] 金德琨,敬忠良,王国庆,等.民用飞机航空电子系统[M].上海:上海交通大学出版社,2011.
[13] 谢文涛,等.数字航空电子技术(上)[M].北京:航空工业出版社,2010.
[14] 谢文涛,等.数字航空电子技术(下)[M].北京:航空工业出版社,2010.
[15] 吴文海,程传金,等.飞行综合驾驶系统导论[M].北京:航空工业出版社,2009.
[16] 吴春英.自动油门控制律的仿真设计[J].航空计算技术,2011,41(3):116 - 118.
[17] 易云元.自动油门系统故障[J].航空维修与工程,2004,4(4):75 - 76.
[18] 杨森,王新民,李乐尧,等.基于 GSAGA 的模糊 PID 控制在自动油门系统中的应用研究[J].计算机测量与控制,2015,20(5):1232 - 1235.
[19] 吴厚道,等.飞机飞行控制系统手册[M].北京:国防工业出版社,1994.

6 飞行控制系统设计的现代控制理论与方法

飞控系统的核心是飞行控制律。飞控系统一般包括 3 个回路：内环增稳回路，外环姿态（角度）稳定回路和最外环的导引（航线）控制回路。飞行控制律最主要的部分是内环增稳回路，增稳回路控制律主要解决飞机的基本稳定问题，面向飞机在飞行中可能出现的多种环境、气动参数的变化和不确定性，包括如：由于设计使用的飞机参数来自吹风数据，一般所有的设计用气动参数会具有 10%～30% 甚至以上的不确定性；大型飞机的气动结构和布局使得其气动参数会出现较强的纵侧向耦合特性；飞行中遇到的气流有时会影响飞机的基本气动参数变化；不同飞行阶段或飞行任务下的气动模型有所不同；长时间飞行中燃油消耗影响到飞机重心变化或气动参数变化，这些不确定性对控制律设计提出了较高的要求，飞控系统需要具有更强的鲁棒性，以适应飞行中产生的参数和环境的大范围变化。另一方面，虽然大型飞机的飞行基本处于小迎角范围，适用通常的小扰动假设，可以考虑飞机为线性模型，但由于纵侧向气动参数的耦合、某些极端外界环境形成的气动参数突变、大飞行包线范围内参数的大范围、非线性变化等因素，使得飞机模型有时也会产生非线性特性，增稳回路就是飞控系统面向这些不确定、非线性特性的基本控制回路，在增稳控制回路，控制律应该把所有的不确定性和非线性特性补偿或消除掉，使得飞机内回路呈现稳定的线性特性，这时进行姿态稳定回路和航线保持回路的设计就会相对容易得多。

飞机的姿态稳定和导引回路设计在第 5 章自动飞行中介绍，本章仅介绍适合于增稳回路设计的一些最优、鲁棒和智能控制方法。由于经典控制律设计已经使用了很多年，这里不再涉及和讨论了。本章将介绍一些适合于大型飞机的控制律设计方法，包括面向线性模型的、得到长期研究和应用的最优、鲁棒、特征结构配置等方法；面向非线性模型的动态逆＋鲁棒控制方法。有些方法已经应用于战斗机，虽然还没有用于大型飞机，但针对越来越复杂的大型飞机的气动布局与控制布局、多变的飞行外部环境和更多、更复杂的控制任务需求，这些方法都是适应于多变量系统的多变量设计方法，可以预计，未来都可以应用于大型飞机的飞控系统设计。

本章还针对几种方法给出了典型设计算例,尽管这些算例针对不同的飞机对象,但解决的问题、设计过程和应用方式是一样的,在实际中具有较好的参考价值。

6.1　LQR 设计方法

描述飞机的动态行为有一系列的技术要求,经典控制理论通常是通过过渡时间、瞬态振荡频率、峰值超调量等概念来刻画系统的动态响应。用这些传统的方法进行设计时,需要对技术指标做一些折中,而且所设计的结果也不是唯一的。用现代的最优控制理论设计,可以精确地达到某一性能指标,并且相应的设计结果是唯一的。下面介绍 LQR 基本原理和设计方法[1]。

6.1.1　性能指标

最优控制系统在特定输入作用下能达到最优性能。控制系统的最优化包括性能指标选择和最优控制系统设计两部分内容。

最优系统的性能指标常用积分形式表示:

$$J = \int_{t_0}^{T} L\{x,\ u,\ t\} \mathrm{d}t \tag{6-1}$$

式中:$L\{x,\ u,\ t\}$ 为代价函数,反映($T-t_0$)时间内,给定控制输入下,系统处在状态空间某一点所付出的代价。若在控制作用 u 作用下,系统响应从起始时刻 t_0 到结束时刻 T 的一段时间内 J 值最小,则认为系统达到最优。有些情况下,又可能认为 $t_0 \sim T$ 时间内 J 值最大的系统为最优。最优控制概念用于飞行控制系统设计,可解决稳定性、闭环系统动态响应以及控制律的确定等重要问题。

在系统设计中,性能指标既是判断系统最优的标准,又是设计的依据,且可确定所需要的最优控制方式。性能指标应能对系统性能作出有意义的估价,数学上应易于处理,并考虑实际应用条件的限制。涉及控制限制(如控制舵面的偏转极限、舵机的转速限制等)时,常将这些硬件约束等价地转换为对控制过程中能量消耗的约束。

飞控系统最优设计中,常用以下两种性能指标。

1) 误差积分

任何控制系统的输出量 X 应尽可能跟踪输入量 X_{Comm},其间的差值就是跟踪误差:

$$e = X - X_{\mathrm{Comm}} \tag{6-2}$$

式中:X_{Comm} 表示指令输入;e 为时间函数,最终趋于零。性能指标表示如下:

$$J = \int_{0}^{\infty} j(e) \mathrm{d}t \tag{6-3}$$

式中:$j(\cdot)$ 是非负单值函数。

误差积分性能指标常用于单输入单输出飞控系统的最优设计。

2) 二次型

线性多变量最优设计中,性能指标不仅涉及状态的误差,而且涉及控制作用的影响和限制,常用形式为如下:

$$J = \int_{t_0}^{T} (e^2 + \lambda u^2) \mathrm{d}t \qquad (6-4)$$

式中:e 为实际状态向量与预期值之间的误差;λ 为拉格朗日乘子。

误差向量中每个元素有不同加权时,可引入方阵 $\boldsymbol{Q}$ 使 J 在 e 的所有取值为非负。

为达到最优控制,每个控制作用 u_j 有不同的加权惩罚,这时可在性能指标中引入与 $\boldsymbol{u}$ 相关的方阵 $\boldsymbol{R}$,则式(6-4)变为

$$J = \int_{t_0}^{T} (\boldsymbol{e}^{\mathrm{T}} \boldsymbol{Q} \boldsymbol{e} + \boldsymbol{u}^{\mathrm{T}} \boldsymbol{R} \boldsymbol{u}) \mathrm{d}t \qquad (6-5)$$

选择不同的 $\boldsymbol{Q}$ 阵和 $\boldsymbol{R}$ 阵,极小化 J 值对应唯一的控制作用 $\boldsymbol{u}(t)$。

飞行控制系统应能控制飞机在配平状态附近运动,可取飞行状态的平衡点为状态空间的原点。这样,误差变量就与状态变量相同,式(6-5)可写为

$$J = \frac{1}{2} \int_{t_0}^{T} (\boldsymbol{x}^{\mathrm{T}} \boldsymbol{Q} \boldsymbol{x} + \boldsymbol{u}^{\mathrm{T}} \boldsymbol{R} \boldsymbol{u}) \mathrm{d}t \qquad (6-6)$$

式(6-6)中引入"1/2"是为了分析方便。如果设计特别要求状态变量在时间区间的终点尽可能逼近平衡状态,则可在性能指标中加入一个特殊加权项,加重对所有有限状态变量的惩罚。此时性能指标可写为

$$J = \frac{1}{2} \boldsymbol{x}^{\mathrm{T}}(T) \boldsymbol{S} \boldsymbol{x}(T) + \frac{1}{2} \int_{t_0}^{T} (\boldsymbol{x}^{\mathrm{T}} \boldsymbol{Q} \boldsymbol{x} + \boldsymbol{u}^{\mathrm{T}} \boldsymbol{R} \boldsymbol{u}) \mathrm{d}t \qquad (6-7)$$

假定 $\boldsymbol{Q}$, $\boldsymbol{R}$ 和 $\boldsymbol{S}$ 是常值矩阵[理论上,$\boldsymbol{Q}$, $\boldsymbol{R}$ 不限于常值矩阵,也可以是 $\boldsymbol{Q}(t)$ 和 $\boldsymbol{R}(t)$]。通常用半无限时间区间求解问题,则式(6-7)可表示为

$$J = \frac{1}{2} \boldsymbol{x}^{\mathrm{T}}(\infty) \boldsymbol{S} \boldsymbol{x}(\infty) + \frac{1}{2} \int_{0}^{\infty} (\boldsymbol{x}^{\mathrm{T}} \boldsymbol{Q} \boldsymbol{x} + \boldsymbol{u}^{\mathrm{T}} \boldsymbol{R} \boldsymbol{u}) \mathrm{d}t \qquad (6-8)$$

依定义,最优控制使 $x(\infty)$ 为零,则式(6-8)变为

$$J = \frac{1}{2} \int_{0}^{\infty} (\boldsymbol{x}^{\mathrm{T}} \boldsymbol{Q} \boldsymbol{x} + \boldsymbol{u}^{\mathrm{T}} \boldsymbol{R} \boldsymbol{u}) \mathrm{d}t \qquad (6-9)$$

若飞机动态方程为

$$\dot{x} = \boldsymbol{A} \boldsymbol{x} + \boldsymbol{B} \boldsymbol{u} \qquad (6-10)$$

选择控制 $\boldsymbol{u}$,在式(6-10)约束下,使性能指标式(6-9)极小化,这就是控制理论中线性二次型问题(LQP)。式(6-9)即为二次型性能指标。

求解线性二次型问题中,控制作用是线性常值反馈,即 $u = Kx$;选择矩阵 Q、R 时所引入的条件以及与飞机动力学有关的某些条件,在实际应用中很容易满足,所得反馈控制律可以保证闭环系统的稳定性。因此基于二次型的最优设计已被广泛用于飞控系统的设计,并取得了很好的效果。

利用 MATLAB 提供的 lqr(•)、lqry(•)等工具,可以方便地设计飞控系统的 LQR 控制器。设计过程中主要任务是选择合适的加权函数阵 Q、R,使得设计的控制器能满足系统的指标要求。

6.1.2　基本设计方法

最优二次型控制,通常称为线性二次型调节器(Linear quadratic regulator,LQR)可以表述为:对给定的连续线性定常被控对象,有

$$\begin{cases} \dot{x}(t) = Ax(t) + Bu(t) \\ y(t) = Cx(t) \end{cases} \tag{6-11}$$

式中:$x \in \mathbf{R}^n$;$u \in \mathbf{R}^m$;A 为 $n \times m$ 维系统矩阵;B 为 $n \times m$ 维控制矩阵;C 为 $p \times n$ 维输出矩阵。要求选取控制 $u(t)$,使下述二次型积分代价函数为最小:

$$J = \frac{1}{2} \int_0^\infty (x^\mathrm{T}(t)Qx(t) + u^\mathrm{T}(t)Ru(t))\mathrm{d}t \tag{6-12}$$

式中:Q 和 R 分别为相应维数的半正定的加权矩阵。根据最优二次型理论,可推得最优控制 $u(t)$ 是系统状态的线性组合。

$$u(t) = Kx(t) \tag{6-13}$$

式中:K 为常值状态反馈增益矩阵,它等于

$$K = -R^{-1}BP \tag{6-14}$$

式中:P 为正定对称矩阵,它是下述代数 Riccati 方程的解:

$$PA + A^\mathrm{T}P - PBR^{-1}BP + Q = 0 \tag{6-15}$$

闭环系统状态方程为

$$\dot{x}(t) = (A - BK)x(t) \tag{6-16}$$

上述问题称为最优二次型调节器设计。它解决了当系统偏离了平衡状态后,系统将以少的控制能量,使系统状态按要求返回平衡点的控制问题。

6.1.3　模型跟踪方法

电传飞行控制系统设计的基本要求是指令跟踪问题,为此也常采用模型跟踪最优二次型设计方法。模型跟踪最优控制可表述为,对给定的被控对象式(6-11),要求寻求控制作用,使闭环系统的输出能精确跟踪理想模型的输出,同时使某一代价函数为最小。通常,理想模型可用描述系统理想响应的齐次微分方程给定:

$$\dot{z}(t) = A_m z(t) \tag{6-17}$$

式中：A_m 是 $p \times p$ 维理想模型的系统矩阵。一般来说，模型状态 $z(t)$ 的维数与对象状态 $x(t)$ 的维数不同，为此，常常要求模型的输出 y_m 与系统输出 y 进行比较，并使两者的维数相等。

模型跟踪又可分为显模型跟踪与隐模型跟踪两种。

1）显模型跟踪方法

为使系统输出精确跟踪模型的输出，将要求下述代价函数最小：

$$J = \frac{1}{2} \int_0^\infty \left[(y - y_m)^T Q (y - y_m) + u^T R u \right] dt \tag{6-18}$$

认为模型的状态 z 为输出，即 $y_m = z$，则可以将模型与系统组合，增广为一个系统。定义增广系统的坐标为 X_d，则

$$\dot{X}_d(t) = \begin{bmatrix} \dot{x} \\ \dot{z} \end{bmatrix} = \begin{bmatrix} A & 0 \\ 0 & A_m \end{bmatrix} \begin{bmatrix} x \\ z \end{bmatrix} + \begin{bmatrix} B \\ 0 \end{bmatrix} u(t) = A_d x_d + B_d u \tag{6-19}$$

定义系统的输出为

$$y_d = \begin{bmatrix} Cx \\ z \end{bmatrix} = \begin{bmatrix} C & I \end{bmatrix} \begin{bmatrix} x \\ z \end{bmatrix} \tag{6-20}$$

此时代价函数可简化为

$$J = \frac{1}{2} \int_0^\infty \left[x_d^T \hat{Q} x_d + u^T R u \right] dt \tag{6-21}$$

式中

$$\hat{Q} = \begin{bmatrix} C^T Q C & -C^T Q \\ -Q C & Q \end{bmatrix} \tag{6-22}$$

经过上述处理，显模型跟踪问题已变为式（6-12）的常规最优调节器问题。可以证明，此时控制 $u(t)$ 为

$$u(t) = K_d x_d = Kx + K_m x_m \tag{6-23}$$

式中：$K_d = -R^{-1} B_d P_d$，P_d 为方程式（6-15）的解；K 为通常调节器所得的状态反馈增益矩阵；K_m 是由理想模型决定的前馈增益矩阵。

2）隐模型跟踪方法

该方法要求下述代价函数为最小：

$$J = \frac{1}{2} \int_0^\infty \left[(\dot{y} - \dot{y}_m)^T Q (\dot{y} - \dot{y}_m) + u^T R u \right] dt \tag{6-24}$$

并认为模型状态为输出，即 $y_m = z$，且

$$y = Cx = z, \quad \dot{y}_m = \dot{z} = A_m y \tag{6-25}$$

将上式代入式(6-24),则

$$J = \frac{1}{2}\int_0^\infty \left[(\dot{y} - A_m y)^{\mathrm{T}} Q(\dot{y} - A_m y) + u^{\mathrm{T}} R u\right] \mathrm{d}t \tag{6-26}$$

因为系统输出为 $y = Cx$,所以 $\dot{y} = C\dot{x} = CAx + CBu$,将其代入式(6-26),可得

$$J = \frac{1}{2}\int_0^\infty \left[x^{\mathrm{T}} \hat{Q} x + 2u^{\mathrm{T}} \hat{S} x + u^{\mathrm{T}} \hat{R} u\right] \mathrm{d}t \tag{6-27}$$

式中:

$$\begin{cases} \hat{Q} = (CA - A_m C)^{\mathrm{T}} Q(CA - A_m C) \\ \hat{S} = B^{\mathrm{T}} C^{\mathrm{T}} Q(CA - A_m C) \\ \hat{R} = R + B^{\mathrm{T}} C^{\mathrm{T}} QCB \end{cases} \tag{6-28}$$

通过适当方法,式(6-27)带交叉耦合的调节器问题还可转化为无交叉耦合项的标准 LQR 问题。如设计时,选取 C 和 B,使 $CB = 0$,则 $\hat{S} = 0$,$\hat{R} = R$,即为一般常规的 LQR 问题。为了全面反映指令跟踪问题,亦可在指令模型上加入指令信号。此时,可设理想模型的状态方程为

$$\dot{x}_m = A_m^{\mathrm{T}} x_m + B_m^{\mathrm{T}} \delta_c \tag{6-29}$$

式中:δ_c 为指令输入,它是下述指令发生器的自由响应:

$$\dot{x}_c = A_c x_c, \quad x_c(0) = x_{c0}, \quad \delta_c = C_c x_c \tag{6-30}$$

此时,可令理想模型的状态 z 是 x_m 及 x_c 的增广,即

$$\dot{z} = \begin{bmatrix} \dot{x}_m \\ \dot{x}_c \end{bmatrix} = \begin{bmatrix} A_m^{\mathrm{T}} & B_m^{\mathrm{T}} \\ 0 & A_c \end{bmatrix} \begin{bmatrix} x_m \\ x_c \end{bmatrix} = A_m z \tag{6-31}$$

3) 显模型与隐模型跟踪比较

显模型跟踪方法是一种比较好的指令跟踪方法,可以提供较好的模型跟踪能力。因为理想模型作为系统的前馈部分包含在控制器的结构中(因此,这种方法又称为"模型在系统中"),使得控制系统复杂。此外,当被控对象因干扰产生初始偏离时,由于此时前馈部分已不起作用,故系统的特性并不是很好。

研究表明,隐模型跟踪也能提供较好的跟踪能力。由于模型只在代价函数中,故又称为"模型在代价函数中"的 LQR 方法。因为在控制系统中不体现模型的具体结构,所以系统结构简单。并且由于代价函数中已包括了理想模型,理想模型的特性将直接影响系统的反馈增益,因此,它不仅对指令跟踪有较好的性能,对干扰引起的初始状态响应也有很好的性能。

6.1.4　线性二次 Gauss/回路传输恢复

在实际应用中,并不是系统所有状态变量的值都是可测的,若不能直接使用状态变量的反馈,这样就不再满足 LQR 控制策略所需要的全状态反馈条件。例如,在设计飞机的俯仰角保持的 LQR 控制器时,短周期状态变量为$[\alpha\quad q]^{\mathrm{T}}$,输出向量为$[q\quad \theta]^{\mathrm{T}}$,即状态变量 α 不能直接测量,因此采用 LQR 设计的控制器不能被直接应用。

解决办法是通过创建一个附加的状态空间模型,使该模型与被控对象的状态空间模型(A, B, C, D)完全一致,从而重构原系统模型的状态,即设计一个观测器来获取系统所有的状态。如果被控对象是完全客观的,则总是可以设计出合适的观测器,满意地重构系统的状态。状态观测器的状态空间表示为

$$\dot{\hat{x}} = A\hat{x} + Bu - H(c\hat{x} + Du - y) = (A - HC)\hat{x} - (B - HD)u + Hy$$

$$(6-32)$$

式中:H 为观测器向量,通过选择 H,可以得到合适的状态观测器。

设计出合适的状态观测器后,带有观测器的状态反馈控制策略可以由图 6-1 中给出的结构来实现。利用观测器得到系统状态,从而可以实现 LQR 所需的全状态反馈。

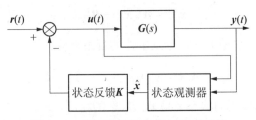

图 6-1　带有观测器的 LQR 控制结构

在实际应用中,系统的测量总是存在噪声,而且模型存在不确定性,即状态扰动。此时,系统的状态不能由式(6-32)观测器得出。

如果系统的测量噪声和状态随机扰动可以表示为高斯白噪声,则 LQR 问题转化为 LQG 问题(linear quadratic Gaussina,线性二次 Gauss),此时系统的状态方程为

$$\begin{cases} \dot{x} = Ax + Bu + \Gamma w \\ y = Cx + Du + v \end{cases} \quad (6-33)$$

式中:Γ 为扰动输入阵;w 是状态扰动;v 是测量噪声,均为高斯白噪声,且相互独立。且满足

$$E(w) = E(v) = 0, \quad E(ww^{\mathrm{T}}) = W, \quad E(vv^{\mathrm{T}}) = V, \quad E(wv^{\mathrm{T}}) = 0$$

LQG 问题就是设计最优控制器 $u(t)$，使下面的二次型性能指标最小。即

$$J = E\left\{\int_0^\infty \left[z^T(t)Qz(t) + u^T(t)Ru(t)\right]dt\right\} \to \min$$

对于 LQG 问题的求解，和带观测器的 LQR 方法类似，将问题分为 LQR 的最优状态反馈控制问题和带有扰动的状态估计问题。前一问题使用 MATLAB 提供的 lqr 工具可以方便地求解。由于噪声为白噪声，则可以利用 Kalman 滤波器来估计系统的状态，MATLAB 提供的 kalman(·)工具可以方便地实现这一目的。MATLAB 也提供工具 lqg(·)来直接实现 LQG 调节器的设计。

LQG 方法设计出来的最优控制器，可以实现对存在状态扰动和测量噪声的对象进行控制。实际应用表明，LQG 方法设计出来的控制器的稳定裕量非常小，控制系统的稳定性较差。为了提高系统的稳定性，可以采用回路传输恢复(loop transfer recovery，LTR)设计理论和方法，来设计 LTR 控制器。MATLAB 的鲁棒控制工具箱提供的 ltru(·)和 ltry(·)工具，使得 LQG/LTR 的设计变得简单，能方便地运用于飞行控制系统的设计中。

LTR 设计方法要求首先设计一个具有令人满意的鲁棒稳定性和性能的目标回路，然后把与任意正数 q 成正比的虚拟过程噪声加到设计模型的输入端，对左可逆最小相位被控对象，通过设计一个合适的观测器增益 $K_f(s, q)$，当 $q \to \infty$ 时，使系统的开环回路传函逼近目标回路传函，等效地恢复目标回路的性能。对于多变量系统设计问题来说，该方法在指导思想和算法上都不失为一种简单而有效的设计方法。

根据分离原理，LQG 问题可分为两个子问题求解。

(1) 利用 Kalman 滤波理论使 $E\{[x(t) - \hat{x}(t)]^T[x(t) - \hat{x}(t)]\}$ 极小化，得到状态变量 $x(t)$ 的最优估计 $\hat{x}(t)$。可以证明，这种最优估计器的动态方程为

$$\dot{\hat{x}}(t) = A\hat{x}(t) + Bu(t) + L(y(t) - C\hat{x}(t) - Du(t))$$

式中：滤波器增益 L 为

$$L = P_1 C^T V^{-1}$$

式中：P_1 满足下述代数 Riccati 方程。

$$AP_1 + P_1 A - P_1 C^T V^{-1} CP_1 + IWI^T = 0$$

(2) 利用估计状态 $\hat{x}(t)$ 代替 $x(t)$，设计满足二次型性能指标的 LQ 状态反馈控制律

$$u(t) = -K\hat{x}(t)$$

最优状态反馈矩阵

$$K = R^{-1} B^T P_2$$

式中:P_2 满足下述代数 Riccati 方程。

$$A^T P_2 + P_2 A - P_2 B R^{-1} B^T P_2 + C^T O C = 0$$

由状态观测器方程和 LG 状态反馈控制器

$$s\hat{X}(s) = A\hat{X}(s) + BU(s) + L(Y(s) - C\hat{X}(s) - DU(s))$$

$$U(s) = -K\hat{X}(s)$$

进而得到

$$U(s) = -K[sI - (A - LC)]^{-1}[L \quad B - LD]\begin{bmatrix} Y(s) \\ U(s) \end{bmatrix}$$

对上式两边作拉普拉斯逆变换得到

$$u(t) = L^{-1}\left\{-K[sI - (A - LC)]^{-1}[L \quad B - LD]L\left(\begin{bmatrix} y(t) \\ u(t) \end{bmatrix}\right)\right\}$$

式中:$L(\cdot)$ 表示拉普拉斯变换;$L^{-1}(\cdot)$ 表示拉普拉斯逆变换。

在确定 LQG 控制器的时候,选取权矩阵 $W = E(ww^T)$,$V = E(w^T)$ 和适当的 Q,R,求解两个独立的 Riccati 方程,并进行了 Kalman 最优滤波和最优状态反馈,这样似乎就可以得到满意的控制效果,然而事情并非如此简单,这样设计出来的 LQG 控制器的稳定裕度(鲁棒性)是很小的,若模型存在微小的偏差或微小的扰动,闭环系统就可能出现不稳定现象。解决上述问题的一个有效方法就是引入回路传输恢复(LTR)技术,其设计思想是设计合适的滤波器增益使得 LQG 闭环控制系统特性尽量逼近对应的 LQR 闭环系统特性。

实现全状态反馈回路传输恢复的 LQG/LTR 控制器的设计步骤如下:

(1) 对给定的结构进行 LQR 控制器设计,并调整权矩阵 Q 与 R,使得输入控制处的返回比矩阵 $L(s)_{LQR} = K(sI - A)^{-1}B$ 满足设计要求(如右半平面没有传输零点)。

(2) 使 $W = E(ww^T) + rI$,$V = I$,其中 r 为恢复增益;不断增加 r 的值,设计合适的最优滤波增益 L,使得结构输入控制处的返回比矩阵:

$$L(s)_{LQG} = K(sI - A + BK + LC - LDK)^{-1}L(D + C(sI - A)^{-1}B)$$

逼近 $L(s)_{LQR}$,即

$$\lim_{r \to \infty} L(s)_{LQG} = L(s)_{LQR}$$

这样经过回路传输技术的 LQG 控制器的鲁棒性和稳定性应达到 LQR 控制器的水平,从而依据 LQG 方法设计的控制律也应和 LQR 方法设计的控制律性能相当。

6.2　鲁棒控制设计方法

无论是古典控制理论还是现代控制理论,在被控对象具有精确数学模型的基础上,都已形成了一整套严密而完整的理论体系。它们都是从一个系统的数学模型出发,设计出一个控制器,使该系统满足某种特定的性能指标要求,如阻尼、超调量、调节时间、跟随特性和频率响应等。但是,基于不精确数学模型得到的控制器可能会使系统行为不符合要求,甚至与用精确数学模型设计的行为完全不同。由此引出了如何设计一个合理的控制器,当存在不确定因素的情况下,使系统性能仍能保持良好的状态,这就提出了"鲁棒性"的概念。

飞机在不同的飞行条件下,模型参数可能发生很大的变化;某些复杂的动态也难以用数学模型描述,因而模型一般存在较大的不确定性。

要设计飞行控制器,使得整个飞机系统在整个飞行包线内都能满足性能指标要求,大量的控制方法被提出,如通过设计多个飞行条件下的控制器,其他中间飞行条件的控制器通过插值获得的增益调参方法,基于参变模型(LPV)增益调参方法以及利用鲁棒控制技术的控制器设计方法等。

采用鲁棒控制系统设计方法设计的控制器,在满足性能指标的前提下,一般具有较好的鲁棒性,可以完全和部分地消除飞机模型不确定性对控制性能造成的影响,使得控制器具有较大的飞行包线应用范围,从而可以减少飞行条件变化引起的控制器切换,提高飞行控制系统的可靠性。基于鲁棒控制技术设计的飞行控制系统已经得到了大量的研究和应用。

下面主要介绍 H_∞/μ 综合鲁棒控制器设计方法和基本原理[1]。

6.2.1　系统的鲁棒性

鲁棒概念可以描述为:假定对象的数学模型属于一集合 P,考察反馈系统的某些特性,如稳定性,给定一控制器 K,如果集合 P 中的每一个对象都能保持这种特性成立,则称该控制器对此特性是鲁棒的。因此谈及鲁棒性必有一个控制器、一个对象的集合和某些系统特性[2]。

鲁棒稳定性(robust stability, RS)和鲁棒性能(robust performance, RP)是鲁棒控制问题中两个最重要的鲁棒概念,它们是进行鲁棒性分析和设计的核心内容。

鲁棒稳定性:假设对象的传递函数属于某一集合 P,存在控制器 K,如果 K 对集合 P 中的每个对象都能保证稳定,则称 K 为 RS 的。

鲁棒性能:假定对象的传递函数属于集合 P,鲁棒性能是指集合中的所有对象都满足稳定性和某种特定的性能。

6.2.2　线性矩阵不等式

线性矩阵不等式被广泛用来解决系统与控制中的一些问题,随着解决线性矩阵不等式的内点法的提出、MATLAB 软件中 LMI 工具箱的推出,线性矩阵不等式这一工具越来越受到人们的注意和重视,应用线性矩阵不等式来解决系统与控制问题已成为这些领域中的一大研究热点。

一个线性矩阵不等式就是具有形式

$$F(x) = F_0 + x_1 F_1 + \cdots + x_m F_m < 0 \tag{6-34}$$

的一个表达式。其中 $x_1, \cdots, x_m$ 是 m 个实数变量,称为线性矩阵不等式(6-34)的决策变量,由决策变量构成的向量,称为决策向量,$F_i = F_i^{\mathrm{T}} \in \mathbf{R}^{n \times n}$, $i = 0, 1, \cdots, m$ 是一组给定的实对称矩阵,式(6-34)中的不等号"<"指的是矩阵 $F(x)$ 是负定的,即对所有非零的向量 $v \in \mathbf{R}^n$, $v^{\mathrm{T}} F(x) v < 0$,或者 $F(x)$ 的最大特征值小于零。

标准的线性矩阵不等式问题主要包括 3 类:可行性问题、特征值问题和广义特征值问题。假定其中的 F, G 和 H 是对称的仿射函数,c 是一个给定的常数向量。这 3 类问题描述如下:

(1) 可行性问题(LMIP)。

对给定的线性矩阵不等式 $F(x) < 0$,检验是否存在 x,使得 $F(x) < 0$ 成立的问题成为一个线性矩阵不等式的可行性问题。如果存在这样的 x,则该线性矩阵不等式问题是可行的,否则这个线性矩阵不等式就是不可行的。

(2) 特征值问题(EVP)。

该问题是在一个线性矩阵不等式约束下,求矩阵 $G(x)$ 的最大特征值的最小化问题或确定问题的约束是不可行的。它的一般形式为

$$\min \lambda \tag{6-35}$$
$$s.t.\, G(x) < \lambda I, \quad H(x) < 0$$

这样一个问题也可以转化成以下的等价问题:

$$\min c^{\mathrm{T}} x \tag{6-36}$$
$$s.t.\, F(x) < 0$$

这也是 LMI 工具箱中特征值问题求解器所要处理问题的标准形式。

一个线性矩阵不等式 $F(x) < 0$ 的可行性问题也可以写成一个 EVP:

$$\min \lambda$$
$$s.t.\, F(x) - \lambda I < 0 \tag{6-37}$$

(3) 广义特征值问题(GEVP)。

在一个线性矩阵不等式约束下,求两个仿射矩阵函数的最大广义特征值的最小化问题。

对给定的两个相同阶数的对称矩阵 G 和 F,对标量 λ,如果存在非零向量 y,使得 $Gy = \lambda Fy$,则 λ 称为矩阵 G 和 F 的广义特征值。矩阵 G 和 F 的最大广义特征值的计算问题可以转化成一个具有线性矩阵不等式约束的优化问题。

常见的许多问题,如系统的稳定性问题、μ 分析问题、最大奇异值问题、H_∞ 控制器设计等,都可以转化为 LMI 标准问题描述,从而使用 LMI 工具进行求解。

6.2.3 H_∞ 控制器设计

1）系统增益指标

考虑线性时不变的连续时间系统,有

$$\begin{cases} \dot{\boldsymbol{x}}(t) = \boldsymbol{Ax}(t) + \boldsymbol{Bw}(t) \\ \boldsymbol{z}(t) = \boldsymbol{Cx}(t) + \boldsymbol{Dw}(t) \end{cases} \tag{6-38}$$

式中:$\boldsymbol{x}(t) \in \mathbf{R}^n$ 为系统的状态;$\boldsymbol{w}(t) \in \mathbf{R}^q$ 为外部扰动输入;$\boldsymbol{z}(t) \in \mathbf{R}^r$ 为感兴趣的系统被控输出。如果对某一类外部扰动信号 $\boldsymbol{w}(t)$,系统的被控输出 $\boldsymbol{z}(t)$ 总能保持是"小"的,则认为系统具有"好"的性能,反映了系统抑制外部扰动的能力。

量化系统性能指标的一种标准方法就是考虑系统的增益 Γ:

$$\Gamma = \sup_{w \neq 0} \frac{size(z)}{size(w)} \tag{6-39}$$

式中:$size(z)$ 表示信号 z 大小的某种度量。Γ 度量了在零初始条件下,对应于最坏扰动输入的系统输出信号 z 的大小。因此,系统的增益越小,系统的性能也就越好。然而,度量信号大小的方式有很多种,对于不同的度量方式,相应的系统增益也就不同,从而得到不同的系统性能度量。以下给出一些常用的描述信号大小的方法。对平方可积的信号 f,定义

$$\| \boldsymbol{f} \|_2 = \left(\int_0^\infty \| \boldsymbol{f}(t) \|^2 \mathrm{d}t \right)^{1/2}$$

式中:$\| \boldsymbol{f}(t) \| = \sqrt{\boldsymbol{f}^{\mathrm{T}}(t)\boldsymbol{f}(t)}$ 是向量的欧氏范数。这样定义的 $\| \boldsymbol{f} \|_2$ 正好是信号 f 的能量。将所有有限能量信号的全体记成 L_2,即

$$L_2 = \left\{ f : \int_0^\infty \| \boldsymbol{f}(t) \|^2 \mathrm{d}t < \infty \right\} \tag{6-40}$$

对幅值有界的信号 f,定义 $\| \boldsymbol{f} \|_\infty = \sup_{t \geqslant 0} \| \boldsymbol{f}(t) \|$,其中 $\| \boldsymbol{f}(t) \|$ 是向量的欧氏范数。当 f 是一个标量信号时,$\| \boldsymbol{f} \|_\infty$ 等于 f 的峰值。将所有幅值有界的信号全体记成 L_∞,即

$$L_\infty = \{ f : \| \boldsymbol{f}(t) \| < \infty \} \tag{6-41}$$

利用以上定义的度量信号大小的范数,定义系统式（6-38）的 EE（energy-to-energy）增益如下：

$$\Gamma_{ee} = \sup_{\| w \|_2 \leqslant 1} \| \boldsymbol{z} \|_2 \tag{6-42}$$

考虑系统式（6-38）,其传递函数是 $\boldsymbol{T}(s) = \boldsymbol{C}(s\boldsymbol{I} - \boldsymbol{A})^{-1}\boldsymbol{B} + \boldsymbol{D}$。$\boldsymbol{T}(s)$ 的 H_∞ 范数

定义为

$$\| T(s) \|_\infty = \sup_\omega \sigma_{\max}(T(\mathrm{j}w)) \qquad (6-43)$$

即系统频率响应的最大奇异值的峰值。

　　增益 Γ_{ee} 有一个频率域的解释：它恰好等于传递函数矩阵 $T(s)$ 的 H_∞ 范数，即 $\Gamma_{ee} = \| T(s) \|_\infty$。

　　2) H_∞ 控制器设计

　　如图 6-22 所示的广义系统：

　　$P(s)$ 是一个线性时不变系统，状态空间描述如下所示。

$$\begin{cases} \dot{x} = Ax + B_1w + B_2u \\ z = C_1x + D_{11}w + D_{12}u \\ y = C_2x + D_{21}w + D_{22}u \end{cases} \qquad (6-44)$$

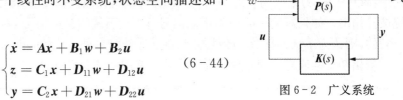

图 6-2　广义系统

式中：$x \in \mathbf{R}^n$ 是状态变量；$u \in \mathbf{R}^m$ 是控制输入；$y \in \mathbf{R}^p$ 是测量输出；$z \in \mathbf{R}^r$ 是被调输出；$w \in \mathbf{R}^q$ 是外部扰动，是不确定的，但具有有限能量，即 $w \in L_2$；$K(s)$ 就是待设计 H_∞ 控制器。

　　对于 H_∞ 控制问题，大量求解方法被研究，如算子方法、Riccati 方法、LMI 方法。LMI 方法求解 H_∞ 控制问题具有以下优点：H_∞ 控制问题可以有效地表达为包含 LMI 的凸可行解或凸优化问题，能采用有效的内点法进行求解，使问题的求解过程大大简化；直接利用矩阵运算得到设计的控制器，对系统模型无需过多的限制条件，还可以结合其他附加约束，进一步求解具有 H_∞ 范数约束的多目标控制问题。采用 LMI 方法的 H_∞ 控制器设计得到了大量的研究和应用。

　　假设 (A, B_2, C_2) 为可控可检测对，并且 $A \in \mathbf{R}^{n\times n}$，$D_{11} \in \mathbf{R}^{p_1\times m_1}$，$y \in \mathbf{R}^{p_2}$，$u \in \mathbf{R}^{m_2}$，则存在全阶控制器：

$$K(s) = D_K + C_K(sI - A_K)^{-1}B_K, \quad A_K \in \mathbf{R}^{n\times n} \qquad (6-45)$$

令 $u = K(s)y$，使得闭环系统稳定，并满足 $\| T_{zw}(s) \|_\infty \leqslant 1$ 的充要条件是存在两个对称矩阵 R, S，满足下列 LMI 组：

$$\begin{bmatrix} N_{12} & 0 \\ 0 & I \end{bmatrix}^{\mathrm{T}} \begin{bmatrix} AR + RA^{\mathrm{T}} & RC_1^{\mathrm{T}} & B_1 \\ C_1R & -\gamma I & D_{11} \\ B_1^{\mathrm{T}} & D_{11} & -\gamma I \end{bmatrix} \begin{bmatrix} N_{12} & 0 \\ 0 & I \end{bmatrix} < 0 \qquad (6-46)$$

$$\begin{bmatrix} N_{21} & 0 \\ 0 & I \end{bmatrix}^{\mathrm{T}} \begin{bmatrix} A^{\mathrm{T}}S + SA^{\mathrm{T}} & SB_1^{\mathrm{T}} & C_1^{\mathrm{T}} \\ B_1^{\mathrm{T}}S & -\gamma I & D_{11}^{\mathrm{T}} \\ C_1 & D_{11} & -\gamma I \end{bmatrix} \begin{bmatrix} N_{21} & 0 \\ 0 & I \end{bmatrix} < 0 \qquad (6-47)$$

$$\begin{bmatrix} R & I \\ I & S \end{bmatrix} > 0 \qquad\qquad (6-48)$$

式中:R,$S \in R^{n \times n}$,γ 为非负数;$T_{zw}(s)$ 为信号 w 到信号 z 的传递函数阵;N_{12},N_{21} 分别表示为 $[B_2^T \quad D_{12}^T]$ 和 $[C_2 \quad D_{21}]$ 零域空间的标准正交基。由式(6-46)、式(6-47) 和式(6-48)可求得 R 和 S,结合式(6-44)给出的广义受控对象参数,既可运用 MATLAB 的 LMI 工具箱,最终获得式(6-45)所表达的控制器 $K(s)$。

通过将系统模型中的系数矩阵分别乘以一个适当的常数,可以使得闭环系统具有给定的 H_∞ 性能 γ,即使得 $\|T_{uz}(s)\|_\infty < \gamma$ 的 H_∞ 控制问题转化为使得 $\|T_{uz}(s)\|_\infty < 1$ 的标准 H_∞ 控制问题。具有给定 H_∞ 性能 γ 的 H_∞ 控制器成为系统 P 的 γ 次优 H_∞ 控制器。进一步,通过对 γ 的搜索,可以求取使得闭环系统的扰动抑制度 γ 最小化的控制器,该控制问题成为系统 P 的最优 H_∞ 控制问题,由此得到最优的 H_∞ 控制器。

在 H_∞ 控制器设计中,常采用如图 6-3 所示的加权控制结构,将该结构转化为类似图 6-2 的结构,就可以得到含有加权函数的增广系统对象 P。通过选择加权函数 $W_1(s)$,$W_2(s)$,$W_3(s)$,使其反映系统的设计指标要求,从而可以获得满足设计要求的 H_∞ 控制器。

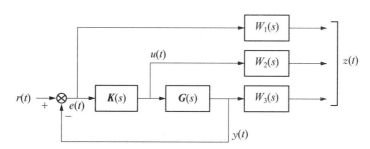

图 6-3　带加权函数的 H_∞ 控制器设计结构

随着各种成熟的 LMI 工具箱的出现,如 MATLAB 的 LMI 工具箱,使得基于 LMI 方法的 H_∞ 控制的求解问题变得简单。这样就使得在设计 H_∞ 控制器时,主要考虑系统性能指标的描述、加权函数的选择等问题,将设计人员从复杂的 H_∞ 求解问题中解放出来。

在设计 H_∞ 控制器时,可以采用了 MATLAB 的 LMI 工具箱提供的 hinflmi (·)等求解工具,实现 H_∞ 控制器的设计。

6.2.4　μ 综合方法

利用 H_∞ 优化设计方法可设计控制系统的鲁棒稳定性和抗干扰能力。但在具体系统设计中,还希望设计的控制系统具有一定的鲁棒性能,即在所有可允许的模型不确定性和外干扰作用下,摄动系统稳定且满足一定的性能指标要求。结构奇异值 μ 综合控制器设计方法可以在设计时考虑不确定因素的影响,所设计出来的控制

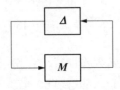

图6-4 标准反馈控制结构

器不仅能满足鲁棒稳定性要求，而且能达到一定的鲁棒性能指标。由于这些优点，该方法在鲁棒的飞行控制系统设计中，得到了大量的研究。

对具有模型参数不确定性和多点有界范数不确定性的任意线性控制系统，总可用如图6-4所示的标准反馈控制结构表示。图中 $\boldsymbol{\Delta} \in \boldsymbol{B}$，用 $\overline{\boldsymbol{\Delta}}$ 表示模型不确定性，可以表示为

$$\overline{\boldsymbol{\Delta}} = \left\{ \begin{matrix} \text{diag}[\overbrace{\boldsymbol{\Delta}_1 \cdots \boldsymbol{\Delta}_1}^{m_1} \quad \overbrace{\boldsymbol{\Delta}_2 \cdots \boldsymbol{\Delta}_2}^{m_2} \quad \cdots \quad \boldsymbol{\Delta}_{n-1} \quad \overbrace{\boldsymbol{\Delta}_n \cdots \boldsymbol{\Delta}_n}^{m_n}] \\ \boldsymbol{\Delta}_j \in \mathbf{C}^{k_j \times r_j}, \ \bar{\sigma}(\boldsymbol{\Delta}_j) \leqslant \delta, \ \delta \in \mathbf{R}, \ \delta > 0 (j = 1, 2, \cdots, n) \end{matrix} \right\}$$

$$n_1 = \sum_{j=1}^{n} m_j \times r_j, \ n_2 = \sum_{j=1}^{n} m_j \times k_j, \ \boldsymbol{\Delta} \in \mathbf{C}^{n_2 \times n_1}$$

$$B\overline{\boldsymbol{\Delta}} = \{\boldsymbol{\Delta} \in \overline{\boldsymbol{\Delta}} \mid \bar{\sigma}(\boldsymbol{\Delta}) \leqslant 1\}$$

系统的传递函数矩阵 $\boldsymbol{M} \in \mathbf{C}^{n_1 \times n_2}$ 由广义被控对象 $\boldsymbol{P}$ 和控制器 $\boldsymbol{K}$ 组成。这时的 $\boldsymbol{\Delta}$-$\boldsymbol{M}$ 结构可用 $\boldsymbol{\Delta}_m$-$\boldsymbol{P}$-$\boldsymbol{K}$ 结构等效表示。

根据完成任务的不同，图6-5所示的 μ 综合设计问题可以表示为图6-6和图6-7所示的 μ 分析问题和 H_∞ 控制设计问题。

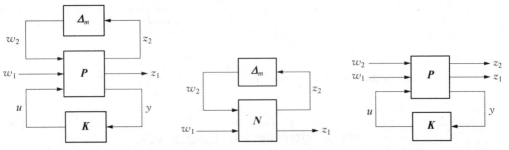

图6-5 μ 综合设计结构图　　图6-6 μ 分析问题结构图　　图6-7 H_∞ 控制设计问题结构图

以上各图中各输入信号、输出信号及 $\boldsymbol{N}$，$\boldsymbol{P}$ 和 $\boldsymbol{K}$ 的维数相互匹配；μ 分析问题结构图中 $\boldsymbol{N}$ 包括广义被控对象 $\boldsymbol{P}$ 和利用 H_∞ 控制器设计的控制器 $\boldsymbol{K}$；图中各输入、输出关系为

$$\boldsymbol{N} = \begin{bmatrix} \boldsymbol{N}_{11} & \boldsymbol{N}_{12} \\ \boldsymbol{N}_{21} & \boldsymbol{N}_{22} \end{bmatrix}$$

则

$$z_1 = F_u(\boldsymbol{N}, \boldsymbol{\Delta}_m) w_1$$

$$\begin{bmatrix} z_2 \\ z_1 \end{bmatrix} = F_l(\boldsymbol{P}, \boldsymbol{K}) \begin{bmatrix} w_2 \\ w_1 \end{bmatrix}$$

式中：

$$F_u(\boldsymbol{N}, \boldsymbol{\Delta}_m) = \boldsymbol{N}_{22} + \boldsymbol{N}_{21}\boldsymbol{\Delta}_m(\boldsymbol{I} - \boldsymbol{N}_{11}\boldsymbol{\Delta}_m)^{-1}\boldsymbol{N}_{12}$$

$$F_l(\boldsymbol{P}, \boldsymbol{K}) = \boldsymbol{P}_{11} + \boldsymbol{P}_{12}\boldsymbol{K}(\boldsymbol{I} - \boldsymbol{P}_{22}\boldsymbol{K})^{-1}\boldsymbol{P}_{21}$$

（1）线性控制系统的标称性能：

令 $\boldsymbol{\Delta}_m = \boldsymbol{0}$，仅考虑在有界外输入信号 w_1 作用下的被控输出信号 z_1 的大小。此时的 μ 分析问题实质上是一个线性控制系统的标称性能分析问题。

设 $\cdot(t)$ 为一时间函数，且在有限时间段内 $\cdot(t)$ 二次可积。这时 $\cdot(t)$ 的单位能量界定义为

$$BE(\cdot) = \left\{ \cdot(t) \,\middle|\, \|\cdot(t)\|_2^2 = \int_{-\infty}^{\infty} \|\cdot\|^2 \mathrm{d}t < 1 \right\}$$

由于反映输入信号幅值和系统性能指标的权函数都包括在 $\boldsymbol{N}$ 中，因此不失一般性假定 $w_1 \in BE$，如果此时 $z_1 \in BE$，则称闭环系统的标称性能可达到。

线性控制系统的标称性能定理表述如下。

定理 6.1[4] （标称性能定理） 对所有外输入信号 $w_1 \in BE$，被控输出信号 $z_1 \in BE$ 的充要条件为

$$\|\boldsymbol{N}_{22}\|_{\infty} \leqslant 1$$

式中：$\|\cdot\|_{\infty} = \sup\limits_{\omega} \bar{\sigma}[\cdot(\mathrm{j}\omega)]$。

（2）线性控制系统的鲁棒稳定性：

对应图 6-6 中外输入信号 $w_1 = 0$，仅考虑模型不确定性 $\boldsymbol{\Delta}_m$ 作用情况下系统的稳定性。由于模型不确定性会破坏系统的稳定性，因此系统设计的首要问题是设计系统的鲁棒稳定性，而控制系统具备鲁棒稳定性的检验标准是对所有可允许的被控对象，控制系统内稳定。由于模型不确定性的界函数很容易包括在 $\boldsymbol{N}$ 中，为此不失一般性假设 $\boldsymbol{\Delta}_m$ 在单位范数界内变化。

下面先给出非结构模型不确定性作用条件下，线性控制系统的鲁棒稳定性定理。

定理 6.2 ［鲁棒稳定性定理 RSU（非结构）］ 对所有满足 $\bar{\sigma}(\boldsymbol{\Delta}_m) < 1$ 的有界非结构模型不确定性 $\boldsymbol{\Delta}_m$，线性控制系统鲁棒稳定的充要条件为

$$\|\boldsymbol{N}_{11}\|_{\infty} \leqslant 1$$

显然，RSU 定理用于处理非结构型模型不确定性系统的鲁棒稳定性问题时不带任何保守性。然而存在于实际系统中的不确定性一般是结构型的，如仍采用 RSU 作为系统鲁棒稳定性的判据，保守性很大。换句话说，即使此时 $\|\boldsymbol{N}_{11}\|_{\infty} > 1$，即上式的条件不满足，结构型不确定性存在的系统仍可能是鲁棒稳定的，这是因为用全块模型不确定性表示时放大了系统的真实不确定性。

如果考虑 $\boldsymbol{\Delta}_m$ 的真实结构，用 $\boldsymbol{N}_{11}$ 的结构奇异值小于 1 作为系统鲁棒稳定性的判

据准则,此时给出的判断结论将更可信。下面给出结构型不确定性存在条件下,线性控制系统的鲁棒稳定性定理。

定理6.3 (鲁棒稳定性定理 RSS(结构型)) 对所有满足 $\pmb{\Delta}_m \in \pmb{B\bar{\Delta}}$ 的有界结构型模型不确定性 $\pmb{\Delta}_m$,线性控制系统鲁棒稳定的充要条件为

$$\| \pmb{N}_{11} \|_\mu \leqslant 1$$

式中: $\| \cdot \|_\mu = \sup\limits_\omega \mu[\cdot(j\omega)]$。注意: $\| \cdot \|_\mu$ 不代表任何范数,该符号的选取只是为了表达的方便。

(3) 线性控制系统的鲁棒性能:

如图 6-6 所示研究在有界模型不确定性 $\pmb{\Delta}_m$ 和外输入 w_1 同时作用下,线性控制系统的性能。结构中外输入 w_1 到被控输出 z_1 的传递函数为

$$z_1 = F_u(\pmb{N}, \pmb{\Delta}_m)w_1 = [\pmb{N}_{22} + \pmb{N}_{21}\pmb{\Delta}_m(\pmb{I} - \pmb{N}_{11}\pmb{\Delta}_m)^{-1}\pmb{N}_{12}]w_1$$

则模型不确定性 $\pmb{\Delta}_m$ 作用下系统的性能要求为

$$\| \pmb{F}_u \|_\infty \leqslant 1$$

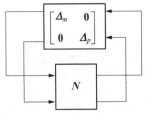

图 6-8 标准反馈结构方块图

模型不确定性 $\pmb{\Delta}_m$ 存在条件下控制系统的性能要求即为上式,在 H_∞ 范数意义下与控制系统的鲁棒稳定性是统一的。因此,可以设想存在一个所谓的"性能"不确定性块 $\pmb{\Delta}_p$,将控制系统的性能要求等效为其鲁棒稳定性要求,如图 6-8 所示。

对应图 6-8 的模型不确定性 $\pmb{\Delta}$ 为

$$\pmb{\Delta} = \{\mathrm{diag}[\pmb{\Delta}_m \quad \pmb{\Delta}_p]\}$$

此时的模型不确定性 $\pmb{\Delta}$ 为结构型不确定性,需用 $\pmb{N}$ 的结构奇异值作为系统鲁棒性能可达到的判定工具。

定理6.4 [鲁棒性能定理(RP)] 对任意有界模型不确定性 $\pmb{\Delta}_m \in \pmb{B\bar{\Delta}}$,控制系统内稳定且系统闭环传递函数 $\| F_u(\pmb{N}, \pmb{\Delta}_m) \|_\infty \leqslant 1$ 的充要条件为

$$\| \pmb{N} \|_\mu \leqslant 1$$

式中: $\pmb{N}$ 的 μ 值不仅依赖于 $\pmb{N}$,且依赖不确定性结构 $\pmb{\Delta} = \{\mathrm{diag}[\pmb{\Delta}_m \quad \pmb{\Delta}_p] \mid \pmb{\Delta}_m \in \pmb{B\Delta}\}$。 $\pmb{\Delta}_p$ 为虚拟的性能不确定块,用于将性能要求转化为鲁棒性能要求。

μ 综合设计方法实质上是一个交替运用代数 Riccati 方程算法设计 H_∞ 鲁棒控制器 K,并根据设计的 K 用结构奇异值分析,对控制系统的鲁棒稳定性和鲁棒性能进行寻优。 μ 综合算法通常采用 $\pmb{D}$-$\pmb{K}$ 迭代算法,它分为 H_∞ 优化设计控制器和结构奇异值 μ 分析两部分。设计鲁棒控制器转化为寻求稳定的控制阵($\pmb{K}$)和尺度变换矩阵($\pmb{D}$),以使 $\| \pmb{D}F_l(\pmb{P}, \pmb{K})\pmb{D}^{-1} \|_\infty$ 最小化。 μ 综合问题转化为标准的 H_∞ 优化问题及标准的凸优化问题。首先固定 $\pmb{D}$,最小化 $\pmb{K}$,这是一个标准的 H_∞ 优化问题;然

后固定 K，最小化 D，这是一个标准的凸优化问题，如此迭代，最后得到最优的鲁棒控制器。MATLAB 提供的 μ 综合和分析工具箱，为上述问题的求解提供了方便的手段。

6.3 特征结构配置方法

特征结构配置（eigenstructure assignment，EA）方法曾被广泛用于开发飞控系统的应用研究中，如 F-16，VSTOL 飞机以及欧洲航空研究与技术组织的"鲁棒飞行控制设计挑战"。也曾在 NASA 的大迎角试验机和某些空客飞机的横侧向控制系统中被应用。下面介绍特征结构配置方法基本原理和设计过程[13]。

6.3.1 特征结构分析

考虑具有下列形式的可控、可观、线性时不变 MIMO 系统的控制器设计问题。

$$\dot{x} = Ax + Bu \qquad (6-49)$$

$$y = Cx \qquad (6-50)$$

式中：$x \in \mathbf{R}^n$ 是飞机状态向量，$y \in \mathbf{R}^p$ 是输出向量，$u \in \mathbf{R}^m$ 为输入向量。

飞机开环系统的 n 个特征根和特征向量定义如下：

$$\boldsymbol{\Lambda} = \begin{bmatrix} \lambda_1 & \cdots & \lambda_i & \cdots & \lambda_n \end{bmatrix}$$
$$\boldsymbol{V} = \begin{bmatrix} v_1 & \cdots & v_i & \cdots & v_n \end{bmatrix}$$

式中：

$$AV = V\Lambda \qquad (6-51)$$

定义该系统的左侧特征向量（或称对偶特征向量）为 W，则

$$WA = \Lambda W$$

式中：

$$\boldsymbol{W}^{\mathrm{T}} = \begin{bmatrix} w_1 & \cdots & w_i & \cdots & w_n \end{bmatrix} \qquad (6-52)$$

求解等式（6-49）和式（6-50），获得飞机特征向量、特征值和时间响应之间的直接关联表达式

$$y(t) = \sum_{i=1}^n Cv_i w_i^{\mathrm{T}} e^{\lambda_i t} x_0 + \sum_{i=1}^n Cv_i w_i^{\mathrm{T}} \int_0^t e^{\lambda(t-\tau)} Bu(\tau) d\tau \qquad (6-53)$$

式中：第一项为齐次方程的通解，第二项为非齐次方程的特解。上式说明，飞机的动态特性受以下 4 个变量影响：

（1）系统特征值 λ_i。

（2）系统特征向量 v_i 和 w_i。

（3）系统初始状态 x_0。

（4）系统输入 u。

6.3.2　行为的实时模态

等式(6-53)中的下标 i 表示飞机 n 个动态模态中的第 i 个模态。例如,在常规的飞机纵向动态特性中,有短周期俯仰振荡模态和长周期模态。本节在开始时仅限于讨论飞机动态特性中的齐次项(即不受系统输入影响的项)。

式(6-53)中的齐次分量可写成

$$y(t) = \sum_{i=1}^{n} \boldsymbol{C\alpha}_i e^{\lambda_i t} v_i$$

式中: $\boldsymbol{\alpha}_i = w_i^{\mathrm{T}} x_0$, $i=1,\cdots,n$ 为标量,它表明输出响应是矩阵 A 的特征值-特征向量集的线性组合。每个特征值-特征向量集称为模态。特征值决定了各模态中响应的收敛或发散的速度,特征向量则确定了对应模态与输出的耦合程度。且由上不难推出,第 i 模态与第 j 个输出量的耦合作用由 $\boldsymbol{C}_j v_i$ 确定, $\boldsymbol{C}_j$ 是 $\boldsymbol{C}$ 阵的第 j 行。若 $\boldsymbol{C}_j v_i = 0$,则表明第 i 个模态对第 j 个输出无影响,它们是解耦的。

所有系统的动态行为可认为是一阶模态和二阶模态的组合。每一模态由两部分组成。第一部分描述了模态的瞬态特性(延时和频率),在经典控制工程领域中,这就是模态的极点,在特征结构术语中,就是模态的特征值。模态的第二部分是它在任意时间所具有的幅值,这是模态的留数。更确切地说,真正重要的是模态的相对留数。它们直接关系到该模态对状态向量 x 中每个状态以及输出向量中每个被测输出的影响。在经典控制工程中,模态的留数取决于两个因素,即系统的零点和极点。在特征结构配置中,模态的留数与各模态特征向量的幅值成正比。

特征向量和特征值合起来组成了系统的特征结构。以一个四阶线性民用飞机模型的纵向动态方程进一步说明上述概念。该系统各模态特征结构如表 6-1 所示。

表 6-1　一个民用飞机纵向动态的特征结构

模态 特征值	短周期 $-0.83\pm1.11\mathrm{i}$	长周期 $-0.011\pm0.13\mathrm{i}$
q	$\begin{bmatrix}0.014\\0.010\\0.015\\0.999\end{bmatrix}$	$\begin{bmatrix}0.002\\0.013\\0.989\\0.142\end{bmatrix}$
θ		
u		
w		

考察系统各特征值和特征向量的幅值即可理解表中所列各模态对飞机动态特性的影响。以长周期模态为例,从其特征值不难看出,该模态的阻尼系数为 0.08,频率为 0.13 rad/s。其特征向量的列元素表明,倘若该模态被激励,其前向速度 u 有巨大偏差,垂直速度 w 也有一定偏差。同一周期中, w 偏差最大值仅为 u 偏差最大值的 14%。也可确定,同一周期中,速度 u 每 1 m/s 的峰值偏差值会对应 θ 角

0.013 rad的峰值偏差。

研究特征向量的行元素幅值也可获得类似信息。例如,表6-2显示前向速度的 u 的时间响应有较大的长周期分量(0.989),而短周期分量较小(0.015)。这意味着相同的外界干扰作用于两个模态,导致 u 主要取决于长周期模态的运动样式。

表6-2 一个民用飞机纵向动态的模态-输出耦合向量

模态 特征值	短周期 $-0.83\pm1.11i$	长周期 $-0.011\pm0.13i$
q	0.014	0.002
θ	0.010	0.013
u	0.015	0.989
w	0.999	0.142
w_E	0.487	1.026

如同研究特征向量 $\boldsymbol{V}$ 就可认识飞机模态和飞机状态间的相互关系,利用模态-输出耦合向量 $\boldsymbol{CV}$ 就可认识模态和飞机输出之间的相互关系。表6-2给出了本例飞机系统的模态-输出耦合向量的一种选择。在本例中,所选择输出包括飞机的四个状态以及飞机地球坐标系中的垂直地速 w_E。现在可以看出,尽管短周期模态在机体坐标系中的垂直速度极为明显,但是长周期模态在垂直地速 w_E 中占主导。物理意义上,这是因为长周期模态包含了 θ 角和 u 的变化。而垂直地速 w_E 是这两变量的函数。在长周期运动中,θ 角和 u 的变化较 w 的变化大,因此,垂直地速 w_E 变化也大。

这里讨论均基于飞机动态的齐次运动。当需要考虑系统输入和系统模态的关系时,可用上述研究系统特征向量或模态-输出耦合向量的方法来研究系统输入-模态耦合向量。

特征结构分析是一种工具,可用于下述方面的研究:

- 考察飞机的模态特征;
- 提供关于飞机状态中每个动态模态所占分量的信息;
- 提供关于飞机输出中每个动态模态所占分量的信息;
- 提供输入将如何影响飞机的动态模态的信息。

该分析技术对于民用飞机 EA 设计过程具有重要作用。特别关注的是,所提供的信息可被用于消除飞机输入和模态之间,以及飞机模态和状态/输出之间不期望的相互作用。

6.3.3 特征结构配置

一个简单的输出反馈控制器 $\boldsymbol{K}$,改变了方程(6-49)和式(6-50)给定的飞机系统的输入,可用来实现控制:

$$\boldsymbol{u} = \boldsymbol{Ky} \tag{6-54}$$

调节器设计的结果如图 6-9 所示。若要求指令跟踪，通常使用 EA 方法，根据需跟踪的输出方程来增广飞机系统矩阵。然后对已增广系统进行特征结构配置。一旦控制器设计完成，将被分为跟踪和调节两部分。

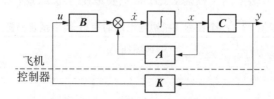

图 6-9　基本输出反馈调节器构型

式(6-53)表明，对飞机系统给定一组初始条件和输入，通过改变系统的特征结构就可以调控系统的输出时间响应 $y(t)$。因此，所需要的是直接指定闭环系统的特征值和特征向量的方法。

允许有足够的自由度对闭环系统配置 $\max(p, m)$ 个期望的特征值。对于大多数的飞机，可测输出的个数 p 通常超过输入的个数 m。极点配置的设计方法可为闭环系统配置 p 个特征值。然而，对这组完全被配置的 p 个特征值，EA 方法提供了附加的自由度来选择 p 个可配置的闭环系统特征向量。假设飞机闭环系统的 p 个期望的特征值和特征向量定义为

$$\boldsymbol{\Lambda}_{d} = \begin{bmatrix} \lambda_1 & \cdots & \lambda_i & \cdots & \lambda_p \end{bmatrix} \text{和} \boldsymbol{V}_{d} = \begin{bmatrix} \boldsymbol{v}_1 & \cdots & \boldsymbol{v}_i & \cdots & \boldsymbol{v}_p \end{bmatrix} \quad (6-55)$$

式中：

$$(\boldsymbol{A} + \boldsymbol{BKC})\boldsymbol{V}_{d} = \boldsymbol{V}_{d}\boldsymbol{\Lambda}_{d} \quad (6-56)$$

在下述推导中，对于非方矩阵，采用 Moore-Penrose 伪逆，而非标准的矩阵逆。若 $\boldsymbol{B}$, $\boldsymbol{C}$ 及 $\boldsymbol{V}_{d}$ 非奇异，整理式(6-56)，得

$$\boldsymbol{K} = \boldsymbol{B}^{-1}(\boldsymbol{V}_{d}\boldsymbol{\Lambda}_{d} - \boldsymbol{A}\boldsymbol{V}_{d})(\boldsymbol{C}\boldsymbol{V}_{d})^{-1} \quad (6-57)$$

然而，不能任意配置上式中的期望的特征向量 $\boldsymbol{V}_{d}$($\boldsymbol{V}_{d}$ 将产生控制器 $\boldsymbol{K}$ 来满足式(6-56))，因为闭环系统具有的有限配置自由度取决于期望特征值 $\boldsymbol{\Lambda}_{d}$。要求控制系统设计者先选定闭环系统的期望特征值($\boldsymbol{\Lambda}_{d}$)和特征向量($\boldsymbol{V}_{d}$)，并利用数学算法获得比例增益矩阵反馈控制器 $\boldsymbol{K}$。这些算法的核心内容如下。

从式(6-56)可得

$$(\boldsymbol{A} + \boldsymbol{BKC})\boldsymbol{v}_i = \lambda_i \boldsymbol{v}_i \quad (6-58)$$

$$\begin{bmatrix} \boldsymbol{A} - \lambda_i \boldsymbol{I} & \vdots & \boldsymbol{B} \end{bmatrix} \begin{bmatrix} \boldsymbol{v}_i \\ \boldsymbol{KC}\boldsymbol{v}_i \end{bmatrix} = 0 \quad (6-59)$$

其特定解满足

$$\begin{bmatrix} v_i \\ KCv_i \end{bmatrix} \in \mathbb{N}[A - \lambda_i I \vdots B] \tag{6-60}$$

$[A - \lambda_i I \vdots B]$ 零空间中的任意向量组合（且仅为这些向量）可获得新向量 v_i。若 v_i 选作特征向量，将生成一个具有期望特征值 λ_i 的闭环系统。该零空间被称为可达向量空间。这就导致了一个约束，即在每一个期望的特征向量中，最多仅有 $\min(m, p)$ 个元素可被指定，随后可准确可达。若需指定的元素多于 $\min(m, p)$，则第 i 个期望向量 v_i 可以被投影到可达空间以获得可达向量 v_{ai}。图 6-10 展示了一个简单的三阶系统某一模态的上述过程。如图所示，若期望一个三维向量 v_i，通过映射到可达空间可得到最近的可达向量 v_{ai}，它可给出系统期望特征值 λ_i。

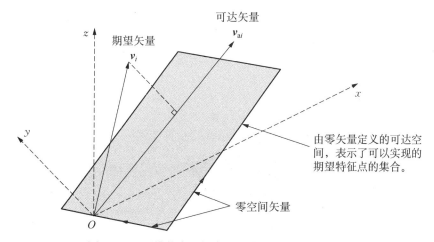

图 6-10　三维状态空间中的二维可达空间图形表示

然后，所有 p 个可达特征向量组成的特征向量矩阵用来替代期望特征向量 V_d，并与期望特征值 Λ_d 一同代入式（6-57）中，获得闭环系统的静态反馈矩阵 K。现在留下的问题是如何首先设定期望的特征结构？这是一个相当难的问题。其难度并不来自期望特征值的选取，而是来自对期望特征向量的规范。可用选取闭环系统极点的传统综合方法确定系统的特征值。期望特征向量的选取可反映不同的系统设计需求。就民用飞机设计规范来说，解耦和鲁棒性需求是最重要的。

6.3.4　解耦需求

据上述分析可知，特征向量可反映各模态对系统状态向量 x 的影响。因此，若要消除某模态在系统状态中的影响，仅需将对应的特征向量元素设为 0。

这可由表 6-3 中的特征向量集合来说明。假设想消除短周期模态对前向速度 u 的影响，可以设定期望的闭环特征结构中的相应元素为 0。同样也可以处理消除长周期模态对机体轴垂直速度 w 的影响。采用一种扩展 EA 算法可使模态与输出而不是模态与状态的解耦，但在一般民用飞机设计时并没有必要使用，因为模态-状态之间的解耦已足够。

表 6-3　期望闭环向量示例

模态	短周期	长周期
q	$\begin{bmatrix} X \\ X \\ O \\ X \end{bmatrix}$	$\begin{bmatrix} X \\ X \\ X \\ O \end{bmatrix}$
θ		
u		
w		

图 6-11 解释了 EA 方法是如何完成期望的解耦过程。图中所示三维系统中的模态与图 6-10 相同。然而，现在的需求是，除了已获得的期望闭环特征值，还希望把该模态与 y 轴解耦。因此，对于此系统而言，唯一可达的特征向量由可达向量空间（这是产生期望特征值的唯一地方）和 x-z 平面（该平面不包含任何分量 y 的轨迹）的交叉处给出。由于期望特征向量包含了期望的解耦信息（如 y 轴对应的元素为 0），因此它应位于 x-z 平面。

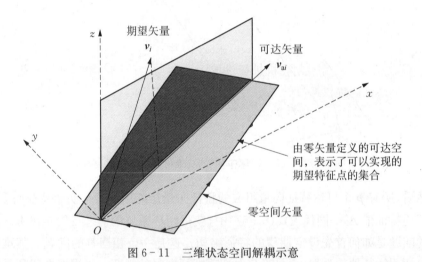

图 6-11　三维状态空间解耦示意

但是，为避免数学算法的向量投影产生零向量，每个期望特征向量的一个元素必为非零值。由于在一个系统中，只有足够的自由度对 p 个期望特征向量配置其 m 个元素，这就限制了对每个向量只可解耦（设为 0）其中的 $(m-1)$ 个元素。若要配置的元素数多于此，使用期望向量在可达向量空间上的最小二乘投影来获得最优解。

6.3.5　鲁棒性需求

尽管基本 EA 方法可改进系统的性能，但无法改进闭环系统的鲁棒性。飞机系统参数的变化转化为 A，B，C 矩阵中元素的变化，进而表现为闭环系统特征值和特征向量的变化，从而最终改变飞机的行为。但并不期望这种改变，因此采用改进的特征结构方法来最小化系统参数变化对飞机系统特征结构的影响。

还可以通过选择期望的特征向量 v_i，使得其与由其他向量组成的空间尽量正交，进而减少各系统模态间的关联。多数情况下，该方法可改进鲁棒性，因为飞机系统参数的变化仅能影响有限的系统模态，并表现在较少飞机状态的瞬态响应中。

图 6-10 解释了上述过程。如图中所示，在二维可达空间中，有无限种可达闭环特征向量的选择。如果从该空间中选择尽可能与其他特征向量正交的向量，而不是期望的特征向量，可指定该向量为闭环系统的特征向量 v_i。这样，系统在具有期望特征值的同时，也具有对系统参数变化的尽可能的鲁棒性。

6.3.6　耦合约束下的鲁棒性

但是，仅仅关注鲁棒性会导致其他性能的丧失。通常要求在获得鲁棒性和配置向量满足解耦需求之间获取平衡。其途径是基于解耦要求获得一个可达向量空间，具有 n 个状态和 m 个输入的飞机系统有一个 $[n \times (m-k)]$，或 $(n \times 1)$（当 $k \geqslant m$）维的可达向量空间。其中 k 为每个期望特征向量的指定元素数。从上述向量空间中为系统寻找尽可能互为正交的系统特征向量，并由此来改进系统鲁棒性。

但是，该方法只可以利用系统解耦后仍然存在的自由度。表 6-4 给出了 EA 方法可具有的自由度清单。若 $k \geqslant m$，则不再具有可改进鲁棒性的自由度，因为可达向量空间的维度已被耗尽。例如，在图 6-10 中，$m=2$，$k=1$，u_i 仅有一个可能的位置。但是，这仍是为民用飞机进行设计的可用方法，因为它最灵活，并且可为系统性能和鲁棒性能提供最好的折中。

表 6-4　EA 设计可用自由度（飞机系统具有 n 状态，输出个数 m 大于输入个数 p，每个期望特征向量中被指定元素数 k）

可被配置的特征值个数	p
可被配置的特征向量个数	p
反馈可使用的输出个数	p
可被跟踪的输出个数	m
特征向量中，可被精确配置的指定的元素个数	m
特征向量中，可被解耦的指定元素个数	$m-1$
为改善鲁棒性的可用自由度	$m-k(k \leqslant m)$

EA 方法还包括参数的特征结构配置，多项式特征结构配置，多模型飞机应用以及综合过程中的左特征向量使用。上述方法应用并不多，此处仅介绍用于民用飞机线性综合分析的最简 EA 方法。

6.3.7　特征结构配置特点和设计过程

与经典设计法相比，特征结构配置法设计飞行控制系统时，可方便地考虑系统鲁棒性问题，设计者可在设计中考虑包括鲁棒性要求的系统设计指标；所设计的控制器结构简单（为增益阵），就如经典设计中那样，设计者对系统输出和期望控制输入都心中有数。

但是，特征结构配置法对 $n-\max(m, p)$ 个不确定模态无能为力，因此它并非完美无缺，对存在不确定模态时要考虑有关系统稳定性问题。

运用特征结构配置法设计飞行控制系统，并使之具有解耦控制的设计过程是：

(1) 根据设计要求，确定闭环控制系统应具有的特征结构；

(2) 求生成期望闭环特征值的可达特征向量空间；

(3) 在可达空间确定满足解耦控制的特征向量，并可采用其他方法削弱特征值对参数摄动的灵敏度；

(4) 确定反馈增益。

6.4 非线性动态逆设计方法

非线性动态逆利用非线性逆和非线性函数抵消被控对象的非线性，从而构成全局线性化。然后在伪线性系统的基础上通过相应的反馈及增益，实现所需的系统响应。下面简要介绍非线性动态逆方法原理和设计过程[24]。

6.4.1 动态逆设计基本原理

为了利用非线性动态逆设计原理实现飞行状态的输入输出解耦控制，由非线性解耦原理，控制输入量的个数应大于或等于输出量的个数，而飞行运动模型中共有 12 个状态，但控制输入量个数较少。考虑动态逆的设计模型和飞机运动模型，可见飞机的运动模型并不满足动态逆的典型设计模型。因此，需要对飞机运动模型做适当的处理，以便进行动态逆设计。

考虑飞机的运动方程，利用多重尺度奇异摄动理论分析各种状态，确定状态变化的快慢，可以将 12 个状态划分为 4 组：$[p \quad q \quad r]$，$[\alpha \quad \beta \quad \mu]$，$[V \quad \gamma \quad \chi]$，$[x \quad y \quad z]$。前两组状态描述了飞机的角运动，用来确定飞行姿态的变化；后两组状态描述了飞机的质点运动，用来确定飞行轨迹的变化，下面从各状态的物理意义说明其变化快慢的特点。

第一组状态 $[p \quad q \quad r]$ 描述了飞机机体运动的角速度，由于它们的时间常数小，直接受气动力矩的控制且效率很高，所以飞机机体角速度状态变化最快。

第二组状态 $[\alpha \quad \beta \quad \mu]$ 描述了飞机的姿态变化。该组状态受到角速度状态、推力作用的影响，而且受飞行空速方向（质点运动方向）的影响，且时间常数大，相对角速度状态的变化，其变化速度较慢。

第三组状态 $[V \quad \gamma \quad \chi]$ 描述了速度向量的变化，时间常数大，该组状态除了受气动力和推力的控制外，还受到飞机姿态状态的影响，其变化更慢。

最后一组状态 $[x \quad y \quad z]$ 描述了飞机空间位置的变化。它直接受第三组状态的控制，只有状态 $[V \quad \gamma \quad \chi]$ 完成变化后，空间位置状态才能完成变化。因此，其变化速度最慢。

由以上状态的相互关系和时标分析，可将这 4 组快慢不同的状态集构成相应的内外回路，再依据非线性动态逆设计方法对各回路进行解耦设计。在每个回路设计中,可忽略比期望控制状态变化快得多的状态的动态过程,将其视为控制输入量,而把比其变化慢得多的状态近似视其为常量。这样处理大大简化了系统的复杂性,使得在实际控制面数目较少的条件下,利用非线性动态逆解耦设计成为可能。研究分析表明,这样的处理对于大多数的飞机来说是可行的。

具体讲,首先设计快逆控制器,根据飞机的机体角速率指令$[p_c \quad q_c \quad r_c]$用控制面直接控制快状态$[p \quad q \quad r]$。在此基础上,忽略快逆回路的动态过程而将快逆状态作为慢逆状态运动方程的输入来设计慢逆控制器,即由姿态指令$[\alpha_c \quad \beta_c \quad \mu_c]$控制慢状态$[\alpha \quad \beta \quad \mu]$产生控制量$[p_c \quad q_c \quad r_c]$。然后设计最慢逆控制器,以速度指令$[V_c \quad \gamma_c \quad \chi_c]$指令控制速度状态$[V \quad \gamma \quad \chi]$产生控制量$[\alpha_c \quad \beta_c \quad \mu_c]$。最后,依据飞行指令控制空间位置状态$[x \quad y \quad z]$,得到控制量$[V_c \quad \gamma_c \quad \chi_c]$。由于将飞控系统分为姿态控制回路和轨迹控制回路两个独立的回路,而且考虑到姿态控制是轨迹控制的基础和前提,所以先详细讨论飞机的姿态控制器设计,图 6 - 12 为姿态控制回路的结构,包括快逆控制器和慢逆控制器。

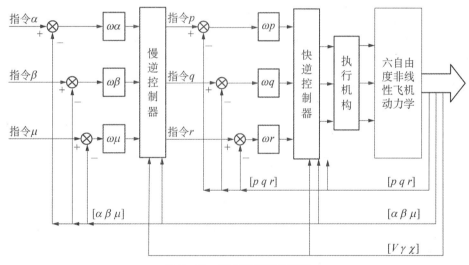

图 6 - 12 姿态控制回路结构

6.4.2 快逆控制器设计

快逆控制器直接由角速率指令求解出相应的操纵面偏转指令。当操纵面个数大于 3 时,可采用带控制分配模块的快逆控制器设计方法较为方便。下面分别对无控制分配模块和有控制分配模块的快逆控制器设计进行介绍。

1) 无控制分配的快逆控制器设计

此回路控制机体角速率状态$[p \quad q \quad r]$。

首先将飞机机体角速率方程中的气动力矩写成如下形式:

$$\begin{bmatrix} l_t \\ m_t \\ n_t \end{bmatrix} = \begin{bmatrix} C_l\,b \\ C_m\bar{c} \\ C_n\,b \end{bmatrix} \bar{q}S \tag{6-61}$$

式中：$\bar{q}=0.5\rho V^2$ 为动压；l_t，m_t，n_t 分别为机体滚转、偏航和俯仰气动力矩；V，ρ，S，b，$\bar{c}$ 分别为飞行速度、大气密度、机翼面积、机翼展长和机翼平均气动弦长；C_l，C_m，C_n 分别为滚转、俯仰和偏航气动力矩系数。

各力矩系数又可进一步表示为

$$\begin{cases} C_l = C_{l\text{basic}} + C_{l_{\delta_A}}\delta_A + C_{l_{\delta_R}}\delta_R + \dfrac{b}{(2V)}(C_{l_p}p + C_{l_r}r) \\[2mm] C_m = C_{m\text{basic}} + C_{m_{\delta_E}}\delta_E + \Delta C_{m_{n_z}}n_z + \dfrac{\bar{c}}{(2V)}(C_{m_q}q + C_{m_{\dot{\alpha}}}\dot{\alpha} + C_{L\text{basic}}\Delta N_0) \\[2mm] C_n = C_{n\text{basic}} + C_{n_{\delta_A}}\delta_A + C_{n_{\delta_R}}\delta_R + \dfrac{b}{(2V)}(C_{n_p}p + C_{n_r}r) \end{cases} \tag{6-62}$$

分析飞机机体角速率方程的气动力矩系数，其中一些动气动导数，如 $\Delta C_{m_{n_z}}$ 是过载引起的俯仰力矩气动导数，$C_{m_{\dot{\alpha}}}$ 是与攻角变化率相关的俯仰气动导数等，它们与其他一些气动导数相比要小得多，可以忽略。将 $C_{l\text{basic}}$，$C_{m\text{basic}}$，$C_{n\text{basic}}$ 分别展开为攻角、侧滑角和相应操纵面偏转角度的线性函数。则可将机体的角速度运动方程写成动态逆设计的标准模型：

$$\begin{bmatrix} \dot{p} \\ \dot{q} \\ \dot{r} \end{bmatrix} = \begin{bmatrix} f_p(\boldsymbol{x}) \\ f_q(\boldsymbol{x}) \\ f_r(\boldsymbol{x}) \end{bmatrix} + g(\boldsymbol{x}) \begin{bmatrix} \delta_A \\ \delta_E \\ \delta_R \end{bmatrix} \tag{6-63}$$

式中：$\boldsymbol{x}=[V \quad \alpha \quad \beta \quad p \quad q \quad r]^T$；各分量表示为

$$f_p(\boldsymbol{x}) = \frac{I_{zz}\hat{l}_t + I_{xz}\hat{n}_t + I_{xz}(I_{xx} - I_{yy} + I_{zz})pq + [I_{zz}(I_{yy} - I_{zz}) - I_{xz}^2]qr}{I_{xx}I_{zz} - I_{xz}^2} \tag{6-64}$$

$$f_q(\boldsymbol{x}) = \frac{\hat{m}_t + (I_{zz} - I_{xx})pr + I_{xz}(r^2 - p^2)}{I_{yy}} \tag{6-65}$$

$$f_r(\boldsymbol{x}) = \frac{I_{xz}\hat{l}_t + I_{xx}\hat{n}_t + [I_{xz}(I_{xx} - I_{yy}) + I_{xz}^2]pq - I_{xz}(I_{xx} - I_{yy} + I_{zz})qr}{I_{xx}I_{zz} - I_{xz}^2} \tag{6-66}$$

式中：$\hat{l}_t$，$\hat{m}_t$，$\hat{n}_t$ 分别为

$$\hat{l}_t = \bar{q}Sb\left[C_{l_\beta}\beta + \frac{b}{2V}(C_{l_p}p + C_{l_r}r)\right] \tag{6-67}$$

$$\hat{m}_t = \bar{q}S\bar{c}\left[C_{m_\alpha}\alpha + \frac{\bar{c}}{2V}(C_{m_q}q)\right] \tag{6-68}$$

$$\hat{n}_t = \bar{q}Sb\left[C_{n_\beta}\beta + \frac{b}{2V}(C_{n_p}p + C_{n_r}r)\right] \tag{6-69}$$

控制效率矩阵 $\boldsymbol{g}(\boldsymbol{x})$ 为

$$\boldsymbol{g}(\boldsymbol{x}) = \begin{bmatrix} g_{p\delta_A}(\boldsymbol{x}) & 0 & g_{p\delta_R}(\boldsymbol{x}) \\ 0 & g_{q\delta_E}(\boldsymbol{x}) & 0 \\ g_{r\delta_A}(\boldsymbol{x}) & 0 & g_{r\delta_R}(\boldsymbol{x}) \end{bmatrix} \tag{6-70}$$

式中：

$$g_{p\delta_A}(\boldsymbol{x}) = \frac{\bar{q}Sb[I_{zz}C_{l_{\delta_A}} + I_{xz}C_{n_{\delta_A}}]}{I_{xx}I_{zz} - I_{xz}^2} \tag{6-71}$$

$$g_{p\delta_R}(\boldsymbol{x}) = \frac{\bar{q}Sb[I_{zz}C_{l_{\delta_R}} + I_{xz}C_{n_{\delta_R}}]}{I_{xx}I_{zz} - I_{xz}^2} \tag{6-72}$$

$$g_{q\delta_E}(\boldsymbol{x}) = \frac{\bar{q}S\bar{c}C_{m_{\delta_E}}}{I_{yy}} \tag{6-73}$$

$$g_{r\delta_A}(\boldsymbol{x}) = \frac{\bar{q}Sb[I_{xz}C_{l_{\delta_A}} + I_{xx}C_{n_{\delta_A}}]}{I_{xx}I_{zz} - I_{xz}^2} \tag{6-74}$$

$$g_{r\delta_R}(\boldsymbol{x}) = \frac{\bar{q}Sb[I_{xz}C_{l_{\delta_R}} + I_{xx}C_{n_{\delta_R}}]}{I_{xx}I_{zz} - I_{xz}^2} \tag{6-75}$$

$\boldsymbol{g}(\boldsymbol{x})$ 为 3×3 的方阵，一般情况下矩阵是满秩的，其逆存在，因此可以根据快变回路 3 个期望的角加速度 $\dot{p}_d, \dot{q}_d, \dot{r}_d$，得到 3 个控制输入 $\delta_A, \delta_E, \delta_R$。根据动态逆原理，可解得

$$\begin{bmatrix} \delta_A \\ \delta_E \\ \delta_R \end{bmatrix} = \boldsymbol{g}^{-1}(x)\left(\begin{bmatrix} \dot{p}_d \\ \dot{q}_d \\ \dot{r}_d \end{bmatrix} - \begin{bmatrix} f_p(\boldsymbol{x}) \\ f_q(\boldsymbol{x}) \\ f_r(\boldsymbol{x}) \end{bmatrix}\right) \tag{6-76}$$

代入式(6-63)可得

$$\begin{bmatrix} \dot{p} \\ \dot{q} \\ \dot{r} \end{bmatrix} = \begin{bmatrix} \dot{p}_d \\ \dot{q}_d \\ \dot{r}_d \end{bmatrix} \tag{6-77}$$

式中：$[\dot{p}_d \quad \dot{q}_d \quad \dot{r}_d]^T$ 为期望的机体角加速率。在此，因为设计期望动态时主要考虑跟踪性能，所以控制指令由慢逆回路产生，期望动态一般采用如下形式：

$$\begin{cases} \dot{p}_d = \omega_p(p_c - p) \\ \dot{q}_d = \omega_q(q_c - q) \\ \dot{r}_d = \omega_r(r_c - r) \end{cases} \tag{6-78}$$

式中：p_c，q_c，r_c 是慢逆回路产生的控制指令。

ω_p，ω_q，ω_r 是被控状态 $\begin{bmatrix} p & q & r \end{bmatrix}$ 的响应带宽，设计时应遵循以下原则：

(1) 各响应带宽不可过高，否则会超出舵机的带宽，也可能激发出结构弹性模态。另一方面，各带宽也不能过窄，否则会降低跟踪品质，给外回路的设计造成困难。

(2) 滚转速率和偏航速率的带宽 ω_p，ω_r 取相等的值，有利于大滚转机动时的协调转弯。

按照以上原则，考虑到舵机的带宽一般为 $20\sim30\,\mathrm{rad/s}$，所以取各期望动态的带宽为 $\omega_p = \omega_q = \omega_r = 5\,\mathrm{rad/s}$。

在实际飞控系统中，可先将气动参数按表格形式存储于机载计算机中，并按如下步骤进行快逆控制律的计算：

(1) 在每一采样时刻，首先根据传感器测量得到的运动状态进行查表等运算，计算出各气动参数。

(2) 将各气动参数代入上面所得式子求出 $f_p(\boldsymbol{x})$，$f_q(\boldsymbol{x})$，$f_r(\boldsymbol{x})$，$\boldsymbol{g}(\boldsymbol{x})$ 并计算 $\boldsymbol{g}(\boldsymbol{x})$ 的逆 $\boldsymbol{g}^{-1}(\boldsymbol{x})$。再依据此时刻的期望动态和 $\boldsymbol{g}^{-1}(\boldsymbol{x})$，求解出控制舵面量并输出给舵机。

2) 带控制分配的快逆控制器设计

首先将机体的角速度运动方程写为动态逆设计的标准模型：

$$\begin{bmatrix} \dot{p} \\ \dot{q} \\ \dot{r} \end{bmatrix} = \begin{bmatrix} f_p \\ f_q \\ f_r \end{bmatrix} + \boldsymbol{g}(\boldsymbol{x}) \begin{bmatrix} l_t \\ m_t \\ n_t \end{bmatrix} \tag{6-79}$$

控制关系矩阵 $\boldsymbol{g}(\boldsymbol{x})$ 为方阵，一般情况下矩阵是满秩的，其逆存在，根据动态逆原理，可解得

$$\begin{bmatrix} l_t \\ m_t \\ n_t \end{bmatrix} = \boldsymbol{g}^{-1}(\boldsymbol{x}) \left(\begin{bmatrix} \dot{p}_d \\ \dot{q}_d \\ \dot{r}_d \end{bmatrix} - \begin{bmatrix} f_p \\ f_q \\ f_r \end{bmatrix} \right) \tag{6-80}$$

式中：$\begin{bmatrix} \dot{p}_d & \dot{q}_d & \dot{r}_d \end{bmatrix}^{\mathrm{T}}$ 为期望的机体角加速率，根据角速率的控制指令生成。

动态逆求解过程如图 6-13 所示。

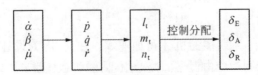

图 6-13　带控制分配的动态逆计算流程

这种快逆回路的处理方法不同于无控制分配直接将角速率指令与控制舵面的偏转指令联系起来,用求逆或者求伪逆的方法计算。而在这里先求出投影到各轴上的期望气动力矩,然后单独设计一个控制分配器,来负责处理各个舵面之间控制量的合理分配,在满足期望力矩的情况下,同时又能达到某种指标最优。关于控制分配器的设计此处不再赘述。

6.4.3 慢逆控制器设计

在设计慢逆回路控制器时,假定机体角速率状态能够很快地跟踪控制指令,达到期望的响应。但实际的快响应总有一定的瞬态过程。因此,慢逆回路设计有一定近似性。

将飞机姿态运动方程写成如下形式:

$$
\begin{bmatrix} \dot{\alpha} \\ \dot{\beta} \\ \dot{\mu} \end{bmatrix} = \begin{bmatrix} f_{\alpha} \\ f_{\beta} \\ f_{\mu} \end{bmatrix} + \boldsymbol{g}_{\mathrm{s}} \begin{bmatrix} p \\ q \\ r \end{bmatrix} \tag{6-81}
$$

各分量为

$$
f_{\alpha} = \frac{1}{mV\cos\beta}(-L + mg\cos\gamma\cos\mu - T\sin\alpha) \tag{6-82}
$$

$$
f_{\beta} = \frac{1}{mV}(mg\cos\gamma\sin\mu + Y\cos\beta - T\sin\beta\cos\alpha) \tag{6-83}
$$

$$
f_{\mu} = -\frac{g}{V}\cos\gamma\cos\mu\tan\beta + \frac{L}{mV}(\tan\gamma\sin\mu + \tan\beta) + \frac{Y}{mV}\tan\gamma\cos\mu\cos\beta +
$$

$$
\frac{T\sin\alpha}{mV}(\tan\gamma\sin\mu + \tan\beta) - \frac{T\cos\alpha}{mV}\tan\gamma\cos\mu\sin\beta
$$

$$
\tag{6-84}
$$

$$
\boldsymbol{g}_{\mathrm{s}} = \begin{bmatrix} \sin\alpha & 0 & -\cos\alpha \\ -\tan\beta\cos\alpha & 1 & -\tan\beta\sin\alpha \\ \sec\beta\cos\alpha & 0 & \sec\beta\sin\alpha \end{bmatrix} \tag{6-85}
$$

其行列式 $\det \boldsymbol{g}_{\mathrm{s}} = \sec\beta$,所以 $\boldsymbol{g}_{\mathrm{s}}$ 总是可逆的。

可见,以上形式为典型的动态逆设计模型,可以依据动态逆原理进行设计。当 f_{β},f_{α},f_{μ},$\boldsymbol{g}_{\mathrm{s}}$ 求得后,根据动态逆原理,控制量为

$$
\begin{bmatrix} p_{\mathrm{c}} \\ q_{\mathrm{c}} \\ r_{\mathrm{c}} \end{bmatrix} = \boldsymbol{g}_{\mathrm{s}}^{-1} \left(\begin{bmatrix} \dot{\beta}_{\mathrm{d}} \\ \dot{\alpha}_{\mathrm{d}} \\ \dot{\mu}_{\mathrm{d}} \end{bmatrix} - \begin{bmatrix} f_{\beta} \\ f_{\alpha} \\ f_{\mu} \end{bmatrix} \right) \tag{6-86}
$$

则可得

$$\begin{bmatrix} \dot{\beta} \\ \dot{\alpha} \\ \dot{\mu} \end{bmatrix} = \begin{bmatrix} \dot{\beta}_d \\ \dot{\alpha}_d \\ \dot{\mu}_d \end{bmatrix} \tag{6-87}$$

式中：$\dot{\alpha}_d$，$\dot{\beta}_d$，$\dot{\mu}_d$ 为飞机姿态的期望动态，根据姿态控制指令等产生。

控制指令由制导回路产生，期望动态一般采用如下形式：

$$\begin{cases} \dot{\alpha}_d = \omega_\alpha(\alpha_c - \alpha) \\ \dot{\beta}_d = \omega_\beta(\beta_c - \beta) \\ \dot{\mu}_d = \omega_\mu(\mu_c - \mu) \end{cases} \tag{6-88}$$

式中：α_c，β_c，μ_c 是制导回路产生的控制指令。

姿态回路的带宽取

$$\omega_\alpha = \omega_\beta = \omega_\mu = 1.5\,\mathrm{rad/s}$$

带宽远小于角速率回路的带宽，可以避免两回路的动态耦合。

6.4.4　非线性动态逆方法特点

非线性动态逆方法能进行通道间解耦，无须复杂的增益调节，被控对象参数的改变不影响其线性解耦控制结构及其增益。在理论上、仿真及试飞验证都表明，非线性动态逆控制的优点有：①可广泛用于不同的飞机模型；②在整个设计周期中，其设计具有很大的灵活性以适应飞机模型的变化；③能够满足像大迎角、超机动这样的非常规控制要求；④能够以固定增益自动适应飞行条件和构形的大范围变化而无需复杂的增益调参。

同时，该控制方案也有其局限性：①需要构造可信度高的非线性仿真模型并通过机载计算机进行实时逆变换，计算量很大；②不易进行鲁棒性分析；③其实现是以可以得到全状态反馈为前提的；④无法直接应用于非最小相位系统；⑤逆误差的存在将破坏严格的对消关系。

因此，该方法仅限应用于最小相位系统。更进一步，动态逆控制律将导致子动态(零动态)不可观，所以若零动态不稳则闭环不稳。但是对于轻微的非最小相位非线性系统，基于对真实系统近似为最小相位来设计控制律，所得系统将比直接应用线性理论设计的系统具有更好的性能。

还有基于动态逆的 μ 综合方法，在飞行控制中也得到一些应用，动态逆方法能满足超机动、大攻角等非常规控制要求，但是需要被控对象的精确模型，而与 μ 综合方法相结合，能增强控制系统的鲁棒性。但是 μ 综合方法设计的控制器阶数较高，不利于工程实现。

在基于动态逆的控制方案中，神经网络动态逆方案在战术导弹、无尾无人机、无人直升机、倾转式飞机中都得到了成功应用，而且它被波音(Boeing)公司选为高级无尾战斗机可重构飞控系统的设计方案。该方案的基本思想是一种基于 Lyapunov

分析的直接自适应控制方案,其自适应的实现是通过一个用于补偿逆误差的在线神经网络来完成的。这种方法不需要在线的参数辨识,补偿由网络结构决定,即神经元的数目和类型以及权重,这在实际的应用中带来了一些困难。同时值得注意的是当逆误差较大时,对在线神经网络的收敛性及算法的快速性提出了严峻的考验。

6.5 模糊增益调参鲁棒控制

增益调参的优点是其设计的直观性,可以利用线性系统成熟的方法,因而得到了广泛的应用,尤其在飞控系统设计中,取得了令人满意的结果,但也存在不少急需解决的问题,其中最主要的一个就是如何设计增益调参律以保证全局稳定性。

随着控制技术的迅速发展,线性矩阵不等式(LMI)技术已是控制领域的一个强有力的设计工具。许多控制理论及分析与综合问题都可以简化为相应的 LMI 问题求解,且这些 LMI 问题通常可以转化为一类凸优化问题,因而可以通过构造有效的计算机算法求解,也给增益调参问题带来了新的工具。

将结合 LMI 技术、模糊逻辑和 H_∞ 方法,给出一种保证系统全局稳定性和鲁棒性能的飞控系统控制器的设计方法。考虑到飞机模型的高度非线性不确定性,因而采用了模糊系统来描述飞机模型,从而提高了控制系统的鲁棒性,而且,对某型飞机模型的仿真结果也很好地说明了这一点。下面简要介绍模糊增益调参鲁棒控制器设计方法及过程[27]。

6.5.1 飞控系统 T-S 模糊建模

飞机模型是一个典型的高阶非线性系统,在不同的飞行状态点,其动态特性变化很大,对于给定的状态点高度(h)和马赫数(M)的邻域内,其气动参数变化不大,可近似看成不变。因此,可将飞行状态点(h, M)分挡并作为模糊系统的前件变量,用不同状态点对应的飞机线性状态方程建立飞控系统的 T-S 模糊模型。

令 R_i 表示模糊系统的第 i 条规则,则 T-S 模型描述如下:

$$R_i : \text{IF } z_1(t) \text{ is } M_{1i} \text{ and}, \cdots, \text{ and } z_p(t) \text{ is } M_{pi}. \text{ THEN}$$

$$\begin{cases} \dot{\boldsymbol{x}}(t) = \boldsymbol{A}_i \boldsymbol{x}(t) + \boldsymbol{B}_i \boldsymbol{u}(t) \\ \boldsymbol{y}(t) = \boldsymbol{C}_i \boldsymbol{x}(t) + \boldsymbol{D}_i \boldsymbol{u}(t) \end{cases} \tag{6-89}$$

式中:$i=1, 2, \cdots, r, r$ 为 If-Then 规则个数,相应于选取的工作点的个数,$z_1(t), \cdots, z_p(t)$ 为条件变量,p 为条件变量的个数;M_{ji} 为模糊集合;$\boldsymbol{x}(t) \in \mathbf{R}^n, \boldsymbol{u}(t) \in \mathbf{R}^m, \boldsymbol{y}(t) \in \mathbf{R}^q$ 分别为系统的状态、控制输入和观测输出;$\boldsymbol{A}_i, \boldsymbol{B}_i, \boldsymbol{C}_i, \boldsymbol{D}_i$ 为适当维数的常数矩阵。

给定 $\boldsymbol{x}(t), \boldsymbol{u}(t)$,模糊系统的输出为各子系统输出的加权平均,即

$$\begin{cases} \dot{\boldsymbol{x}}(t) = \sum_{i=1}^{r} h_i(\boldsymbol{z}(t))(\boldsymbol{A}_i \boldsymbol{x}(t) + \boldsymbol{B}_i \boldsymbol{u}(t)) = \boldsymbol{A}(\boldsymbol{z}(t))\boldsymbol{x}(t) + \boldsymbol{B}(\boldsymbol{z}(t))\boldsymbol{u}(t) \\ \boldsymbol{y}(t) = \sum_{i=1}^{r} h_i(\boldsymbol{z}(t))(\boldsymbol{C}_i \boldsymbol{x}(t) + \boldsymbol{D}_i \boldsymbol{u}(t)) = \boldsymbol{C}(\boldsymbol{z}(t))\boldsymbol{x}(t) + \boldsymbol{D}(\boldsymbol{z}(t))\boldsymbol{u}(t) \end{cases}$$

$$\tag{6-90}$$

式中：

$$\boldsymbol{z}(t) = \begin{bmatrix} z_1(t) & z_2(t) & \cdots & z_p(t) \end{bmatrix}$$

$$h_i[\boldsymbol{z}(t)] = \frac{M_i[\boldsymbol{z}(t)]}{\sum\limits_{i=1}^{r} M_i[\boldsymbol{z}(t)]}$$

$$\sum_{i=1}^{r} h_i[\boldsymbol{z}(t)] = 1$$

$$M_i[\boldsymbol{z}(t)] = \prod_{j=1}^{p} M_{ji}[z_j(t)]$$

式中：$M_{ji}[z(t)]$ 为 $z_j(t)$ 属于模糊集合 M_{ji} 的隶属度。

具体到飞控系统来说，条件变量可取为调参变量飞行高度 H 和马赫数 M，即 If-Then 规则中的前件为 $\overline{H}$，$\overline{M}$，$p = 2$，$z_1(t) = h$，$z_2(t) = M$，模糊集合 M_{ji} 可以以工作点为中心，例如，可采用 Gauss 模糊化方法，模糊隶属度函数如图 6-14 所示，图中 $j = 1$ 对应于调参变量 H，$j = 2$ 对应于调参变量 M。

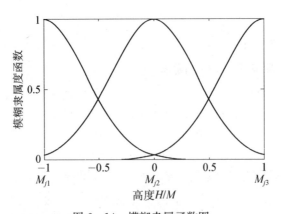

图 6-14　模糊隶属函数图

将每个调参变量模糊划分为 3 个模糊集，这样，总共有 9 个模糊集，对应 9 个中心点，飞行包线里的所有工作点就落在了这 9 个中心点构成的凸多面体内，T-S 模型共有 9 条模糊规则：

$$R_1 : \text{IF } H = M_{11} \text{ and } M = M_{21}, \text{ THEN}$$

$$\boldsymbol{A}_1 = \begin{bmatrix} -0.8394 & 1.0000 \\ -1.5936 & -1.3839 \end{bmatrix}, \boldsymbol{B}_1 = \begin{bmatrix} 0.0515 \\ -1.8490 \end{bmatrix}$$

$$R_2 : \text{IF } H = M_{11} \text{ and } M = M_{22}, \text{ THEN}$$

$$\boldsymbol{A}_2 = \begin{bmatrix} -1.2680 & 1.0000 \\ -6.3848 & -2.1286 \end{bmatrix}, \boldsymbol{B}_2 = \begin{bmatrix} 0.0747 \\ -5.9735 \end{bmatrix}$$

R_3：IF $H = M_{11}$ and $M = M_{23}$，THEN

$$\boldsymbol{A}_3 = \begin{bmatrix} -1.6966 & 1.0000 \\ -11.1760 & -2.8733 \end{bmatrix}, \boldsymbol{B}_3 = \begin{bmatrix} 0.0979 \\ -10.0980 \end{bmatrix}$$

R_4：IF $H = M_{12}$ and $M = M_{21}$，THEN

$$\boldsymbol{A}_4 = \begin{bmatrix} -0.5416 & 1.0000 \\ -0.6661 & -0.8935 \end{bmatrix}, \boldsymbol{B}_4 = \begin{bmatrix} 0.0341 \\ -0.6310 \end{bmatrix}$$

R_5：IF $H = M_{12}$ and $M = M_{22}$，THEN

$$\boldsymbol{A}_5 = \begin{bmatrix} -0.9702 & 1.0000 \\ -5.4573 & -1.6382 \end{bmatrix}, \boldsymbol{B}_5 = \begin{bmatrix} 0.0573 \\ -4.7555 \end{bmatrix}$$

R_6：IF $H = M_{12}$ and $M = M_{23}$，THEN

$$\boldsymbol{A}_6 = \begin{bmatrix} -1.3988 & 1.0000 \\ -10.2485 & -2.3829 \end{bmatrix}, \boldsymbol{B}_6 = \begin{bmatrix} 0.0805 \\ -8.8800 \end{bmatrix}$$

R_7：IF $H = M_{13}$ and $M = M_{21}$，THEN

$$\boldsymbol{A}_7 = \begin{bmatrix} -0.2438 & 1.0000 \\ -0.2617 & -0.0431 \end{bmatrix}, \boldsymbol{B}_7 = \begin{bmatrix} 0.0167 \\ 0.5870 \end{bmatrix}$$

R_8：IF $H = M_{13}$ and $M = M_{22}$，THEN

$$\boldsymbol{A}_8 = \begin{bmatrix} -0.6724 & 1.0000 \\ -4.5298 & -1.1478 \end{bmatrix}, \boldsymbol{B}_8 = \begin{bmatrix} 0.0399 \\ -3.5375 \end{bmatrix}$$

R_9：IF $H = M_{13}$ and $M = M_{23}$，THEN

$$\boldsymbol{A}_9 = \begin{bmatrix} -1.1010 & 1.0000 \\ -9.3210 & -1.8925 \end{bmatrix}, \boldsymbol{B}_9 = \begin{bmatrix} 0.0631 \\ -7.6620 \end{bmatrix}$$

给定 $\boldsymbol{x}(t)$，$\boldsymbol{u}(t)$ 后，模糊系统的输出为

$$\dot{\boldsymbol{x}}(t) = \sum_{i=1}^{9} \boldsymbol{h}_i[\boldsymbol{z}(t))(\boldsymbol{A}_i\boldsymbol{x}(t) + \boldsymbol{B}_i\boldsymbol{u}(t)] = \boldsymbol{A}[\boldsymbol{z}(t))\boldsymbol{x}(t) + \boldsymbol{B}(\boldsymbol{z}(t)]\boldsymbol{u}(t)$$

$$\boldsymbol{y}(t) = \sum_{i=1}^{9} h_i[\boldsymbol{z}(t)][\boldsymbol{C}_i\boldsymbol{x}(t) + \boldsymbol{D}_i\boldsymbol{u}(t)] = \boldsymbol{C}[\boldsymbol{z}(t))\boldsymbol{x}(t) + \boldsymbol{D}(\boldsymbol{z}(t)]\boldsymbol{u}(t)$$

$$(6-91)$$

式中：

$$\boldsymbol{z}(t) = \begin{bmatrix} H(t) & M(t) \end{bmatrix}$$

$$h_i[\boldsymbol{z}(t)] = \frac{M_i[\boldsymbol{z}(t)]}{\sum\limits_{i=1}^{9} M_i(\boldsymbol{z}(t))}, \quad \sum_{i=1}^{9} h_i(\boldsymbol{z}(t)) = 1$$

$$M_i[\boldsymbol{z}(t)] = \prod_{j=1}^{2} M_{ji}[z_j(t)]$$

式中：$M_{ji}(z(t))$ 为 $z_j(t)$ 属于模糊集合 M_{ji} 的隶属度。式(6-91)即为飞控系统的模糊 T-S 模型，成为模糊调参控制器的设计的依据。

6.5.2　控制器设计过程和原理

对于 T-S 模型，利用并行分布补偿原理设计模糊控制器是自然的。并行分布补偿的基本思路为：首先对每一个子系统分别设计局部控制器 F_i，然后由局部控制器组成模糊控制器，模糊控制器共享模糊系统模型的前件。因此，模糊控制器由如下规则确定：

$$R_i : \text{If} \quad z_1(t) \quad \text{is} \quad M_{i1} \quad \text{and,}$$
$$\cdots, \text{and} \quad z_p(t) \quad \text{is} \quad M_{ip}, \text{then}$$
$$\boldsymbol{u}(t) = \boldsymbol{F}_i(t) \quad (i = 1, 2, \cdots, r)$$

从而模糊控制器为

$$\boldsymbol{u}(t) = \sum_{i=1}^{r} h_i[\boldsymbol{z}(t)]\boldsymbol{F}_i(t) \tag{6-92}$$

下面考虑局部控制器 F_i 的设计，采用 H_∞ 方法，对于典型的 H_∞ 系统：

$$\begin{cases} \dot{\boldsymbol{x}} = \boldsymbol{A}\boldsymbol{x} + \boldsymbol{B}_1\boldsymbol{w} + \boldsymbol{B}_2\boldsymbol{u} \\ \boldsymbol{z} = \boldsymbol{C}_1\boldsymbol{x} + \boldsymbol{D}_{11}\boldsymbol{w} + \boldsymbol{D}_{12}\boldsymbol{u} \\ \boldsymbol{y} = \boldsymbol{C}_2\boldsymbol{x} + \boldsymbol{D}_{21}\boldsymbol{w} + \boldsymbol{D}_{22}\boldsymbol{u} \\ \boldsymbol{A} \in \mathbf{R}^{n \times n}, \boldsymbol{D}_{11} \in \mathbf{R}^{p_1 \times m_1}, \boldsymbol{D}_{22} \in \mathbf{R}^{p_2 \times m_2} \end{cases} \tag{6-93}$$

式中：w, z 分别为外界输入和输出；u, y 分别为控制输入和测量输出。

设控制器的形式为

$$\begin{cases} \dot{\boldsymbol{\xi}} = \boldsymbol{A}_K\boldsymbol{\xi} + \boldsymbol{B}_K\boldsymbol{y} \\ \boldsymbol{u} = \boldsymbol{C}_K\boldsymbol{\xi} + \boldsymbol{D}_K\boldsymbol{y} \end{cases} \tag{6-94}$$

将以上各式得闭环系统的状态方程为

$$\begin{cases} \dot{\boldsymbol{x}}_{\text{cl}} = \boldsymbol{A}_{\text{cl}}\boldsymbol{x}_{\text{cl}} + \boldsymbol{B}_{\text{cl}}\boldsymbol{w} \\ \boldsymbol{z} = \boldsymbol{C}_{\text{cl}}\boldsymbol{x}_{\text{cl}} + \boldsymbol{D}_{\text{cl}}\boldsymbol{w} \end{cases} \tag{6-95}$$

式中：$\boldsymbol{A}_{\text{cl}}, \boldsymbol{B}_{\text{cl}}, \boldsymbol{C}_{\text{cl}}, \boldsymbol{D}_{\text{cl}}$ 为闭环系统的系统矩阵；状态变量 $\boldsymbol{x}_{\text{cl}} = [\boldsymbol{x} \quad \boldsymbol{\xi}]^{\mathrm{T}}$。

作为简写，首先定义

$$\bar{\boldsymbol{A}} = \begin{bmatrix} \boldsymbol{A} & \boldsymbol{0} \\ \boldsymbol{0} & \boldsymbol{0}_k \end{bmatrix} \quad \bar{\boldsymbol{B}}_0 = \begin{bmatrix} \boldsymbol{B}_1 \\ \boldsymbol{0} \end{bmatrix} \quad \bar{\boldsymbol{C}}_0 = \begin{bmatrix} \boldsymbol{C}_1 & \boldsymbol{0} \end{bmatrix}$$

$$\bar{\boldsymbol{B}} = \begin{bmatrix} \boldsymbol{0}_k & \boldsymbol{B}_2 \\ \boldsymbol{I}_k & \boldsymbol{0} \end{bmatrix} \quad \bar{\boldsymbol{C}} = \begin{bmatrix} \boldsymbol{0} & \boldsymbol{I}_k \\ \boldsymbol{C}_2 & \boldsymbol{0} \end{bmatrix}$$

$$\bar{\boldsymbol{D}}_{12} = \begin{bmatrix} \boldsymbol{0} & \boldsymbol{D}_{12} \end{bmatrix} \quad \bar{\boldsymbol{D}}_{21} = \begin{bmatrix} \boldsymbol{0} \\ \boldsymbol{D}_{21} \end{bmatrix}$$

这时闭环参变系统式(6-95)的参数形式为

$$\boldsymbol{A}_{cl} = \overline{\boldsymbol{A}} + \overline{\boldsymbol{B}} \boldsymbol{\Omega}_K \overline{\boldsymbol{C}} = \begin{bmatrix} \boldsymbol{A} + \boldsymbol{B}_2 \boldsymbol{D}_K \boldsymbol{C}_2 & \boldsymbol{B}_2 \boldsymbol{C}_K \\ \boldsymbol{B}_K \boldsymbol{C}_2 & \boldsymbol{A}_K \end{bmatrix}$$

$$\boldsymbol{B}_{cl} = \overline{\boldsymbol{B}}_0 + \overline{\boldsymbol{B}} \boldsymbol{\Omega}_K \overline{\boldsymbol{D}}_{21} = \begin{bmatrix} \boldsymbol{B}_1 + \boldsymbol{B}_2 \boldsymbol{D}_K \boldsymbol{D}_{21} \\ \boldsymbol{B}_K \boldsymbol{D}_{21} \end{bmatrix}$$

$$\boldsymbol{C}_{cl} = \overline{\boldsymbol{C}}_0 + \overline{\boldsymbol{D}}_{12} \boldsymbol{\Omega}_K \overline{\boldsymbol{C}} = \begin{bmatrix} \boldsymbol{C}_1 + \boldsymbol{D}_{12} \boldsymbol{D}_K \boldsymbol{C}_2 & \boldsymbol{D}_{12} \boldsymbol{C}_K \end{bmatrix}$$

$$\boldsymbol{D}_{cl} = D_{11} + D_{12} \boldsymbol{D}_K D_{21}$$

式中:参变控制器的系统矩阵为

$$\boldsymbol{\Omega}_K = \begin{bmatrix} \boldsymbol{A}_K & \boldsymbol{B}_K \\ \boldsymbol{C}_K & \boldsymbol{D}_K \end{bmatrix} \tag{6-96}$$

下面的引理给出了闭环系统具有期望的二次 H_∞ 性能的充要条件。

引理 6.1[28]:闭环参变系统具有期望的二次稳定性和 H_∞ 性能 γ 的充分必要条件是关于 $\boldsymbol{\Omega}_K$ 的线性矩阵不等式集:

$$\begin{bmatrix} \boldsymbol{A}_{cl}^{\mathrm{T}}(\theta)\boldsymbol{P} + \boldsymbol{P}\boldsymbol{A}_{cl}(\theta) & \boldsymbol{P}\boldsymbol{B}_{cl}(\theta) & \boldsymbol{C}_{cl}^{\mathrm{T}}(\theta) \\ \boldsymbol{B}_{cl}^{\mathrm{T}}(\theta)\boldsymbol{P} & -\gamma\boldsymbol{I} & \boldsymbol{D}_{cl}^{\mathrm{T}}(\theta) \\ \boldsymbol{C}_{cl}(\theta) & \boldsymbol{D}_{cl}(\theta) & -\gamma\boldsymbol{I} \end{bmatrix} < \boldsymbol{0} \tag{6-97}$$

式中:$\theta \in \boldsymbol{\Theta} = Co(\theta_i, i=1, 2, \cdots, r)$,对所有 θ 有一致正定解 $\boldsymbol{P}$;$\boldsymbol{A}_{cl}(\theta)$, $\boldsymbol{B}_{cl}(\theta)$, $\boldsymbol{C}_{cl}(\theta)$,$\boldsymbol{D}_{cl}(\theta)$ 分别为调参后闭环系统的系数矩阵。在本文中,条件变量 z 即为此处的参变量 θ。

具体设计步骤如下:

第一步,对每一工作点,求解下面的关于 $\boldsymbol{R}, \boldsymbol{S}$ 的线性矩阵不等式组:

$$\begin{bmatrix} \boldsymbol{N}_{Ri} & \boldsymbol{0} \\ \boldsymbol{0} & \boldsymbol{I}_{m1} \end{bmatrix}^{\mathrm{T}} \begin{bmatrix} \boldsymbol{A}_i\boldsymbol{R} + \boldsymbol{R}\boldsymbol{A}_i^{\mathrm{T}} & \boldsymbol{R}\boldsymbol{C}_{1i}^{\mathrm{T}} & \boldsymbol{B}_{1i} \\ \boldsymbol{C}_{1i}\boldsymbol{R} & -\gamma\boldsymbol{I} & \boldsymbol{D}_{11i} \\ \boldsymbol{B}_{1i}^{\mathrm{T}} & \boldsymbol{D}_{11i}^{\mathrm{T}} & -\gamma\boldsymbol{I} \end{bmatrix} \begin{bmatrix} \boldsymbol{N}_{Ri} & \boldsymbol{0} \\ \boldsymbol{0} & \boldsymbol{I}_{m1} \end{bmatrix} < \boldsymbol{0}$$

$$\begin{bmatrix} \boldsymbol{N}_{Si} & \boldsymbol{0} \\ \boldsymbol{0} & \boldsymbol{I}_{m1} \end{bmatrix}^{\mathrm{T}} \begin{bmatrix} \boldsymbol{A}_i^{\mathrm{T}}\boldsymbol{S} + \boldsymbol{S}\boldsymbol{A}_i & \boldsymbol{S}\boldsymbol{B}_{1i} & \boldsymbol{C}_{1i}^{\mathrm{T}} \\ \boldsymbol{B}_{1i}^{\mathrm{T}}\boldsymbol{S} & -\gamma\boldsymbol{I} & \boldsymbol{D}_{11i}^{\mathrm{T}} \\ \boldsymbol{C}_{1i} & \boldsymbol{D}_{11i} & -\gamma\boldsymbol{I} \end{bmatrix} \begin{bmatrix} \boldsymbol{N}_{Si} & \boldsymbol{0} \\ \boldsymbol{0} & \boldsymbol{I}_{m1} \end{bmatrix} < \boldsymbol{0}$$

$$\begin{bmatrix} \boldsymbol{R} & \boldsymbol{I} \\ \boldsymbol{I} & \boldsymbol{S} \end{bmatrix} \geqslant \boldsymbol{0}$$

式中:$\boldsymbol{N}_{Ri}$, $\boldsymbol{N}_{Si}$ 分别为 $\begin{bmatrix} \boldsymbol{B}_{2i}^{\mathrm{T}} & \boldsymbol{D}_{12i}^{\mathrm{T}} \end{bmatrix}$ 和 $\begin{bmatrix} \boldsymbol{C}_{2i} & \boldsymbol{D}_{21i} \end{bmatrix}$ 的零空间的标准正交基;γ 为 H_∞ 问题的性能指标,$\boldsymbol{R}, \boldsymbol{S} \in \mathbf{R}^{n \times n}$。

第二步,通过满秩分解求解两个可逆矩阵 $\boldsymbol{M}, \boldsymbol{N} \in \mathbf{R}^{n \times n}$,使得

$$MN^{\mathrm{T}} = I - RS \tag{6-98}$$

根据有界实定理求解线性矩阵不等式一致正定解 X_{cl}

$$X_{\mathrm{cl}}\begin{bmatrix} R & I \\ M^{\mathrm{T}} & 0 \end{bmatrix} = \begin{bmatrix} I & S \\ 0 & N^{\mathrm{T}} \end{bmatrix}$$

不等式组确保了 $X_{\mathrm{cl}} > 0$。

第三步,根据下式求解对应于每一个顶点的全阶控制器 Ω_K:

$$\Psi_{\mathrm{cl}i} + P_{\mathrm{cl}i}^{\mathrm{T}}\Omega_{Ki}Q_i + Q_i^{\mathrm{T}}\Omega_{Ki}^{\mathrm{T}}P_{\mathrm{cl}i} < 0 \tag{6-99}$$

式中:

$$P_{\mathrm{cl}i} = \begin{bmatrix} \overline{B}_i^{\mathrm{T}}X_{\mathrm{cl}} & \mathbf{0} & \overline{D}_{12i}^{\mathrm{T}} \end{bmatrix}$$

$$Q_i = \begin{bmatrix} \overline{C}_i & \overline{D}_{21i} & \mathbf{0} \end{bmatrix}$$

$$\Psi_{\mathrm{cl}i} = \begin{bmatrix} \overline{A}_i^{\mathrm{T}}X_{\mathrm{cl}} + X_{\mathrm{cl}}\overline{A}_i & X_{\mathrm{cl}}\overline{B}_{0i} & \overline{C}_{0i}^{\mathrm{T}} \\ \overline{B}_{0i}^{\mathrm{T}}X_{\mathrm{cl}} & -\gamma I & D_{11i}^{\mathrm{T}} \\ \overline{C}_{0i} & D_{11i} & -\gamma I \end{bmatrix}$$

第四步,根据 T-S 模型的隶属度函数求出各个工作点控制器的系数 $\alpha_i = h_i(z(t))$,则最终的控制器为

$$\Omega_K = \sum_{i=1}^{r} \alpha_i \Omega_{Ki} \tag{6-100}$$

定理 6.5 对于以上设计的模糊增益调参控制器能够使闭环系统具有全局稳定性和二次 H_∞ 性能 $\gamma > 0$。

由引理 6.1 和控制器的设计过程可以得到定理 6.5 的结论。

针对飞行控制设计中的增益调参问题,采用线性矩阵不等式方法,同时,利用 T-S 模糊模型对飞控系统建模,实现一种新的增益调参的设计方法。该方法解决了传统增益调参设计中以经验设计为主的弊病,并保证了系统的全局稳定性及鲁棒性能要求,对某型飞机的仿真结果也说明了该方法的有效性。由于该方法的核心是寻找一组 LMI 的一致正定解,因而具有一定的保守性,如何进一步改进是目前正在研究的问题。

6.6 鲁棒控制设计实例

飞行控制系统主要任务包括两个方面:控制增稳和自动驾驶仪。前者主要用于改善飞机的操纵品质,后者实现如姿态保持、航迹保持等自动控制任务。在设计自动驾驶仪时(如姿态保持),常将控制增稳系统作为自动驾驶仪的内回路。本节分别使用 H_∞ 鲁棒控制方法和 μ 综合方法设计某型飞机的飞行控制律[1]。

6.6.1 系统结构和性能指标要求

增稳控制回路、姿态控制回路和重心控制回路就组成了自动驾驶仪系统,其结构如图 6-15 所示,其中 $G_i(s)$ 为姿态角控制器(即内环控制器), $G_e(s)$ 为重心位置控制器(即外环控制器)。

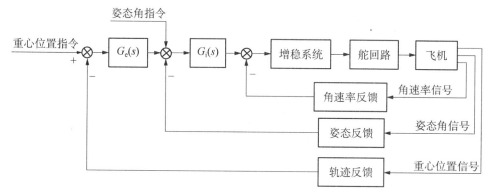

图 6-15 自动驾驶仪结构示意

纵向自动驾驶仪可以稳定和控制飞机的俯仰角、高度、速度等;横侧向自动驾驶仪可以稳定与控制飞机的航向角、倾斜角、偏航角、偏航距离等。控制飞机这些不同的状态,就对应了驾驶仪不同的功能模态。根据所控制的状态变量,可以完成姿态(俯仰角和滚转角)保持、航向保持、自动改平、低高度拉起、高度保持、速度保持和自动着陆等功能。

在设计自动驾驶仪时,应当根据设计需要和相关飞行品质规范确定自动驾驶仪应具有的性能指标。自动驾驶仪的性能指标和要求包括以下几个方面:①姿态和航向保持的精度范围和瞬态响应;②自动改平和低高度拉起时改平拉起速度、迎角和过载限制;③高度保持精度;④空速和马赫数保持精度;⑤自动驾驶仪的稳定性要求;⑥自动驾驶仪的剩余振荡要求;⑦自动驾驶仪的使用范围。

主要针对某型飞机自动驾驶仪中姿态保持、高度保持、速度保持以及Ⅱ级自动着陆等几种模态,并根据自动驾驶仪的品质规范,给出飞行控制系统的设计指标:

(1)在无阵风干扰时,姿态角保持精度应满足:俯仰角误差 $\Delta\theta \leqslant \pm 0.5°$,滚转角误差 $\Delta\phi \leqslant \pm 1.0°$;在存在阵风情况下(阵风强度在规定范围内),要求俯仰角的均方差 $\sigma_\theta < 5°$,滚转角的均方差 $\sigma_\phi < 10°$。

(2)非线性影响造成的边界振荡,载荷系数最大幅度不超过 $0.04g$,姿态角最大幅值不超过 $0.2°$。

(3)航迹保持精度:高度保持稳态误差 $<1\%$;速度保持误差 $<1\%$;并且能消除阵风造成的干扰。

带有增稳系统的飞机是自动驾驶仪的控制对象,常为复杂的高阶系统,直接使用它们进行自动驾驶仪设计将比较烦琐,特别是对于采用 H_∞ 方法设计的控制器,其设计出来的控制器阶次一般是大于等于对象的阶次,得到的高阶控制器难以实际应用。因此,常利用等效系统的方法得到内环带增稳系统的飞机低阶等效模型,该模型在一定频率范围内能够完全逼近原来的高阶系统。因此,可以使用简单的低阶等效模型作为纵向自动驾驶仪的控制对象,进行自动驾驶仪的初步设计;然后再以实际控制系统作为纵向自动驾驶仪的内回路进行仿真,根据仿真的结果对控制器进行一定的参数调节。

在自动驾驶仪初步设计阶段,先暂时不考虑伺服回路、传感器、等效时延等非线性因素对闭环系统的影响。

6.6.2 俯仰角保持

俯仰角保持主要实现俯仰角保持在驾驶员设定的俯仰角上,或跟踪外回路(制导回路)的俯仰角指令。

通常只在飞机水平飞行状态和短时间下滑、爬升状态下,使用该控制模态。控制变量是俯仰姿态角 θ,传感器为姿态参考陀螺。由于 $\theta = \alpha + \gamma$(α 为迎角,γ 为航迹倾斜角),而 α 随着飞行状态变化而改变,所以该种模态并不能保持航迹倾斜角为常值。如果推力增加,飞机将爬升;随着燃油消耗,重量减轻,也会使飞机爬升;由于空气密度随着高度增加而降低,爬升的飞机将趋于改平。由这些特性可见,俯仰姿态保持本身并不十分重要,但它是自动驾驶仪其他模态的内回路,如高度保持模态、自动着陆等。

设计目标是实现俯仰角姿态保持和俯仰角指令跟踪;被控对象是 B707 模型,其线性化纵向短周期模型为

$$\begin{bmatrix} \dot{\alpha} \\ \dot{q} \end{bmatrix} = \begin{bmatrix} -0.7098 & 1 \\ -1.2716 & -0.6080 \end{bmatrix} \begin{bmatrix} \alpha \\ q \end{bmatrix} + \begin{bmatrix} -0.0396 \\ -1.6139 \end{bmatrix} \delta_e$$

俯仰角保持的典型控制系统结构如图 6-16 所示。图中 θ_c 为俯仰角指令;q 为俯仰角速率;θ 为俯仰角;K_θ 为俯仰角保持控制器,其输入为 q 和误差 $(\theta_c - \theta)$;$G_{\delta_e}(s)$ 为升降舵传函,$G_{\delta_e}(s) = 1/(0.1s+1)$。

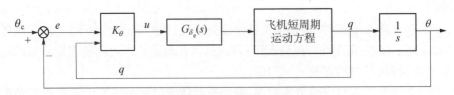

图 6-16 俯仰角保持控制系统结构图

采用上述飞机对象及短周期模型,利用 H_∞ 鲁棒控制设计方法设计俯仰角姿态保持控制器,其设计结构如图 6-17 所示。控制器输入为跟踪误差 $e = \theta_c - \theta$ 和俯仰角速率 q,控制器输出 u 为升降舵指令 δ_{ec}。

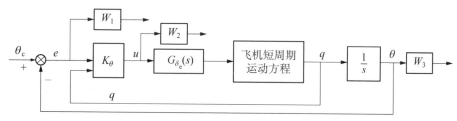

图 6-17 H_∞ 俯仰角保持设计示意图

首先,利用 MATLAB 的 LMI 工具箱工具 sconnect(),根据图 6-17 建立系统增广对象 SYSTEM 阵 $\boldsymbol{P}$。

选取加权函数:

$$W_1 = \frac{1}{s}, \quad W_2 = 0.5, \quad W_3 = 1$$

利用 MATLAB 提供的 H_∞ 控制器设计工具 hinflmi() 合成俯仰角保持的最优 H_∞ 控制器,经过 31 次迭代,得到 5 个状态,2 个输入,1 个输出的最优 H_∞ 控制器 K_θ,其状态方程表示的系数矩阵 $\boldsymbol{A}_{K_\theta}$,$\boldsymbol{B}_{K_\theta}$,$\boldsymbol{C}_{K_\theta}$,$\boldsymbol{D}_{K_\theta}$ 如下:

$$\boldsymbol{A}_{K_\theta} = \begin{bmatrix} 11.85 & 3.326 & 1.275 & -0.2322 & 1556 \\ 89.5 & -8.042 & -6.258 & 4.258 & 1.124\mathrm{e}+004 \\ 101 & -1.529 & -3.493 & 1.984 & 1.269\mathrm{e}+004 \\ -53.74 & -2.216 & 0.3832 & -1.219 & -6854 \\ -24.01 & -1.224 & 0.06747 & -0.3399 & -3053 \end{bmatrix},$$

$$\boldsymbol{B}_{K_\theta} = \begin{bmatrix} 0.6305 & 2.014 \\ 0.0934 & -1.718 \\ 0.09489 & 1.048 \\ 0.1771 & -1.085 \\ 0.8361 & -1.54 \end{bmatrix}$$

$$\boldsymbol{C}_{K_\theta} = \begin{bmatrix} -74.18 & -0.5498 & -0.3582 & -0.2506 & -9275 \end{bmatrix}, \boldsymbol{D}_{K_\theta} = \boldsymbol{0}$$

H_∞ 控制器常具有和增广对象 $\boldsymbol{P}$ 一样的阶次,一般阶次较高。而控制器的阶次越高在工程实际中应用的难度越大,在保证控制精度的前提下,尽可能使用低阶的控制器。通过在构建增广对象时忽略某些快变动态,如升降舵的动态,可以使合成的 H_∞ 控制器阶次更低,也可以使用专门的控制器降阶方法对获得的 H_∞ 控制器进行降阶。

平衡降阶是一种常用的控制器降阶方法。利用平衡降阶的方法对 K_θ 进行降阶,分别获得四阶,三阶的降阶 H_∞ 控制器(仿真研究表明,当 H_∞ 控制器阶次降到二阶时,闭环系统发散)。给定 $\theta_c = 10°$ 的阶跃指令,分别使用五阶,四阶,三阶的 H_∞ 控制器进行仿真,其结果如图 6-18 所示。从仿真曲线可以看出,各阶次的 H_∞ 控制器的控制效果比较接近,俯仰角响应在 4 s 以前进入稳态,满足设计指标要求。

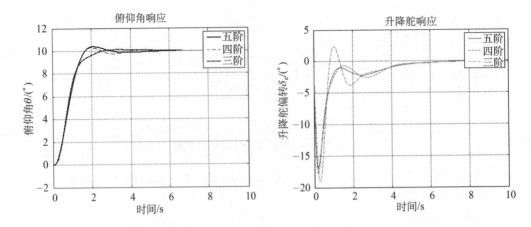

图 6-18　降阶 H_∞ 俯仰角保持控制器仿真曲线

因此,采用三阶的降阶 H_∞ 控制器 K_θ^r 作为俯仰角姿态保持控制器,其状态方程表为

$$\dot{x} = \begin{bmatrix} -6\,824 & 1.687 & -339.6 \\ 1.34 & -0.000\,277\,8 & 0.066\,59 \\ -176.8 & 0.025 & -8.786 \end{bmatrix} x + \begin{bmatrix} -73.57 & 152.7 \\ 0.006\,769 & -0.014\,68 \\ 0.228 & 2.22 \end{bmatrix} u$$

$$y = \begin{bmatrix} 30.5 & -0.0151 & 2.157 \end{bmatrix} x$$

为了分析 H_∞ 控制器的鲁棒性,分别用 3 个典型飞行条件的线性化状态方程与降阶控制器 K_θ^r 进行闭环仿真。给定 $\theta_c = 10°$ 的阶跃指令,其仿真结果如图 6-19 所示。

从仿真结果可以看出,当模型变化在 H_∞ 控制器允许范围内时,如"等待飞行"和"巡航飞行"两个飞行条件下,其控制效果是非常接近的,这说明具有较好的鲁棒性。而当模型的变化超出了 H_∞ 控制器的允许范围,其控制性能下降很多,这需要通过重新设计该飞行条件的 H_∞ 控制器,进行控制器切换,实现高精度的控制。

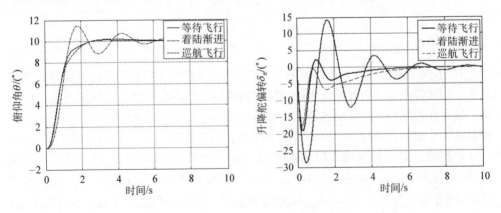

图 6-19　不同飞行条件下 H_∞ 俯仰角保持控制器仿真曲线

6.6.3 高度保持

飞机在远距离巡航、进场着陆初始阶段(如等待飞行)等均需要保持高度的稳定,当希望飞机从当前高度变化到另一高度时,需要对高度进行跟踪控制。

飞机的高度保持和控制属于飞机的重心控制,不能由俯仰角的稳定和控制来完成。因为角稳定系统在垂直气流干扰下会产生高度漂移,所以高度保持系统需要有高度差传感器,如气压高度表、无线电高度表和大气数据传感器等,由高度偏差信号控制飞机的姿态,改变飞机的航迹倾斜角,使飞机回到预定的回路上。

典型的高度保持和控制器结构如图 6-20 所示。图中 K_H 为高度保持控制器,K_H 的指令输出为俯仰角指令 θ_c;H_c 为高度指令;俯仰内回路,即有俯仰角保持控制器功能的俯仰角指令跟踪回路。

在实际应用中,为了保持高度的精确跟踪,一般还需要对飞机的速度进行控制,这主要通过控制发动机产生的推力,即油门杆的位置来实现。

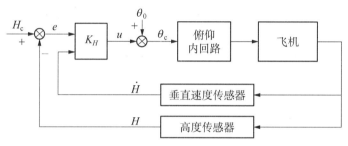

图 6-20 典型的高度控制回路

设计目标:实现高度的精确跟踪和保持;同时保持飞行速度恒定。

被控对象:"等待飞行"飞行条件下的纵向线性化状态方程。

将轨迹状态 H 加入到纵向状态方程中,得到状态变量为 $\boldsymbol{x}=\begin{bmatrix} V & \alpha & q & \theta & H \end{bmatrix}^{\mathrm{T}}$,输入为 $\boldsymbol{u}=\begin{bmatrix} \delta_e & \delta_t \end{bmatrix}^{\mathrm{T}}$ 的飞机纵向模型如下:

$$
\dot{\boldsymbol{x}} = \begin{bmatrix}
-0.0077144 & 7.3189 & -8.1941\mathrm{e}{-016} & -9.8 & 0.00011136 \\
-0.0010937 & -0.70978 & 1 & 2.3997\times10^{-13} & 1.6816\times10^{-5} \\
0.00045183 & -1.2716 & -0.60799 & -3.8775\times10^{-14} & -4.9877\times10^{-6} \\
0 & 0 & 1 & 0 & 0 \\
2.8532\mathrm{e}{-011} & -130 & 0 & 130 & 0
\end{bmatrix} \boldsymbol{x} +
$$

$$
\begin{bmatrix}
0.26357 & 3.2069 \\
-0.039627 & -0.00064711 \\
-1.6139 & -0.069939 \\
0 & 0 \\
0 & 0
\end{bmatrix} \boldsymbol{u}
$$

升降舵模型 $G_{\delta_e}(s)$ 和油门杆模型 $G_{\delta_t}(s)$ 为

$$G_{\delta_e}(s) = 1/(0.1s+1),\ G_{\delta_t}(s) = 1/(3s+1)$$

采用 H_∞ 控制器设计方法，设计基于输出反馈的 H_∞ 控制器满足应用要求。采用基于 LMI 的 H_∞ 鲁棒控制系统设计方法设计高度保持控制器，其设计结构如图 6-21 所示，系统采用隐模型跟踪方法，W_{id} 为需要跟踪的理想速度和高度响应模型；待设计控制器 K_H 的输入为速度和高度指令 V_c，H_c，速度和高度测量 V，H 以及 q，θ，$\dot{H}$，输出为升降舵指令 δ_{ec} 和油门杆指令 δ_{tc}。W_1 对模型跟踪误差加权；W_2 对控制器输出加权，保证其在合理的范围内；W_3 对 q，α 加权，保证其在合理的范围内，并满足一定的飞行品质要求。

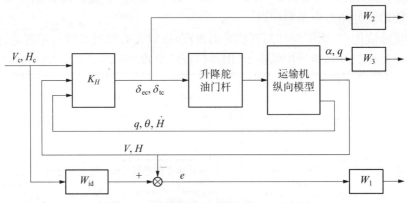

图 6-21　高度保持控制器的 H_∞ 合成结构

选择高度和速度响应的理想模型 $W_{id} = \mathrm{diag}(W_{id\_V},\ W_{id\_H})$ 为

$$W_{id\_V} = W_{id\_H} = \frac{1}{8s+1}$$

即期望系统在 25 s 左右进入稳态。

由于油门杆模型的时间常数为 3 s，不能忽略，因此在合成 H_∞ 控制器时，将升降舵和油门杆模型考虑在内。选择加权函数分别为

$$W_1 = \mathrm{diag}(W_{1\_V},\ W_{1\_H}),\ W_{1\_V} = W_{1\_H} = \frac{0.28171s + 0.093109}{s + 0.001}$$

$$W_2 = \mathrm{diag}(57.3/30,\ 2),\ W_3 = \mathrm{diag}(1,\ 1)$$

首先，使用 MATLAB 工具 sconnect() 建立 H_∞ 控制器用到的系统增广对象，再使用 hinflmi() 合成 H_∞ 控制器。在设计中发现，采用缺省参数合成的控制器存在大极点（$>10^3$），因此需要调整工具 hinflmi() 的合成参数，选择其 options 参数为：$[0.65\ \ 0.65\ \ 1\times10^{-3}]^{\mathrm{T}}$，再次合成控制器，此时得到的控制器不再存在大极点。最终得到具有 10 个状态、7 个输入、2 个输出的高度保持控制器 K_H。

分别使用 K_H 建立高度保持的闭环系统。在仿真 $t=0$ s 时，给定高度指令 $H_c=$

10 m,同时令 $V_c=0$,即希望速度无变化,仿真结果如图 6-22 所示。从上面的仿真结果可以看出,高度响应在 30 s 左右进入稳态;整个过程中的速度变化非常小,作动器的指令在合理范围内。因此,认为所设计的高度控制器满足设计要求。

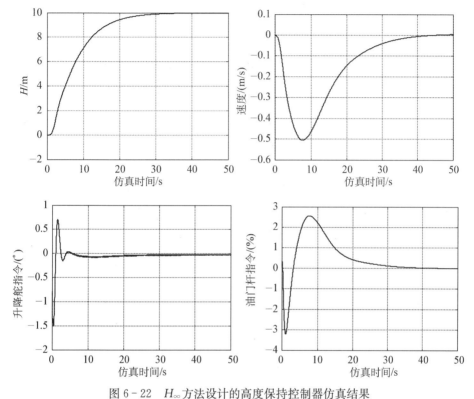

图 6-22　H_∞ 方法设计的高度保持控制器仿真结果

采用平衡降阶的方法 K_H,经过仿真比较,可以得到 8 状态,7 输入,2 输出的降阶高度保持控制器 K_H^r。

可以看出,经过合理选择加权矩阵或函数,可以设计出满足要求的控制器。H_∞ 设计出的控制器所需的输入便于测量,其输出作动器指令是合适的,但控制器阶次一般较高。

6.6.4　自动着陆

常规的自动着陆包括 5 个阶段:初始进近、下滑线捕获、下滑、拉平、着陆滑跑。

Ⅱ级自动着陆就是要实现下滑线捕获和自动下滑,决断高度约为 30 m。其过程是飞机在大约 450 m 高度做定高飞行,并稳定到着陆方向。在距机场一定距离时,截获到下滑波束,飞机开始进入下滑模态,沿着理想下滑线下滑,在该过程中,飞机的飞行航迹角保持在 −3°,飞行速度保持不变。当飞机下降到决断高度 30 m 时,由飞行员接管飞机,进行人工控制。

设计二级自动着陆控制律,使飞机在着陆过程中,在存在水平和垂直阵风干扰的情况下,实现理想下滑线的捕获和跟踪,并假定在此过程中飞机无侧向偏离,无侧风干扰,因此仅需要对飞机的纵向动态进行研究。

下面以飞行条件为"着陆进近"的 B707 模型作为被控对象,使用 μ 综合设计方法,设计飞机的自动着陆控制律。

6.6.4.1 μ 综合控制器设计

飞机在 450 m 的高度水平飞行,捕获到下滑线后,开始跟踪理想下滑轨迹(下滑轨迹倾角为 $-3°$)下滑。设计自动着陆控制器,使飞机在整个下滑过程中,能够稳定、精确地跟踪理想下滑轨迹,并保持空速的不变。下滑纵向控制器结构如图 6-23 所示。

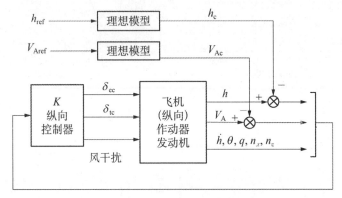

图 6-23　飞机自动着陆自动控制器结构

系统使用升降舵 δ_e、油门杆 δ_t 控制飞机纵向动态,实现高度跟踪和空速保持。纵向控制器有 7 个输入,2 个输出。输入包括高度误差(高度指令 h_c —飞行高度 h)、速度偏差(空速指令 V_{Ac} —空速 V_A)、下降速度 $\dot{h}$、俯仰角 θ、俯仰角速率 q、切向过载 n_x、法向过载 n_z。输出为升降舵偏转指令 δ_{ec} 和油门杆偏转指令 δ_{tc}。所有控制器输入都可以通过传感器直接测量,以及由惯导平台数据、大气数据与着陆导航系统(如仪表着陆系统 ILS,微波着陆系统 MLS)数据综合求得。所有的测量输入均存在噪声。

建立纵向控制器的 μ 综合结构,如图 6-24 所示。

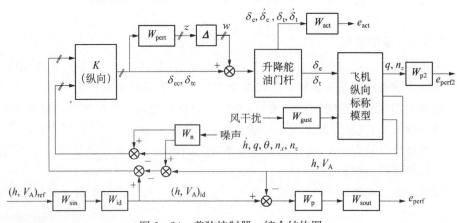

图 6-24　着陆控制器 μ 综合结构图

图 6-24 中,$\boldsymbol{\Delta}$ 为模型不确定性矩阵,$\|\boldsymbol{\Delta}\|_\infty \leqslant 1$;$K$(纵向)为待设计的纵向下滑控制器,有 7 个测量输入,2 个控制输出;飞机(纵向标称模型)的飞行条件为"着陆进近"的 B707 纵向线性化方程。作动器模型包括升降舵、油门杆动态,用两个一阶惯性环节近似,升降舵的时间常数为 0.1s,油门杆的时间常数为 3s。

W_{pert} 为不确定性的对角加权函数阵,即不确定性的界函数。只考虑飞机的非结构不确定性,不考虑结构不确定性。假定不确定对象模型具有大的涵盖空间,可以包含模型中多种不确定性,如作动器响应的不确定性、空气动力参数的不确定、时间延迟、重力重心偏移、质量变化引起的不确定性等。选择较大的输入端乘性不确定性加权来表示整个飞机中存在的结构性和非结构性不确定性。加权函数阵 W_{pert},在低频时,幅值小;随着频率增加,幅值增加,即不确定性增大。当系统存在 20% 的最小不确定性时,其加权函数阵如下:

$$W_{\text{pert}} = \text{diag}(W_{\text{pert}\_\delta_e}, W_{\text{pert}\_\delta_t})$$

$$W_{\text{pert}\_\delta_e} = 0.2\,\frac{s+1}{s/200+1}$$

$$W_{\text{pert}\_\delta_t} = 0.2\,\frac{0.5s+1}{s/200+1}$$

W_{id} 为高度指令和速度指令的理想响应模型。控制器的目的就是要实现对该模型的跟踪。高度指令和速度指令是相互独立的,因此还希望实现高度控制和速度控制的解耦。选择相同的高度和速度响应理想模型,如下:

$$W_{\text{id\_}h} = W_{\text{id}\_V_A} = \frac{0.17^2}{s^2 + 2 \times 1.0 \times 0.17s + 0.17^2}$$

W_{p} 为高度和速度跟踪误差加权函数阵。当权函数有较大的低频增益时,可以得到很小的稳态跟踪误差。在实现高度和速度指令跟踪的同时,还希望能跟踪斜坡高度指令(即下降速度),选择 $W_{\text{p}} = \text{diag}(W_{\text{p\_}h}, W_{\text{p}\_V_A})$ 如下:

$$W_{\text{p\_}h} = 5\,000 \times \left(\frac{s/1.2+1}{s/0.0017+1}\right)^2$$

$$W_{\text{p}\_V_A} = 700 \times \frac{(s/1.2+1)}{(s/0.00017+1)}$$

式中:$W_{\text{p\_}h}$ 可以近似看做一个双积分环节 $1/s^2$,期望系统能跟踪斜坡输入信号,即跟踪高度变化 $\dot{h}$。

W_{p2} 为对俯仰角速率 q 和法向过载 n_z 进行加权,将俯仰角速率 q 和法向过载 n_z 限制在一定范围内,以满足乘坐品质指标。

W_{act} 为作动器加权阵,限制作动器偏转范围和偏转速率。选取常值加权函数阵:

$$W_{\text{act}} = \text{diag}\left[\frac{1}{\delta_e(\max)}, \frac{1}{\dot{\delta}_e(\max)}, \frac{1}{\delta_t(\max)}, \frac{1}{\dot{\delta}_t(\max)}\right] = \text{diag}\left(\frac{57.3}{30}, \frac{57.3}{100}, \frac{1}{0.5}, \frac{1}{1}\right)$$

μ 综合设计中，外输入信号 h 用单位球的能量信号乘以加权函数来等效表示，即

$$h \in \{W_h\eta_h : \|\eta_h\|_2 \leqslant 1\}$$

W_{gust} 为阵风干扰加权函数，W_n 为测量噪声加权函数。W_{sin}，W_{sout} 为高度和速度指令加权函数，定义了输入信号有效作用范围，$W_{\text{sout}} = W_{\text{sin}}^{-1}$。

将纵向控制器 K 和不确定性块 Δ 分离出来，得到 μ 综合方法的标准结构，如图 6-25 所示。从"//"处断开，P 就是 μ 综合设计的开环连接结构，包括 3 对输入/输出通道：不确定性通道（w，z）、性能通道（d，e）和控制测量通道（u，y）。

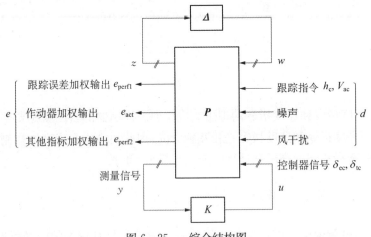

图 6-25　μ 综合结构图

使用 MATLAB 的 μ 分析和综合设计工具箱的"$D-K$"迭代算法，进行 4 次"$D-K$"迭代，得到 7 输入、2 输出、32 个状态的飞机自动着陆纵向控制器 K。闭环系统的鲁棒稳定性、标称性能和鲁棒性能如图 6-26 所示，闭环系统的鲁棒稳定性幅值曲线最大值约为 0.44，小于 1，满足鲁棒稳定性；标称性能曲线最大幅值约为 0.72，小于 1，满足性能指标设计要求。鲁棒性能曲线最大幅值（即结构奇异值）为 0.96，小于 1，满足鲁棒性能指标要求。

对设计的纵向控制器进行平衡截断模型降阶，得到 7 输入、2 输出、18 状态的降阶控制器 K_r，由平衡截断模型降阶引起的误差为 0.007399。经分析，在系统的工作频率范围内，使用降阶控制器 K_r 的闭环系统鲁棒稳定性曲线、标称性能曲线和鲁棒性能曲线和使用降阶前控制器 K 的闭环系统的响应曲线基本上重合，降阶控制器 K_r 和降阶前控制器 K 基本上有一致的控制效果。经过简单降阶后，控制器仍然具有较高的阶次，距工程实用化还有一定差距，要想获得更低阶的控制器，可以选用各

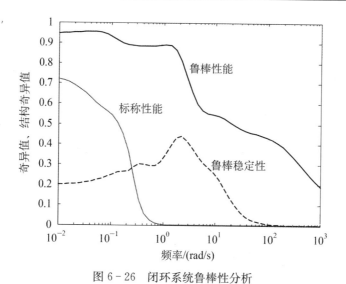

图 6 - 26　闭环系统鲁棒性分析

种降阶方法。

6.6.4.2　非线性仿真

以距机场跑道起点 300 m 的跑道中心线上的点为理想着陆接地点,定义该点为地轴系坐标原点(0, 0, 0)。飞机初始以 80 m/s 做水平直线平飞,初始位置为(-9 000, 0, -450),即飞机距机场水平距离为 9 km,飞行高度为 450 m。理想下滑线轨迹倾角为-3°。用全量六自由度非线性飞机方程进行仿真,其着陆过程轨迹如图6 - 27(b)所示。

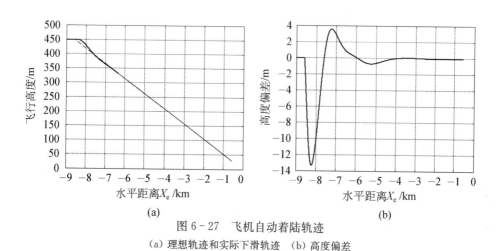

图 6 - 27　飞机自动着陆轨迹

(a) 理想轨迹和实际下滑轨迹　(b) 高度偏差

在图 6 - 27(a)中虚线为理想下滑轨迹,实线为飞机实际的下滑轨迹,图(b)为理想轨迹和实际轨迹之间的高度偏差。从图上可以看出,飞机约在-8.5 km处捕获到理想下滑轨迹,进入下滑,并最终稳定到理想下滑轨迹上。

为了研究外界干扰对飞机着陆过程的影响,在仿真时间为 $t = 40\,\text{s}$ 时(此时飞行高度约为 $300\,\text{m}$),加入 $10\,\text{m/s}$ 的垂直阵风干扰(风向垂直向下),其着陆轨迹和高度偏差如图 6-28 所示。仿真结果表明,飞机最终也稳定到理想下滑轨迹上,完全消除阵风的干扰。

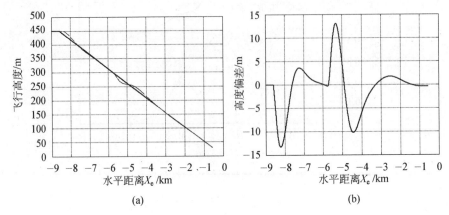

图 6-28　$10\,\text{m/s}$ 垂直阵风干扰下飞机自动着陆轨迹
(a) 理想轨迹和实际下滑轨迹　　(b) 高度偏差

仿真结果表明,使用 μ 综合控制方法所设计的飞机自动着陆控制律,可对理想着陆下滑轨迹实现良好的跟踪,能有效地抑制外界阵风干扰,并且在飞机模型存在不确定性的情况下,设计的控制律也能满足性能指标要求,系统具有很好的鲁棒性。

6.6.5　横侧向飞行控制系统设计

本节主要对滚转角保持和跟踪、航向保持两种典型横侧向自动驾驶仪模式进行控制器设计。航向保持控制器以滚转角保持/跟踪回路作为内回路。航向保持中的典型场景——侧向偏离消除,常作为侧向控制律设计中的研究目标。典型侧向偏离消除控制结构如图 6-29 所示。

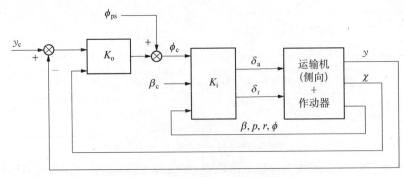

图 6-29　侧向偏离消除控制结构

侧向偏离消除控制器设计采用内、外环分开设计的方法,K_i 为内环控制器,主要

实现系统增稳和跟踪滚转角和侧滑角指令,其输入为滚转角和侧滑角指令(ϕ_c, β_c),滚转角和侧滑角测量值(ϕ, β),滚转角速率和偏航角速率(p, r),输出为副翼和方向舵偏转指令(δ_a, δ)。在消除侧向偏离的过程中,常令$\beta_c=0$,即实现无侧滑的转弯。外环控制器K_o通过产生滚转角指令ϕ_c,控制飞机转弯,消除侧向偏离,其输入包括侧向偏移指令y_c,侧向偏移测量y,以及航迹方位角χ,输出为滚转角指令ϕ_c。χ的引入是为了增加外环动态的阻尼。图中的ϕ_{ps}为预置滚转角指令,如协调转弯时,保持固定滚转角,可以用ϕ_{ps}来实现。

以飞行条件为"等待飞行"的 B707 飞机作为被控对象,其横侧向模型如下:

$$\begin{bmatrix} \dot{\beta} \\ \dot{p} \\ \dot{r} \\ \dot{\phi} \end{bmatrix} = \begin{bmatrix} -0.1202 & -0.0130 & -0.9232 & 0.0754 \\ -5.3546 & -2.9092 & 3.5545 & 0 \\ 1.5013 & -0.2846 & -0.4658 & 0 \\ 0 & 1.0000 & 0.0262 & 0.0000 \end{bmatrix} \begin{bmatrix} \beta \\ p \\ r \\ \phi \end{bmatrix} +$$

$$\begin{bmatrix} 0 & 0.0450 \\ -2.1708 & 0.6616 \\ 0 & -1.7473 \\ 0 & 0 \end{bmatrix} \begin{bmatrix} \delta_a \\ \delta_r \end{bmatrix}$$

副翼模型$G_{\delta_a}(s)$和方向舵模型$G_{\delta_r}(s)$:

$$G_{\delta_a}(s) = 1/(0.1s+1), \quad G_{\delta_r}(s) = 1/(0.1s+1)$$

采用 H_∞ 方法分别设计滚转角保持/跟踪和侧向偏离消除的自动驾驶仪。

6.6.5.1　滚转角保持/跟踪

滚转角保持控制器实现滚转角指令的保持,以及对侧向外环控制器产生的滚转角指令进行跟踪。

在滚转角保持/跟踪模态,以及侧向偏离消除模态中,希望飞机实现无侧滑的滚转或侧向偏离消除,可以令图中侧滑角指令$\beta_c=0$,使得飞机在动态过程中侧滑角尽可能的小,稳态时无侧滑。

设计时,采用侧向内环线性化状态方程为研究对象,并认为所有状态变量均为可测量的,即输出向量$y=[\beta \quad p \quad r \quad \phi]^T$;副翼和方向舵模型由上式给出。

采用 LMI 的 H_∞ 控制器设计方法设计滚转角保持控制器,控制器设计结构如图 6-30 所示。

根据侧向的性能指标要求,需要β指令响应时间$<3\,s$,ϕ指令响应时间$<2.5\,s$,采用隐模型跟踪方法,选择ϕ,β指令的理想响应模型W_{id}为(见图 6-30)

$$W_{id} = \text{diag}(W_{id_\beta}, W_{id_p}), \quad W_{id_\beta}(s) = \frac{1}{s+1}, \quad W_{id_p}(s) = \frac{1}{1.25s+1}$$

选择加权阵W_1,W_2,W_3分别对指令跟踪误差、控制输出(副翼和方向舵指令)和p,r进行加权。需要指出是W_1不是简单的选择为积分环节,而是分别选择为稳

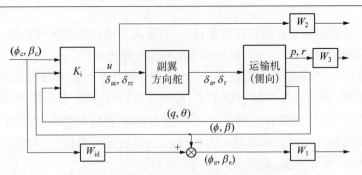

图 6-30　滚转角保持/跟踪控制器设计结构

态增益很大(约 1000),穿越频率为理想模型截止频率约 10 倍加权函数,如下:

$$W_1(s) = \mathrm{diag}\left(\frac{0.16269s + 9.9148}{s + 0.009544}, \frac{0.2317s + 7.7844}{s + 0.007577}\right)$$

$$W_2 = \mathrm{diag}\left(\frac{57.3}{30}, \frac{57.3}{30}\right), \quad W_3 = \mathrm{diag}\left(\frac{57.3}{20}, \frac{57.3}{30}\right)$$

　　由于副翼和方向舵模型相对于 β, ϕ 为快变动态(快 10 倍以上),为了降低设计出 H_∞ 的阶次,进行 H_∞ 合成时不考虑副翼和方向舵模型。使用 MATLAB 提供的工具 hinflmi() 合成滚转角保持 H_∞ 控制器 K_i,得到 8 状态、6 个输入、2 个输出控制器,其状态方程系数阵 A_{K_i}, B_{K_i}, C_{K_i}, D_{K_i} 分别为

$$A_{K_i} = \begin{bmatrix} 0.3279 & 0.1366 & 0.1236 & 0.3223 & -0.4400 & 4.3091 & 0.3689 & -10.2059 \\ 0.0260 & 0.2166 & 0.2565 & -0.3525 & 5.0954 & 0.3256 & 3.9066 & 0.4180 \\ -4.1799 & -3.3485 & -11.2146 & -2.5825 & -13.3359 & -17.7203 & -14.6428 & 41.6875 \\ -2.7507 & 2.0721 & 0.8884 & -9.3489 & 12.8585 & -7.6987 & 9.0670 & 25.2125 \\ -0.0501 & -1.6483 & -1.4751 & 2.1885 & -27.2054 & -1.6356 & -18.9009 & -2.3419 \\ -1.0291 & -0.4686 & 0.1642 & -0.3567 & -0.1801 & -13.5922 & -1.9934 & 26.3419 \\ -0.2083 & -0.7451 & -1.2933 & 1.6642 & -19.7076 & -3.0540 & -17.6392 & 2.4355 \\ 2.1656 & 0.5101 & 0.6420 & 2.9178 & -6.1782 & 25.5593 & -0.5103 & -63.7678 \end{bmatrix}$$

$$B_{K_i} = \begin{bmatrix} -0.6838 & -0.0864 & -0.3420 & 0.0409 & 0.2961 & -0.0934 \\ 0.0886 & -0.7402 & 0.2889 & -0.2830 & -0.3717 & -0.1371 \\ -0.0154 & 0.0085 & -0.1355 & 1.7922 & -0.1980 & -0.2516 \\ 0.0330 & -0.0357 & -0.3127 & -0.6569 & -2.3632 & 0.2972 \\ 0.1151 & -1.1768 & -1.9731 & 1.5573 & 1.9666 & 5.3914 \\ -0.7641 & -0.1090 & 3.6482 & -0.1916 & -0.5871 & 1.0400 \\ 0.0559 & -1.0951 & -1.0532 & 1.0531 & 1.4404 & 4.6179 \\ 2.4651 & 0.1523 & -8.6103 & 0.3825 & 2.1981 & -0.7556 \end{bmatrix}$$

$$C_{K_i} = \begin{bmatrix} 2.5751 & 4.0363 & 2.5571 & -1.1340 & 20.7151 & 6.8749 & 18.5308 & -13.5060 \\ -4.5118 & 2.0201 & -1.2114 & -4.4261 & 12.0057 & -11.9626 & 7.7013 & 37.0438 \end{bmatrix}$$

$$D_{K_i} = 0$$

使用线性侧向状态方程,将控制器 K_i 接入进行闭环仿真。分别给滚转角阶跃指令 $\phi_c=10°$(此时 $\beta_c=0$),仿真结果如图 6-31 所示。从仿真曲线可见,滚转角响应在 4 s 前进入稳态,侧滑角响应稍慢,在 6 s 以前进入稳态;副翼的最大偏转为 1.2768°,方向舵的最大偏转为 0.1348°,都位于合理范围内;当跟踪滚转指令过程中,侧滑角的变化非常小,可以认为实现了无侧滑的滚转。因此,所设计的控制器满足设计指标要求。

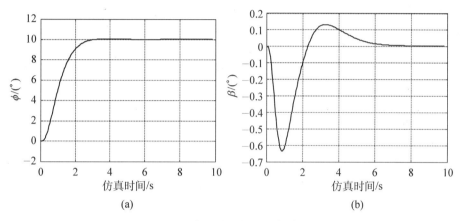

图 6-31 侧向内环控制器仿真结果

(a) 滚转角响应 (b) 侧滑角响应

对获得的控制器进行降价处理,通过仿真对比降阶前后的控制器效果,当 K_i 降到 5 阶时,仍然可以取得的良好的控制效果。由此得到滚转角保持/跟踪控制器 K_i^r,其为 5 状态,6 输入,2 输出的滚转角保持/跟踪控制器。

6.6.5.2 侧向偏离消除

设计侧向外环控制器 K_o 时,近似认为内环响应为理想响应,即内环滚转为理想的一阶惯性环节,时间常数为 1.25 s,理想侧滑角为 0。在消除侧向偏离时,近似认为符合协调转弯的要求,即滚转角和偏航角的关系满足条件:$\psi(s)/\phi(s)\approx g/(V_0 s)$,其中 V_0 为飞机速度($V_0=130\,\mathrm{m/s}$),g 为重力加速度($g=9.8\,\mathrm{m/s^2}$)。

由 $\beta=0$ 的近似假定,偏航角 ψ 为小量,则侧向速度 $V_y=V_0\sin(\beta+\psi)$ 可以近似为 $V_y=V_0\psi$,因此侧向位移 $y(s)/\psi(s)=V_0/s$,从而得到理想内环模型,如图 6-32 所示。

使用上述理想的内环模型,使用 H_∞ 控制器设计方法设计侧向偏离消除的外环控制器,系统结构框图如图 6-33 所示,使用隐模型跟踪的方法。引入航迹方位角 χ 作为反馈,增加系统的动态阻尼。由 $\beta\approx 0$ 的近似,可以直接用 ψ 作为反馈量进行设计。

选择侧向纠偏理想模型为时间常数 10 s 的惯性环节,即约 30 s 进入稳态,如下:

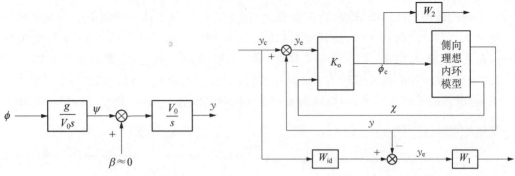

图 6-32　侧向理想内环模型　　　　图 6-33　侧向偏离修正外环控制器设计结构

$$W_{\mathrm{id}}(s) = \frac{1}{10s + 1}$$

选择加权函数:

$$W_1(s) = \frac{0.0091s + 0.3892}{s + 0.001}, \ W_2(s) = \frac{57.3}{30}$$

使用 MATLAB 提供的工具 hinflmi() 合成侧向偏离消除的外环控制器 K_{o},是一个 5 个状态、2 个输入、1 个输出的控制器,其状态方程系数阵 $A_{K_{\mathrm{o}}}$, $B_{K_{\mathrm{o}}}$, $C_{K_{\mathrm{o}}}$, $D_{K_{\mathrm{o}}}$ 为

$$A_{K_{\mathrm{o}}} = \begin{bmatrix} -3.0693 & 0.60003 & 1.777 & -1.6999 & -5.7519 \\ -1.9341 & -1.4702 & 2.0234 & 17.152 & 53.742 \\ -2.2745 & 0.05589 & 1.0807 & -5.6177 & -17.961 \\ -7.1846 & 1.7085 & 4.8001 & 4.212 & 12.259 \\ 2.1454 & -0.56545 & -1.3711 & -2.6785 & -8.1518 \end{bmatrix},$$

$$B_{K_{\mathrm{o}}} = \begin{bmatrix} 0.024798 & 1.9047 \\ 0.00033664 & 0.29372 \\ -0.026376 & -1.9304 \\ 0.46567 & 75.325 \\ -0.14003 & -24.031 \end{bmatrix}$$

$$C_{K_{\mathrm{o}}} = \begin{bmatrix} -0.46702 & -0.15847 & 0.5129 & 9.027 & 28.379 \end{bmatrix}, \ D_{K_{\mathrm{o}}} = 0$$

经过平衡降阶和对降阶控制器的仿真验证,得到状态数为 3 的侧向偏离控制器 $K_{\mathrm{o}}^{\mathrm{r}}$。

组合所设计的外环控制器 $K_{\mathrm{o}}^{\mathrm{r}}$ 和内环控制器 $K_{\mathrm{t}}^{\mathrm{r}}$,进行系统闭环仿真。给定侧向偏离指令为 $y_{\mathrm{c}} = 20\,\mathrm{m}$,系统响应如图 6-34 所示。从仿真曲线可以看出,响应过程中,侧滑角是非常小的,所以在设计外环控制器时用偏航角代替航迹方位角进行反馈是合理的。

从仿真结果可以看出,系统的滚转角响应在合理的范围内;整个过程中,侧滑角都非常小,基本认为无侧滑;侧向偏离响应基本上满足要求。因此,所设计的侧向偏离消除控制器满足设计要求。

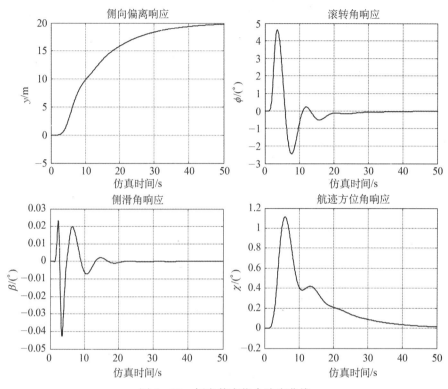

图 6-34 侧向偏离指令响应曲线

6.6.6 阵风减缓主动控制器设计

飞机在飞行过程中经常要飞越高湍流区,尤其是在低空飞行时。由附加空气动力造成的加速度,明显地降低了驾驶员和乘客的舒适性;在机体上出现的动态载荷降低了机体的寿命。为了消除阵风造成的不利影响,阵风减缓作为主动控制技术在飞机上的典型应用,得到了大量的研究。各种现代控制系统设计方法被大量应用到主动控制技术的设计中。

阵风减缓系统实现的前提条件是:

● 通过附加传感器和传感器信号处理(滤波),扩展测量信息;

● 设置附加的操纵面,例如扰流板、快速后缘襟翼,或者对称偏转的副翼;

● 需要有大频带宽度的液压操纵驱动装置;

● 还需要扩展控制器结构,尤其是用电传操纵技术把前向通道阻尼原理转变成高增益控制器。

从上述条件可以看出,要实现 B707 飞机的阵风减缓技术,必须引入附加的操纵面,这里使用后缘襟翼作为附加操纵面。

定义后缘襟翼偏转为 δ_f,设定后缘襟翼舵回路简化模型为:$G_{\delta_f}(s)=1/(0.05s+1)$,

操纵范围为 $\pm 20°$。

以飞行条件为"等待飞行"的 B707 作为研究模型,把襟翼偏转 δ_f 和垂直阵风干扰作为模型的输入,进行小扰动线性化,可以得到新的纵向状态方程如下:

$$\dot{x} = Ax + Bu + \Gamma w$$

$$A = \begin{bmatrix} -0.0077 & 7.3189 & -0.0000 & -9.8000 \\ -0.0011 & -0.7098 & 1.0000 & 0.0000 \\ 0.0005 & -1.2716 & -0.6080 & -0.0000 \\ 0 & 0 & 0 & 1 \end{bmatrix}$$

$$B = \begin{bmatrix} 0.2636 & 3.2069 & 0.0659 \\ -0.0396 & -0.0006 & -0.0040 \\ -1.6139 & -0.0699 & -0.1614 \\ 0 & 0 & 0 \end{bmatrix}$$

$$\Gamma = \begin{bmatrix} 0.0563 & -0.0055 & -0.0098 & 0 \end{bmatrix}^T$$

式中:状态变量 $x = \begin{bmatrix} V_T & \alpha & q & \theta \end{bmatrix}^T$;输入变量 $u = \begin{bmatrix} \delta_e & \delta_t & \delta_f \end{bmatrix}^T$;$w$ 为垂直阵风扰动;Γ 为扰动输入矩阵。

研究飞机在高度保持模态下阵风减缓控制方法,采用 H_∞ 控制方法设计控制器,在设计时考虑阵风的影响,阵风作为一个扰动输入,控制器设计结构如图 6-35 所示。

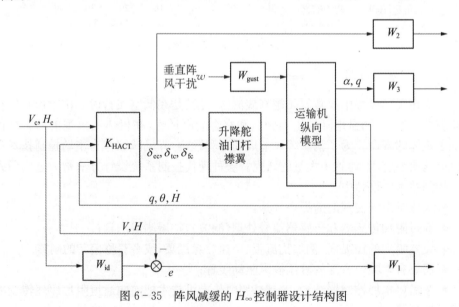

图 6-35　阵风减缓的 H_∞ 控制器设计结构图

选择加权阵:

$$W_1 = \text{diag}(W_{1\_V}, W_{1\_H}), W_{1\_V} = W_{1\_H} = \frac{0.28171s + 0.093109}{s + 0.001}$$

$$W_2 = \mathrm{diag}(57.3/30,\ 2,\ 57.3/20),\ W_3 = \mathrm{diag}(1,\ 1)$$

选择阵风扰动输入加权阵为

$$W_{\mathrm{gust}} = \frac{10(0.5s+1)}{s+1}$$

即认为系统稳态时受到的阵风大小为 $10\,\mathrm{m/s}$。

利用 MATLAB 提供的工具 hinflmi() 合成考虑阵风扰动的高度保持控制器 K_{HACT}。经过对 hinflmi() 的合成控制参数的简单调节，防止合成的 H_∞ 控制器出现超大极点，选择 options 参数为 $[0.7\quad 0.8\quad 1\times 10^{-3}]^{\mathrm{T}}$，得到具有 12 个状态，7 个输入，3 个输出的高度保持控制器 K_{HACT}，其状态方程的系数矩阵 $A_{K_{\mathrm{HACT}}}$，$B_{K_{\mathrm{HACT}}}$，$C_{K_{\mathrm{HACT}}}$，$D_{K_{\mathrm{HACT}}}$ 为

$$A_{K1} = \begin{bmatrix}
-0.0305 & 0.0044 & -0.2360 & -0.1977 & -0.0905 & -0.0072 \\
0.0045 & -0.0163 & -0.1887 & 0.2280 & -0.3472 & 0.0976 \\
0.0067 & 0.6380 & -2.7736 & 1.3129 & -1.1624 & -1.3037 \\
-0.3760 & -0.7994 & 2.0982 & -5.0070 & 2.2989 & 2.6472 \\
0.0012 & 0.2868 & -0.8557 & 0.1990 & -3.6414 & -2.2103 \\
0.1350 & 0.0060 & 5.2777 & 4.0687 & 0.1595 & -21.9535 \\
0.0559 & -0.0874 & 0.2442 & -0.0955 & -0.9764 & -0.0341 \\
0.0769 & 0.0333 & -0.3109 & 0.0605 & -0.7031 & -0.2061 \\
0.1602 & -0.4587 & 0.9805 & -0.0433 & 2.5750 & 1.3595 \\
0.1280 & -0.5845 & 5.6464 & -6.5110 & -1.2411 & -0.7181 \\
0.4123 & -0.3734 & -10.9004 & 13.5533 & -16.3551 & 6.1098 \\
-0.1486 & 0.1330 & -0.0787 & -3.5269 & 1.8089 & -1.2036
\end{bmatrix}$$

$$A_{K2} = \begin{bmatrix}
-0.0144 & -0.0347 & 0.3646 & -0.2144 & -0.6770 & 0.0472 \\
-0.0469 & -0.1573 & 1.0084 & -0.4364 & -3.1256 & 0.5513 \\
0.3564 & 1.0307 & -1.6134 & -2.1502 & 39.5831 & -7.0504 \\
-0.2852 & -0.7172 & 0.8630 & 2.8669 & -43.3898 & 13.3531 \\
0.5746 & 1.1667 & -1.7663 & 0.0459 & 45.4470 & -7.6506 \\
0.0181 & 0.2263 & 0.6141 & -0.2377 & 1.4061 & 20.0430 \\
-0.3662 & -0.1622 & 0.3434 & -0.9399 & -1.2828 & -0.4047 \\
-0.1375 & -0.4758 & 2.2812 & -1.4649 & -4.2291 & 0.4846 \\
-0.0195 & 1.7932 & -14.9612 & 9.0125 & 16.0854 & -5.1965 \\
-0.9055 & 1.4177 & -10.3958 & -3.0574 & 31.3013 & -8.0649 \\
-2.5276 & -7.6822 & 47.5176 & -21.7390 & -156.2549 & 24.4399 \\
0.1556 & 0.6555 & -4.8564 & 1.7901 & 19.0558 & -10.8438
\end{bmatrix}$$

$$A_{K_{HACT}} = \begin{bmatrix} A_{K1} & A_{K2} \end{bmatrix}$$

$$B_{K_{HACT}} = \begin{bmatrix}
0.1766 & -0.0133 & 0.0489 & 0.0867 & 0.4193 & -0.0408 & -0.0026 \\
-0.0129 & -0.1780 & 0.0080 & 0.5862 & 1.6867 & 0.1378 & -0.0185 \\
-0.0194 & 0.0047 & 0.9288 & -3.5103 & 0.0829 & -0.0708 & 0.6441 \\
-0.0161 & -0.0014 & -0.1143 & 2.5619 & -5.0381 & -0.3027 & -0.8200 \\
-0.0003 & 0.0016 & 0.5459 & -6.9301 & -10.2867 & -1.4180 & -0.1384 \\
-0.0005 & 0.0001 & -4.2083 & -0.2911 & 0.1678 & -0.2038 & -0.0076 \\
0.0188 & 0.1122 & 0.0618 & -0.5840 & -2.3707 & -0.8182 & -0.1651 \\
-0.1074 & 0.0196 & 0.1686 & 0.7166 & 3.8534 & -0.3533 & -0.0067 \\
-0.0112 & -0.0174 & -0.7230 & -3.7479 & -29.4790 & 1.4701 & -0.3220 \\
0.0015 & -0.0105 & 0.4397 & -11.0455 & -30.9515 & -7.1049 & -0.6521 \\
-0.0064 & 0.0025 & -0.2356 & 32.6340 & 89.9372 & -0.5216 & -0.3334 \\
-0.0782 & -0.0024 & 2.9328 & -4.5621 & -10.8577 & -0.3436 & 0.0334
\end{bmatrix}$$

$$C_{K1} = \begin{bmatrix}
0.0936 & 0.4968 & 0.2720 & -0.2505 & 0.6155 & -0.0176 \\
0.3440 & -0.0183 & 0.5466 & 0.4712 & -0.0056 & 0.0945 \\
0.1038 & -0.0038 & 0.0802 & 0.0732 & -0.0028 & 0.1740
\end{bmatrix}$$

$$C_{K2} = \begin{bmatrix}
0.3527 & 1.2279 & -6.7592 & 1.4652 & 28.8449 & -6.1592 \\
-0.0190 & -0.0809 & -0.0375 & 0.0506 & -0.3921 & -4.7385 \\
-0.0026 & 0.0007 & -0.0208 & 0.0152 & -0.0718 & -1.2005
\end{bmatrix}$$

$$C_{K_{HACT}} = \begin{bmatrix} C_{K1} & C_{K2} \end{bmatrix}$$

$$D_{K_{HACT}} = \begin{bmatrix}
-0.0001 & -0.0014 & -0.0000 & 0.0001 & 0.0016 & 0.0000 & 0.3607 \\
0.0000 & 0.0000 & 0.0000 & -0.0000 & -0.0000 & -0.0000 & -0.0062 \\
0.0000 & 0.0000 & 0.0000 & -0.0000 & -0.0000 & -0.0000 & -0.0012
\end{bmatrix}$$

为了对比前面设计的高度保持控制器 K_H，分别用 K_H 和 K_{HACT} 建立闭环高度保持仿真系统。在仿真时间 $t=0$ 时刻加入大小为 $10\,\mathrm{m/s}$ 的垂直阵风干扰，仿真结果如图 6‐36 所示。图中"实线"为 H_{HACT} 控制下的系统响应曲线，"点划线"为 K_H 控制下的系统响应曲线。

从仿真结果可以看出，采用 H_∞ 方法设计的控制器能够很好地消除外界干扰（如阵风）的影响；采用阵风减缓技术的主动控制技术设计的控制器 H_{HACT}，其组成的高度保持系统对阵风具有更强的抗干扰能力，其对阵风的抑制能力（高度、速度扰动小）和过渡过程（过渡时间短）均大大优于常规方法设计的控制器 K_H 组成的高度保持系统。

襟翼作为主动控制舵面，控制器 K_{HACT} 产生的襟翼指令曲线如图 6‐37(a) 所示。飞机通过襟翼和升降舵的协调作用，使得飞机能更好地消除阵风干扰。

阵风减缓的主动控制方案使得飞机的抗阵风干扰能力大大增强，提高了飞机在各种模态下的控制精度，改善了乘坐品质。

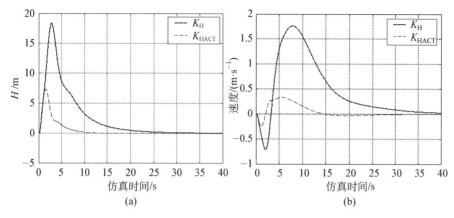

图 6‑36   阵风干扰下的高度保持仿真曲线

(a) 高度响应   (b) 速度响应

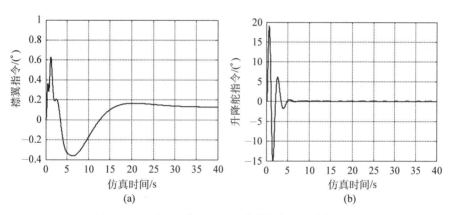

图 6‑37   阵风干扰下 K_{HACT} 襟翼指令和升降舵指令

(a) 襟翼指令   (b) 升降舵指令

6.7   特征结构配置设计实例

欧洲航空研究与技术组织的鲁棒飞行控制行动组，发起了"鲁棒飞行控制设计挑战"。该挑战涉及欧洲的航空业界、研究机构以及各大学。特征结构配置（eigenstructure assignment，EA）即是在该"挑战"中应用的一种现代方法，它显示了能够实现弥合理论追求和物理解释之间差距的承诺。

本节介绍特征结构配置（EA）在鲁棒民用飞机模型（RCAM）设计挑战中的应用，并说明 EA 作为鲁棒飞行控制系统设计方法应用于 RCAM 项目中所显露的潜力和不足[13]。RCAM 问题的定义是基于设计一个满足一组设计规范的飞控系统。

6.7.1   RCAM 控制问题

RCAM 是一个中型双发民用喷气式飞机的六自由度非线性模型，该模型考虑了作动器的非线性,它可在 Matlab 及 Simulink 中获得。如表 6-5 中所示,此模型具有 4 个输入、9 个状态以及 21 个可测输出。

表 6-5　RCAM 的输入、输出及系统状态(含符号及单位)

输入	系统状态	输出
δ_a 为副翼/rad	p 为滚转角速率/(rad/s)	q 为俯仰角速率/(rad/s)
δ_t 为尾翼/rad	q 为俯仰角速率/(rad/s)	n_x 为水平机体过载系数/g
δ_r 为方向/rad	r 为偏航角速率/(rad/s)	n_z 为垂直机体过载系数/g
δ_{th} 为油门/rad	ϕ 为滚转角/rad	w_E 为 z 轴地速/(m/s)
	θ 为俯仰角/rad	z 为离地高度(向下为正)/m
	ψ 为偏航角/rad	V_A 为稳定轴空速/(m/s)
	u 为 x 轴速度/(m/s)	V 为总速度/(m/s)
	v 为 y 轴速度/(m/s)	β 为侧滑角/rad
	w 为 z 轴速度/(m/s)	p 为滚转角速率/(rad/s)
		r 为偏航角速率/(rad/s)
		ϕ 为滚转角/rad
		u_E 为 x 轴地速/(m/s)
		v_E 为 y 轴地速/(m/s)
		y 为飞机相对于跑道中心线的横向偏移/m
		χ 为航迹方位角/rad
		ψ 为偏航角/rad
		θ 为俯仰角/rad
		α 为迎角/rad
		γ 为航迹倾斜角/rad
		x 为飞机相对于跑道起点的纵向偏移/m
		n_y 为侧向过载系数/g

6.7.2　进近着陆仿真

飞机被控的主要难点是必须能完成沿给定轨迹的进近着陆任务,因此,控制器必须是一个自动驾驶仪。基于飞机地理位置的参考指令由所提供的仿真环境产生。这些指令被控制器用于保持飞机在给定航线上飞行。图 6-38 给出了该设计挑战的期望轨迹。

该仿真软件为所设计的控制器提供了以下列变量表示的所要求指令:

(1) 纵向动态变量——与跑道中心线的地理距离(x 和 z),空速(V_A),前向速度(u),垂直速度(w)。

(2) 侧向动态变量——与跑道的地理距离(y),与期望飞行轨迹的地理距离(y_{lat}),侧向速度(v)和航向速率($\dot{\psi}$)。

进近轨迹仿真包括单发故障、重启,90°倾斜转弯以及捕获下滑线。设计人员设计的控制器,应尽可能多的利用所要求的参考指令,使飞机按照给定路径进近,同时

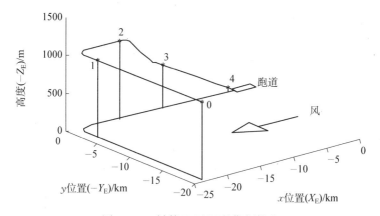

图 6-38 被控 RCAM 的期望轨迹

满足性能、鲁棒性、乘坐品质、安全性以及操纵动作诸方面的以下描述的各种规范。

6.7.3 设计性能规范

性能规范描述了被控飞机对各飞机变量指令的期望瞬态响应。对 RCAM 而言,这些性能指标以阶跃响应的最小上升时间和最大超调来定义。图 6-39 描述了对单位阶跃指令的响应特性。

RCAM 的性能规范可分为两组,纵向动态性能和横侧向动态性能规范。

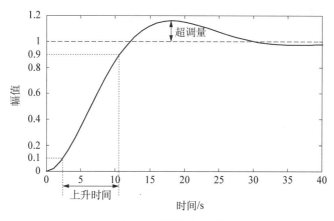

图 6-39 阶跃响应特性

1) 纵向动态

(1) 高度响应——控制器跟踪高度阶跃指令的上升时间应小于 12 s,在 305 m(1000 ft)以上的高度上,高度阶跃响应超调不超过 5%。

(2) 空速响应——被控系统跟踪空速阶跃指令的上升时间应小于 12 s,在 305 m(1000 ft)以上的高度上,空速阶跃响应对指令超调不超过 5%。在风速为 13 m/s 的纵向阶跃风干扰下,在持续时间超过 15 s 时,空速偏差应小于 2.6 m/s。

(3) 空速与高度的交叉耦合——对于幅值为 30 m 的高度阶跃指令,空速偏差应小于 0.5m/s;对于幅值为 13m/s 的空速阶跃指令,高度偏差应小于 10m。

(4) 航迹角响应——航迹角对阶跃指令响应的上升时间应小于 5 s,在 305m(1000 ft)以上的高度上,超调应限制为小于 5%。

2) 横侧向动态

(1) 横向偏差响应——横向跟踪偏差要求规定,在大于 305 m(1000 ft)的高度上,横向偏差应在 30 s 之内减小到其阶跃指令值或初始干扰值的 10%。对指令的超调应不超过 5%。

(2) 发动机失效状态滚转角和侧滑——在发动机失效状态下,滚转角指标要求:静止空气中滚转角偏差应小于 5°,峰值不超过 10°。任何稳态滚转角值应小于 5°,发动机重新起动时,滚转角超调应不超过该稳态值的 50%。发动机失效状态下的侧滑应最小。中度湍流(该词的定义请参见文献[1])下的滚转角仍应小于 5°。

(3) 航向角速率——发动机失效情况下,航向角速率应小于 3°/s。

3) 鲁棒性规范

鲁棒性准则由以下需求确定:在飞机的所有构型包线内,系统保持足够的稳定性(即系统不应进入不稳定状态)和性能(即系统对指令和干扰应以相同的方式响应)。此处所述飞机的所有构型包线配置如下:

(1) 飞机重心的水平变化在平均气动弦长(MAC)的 15%～23% 之间,垂直变化在平均气动弦长的 0%～21% 之间。

(2) 飞机质量变化在 100～150 t 之间。

(3) 控制器时延变化在 50～100 ms 之间。

4) 乘坐品质规范

乘坐品质指标的设计是为了保证被控飞机在正常机动时,能为旅客提供可接受的舒适度。垂直加速度应限制到 $\pm 0.05 g$,水平加速度应限制到 $\pm 0.02 g$。除非另有说明,在大于 305 m(1000 ft)的高度上,上述指令变量不应有超调。

5) 安全规范

安全性准则定义了在全飞行包线中,保证乘员安全的边界。规定了下述限制:

● 最小空速为 51.8m/s;

● 最大迎角为 18°;

● 最大滚转角为 30°;

● 任何时候侧滑角最小;

● 对于侧向德莱顿阵风,系统的闭环侧滑响应均方根应小于其开环响应均方根。

6) 操纵动作规范

期望保持操纵动作量尽可能低,这样可减少油耗,若需要时可为驾驶员提供更多的操纵余量。同时也减少了作动器的磨损,并延长所涉及的各活动机构的疲劳寿命。在中度湍流的情况下,操纵动作规范要求平均作动器速率满足以下条件:

● 对于操纵舵面,其速率应不超过其最大速率的 33%;

- 对于油门，其速率应不超过其最大速率的 15%。

6.7.4 控制器结构

设计性能规范如上节所述，作为控制器设计过程的一部分，这些规范需转化为控制器结构和控制器综合。

在 RCAM 线性综合中，非线性 RCAM 模型在设计工作点配平并生成整个设计过程中使用的标称模型。该设计点作为标准构型的飞机进近条件是：

- 飞机空速为 80 m/s；
- 飞机高度为 305 m(1000 ft)；
- 飞机质量为 120 t；
- 飞机重心在水平重心的 23% 和垂直重心的 0% 位置上；
- 航迹倾角为 0°(水平)；
- 平静大气(无侧风影响)。

观察 RCAM 模型可发现其纵向动力学和横侧向动力学是解耦的。因此，决定使用两个控制器，一个控制纵向动态，另一个控制横侧向动态。

6.7.4.1 纵向控制器

RCAM 标称条件下的开环七阶纵向动态方程如下：

$$
\begin{bmatrix} \dot{q} \\ \dot{\theta} \\ \dot{u} \\ \dot{\omega} \\ \dot{z} \\ \dot{\delta}_t \\ \dot{\delta}_{th} \end{bmatrix} = \begin{bmatrix} -0.980 & 0 & 0 & -0.016 & 0 & -2.440 & 0.580 \\ 1.000 & 0 & 0 & 0 & 0 & 0 & 0 \\ -2.190 & -9.780 & -0.028 & 0.074 & 0 & 0.180 & 19.620 \\ 77.360 & -0.770 & -0.220 & -0.670 & 0 & -6.480 & 0 \\ 0 & -79.870 & -0.030 & 0.990 & 0 & 0 & 0 \\ 0 & 0 & 0 & 0 & 0 & -6.670 & 0 \\ 0 & 0 & 0 & 0 & 0 & 0 & -0.670 \end{bmatrix} \begin{bmatrix} q \\ \theta \\ u \\ \omega \\ z \\ \delta_t \\ \delta_{th} \end{bmatrix} +
$$

$$
\begin{bmatrix} 0 & 0 \\ 0 & 0 \\ 0 & 0 \\ 0 & 0 \\ 0 & 0 \\ 6.670 & 0 \\ 0 & 0.670 \end{bmatrix} \begin{bmatrix} \delta_t \\ \delta_{th} \end{bmatrix}
$$

尽管设计过程本身包含了尾翼和油门的作动器动力学，为简便起见，后续文档省略了两者的模型。开环系统的特征结构如表 6-6 所示。作为最常规的飞机，RCAM 模型具有短周期模态和长周期模态，同时也附加有高度模态，该模态为中性稳定，是原始线性模型增广 z 为系统状态后的结果。

表 6-6　开环系统纵向动态方程特征结构

模态	短周期	长周期	高度
特征值	$-0.83\pm1.11i$	$-0.011\pm0.13i$	0
ζ	0.6	0.089	—
ω_n	1.38	0.13	—

	短周期	长周期	高度
q	0.014	0.001	0
θ	0.009	0.002	0
u	0.014	0.120	0
w	0.943	0.017	0
z	0.332	0.990	1

　　从纵向 RCAM 模型可得到 7 个可测输出。设计规范描述了对自动驾驶仪的需求,由于表 6-6 中的模态不具有良好的阻尼,这需要基于某些反馈的增稳,以及来自作动器输入信号的指令增强。将考察用全部设计自由度来改善控制系统的方法,及其超过经典设计方法的优点。选择 5 个输出作为反馈信号,如下式所示:

$$
\begin{bmatrix} q \\ n_z \\ V_A \\ \omega_E \\ z \end{bmatrix} = \begin{bmatrix} 1.000 & 0 & 0 & 0 & 0 \\ 7.880 & -0.078 & -0.023 & -0.068 & 0 \\ 0 & 0 & 0.990 & 0.029 & 0 \\ 0 & -79.870 & -0.028 & 0.990 & 0 \\ 0 & 0 & 0 & 0 & 1 \end{bmatrix} \begin{bmatrix} q \\ \theta \\ u \\ \omega \\ z \end{bmatrix}
$$

　　选择调节下述变量的变化:空速 V_A,高度 z 是配平条件所需;俯仰角速度 q,垂直加速度 n_z,垂直速度 ω_E 的变化可增加系统阻尼。经典控制器不会使用上述所有变量,但是在 EA 方法中,这些变量使获得更多的设计自由度。现在可以配置 5 个期望的闭环特征值和特征向量,足以成功地控制系统短周期模态、长周期模态以及高度模态。图 6-40 给出了纵向控制器的结构示意。

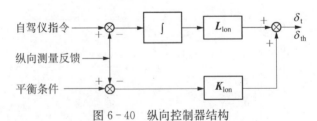

图 6-40　纵向控制器结构

控制器结构中包含了两个主要部分:

(1) 5 个输出反馈信号被用于调节飞机。输出信号中的扰动和矩阵 K_{lon} 中的静态增益相乘,产生尾翼和油门信号,使飞机返回配平条件。这部分组成比例控制。

(2) V_A 和 z 的基准指令与其对应输出之间的误差经积分后馈入增益矩阵 L_{lon}。这是为了补偿当飞机偏离设计工作点时,保证参考信号与输出信号间的误差总和为 0。这部分为积分控制。

上述控制器的结构简洁性有助于精确地找到在设计过程中出现的问题。由于整个控制器是一组静态增益和两个消除静态误差积分器的组合,较容易通过研究增益矩阵 K_{lon} 和 L_{lon},得知哪个增益元素对哪个输出-输入关系有影响。

6.7.4.2　横侧向控制器

RCAM 标称配平条件下的开环横侧向线性动态方程如下:

$$
\begin{bmatrix} \dot{p} \\ \dot{r} \\ \dot{\phi} \\ \dot{\psi} \\ \dot{v} \\ \dot{y}_{lat} \\ \dot{\delta}_a \\ \dot{\delta}_r \end{bmatrix} = \begin{bmatrix} -1.270 & 0.550 & 0 & 0 & -0.024 & 0 & -0.840 & 0.290 \\ 0.052 & -0.520 & 0 & 0 & 0.005 & 0 & -0.018 & -0.330 \\ 1.000 & 0.028 & 0 & 0 & 0 & 0 & 0 & 0 \\ 0 & 1 & 0 & 0 & 0 & 0 & 0 & 2.038 \\ 2.270 & -79.000 & 9.790 & 0 & -0.170 & 0 & 0 & 0 \\ 0 & 0 & -2.260 & 79.870 & 1.000 & 0 & 0 & 0 \\ 0 & 0 & 0 & 0 & 0 & 0 & -6.670 & 0 \\ 0 & 0 & 0 & 0 & 0 & 0 & 0 & -3.330 \end{bmatrix} \begin{bmatrix} p \\ r \\ \phi \\ \psi \\ v \\ y_{lat} \\ \delta_a \\ \delta_r \end{bmatrix} +
$$

$$
\begin{bmatrix} 0 & 0 \\ 0 & 0 \\ 0 & 0 \\ 0 & 0 \\ 0 & 0 \\ 0 & 0 \\ 6.670 & 0 \\ 0 & 3.330 \end{bmatrix} \begin{bmatrix} \delta_a \\ \delta_r \end{bmatrix}
$$

尽管设计过程本身包含了副翼和方向舵的作动器动力学,但在后续文档中略去了两者的模型。开环系统的特征结构如表 6-7。此外,开环系统的模态本质上和那些最常规的飞机类似。由于侧向偏差 y_{lat} 的调节是控制器的必要部分,因此,基本

表 6-7　开环系统横侧向动态方程特征向量

模态	滚转	螺旋	荷兰滚	航向	y_{lat}
特征值	-1.3	-0.18	$-0.24 \pm 0.60i$	0	0
ζ	—	—	0.37	—	—
ω_n	—	—	0.64	—	—
p	$\begin{bmatrix} 0.218 \end{bmatrix}$	$\begin{bmatrix} 0.001 \end{bmatrix}$	$\begin{bmatrix} 0.017 \end{bmatrix}$	$\begin{bmatrix} 0 \end{bmatrix}$	$\begin{bmatrix} 0 \end{bmatrix}$
r	0.015	0.001	0.005	0	0
ϕ	0.167	0.004	0.026	0	0
ψ	0.011	0.003	0.008	0	0
v	0.014	0.047	0.890	0	0
y_{lat}	0.961	0.999	0.455	1	1

线性模型增广 y_{lat} 为系统状态。

这就导致了一个中性稳定的模态，y_{lat} 模态。在原始模型中，系统状态并不包含 y_{lat}，ψ 为航向模态的主导元素。然而，如表 6-7 所示，现在 y_{lat} 为该模态的主导元素。由于航向模态为中性稳定，对于飞机运动的任何扰动，将使飞机达到一个航向并维持稳定。但是，若航向为非零值，则 y_{lat} 会一直增加直至无穷。因为 y_{lat} 变成了时间的线性函数，因此，航向模态对 y_{lat} 的影响要大于其对航向角的影响。

RCAM 横侧向动态方程提供 8 个输出中的 6 个，对有效控制开环横侧向动态中 5 个模态是必要的。对于自动驾驶仪功能，必须要调节航向角速度 $\dot{\psi}$ 和横侧向位移 y_{lat} 的变化。因此，选择滚转角 ϕ（和航向角速度直接相关，但航向角速度为不可测信号）和 y_{lat} 为两个反馈信号。侧滑角 β，滚转角速度 p，偏航速率 r 和航迹方位角 χ 也为反馈信号，以提高单发失效时系统的调节效果。

作为横侧向控制器，两个指令信号（ϕ 和 y_{lat}）与相应输出之间的误差经积分馈入指令增强系统。图 6-41 给出了闭环横侧向控制器。如同纵向控制器，横侧向控制器也由两部分组成，K_{lat} 和 L_{lat}。其功能与 K_{lon} 和 L_{lon} 类似。

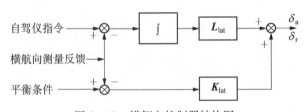

图 6-41　横侧向控制器结构图

通常利用下式将由 $\dot{\psi}$ 表达的小指令转为由 ϕ 表达的指令：

$$\phi_c = \arctan\left(\frac{\dot{\psi}_c V_A}{g}\right)$$

由于所引起的 y_{lat} 偏差会被控制器纠正，所以由风扰动引起的任何滚转角误差将被自动处理。

本节介绍了 EA 方法用于 RCAM 设计的控制器结构。该结构中的很大部分来源于对被控飞机的深层理解，而这种理解只有当设计开展时才能获得。因此，此处描述的控制器结构的某些部分会在推进设计过程中逐步增加。

作为控制器核心部分的增益矩阵是简单的飞机输出和输入间的增益关系。在该控制器结构中，每个控制器增益都可以关联到特定的飞机行为，因此，该控制器结构在设计过程中易于被应用。

6.7.5　期望特征结构

RCAM 设计中采用的 EA 线性综合方法要求两组输入。第一组为系统矩阵 A，

B 和 **C**。第二组为期望的闭环系统特征值 Λ_d 和特征向量 $\boldsymbol{V}_d$。期望的特征结构是来自对此控制问题的设计规范。

1）性能指标

设计规范的第一部分为性能指标。性能指标又可分为两类：

（1）对某些输出跟踪阶跃指令满足给定上升时间和最大超调的指标；

（2）对某变量由于阶跃指令或其他变量的变化所致的允许扰动指标。

第一类可通过选择期望特征值来解决，使得对所有的飞机闭环模态具有最小的时间常数（一阶模态）或提供最小的阻尼和自然频率（二阶模态）。二阶模态的上升时间及超调与阻尼比及自然频率间具有简单的关系，如图 6-42 所示。

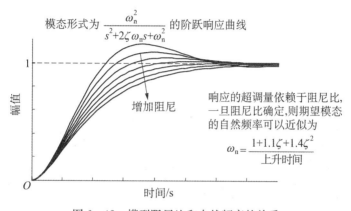

模态形式为 $\dfrac{\omega_n^2}{s^2+2\zeta\omega_n s+\omega_n^2}$ 的阶跃响应曲线

幅值

1

增加阻尼

响应的超调量依赖于阻尼比，一旦阻尼比确定，则期望模态的自然频率可以近似为

$$\omega_n=\frac{1+1.1\zeta+1.4\zeta^2}{上升时间}$$

O

时间/s

图 6-42 模型阻尼比和自然频率的关系

上述信息可用于选择初始的特征值 Λ_d。为了保持控制器的低增益（这可减小操纵动作量），期望特征值的选择应尽量靠近飞机开环系统的特征值。

控制系统需跟踪下述 RCAM 变量：

（1）纵向动态变量：高度 z 和空速 V_A；

（2）横侧向动态变量：侧向位移 y_{lat} 和航向角速度 $\dot{\psi}$。

表 6-8 和表 6-9 给出了依据上述指标确定的期望特征值。要注意，由于飞机模型已增广跟踪变量，在期望特征结构中包含了两个额外的状态和模态。对一阶模态的期望的特征值提供了最小转折频率 0.2 rad/s，对二阶模态提供了最小阻尼比0.7 及自然频率 0.2 rad/s。

通过解耦期望特征向量 $\boldsymbol{V}_d$，来满足降低某一变量变化对其他变量的影响的指标。

（1）纵向动态特征：

高度应该和空速指令解耦，反之亦然。这就要使高度和高度跟踪模态与前向速度 u 解耦，以及空速跟踪模态与垂直速度 w 解耦。基于对常规飞机动态的了解，其他模态也需和某些系统状态解耦，以降低飞机垂直变量和水平变量的关联。

如表6-8所示。

表 6-8　纵向闭环系统期望特征结构

模态	短周期	长周期	高度	V_A 跟踪	z 跟踪
特征值	$-0.8\pm0.8i$	$-0.15\pm0.15i$	-0.3	-0.4	-0.5
ζ	0.71	0.71	—	—	—
ω_n	1.13	0.21	—	—	—
q	X	X	X	X	X
θ	X	X	X	X	X
u	O	X	O	X	O
w	O	O	O	O	X
z	X	X	X	X	X
V_A 跟踪	X	X	X	X	X
z 跟踪	X	X	X	X	X

（2）横侧向动态特征：

滚转指令不应带来侧滑。这就要求滚转模态、滚转轨迹和螺旋模态与侧向速度 v 解耦，因为 v 与侧滑角 β 呈比例关系。同样，航向模态和侧向位移跟踪模态也需要与侧向速度 v 解耦，因为这些模态会响应滚转指令，这是不希望的。非常明显，侧向位移指令将受飞机的滚转运动影响，但是，为了保证航向角不会因此有较大改变，ylat 跟踪模态应该与航向角 ψ 解耦。这样，航向角会因侧向位移指令而改变，但不是很大。最后，在初步设计中，荷兰滚模态会在多数横侧向机动中带来振荡，因此在稍后的设计中将其与飞机某些横侧向状态解耦。获得的期望特征结构如表 6-9 所示。

表 6-9　横侧向闭环系统期望特征结构

模态	滚转	螺旋	荷兰滚	航向	y_{lat}	ϕ 跟踪	y_{lat} 跟踪
特征值	-4.40	-0.20	$-0.182\pm0.157i$	-0.13	-0.55	-1.50	-0.5
ζ	—	—	0.71	—	—	—	—
ω_n	—	—	0.21	—	—	—	—
p	X	X	O	X	X	X	X
r	X	X	O	X	X	X	X
ϕ	X	X	O	X	X	X	X
ψ	X	X	X	O	X	X	O
v	O	O	X	X	O	X	X
y_{lat}	X	X	X	X	X	X	X
ϕ 跟踪	X	X	O	X	X	X	X
y_{lat} 跟踪	X	X	X	X	X	X	X

2）鲁棒性规范

EA 方法并不能明显地满足鲁棒性规范要求。对于 RCAM，所用的 EA 方法可以保证:若在特征结构配置时有足够自由度,EA 方法可以改善系统鲁棒性。

3) 乘坐品质规范

乘坐品质指标与最大加速度和最小阻尼相关。EA 方法并不能直接处理最大加速度指标,但是最小阻尼指标可通过用大于 0.7 的阻尼比来配置所有闭环模态来解决。

4) 安全规范

RCAM 问题具有 5 个安全性指标。其中,仅最小侧滑角这一指标可用 EA 方法解决。对与侧滑角相关的模态设置高阻尼,以便使这些变量尽快回零。

5) 操纵动作规范

为最小化操纵动作量,期望的闭环系统特征值应尽可能靠近开环系统特征值。一旦基于所有设计规范(可转化为一个指标)构造了所有期望的特征结构,就可使用 EA 方法。

EA 的设计算法相当简单。然而,包含控制器分析和综合的线性综合过程却较难。难度不是在如何使用 EA 工具本身,而是在领会分析的结果以及随之做出决策来确定精化的特征结构。

这一问题不仅存在于 EA 方法。对于设计者来说,充分理解飞机系统,并能将数值方法(在此处为构造特征值和特征向量)与飞机动力学相关联是很重要的。

6.7.6 控制器综合

RCAM 设计综合的第一步相当简单。所需要的不过是 EA 算法,可作为一个 MATLAB 程序来实现。该程序有两组基本输入,一组为线性系统矩阵 $\boldsymbol{A}$, $\boldsymbol{B}$, $\boldsymbol{C}$,另一组为期望的闭环系统特征值 Λ_{d} 和特征向量 $\boldsymbol{V}_{\mathrm{d}}$,如表 6-8 和表 6-9 所示。

这些数据进入程序后就可产生增益矩阵,该矩阵被分为调节部分和跟踪部分。表 6-10 给出了用这种方法设计的初始控制器。被控飞机随后被评估,以确定是否满足所要求的设计规范。

表 6-10 初始控制器设计

	K(调整)						L(跟踪)	
纵向	q	n_z	V_A	w_E	z		V_A 跟踪	z 跟踪
δ_r	1.4600	−0.110	−0.0025	−0.0240	−0.0075	δ_r	0.0008	−0.0009
δ_{th}	0.3091	−0.030	−0.0123	0.0006	0.0020	δ_{th}	−0.0017	0.0002
横侧向	β	p	r	ϕ	x	y_{lat}	ϕ 跟踪	$\dot{\psi}$ 跟踪
δ_a	9.0070	1.9410	4.0250	2.9670	14.8871	0.0343	δ_a	0.0039	0.0021
δ_r	2.2809	0.0460	0.3966	0.1351	1.9793	0.0041	δ_r	0.0788	0.0003

RCAM 控制器的评估采用了多种技术来确定闭环系统的性能(包括解耦)和鲁棒性的程度。控制器的这种分析占了设计过程中的大部分时间。采用仿真和特征结构分析相结合的方法来确保系统满足了性能目标,某些灵敏度分析被用来确定鲁

棒性目标的满足程度。

6.7.7　控制器分析

6.7.7.1　控制器分析方法

1）性能分析

（1）时间响应仿真：

该分析方法提供了闭环系统能力和缺欠的直观印象，同样也提供了对 RCAM 设计指标的直接评估，大部分是以阶跃响应给出的。因此，大部分设计指标是由线性仿真测试获得。

（2）特征结构分析：

如果上述仿真发现了飞机性能的缺陷，就要对闭环系统进行特征结构分析。特征结构分析可有效地确定哪个模态与哪个系统状态之间存在耦合。若仿真结果显示某个系统状态的偏差大大超过期望值，就需要仔细分析该状态与不同模态的耦合。若引起不良行为的模态被辨识，该模态就应与该状态解耦，并再次使用 EA 算法。尽管解并不一定容易找到（如该模态是不可控的），但是特征结构分析仍是一个洞察 RCAM 系统内在耦合的有效工具。

2）稳定性分析

尽管 EA 方法可确保配置 RCAM 的 p 个闭环特征值，其中 p 为输出个数，它却无法确保其他$(n-p)$个特征值的最后位置，其中 n 为系统状态个数。这意味着在 RCAM 闭环系统分析中，有必要检查系统是否稳定。这很简单，只要所有特征值都有负实部即为稳定。

3）鲁棒性分析

在设计规范中，系统鲁棒性被定义为：在面对控制器时延和飞机质量和重心变化，系统保持稳定性和性能的能力。这可分为性能鲁棒性-标称系统维持性能指标的能力，以及稳定鲁棒性-系统保持适当稳定性的能力。

（1）性能鲁棒性：

飞机系统对参数变化的鲁棒性的一种度量是其特征值对矩阵$(A+BKC)$变化的灵敏度。文献[19]介绍了整体性能鲁棒性的测量。以闭环系统为例，若 $\hat{\lambda}$ 是受扰系统$(A+BKC)+E$ 的特征值，则可表示为

$$\frac{|\hat{\lambda}-\lambda_i|}{\|E\|} \leqslant k(V)$$

式中：$k(V)$是特征向量矩阵 V 的谱条件数。对于任意一个系统，特征向量矩阵条件数越大，则在给定的干扰 E 下，特征值与其标称值的偏差就越大，上述结论的数学证明请见文献[13]。因此，EA 设计的一个目标是减少闭环特征向量矩阵的条件数。

（2）稳定性鲁棒性：

为了评估 RCAM 对非结构扰动的稳定性，需要稳定性裕度的某些测量。

Lehtomaki 等所做工作[20]提出了 MIMO 系统的稳定裕度公式。若飞机输入端的回差矩阵的最小奇异值大于某个常数,如:

$$\underline{\sigma}[I + KG] \geqslant c$$

则同时在反馈系统的每一回路保证具有如下的增益裕度:

$$GM = \frac{1}{1+c}, \ \frac{1}{1-c}$$

以及如下的相位幅度:

$$PM = \pm \arccos\left[1 - \frac{c^2}{2}\right]$$

系统所有回路的增益和/或相位(只要不是两者同时在任一回路中)可在上述 GM 和 PM 所规定的限制范围内变化,而不会使系统不稳定。同样的思路也可用于在飞机输出端给定扰动下,得到稳定裕度。

此处所述的谱条件数和稳定裕度的测量被用于 RCAM 鲁棒性分析。

6.7.7.2 纵向控制器分析

表 6-10 所给的初始设计的闭环特征结构如表 6-11 所示。从表中可知,得到了期望的特征值,且括号中的元素说明,期望特征向量(见表 6-8)中指定的解耦已实现。

表 6-11 纵向闭环系统特征结构

模态	短周期	长周期	高度	V_A 跟踪	z 跟踪
特征值	$-0.8\pm0.8i$	$-0.15\pm0.15i$	-0.3	-0.4	-0.5
ζ	0.71	0.71	—	—	—
ω_n	1.13	0.21	—	—	—
q	0.009	0	0	0.001	0
θ	0.008	0.001	0.001	0.002	0.001
u	0	0.046	0	0.248	0
w	0.928	0	0.043	0	0.178
z	0.419	0.202	0.287	0.276	0.440
V_A 跟踪	0.021	0.215	0.004	0.621	0.010
z 跟踪	0.371	0.954	0.957	0.691	0.880
$k(V)$			30 400		
增益裕度			$-4.3\,dB, 9\,dB$		
相位裕度			$\pm38°$		

通过闭环输入-模态和模态-输出耦合向量可以得到跟踪指令和输出间的关联。指令输入与纵向系统的模态之间的耦合如下:

$$W_{lon}B_{lon}L_{lon}$$

表 6 - 12　纵向闭环系统特征结构

模态	V_A 指令	z 指令
短周期	0.390	0.459
长周期	0.969	0.043
高度	4.020	1.431
V_A 跟踪	0.357	0.049
z 跟踪	1.748	3.146

上述向量如表 6 - 12 所示。它表明：

（1）当具有空速指令 V_A 时，所有的系统模态都将被剧烈地激发。由表 6 - 11 可知，这会引起前向速度 u 和高度 z 的偏离。

（2）当指令高度 z 改变时，短周期模态、高度和 z 跟踪模态受影响最大。这些模态改变了 z 的状态，但是从表 6 - 11 可见，它们在前向速度模态中并不明显。通过对特征结构的粗略考察表明，正如预料的，V_A 和指令 z 解耦，但是 z 并未显现出和 V_A 指令解耦。

特征结构的这种评估可以通过对这些跟踪变量的线性阶跃仿真进行测试。图 6 - 43 显示了系统对 13 m/s 速度阶跃指令 V_A 的时间响应。注意到，正如特征结构

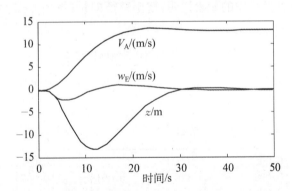

图 6 - 43　初始纵向系统对 13 m/s 空速阶跃指令的响应

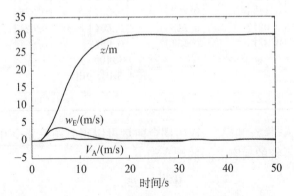

图 6 - 44　初始纵向系统对 30 m 高度阶跃指令的响应

分析中预测的一样,高度 z 有一个较大的偏差。图 6-44 给出了 z 的 30 m 阶跃指令的响应。

如前所述,V_A 已和指令 z 充分解耦,满足设计指标的要求。

上述两种简单的工具(特征结构分析和线性仿真)对提供闭环纵向动态特性的初步分析是足够的。

6.7.7.3 横侧向控制器分析

初始横侧向控制器的闭环特征结构如表 6-13 所示。可见期望的特征值已被配置,解耦(所要求的解耦如括号中的元素所示)在大多数情况下,已按要求完成。由于有限的解耦自由度,要求的荷兰滚模态解耦并没有充分满足。

表 6-13　横侧向闭环系统特征结构

模态	滚转	螺旋	荷兰滚	航向	y_{lat}	Φ	y_{lat}
特征值	-4.40	-0.20	$-0.182\pm0.157i$	-0.13	-0.55	-1.50	-0.5
ζ	—	—	0.77				
ω_n	—	—	0.23				
p	0.259	0	(0.004)	0	0.008	0.270	0.004
r	0	0	0.003	0	0.002	0.015	0
ϕ	0.059	0	(0.015)	0	0.015	0.180	0.009
ψ	0	0	0.012	0	0.003	0.010	(0)
v	(0)	(0)	0.996	(0)	(0)	(0)	0.200
y_{lat}	0.031	0.196	0.015	0.129	0.482	0.785	0.438
ϕ 跟踪	0	0.002	(0.050)	0.002	0.005	0.006	0
y_{lat} 跟踪	0.007	0.981	(0.061)	0.992	0.876	0.523	0.876
$k(V)$			34730				
增益裕度			-1.8 dB, 2.3 dB				
相位裕度			$\pm13°$				

横侧向动态的性能指标是对侧向阶跃位移指令响应规定上升时间和超调。图 6-45(a)显示了对侧向位移 10 m 阶跃指令的线性仿真。该响应满足了设计规范中的所有要求指标。图 6-45(b)说明,如同指标要求的一样,对于较小的横侧向位移,航向变化也较小。

6.7.8 控制器优化

一旦设计人员明白如何通过改变特征结构来调整飞行控制系统,设计过程就变成了不断改变期望特征值和特征向量直至满足设计要求的迭代过程。因此,并没有最好的设计解,因为可用的特征值和特征向量的组合是非常多的。

对于 EA 方法,特征值的微小变化将改变选择可达特征向量的向量空间。这意味着,尽管设计人员容易选择任意特征值以获得期望的响应,但却不容易检验该选择对所得的闭环系统特征向量的影响。这种影响仅能从某些度量,如上升时间、对指令的超调、特征向量矩阵的条件数以及稳定裕度等测量,得到间接的

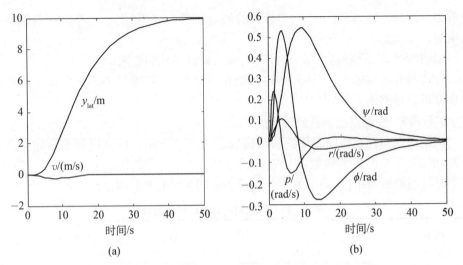

图 6 - 45 横侧向系统对 10 m 横侧向位移阶跃指令的响应

(a) 速度和距离 (b) 角度和角速度

评价。

为了保持用 EA 方法设计的系统有满意的品质,可使用面向目标的优化算法,此算法内嵌了 EA 算法。上述方法曾被应用于飞机 EA 控制器的设计。设计从任意一组特征值开始,并由此产生一 EA 控制器。该控制器 K 被用于评估一组以改善系统性能和鲁棒性的目标函数。若该控制器未取得期望的目标,基于梯度法微调特征值,并用这新的期望特征结构重复上述 EA 方法直至获得满意解。这种方法的示意描述如图 6 - 46 所示。

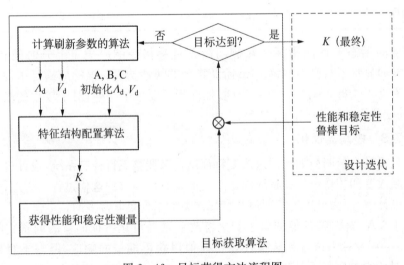

图 6 - 46 目标获得方法流程图

上述线性综合、线性系统分析以及面向目标的线性系统优化的过程不断重复，直到获得一个尽可能多的满足 RCAM 设计规范的系统。

最后的控制器如表 6 - 14 所示。比较该控制器与表 6 - 11 和表 6 - 13 中的初始控制器的性能可见，使用面向目标优化算法的控制器改进了纵向控制器的性能鲁棒性，以及横侧向控制器的性能鲁棒性和稳定鲁棒性。

表 6 - 14　最终控制器参数

纵向					
K(调整)	q	n_z	V_A	w_E	z
δ_r	3.088 0	−0.269 0	0.000 8	−0.048 0	−0.014 0
δ_{th}	−1.441 0	0.131 0	−0.001 2	0.001 8	0.070 0

L(跟踪)

$$\begin{array}{c} V_A \text{ 跟踪} \quad z \text{ 跟踪} \\ \begin{array}{c}\delta_r \\ \delta_{th}\end{array}\begin{bmatrix} -0.000\,8 & -0.001\,9 \\ -0.001\,3 & 0.000\,8 \end{bmatrix}\end{array}$$

横侧向					
K(调整)	β	p	r	ϕ	x	$ylat$
δ_a	−8.077	2.435	5.165	4.599	19.570	0.050
δ_r	−0.437	−0.005	2.232	−0.001	3.755	0.005

L(跟踪)

$$\begin{array}{c} \phi \text{ 跟踪} \quad \dot{\psi} \text{ 跟踪} \\ \begin{array}{c}\delta_a \\ \delta_r\end{array}\begin{bmatrix} 0.302\,0 & 0.002\,8 \\ -0.189\,0 & 0.000\,3 \end{bmatrix}\end{array}$$

	纵向	横侧向
特征值	−0.218±0.164i	−2.970
	−0.256±0.159i	−0.193
	−2.322	−0.21±0.214i
	−0.218	−0.1
	−3.000	−0.6
		−0.197 2
		−2.086
$k(V)$	8439	30 640
增益裕度	−4.8 dB, 11.3 dB	−3.7 dB, 6.7 dB
相位裕度	±43°	±31°

6.7.9　非线性仿真

当完成控制器最后设计，需要利用非线性仿真方法评估由线性综合方法所得的设计指标被保留的程度。此处所述结果可与前述设计规范要求相比较。

1) 性能规范

这些是必须满足的主要准则。除非特殊说明，下述各项均为闭环系统在标称条件下的结果。

（1）纵向动态。

高度响应：图 6-47 显示了在高度 z 增加 30 m 时系统的阶跃响应。系统上升时间为 8 s（期望值小于 12 s），其超调为 1.7%（期望值小于 5%），满足了设计规范。

空速响应：图 6-48 显示了飞机对空速 V_A 的阶跃指令的响应。其超调为 7%（期望值小于 5%），上升时间为 14 s（期望值小于 12 s）。这使 V_A 指令响应稍微超出了期望范围。

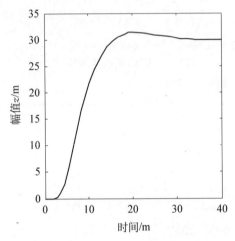

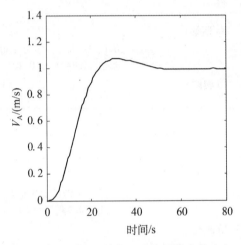

图 6-47　系统对 30 m 高度阶跃指令的响应　　图 6-48　系统对单位空速阶跃指令的响应

图 6-49 显示，在 13 m/s 的阶跃风干扰下，系统需要 26 s 使空速偏差小于 2.6 m/s（而期望值小于 15 s）。这是在面向目标优化控制器时，为使系统具有更好的鲁棒性所做出的折中。

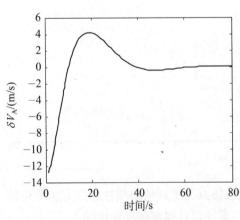

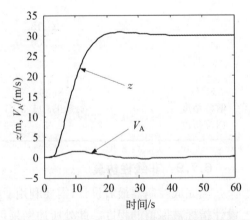

图 6-49　沿机体轴空速对阶跃风指令的响应　　图 6-50　空速对 30 m 高度阶跃指令的耦合响应

空速和高度的交叉耦合：对于高度 z 的 30 m 阶跃指令，交叉耦合量略大于规范允许值。图 $6-50$ 显示,该指令造成了 $1.4\,\mathrm{m/s}$ 的 V_A 偏差(期望值为 $0.5\,\mathrm{m/s}$)。对 $13\,\mathrm{m/s}$ 的 V_A 阶跃指令,z 的耦合量大于 $10\,\mathrm{m}$ 的允许限制值,如图 $6-51$ 所示。

航迹倾斜角:图 $6-52$ 给出了系统对 $3°$ 航迹倾斜角 γ 阶跃指令的响应。尽管该响应的超调仅为 1.6%,但其上升时间却为 $10\,\mathrm{s}$(期望值小于 $5\,\mathrm{s}$),未达到期望的要求。这种情况并不容易用 EA 控制器纠正。因为它的设计是解决 z 和 V_A 指令的情况,然而航迹倾斜角指令隐含垂直速度指令。

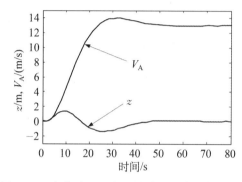
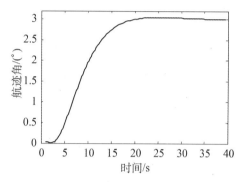

图6-51　高度对 $13\,\mathrm{m/s}$ 空速阶跃指令的耦合响应　　图 $6-52$　航迹倾斜角阶跃响应

(2) 横侧向动态。

侧向位移:图 $6-53$ 给出了飞机初始值偏离期望轨迹 $1\,\mathrm{m}$ 的侧向位移 y_lat 曲线,以及系统对 $1\,\mathrm{m}$ 侧向指令位移的阶跃响应曲线。曲线说明侧向位移调节系统欠阻尼。这就使得系统虽可以在小于 $8\,\mathrm{s}$ 的时间内将侧向位移减小为其初始值的 10%(期望值为 $30\,\mathrm{s}$),但其超调却高达 25%。这是一个难以接受的性能。但是,为保证飞机即使在单发失效状态下也不会偏离允许的飞行边界,上述超调也是允许的。图中侧向位移指令的阶跃响应满足阶跃指令的要求。

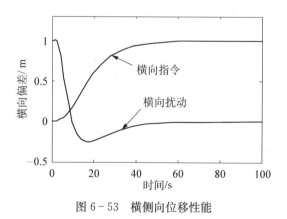

图 $6-53$　横侧向位移性能

滚转角响应:图 $6-54$ 显示了单发失效和重起过程中,滚转姿态 ϕ 以及侧滑角 β 的响应。从图中可见,所引起的最大滚转角偏差为 $6°$(期望值小于 $10°$)。该设计使

滚转角在这之后最小化回零,以保证乘客的舒适度。由图中也可见最终稳态侧滑角为 $3°$。

在中等湍流(其定义在 RCAM 挑战问题中较为复杂)条件下,系统的滚转行为如图 6-55 所示。滚转角在限定的 $5°$ 内,但却是以较大的副翼操纵量为代价。

航向角速度:图 6-56 显示了单发失效所导致的航向角速度,是在 $3°/s$ 的允许范围内。重起发动机也不会使航向角速度超出这限制。

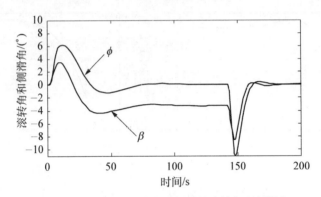

图 6-54　发动机失效和重起时的滚转角和侧滑角

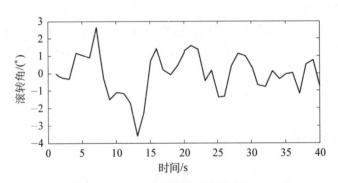

图 6-55　中度颠簸下的滚转角

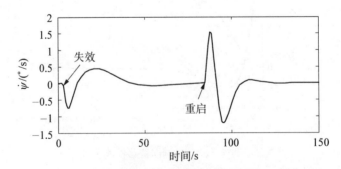

图 6-56　发动机失效和重起时的航向角速度

2）鲁棒性规范

人们发现，在控制器延时50ms时，系统对所有其他指定参数的规定变化都具有性能鲁棒性和稳定鲁棒性。在最大延时100ms时，部分参数包线，即飞机质量大于145t，飞机重心较高或较靠后时，系统变得不稳定，因此，系统不具有期望的鲁棒性。

3）乘坐品质规范

这些准则关系着正常机动下乘客的舒适度。所有的阶跃指令响应表明加速度保持在给定的边界内。

4）安全规范

滚转角安全性的评估，所有变量均保持在各自的限制内。

5）操纵动作规范

对主作动器的速率要求是小于其最大速率的33%。由表6-15可知均不满足这限制，问题主要在于副翼操纵量。图6-57给出了中度湍流条件下作动器的运动。注意到，此处也显示了副翼有过大的运动。这是因为系统试图过快地调整侧向位移偏差，使用了高增益（每偏离期望轨迹1m有3°的副翼偏转指令）。

表6-15　最大速度指标满足度

	平均速率(°/s)	设计指标的最大值(°/s)
副翼	15.5	8.3
尾翼	4.3	5
方向舵	0.6	8.3
油门	0.32	0.24

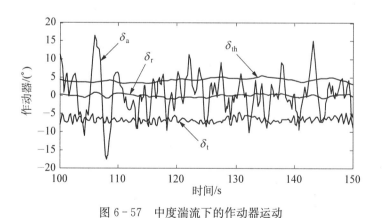

图6-57　中度湍流下的作动器运动

6.8　结语

早期民用飞机的飞控系统设计主要基于飞机的线性模型给出初始控制器结构。

此类线性模型是全非线性飞机模型在飞行包线内一点,考虑小扰动情况的线性化结果。相比于非线性模型,此类线性模型更易对其进行数学分析及研究。不论是传统的单输入单输出(SISO)方法,抑或大部分的现代控制方法,均依赖线性模型设计控制器的基本结构。因此,目前研究开发的众多线性控制系统设计方法意在为此类线性飞机模型设计更好的控制器。

但经验和实际应用表明:这种线性方法设计的控制器在较现实的飞机环境中并不具备良好的性能,尤其是在考虑了更宽的飞行包线、调整了飞机配置参数以及系统具有非线性特点和模型具有不确定性的情况下。解决上述问题的传统工业方法是采用迭代技术,不断调整控制器参数并验证,直至满足系统要求。此种基于非解析步骤的控制器调整过程消耗了大量的时间和物力。

因此,希望通过改进初始的线性综合分析过程,使系统在某确定点上线性化,且该点线性化后的模型需要较少的后续调整步骤。这一思想又反过来指导设计人员去寻找一个更快、更简洁而且也许更好的设计过程。当然,这一过程也需开发更灵活、更直观的设计工具。现代设计方法曾尝试利用下述两大途径解决该问题。第一,利用线性系统的全状态多输入多输出(MIMO)描述,同时表示飞机各变量之间的联系;第二,设计具有足够鲁棒性的控制器,使其应用于飞机非线性模型时,不损失其性能或稳定性。

本章主要介绍和分析了几种典型的飞行控制系统设计的现代控制理论与方法,如最优控制方法(LQR)、H_∞鲁棒控制方法、基于结构奇异值的μ综合方法、特征结构配置、非线性动态逆方法、模糊逻辑智能设计方法等;详细介绍了基于鲁棒控制和特征结构配置等方法的飞行控制系统设计实例及其设计过程。

常规飞行控制系统的控制律主要利用经典的单回路频域或根轨迹方法设计。该方法具有简单、直观的特点,已经积累了丰富的设计经验,在飞行控制系统设计中得到了广泛的应用。但随着现代飞行器结构变得更加复杂、新的控制舵面和矢量推力等技术的应用,飞行器的动态变得非常复杂,各运动模态之间的耦合更加密切;一些新的控制指标被提出;控制系统变得更加复杂,常为多输入多输出系统,这些都使得常规的单回路设计方法难以完成相应的飞行控制设计。

近年来,多变量控制理论得到迅速发展,如基于LQR(最优二次型)的最优控制理论、基于H_∞的鲁棒控制理论,这些理论逐渐被应用到现代飞行控制系统的设计中,并取得了一定的成功经验。研究结果表明,在解决飞行控制问题时,采用多变量控制设计方法比经典方法有很多的优越性。对于精确的飞机对象模型,采用LQR可以获得很好的控制性能,但对模型误差等缺乏鲁棒性;采用H_∞等鲁棒控制方法设计的控制器则对各种不确定性和扰动具有较好的鲁棒性,能够很好地消除外界干扰(如阵风)的影响。但鲁棒控制器一般存在保守性,且控制器阶数一般较高。

通过对RCAM问题的特征结构配置(EA)设计过程和结果可以看出:采用线性设计方法可以使系统更具鲁棒性,减少面向非线性的整定,获得令人满意的控制系统,从而可以加快设计迭代;而且现代设计方法也可以像许多传统设计方法一样直观和灵活;重要的是,特征结构配置控制器的结构看起来简单和容易理解,在实现中也易于验证。因为控制器不具有非传统的隐含动态,对大部分的设计者而言结构上更为清晰,且系统功能可以直接与增益相关。飞机动力学被分解为动态模态和它们与状态及飞机输出之间的简单关系。飞机的动态模态与它的状态和系统输出之间的不利关联即可被发现,并在下一步设计阶段被重点关注。这一多输入、多输出分析显示了一个潜在的途径,现代方法也可以使飞机动力学更直观。当然,研究结果也表明:特征结构配置(EA)无法满足 RCAM 控制问题的所有规范,设计人员必须对该方法和飞机两者都具有足够的经验,以便理解期望特征结构的调整方法。

参 考 文 献

[1] 王会. 大型飞机控制律设计及仿真研究[D]. 北京:北京航空航天大学,2004.

[2] 史忠科. 鲁棒控制理论[M]. 北京:国防工业出版社,2003.

[3] 周克敏,DOYLE J C, GLOVER K. 鲁棒与最优控制[M]. 毛剑琴,等,译. 北京:国防工业出版社,2002.

[4] 郑建华,杨涤. 鲁棒控制理论在倾斜转弯导弹中的应用[M]. 北京:国防工业出版社,2001.

[5] 俞力. 鲁棒控制——线性矩阵不等式处理方法[M]. 北京:清华大学出版社,2002.

[6] D'ANDREA R. Linear matrix inequality conditions for robustness and control[J]. Internation Journal of Robust and Nonlinera Control, 2001,6(11):541 - 554.

[7] MARCOS A, BALAS G. Linear Parameter Varying Modeling of the Boeing 747 - 100/200 Longitudinal Motion [R]. AIAA, 2001.

[8] 范子强,方振平. H_∞ 控制理论在飞行力学中的应用[J]. 航空学报,2000,21(3):230 - 233.

[9] 郭锁风. 先进飞行控制系统[M]. 北京:国防工业出版社,2003.

[10] 李雪峰,方振平. 飞机机动飞行时的隐模型控制器设计[J]. 飞行力学,2002,20(3):13 - 16.

[11] DOYLE J C, STEIN G. Robustness with Observers [J]. IEEE Trans. , 1979, AC - 24(4): 607 - 611.

[12] KULCSAR B. LQG/LTR Controller design for an aircraft model [J]. Periodica Polytechnica SER. TRANSP. ENG. , 28(1 - 2):131 - 142.

[13] PRATT R W. Flight control systems: practical issues in design and implementation [R]. The Institution of Electrical Engineers, 2000.

[14] MAGNI J E, BENNANI S, TERLOUW J. Eds. Robust flight control—a design challenge [R]. 1997.

[15] STEVENS B L, LEWIS E L. Aircraft control and simulation [M]. John Wiley & Sons. Inc. , 1992.

[16] SMITH P R. Application of eigenstructure assignment to the control of powered lift combat aircraft [R]. RAE Bedford Tech. memo FS 1009,1991.

[17] FALEIRO L E, PRATT R W. An eigenstructure assignment approach; MAGNI J E, BENNANI S, TERLOUW J. Robust flight control—a design challenge [R]. 1997.

[18] FARINEAU J. Lateral electric flight control laws of a civil aircraft based upon eigenstructure

assignment techniques [C]. Proceedings of the AIAA Guidance, navigation and control conference, 1989.

[19] CHOUAIB I, PRADIN B. On mode decoupling and minimum sensitivity by eigenstructure assignment. Mediterranean electrotechnical conference [C]. MELECON '94, Antalya, Turkey, 1994.

[20] FAHMY M M. O'REILLY J. Parametric eigenstructure assignment by output feedback control [J]. Int. J. Contro. , 1988,48(1):97 - 116.

[21] LITTLEBOY D. Numerical techniques for eigenstructure assignment by output feedback in aircraft applications [D]. PhD thesis, Department of Mathematics, Reading University, UK, 1994.

[22] FALEIRO L F, PRATT R W. Multi-objective eigenstructure assignment with dynamic flight control augmentation systems [C]. Proceedings of the AIAA Guidance, navigation and control conference, San Diego, USA, 1996.

[23] FALEIRO L E, PRATT R W. Multi-objective eigenstructure assignment in the design of flight control systems [C]. International Federation of Automatic Control (IFAC) 13th triennial world congress, San Francisco, 1996:201 - 206.

[24] 杨恩泉. 无人作战飞机飞行控制系统关键技术研究[D]. 北京:北京航空航天大学,2006.

[25] SNELL S A, ENNS D F, WILLIAM L G. Nonlinear inversion flight control for a supermaneuverable aircraft [R]. AIAA - 90 - 3406 - CP, 1990.

[26] LANE S A, ENNS D F, GARRARD W L. Flight control design using nonlinear inverse dynamics [J]. Automatica, 1998,24(4):471 - 483.

[27] 张鹏. 模糊增益调参及其在飞控系统中的应用[D]. 北京:北京航空航天大学,2002.

[28] GAHINET P, APKARIAN P. A linear Matrix Inequality Approach to H_∞ Control [J]. Int. J. Of Robust and Nonlinear Control, 1994,4:421 - 448.

[29] 谢振华,范训礼,曲建岭,等. 飞控系统模糊控制器设计及稳定性分析[J]. 飞行力学,2000,18 (2):30 - 33.

7 民机电传操纵系统的可靠性与安全性设计

7.1 民机飞控系统的可靠性与安全性要求

民用飞机的四大基本属性是安全性、经济性、舒适性和环保性,其中安全性是民机生存和发展的基础,没有安全性一切将无从谈起。确保安全性、突出经济性、提高可靠性、改善舒适性、强调环保性是民机研制工作的重点和目标。高的可靠性可以确保飞机高正点率与利用率,减少对维修人力和产品支援要求;保持良好经济性,同时也为持续的安全性提供支持;没有可靠性将无法保证安全性和经济性[1]。

7.1.1 民机可靠性与安全性基本概念

7.1.1.1 可靠性基本概念

可靠性指产品在规定条件下和规定时间内,完成规定功能的能力。常用的可靠性指标有平均故障间隔时间($MTBF$)、平均无故障工作时间($MTTF$),对于飞机系统还可用平均故障间隔飞行小时($MFHBF$)来表示。

可靠性常用参数指标如下[2]:

1) 可靠度

可靠度定义为产品在规定的条件和规定的时间内完成规定功能的概率。依定义可知,可靠度是时间的函数,表示为

$$R(t) = P(\xi > t)$$

式中:$R(t)$为可靠度函数;ξ为产品故障前的工作时间;t为规定的时间。

2) 不可靠度

产品在规定的条件下和规定的时间内,丧失规定功能的概率,表示为

$$F(t) = P(\xi \leqslant t)$$

且以下关系成立:$F(t) = 1 - R(t)$。

3) 失效率

工作到某时刻t尚未失效的产品,在该时刻t以后的下一个Δt单位时间内发生失效的概率,用$\lambda(t)$表示,即

$$\lambda(t) = \frac{\mathrm{d}r(t)}{N_s(t)\mathrm{d}t}$$

式中：$\mathrm{d}r(t)$ 为 t 时刻后，$\mathrm{d}t$ 时间内故障的产品数；$N_s(t)$ 为残存产品数，即到 t 时刻尚未故障的产品数。

4）修复率

在某一时刻 t 尚未修复的产品，在该时刻 t 后单位时间内完成修复的概率，用 $\mu(t)$ 表示。

5）平均无故障时间（$MTTF$）

对于不可修复产品，从开始使用到故障前的工作时间的平均值，即产品寿命单位总数与故障产品总数之比，或称为平均故障前时间，用 T_{TF} 表示。

6）平均故障间隔时间（$MTBF$）

对于可修复的产品，产品寿命单位总数与故障总次数之比，即两次故障间的平均间隔时间，用 T_{BF} 表示。

当产品的寿命服从指数分布时，产品的故障率为常数 λ，$T_{\mathrm{TF}} = T_{\mathrm{BF}} = 1/\lambda$。

7）平均故障间隔飞行小时（$MFHBF$）

可修复产品使用可靠性的一种基本参数，其度量方法是：在规定时间内，产品积累的总飞行小时与同一时期内的故障总数之比。

8）可用度

可用度是系统可用性的度量，固有可用度是仅与工作时间和维修性维修时间有关的一种可用性参数。

在进行可靠性分析时，需要综合权衡完成规定功能和减少用户费用两个方面的需求，因此，将可靠性模型分为基本可靠性模型与任务可靠性模型。

（1）基本可靠性[3]。

基本可靠性反映了产品的不可靠对维修和后勤保障的要求，确定产品基本可靠性的特征量时，应统计产品的所有寿命单位和所有故障，而不局限于发生在任务期间的故障，也不局限于只危及任务成功的故障。平均故障间隔时间 $MTBF$，可用来表示"基本可靠性"。基本可靠性模型是简单的全串联模型。

对于余度系统，基本可靠性的计算公式为

$$MTBF = \frac{1}{\displaystyle\sum_{i=1}^{m} n_i \lambda_i}$$

式中：m 为组成系统的单元种数；n_i 为第 i 种单元的余度数；λ_i 为第 i 种单元的故障数。

（2）任务可靠性[3]。

任务可靠性反映了产品在规定的任务剖面中完成要求功能的能力。任务剖面指产品在完成规定任务这段时间内所经历的事件和环境的时序描述，其中包括任务成功或致命故障的判断准则。任务可靠性模型用来估计产品在执行任务过程中完成规定功能的概率。

对于民用飞机,常用的任务可靠性概念有飞行可靠度、签派可靠度、航班可靠度等[1]:

飞行可靠度——飞机在飞行任务剖面内正常飞行的概率。

签派可靠度——指没有延误(技术原因)或撤销航班(技术原因)而运营离站的百分数。其中技术性延误指的是由于机载设备和部件工作异常而进行检查和必要的修理使飞机最后离站的时间延迟。签派可靠度是用来描述飞机准时离站的指标。

航班可靠度——运营可靠度,是指飞机开始并完成一次定期运营飞行而不发生由于机载系统或部件故障造成航班中断的概率。其中航班中断包括大于 15 min 的机械延误、取消航班、空中返航和换场着陆等事件。

7.1.1.2 安全性基本概念[4]

安全性是指不发生导致人员伤亡、危害健康及环境、给设备或财产造成破坏或损伤的意外事件的能力。

许多情况下,系统不可靠可能导致系统不安全。系统发生故障时,除了影响系统功能的实现,有时还会导致事故,造成人员伤亡或者财产损失。例如,飞机发动机发生故障时,不仅会影响飞机正常飞行,还可能使飞机因失去动力而坠落,造成机毁人亡的严重后果。提高系统安全性,应该从提高系统可靠性入手。

但是,可靠性不完全等同于安全性。它们的着眼点不同:可靠性着眼于维持系统功能,实现系统目标;安全性着眼于防止事故发生,避免人员伤亡和财产损失。即:可靠性研究故障发生以前直到故障发生为止的系统状态;而安全性则侧重于故障发生后对系统的影响。故障是可靠性和安全性的连接点,在防止故障发生这一点上,可靠性和安全性是一致的。采取提高系统可靠性的措施,既可以保证实现系统功能,又可以提高系统的安全性。

7.1.2 民机飞控系统安全性可靠性要求

飞行控制系统的可靠性是其在规定使用条件下成功完成规定功能的概率,也可以定义为其工作到某一时刻不发生故障的概率。安全性是以系统发生灾难性故障的概率来衡量的,飞控系统的安全性是由于飞行控制系统失效而导致灾难性故障的概率,也称为安全可靠性,因此安全可靠性也是一种任务可靠性。

飞控系统的安全性首先是由系统的可靠性来保证的。从飞控系统失效概率的要求出发,设计者首先要给飞控系统进行可靠性分配,确认其余度结构和等级,满足上述失效概率要求,从而保证可靠性指标。可靠性与安全性有密切的联系,又截然不同。其主要区别在于:

● 可靠性是考虑部件和系统的故障概率,在预定的故障率条件下,设计足够的部件和系统冗余,通过余度结构和非相似余度等手段提高系统完成任务的概率和可靠度。

● 安全性设计是在对系统进行影响飞行安全的故障分析的基础上,确定故障的影响及设计故障下的安全措施。即使设计了高可靠的飞控系统余度结构,仍然要进行安全性分析与设计,防止共模故障、余度系统失效或者解决那些余度系统不能解决的问题。

随着国际民航运输业的快速发展,民用航空器的安全性设计大致可以分为以下几个阶段[5, 6]:

1) 追求完整性(1900—1930 年)

完整性是第一个关于飞机系统安全性的设计方法,其设计原则在于尽量制造出好的零件使系统功能完整。这个时期,随着飞行暴露时间的逐渐增加,出现了许多未曾预计到的单故障,并引起了太多的事故。因此,这个时期内的飞机还不能广泛用于商业运行。

2) 在完整性基础上,增加了有限设计特征的冗余设计(1930—1940 年)

考虑到系统的重要性及单故障的概率,对飞机的发动机、空速表等系统采取冗余设计。由于飞机的安全性不够,在飞行操纵、螺旋桨、发动机失火、有害的环境条件等方面仍存在问题,这个时期的飞机仍然不能赢得公众的信任。

3) 单故障概念设计(1945—1955 年)

在此期间,飞机的安全性有了很大的提高。1945 年,工业界和美国政府部门一起提出了"单故障概念"这一设计理念。即假设每次飞行期间至少发生一个故障,而不考虑其概率的大小。这一概念设计对于减少单故障型事故起到了重要的作用,也使公众对飞行安全的信任度明显增加。

4) 故障安全设计概念(1955 年至今)

虽然安全性有了显著的改进,但事故仍然会发生,而且发生的原因往往由组合故障引起的。如 1955 年一架美国航空公司 Convair240 飞机坠毁事故,就是由于发动机失火和燃油切断阀故障的组合引起机翼破损,进而导致飞机坠毁的。为了防止多重故障组合引起飞机事故,美国政府部门用"故障安全"设计概念取代了"单故障概念"。故障安全设计的基本原理是:在任何一次飞行期间,单故障或可预知故障的组合不会阻止飞机的继续安全飞行和着陆。

至今,应用该理念设计的商用飞机可以划分为以下三代[6]:

第一代,应用安全性试验的方法进行安全性设计和验证。结果证明事故发生率有了显著降低,但事故发生率仍然高出希望值。代表机型如 B707,Comet4,DC - 8 等机型。

第二代,正式使用故障模式及其影响分析(FMEA)方法进行安全性设计和试验。结果更加显著地降低了事故发生率,但有关硬件仍然会发生事故,如自动飞行系统中发生的不成比例的故障组合。代表机型如 B727, B737 - 100/200, B747 "classics", DC - 9, L - 1011, DC - 10, A300 等。

第三代,正式使用功能危险性评估(FHA)、故障模式及影响分析(FMEA)、故障树分析(FTA)。相关系统的故障率出现实质性的降低,出现事故的主要原因大部分因为操作者的差错、维修差错等人为因素原因引起,而非机载系统故障引起。代表机型如 B737 - 300～B737 - 900,B757,B767,B777,B747 - 400,B787,MD - 80,MD - 11,A319～A340 等。

由民用航空条例 CAR4.606 演变而来的《美国联邦航空条例》FAR - 25.1309 规定了安全性设计的原则为:考虑任何单故障,假设存在潜在故障。在随后一系列修正案和咨询通告(advisory circular,AC)中进一步细化了安全性设计原则。这些标准的发布对于提高民用飞机安全水平、促进民航事业的发展起到了重要的作用。

世界各地的适航当局所制定的规章条例是民用飞机安全的最低限度要求,构成了系统安全性分析的主要内容。我国 1985 年发布的《中国民用航空条例》(China Civil Aviation Regulations,CCAR)25 经过了四次修订,在 2011 年发布的版本 CCAR - 25 - R4 中第 25.1309 对设备、系统及安装做出如下相应的规定[7]:

(1) 凡航空器适航标准对其功能有要求的设备、系统及安装,其设计必须保证在各种可预期的运行条件下能完成预定功能。

(2) 飞机系统与有关部件的设计,在单独考虑以及与其他系统一同考虑的情况下,必须符合下列规定:①发生任何妨碍飞机继续安全飞行与着陆的失效状态的概率为极不可能;②发生任何降低飞机能力或机组处理不利运行条件能力的其他失效状态的概率为不可能。

(3) 必须提供警告信息,向机组指出系统的不安全工作情况并能使机组采取适当的纠正动作。系统、控制器件和有关的监控与警告装置的设计必须尽量减少可能增加危险的机组失误。

(4) 必须通过分析,必要时通过适当的地面、飞行或模拟器试验,来表明符合本条(2)的规定。这种分析必须考虑下列情况:①可能的失效模式,包括外界原因造成的故障和损坏;②多重失效和失效未被检测出的概率;③在各个飞行阶段和各种运行条件下,对飞机和乘员造成的后果;④对机组的警告信号,所需的纠正动作,以及对故障的检测能力。

(5) 在表明电气系统和设备的设计与安装符合本条(1)和(2)的规定时,必须考虑临界的环境条件。中国民用航空规章规定具备的或要求使用的发电、配电和用电设备,在可预期的环境条件下能否连续安全使用,可由环境试验、设计分析或参考其他飞机已有的类似使用经验来表明,但适航当局认可的技术标准中含有环境试验程序的设备除外。

(6) 必须按照 25.1709 条的要求对电气线路互联系统(EWIS)进行评估。

第 25.1709 条对电气线路互联系统的系统安全进行了规定,规定每个 EWIS 的设计和安装必须使得:

（1）灾难性失效状态：①是极不可能的，和②不会因单个失效而引起。

（2）每个危险失效状况是极小的。

综上所述，民用飞机飞控系统的安全性设计对于飞行安全保障是极为重要的，在飞控系统设计的各个阶段都应当严格进行安全性分析和设计。

民用飞机的飞行控制系统是保证满足飞行任务和飞行安全的核心模块，要求具有极高的可靠性和容错能力，来保证飞行控制系统具有极高的可靠性与安全性。通常规定，民用飞机飞行控制系统发生灾难性故障的概率不得高于 1×10^{-9} / 飞行小时。对于这样高的安全可靠性指标，要想依靠单套含电气、电子部件的控制系统来实现是不可能的。目前，单通道电气控制系统的安全可靠性仅能达到 $(1 \sim 2) \times 10^{-3}$ / 飞行小时，与机械操纵系统相比差上万倍。要提高电传操纵系统的可靠性，以达到或超过机械操纵系统的可靠性指标，必须通过多重并行通道构成余度系统。而从 A320 开始的民用飞机电传操纵系统采用了非相似余度设计概念，有效地抑制了共模故障，目前民用飞机飞行控制系统的失效概率低于 1×10^{-10} / 飞行小时。

7.2　民机电传飞控系统的余度设计

为了保证民用飞机的高可靠性和安全性，现代先进民机普遍采用了容错技术。容错技术能自动适时地检测并诊断出系统的故障，然后采取对故障的控制或处理的策略，容错设计的内容包括余度结构和余度管理。

7.2.1　余度技术及余度管理[8]

余度技术是最重要的容错技术，余度技术主要建立在资源冗余的基础上。余度技术的基本方法主要包括 4 种：硬件冗余、软件冗余、信息冗余和时间冗余。

1）硬件冗余

硬件余度是为检测或容忍故障而对额外硬件的附加，可以在元件级、电路级、功能级、部件级和系统级等不同级别实现冗余。它是在数字系统中应用最为广泛的冗余形式。随着半导体组件体积的缩小和成本的下降，硬件冗余更为实用。有 3 种基本的硬件冗余形式：被动冗余、主动冗余和混合冗余。

被动硬件冗余又称静态硬件冗余，是指冗余结构并不随故障情况变化的冗余形式，它应用了故障掩蔽的概念，通过多数表决屏蔽发生的故障。如三模冗余（TMR），N 模冗余（NMR）等。

主动硬件冗余又称动态硬件冗余，是指通过故障检测、故障定位及系统恢复技术来达到容错的一种技术。因为系统恢复采用重构技术，所以系统的冗余结构将随故障情况发生变化。如双机比较、备用替换等余度结构。

混合硬件冗余是结合被动硬件冗余和主动硬件冗余优势的混合冗余形式，其成本较高，一般用于高可靠应用领域。混合硬件冗余包括带备份的 N 模冗余、三模-双机系统等，A340 的主计算机模块就属于三模-双机系统。

一般来说，最高的可靠度往往要采用混合冗余才能达到，因此民机的飞控计算机系统一般采用混合冗余技术。

最初飞行控制系统的容错设计是基于硬件的冗余(余度部件或余度系统)而实现的,如三余度和四余度系统,通过简单的表决逻辑来判断故障。但是如果各通道采用相同的硬件和软件,则系统容易受同态故障的影响。非相似余度技术采用不同的硬件和软件来构成余度通道,既可以解决与设计等有关的共性故障,也可以解决系统工作过程中产生的随机故障,提高系统的容错能力,使整个系统可靠、安全。但是其缺点是使得系统复杂度增加,设计难度加大,设计成本和生产成本增加。

采用硬件冗余时,当冗余的单元超过一定的数目的时候,可靠性提高的速度大为减慢,所以不是冗余数越多,任务可靠性增加越快,过多的硬件冗余不仅增加了系统的复杂性,同时降低了系统的基本可靠性,成本、体积和重量也相应地增加。

2) 软件冗余

软件冗余同硬件冗余类似,是指系统中存在多个功能相同的软件模块,当某些软件模块出错时,其功能由其他模块实现。同时软件容错和硬件容错是有区别的:软件故障通常是设计故障,而硬件故障通常是物理上的损坏。硬件物理上的损害可以通过冗余来容错。但软件故障仅仅通过相同版本的冗余不能克服,最为有效的方法就是使用非相似版本的软件。容错软件有许多方案结构,当前应用最广的是以下两种基本结构:N 版本编程(NVP)和恢复块(RB)。

(1) N 版本编程技术。

NVP 结构的思想出自硬件的 NMR 结构,是一种静态冗余结构方式。NVP 由 N 个实现相同功能的不同程序和一个管理程序组成,其结果通过多数表决来选择,防止其中某一软件模块/版本的故障,以实现软件容错。NVP 的组织结构和硬件冗余基本相同。用 NVP 方法构造的系统如

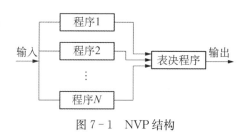

图 7-1 NVP 结构

图 7-1 所示。NVP 系统中非相似 N 版本软件是采用不同的编程小组,按照不同的规范要求,采用不同的算法和数据结构,使用不同的编程语言进行独立设计开发。

不同版本的程序能够容错的基本原理基于这种假设:即相互之间独立形成的软件版本出现相关软件故障的概率非常小,在同一时刻出现相关的软件故障的概率极小,其他软件故障可以用交叉通道监控、检测、隔离直至屏蔽,这样就可以降低甚至消除软件共性故障。同一般软件不同,N 版本软件需要特殊的支持机制,它们是:同步机制、交叉检测点个数和位置、交叉检测向量的格式和内容、版本间的通信、表决算法、表决门限及版本中任务的调度和故障版本的处理。

(2) 恢复块技术。

RB 包含 3 个要素:主模块、接收测试模块(AT)、备份模块。RB 基本结构如

图 7 - 2 所示。主模块首先投入运行,如果接收测试模块检测出故障,经现场恢复后由一个备用模块接替运行,这一过程可以重复到耗尽所有后备模块,或者某个程序块的故障行为超出了预料,从而导致了不可恢复的后果。

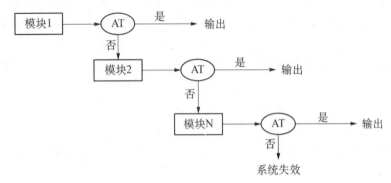

图 7 - 2　NVP 恢复块结构

RB 结构允许只对较为复杂、容易出错的程序段进行冗余。从这个角度看,和 NVP 相比,它具有经济上的优势,能够较为合理地分配软件的可靠性资源。在选择容错域大小时,和 NVP 相比,增加了一个实施接受测试的难度问题。RB 和 NVP 还有一点区别:NVP 中的模块是按照并行的方式运行的,而 RB 中各个模块是按照预先规定的顺序串行执行的,一旦发生了故障,最坏的情况是为完成同一任务,需要执行完所有的备份模块,这样就大大增加了时间上的开销。

(3) 其他软件容错技术。

可以用适当的方法将 NVP 和 RB 结合起来建立混合技术。有许多更先进的混合技术,如分布式恢复块、一致性恢复块、接受表决、结构可变的 NVP、N 自检程序设计等。

分布式恢复块技术(distributed recovery blocks,DRB):主模块和备份模块在 A 和 B 两个独立的节点上运行。首先对节点 A 上运行的主模块的结果进行测试,如果不能通过测试,再对 B 上运行的备用模块的结果进行测试。当备用模块的输出也不能通过测试时,则让备用模块运行在 A 上,而主模块在节点 B 上运行。每个节点有两个看门狗:一个监控本节点的软件模块,一个监控另外一个节点上的软件模块。

一致性恢复块技术(consensus recovery blocks,CRB):一致性恢复块技术是 NVP 技术和 RB 技术的组合。N 个版本的软件按照可靠性由高到低进行排列,同时运行,并对输出结果进行监控表决。当不能正确进行表决时,对可靠性最高的软件版本的输出结果进行可接受测试。如果不能通过可接受测试,再对可靠性次高的软件版本的结果进行可接受测试,如此类推。CRB 有两个优势:

- 削弱了系统对可接受测试的依赖性;
- 由于使用了差异性设计方法,N 个版本软件的输出结果虽然都正确,但存在差异,表决器可能不能正确工作,但 CRB 可以解决这个问题。

接受表决(acceptance voting, AV):N 个版本同时运行,并对每个版本的输出结果进行可接受测试,只有通过可接受测试的版本才能进行表决。表决器只接受通过可接受测试的输出,减少了表决器的计算负担。

结构可变的 NVP:选择一定数量的软件版本(少于 N)同时投入运行,对输出结果进行监控表决。不能正确地进行表决时,增加额外的软件版本,直到能正确地进行监控表决。该方法能节约容错软件的成本。

N 自检程序设计(N Self-Checking Programing, NSCP):NSCP 是 NVP 的变异,被使用于空客 A310 系统。在 NSCP 中 N 个模块成对执行(N 一般为偶数)。测试每一对模块的输出,如果每一对内各模块之间的输出不相同,这一对的输出就被放弃。如果每一对的输出相同则这些输出被重新比较。

这些软件容错技术可用来容忍软件设计的同态故障,有些技术甚至有几十年的历史。现存的容错软件技术也获得了重大的发展,但对保证关键系统充分的可靠性还显得不够。现今在飞控计算机系统设计中,软件错误仍然是影响系统可靠性的关键因素,据统计计算机系统失效的 65% 来自于软件错误。因此,如何提高关键系统特别是飞控系统的软件可靠性,一直是我们要探讨的课题。

3) 信息冗余

信息冗余是通过在数据中附加冗余的信息以达到故障检测、故障屏蔽或容错的目的,如奇偶校验码、校验和、循环码、汉明纠错码、伯格码等检错码或纠错码,它们都是通过在数据字中附加冗余的信息或通过把数据字映射到含有冗余信息的新的表示而形成的编码。信息冗余的优点是所增加的冗余度比上两种方法低,可提供故障的自检测、自定位、自纠错能力,缺点是产生时延,降低系统在无故障情况下的运算效率。

4) 时间冗余

时间冗余的基本思想是重复执行相应的计算以实现检错与容错。时间冗余的一个应用是程序卷回。这种技术用来检验一段程序完成时的计算数据,如有错,则卷回重新计算。若一次卷回不能解决问题,还可多次卷回,直到故障消除或判定不能消除故障为止。时间冗余技术可以用冗余的时间来减少冗余的硬件和软件。在许多应用中时间资源比较充分,而硬件资源或软件资源由于受到重量、体积、功耗及成本的限制而相对短缺,可采用时间冗余技术。但有些应用中比如飞控系统不能容忍增加冗余时间,这时不宜采用时间冗余。

实际应用中,往往几种冗余并存。采用余度技术,可采用可靠性相对比较低的元部件组成高可靠性或超高可靠性的系统,即用付出超常规资源代价的方法,获得系统的高可靠性。冗余资源的数量决定系统的容错能力,称为余度等级。但采用余度技术是有代价的,余度数目的增加会使系统复杂性、体积、重量、费用等增加,而复杂性增加将使非计划维修任务加重,并增加了维护任务,降低了系统的基本可靠性。

所以,在进行飞行控制系统余度构型设计时,需从基本可靠性、任务可靠性、质量、体积、费用、维修性及研制周期等多方面权衡考虑。在满足可靠性和安全性要求的前提下,系统的余度构型应尽量简单。

余度设计技术的一个重要方面是余度管理技术。通过余度管理技术,使系统正常工作时高效运行,产生故障时,对故障瞬态提供保护,并使系统故障后的性能降低尽可能小,最大限度地提高系统可靠性和飞行安全性。余度管理方式的优劣对余度系统的可靠性起决定性的作用,是余度系统设计的核心。余度管理的任务和内容包括故障检测、诊断、隔离和系统重构。

重构是余度管理的重要实现步骤,它的主要功能是防止失效的产生影响到系统的操作。当检测出一个故障,并找到了永久失效的位置后,系统就重新配置其他元件去取代失效元件,或将它从系统中隔离出来。失效元件可以由备份取代;也可将其切除掉使系统性能降低,即缓慢降级。余度管理设计原则中对重构的要求是,能够从瞬态故障或错误中恢复,并且只要系统中还存在有效的资源,就要让系统继续保持运行,防止将有效的资源错误地否决。

重构可由在被故障损坏的子单元内部的故障检测触发,也可由在子单元输出时的错误检测所触发。重构分为硬件重构和软件重构。系统重构的实施包括控制逻辑重构,监控/表决算法的重构,控制律重构等。

重构技术的基本方法包括后援备份和缓慢降级。后援备份指系统配置一组备用的模块,替换工作模块组中的失效模块。它被广泛用于计算机的模块级和系统级。缓慢降级指当系统的部件失效后进行无替换的切除,使系统的功能和性能降级,但不应低于所规定的等级。它有两种方式:一是系统资源达到特定性能,出现失效后系统降级但能继续运行,这种方式优先考虑了性能/成本目标;二是系统以超额资源运行,单个失效时系统性能不变。这两种方式都是使系统在多个失效出现时缓慢降级但能维持最低性能等级。

动态重构的目的是最大限度地提高系统的资源利用率,使系统具有最大的容错能力。同时具有以下优点:有更大的隔离灾难性故障的能力;直到所有的后备都耗尽系统才失效,可靠性高;易于调节后备单元的数量与类型;可利用后备单元的不加电元件的潜在的低功耗特点;系统平均寿命高。

7.2.2 余度飞行控制系统设计体系与设计原则

当前,在航空航天领域,所有新的飞行器的飞控系统中均采用了余度技术来提高系统的任务可靠性、安全可靠性和容错能力,使电传操纵系统可以达到很高的可靠度,并可以超过机械操纵系统的可靠性。但同时,采用余度技术是有代价的。余度造成的硬件套数增加,会使系统的复杂性、重量、空间、费用和研制时间增加;而复杂性增加,也将使维修任务加重,从而降低了系统的基本可靠性。故设计时应对任务可靠性与基本可靠性权衡考虑。

目前电传飞行控制系统均采用余度技术提高系统的容错能力和可靠性。因此,在进行余度计算机系统设计时,需要综合考虑系统的功能和性能需要、可靠性指标、重量、空间、费用、维护性及研制周期和成本等因素确定适当的冗余级别,针对不同故障采取不同的容错方法,确定系统和部件的余度等级、余度的类型和配置方案以及适宜的余度管理方法。

民用飞机飞行控制系统的余度配置是保证其高可靠性与安全性,且满足适航条件的主要技术途径。飞行控制系统的余度设计是一个多设计目标和设计要素的综合性的问题,如图7-3所示,其设计内容包括:

- 余度设计目标和设计准则;
- 控制舵面的气动余度安排;
- 飞控计算机的余度设计;
- 作动器的余度安排与余度设计;
- 总线的余度安排;
- 传感器的余度安排;
- 电源的余度安排;
- 液压动力的余度安排;
- 配合余度的布置。

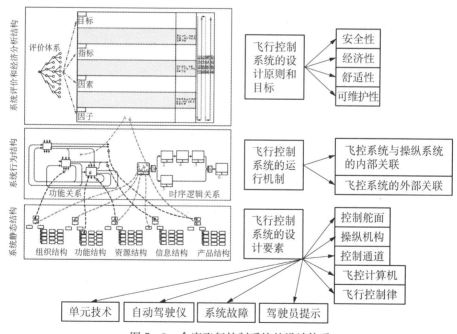

图7-3　余度飞行控制系统的设计体系

因此民用飞机电传飞行控制系统设计是一项系统工程,需要得到系统化的分析设计方法的支持。从系统工程的角度出发,完整的系统设计包括系统设计目标和设计准则的确定、系统运行逻辑的确定及系统结构的建立。如图7-3所示,复杂系统包括了要素和要素之间的静态结构。静态结构体现了系统余度的存在，系统需要运作才能提供相应的功能，其通过静态结构提供相应功能的过程，是由系统的行为结构所决定的。行为结构通过时序逻辑关系关联系统的静态结构要素，形成了系统运行的基本机制。由于系统的运行，对外会表现出特定的性能，通过评价体系的评估，找出系统运行的差距，反过来指导对系统运行机制和系统的组成结构的调整。对于复杂产品设计，则是先确定系统的目标和评价体系，在该体系的指导下设计系统的运行逻辑，最终确定产品相关要素的关联结构。通过 3 个层次的迭代过程，构成了全生命周期的系统的优化过程[9]。对于民用飞机电传飞行控制系统的组合余度设计，也是在这一体系的框架内完成的。

7.2.2.1　余度飞控系统的设计理念与设计目标

民用飞机飞行控制系统的设计目标来自多个方面，包括了安全性、经济性、舒适性和可维护性，其核心是适航条例所规定的安全性要求，也就是飞控系统的安全性要达到 10^{-9}/飞行小时。

国际上民用飞机飞行控制系统设计理念的主要着眼点包括以下几点：

（1）系统安全性的考量。飞控系统是保证飞行安全和提高飞机性能的关键，对飞控系统的相关组成部分安全性的不同考量，形成飞控系统功能和结构配置的不同设计思路。

（2）驾驶员的角色定位。驾驶员不同的角色定位，造成包括驾驶员在内的整个控制系统的结构和关联逻辑的差异。

（3）飞机其他系统的安全性和全机安全性要求的综合分配。

由于设计理念的不同，对这些设计着眼点所涉及的指标的取舍、权重选择会产生巨大的差异，使得波音和空客的客机在飞行控制系统体系结构上呈现出显著的差异性。

波音公司在飞行控制系统设计时考虑[10]：

（1）驾驶员是整个飞机系统的最重要环节，驾驶员需要对整个飞机进行完整的掌控。

（2）飞控系统是保证飞行安全的最重要的系统，要求具有很高的安全性和可靠性，达不到这种要求的系统功能，都不能放在飞行控制回路内，而是放在更外环的任务回路中。

由于波音公司秉承这样的设计理念，波音 B777 的飞行控制系统以驾驶员操作为中心。驾驶员对飞机进行持续、有效、主要权限的操纵。主飞行控制计算机是有限权限的，并联在驾驶员的操纵通道中。

空中客车公司是最早在商用飞机上采用电传操纵的公司，通过系统分析可以发现其在进行飞控系统设计时考虑[11]：

（1）飞控系统的安全性已经足够高，能够满足飞行安全的要求。

（2）更多地考虑飞机的飞行性能，尽可能多地由飞控系统完成复杂的飞行操作。

因此空客飞控系统的设计模式是围绕飞机的性能,驾驶员的操纵需要通过控制系统的处理,飞控系统可全权限地操纵飞机。

由于波音和空客控制系统的设计理念不同,其飞控系统的运行逻辑和产品结构存在显著差异,但是都取得了很好的安全纪录和商业成功。

在飞控系统设计上,不同型号的飞机均定义了其各自的设计目标,如空客A330/340就定义了其性能特征、物理特征、效能需求、可靠性、可维护性、可用性、可支持性、可运输性/灵活性、柔性、电磁兼容性、安全性、互换性、经济可行性和可测试性等14类指标或目标。

设计理念和设计原则对飞控系统研发的重大影响,在进行民用飞机设计过程中,应该受到高度重视。

7.2.2.2 飞机的空气动力冗余设计

飞机的空气动力冗余设计是现代飞机总体设计的重要内容之一。现代飞机一般都是多操纵面布局,每个控制轴都有多个舵面可以提供操纵能力,以提供空气动力冗余。

飞机的空气动力冗余设计是主动控制的一项内容,针对作动器、舵面的可能故障,飞控系统通过对控制律的重新分配,利用功能相似舵面的操纵能力,来弥补故障舵面的影响。

如波音 B777 通过副翼、扰流板、襟副翼提供了滚转轴的气动余度,水平安定面和升降舵提供了俯仰的气动余度。此外,对主要操纵面如方向舵进行分片,可以降低操纵面故障对飞机的影响。

在气动冗余的基础上,对飞机的操纵面及对应舵机进行分组,使得每组舵机及其对应的操纵面可以独立实现对飞机的三轴控制。空客飞机每个飞控计算机的伺服控制部分及波音飞机的每个 ACE 分别对一组舵机进行控制,确保单通道对飞机的控制。

从气动布局的角度看,现代飞机功能舵面的构成已经基本稳定,波音与空客各个飞机之间的差别不大,空气动力冗余设计的布局也基本一致。需要注意的是,由于采用了冗余的相似控制舵面,现代飞机在舵面和作动器故障发生后,都为各种方案控制律的重构提供了气动余度。

7.2.2.3 飞控计算机的余度设计

民用飞机必须按照以下两个基本要求确定飞行控制系统的余度数:

- 满足系统的可靠性指标;
- 满足 FO/FO/FS(或 FO/FO/FO)容错等级。

硬件和软件非相似余度以及飞控计算机的故障监控与表决机制是飞控计算机余度设计的重点。采用数字电传飞行控制系统后,如何消除数字器件和软件的共模故障成为飞控计算机设计的主要障碍。为了解决这一问题,目前的商用飞机,都采用了硬件和软件的非相似余度,飞控计算机包括多个控制通道,每个控制通道包括不同的处理芯片,运行功能相同的不同的软件代码。通道内部和通道之间形成监控对,对输出的控制信号进行比对,并通过表决机制隔离故障的飞控计算机。

由于设计理念的差异,空客和波音在飞控计算机的余度配置上采用了不同的配置方式和监控逻辑。

空客 A320 采用了 2 台升降舵副翼计算机 (ELAC)、3 台扰流板升降舵计算机 (SEC),每台计算机包括两个支路,形成比较监控结构,另有 2 个飞行增稳计算机 (FAC) 的飞控计算机布局,不同的计算机所承担的功能不同,形成了比较彻底的非相似性。这样的设计造成系统的结构复杂,运行期的维护困难。因此从空客 A340 开始,飞行控制计算机采用了 $3\times2+2\times2$ 的布局,每个通道内非相似计算机形成自检控对,当输出结果不一致时,将整个通道切除。飞控计算机采用主备方式进行控制律计算,然后分别执行对各自对应作动器的驱动。这种模式逻辑和故障处理机制简单,但是需要更多的计算机才能达到要求的安全性。空客 380 由于机体庞大,采用了 $3\times2+3\times2$ 的计算机配置,计算机的数量进一步增加[12]。

波音 B777 的电传飞行控制系统则采用了完全不同的计算机余度配置思路,采用了 3×3 的主飞行控制计算机系统。3 个控制通道是硬件相似的,每一个通道内有 3 个硬件非相似的子通道,子通道的软件是相似的,所采用的编译器不同。为了使用较少的计算机达到适航标准要求的安全性,波音 B777 的飞控计算机的处理逻辑比较复杂,需要得到三余度的飞控系统总线的配合,每输出一次有效的指令,需要多次从总线上读取和输出数据,并进行通道内和通道间的计算结果的比较。由于波音 B777 主飞行控制计算机采用了通道之间和子通道之间的监控逻辑,保证了 5 次故障之后仍然能够提供相关的功能。

比较而言,采用自监控对的方式的飞控计算机余度配置,逻辑上更为简洁明晰,也便于硬件的维护和更换。

7.2.2.4 飞控系统总线的余度设计

飞控系统可以采用的总线类型很多,从经典的 1553B,到 ARINC429,ARINC629,CAN,以及 AFDX(航空电子全双工交换互联网,ARINC664)。总线协议和产品的选择主要考虑安全性、成熟性和飞控系统构件之间通信的载荷。

飞控系统总线的余度设计,主要考虑的是飞控计算机的余度安排、其他使用总线进行数据交换的构件的余度安排,以及这些构件之间的余度配合关系。

波音 B777 采用了三余度的 ARINC629 控制总线,并且参与到主飞控计算机的故障检测过程中。这与其 3×3 的飞控计算机结构是相一致的,控制总线余度的设计和飞控计算机的设计相协调。每个子通道都从三条总线读取数据,但是一个通道只向一条总线写数据。

由于总线是飞控系统各个环节的联系纽带,需要提高总线自身的安全性,并降低挂在总线上的设备出现故障后对总线造成的影响。

7.2.2.5 作动器电子单元的余度设计

作动器控制电子(ACE)是实现飞控信号(来自驾驶员的指令和来自飞控计算机的指令)驱动液压作动器偏转舵面的关键环节。作动器电子单元的主要作用是将指令信号转化为液压驱动信号。在一些机型上,它是连接驾驶员、飞控计算机和作动器的接口。

由于设计理念和系统逻辑的不同,波音和空客的 ACE 是不同的。

波音系列(B777,B787)的 ACE 和飞控计算机是分开的,总共有 4 个 ACE,实现了驾驶员和作动器之间的链路,同时实现模数和数模转换,将驾驶员的信号转化为电信号,通过总线传给主飞控计算机,同时将主飞控计算机的指令转化为控制伺服回路的电信号。波音的 ACE 可以提供基本的飞行操纵能力,包括了俯仰角速率传感器,使得 ACE 在直接模式下,能够提供基本的纵向增稳。

空客系列的模式则不同,其作动器控制电子是和飞控计算机集成在一起的。但由于飞控计算机中数字部分与伺服控制的模拟部分相对独立,飞控计算机的伺服控制部分使用的控制律指令可以来自任意一个飞控计算机。

在所有飞控计算机故障的情况下,波音的 ACE 工作于直接模式,实行对飞机的控制。空客所有飞控计算机控制律解算功能失效后,伺服控制部分没有输入指令,不再对飞机进行控制。但空客飞机有独立的备用控制模块(BCM),内部有独立的速率陀螺,可实现模备份控制,A380 的备用控制模块可实现三轴控制。

7.2.2.6 作动器的余度设计

作动器的余度设计包括了单一作动器内部结构的余度设计,以及作动器与液压源、舵面、作动器电子单元之间的余度设计。

作动器自身的余度设计包括了控制回路的余度、液压源的余度等,每一个作动器的成品厂商都会设计其产品的余度配置。对于飞控系统设计而言,关注的是作动器的选型、布置以及与舵面的配合问题。

空客和波音的飞机在舵面作动器余度配合上有相似的地方,如升降舵、副翼和水平安定面每片由两个作动器驱动,垂尾使用 3 个作动器驱动,各扰流板上有一个作动器。

在作动器工作方式上,波音和空客则有所区别。空客飞机一个舵面上的两个作动器一般采用主、备工作方式,即一个舵机主动工作,另一个舵机工作于阻尼模式作为一个热备份。当主动工作模式的舵机出现故障时,阻尼模式的舵机切换为主动模式,而故障舵机自动切换到阻尼模式。A380 采用了电静液舵机和电备份液压舵机技术,其中电备份液压舵机正常情况下工作于传统电液舵机模式,在液压故障后工作于电静液舵机模式。无论采用哪种类型舵机,A380 每个主操纵面的舵机都是主备模式。而波音 B777 则采用主主工作方式,也就是一个舵面上的两个作动器同时工作。在某些较大机动的情况,空客飞机的两个舵机可以同时工作于主动模式。

7.2.2.7 液压源和电源的余度设计

一般商用飞机都采用红、绿、黄 3 套液压源。这 3 套液压源通过一种逻辑关系配置给各个作动器和舵面,以保证在某一液压源发生故障时,不影响整个飞机的操纵。

随着多电飞机和全电飞机的出现,采用 EHA 和 EBHA 之后,飞机的液压源套数可以减少。例如空客 A380 就减少了一套液压源,形成了两液两电的动力布局。多电飞机是一个发展方向,但是在目前情况下是否需要减少液压源的数量,则需要在重量、维护性、安全性等方面综合考虑。

7.2.2.8 飞控系统的组合余度设计

即飞行控制系统的综合和总成设计,实际上是飞控系统余度的综合设计,也是飞控系统运行逻辑设计。由于设计理念的差别,波音和空客采用了不同的运行逻辑策略:

- 空客的运行逻辑策略:主飞行控制计算机是串联在驾驶机构和作动器、舵面之间的。当飞行控制计算机失效的时候,使用独立的备用控制模块(BCM)提供基本的驾驶功能。飞行控制系统和整个飞行操作系统的耦合关系紧密,结构复杂,升级比较困难。

- 波音的运行逻辑策略:飞机的直接控制模式采用了电控方式,驾驶员操纵机构通过变换后和 ACE 连接,提供对舵面的直接控制。ACE 与飞控计算机是通过629 总线进行数据交换的。这样的结构比较简单,飞控系统的升级比较容易。

通过上面对设计理念和相关环节设计原则的讨论可以看出,余度综合和控制系统运行逻辑的设计,与设计理念和各个环节的结构有非常密切的关系。

除了上述环节之外,飞控系统余度设计还需要考虑驾驶舱操纵机构传感器余度安排、飞控传感器的余度安排等。

7.3 现代民机的余度飞行控制系统

为了达到民机电传系统严格的安全和可靠性需求,世界两大飞机制造商波音和空客公司都以各具特色的电传飞行控制系统来改善飞机效能和增强市场商业竞争能力,并取得了巨大成功。本节介绍波音和空客系列 4 种先进机型(B777,B787,A340 和 A380)的电传容错飞行控制系统,分别从电传飞控体系结构、主飞控计算机结构、系统的工作方式和余度管理等方面进行描述。根据飞控系统结构和设计技术的分析,为了达到民机电传系统严格的安全和可靠性需求,波音和空客系列的电传飞控系统均使用了非相似余度技术,但是它们采用了不同的设计策略,在体系结构上各有自己的特点。

为了对波音和空客电传飞控系统进行深入研究和分析,本节从计算机功能分配、非相似设计、余度管理和容错能力以及伺服控制等方面对这两种系列方案进行了定性的比较。根据研究分析,从软件可靠性和系统重构方面对波音和空客系列电传飞控系统提出不足和有待改进的地方,可为我国大型民机的开发研制提供参考。

7.3.1 波音系列的余度飞行控制系统

7.3.1.1 B777飞机的余度飞行控制系统[8, 13~18]

B777是波音第一架采用电传主飞行控制系统的商用运输机,它具有以下设计特点:

- 控制面采用先进的控制律进行全时间操纵;
- 改进控制特性,保留常规系统的良好特性,去掉不良特性;
- 将一些功能集成到主舵面控制功能中,减少外场可替换单元(LRU)的数目;
- 提高可靠性和可维修性。

B777电传飞行控制系统是由主飞行控制计算机(PFC)和作动器控制电子设备(ACE)通过 ARINC 629 总线连接实现飞机的电传飞行控制。飞行控制系统接收驾驶员或自动驾驶仪发出的指令,控制升降舵、方向舵、副翼、襟翼、缝翼和水平安定面等31个作动器,完成飞机的操纵控制,其系统结构如图7-4所示。此外水平安定面及4号和11号扰流片还配有机械连接,在全部电气系统发生故障的情况下飞行员仍可对飞机进行安全操纵。

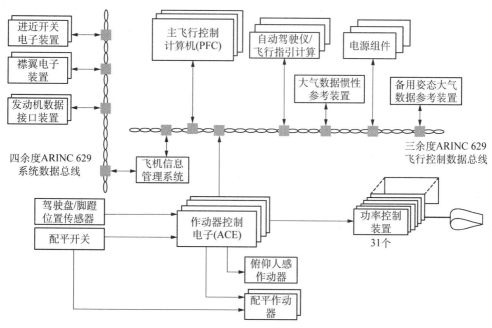

图7-4 B777飞机电传飞行控制系统的结构

为了克服同态和同区域故障,余度飞控单元在安装位置上尽最大可能彼此分离,减少物体撞击、闪电和电磁环境等因素造成的损坏;余度硬件设备也做到功能上的分离,所有的余度硬件设备分成左、中、右三组,这些硬件资源包括:电源、飞行控制 ARINC 629 总线、主飞行控制计算机(PFC)、作动器控制电子设备(ACE)、液压系统。余度资源在位置和功能上的分离,可防止故障在余度单元之间传播,保证系统具有更高的可靠性和更易于维修。

1) 电传体系结构概述

驾驶员通过传统的驾驶杆、驾驶盘和方向舵脚蹬操纵飞机,指令信号通过传感器送给 ACE,ACE 把这些模拟信号转换成数字量并通过余度的 ARINC 629 总线传送给 PFC。PFC 除接收驾驶员指令信号外,还通过 ARINC 629 总线接收来自飞机信息管理系统(AIMS)、大气数据惯性参考单元(ADIRU)和备份姿态大气数据参考单元(SAARU)的飞机运动姿态和大气数据等信息。PFC 根据控制律计算舵面控制指令,然后将舵面指令通过 ARINC 629 总线传回 ACE。ACE 接收 PFC 的数字指令,并将它转换成模拟信号发送给舵机控制舵面偏转。

3 个完全相同的飞控计算机组成了系统处理的核心,主飞控计算机全部处于活动状态,每个计算机都通过三余度 ARINC 629 总线接收控制律和余度管理所需的信号,进行所有舵面控制命令、配平系统和纵向人感系统的计算,但只向它同组的总线传输指令。系统共有 4 个 ACE,所有舵面控制在 4 个 ACE 中分配。ACE 是电传系统中数字模块和模拟模块的接口,每个 ACE 包含 3 个终端,每个终端都按照 ARINC 629 总线的协议和数据总线进行通信。ACE 接受控制指令并发送信号到 31 个功率控制单元(PCU),各操纵面的 PCU 组成相似。PCU 驱动舵面运动,改变飞机的姿态和速度。主要的传感器数据来源是大气数据惯性参考单元(ADIRU),由余度的静压、全压模块、环形激光陀螺、加速度计和处理器组成,具有容错能力。备用的姿态/大气数据参考装置(SAARU)作为 ADIRU 所提供信息的备份。

B777 的电传系统支持 3 种工作模式:正常、辅助和直连模式。在正常模式,PFC 的全部功能可用,所有的控制律、保护功能和自动驾驶仪都正常工作。俯仰控制律基于 $C * U$ 准则,飞行包线保护功能包括失速、过速、攻角保护、阵风减缓以及全时俯仰增稳。辅助模式是一个降级的工作方式,当 PFC 探测到从 ADIRU 和 SAARU 来的数据丢失了重要的大气和姿态传感器数据时,或者当 ACE 处于直连模式时,飞机自动转换到辅助模式。此时,PFC 和 ACE 仍然工作,但是 PFC 的工作降到较低的等级,仅有一些特定的功能起作用,控制律相对正常方式时简化,保护功能不起作用,自动驾驶也不能工作。当 ACE 检测到从 PFC 传递过来的指令无效时,启用直连模式。在直连模式,PFC 被旁路,ACE 对数字数据总线上的指令没有反应。此时,ACE 中的模拟连接接通,能够提供简单的模拟控制律并给出模拟控制信号去控制舵面。另外在全部电气失效情况下,系统还提供了水平安定面和一对飞行扰流片的独立机械链路控制,保证飞行安全。

2）主飞控计算机结构

主飞控计算机系统是电传系统的核心计算单元,包括 3 个相同的主飞行控制计算机通道,每个通道有 3 个非相似的支路,各个通道之间采用 ARINC 629 数据总线通信。主控计算机的结构如图 7-5 所示。PFC 内的每个支路包括 3 个印刷电路板模块:处理器模块、输入/输出模块和电源模块。硬件设计主要基于高速、超大规模集成电路(VLSI)技术和应用专用综合线路(ASIC),以减少部件数目,从而提高硬件可靠性,保证硬件故障不会传播蔓延,防止共模故障。

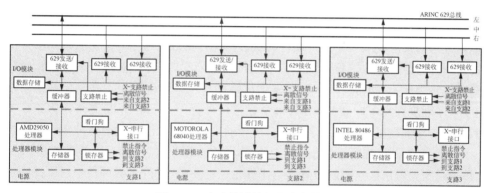

图 7-5　主飞控计算机的内部结构

PFC 内 3 个支路的处理器模块在功能上完全相同,但采用了 3 种高度集成的非相似处理器。这 3 种处理器由不同的生产厂家设计生产,处理器的硬件接口及其外围电路也不同,这就克服了使用相同厂家生产的硬件设备而带来的同态故障。每个支路的软件相同,都采用 Ada 编写,但采用 3 种不同的 Ada 编译器编译以提供非相似性,避免了使用相同编译器产生的同态故障。处理器和编译器的对应关系如表7-1所示。

表 7-1　处理器和编译器的对应关系

处理器	AMD 29050	Motorola MC68040	Intel 80486
编译器	Verdix VADS	Scicon XDAda	DDC-I DACS 80×86

输入/输出模块控制 ARINC 629 总线和处理器之间的数据传送,它包含 3 个 ARINC 629 终端,其中两个用于接收,另一个用于发送/接收,这些终端通过串行接口模块实现和 ARINC 629 总线的通信。

电源模块设计为由飞机+28 V 工作的转换模式型,它提供+5 V,+15 V 和 -15 V 电源汇流条,在外部电源中断时具备电流保持功能。每个 PFC 通过不同的电路断路器连接到不同的飞机电源总线。

3）系统的工作及功能描述

主飞控计算机的 3 个通道全部投入工作,使用相同的数据,执行相同的计算。

每个 PFC 都计算所有主控制舵面作动器、配平系统和驾驶员人感系统的控制指令。PFC、ACE 和总线都被分为左、中、右 3 组，3 组 PFC 和 ACE 接收所有 3 组总线的数据，但只向同组的总线传送数据，当一组的总线出现传送错误或者发生故障时，不会影响另外两组的正常工作。

（1）PFC 的工作。

每个 PFC 的 3 个支路分别被分配为指令支路、备用支路和监控支路。指令支路解算控制律，并将全部作动器控制和系统状态数据传送到它指定的 ARINC 629 总线，同时还对故障进行探测和隔离。其他两个支路进行和指令支路相同的运算，但是主要任务是执行监控和余度管理功能，它并不向 ARINC 629 总线发送控制指令，所发送的信息仅限于对验证硬件的状态和执行支路及通道间余度管理所必需的数据。备用支路处于"热备份"状态，一旦指令支路失效，备用支路将切换到指令状态，在这种情况下，如再有一条支路发生故障则禁止本通道输出。在加电测试时使用了一系列规则克服同态故障，在每个通道内选择一个非相似的支路作为指令支路，同时每次加电时循环使用上次没有使用的支路来减少固有的硬件故障。通道内一个支路失效只切除该支路的输出，不影响本通道的工作，再有一个支路失效，将导致该通道断开输出。这样的设计是为了满足余度要求，使得飞机可在 9 条支路中的一条发生故障时可长期使用，若有两条支路（分别位于两条通道内）发生故障，仍可安全出航 10 天，在一个通道失效的情况下还能出航一天。

每个指令支路计算关键的输出参数，并将输出发送到指定的 ARINC 629 总线，作为"建议的指令输出"（PCO），每个指令支路接收来自其他两个 PFC 对应的数据组，计算 3 个通道输出结果的中值，并将其发送到对应的 ARINC 629 总线，供 ACE 使用。这种机制保证每个 PFC 提供几乎完全相同的输出，因而减少了力纷争对多重作动器舵面的影响。PFC 关键输出指令的生成如图 7-6 所示。

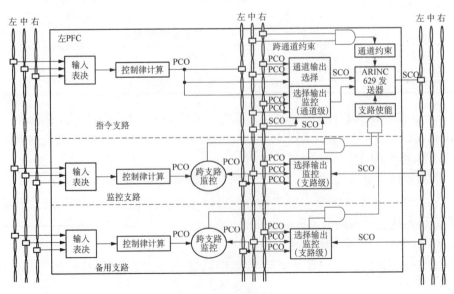

图 7-6 PFC 关键输出指令生成

每个 PFC 内各支路同步工作,使用相同的输入数据进行控制律计算,3 个支路需要进行严格的帧同步和数据同步,且支路间异步度在 $20~\mu s$ 之内,通道内各支路间采用比较监控实现了快速有效的故障检测和定位。为了增强系统对诸如高射频之类的外部共模干扰的抑制能力,3 个通道以异步方式工作,它们之间交换模态、传感器状态和积分器均衡数据来保证各通道的一致性。

为满足系统高可靠性要求,系统采用了多级余度表决面,第一级,每个支路依靠自监控和在线监控确认其硬件正确性;第二级,执行通道内支路余度管理功能,通过同组总线监控支路和备用支路分别与指令支路的计算结果进行比较监控,向指令支路发送离散信号决定是否进行支路禁止和失效告警;第三级,通道余度管理,通过不同组总线指令支路计算出的关键输出参数与来自其他两个通道对应的输出组进行中值选择,防止故障的 PFC 输出错误的信号。

(2) ACE 的工作。

ACE 提供电传系统模拟域和离散域的接口,其中包括伺服输出驱动、监控和控制功能。4 个 ACE 也被分左、中、右 3 组,左边一组包括 2 个 ACE。每个 ACE 包含 3 个 ARINC 629 终端,两个用于接收,一个作为发送/接收。每个 ACE 从三余度总线上接收 PFC 的控制指令,然后进行输入指令的监控和转换,同时按照预先定义选择某组总线的数据发送给它所控制的一组舵机。当总线或 PFC 故障时,ACE 就按照依次选择其他组总线的指令信息来发送控制信号。驾驶员命令可以直接传输到 ACE,保证了在所有 PFC 均故障的情况下,通过 ACE 上模拟控制通路直接提供正常飞行所需要的控制。B777 采用 4 个 ACE 实现所有舵机的伺服回路控制,飞行控制功能分布在 4 个 ACE 中,单个 ACE 失效仍能保留飞行控制系统的主要功能。

(3) 舵机的工作。

B777 的主要操纵面(副翼、升降舵、方向舵)采用余度技术增强可靠性。每一片副翼、升降舵都有两个舵机,方向舵有 3 个舵机。舵机具有多种工作模式如下:

主动模式:正常情况下,所有舵机接收 ACE 的命令并偏转操纵面。舵机保持主动模式除非 ACE 给出进入其他模式的命令。

旁路模式:舵机不响应 ACE 的命令,舵机可以自由运动,这样同一操纵面的其他余度舵机可以控制操纵面而不降低权限(主动模态的舵机不需要克服旁路舵机)。这种模式用于副翼、襟副翼和方向舵。

阻尼模式:舵机不响应 ACE 的命令,舵机可以以限制的速率运动来对操纵面提供颤动阻尼。这种模式允许该操纵面的其他舵机继续以足够的速率操纵舵面控制飞行。这种模式用于升降舵和方向舵。

锁定模式:舵机不响应 ACE 的命令,并且不允许运动。当同一操纵面的两个舵机都失效时,就进入锁定模式。该模式提供一个对操纵面的液压锁定。这种模式用于升降舵和副翼舵机。

系统共有 4 个 ACE,所有舵面控制在 4 个 ACE 中分配,主要操纵面都有两个或

3 个舵机,因此,通过对舵机的合理分组,使得任意一个 ACE 控制的一组舵机都可以安全操纵飞机。液压系统也分为左、中、右 3 组。ACE、液压系统以及舵面分布如图 7-7 所示,除水平安定面配平舵机外,每个舵机由一个 ACE 控制。

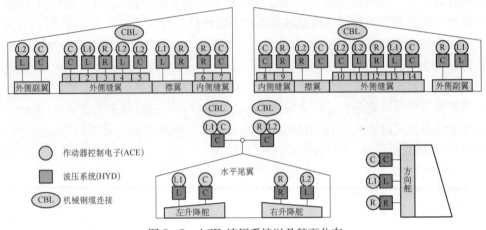

图 7-7　ACE、液压系统以及舵面分布

（4） ARINC 629 总线。

B777 是采用 ARINC 629 数据总线的第一种客机,在飞行控制系统中,ARINC 629 数据总线用于实现 ACE 与 PFC 之间以及它们同飞机其他系统交换信息。总线为双向分时复用系统,可以连接多个终端,每个终端通过 ARINC 629 耦合器连接到总线上。同一时刻只允许一个终端发送数据。一个终端发送完数据后,3 种不同的定时协议来保证总线上的其他终端都有机会发送数据后这个终端才能再次发送数据。

延迟维修是航空公司一直要求的性能,用来提高飞机派遣可靠性。延迟维修需求就要求飞机上大多数的航电系统采用余度容错技术,使得随机硬件故障的维修可以延迟到方便的时间和地点,减少造成航班延迟或取消。延迟维修概念使得 B777 的容错 PFC 设计除了包括符合安全要求的基本 PFC 硬件资源外,还包括了热备份支路余度,为此选择 3×3 余度的体系结构,当 PFC 的一个支路或者一个通道出现故障后,飞机仍可签派。一个支路发生故障后,发出维修警告;一个通道出现故障后,生成故障报告,并要求在 3 次飞行任务期间内必须更换该通道。

通过以上描述,B777 的电传飞控系统采用了非相似的余度容错设计,飞控系统的所有硬件资源都采用了余度配置。B777 的主飞行控制系统(PFCS)包括数字式主飞行计算机(PFCs)系统和模拟计算机(ACEs)。PFC 计算舵面的控制指令并通过 ARINC 总线传送给 ACE,ACE 发送指令信号控制舵面运动。数字式主飞控计算机系统为 3×3 的余度结构,包括 3 个相同的通道,每个通道内有 3 个非相似的支路。这 3 个支路硬件非相似,软件相同。3 个通道功能相同,执行相同的计算,可获得所有操纵舵面的控制指令。FCCS 的余度管理采用了多级余度表决面来确保输出数据的正确,主要包括通道内的比较监控和通道间的多数表决监控。其中通道内备用支路的存在使得通道在一条支路故障后仍能正常工作,再次发生故障才使得该通道失效。飞机主要操纵面都有两个或三个舵机,每一个舵机接收单独一个 ACE 的控制,每个 ACE 可以接收所有 PFC 的计算指令。系统采用 4 个 ACE 进行所有舵面的伺服控制,通过对舵机合理分组,单个 ACE 控制的一组舵机可以实现飞机安全飞行。

7.3.1.2 B787 飞机的余度飞行控制系统[8, 19]

B787 飞机是在 B777 的基础上发展延伸而来,飞行控制系统全面采用了电传操纵技术,并进行了优化设计。所有的操作都是通过驾驶舱、飞行控制电子组件(FCE)和各个操纵面组成的闭环系统来完成。

与 B777 相比,B787 飞机飞行控制系统的设备集成度更高。B787 飞机将 B777 飞机的 15 个组件集成到了 4 个 FCE 机架上,电路板数量由 B777 的 169 个下降到 53 个,降低了成本,减小了重量和体积,同时减少了导线和接头的数量,增加了系统的可靠性。

飞行控制系统综合了自动飞行、高增升、自动油门和电传操纵系统,保持着和 B777 飞机相似的操纵回力感觉的特性要求。系统包含 4 个飞控计算机架,采用了模块化设计。每个机架包括一个驱动作动器的作动器控制电子模块(ACE)和一个电源模块(PCM),3 个飞控模块(FCM)功能增强,布置在 4 个机架中。飞控系统仍然采用了多余度,使用非相似的处理器避免同态硬件故障。

FCM 负责解算控制律,计算舵面控制指令。PCM 接收电源输入将电压调节为飞控组件工作需要的电压。ACE 提供了驾驶员输入、FCM 和飞控作动器之间的接口,将来自驾驶舱的模拟输入指令转化为数字格式发送给 FCM,然后将来自 FCM 的数字飞控指令转化为兼容格式发送给飞控作动器控制舵面偏转。根据有限资料分析,B787 电传主飞控系统简图如图 7-8 所示。

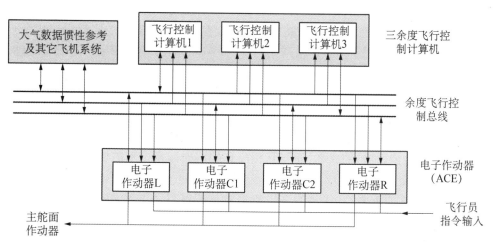

图 7-8 B787 电传主飞控系统简图

主飞控计算机系统由 3 个计算机通道(即 FCM)组成,每个通道只包含两个支路:指令支路和监控支路,构成比较监控结构。通过相关资料的分析推测其工作方式,计算机通道的故障检测是通过比较两个支路的输出结果,若差值超过阈值,则判定该通道失效。电传系统包括 4 个 ACE,这 4 个 ACE 也被分左、中、右 3 组,中间一组包括 2 个 ACE,任何一个 ACE 都可以控制飞机安全飞行。

与 B777 相同,B787 的电传系统也支持 3 种操作模式:正常、辅助和直连模式,使得主飞行控制舵面具有多余度的控制路径,增强了系统安全性。正常模式提供最高层次的系统功能、性能和操纵品质,当正常模式必需的传感器输入数据不可得时,系统转入辅助模式。在辅助模式下,操纵品质是可以接受的,但是一些功能不起作用。直连模式的控制功能和操纵品质同辅助模式相同,但是作动器不接收飞控计算机的输出指令。

B787 在 B777 的基础上全面采用了电传操纵技术,飞控系统仍为非相似多余度结构,其工作模式与 B777 相同。但是 B787 的飞控计算机系统采用了 3×2 的余度结构,包括 3 个相同的通道,每个通道内两个支路构成比较监控结构,取消了备用支路。FCCS 的余度管理也包括通道内的比较监控和通道间的多数表决监控,只是通道内比较监控检测到故障时,由于通道内无备份支路,系统将直接隔离该故障通道的输出。同 B777,飞控系统也采用 4 个 ACE 实现飞机全部舵面的操纵控制,任何一个 ACE 都可进行飞机安全控制。

7.3.1.3　波音飞机的余度飞行控制系统分析

分析波音飞机的余度飞行控制系统,可以得出如下结论:

(1) 波音公司的电传飞行控制系统设计是成体系的,这种体系保证了从波音飞机的发展理念到产品结构的一致性,保证了设计原则的完整性和贯彻的彻底性。

(2) 虽然没有资料提供波音完整的飞行控制系统的设计原则,从系统工程的角度进行分析,可以直观贴切地反映波音飞机设计的体系性。

具体来说,可以关注以下设计特点。

(1) 设计的系列性:波音公司发展了从支线客机到干线客机的完整的民机系列产品,其产品设计体现了标准化系列化的特点,一些设计原则保持了一定的稳定性。例如,尽管侧杆驾驶机构具有非常明显的舒适性和经济性,计算机技术的发展也使侧杆的一些不利因素得到化解,但是波音公司一直采用中央驾驶盘的操纵机构,并且在最新的 B787 中仍然使用,这是因为中央驾驶盘还具有不可替代的独特性,其适应性没有完全消失。而采用与其他系列飞机一致的驾驶机构,其设计成熟,可以有效降低设计、生产、维护的成本,而与其相配套的培训体系也不需要修改,这带来成本上的巨大好处。

(2) 强调人的重要性:这是波音飞机最重要的原则之一。因此其设计过程中,强调技术不干扰驾驶员对飞机的最终操纵,在所有自动化设备都失效的情况下,在直接链模式下,驾驶员仍然可以有效地操纵飞机。

（3）强调整个飞机系统的协调性：波音公司飞机的安全性和可靠性保证，不是对某一个功能模块的单独设计来实现的，往往精心设计了比较出色的系统间配合逻辑，例如 B777 飞机 3×3 飞控计算机和三余度 ARINC629 总线的配合，通过这些配合逻辑来提高系统的安全性。

（4）设计的统一性：所有设备采用主主工作方式，可以随时跟踪设备的完好性。当然，这也降低了设备故障后的控制效能。

7.3.2 空客系列的余度飞行控制系统

7.3.2.1 A340 飞机的余度飞行控制系统[8, 11, 20~22]

空客家族中的 A320 是第一种采用电传操纵飞行控制系统和侧向驾驶杆的客机。在电子飞行控制系统设计中采用了多种余度和安全性概念，从而保证失去全部电子控制的概率为 10^{-10}/飞行小时。整个系统利用了控制面的气动冗余形成了两个独立的系统，分别以升降舵/副翼计算机和扰流片/升降舵计算机为核心，在各自的权限内，通过不同的操纵面控制飞机运动。A340 的电传飞控系统延续了 A320 的系统设计策略，控制律也基本相同。

1）电传飞控系统描述

A340 的飞控计算机系统包括 3 个飞控主计算机（FCPCs）和 2 个飞控辅助计算机（FCSCs），还有 2 个飞行控制数据集中器（FCDCs）和 2 个缝翼/襟翼计算机（SFCCs）。飞控系统使用 ARINC 429 总线进行信息传输。系统任务在 FCPCs 和 FCSCs 之间分配，任何时刻都有一个计算机处于运行状态，另外一计算机处于备份状态。FCPCs 和 FCSCs 中的每个计算机都具有三轴全权限操纵能力，均可在自己的权限内，通过不同操纵面去控制飞机运动，5 个计算机中的任何一个都可以控制飞机安全飞行。A340 的电传控制系统结构如图 7-9 所示。

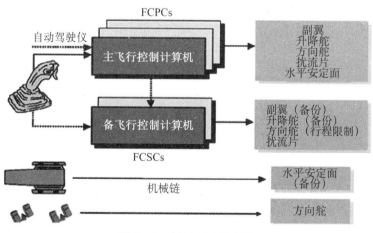

图 7-9　A340 的电传控制

A340 的电传系统具有正常、备用和直接 3 个等级，正常控制律提供全飞行包线保护,全飞行包线保护包括过载保护、俯仰姿态保护、大迎角保护(失速保护)、超速保护、坡度保护。多个传感器、液压或电源系统的失效可能会导致正常控制律的降级,备用控制律是一种降级的飞行控制律,只有部分飞行保护功能起作用。当所有的传感器信息丢失导致正常和备用控制律不可用时,飞机采用直接控制律工作,正常控制律下的所有保护功能将会失去作用。此时操纵面的偏转与侧杆的操纵直接对应,这与传统机械操纵飞机相似,伺服回路由飞行员闭合。一旦全部电子控制系统失效,为了保证飞行安全,A340 飞机还具有对方向舵和水平安定面的机械备份操纵,保证飞机安全着陆。

2) 飞控计算机结构

每个计算机包含两个支路:指令支路和监控支路,两支路的功能不同,指令支路运行分配给该计算机的任务,监控支路确保指令支路的正确性。A340 飞控计算机的故障检测是通过比较计算机内两个支路的输出,当差值超过规定的阈值或者输出不同步时,隔离该计算机的输出。指令支路和监控支路同步工作,同时处于有效状态、备份状态或者故障停止状态。飞控计算机内部结构如图 7 - 10 所示,每个支路包括处理器、相关的存储器、输入/输出、电源和具体的软件。

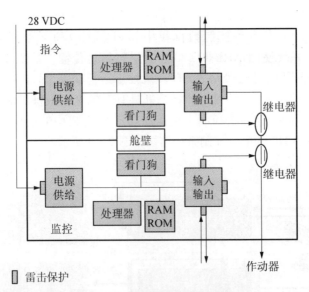

图 7 - 10　飞控计算机内部结构

FCPC 和 FCSC 两种计算机具有不同的功能,执行软件也不同。FCPC 功能复杂,可以提供正常、备用和直接控制律,FCSC 执行简单的直接控制律功能,对乘客舒适性要求不严格,因此具有更鲁棒的性能。

两种计算机采用不同的处理器(以及外围电路)、计算机结构和功能规范,由不同部门采用互不相同的途径研制。计算机内,指令支路和监控支路硬件设计基本相同,但软件采用了不同的软件包,分别是 FCPC 指令支路、FCPC 监控支路、FCSC 指令支路和 FCSC 监控支路的软件包。系统共有 4 种不同的软件包,由不同的开发组采用不同的编程语言进行开发。表 7-2 给出了两种飞控计算机采用的处理器类型及每个支路采用的编程语言。

表 7-2　处理器和支路软件语言对应关系

FCPC	Intel 80386	指令支路	汇编语言
		监控支路	PL/M
FCSC	Intel 80186	指令支路	汇编语言
		监控支路	PASCAL

该系统包含足够的余度,在一个计算机失效时提供正常的性能和安全水平,单个工作的计算机仍可以控制飞机安全飞行。系统具有 3 个液压系统,任何一个都可以保证充分的飞机控制能力。

3) 飞控计算机的工作

正常操作模式下,FCPC(P1)作为主控机,进行控制律解算并发送给其他计算机(P1/P2/P3/S1/S2),其他计算机根据接收到的控制指令执行各自指定舵面的舵机伺服控制功能。对于特定功能,一个计算机处于运行状态,其他计算机处于热备份状态,当处于运行状态的计算机舵机伺服控制部分出现故障后,处于备用状态的下一个优先级最高的舵机伺服控制计算机马上切换到运行状态,切换过程不会引起操纵面的突然运动。如果 P1 解算功能部分故障而不能作为主控机,P2 替代 P1 成为主控机,若 P2 不可得,由 P3 接替。如果所有的 FCPC 失效,每一个 FCSC 作为它自己的主控机,以直接律模态控制相关的伺服装置。单个以直接模态工作的 FCSC 也可以提供完全的飞机控制。比较监控结构的设计使得计算机能够一直传输正确的指令信号,在检测出故障后立即中断输出。

5 个飞控计算机的伺服控制部分负责接收主控机解算的输出数据,然后给作动器发送指令,控制飞机的俯仰、横滚和偏航。A340 所有操纵舵面的控制在 5 个飞控计算机伺服控制中进行分配。FCPCs 运行,FCSCs 处于备份状态,当运行状态计算机的伺服控制失效后,剩下计算机的伺服控制按照预先规定的优先级顺序投入运行。计算机的切换逻辑过程如图 7-11 所示。

(1) 俯仰操纵。

俯仰操纵是通过两个升降舵和可配平的水平安定面实现的。正常操作时升降舵和安定面由 FCPC1 控制,左右升降舵面由各自的绿色和黄色液压装置进行伺服控制,可配平的水平安定面由 3 个电动马达中的第一号马达驱动。如果 FCPC1 或它控制的舵机失效,俯仰控制转换到 FCPC2。FCPC2 通过蓝色液压激励的伺服控制装置控制左右升降舵,第二号电动马达操纵 THS。如果 FCPC2 失效,左右升降舵控制转换到FCSC1 或 FCSC2,安定面由 FCPC3 控制。3 台计算机就能够满足安全性要求,额外的计算机是为了保证当有一台计算机失效时飞机仍然能够安全起飞。

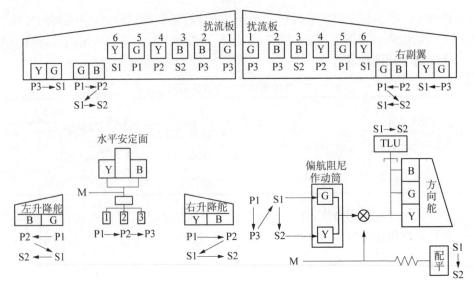

图 7-11 A340 飞控计算机的切换逻辑过程

每个升降舵都配有两个电气操纵的液压伺服控制,每个伺服控制具有 3 种操作模式:主动、阻尼和定中,主动模式是接收电气指令进行舵面操纵,阻尼模式是在液压或电气故障情况下防止舵面出现颤振,定中控制方式是当两个伺服控制的电气控制失效时使舵面保持在中立位置。正常情况下,一个伺服控制处于主动状态,另一个处于阻尼状态。当计算机或液压系统故障使得主动模式的伺服控制失效时,该伺服控制自动转化为阻尼方式,处于阻尼状态的伺服控制变为主动。如果两个伺服控制装置都不能由电动或液压操纵,它们将自动转换至定中方式。安定面由两个液压马达驱动的一个蜗杆传动,这两个液压马达由 3 个电动马达中的一个或机械配平轮控制。

(2)横滚操纵。

A340 的每侧机翼上有两个副翼,内侧副翼和外侧副翼,以及 6 个扰流板。横滚操纵是由每侧机翼上的两个副翼和 5 个扰流板来实现的。外侧副翼由 FCPC3 控制,左右外侧副翼由各自的黄色和绿色液压装置进行伺服控制,如果 FCPC3 或它控制的舵机失效,外侧副翼的控制转换到 FCSC1,FCSC1 分别通过绿色和黄色液压伺服装置控制左右外侧副翼。内侧左副翼最初由 FCPC1 通过绿色液压激励的伺服装置控制,FCPC1 或者相应的液压伺服装置失效后,FCPC2 通过蓝色液压伺服装置接替控制。如果 FCPC2 失效,内侧左副翼控制转换到 FCSC1 或 FCSC2。同理,内侧右副翼伺服控制的故障替换过程如图 7-11 所示。每个副翼有两个电气控制的液压伺服装置,正常情况下,一个伺服控制处于主动状态,另一个处于阻尼状态。当计算机或液压系统故障使得主动模式的伺服控制失效时,处于阻尼状态的伺服控制变为主动。

扰流板控制由 FCPC3(2 号扰流板),FCSC2(3 号扰流板),FCPC2(4 号扰流板),FCPC1(5 号扰流板)和 FCSC1(6 号扰流板)提供,每块扰流板都是由一个电气控制的液压伺服控制装置作动,伺服控制分别来自于绿色、黄色或蓝色液压系统。在相应的计算机出现故障或者失去电控时,扰流板自动收至零位。横滚控制用外侧5 个扰流板,减速和地面扰流板功能用全部 6 个扰流板,机动载荷减缓功能使用外侧3 个扰流板。

(3)偏航操纵。

偏航操纵主要是由方向舵完成的,方向舵同副翼和扰流板一起达到自动化的协调转弯和荷兰滚阻尼功能。偏航阻尼作动器的计算机控制权限变更顺序为 FCPC1→FCPC3→FCSC1→FCSC2,由一个绿色液压系统伺服作动器作动,一个黄色伺服作动筒保持同步并且将在绿色液压系统伺服作动器失效时接替工作。方向舵由 3 个独立的液压伺服装置来作动,液压伺服装置并联工作,由方向舵脚蹬、配平作动器或偏航阻尼伺服作动器进行机械控制。

系统包含了充分的余度,在一个计算机失效情况下仍能提供正常的操纵性能和安全等级。主操纵系统中 5 台控制计算机(3 台 FCPC 和 2 台 FCSC)中的任何 1 台都能控制 A340 的飞行,虽然权限将降低,但提高了余度水平的等级。

通过以上描述,A340 的主飞控系统包括 5 台飞控计算机,每个飞控计算机都进行控制律解算和舵机伺服控制功能,没有专门的 ACE。飞控计算机系统设计为非相似余度容错结构,5 台飞控计算机分别是 3 台 FCPC 和 2 台 FCSC,每台计算机包括两个支路,形成比较监控结构。FCPC 和 FCSC 的功能不同,FCSC 仅提供直接控制律,作为 FCPC 控制的备份使用。在结构上,这两种计算机采用不同的硬件,计算机内两个支路采用不同的软件,系统共使用了 4 种软件包,充分实现了非相似设计。系统的故障检测主要是基于计算机的自检测结构,由监控支路对指令支路进行监控确保输出指令的正确。飞机的主要操纵面由多个独立舵机控制,同时每个舵机又可以接收多个不同飞控计算机的控制,因此单个舵机或计算机失效不会导致该舵面失去控制。

7.3.2.2 A380 的余度飞行控制系统[8, 23]

A380 的电传系统使用了和 A340 相似的设计策略,采用了更先进的技术。主飞控计算机系统包括 3 个主计算机(PRIMs)和 3 个辅助计算机(SECs),还有 2 个飞行控制数据集中器(FCDCs)和 2 个缝翼/襟翼计算机(SFCCs)。A380 的飞行控制律具有与空客以往电传系统相同的设计理念,包括不同等级的控制律:正常、备用和直接控制律。正常控制律在正常操纵模式下使用,具有自动配平和全飞行包线功能;备用控制律中一些保护功能失去,但仍具有自动配平功能;直接控制律失去了全部的保护功能。在所有的 PRIM 和 SEC 或者它们的电源供给失效情况下,由电气备份系统控制飞机,取代了以往的直接机械备份操纵。备份控制模块(BCM)对飞机的水平安定面、全部方向舵、内侧副翼和内侧升降舵提供应急电气备份控制。

A380 的飞行控制计算机结构类似于 A340 系列的计算机,具有更高的性能和可靠性。PRIMs 的功能更强,综合了飞行控制、飞行指引和飞行包线功能,可以在正常、备用和直接控制律下提供完全的飞行控制,SECs 只能在直接控制律下提供飞机控制。飞控计算机采用了非相似的硬件和软件使得系统容错能力更强,PRIM 使用 Power PC 微处理器,SEC 使用 Sharc 微处理器。飞控计算机内也采用了指令支路和监控支路的比较监控结构。

A380 的每一个飞控计算机都执行两种功能:解算功能和舵机伺服控制功能。PRIM 计算机中的一个作为主控机,进行控制律解算,并发送控制指令给其他计算机。3 个 PRIMs 和 3 个 SECs 都执行各自指定舵面的舵机伺服控制功能。作为主控机的 PRIM 也执行自监控,检查飞机响应是否同计算的飞机目标一致。若主控PRIM 失效,由另一个 PRIM 接替它的解算功能,执行控制律解算工作,主控 PRIM根据自身故障情况决定是否继续执行舵机伺服控制功能。若所有的 PRIMs 失效,所有的 SECs 执行各自的控制律解算和舵机伺服控制功能,没有主控计算机。A380正常模态下的操作方式如图 7-12 所示。

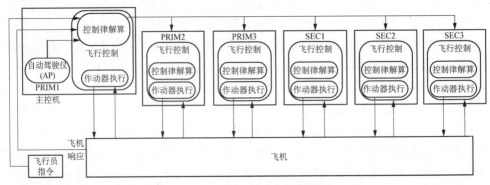

图 7-12　A380 的正常操纵模态

A380 的电传飞控系统采用了双体系结构,除控制指令信号由电信号传送外,部分功率也由电信号传送。主飞行操纵面数量增加,由不同类型作动器驱动,包括常规液压作动器、电静液作动器(EHA)和电备份液压作动器(EBHA)。新型作动器(EHA 和 EBHA)的引入使系统减少了一个液压源,减轻重量的同时增加了伺服控制的非相似余度和可存活概率。A380 飞控系统操纵舵面的液压系统分布以及计算机的切换逻辑过程如图 7-13 所示。

A380 电传飞控系统的设计与 A340 基本相同,采用了非相似余度的飞控计算机系统,每个计算机都基于比较监控结构,电传系统的工作模态和余度管理也相同。同 A340 相比,A380 飞控计算机功能增强,综合了飞行指引等其他功能。飞控计算机系统增加了一个辅助计算机 SEC,整个系统采用了 6 台计算机(3 个 PRIM 和 3

个 SEC),提高了系统的安全可靠性。飞机主飞行操纵面数量增加,除常规液压作动器外,引入了其他不同类型作动器的驱动。新型作动器由电信号激励,使得系统减少了液压源,减轻飞机重量同时增加了伺服控制的非相似余度。

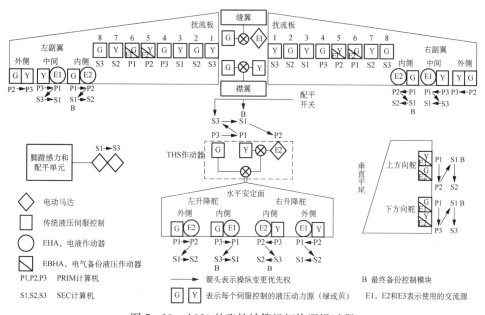

图 7 - 13　A380 的飞控计算机切换逻辑过程

7.3.2.3　波音和空客的余度飞行控制系统比较

为了达到客机电传系统严格的安全和可靠性需求,波音和空客的飞行控制系统都采用了余度容错技术,但在体系结构上各有自己的特点。图 7 - 14 所示为波音和空客电传主飞控系统的顶层结构比较。

波音的主飞行控制系统(PFCS)采用以总线为核心的开放式结构,包括三个数字主飞控计算机(PFCs)和 4 个作动器控制电子 ACE。PFC 从余度总线接收输入数据进行控制律解算,对计算结果监控表决后将舵面位置指令通过 ARINC 总线传送给 ACE。ACE 作为驾驶员、作动器与 PFC 的接口,发送指令信号控制指定的一组舵面运动。主飞控计算机的 3 个通道全部投入工作,具有相同的输入数据,但是每个 PFC 只向同组的总线发送数据以避免同态故障。同时每个 ACE 可以接收所有PFC 的输出数据,但也只向同组的总线传输数据。

空客飞机将飞控计算机与作动器控制电子集成实现,没有设置专门的 ACE。飞控系统基于自检测飞控计算机,通过计算机内两条支路的比较监控保证计算机输出数据的正确。系统包括两种类型的计算机:主计算机和辅助计算机。所有飞控计算机同时投入工作,负责控制律解算和指定舵面的作动控制。计算机之间通过点对点的数据总线连接进行通信,以对不同失效情况下的 FCS 进行余度管理。

波音和空客电传飞控系统体系结构的差异具体体现在以下几个方面。

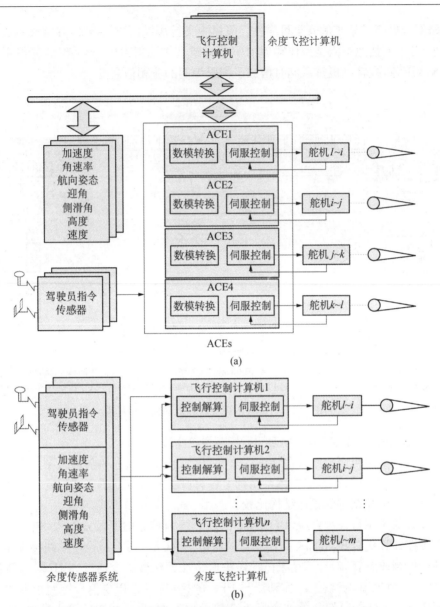

图 7-14 波音和空客系列电传主飞控系统的体系结构

(a) 波音电传主飞控系统 　(b) 空客电传主飞控系统

1) 计算机功能分配

波音 B777 飞控计算机系统的 3 个 PFC 通道是完全相同的,执行相同的功能。通道内各支路处理器的功能也完全相同,所有支路运行相同的控制律,执行相同的计算,具有三轴全权限操纵能力。通道内各支路分别处于指令、备用或监控状态,指令支路负责向总线发送数据指令,监控支路监控指令支路运行。在通道内选择非相似的支路作为指令支路,同时每次加电时循环使用上次没有用的支路来减少固有的硬件故障。

空客划分了两种非相似的计算机功能,主计算机和辅助计算机。整个系统功能在所有计算机之间分配,不同计算机和不同支路的功能具有差异性。主计算机实现副翼、升降舵、方向舵、扰流板和水平安定面的控制,并可以为所有轴提供正常、备用和直接 3 种模态的操纵;辅助计算机只执行直接控制律,它输出到副翼、升降舵和方向舵的指令仅作 FCPC 控制的备份使用。每个计算机内的两个支路也分别指定为指令和监控支路,指令支路负责完成分配给该计算机的任务,监控支路确保指令支路运行正确。

2) 非相似设计

B777 中 3 个 PFC 通道的结构和设计完全相同,通道内 3 个支路硬件并非相似,而软件相同。硬件上,3 个支路的处理器不同,由不同的生产厂家设计生产,克服了使用相同厂家生产的硬件设备而带来的同态故障。软件上,波音采用了常规的软件设计和论证方法,3 个版本的软件使用了统一的编程语言(Ada),软件功能也彼此相同,只采用了 3 种不同的 Ada 编译器编译来确保三版本软件之间的非相似性,但这不能消除采用相同编程语言带来的同态故障。

A340 和 A380 的飞控系统包括两种不同类型的飞控计算机,主计算机和辅助计算机,每个计算机有两个支路,不同计算机和不同支路的功能不同。主计算机和辅助计算机的功能不同,执行软件也不同,使用两种非相似的处理器以确保能够容忍硬件设计或制造过程中引入的故障。计算机内两个支路的硬件基于相同的设计,但是采用了非相似软件,即使用不同的编程语言,按照不同的功能需求进行开发。因此共有 4 种不同的软件包,每个软件包均独立开发。不同版本的软件会有不同的错误,但在多版本程序中出现相同错误的概率降低,从而消除软件开发中可能产生的同态故障。但在差异性程序设计中,开发成本增加,可靠性验证复杂,系统维修也更加困难。空客系列的飞控计算机相比较波音,在硬件和软件上充分实现了非相似设计。

3) 余度管理和容错能力

B777 的 PFC 采用 TMR 结构,N 版本设计也综合到 TMR 结构中。主飞控计算机有 3 个完全相同的通道,每个通道有 3 个非相似的支路,总共使用了 9 个 CPU。为了满足严格的完整性要求,PFC 采用了多级余度表决面。

● 通道内,PFC 内的 3 条支路执行相同的控制律解算,输出也进行相互比较,引起错误输出的支路将被其他两条支路判定为失效。

● 通道间,所有 3 个 PFC 通道的输出也进行比较,每个 PFC 都接收另外两个通道指令支路的输出数据,进行 3 个通道输出数据的中值选择,将结果值发送到总线上。

通道内一个支路失效只切除该支路的输出,不影响本通道的工作,再有一个支路失效,将导致该通道断开输出。当 3 个通道都失效时,主飞控计算机失效。图 7 - 15 描述了在主飞控计算机失效之前可容忍的故障数,B777 的 3 个 PFC(9 个 CPU)可以容忍 5 次故障。

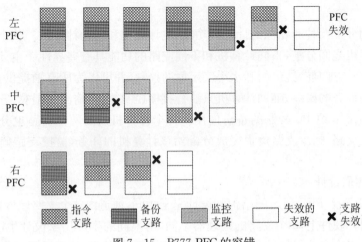

图 7 - 15　B777 PFC 的容错

　　A340 的主飞控计算机有 5 个计算机,每个计算机都有两个支路,共使用了 10 个 CPU。主控计算机将本通道的控制律解算结果输出,发送给其他计算机进行各自指定舵面的伺服控制,同时主控计算机也进行自检测。计算机的故障检测算法简单,仅依靠监控支路对指令支路的监控确认该计算机通道的正确性,无表决问题出现,但这就要求计算机应具有很强的自检测(BIT)能力。当主控计算机出现故障时,由下一个具有最高优先级的计算机接替控制。当仅有一台计算机工作时,飞机仍能安全飞行。如图 7 - 16 所示,A340 的 5 个计算机(10 个 CPU)可以容忍 4 次故障。

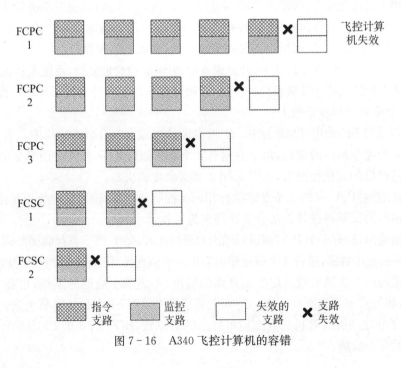

图 7 - 16　A340 飞控计算机的容错

4）伺服控制

B777 的 PFC 与 ACE 在物理上实行分开，由 PFC 进行控制律解算，把驾驶员操纵转化为舵面指令发送给 ACE，ACE 负责舵面的伺服控制。系统使用了 4 个相同的 ACE，飞行控制功能分布在这 4 个 ACE 中，通过合理分配任意一个 ACE 控制的一组舵机都可以实现对飞机的安全控制。飞机的主要操纵面都有 2 个或 3 个舵机并行主动工作，每个舵机由一个 ACE 控制，每个 ACE 可以接收所有 PFC 的指令。

A340 的飞控计算机集成了控制律计算和作动器控制功能，避免了使用专门的作动器控制电子 ACE。FCSC 输出到副翼、升降舵和方向舵的指令仅作为 FCPC 控制的备份使用，单个计算机也可以实现飞机的安全控制。飞机的主要操纵面也都有 2 个或 3 个舵机，正常操作情况下，一个舵机工作，另一个处于阻尼状态备用。每个舵机可以接收多个飞控计算机的控制，当工作计算机故障后，处于备用状态的计算机马上切换到运行状态。因此，单个计算机或者单个舵机的失效不会导致该操纵面失控。

5）波音和空客余度容错方案分析

波音系列飞控系统的 3 个飞控计算机通道完全相同，每个通道的 3 个支路采用了非相似技术。波音在进行通道内非相似设计时考虑成本，采用了相同的软件运行在余度支路上。由于通道内支路间通过比较监控确保输出数据的正确，3 个支路需要进行严格的帧同步和数据同步，且支路间异步度在 20 μs 之内。B777 的所有支路输入数据相同，执行功能相同，使得通道内的 3 个支路在相同的指令控制下，运行相同的程序，支路时刻处于相同的工作状态，因此余度支路耦合紧密。但余度模块耦合越紧密，受同态故障影响使整个系统崩溃的可能性很大。针对 B777 通道内余度结构设计上存在的问题，应进一步优化非相似容错结构，有效抑制同态故障。

空客的飞行控制系统包括 5 台自检测结构的飞控计算机，两种类型飞控计算机中的每个计算机都包括两个非相似的支路，充分实现了硬件和软件的非相似性。因此系统共采用了 4 个软件包，导致软件成本很高。计算机工作时当两个支路的输出结果不一致时，直接隔离该计算机输出，系统余度直接降级，这种余度管理方式使得空客需配置较高余度的结构以满足民机高可靠性的需求。但是过高的余度配置将增加飞机系统的体积和重量，并增加维修任务，降低了系统的基本可靠性。对于相同余度结构的系统，余度管理方式的优劣对余度可靠性、费用等起着决定性作用。因此，进一步优化系统的余度结构和容错管理方式，可提高系统的可用性和可靠性。

波音和空客的电传飞行控制系统都采用了非相似余度容错的设计概念，使得飞控系统的失效概率低于 10^{-9}/飞行小时，达到了民机系统功能完整性、高可靠性和安全性要求。同时，波音和空客又采用了不同的设计方法，在体系结构上具有各自的特点。

世界两大飞机制造商波音和空客的电传飞行控制系统的高可靠容错方案取得了巨大成功，但都还有改进的余地。电传飞行控制系统的高可靠容错方案绝不可能只有两种方案,我国设计者应在深刻学习和领会这些成功方案的基础上,努力创新,提出具有我国自有知识产权的,更为优秀的高可靠容错方案。

7.4　民机飞控系统的可靠性分析与设计

可靠性工程是为确定和达到产品可靠性要求所进行的一系列技术与管理活动。其基本任务可分为两项:确定产品可靠性和获得产品的可靠性。确定产品可靠性的途径包括可靠性预计、试验、系统可靠性分析等来确定产品的失效机理、失效模式及各种可靠性特征量的数值或范围等。获得产品的可靠性则是通过产品寿命周期中的一系列技术与管理措施来得到并提高产品可靠性,从而实现产品可靠性的优化[3]。

可靠性工程的内容可以分为3部分:可靠性设计与分析、可靠性试验、可靠性管理。本书主要介绍余度飞控系统可靠性设计与分析的内容。

7.4.1　余度飞控系统可靠性建模

建立系统、分系统及设备的可靠性模型,是为了定量分配、估算和评价产品的可靠性,它是整个系统可靠性设计与分析的基础。可靠性模型是为分配、预计、分析或估算产品的可靠性所建立的可靠性框图和数学模型。可靠性框图是针对复杂产品的一个或一个以上的功能模式,用方框表示的产品各组成部分的故障及其组合如何导致产品故障的逻辑图[3]。

可靠性框图由代表产品或功能的方框、逻辑关系和连线、节点组成。节点可以在需要时加以标注,节点分为表示系统功能流程起点的输入节点、表示系统功能流程终点的输出节点和中间节点。连线反映的是系统功能流程的方向,而不是物理线路[2]。

可靠性模型的基本信息来自功能框图,系统功能框图是建立系统可靠性框图的基础,但是系统可靠性框图又和系统功能框图存在区别。可靠性框图只表明对于特定功能各单元在可靠性方面的逻辑关系,并不表明各单元之间的物理上的关系。

余度系统可靠度的组合模型,如可靠性框图和可靠图分析法,是从系统正常工作的角度出发来考虑系统的可靠性问题,它们所考虑的都是二值系统(正常、故障两种情况)。该方法应用概率论列举余度系统能够正常工作的所有可能情况,从而由组成余度系统的各个组件的可靠度推导出系统可靠度[24]。从可靠性的角度看,组件组成系统有两种最基本的方式:串联系统和并联系统。在实际的应用中大量系统是既有串联又有并联的混合系统。

建立系统可靠性模型时,采用的假设主要有[2]:

(1) 系统及其组成单元只有故障与正常两种状态,不存在第三种状态。

(2) 框图中一个方框表示的单元或功能所产生的故障就会造成整个系统的故障(有替代工作方式的除外)。

(3) 就故障概率来说,不同方框表示的不同功能或单元的故障概率是相互独立的。

(4) 系统的所有输入在规定的极限之内,即不考虑由于输入而引起系统故障的情况。

（5）当软件可靠性没有纳入系统可靠性模型时,应假设整个软件是完全可靠的。

（6）当人员可靠性没有纳入系统可靠性模型时,应假设人员是完全可靠的,而且人员与系统之间没有相互作用的问题。

典型可靠性模型包括串联模型、并联模型、表决系统模型、非工作储备模型（旁联模型）、桥联模型等[2, 8]。

● 串联系统：

串联系统是不包含冗余的系统的一种模型。在这种系统中任一组件的失效,都将导致整个系统的失效。可以用图 7 - 17 所示的

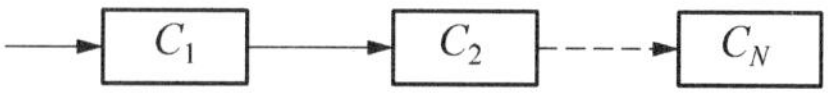

图 7 - 17　串联系统可靠度框图

可靠度框图来表示串联模型。图7 - 17中每个框表示一个组件,共有 N 个组件构成一个串联系统。令 $R_i(t)$ 表示组件 C_i 在时刻 t 的可靠度,令 $R_s(t)$ 表示串联系统在时刻 t 的可靠度,则整个串联系统的可靠度 $R_s(t) = \prod\limits_{i=1}^{N} R_i(t)$。

在飞控系统每个余度中,飞控计算机微处理器、其上运行的软件、I/O 处理器等都属于串联系统。这些组件有一个失效后,该计算机失效。

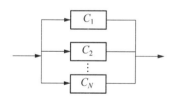

图 7 - 18　并联系统可靠度框图

● 并联系统：

当一个系统包含 N 个组件,并且仅当所有组件都失效时,整个系统才会失效,则称这个系统为并联系统。并联系统是冗余系统的一种模型。在这种系统中只要有一个组件能够正常工作系统就能正常工作。并联系统的可靠度框图如图 7 - 18 所示。令 $R_i(t)$ 表示组件 C_i 在时刻 t 的可靠度,令 $R_p(t)$ 表示并联系统在时刻 t 的可靠度,则整个并联系统的可靠度 $R_p(t) = 1 - \prod\limits_{i=1}^{N}(1 - R_i(t))$。

● 表决系统：

系统由 n 个组件并联连接,当 n 个组件中有 k 或 k 个以上组件正常工作时,系统才正常工作（$1 \leqslant k \leqslant n$）。即当失效的组件数大于或等于 $n-k+1$ 时,系统失效,简记为 $k/n(\mathrm{G})$ 系统。其可靠性框图如图 7 - 19 示。

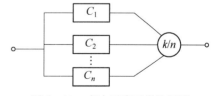

图 7 - 19　表决系统可靠性框图

设表决器可靠度为 1,各组件的可靠度 $R_i(t)$ 相同,均为 $R(t)$,令 $R_V(t)$ 表示表决系统在时刻 t 的可靠度,则 $k/n(\mathrm{G})$ 系统的可靠度 $R_V(t) = \sum\limits_{i=k}^{n} C_n^i R^i(t)(1 - R(t))^{n-i}$。

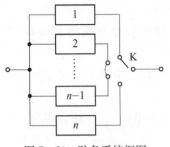

图 7 - 20　贮备系统框图

● 贮备（即备份）模型：

组成系统的 n 个单元只有一个单元工作，当工作单元故障时，通过转换装置转换到另一个单元继续工作，直到所有单元都故障时系统故障。贮备系统的可靠性框图如图 7 - 20 所示。

可靠性 $R_s(t) = 1 - F_1(t) * F_2(t) * \cdots * F_n(t)$

式中：$F_i(t)$ 表示失效概率；* 表示卷积。

● 桥联模型：

桥联系统建模了电路中桥式结构的逻辑关系，其数学模型的建立较为复杂，不能建立通用的可靠度表达式。在桥联模型可靠性框图中的单元带有流向，反映系统功能间的流程逻辑关系。

● 非独立模型：

在建立可靠性框图模型时有一项假设："建模时就故障概率来说，不同方框表示的不同功能或单元的故障概率是相互独立的。"如果模型中存在相同的方框，用这些方框表示同一单元或功能，则其故障概率是相关的，在建立可靠性数学模型进行可靠性预计时，必须注意这一特点。在进行飞行控制系统的可靠性建模与分析中，不可避免地会遇到这样的模块，如非点对点总线、电源、液压源等。为便于区分，在进行可靠性框图建模时，特别引入总线型模块，进行可靠性预计及分析时，可靠性框图中所有同名的总线型模块具有相同的故障/正常状态。

以波音 B777 飞机的大气数据传感器系统为例，给出总线型模块的应用方法。波音 B777 飞机大气参考系统由 ADIRU，SAARU 和 6 个大气数据模块 ADM 组成，这 6 个 ADM 分别是 3 个皮托压力传感器（ADM1，ADM2，ADM3）和 3 个静压传感器（ADM4，ADM5，ADM6）。ADM 分别通过 3 条 629 总线（左 L，右 R，中 C）向 ADIRU 和 SAARU 提供数据，ADIRU 通过左、右 629 总线发送数据，SAARU 通过中 629 总线发送数据。

分析大气数据传感器任务可靠性时，规定正常任务为：ADIRU 或 SAARU 通过任意 629 总线获得了动压及静压数据，并将正确计算结果发送到任意 629 总线上。对于左中右 3 个通道的总线模块，在图 7 - 21 中不同位置同时出现。由于不同位置

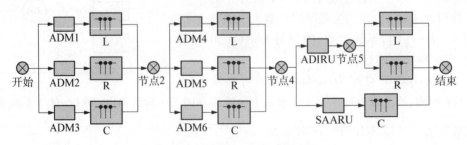

图 7 - 21　大气数据传感器可靠性框图

的同一模块状态总是相同的(故障或工作),不能当作普通模块那样直接进行可靠性计算。对含有这类总线型模块的可靠性框图,可采用最小路集法进行可靠度计算。

7.4.2 民机飞控系统的可靠性分配

可靠性分配是将产品的总体可靠性指标,自顶向底、自上而下,从整体到局部,逐步分解,分配到各系统、分系统及设备的过程[3]。

可靠性分配将系统或产品的可靠性指标分配到各功能层次的分系统、设备及元件,以确定各个低层次产品的可靠性指标。对于飞机系统这样的大型复杂系统,其可靠性设计是一个非常复杂的过程,涉及系统技术体制的选择、系统的简化、各种冗余方案的选用等。对不同系统结构,需要根据重要性、复杂性、致命性、成熟性等区别给出相应的可靠性指标,使设计人员尽早明确设计要求,对实现的可能性进行研究;为提出外购设备的可靠性指标提供初步依据;根据所分配的可靠性要求,估算所需人力和资源等管理信息[25]。

目前飞机系统采用的可靠性分配方法主要有平均分配法、评分分配法、比例组合法、考虑重要度和复杂度的分配法等。平均分配法是当产品定义还不十分清楚时采用的简单分配方法。当缺乏产品的可靠性数据时,可以采用评分分配法,由于该方法是由有经验的工程技术人员采用打分方式给出的,主观性较强[25]。

1) 平均分配法[2]

平均分配法是在设计初期的方案论证阶段,当产品没有继承性,而且产品定义并不十分清晰时所采用的最简单的分配方法(无约束条件),可用于基本可靠性和任务可靠性的分配。

平均分配法的原理是:对于简单的串联系统,认为其各组成单元的可靠性水平相同。设系统由 n 个单元串联而成,$R_i = R$,$i = 1, 2, \cdots, n$,则系统可靠度 R_s 为

$$R_s = \prod_{i=1}^{n} R_i = R^n$$

若给定系统可靠度指标为 R_s^*,根据上式,分配给各单元的可靠度指标 R_i^* 为

$$R_i^* = \sqrt[n]{R_s^*}$$

假设各单元寿命服从指数分布,则有

$$\lambda_i^* = \lambda_s^* / n$$

式中:λ_i^* 为分配给第 i 个单元的故障率;λ_s^* 为系统的故障率指标。

这种分配方法虽然简单,但并不太合理。因为在实际系统中不可能存在各单元可靠性水平均等的情况,但对一个在方案论证阶段的新的系统,用该方法进行初步分配是可取的。

2) 评分分配法[2]

评分分配法是在可靠性数据非常缺乏的情况下,由有经验的设计人员或专家对

影响可靠性的几种因素进行评分,从而进一步实现可靠性分配的方法。该方法对专家评分值进行综合分析以获得各单元产品之间的可靠性相对比值,再根据相对比值给每个分系统或设备分配可靠性指标。使用这种方法时一般应以系统工作时间为时间基准。该方法主要用于分配系统的基本可靠性,也可用于分配串联系统的任务可靠性,使用时一般假设产品服从指数分布。评分分配法适合于方案论证阶段和初步设计阶段。利用评分分配法进行可靠性指标分配时需要注意的问题如下。

(1) 评分因素。

评分分配法通常考虑的因素有:复杂度、技术水平、工作时间和环境条件。在工程实际中可根据产品的特点增加或减少评分因素。

(2) 评分原则。

下面以产品故障率为分配参数说明评分原则(各种因素评分值范围为1~10,分值越高说明可靠性越差):

● 复杂程度——根据组成单元的元部件数量以及它们组装的难易程度来进行评定。最复杂的为10分,最简单的为1分。

● 技术水平——根据单元目前的技术水平和成熟程度来评定。水平最低的为10分,水平最高的为1分。

● 工作时间——根据单元工作时间来评定。单元工作时间最长的为10分,最短的为1分。如果系统中所有单元的故障率是以系统工作时间为基准,则各单元的工作时间不相同,而统计时间均相等,因此必须考虑此因素。如果系统中所有单元的故障率是以单元自身工作时间为基准,则单元的工作时间各不相同,故障率统计时间也不同。

● 环境条件——根据单元所处的环境来评定。将经受极其恶劣而严酷的环境条件的为10分,环境条件最好的为1分。

(3) 评分法可靠性分配。

首先用户给出部分单元的 $MFHBF$ 约束($MFHBF\_YZ(i)$,其中 $i=1, 2, \cdots, n$,n 为已知 $MFHBF$ 约束的单元个数),然后根据计算公式:

$$MFHBF\_YZ = 1 \Big/ \sum_{i}^{n} \frac{1}{MFHBF\_YZ(i)}$$

求出系统已知部分的 $MFHBF$。接着根据由用户指定的系统整体可靠性指标 $MFHBF\_TOTLE$,计算得到待分配 $MFHBF$ 值为

$$MFHBF\_FP = 1 \Big/ \left(\frac{1}{MFHBF\_TOTLE} - \frac{1}{MFHBF\_YZ} \right)$$

在得到待分配 $MFHBF$ 值后,用户需要对可靠性指标未知的各单元进行评分。单元评分数为

$$\omega_i = r_{i1} r_{i2} r_{i3} r_{i4}$$

式中：r_{i1} 是第 i 个单元的复杂度评分数；r_{i2} 是第 i 个单元的技术水平评分数；r_{i3} 是第 i 个单元的工作时间评分数；r_{i4} 是第 i 个单元的环境条件评分数；$i=1,2,\cdots,m$，m 为可靠性指标未知单元的个数。

根据单元评分数可得各单元的评分系数为

$$C_i = \omega_i \Big/ \sum_{i=1}^m \omega_i$$

最后得到分配给各单元的 $MFHBF$／飞行小时，记为 $MFHBF\_i$，则有

$$MFHBF\_i = MFHBF\_FP / C_i$$

3）直接寻查法[2]

前面介绍的两种方法除了可靠性指标外没有其他约束条件，都属于无约束条件的分配方法。实际设计系统式存在许多约束条件，如费用、重量、体积、功耗等，下面介绍的直接查询法可以在约束范围内进行系统寻优。

直接寻查法的思路是：每次在串联系统中不可靠性最大的一级上并联一个冗余单元，并检查约束条件。在约束条件允许范围内，通过一系列试探，可以使系统可靠性接近最大值，这是一种近似最优解，其实质是对系统可靠性的优化。

如图 7-22 所示系统由 n 个分系统串联组成，每个分系统可以有不同的冗余度。

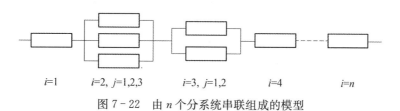

$$i=1 \qquad i=2, j=1,2,3 \qquad i=3, j=1,2 \qquad i=4 \qquad i=n$$

图 7-22　由 n 个分系统串联组成的模型

系统的不可靠度为

$$F_s = 1 - \prod_{i=1}^n (1 - F_i^{k_i}) \tag{7-1}$$

式中：n 为串联单元总数；F_i 为第 i 个串联单元中单台并联设备的不可靠度；k_i 为组成第 i 个串联单元的设备总数。

约束条件为

$$\omega_k \leqslant \omega_k^*, \ j=1,2,\cdots,r \tag{7-2}$$

式中：ω_k 为第 k 种约束的实际值；ω_k^* 为第 k 种约束的规定值；r 为约束条件总数。

优化问题是要求在满足式（7-2）约束条件下，使系统不可靠度 F_s 最小。当 $F_i \ll 1.0$ 时，式（7-1）可以改写为

$$F_s \approx \prod_{i=1}^n F_i^{k_i} \tag{7-3}$$

直接寻查法的具体做法是：首先假设系统的每一个串联单元均没有冗余，即 $K=(k_1, k_2, \cdots, k_n)=(1, 1, \cdots, 1)$，逐次改善可靠性最薄弱的环节。由于目标函数 F_s、F_i 是单调的，即随 k_i 增加 $F_i^{k_i}$ 单调减小，所以在 $F_i < 0.5$ 的条件下，可以采用平分法来分批改善。即首先在 $F_i^{k_i} \geqslant \dfrac{1}{2} F_{i\max}^k$ 的各级各加一个并联单元（$F_{i\max}^k$ 为各级不可靠度最大者），并检验约束条件。在约束条件允许的范围内继续进行这种步骤。每次都把本次的 $F_{i\max}^k/2$ 作为新的界限，达到不超过任一个或 n 个式(7-2)约束条件时停止。如果在第 m^* 步出现超过某个约束条件，则全部退回到第 m^*-1 步。此后把规则改为每一步只在 $F_{i\max}^k$ 的某一级加一个并联单元，并检验约束条件。如果出现超出约束，则退回，并在以后步骤中不再考虑在这一级加冗余。这样一直继续进行下去，直到求得不能再改善的解 $K=(k_1, k_2, \cdots, k_n)$，使它满足约束条件。只要其中任一个串联单元再增加一个冗余就会破坏约束条件，该解 n^* 就是近似最优解。

7.4.3 余度飞控系统可靠性预估方法

7.4.3.1 可靠性预计的目的和内容

可靠性预计是在设计阶段对系统可靠性进行的定量估计，根据历史的产品可靠性数据、系统的构成和结构特点、系统的工作环境等因素来估计组成系统的部件及系统可靠性。系统的可靠性预计是根据组成系统的元件、部件的可靠性来估计的，是一个自下而上，从局部到整体、由小到大的一种系统综合过程[2]。

在飞控系统设计的前期，可靠性预计是必要阶段。可靠性预计作为一种设计手段，为设计决策者提供依据，它可以在设计的不同阶段进行，为方案选择、系统改进及可靠性分配奠定基础。具体而言，是帮助设计者在众多的系统方案中选择一个最适合需要的系统方案，即在一定的价格范围内选择性能最好，可靠性最高的系统，达到较好的性能/价格比；对已有系统的性能缺陷和瓶颈进行改进和提高其运行效率，对未来设计的系统进行性能预测和可靠性评估；将系统级的可靠性指标向分系统进行分配，为分系统的可靠性设计规定一个定量的设计指标，在性能成本和可靠性方面实现最佳设计或配置。

从产品构成角度，可靠性预估可分为元件、部件或设备等单元可靠性预计和系统可靠性设计。

系统是由单元组成，系统可靠性是各单元可靠性的概率综合。因此单元可靠性预计是系统可靠性预计的基础。常用的单元可靠性预计方法有：相似产品法、评分预计法、应力分析法、故障预计法和机械产品可靠性预计法等[2]。

系统可靠性预计是以组成系统的各单元的预计值为基础，根据系统可靠性模型进行的。系统可靠性预计按预计指标的不同可分为基本可靠性预计和任务可靠性预计。基本可靠性预计基于基本可靠性模型及串联模型进行。这里主要介绍系统任务可靠性预计方法。

任务可靠性预计即针对系统完成某项规定任务成功概率的估计。由于在任务期间系统可分为不可修系统和可修系统,任务可靠性预计也可以分为不可修系统任务可靠性预计和可修系统的任务可靠性预计[2]。

7.4.3.2　不可修系统的任务可靠性预计

1) 可靠性框图方法[2]

系统可靠性框图描述了系统及其组成单元间的故障逻辑关系,要进行系统可靠度计算,还需要建立系统的可靠性数学模型。

可靠性框图是从系统正常工作的角度出发来考虑系统的可靠性问题,它们所考虑的都是二值系统(正常、故障两种情况),是应用概率论列举余度系统能够正常工作的所有可能情况,从而由组成余度系统的各个组件的可靠度推导出系统可靠度。

系统可靠性模型比较复杂,可能是复杂的串联、并联、表决、旁联、桥联等多种模型的组合。在建立系统级可靠性数学模型时,可采用虚单元的方法,将相互独立的单元组合在一起,构成虚拟单元,来简化可靠性框图。

不含桥联的系统可靠性框图,经过虚单元划分后,是简洁的串、并联组合模型。可以根据系统结构直接得到其可靠性数学模型。

含桥联的系统可靠性框图,在经过虚单元划分后,是一个串联、并联和桥联的组合模型,也称为网络可靠性模型。建立网络可靠性数学模型的方法有布尔真值表法、全概率分解法、最小路集法等。下面对最小路集法进行介绍。

路集是可靠性框图中一些方框的集合,当集合中的方框都正常时,系统正常。路集中增加一个方框后仍然是路集,若某路集中去掉一个方框后剩下的集合不再是路集,该路集就是最小路集。在最小路集中,既没有重复的方框,且所形成的通路也没有重复的节点。最小路集法求解系统可靠度的方法就是通过寻找出所有的使系统正常的最小单元组合(即系统可靠性框图的所有最小路集)后,利用相容事件的概率公式建立系统可靠度的数学模型。

求网络所有最小路集的主要方法有:联络矩阵法和网络遍历法。当网络中节点数很大时,联络矩阵往往很大且是稀疏矩阵,采用联络矩阵法需要大容量存储及计算,因此需要有效的计算机方法来求解网络最小路集。网络遍历法采用计算机辅助实现,成为求解最小路集的主要手段。

网络遍历法求解系统所有最小路集的算法的基本思想是:将所求系统的输入节点作为起始节点;由起始节点出发依次选择下一步可达的节点 i;判断所选节点 i 是否走过,若走过,则退回起始节点继续执行;判断是否已经达到输出节点,若没有,则把 i 作为起始节点,执行如上的步骤;判断是否已经找到了所有最小路集,若没有,则把上个节点作为起始节点执行如上步骤。该算法的功能流程如图 7-23 所示。

利用网络遍历法求出系统可靠性框图的所有最小路集为: A_1, A_2, A_3, $\cdots$, A_m。系统正常意味着至少有一个最小路集 A_i 存在,即第 i 个最小路集存在,表示该路集中的每个单元方框均正常,用 x_{ij} 表示集合 i 中的第 j 个元素,则有

$$A_i = \bigcap_{x_y \in A_i} x_{ij}$$

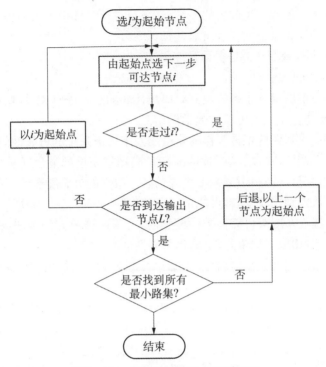

图 7-23 求最小路集的功能流程图

设系统正常这一事件为 S,根据相容事件的概率公式建立系统可靠度的数学模型为

$$R_S = P(S) = P(\bigcup_{i=1}^{m} A_i) = \sum_{i=1}^{m} P(A_i) - \sum_{i<j=2}^{m} P(A_i \bigcap A_j) +$$

$$\sum_{i<j<k=3}^{m} P(A_i \bigcap A_j \bigcap A_k) + \cdots + (-1)^{m-1} P(\bigcap_{i=1}^{m} A_i)$$

2) 故障树分析法[8]

故障树分析法(FTA)基于静态逻辑和故障机理,建立系统故障与组成部件故障之间的抽象的因果关系模型。具体是通过对可能造成系统故障的各种因素由总体至部分按树状分支逐级细化进行分析,从而找出使系统产生故障的一条或者几条关系链(故障树),确定系统故障原因的各种组合方式。故障树由不希望的顶部事件(系统或子系统)组成,该事件通过逻辑门(AND, OR 和 M-out-of-N)连入更多的基本事件。基本事件代表基本的失效原因,并代表故障树的分解极限。由于故障树分析法使用清晰的故障树图形来表示系统的内在关系,因此直观而且效果明显。其假设系统各模块之间相互独立且故障不会相互影响,通过 FTA 全部最小割集,求解系统失效概率。

FTA 之所以不断发展并得到广泛的应用,是因为 FTA 具有很大的灵活性,不仅可对系统作一般的分析,还可以围绕一个或者一些特定的故障状态,作层层深入的分析,不仅可以分析元部件故障对系统的影响,还可以对导致这些元部件故障的特殊原因进行分析。FTA也存在不足:建立故障树较困难,工作量大,有可能漏掉重大的组件或部件故障。另外由于故障树分析法的理论性较强,逻辑性较严密,当分析人员本身的经验和知识水平不一时,所得结论的置信度可能有所不同。用FTA分析余度飞控计算机系统时,不能反映出飞控计算机系统的动态特性和余度管理中的排序过程,构造的可靠度表达式也非常复杂。也不能着眼于余度系统中可能发生的各种状态变化以及变化之间的关系,在描述余度系统的动态运行行为方面也有缺陷。

7.4.3.3 可修系统的任务可靠性预计

1) 动态故障树[8, 26]

传统的故障树分析方法是一种基于静态逻辑和静态故障机理的分析方法,在高级的容错计算机系统中,一些重要动态行为,如故障恢复、时序相关的故障和冷储备的应用等,无法用一般的故障树模型来描述。动态故障树(DFTA)是在一般故障树分析方法的基础上,结合Markov状态转移链和组合数学方法而发展起来的一种新的可靠性分析方法。在传统故障树的基础上建立一些新的逻辑符号(动态逻辑门),在故障树模型中,利用这些新的符号表示底事件和顶事件间的动态、时序的逻辑关系,动态系统故障行为可以由动态故障树直接表示出来。

在进行系统的可靠性分析计算时,将动态故障树转换为相应的Markov状态转移链,利用Markov状态转移过程来表示系统中的动态和时序的过程,并利用Markov状态转移过程分析计算系统的可靠性。

通常情况下,整个动态故障树只有很少一部分在本质上是动态的。所以,在用动态故障树分析方法对整个动态故障树进行处理时,必须在整个故障树中识别出独立子树,将动态门和静态门区分开来。对于只含有静态逻辑门的独立子树,就用一般的故障树处理方法解决;当含有一个或更多动态逻辑门时,使用Markov模型处理。也就是对整个故障树利用几个Markov模型和一般故障树处理模型(而不是用一个单一的模型)进行处理。这样,每个处理模型可以很小,再对这些模型进行单独处理就比较简单了。

当对整个故障树中的独立子树处理结束之后,可以利用故障树中剩余的故障门来对其处理结果进行综合。即在整个故障树中,自下向上,用具有相应故障概率或故障率的基本事件来代替独立子树。这样,递归处理直至整个故障树的顶事件,就可以计算得到整个故障树发生故障的概率。

2) 马尔可夫分析法

在一个随机过程中,如果由一种状态转移到另外一种状态的转移概率只与现在处于什么状态有关,而与在这时刻以前所处的状态无关,这个过程称为马尔可夫过程。利用马尔克夫过程对系统进行可靠性分析时,需作如下假设。

(1) 组成系统的各单元寿命分布以及维修分布均服从指数分布,指数分布也是系统最常见的分布。

(2) 各单元和系统都只有正常工作和失效两种状态,在系统开始工作时,各单元处于正常工作状态。

(3) 在很短时间间隔内最多只出现一次故障,出现两次及两次以上的概率为 0。

马尔可夫模型中有两个基本概念:系统状态及状态转换。系统状态表示了在任一给定时刻用以描述该系统的事实。对于可靠度分析,马尔可夫模型的每个状态表示了系统中有故障与无故障模块的一个唯一组合。状态转换表示系统中可能发生的状态变化,状态转化都以一个概率为特征,用以表示系统状态之间变化的可能程度。把系统的状态用节点表示,转移关系和转移率用弧及弧上的权来表示,就可以得到系统的状态图。

基于 Markov 过程的方法又可以分为离散时间 Markov 链(DTMC)和连续时间 Markov 链(CTMC)这两种方法。下面给出连续时间马尔科夫模型及可靠性计算方法[27]。

设 $\{x(t), t \geqslant 0\}$ 是取值在 $E = (0, 1, \cdots)$ 或 $E = (0, 1, \cdots, N)$ 上的随机过程,若对任意自然数 n,及任意 n 个时刻点,均有

$$P(x(t_n) = i_n \mid x(t_1) = i_1, x(t_2) = i_2, \cdots, x(t_{n-1}) = i_{n-1})$$
$$= P(x(t_n) = i_n \mid x(t_{n-1}) = i_{n-1}), i_1, i_2, \cdots, i_n \in E$$

则称 $\{x(t), t \geqslant 0\}$ 为离散状态空间 E 上的连续时间马尔克夫过程。

若对任意 $t, \mu \geqslant 0$,均有

$$P(x(t + \mu) = j \mid x(\mu) = i) = P_{ij}(t), i, j \in E$$

与 μ 无关,则称马尔克夫过程 $\{x(t), t \geqslant 0\}$ 是齐次的。以下所讨论的马尔克夫过程均假定是齐次的。

对固定的 $i, j \in E$,函数 $P_{ij}(t)$ 称为转移概率函数。$\boldsymbol{P}(t) = [P_{ij}(t)]$ 称为转移概率矩阵。

连续时间马尔克夫模型的转移概率函数有以下性质。

(1) 对时间马尔克夫过程的转移概率矩阵:

$$\begin{cases} P_{ij}(t) \geqslant 0 \\ \sum_{j \in E} P_{ij}(t) = 1 \\ \sum_{k \in E} P_{ik}(u) P_{kj}(v) = P_{ij}(u + v) \end{cases}$$

若令 $P_j(t) = P(x(t) = j)$,$j \in E$ 表示时刻 t 系统处于状态 j 的概率,则有

$$P_j(t) = \sum_{k \in E} P_k(0) P_{kj}(t).$$

（2）对有限状态空间 E 的时间马尔克夫过程，以下极限存在且有限：

$$
\begin{cases}
\lim\limits_{\Delta t \to 0} \dfrac{P_{ij}(\Delta t)}{\Delta t} = q_{ij}, \ i \neq j, \ i, j \in E \\
\lim\limits_{\Delta t \to 0} \dfrac{1 - P_{ii}(\Delta t)}{\Delta t} = q_i, \ i \in E
\end{cases}
$$

假定一个马尔克夫模型系统有 $N+1$ 个状态，其中状态 $0, 1, \cdots, K$ 是系统的工作状态；$K+1, \cdots, N$ 是系统的故障状态，记 $E = \{0, 1, \cdots, N\}$，$W = \{0, 1, \cdots, K\}$。若在初始时刻 $t = 0$，系统处于正常工作状态，且给定初始状态的概率分布 $\boldsymbol{P}(0) = [P_0(0) \ \ P_1(0) \ \ \cdots \ \ P_N(0)]$，且 $\sum\limits_{j \in E} P_j(0) = 1$，则系统的可靠度为 $R(t) = \sum\limits_{j \in W} P_j(t)$，其中 $P_j(t)$，$j \in W$ 是下列矩阵微分方程的解：

$$
\begin{cases}
\boldsymbol{P}'(t) = \boldsymbol{P}(t)\boldsymbol{A} \\
\text{初始条件 } \boldsymbol{P}(0)
\end{cases}
$$

式中：$\boldsymbol{P}(t) = [P_0(t) \ \ P_1(t) \ \ \cdots \ \ P_N(t)]$；$\boldsymbol{P}'(t)$ 表示对每个分量分别求导数；矩阵 $\boldsymbol{A} = [a_{ij}]$ 为转移率矩阵，且

$$
a_{ij} = \begin{cases}
q_{ij}, & i \neq j \\
-q_i, & i = j
\end{cases} \quad i, j \in E
$$

矩阵微分方程的解是 $\boldsymbol{P}(t) = \boldsymbol{P}(0)\mathrm{e}^{\boldsymbol{A}t} = \boldsymbol{P}(0)\sum\limits_{n=0}^{\infty} \dfrac{t^n}{n!}\boldsymbol{A}^k$，采用拉式变换求解。

3）基于 Petri 网的可靠性分析法[8, 28]

Petri 网（Petri net, PN）是由德国学者 C. A. Petri 在 1962 年提出来的。自此以后，随着理论上的不断完善和应用上的不断扩大，这种方法已经成为在逻辑层次上对离散事件动态系统进行建模和分析的主要方法之一。Petri 网以研究模型系统的组织结构和动态行为为目标，它着眼于系统中可能发生的各种状态变化以及变化之间的关系，适合于对异步并发系统的建模和分析，既可用于静态的结构分析，又可用于动态的行为分析。

Petri 网的主要特性包括：并行性（concurrency）、不确定性（nondeterminacy）、异步（asynchronization）以及对分布式系统的描述能力和分析能力，故可应用到很多实际的系统和领域中去。作为图形工具，Petri 网除了具有类似流程图、框图和网图的可视化描述功能外，还可以通过令牌（token）的流动来模拟实际系统的动态行为，所以也可以说，Petri 网是动态的图形工具。Petri 网的理论经历了不断的充实和完善，其抽象、描述能力也不断地发展，根据实际应用的需要，从基本形式的 Petri 网发展到时间 Petri 网、随机 Petri 网、有色 Petri 网、混合 Petri 网等。

（1）Petri 网方法。

Petri 网以研究模型系统的组织结构和动态行为为目标，着眼于系统中可能发

生的各种状态变化以及变化之间的关系，兼有图形化建模能力和数学计算能力，适合于对异步并发系统的建模和分析。Petri 网方法是进行描述和分析复杂离散事件动态系统的主要工具之一。一个 Petri 网可以表示为一个六元组，即

$$\boldsymbol{PN} = \begin{bmatrix} P & T & F & W & \boldsymbol{M} & M_0 \end{bmatrix}$$

式中：$P = \{p_1, p_2, \cdots, p_m\}$ 为有限位置集；$T = \{t_1, t_2, \cdots, t_n\}$ 为有限变迁集；$F \subseteq (P \times T) \bigcup (T \times P)$ 为节点 流关系集，即为有向弧集；W 为有向弧的权函数；$\boldsymbol{M}$ 为状态标识，为一个向量，其元为非负整数，代表 Petri 网的相应序号位置中所含有的令牌（token）数量，它反映了令牌在网的位置分布情况；M_0 为初始状态标识。

Petri 网图是对 Petri 网六元组的一种图形化表示，是带有初始标识的有向图。图中包含两种节点：位置节点和变迁节点，位置用圆圈来表示，变迁用粗线段表示。位置节点和变迁节点之间通过有向弧连接，弧上的数字代表弧的权值。位置中的黑点数表示其所包含的令牌数，则图的状态标识 $\boldsymbol{M}$ 定义为如下所示的一个行向量：

$$\boldsymbol{M} = \begin{bmatrix} M(p_1) & \cdots & M(p_m) \end{bmatrix}$$

式中：$M(p_i)$ 为位置 p_i 中的令牌数，$i = 1, 2, \cdots, m$；m 为图中所包含的位置节点个数。

使用 Petri 网方法建模可以通过令牌的流动来模拟实际系统的动态行为，描述系统的静态结构和故障产生、传播的动态过程，表述系统各部分之间复杂的相互关系。余度飞控计算机的建模中，位置节点的令牌分布用来表示系统的状态：软件或者硬件模块处于失效或有效状态；变迁的触发表示为故障的发生。Petri 网图通过变迁的触发和令牌的移动来描述飞控计算机系统的动态行为。

（2）广义随机 Petri 网。

广义随机 Petri 网（GSPN）是 Petri 网的扩充，GSPN 中的变迁分为两个子集：赋时变迁集和瞬态变迁集。瞬态变迁实施延迟为零，赋时变迁的时延参量为按指数分布的随机变量。GSPN 中引入了抑制弧，抑制弧仅存在于从位置到变迁的弧，只有输入位置不含有令牌时，变迁才能触发，一旦输入位置含有令牌，变迁使能被禁止。GSPN 网图中包含两种变迁：瞬态变迁节点用粗线段表示，赋时变迁用矩形表示。抑制弧的输出端用小圆圈表示。

随机 Petri 网（SPN）在可靠性分析和性能分析中得到了广泛应用，随机 Petri 网的基本思想是：对每一个赋时变迁 t，从其被使能开始到触发的时间是一个连续的随机变量 ξ_t，ξ_t 可以具有不同的分布，一般设其服从指数分布。文献已经证明，若随机 Petri 网为 K（某一常数）有界，且赋时变迁的延时服从指数分布函数，则随机 Petri 网模型与连续时间 Markov 链（CTMC）同构，且 SPN 的可达状态标识同 CTMC 的状态一一对应，可以应用马尔克夫随机过程求解，得到系统的可靠性特征量。马尔克夫随机过程的分析已经非常成熟，可以直接调用求解。

GSPN 的传统的可靠度分析方法——消去法（elimination），是基于对 GSPN 的

扩展可达集中瞬态标识的消去进行简化来获得同构的连续时间马尔克夫链 (CTMC)。GSPN 的可达状态图同构于扩展的马尔克夫链(EMC),从扩展的马尔克夫链中消去全部消失状态,只剩下实存状态,然后定义一个简化的 EMC(reduced EMC, REMC),至此即可以应用马尔克夫随机过程进行求解。

REMC 的转移概率矩阵(即 GSPN 显态之间的转移概率矩阵)是由 GSPN 的状态转移概率矩阵 P 确定的,求解过程如下:

设 GSPN 的可达集为 $\mathbf{R}$,按照特性可以分为两个集合 M_T 和 M_V,其中 M_T 为显状态集合,只包括不能触发瞬态变迁的状态;M_V 为隐状态集合,包括的状态中瞬态变迁被使能。对 $\mathbf{R}$ 中所有的状态进行重新排列,所有隐状态在前,显状态在后,则 GSPN 各状态之间相应的概率转移矩阵为

$$P = A + B = \begin{bmatrix} P^{VV} & P^{VT} \\ 0 & 0 \end{bmatrix} + \begin{bmatrix} 0 & 0 \\ P^{TV} & P^{TT} \end{bmatrix} \tag{7-4}$$

式中:矩阵 A 反映了 GSPN 的瞬态变迁使能的情况下,系统由 M_V 转移到 $M_V(P^{VV})$ 或 $M_T(P^{VT})$ 的转移概率;矩阵 B 反映了赋时变迁被使能的情况下,系统由 M_T 转移到 $M_V(P^{VT})$ 或 $M_T(P^{TT})$ 的转移概率。系统显状态之间的转移概率矩阵为

$$U = P^{TT} + P^{TV} (I - P^{VV})^{-1} P^{VT} \tag{7-5}$$

由 U 可以构造连续时间马尔可夫链的转移速率矩阵 Q,定义为

$$q_{ij} = \begin{cases} \lim\limits_{\Delta t \to 0} \dfrac{u_{ij}(\Delta t)}{\Delta t}, \ i \neq j \\ \lim\limits_{\Delta t \to 0} \dfrac{u_{ij}(\Delta t) - 1}{\Delta t}, \ i = j \end{cases} \tag{7-6}$$

则称 q_{ij} 为由显状态 T_i 到显状态 T_j 的转移速率,其中 $i, j \in [1, l]$, $l = |M_T|$。Q 阵是以 q_{ij} 为元素的矩阵。

最后根据马尔克夫随机过程,由转移速率矩阵 Q 求解系统的可靠性概率分布。设系统状态的概率向量 $\mathbf{P}(t) = [p_1(t) \quad p_2(t) \quad \cdots \quad p_l(t)]$,其中 $p_i(t)$ 为系统处于状态 T_i 的瞬态概率,则有下面的微分方程成立:

$$\begin{cases} [p_1(t) \quad p_2(t) \quad \cdots \quad p_l(t)] = [p_1(t) \quad p_2(t) \quad \cdots \quad p_l(t)]Q \\ \mathbf{P}(0) = [p_1(0) \quad p_2(0) \quad \cdots \quad p_l(0)] \end{cases} \tag{7-7}$$

系统在初始时刻的令牌分布是 T_i 的概率为 $p_i(0)$,可以由系统的结构以及初始时刻的条件确定,从而得出 $\mathbf{P}(0)$。求解上面的微分方程,就可以得到每个显态的瞬态概率。若系统状态为 M_f 时系统失效,其中 $f \in [1, l]$,则系统的失效概率 $Q(t) = \sum\limits_{M_f \in M_T} p_f(t)$,系统的可靠度 $R(t) = 1 - Q(t) = 1 - \sum\limits_{M_f \in M_T} p_f(t)$。

随着系统建模组件增加,系统状态数目指数级增长,在系统分析过程中一般采

用计算机进行存储并求解。在搜索 GSPN 的扩展可达状态集(extended reached graph，ERG)时，将各状态之间的转移概率存于矩阵 P 的相应位置，P 中元素既包含常数(瞬态变迁的触发概率)，也包括时间函数(赋时变迁的触发概率)，因此矩阵 P 以符号矩阵形式存储。随着系统建模部件数目的增加，系统状态空间呈指数级增长，符号矩阵 P 占据的存储空间迅速增加，甚至可能会超出计算机内存范围，无法完全存储，同时计算机的执行效率变得很差，计算机对符号矩阵的运算也需要花费很长时间。针对传统 GSPN 可靠度求解的改进算法在下节给出。

7.4.3.4 改进的基于 GSPN 的可靠度分析算法(IGSPN)

文献[8]对传统的 GSPN 可靠度求解算法进行分析并给出改进的方向。

(1) 传统 GSPN 算法在搜索过程中保存了各状态之间的转移概率矩阵，存储空间随系统的复杂度指数增长，改进算法将避免存储符号矩阵形式的转移概率，对转移速率数值以稀疏矩阵形式进行存储。

(2) 在 GSPN 的可达图中全部由隐态标识组成的环定义为隐态环，根据环中某隐态是否可以转移到环外其他隐态或显态，将隐态环分为瞬态隐态环和吸收隐态环。图 7-24 分别采用 GSPN 的 ERG 图表示了吸收隐态环和瞬态隐态环，其中弧上标注的数字为发生触发的变迁号。(a)图中瞬时状态 $M2$，$M3$，$M4$ 组成的环为吸收环，图(b)中由于状态 $M3$ 可以以一定的概率转移到 $M5$，为瞬态环。

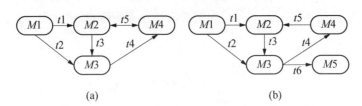

(a)   (b)

图 7-24 吸收隐态环和瞬态隐态环

当建模中存在吸收隐态环时，即此环中所有隐态不能转移到环外的其他隐态或显态，则认为是建模错误。当系统建模存在隐态吸收环时，采用上述算法进行可靠度计算，式(7-2)无法计算，而且无法定位模型建模错误的位置，建模人员需要重新再详细检查一次系统模型。改进算法在搜索过程如果出现此种情况，将退出运行并给出用户发生死循环的具体状态的提示信息。

针对已有的传统 GSPN 可靠度分析方法的缺点，根据 GSPN 对应的 CTMC 常常具有大状态空间和稀疏转移速率矩阵的特点，文献[8]提出了改进的基于 GSPN 的可靠度分析算法(IGSPN)。

1) IGSPN 算法

由于同构的 CTMC 的状态空间随着飞控系统建模元素的增加呈指数级增长，造成计算机存储困难。根据 CTMC 的状态转移速率矩阵具有稀疏的特点，在 ERG 搜索过程中，将两显态转移过程中经过隐态的转移概率转化为两显态间直接的转移概率,使得产生的隐态不需要存储,可以直接消去,此过程体现在以下步骤 2.2 中,从而获得与此 GSPN 模型同构的 CTMC 的转移速率矩阵,即 GSPN 可达显态之间的转移速率矩阵。通过这种方法可以在计算机上以较小的空间直接存储 GSPN 模型的状态转移速率矩阵,通过计算机自动快速地进行马尔克夫过程的状态分析。可靠度分析方法的具体过程如下:

步骤 1:从 GSPN 模型的初态开始分析,不失一般性。这里认为初态为显态,将初始显态记录在可达矩阵 **ReachStaMat** 中。

步骤 2:依次分析可达矩阵 **ReachStaMat** 中的每一状态,将每一状态可转移到的下一显态(集)记录到 **ReachStaMat** 中,并通过隐态消去的方法直接获得此状态转移到下一显态(集)的转移速率并存储到转移速率矩阵 **GeneratMat** 的相应位置。

定义 $id1$ 为 **ReachStaMat** 中状态索引号,依次分析 **ReachStaMat** 的第 $id1$ 个状态,记录 $id1$ 显态下各使能变迁分别触发后转移到的状态及状态转移概率到 **TempStaMat** 和 **TempStaProb**。依次分析 **TempStaMat** 中的每个状态,根据状态显隐态的判断,将显态记录到可达矩阵 **ReachStaMat**,隐态记录在 **VashTransMat** 矩阵中进行再次触发分析;同时记录 $id1$ 态向它可转移到的显态的转移速率到 **GeneratMat** 中。

设 GSPN 的扩展可达集 R 中,T 为显态集,V 为隐态集,i,j 表示扩展可达集中的任意两显态,即 i,$j \in T$,从显态 i 向显态 j 的转移包括:①从 i 到 j 的一步转移概率;②从显态 i 沿着一条全部由隐态构成的中间状态的路径,从隐态 r 转移到显态 j。则显态 i 向显态 j 的转移概率计算如下:

$$u_{ij} = f_{ij} + \sum_{r \in V} P_r\{i \xrightarrow{r} j\} \qquad (7-8)$$

式中:f_{ij} 表示从显态 i 到 j 的一步转移概率;$P_r\{i \xrightarrow{r} j\}$ 表示显态 i 沿着全部由隐态构成的中间状态,从隐态 r 首次转移到显态 j 的概率,其中路径可以包括任意步数。

由转移概率 u_{ij} 构造连续时间马尔克夫链的转移速率 q_{ij},当 $i \neq j$,根据 $q_{ij} = \lim\limits_{\Delta t \to 0} \dfrac{u_{ij}(\Delta t)}{\Delta t}$,得

$$
\begin{aligned}
q_{ij} &= \lim_{\Delta t \to 0} \frac{f_{ij} + \sum\limits_{r \in V} P_r\{i \xrightarrow{r} j\}}{\Delta t} \\
&= \lim_{\Delta t \to 0} \frac{f_{ij}}{\Delta t} + \sum_{r \in V} \lim_{\Delta t \to 0} \frac{P_r\{i \xrightarrow{r} j\}}{\Delta t} = q_{ij(1)} + \sum_{r \in V} q_{ij(r)}
\end{aligned}
\qquad (7-9)
$$

式中:q_{ij} 为由显态 i 向显态 j 的转移速率;$q_{ij(1)}$ 为显态 i 到显态 j 的一步转移速率;$q_{ij(r)}$ 为显态 i 经过隐态 r 转移到显态 j 的转移速率。连续时间马尔克夫链的状态转移速率矩阵 $\mathbf{Q}$ 是以 q_{ij} 为元素的矩阵。

依次分析 *TempStaMat* 中的状态 $id2$ 态，直至全部分析完成。

步骤 2.1：若 $id2$ 态为显态，则显态 $id1$ 转移到显态 $id2$ 的转移概率为 *TempStaProb*$_{id2}$，根据式（7-9），由 $q_{ij(1)} = \lim\limits_{\Delta t \to 0} \dfrac{TempStaProb_{id2}}{\Delta t}$ 获得显态 $id1$ 到显态 $id2$ 的一步转移速率 $q_{ij(1)}$，并添加到 *GeneratMat* 的相应位置。将新产生的显态添加在可达矩阵 *ReachStaMat* 前都要判断此显态是否已经记录在可达矩阵 *ReachStaMat* 中，若已记录，则不需要再次添加；将显态转移速率添加到 *GeneratMat* 之前也要判断 *GeneratMat* 的相应位置是否已经存储了转移速率，即两显态之间是否有其他路径的到达方法，若没有存储，直接添加；若已经存储，设 $q_{ij(原来)}$ 表示存储位置上原来存储的转移速率，执行 $q_{ij(原来)} + q_{ij(1)}$，并将结果存储到相应位置。以下步骤中，添加新显态或显态转移速率时都要进行如上判断。

步骤 2.2：若 $id2$ 态为隐态，将此隐态记录在隐态转移矩阵 *VashTransMat* 中，分析系统经过 $id2$ 隐态可首次转移到的显态。此过程中可能出现隐态环，有利于建模人员直观判断分析。

依次分析 *VashTransMat* 中的状态，若状态 m 为显态则不进行触发分析，若为隐态，则进行触发，并将触发后的状态添加到 *VashTransMat* 中，所有状态触发完成后得到状态间的转移概率 *VashTransProb*。此时根据转移概率矩阵 *VashTransProb*，判断是否存在隐态吸收环。

将隐态 $id2$ 开始的可达集 *VashTransMat* 分为两个集合 M_T 显态和 M_V 隐态，对所有的状态进行重新排列，所有隐状态在前，显状态在后，转移概率矩阵 *VashTransProb* 根据可达集各状态位置之间的变换也相应地进行了重新排列，位置排列之后的转移概率矩阵为

$$\boldsymbol{P}_{\text{vash}} = \begin{bmatrix} \boldsymbol{P}_{v}^{VV} & \boldsymbol{P}_{v}^{VT} \end{bmatrix}$$

式中：$\boldsymbol{P}_{v}^{VV}$ 和 $\boldsymbol{P}_{v}^{VT}$ 分别表示矩阵 *VashTransMat* 包含的状态中隐态到隐态和隐态到显态的转移概率。

设 $\boldsymbol{I}$ 表示与 $\boldsymbol{P}_{v}^{VV}$ 同维数的单位矩阵，判断矩阵 $\boldsymbol{I} - \boldsymbol{P}_{v}^{VV}$ 是否奇异：

若矩阵奇异，则从隐态 $id2$ 开始触发之后系统存在隐态吸收环，系统建模错误，算法退出；

若矩阵非奇异，则系统不存在隐态吸收环。以下计算显态 $id1$ 经过隐态 $id2$ 转移到显态 M_T 的转移概率 $\boldsymbol{U}_{\text{vash}}$ 为

$$\boldsymbol{U}_{\text{vash}} = (\boldsymbol{I} - \boldsymbol{P}_{v}^{VV})^{-1} \boldsymbol{P}_{v}^{VT}$$

转移概率矩阵 $\boldsymbol{U}_{\text{vash}}$ 中与隐态 $id2$ 对应的行向量（即第一行 $\boldsymbol{U}_{\text{vash}(1,:)}$）为隐态 $id2$ 转移到 *VashTransMat* 中显态集 M_T 的转移概率。显态 $id1$ 经过隐态 $id2$ 转移到显态 M_T 的转移概率为 *TempStaProb*$_{id2} \cdot \boldsymbol{U}_{\text{vash}(1,:)}$。根据式（7-6），计算显态 $id1$ 经过隐态 $id2$ 转移到显态 M_T 的转移速率 $q_{ij(r)}$ 为 $q_{ij(r)} = \lim\limits_{\Delta t \to 0} \dfrac{TempStaProb_{id2} \cdot \boldsymbol{U}_{\text{vash}(1,:)}}{\Delta t}$，

记录可达显态 M_T 和 $q_{ij(r)}$。

步骤 3： 可达矩阵 ***ReachStaMat*** 中的状态全部分析完后，由至此获得的矩阵 ***GeneratMat*** 求解连续时间马尔克夫链的转移速率矩阵。

连续时间马尔克夫链的转移速率矩阵中，每行元素之和均为零，即 $\sum_{j=1}^{l} q_{ij} = 0$，$l$ 为马尔克夫过程的状态数目。至此，经过以上算法后存储的矩阵 ***GeneratMat*** 中只包含了不同状态之间的转移速率，即非对角线元素。根据 $q_{ii} = -\sum_{j=1, j \neq i}^{l} q_{ij}$，由矩阵 ***GeneratMat*** 求解状态转移到自身的转移速率。

步骤 4： 根据马尔克夫动态过程，由马尔克夫链的转移速率矩阵求解系统可靠度。

设可达阵 ***ReachStaMat*** 的列数为 l，概率向量 $\boldsymbol{P}(t) = \begin{bmatrix} p_1(t) & p_2(t) & \cdots & p_l(t) \end{bmatrix}$，其中 $p_i(t)$ 为系统处于状态 T_i 的瞬态概率，则有下面的微分方程成立：

$$\begin{cases} \begin{bmatrix} p'_1(t) & p'_2(t) & \cdots & p'_l(t) \end{bmatrix} = \begin{bmatrix} p_1(t) & p_2(t) & \cdots & p_l(t) \end{bmatrix} \cdot \boldsymbol{GeneratMat} \\ \boldsymbol{P}(0) = \begin{bmatrix} p_1(0) & p_2(0) & \cdots & p_l(0) \end{bmatrix} \end{cases}$$

$$(7-10)$$

系统在初始时刻的状态标识为 T_i 的概率为 $p_i(0)$，由系统的结构以及初始时刻的条件确定 $\boldsymbol{P}(0)$。求解上面的微分方程，获得每个显态的瞬态概率。由系统的失效状态集合求解系统失效概率，则得系统可靠度。

可靠度分析方法流程如图 7-25 所示。

2）IGSPN 算法的优点

飞控系统建模元素的增加使得同构的 CTMC 的状态空间呈指数级增长，带来计算机存储和求解困难的问题。改进的 GSPN 可靠度算法（IGSPN），通过将显态之间的转移速率分解成以下两种情况下的转移速率之和，即一步转移速率和显态经过一系列隐态转移到另一显态的转移速率，在系统可达集搜索过程中进行隐态的消去，直接获得与 GSPN 同构的连续时间马尔克夫链的转移速率矩阵。这种方法可以利用计算机自动地对所建飞控系统 GSPN 可靠性模型进行马尔克夫过程的状态分析，求解系统相关的可靠性指标。此方法相对于以前算法具有以下优点：

（1）采用在可达集搜索过程中消去隐态的方法，隐态标识和瞬态变迁的触发概率只用来计算显态之间的触发速率，并不进行保存，节约了计算机存储空间。

（2）算法直接以稀疏矩阵的形式存储 REMC 的转移速率矩阵（即 GSPN 显态之间的转移速率矩阵），不需要存储符号矩阵 $\boldsymbol{P}$，因此不需要对 $\boldsymbol{P}$ 阵进行计算，提高了执行效率，缩短执行时间。

搜索 ERG 的过程中对经过隐态的触发过程进行单独分析，可以直接定位出现隐态吸收环的建模错误区域，提示给建模人员，供建模人员参考修改。

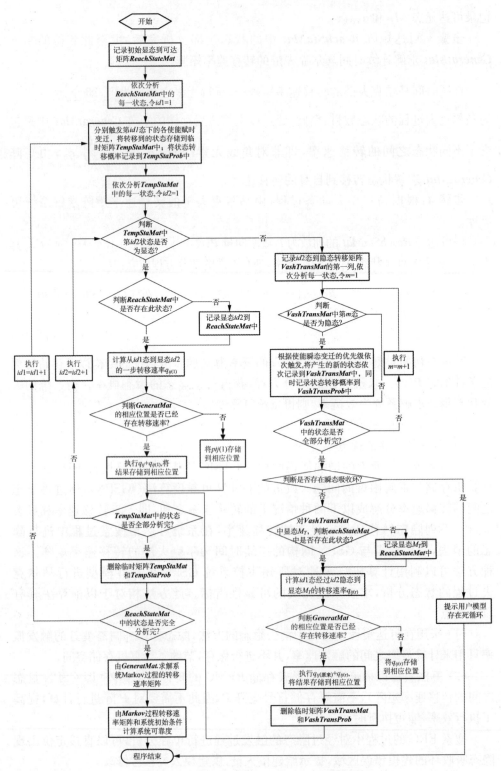

图 7-25 计算机辅助的可靠度分析方法流程

参考国外其他相关软件,北京航空航天大学基于 IGSPN 开发了 MATLAB 环境中的基于 IGSPN 的计算机辅助可靠性分析软件(CARA - IGSPN)。此软件可以进行飞控计算机系统的可靠性建模和动态过程仿真,以及对系统可靠度和容错度的求解。

7.4.3.5　分层混合任务可靠性预计[8, 29]

1) 分层混合建模方法的提出

对于目前常用的可靠性分析方法,静态可靠性方法和动态可靠性方法,它们的建模方法和求解的途径不同,各自具有相应的优缺点。静态可靠性建模方法简单直观,求解精确,但是不能描述系统部件间的动态依赖关系;动态可靠性建模方法可以弥补静态建模方法的不足,能够详细描述系统部件的动态依赖关系,但是易出现状态空间爆炸而使得系统数值解求解困难。状态空间组合爆炸问题一般采用以下两种方式处理:

- 容忍大的状态空间,通过稀疏矩阵方法进行存储和求解。
- 避免大的状态空间,通过层次建模方法实现。

因此,采用状态空间方法和非状态空间方法相结合的混合模型既可以保留以上模型的优势,又避免某一种建模方法的缺点。采用层次模型还可避免产生大的状态空间,使得可靠性分析求解快速精确。容错电传飞控系统具有层次性,上层多反映静态结构性,下层多呈现动态依赖性,因此,本节提出 RBD 与 GSPN 结合的混合分层建模方法,采用自顶向下逐步分解描述和自底向上逐步综合替代的方法,用 RBD 对系统顶层的静态特征进行描述,用 GSPN 分析系统低层的动态特性。

可靠性框图 RBD 作为最基本的静态可靠性建模方法,主要面向系统结构分析,用简单直观的方法表现系统及各部件间的功能关系和连接方式,利于在飞控计算机系统顶层描述各子系统或组件的逻辑功能关系,而且对部件的可靠性分布参数类型没有特定要求;动态可靠性建模 GSPN 方法可以很好地描述具有并发性、冲突性和异步性的复杂系统,利于描述系统低层各部件复杂的动态过程。

2) 分层混合建模过程

复杂系统一般由多个子系统组成,对于需要描述部件之间动态依赖关系复杂的子系统采用状态空间建模 GSPN 方法,对于系统中逻辑关系比较简单的子系统采用非状态空间建模 RBD 方法;然后根据子系统间的拓扑结构以及静态和动态特性,组合构成系统高层模型,将各子系统的可靠性求解结果作为基本部件的可靠性分布参数替换到高层模型中,采用 RBD 方法进行建模并进行可靠性分析。对于大型复杂系统,这种分解/合成方法可产生一个比较精确的结果。建模方法如图 7 - 26 所示。

图 7 - 26　分层混合建模方法

子系统划分需要遵循的原则如下：

（1）系统建模过程中，把能够静态或动态建模的部分尽可能分别划分和封装作为静态或动态子系统。

（2）使动态建模的部分尽可能简单，但是对于具有复杂动态依赖关系的部分要划分到一起。

（3）子系统模型中各单元部件的动态过程独立于外部系统，即子系统外部的各部件或子系统的故障不会影响到本系统内各部件的正常运行，同时子系统内各部件的故障情况也不会对外部各部件或子系统产生影响。

对于无法综合到子系统中的部件，即共因失效部件，它的故障会同时对系统其他子系统或部件产生影响，将它提取出来作为一个独立建模单元在高层采用 RBD 建模，使用全概率分解法进行分析。分层混合建模过程如图 7 - 27 所示。

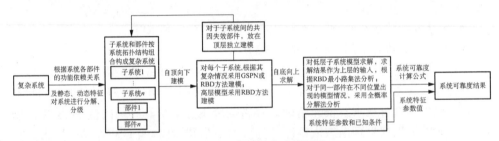

图 7 - 27　分层混合建模过程

7.4.4　系统可靠性分析方法

为提高产品的可靠性，在可靠性设计阶段就必须对系统及组成系统的单元可能的故障进行详细设计，以便发现薄弱环节，提出改进措施。

可靠性分析的方法包括：故障、故障模式影响及危害性分析、故障树分析、潜在通路分析、电路容差分析、耐久性分析、有限元分析等。本书主要介绍故障模式影响及危害性分析和故障树分析法。

1）故障模式、影响及危害性分析

故障模式、影响及危害性分析（failure mode, effects and criticality analysis，FMECA）是分析系统中每一产品所有可能产生的故障模式及其对系统造成的所有可能影响，并按每一个故障模式的严重程度及其发生概率予以分类的一种归纳分析方法[2]。

FMECA 作为一种可靠性分析方法起源于美国。美国格鲁门飞机公司在 20 世纪 50 年代初研制飞机主操纵系统时就采用了 FMECA 方式取得了良好的效果，当时只进行了故障模式、影响分析（FMEA），而未进行危害性分析（CA）。60 年代后期到 70 年代初，FMECA 方法开始广泛地应用于航空、航天、舰船、兵器等军用系统研制中，并逐渐渗透到民用工业领域，取得显著的效果。目前在工业领域，FMECA 方法获得了一定程度的普及，对保证产品的可靠性起到了重要作用。

该方法经过长时间的完善与发展,已成为系统研制中必须完成的一项可靠性分析工作[2]。

FMECA 分析包括故障模式与影响分析(FMEA)和危害性分析(CA)两个步骤。

(1) 故障模式与影响分析[3]。

FMEA 是故障模式分析(FMA)与故障影响分析(FEA)的组合,目的是分析产品中每一个可能的故障模式并确定其对该产品及上层产品所产生的影响,以及把每一个故障模式按其影响的严重程度予以分类的一种分析技术。

FMEA 可以帮助设计人员从各种方案中选择满足可靠性要求的最佳方案;可以保证所有元器件的各种故障模式及影响都经过周密考虑;能找出系统故障有重大影响的元器件和故障模式,并分析其影响程度;有助于在设计评审中对有关措施、检测设备做出客观评价;能为进一步定量分析提供基础;能为进一步更改设计提供资料。

FMEA 有硬件法和功能法。硬件法根据产品的功能对每个故障模式进行评价,用表格列出各个产品并对可能发生的故障模式及其影响进行分析,是一种自下而上的分析方法。功能法认为每个产品可以完成若干功能,而功能可以按输出分类,功能法将输出一一列出,并对其故障模式进行分析,这种方法要求从初始约定层开始向下分析。具体采用哪种方法取决于产品的复杂度和可用信息的多少。对复杂系统进行分析时,可考虑综合采用功能法和硬件法。

(2) 危害性分析。

危害性分析(CA)是按每一种故障模式的严酷类别及该故障模式发生的概率所产生的影响对其划等分类,以全面地评价系统中可能出现的各种故障模式的影响。危害性分析 CA 是故障模式与影响分析 FMEA 的补充和扩展,没有 FMEA 就不能进行 CA[2, 3]。

在危害性分析中用到的危害度概念,是指故障模式影响的严重程度,一般分为四类[3]:

Ⅰ类(灾难性故障),它是一种会造成人员死亡或系统(如飞机)毁坏的故障。

Ⅱ类(致命性故障),它是一种会导致人员严重受伤,器材或系统严重损坏,从而使任务失败的故障。

Ⅲ类(严重故障),将使人员轻度受伤,器材及系统轻度损坏,从而导致任务推迟执行、任务降低或系统不能起作用(如飞机误飞)。

Ⅳ类(轻度故障),这类故障的严重程度不足以造成人员受伤、器材或系统损坏,但需要非定期维护或修理。

2) 故障树分析

故障树分析方法确定顶事件,自上而下的分析飞机系统、部件、设备的故障原因,画出逻辑图,进行故障树定性分析和故障概率的定量计算,评估可靠性,找出薄弱环节,以采取纠正措施,提高飞机系统、部件、设备的可靠性水平。

参见本章可靠性预估部分的介绍。

7.4.5　民机电传飞控系统可靠性建模与分析

7.4.5.1　B777 纵向飞行控制系统可靠性建模与分析

B777 的电传系统支持 3 种工作模式:正常、辅助和直接模态。在正常模态,主飞控计算机的全部功能可用,俯仰控制律基于 $C*U$ 准则,飞行包线保护功能包括失速、过速、倾斜角保护、阵风缓和以及全时俯仰增稳。辅助模态主飞控计算机工作降到较低的等级,仅有一些特定的功能起作用,控制律相对正常方式时简化,保护功能不起作用,自动驾驶也不能工作。当 ACE 检测到从主飞控计算机传递过来的指令无效时,启用直接模态。在直接模态,主飞控计算机被旁路,ACE 对数字数据总线上的指令没有反应。此时,ACE 中以模拟电路实现直接模态控制律。

当所有飞控计算机故障或传感器故障使得正常及备用模态均不可用时,飞机进入由 ACE 控制的直接模态。因此直接模态控制律的可靠性关系到飞机的安全性。本节对直接模式纵向控制的安全可靠性进行分析。

由于两个升降舵具有冗余的控制能力,任意一个操纵面都可以提供确保飞机安全的纵向控制能力。因此进行纵向电传飞控系统的安全可靠性电分析时,故障判据可定义为:**电传飞控系统同时失去对两个升降舵的控制**。

直接控制模式中,ACE 使用直接模态控制律驱动各自对应的舵机,4 个 ACE 分别控制左右升降舵的内外侧舵机,因此只要任意一个 ACE 正常工作就可以提供纵向电传控制能力。

直接控制模式中主飞控计算机不参与工作,实际上实现的是模拟电传控制,其控制通道是:杆位移传感器—ACE—升降舵 PCU。

B777 杆位置 LVDT 传感器共 6 个,正副驾驶杆各 3 个。右 ACE 和中 ACE 各自连接两个驾驶杆的各 1 个 LVDT,左 1 和左 2ACE 分别连接 1 个驾驶杆的 1 个 LVDT。

ACE 的可靠性框图可表示为 ACE 本身可靠性模块与对应电源模块的串联模型。左、中、右电源汇流条分别为左 1、中、右 ACE 供电,左 28 V 直流电源直接为左 2ACE 供电。

每个 ACE 控制一个升降舵 PCU,右 ACE 控制右升降舵内侧舵机(RIB),中 ACE 控制左升降舵内侧舵机(LIB),左 1ACE 控制右升降舵外侧舵机(ROB),左 2ACE 控制左外侧升降舵舵机(LOB)。

右升降舵内侧舵机由右通道液压系统驱动,左升降舵内侧舵机由中间通道液压系统驱动,左右升降舵的外侧舵机都由左通道液压系统驱动。

因此,纵向电传控制直接模态的可靠性框图如图 7-28 所示。

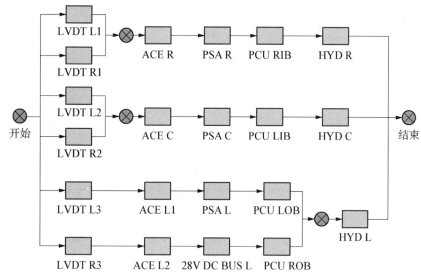

图 7-28 直接模式纵向电传安全可靠性框图

进行可靠度预估时，对单元可靠性作如表 7-3 的假设。

表 7-3 单元可靠性取值假设

单元名	故障率/(10^{-6}/h)	单元名	故障率/(10^{-6}/h)
ADIRU	5	SAARU	5
大气数据模块	5	飞控计算机电源	10
程序处理器	45	飞控计算机支路	11
629 总线	50	ACE 电源	10
杆位置传感器	5	ACE	20
驾驶盘传感器	5	液压源	30
方向脚蹬传感器	5	升降舵(含舵机)	10

经过计算，B777 直接模式纵向电传系统的安全可靠性在任务开始一小时后的失效概率为 1.5×10^{-13}。ACE 的直接模态是采用模拟电路实现，具有较高的可靠性。经过计算，直接控制模式的可靠性已经足以满足飞控系统 10^{-10} 的可靠性要求。因此正常模式和备用模式的可靠性要求是对飞机任务执行能力的更高要求，而不只是安全性要求。

7.4.5.2 B777 主飞控计算机系统可靠性建模与分析[8]

下面以 B777 主飞控计算机系统为例，分别采用分层混合建模方法和动态可靠性建模 GSPN 方法进行可靠性建模分析。

采用分层混合建模方法对 B777 主飞控计算机系统的正常工作模态进行可靠性建模过程如图 7-29 所示。建模过程中假设系统的硬件和软件服从失效率为常数的指数分布，且不考虑瞬态故障。

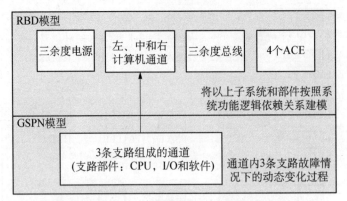

图 7 - 29　B777 主飞控计算机系统分层混合建模

　　主 FCCS 由 3 个通道组成,3 个通道相互独立,是并联关系,通道内 3 个支路的功能不同,故障情况下动态过程复杂,因此采用 GSPN 方法建模。左、中和右电源不仅为 PFC 供电,同时为 ACE 供电,电源的故障会同时影响 PFC 和 ACE,因此不能将电源划分到 FCCS 的 GSPN 模型中,同时总线的失效也会同时影响 PFC 和 ACE。由于 ACE 同 PFC 之间存在共因失效部件,不能在低层独立建模,所以将电源、ACE、总线和计算机通道放在高层采用 RBD 建模。分层混合模型如图 7 - 30 所示。

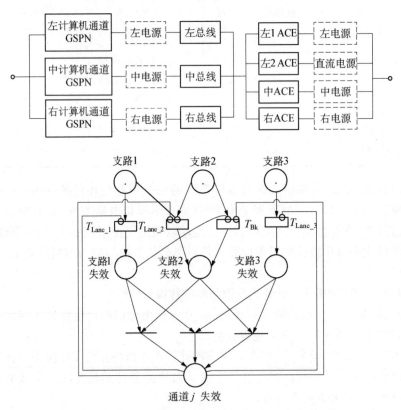

图 7 - 30　分层混合模型(上图为高层模型,下图为低层模型)

　　低层通道的 GSPN 模型中需要说明的是：支路 2（备用支路）的变迁有两种情况，分别是处于指令工作状态的变迁 $T_{\text{Lane 2}}$ 和处于温备份状态的变迁 T_{Bk}。温备份状态是指支路 2 始终进行同支路 1 相同的工作任务，但只作为备份，并不输出数据。当支路 1 正常工作时，支路 2 为其温备份支路，变迁 $T_{\text{Lane 2}}$ 抑制，T_{Bk} 使能，一旦支路 1 失效，其任务由支路 2 取代，变迁 T_{Bk} 抑制，$T_{\text{Lane 2}}$ 使能。考虑支路 2 取代支路 1 后指令支路工作任务比作为温备份时的任务要多，可靠性计算中假设支路 2 作为温备份状态时故障率为取代指令支路后工作状态下故障率的 80%。

　　高层 RBD 模型的可靠度计算时将低层 PFC 子系统 GSPN 模型的结果作为高层 RBD 模型中基本部件的可靠性分布参数，求解系统整体的失效概率和可靠度。由于系统中存在共因失效部件（左、中、右 3 组电源，在图中用虚框表示），采用全概率分解法进行可靠度计算。将左、中、右电源（psl，psc，psr）作为分解单元，系统可靠度求解如下：

$$R_{\text{s}}(t) =$$

$$P(\text{psl})P(\text{psc})P(\text{psr})R_{\text{sd}}(\text{psl, psc, psr}) + P(\text{psl})P(\text{psc})P(\overline{\text{psr}})R_{\text{sd}}(\text{psl, psc, }\overline{\text{psr}}) +$$

$$P(\text{psl})P(\overline{\text{psc}})P(\text{psr})R_{\text{sd}}(\text{psl, }\overline{\text{psc}}\text{, psr}) + P(\text{psl})P(\overline{\text{psc}})P(\overline{\text{psr}})R_{\text{sd}}(\text{psl, }\overline{\text{psc}}\text{, }\overline{\text{psr}}) +$$

$$P(\overline{\text{psl}})P(\text{psc})P(\text{psr})R_{\text{sd}}(\overline{\text{psl}}\text{, psc, psr}) + P(\overline{\text{psl}})P(\text{psc})P(\overline{\text{psr}})R_{\text{sd}}(\overline{\text{psl}}\text{, psc, }\overline{\text{psr}}) +$$

$$P(\overline{\text{psl}})P(\overline{\text{psc}})P(\text{psr})R_{\text{sd}}(\overline{\text{psl}}\text{, }\overline{\text{psc}}\text{, psr}) + P(\overline{\text{psl}})P(\overline{\text{psc}})P(\overline{\text{psr}})R_{\text{sd}}(\overline{\text{psl}}\text{, }\overline{\text{psc}}\text{, }\overline{\text{psr}})$$

式中：psl，psc，psr 分别表示左、中、右电源正常；$\overline{\text{psl}}$，$\overline{\text{psc}}$，$\overline{\text{psr}}$ 分别表示左、中、右电源故障；$P(\text{psl})$，$P(\text{psc})$ 和 $P(\text{psr})$ 分别为左、中、右电源正常工作的概率；$P(\overline{\text{psl}})$，$P(\overline{\text{psc}})$ 和 $P(\overline{\text{psr}})$ 分别为左、中、右电源失效的概率；$R_{\text{sd}}(\text{psl, psc, psr})$ 为左、中和右电源全部正常工作条件下系统的可靠度；$R_{\text{sd}}(\overline{\text{psl}}\text{, }\overline{\text{psc}}\text{, }\overline{\text{psr}})$ 为左、中和右电源全部失效条件下系统的可靠度；其余类推。

　　采用 CARA - IGSPN 软件对 B777 的容错飞控计算机系统进行可靠性建模和分析，所建系统整体 GSPN 模型如图 7 - 31 所示。

　　图 7 - 32 给出了分别采用分层混合建模方法和采用 CARA - IGSPN 软件建立系统整体 GSPN 模型方法，在系统运行 1000 h 内的系统可靠度随运行时间变化曲线。模型可靠度计算过程中系统软硬件基本组成模块的故障率取值如表 7 - 4 所示。

　　分析系统任务开始一小时后的失效概率，分层混合建模方法计算为 1.66×10^{-15}，系统整体 GSPN 模型方法计算为 1.69×10^{-15}，由结果对比曲线可得，采用分层混合建模方法与系统整体 GSPN 模型方法的可靠度分析结果一致，且满足民机飞控系统 10^{-9}/飞行小时的可靠度要求。采用系统整体 GSPN 模型时，系统模型复杂性如图 7 - 31 所示，状态空间很大，显态数目达到 29 万。当计算机为 CPU 2.80 GHz、内存 1 Gbit 的基本配置下，对系统整体 GSPN 模型求解，仅存储显态和转移速率要占据内存 74 Mbit，而且还需要花费很长时间进行状态可达集的搜索。而采用分

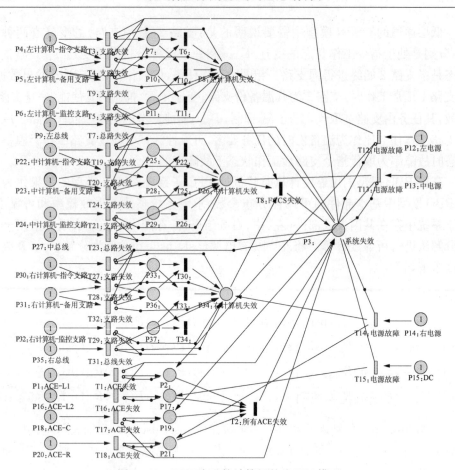

图 7 - 31　B777 主飞控计算机的 GSPN 模型

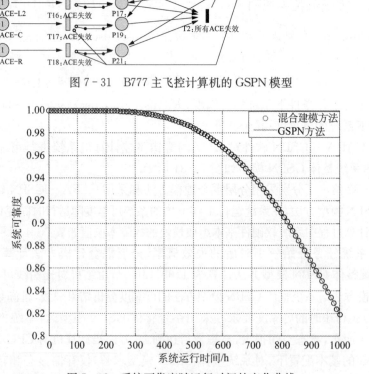

图 7 - 32　系统可靠度随运行时间的变化曲线

表 7 - 4　系统各部件故障率的取值

模块名称	故障率	取值/$(10^{-4}/\text{h})$
电源模块	λ_e	1.0×10^{-3}
三支路 CPU	λ_{CPU_1}，λ_{CPU_2}，λ_{CPU_3}	1.19，1.2，1.21
I/O 模块	$\lambda_{I/O}$	1.0
ARINC629 总线	λ_{bus}	1.0×10^{-1}
软件	λ_{SW_1}，λ_{SW_2}，λ_{SW_3}	6.0
ACE	λ_{ace}	2.0×10^{-1}

层混合建模方法仅需要 768 Kbit 的存储空间。同时随着建模组件的增加,采用系统整体 GSPN 模型时,软件存储的可靠性数据可能超过计算机的存储空间而导致无法计算,而分层混合建模方法仍可以对较大规模系统进行求解。因此,对比分析可得:本节提出的分层混合建模方法在高层使用静态可靠性建模方法 RBD,不仅可靠性分析结果正确,而且具有高效性。同时分层混合建模方法可应用于更复杂飞控系统的可靠性建模分析。

7.5　民机飞控系统的安全性分析与设计

7.5.1　电传飞控系统的安全性评估[6]

大型民用航空客机的发展,提出了恶劣环境下和突发故障下的安全飞行的要求,民机飞行安全问题越来越受到重视,相关的安全性分析与设计方法得到了广泛的研究。

民用飞机的安全性分析与设计是在系统研制初期就开始,贯穿于系统研制、生产等阶段的系统性的检查、研究和分析和工作。为了在事故发生之前消除或尽量减少事故发生的可能性,降低事故危害程度,从而降低系统运行的风险,安全性分析通过检查系统或设备在每种使用模式下的工作状态、确定潜在的危险、预计这些危险对人员伤害和对设备破坏的可能性和严重性,确定消除、减少、控制危险及危险事件的措施。安全性设计是在安全性分析的基础上,结合潜在的结构故障、控制系统故障等进行的补充设计,以保证在飞行中事故发生时的飞行安全和飞机的高生存性。

由于系统可靠性与系统安全性之间有着密切的关联,所以在系统安全性研究中广泛利用、借鉴了可靠性研究中的一些理论和方法。系统安全性分析就是以系统可靠性分析为基础的。

7.5.2　民用机载系统与设备安全性评估流程

目前民用飞机都采用了一套完整的安全性评估流程,包括需求的生成和与飞机研制活动相配合的验证性工作,用以对飞机功能及实现这些功能的系统设计进行评

估,从而判定相关的危险是否得到了适当的处理。安全性评估过程可以是定性的,
也可以是定量的。应对安全性评估流程进行计划和管理,以保证所有相关失效状态
得到了确认,并且所有能引起这些失效状态的重要失效组合得到了考虑。对综合复
杂系统的安全性评估,应该考虑由于系统综合引起的附加的复杂性及相互依赖
关系[6,30]。

　　图 7-33 表示为飞机安全性评估流程[(功能危险性评估(FHA)、初步系统安
全性评估(PSSA)、系统安全性评估(SSA))]及其与安全性评估方法之间的关系。
安全性评估流程是反复迭代的飞机研制过程中必不可少的一部分。该流程开始
于概念设计阶段及其安全性需求评估,随着设计工作的推进,对所做出变更和修
改的设计必须按流程重新评估。而重新的评估又可能派生出新的设计需求,新的
需求可能意味着进一步的设计更改。安全性评估流程以验证设计满足安全性需
求而结束[6,30]。

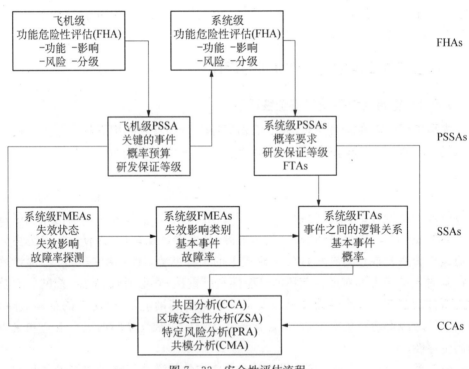

图 7-33　安全性评估流程

7.5.2.1　功能危险性评估[5,6,30]

　　功能危险性评估(FHA)是系统地、综合地检查飞机的各项功能、识别各项功能
的失效状态、确定失效产生的影响,并根据影响的严重程度进行分类的一种自上而
下的评估方法。由于在不同飞行阶段故障影响和分类不同,FHA 应该对不同飞行
阶段的故障条件进行识别。为了限制会改变失效状态等级的功能失效影响,FHA

也可以直接建立相应的安全要求,如设计约束,失效状态告警,飞行机组或维护人员应采取的建议措施等。FHA是对全新研制飞机或改进机型设计过程中安全性评估的第一步。

FHA通常分成飞机级功能危险性评估(AFHA)和系统级功能危险性评估(SFHA)两个部分。

1)飞机级功能危险性评估

飞机级的功能风险性评估(AFHA)是对飞机研制开始阶段定义的飞机基本功能的高层次、定性的评估。AFHA的目的是识别与飞机级功能相关的失效条件,并确认失效状态的影响和严重程度的类别。如果独立系统采用类似的结构或完全相同的复杂部件,可能会引入新的与多重故障相关的飞机级失效,则应该修改AFHA以对这些新的失效条件进行识别和分类。

2)系统级功能危险性评估

系统级功能风险性评估(SFHA)也是一种定性评估,本身是一个反复迭代的过程,随着系统进程越来越清晰和明确。SFHA考虑单个失效或多个系统失效的组合对飞机功能的影响。对特定系统硬件或软件的评估不是系统级功能风险性评估的目标。通过设计过程将飞机功能分配给各系统后,每个集成了多项飞机功能的系统需要使用SFHA过程进行反复的检查。

7.5.2.2　初步系统安全性评估[30]

初步系统安全性评估(PSSA)是对所提出的系统结构进行系统的检查,以确定故障如何引起FHA所识别的功能危害。PSSA建立系统的安全性需求,并确定所提出的结构预期满足由FHA得到的安全性目标。

PSSA也是一个与设计定义有关的交互过程。在系统研制的多个阶段,包括系统、产品及软/硬件设计定义中都有PSSA。在最底层,PSSA确定与安全性相关的硬件及软件设计需求。PSSA通常以故障树分析的形式进行(有时也会用到关联图分析和马尔可夫分析),同时也应包括共因分析。

7.5.2.3　系统安全性评估[6, 30]

系统安全性评估(SSA)是对系统的结构和安装的一次系统化检查,确认其符合安全性需求。对于每个不同等级进行的PSSA,都存在一个对应的SSA。最高级别的SSA是系统级的SSA。在每个系统的分析中,SSA总结整理所有值得注意的失效状态及其对飞机的影响。用来说明符合性的分析方法可以是定性的或者定量的。

SSA与PSSA的区别在于:PSSA评估所提出的系统结构,得到系统/产品的安全性需求;而SSA验证实际的设计是否满足FHA和PSSA中定义的定量及定性的安全性需求。由于SSA在深度和复杂性方面有较大的变化,故需要考虑的事情更多。图7-34所示为SSA的流程。

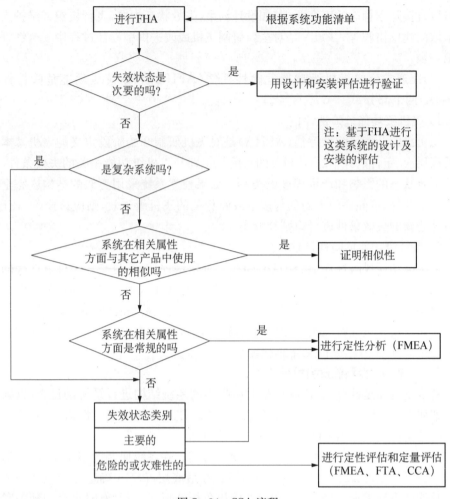

图 7 - 34　SSA 流程

7.5.3　安全性评估中常用的验证方法

7.5.3.1　故障树分析/关联图/马尔可夫分析[30]

故障树分析、关联图分析和马尔可夫分析(FTA/DD/MA)是自上而下的分析技术,这些方法可持续地向下分析到底层的详细设计。

在 FHA 识别失效状态之后,FTA/DD/MA 可以作为 PSSA 的一部分使用,来明确在低层的哪些单个故障或者组合故障能够导致失效状态。进行 FMEA/FMES 时,必须完成一项比较以确保所有识别出的重要影响都作为基本事件存在于 FTA/DD/MA 中。FTA/DD/MA 的基本事件从 FMEA 和/或 FMES 中得到其故障率。

7.5.3.2　故障模式及其影响分析

故障模式及其影响分析(FMEA)参见本章可靠性分析方法。

7.5.3.3　故障模式与影响概要（FMES）[30]

FMES 是对产生相同故障影响的单一故障模式的总结（即每种特定故障影响都有其各自的单故障模式类别）。FMES 是从飞机制造商、系统集成商或者设备供应商的 FMEA 汇集。此外，FMES 还应该与它们协调，以满足进行更高层次的 FMEA 和/或系统安全性评估 FTA 的需要。

7.5.3.4　共因分析（CCA）[6, 30]

为满足安全性需求，可能要求功能、系统及组件之间的独立性。因此，需要确保这种独立性的存在，或证明与非独立性相关的风险是可以接受的。共因分析提供了验证这种独立性或识别特定关联性的工具。共因分析可分为区域安全性分析（ZSA）、特定风险分析（PRA）和共模分析（CMA）。共因风险的来源是多种多样的，大概被分为三大类，并且与 3 类分析一一对应：

（1）由环境引起的共因风险，与区域安全性分析（ZSA）对应。

传统的基于系统设计图的系统安全性分析方法，没有充分考虑系统硬件的物理安装可能显著削弱产品之间的独立性，因此定义了一种区域安全性分析，可以考虑单个系统/部件的安装情况，及安装于飞机空间中的系统/部件之间的相互影响。具体包括系统的安装是否满足设计与安装规定，设备故障是否会影响其他相关物理区域内的其他设备及结构，安装维护错误对系统级飞机的影响。

（2）由事件引起的共因风险，与特定风险分析（PRA）对应。

特定风险（particular risk）是在所考虑的系统和产品之外但可能影响故障独立性的事件或影响。PRA 的目的是识别出产生共因风险的现象，并采取相应措施降低这些风险对系统安全性的影响，或证明这些影响是可以接受的。通过特殊风险分析，能够帮助设计人员掌握风险发生时机、影响部位、故障等级与影响后果，从而改进设计以提高民机的安全性。

（3）由差错引起的共因风险，与共模分析（CMA）对应。

CMA 是用于确保设计"优良"的一种定性分析工具，贯穿于飞机研制到使用、维护的全过程。CMA 用来验证故障树（FTA）、关联图分析（DD）以及马尔可夫分析（MA）中的"与"门在实际应用中是确实独立的。CMA 分析设计、制造和维修错误及故障对系统部件独立性的影响，同时还应考虑有关功能的独立性和各自监视器的独立性。对于不能接受的失效和差错，确定可能的解决方案，并随之采取纠正措施。

共因失效源经常属于下列范畴：硬件和软件的设计错误、软件编码错误、编译程序错误、需求错误、环境因素、硬件失效、级联失效、安装错误、运行错误、生产/修理缺陷、与应力相关的事件（非正常的）等。

CMA 使用到 FHA，PSSA 评估的结果，如灾难性故障清单、设计中的独立性准则等。共模分析结果应包括在 SSA 之内。ZSA 和 PRA 不属于 CMA 的特定部分，但是决不能忽视由其发现的潜在的共模影响。CMA 分析人员应尽可能确保有相关的 ZSA 和 PRA 对该影响进行了分析。

7.5.4　电传飞控系统安全性设计

飞控系统的安全性设计大致可以分为以下 4 类：

1) 提高驾驶员操纵与维修性的安全设计

(1) 对影响飞行安全的各种操纵机构都应注意其安全性。

(2) 各通道采用安全的电气连接布局，将影响系统工作的人为错误减到最小。

(3) 将经常维护和观察的部件置于可接近的位置。

(4) 通道按轴生存；飞行关键部件要分开和隔离；避免形成单点关键故障。

上述功能可以通过系统结构设计保证飞控系统的设备安全性和维修性。

2) 面向故障的安全性设计

常规的避免故障影响的安全性设计包括：

(1) 实现组件(LRU，电缆等)及功能(电源，信号分配等)分离及分散，如计算机功能分散。

(2) 应保证自动地接通所要求的备份状态，且具有足够的配平及增稳能力。

(3) 任何部件故障无法工作时，自动转换为安全状态。

(4) 保证一个部件故障不对其他，特别是关键部件产生有害影响。

(5) 通道切换时转换瞬态不应超过规定值。

上述安全性设计可以在系统的余度配置、系统比较监控逻辑设计与实施中解决。

3) 关键部件与系统的备份设计

如对于飞控计算机，处理采用硬件与软件的非相似技术，还可以采用数字备份或模拟备份，在飞行中发生故障切断主飞控计算机时，利用备份计算机实现降级控制。

4) 针对飞行中某些突发威胁故障的安全性设计

采用上述措施，可以基本上保证减少故障和飞行中少发生影响飞行安全的事故，采用的非相似余度技术可以保证系统具备较高的任务可靠性。但对于飞行中发生的特殊情况，如：余度传感器发生 1∶1 或 2∶2 状态、操纵面发生卡死、部分损伤或松浮状态，这些关键故障可能由于复杂的外部环境因素、内部工作的非常规状态等产生，会使飞控系统的部分或全部控制失效，瞬时和极大程度地影响到飞行安全，严重时甚至会造成飞行事故。针对这一类故障情况，目前采用了主动容错技术。这些技术尚属于在研的新技术，尚没有在大型民机上应用的先例。

7.6　结语

本章从民机飞控系统的高可靠容错要求出发，阐述了余度技术、重构技术、余度飞行控制系统设计体系与设计原则以及飞控计算机系统容错配置与管理。然后以波音和空客系列两类余度电传飞控系统为例，详细介绍了现代民机的高可靠容错电传飞控系统的设计理念、结构方案、技术特点，并对波音和空客系列进行了定性的比较。最后,为了定量地分析余度电传飞控系统,介绍了基于广义随机 Petri 网的建模方法和分层混合建模方法,对电传飞控计算机系统建立系统动态模型。

世界两大飞机制造商——波音和空客的电传飞行控制系统的高可靠容错方案取得了巨大成功,但都还有改进的余地。电传飞行控制系统的高可靠容错方案绝不可能只有两类方案,我国设计者应在深刻学习和领会这些成功方案的基础上,努力创新,提出具有我国自有知识产权的、更为优秀的高可靠容错方案。

参 考 文 献

[1] 中国商用飞机有限责任公司.民用飞机系统安全性、可靠性工程培训教程[EB/OL].(2013 - 10 - 10)http://www. doc88. com/p - 9552939793196. htme.

[2] 曾声奎,等. 系统可靠性设计分析教程[M].北京:北京航空航天大学出版社,2001.

[3] 谢干跃,等. 可靠性维修性保障性测试性安全性概论[M].北京:国防工业出版社,2012.

[4] 陈宝智. 系统安全评价与预测(第 2 版)[M].北京:冶金工业出版社,2014.

[5] 逯军.民机飞行控制系统的安全性评估和分析研究[D].天津:中国民航大学,2009.

[6] 柯瑞同. 飞机电传操纵系统安全性分析方法的研究[D].天津:中国民航大学,2009.

[7] 中国民用航空局. 中国民用航空规章第 25 部:运输类飞机适航标准[S].CCAR - 25 - R4,2011.

[8] 孙晓哲.大型飞机容错飞控计算机系统研究[D].北京:北京航空航天大学,2011.

[9] 李清,陈禹六. 企业与信息系统建模分析[M].北京:高等教育出版社,2007.

[10] YEH Y C. Triple-triple redundant 777 primary flight computer [C]. IEEE Aerospace Applications Conference proceedings,1996,1:293 - 307.

[11] BRIERE D , TRAVERSE P. Airbus A320/ A330/ A340 electrical flight control—a family of fault-tolerant systems [C]. The Twenty-third International Symposium on Fault-tolerant Computing,Piscataway : IEEE, 1993:616 - 623.

[12] BAUER C, LAGADEC K. Flight control system architecture optimization for fly-by-wire airliners [J]. Journal of Guidance, Control, and Dynamics,2007,30(4):1023 - 1029.

[13] 王永,梁德芳.民用飞机电传飞行控制系统初探[J].航空标准化与质量,2008(5):24 - 28.

[14] YEH Y C. Design considerations in boeing 777 fly-by-wire computers [C]. High-Assurance Systems Engineering Symposium,1998:64 - 72.

[15] BELCHER G. Differences between civil and military electronic flight control systems [J]. Microprocessors and Microsystems,1995,19(2):67 - 74.

[16] MCWHA J. Development of the 777 flight control system [C]. AIAA Guidance, Navigation, and Control Conference and Exhibit, Austin, Texas, August 11 - 14,2003.

[17] 韩炜. 波音 777 的基本飞行计算机[J].抗恶劣环境计算机,1997,11(1):37 - 40.

[18] 于涛. 波音 777 飞行控制系统[J].民用飞机设计与研究,1998(2):4 - 6.

[19] The Boeing Company. 787 dreamliner airplane systems ebook [M]. The Boeing Company,2007.

[20] 王永. 民机电传飞行控制系统体系结构研究[C].大型飞机关键技术高层论坛暨中国航空学会 2007 年学术年会论文集,北京:中国航空学会,2007.

[21] TRAVERSE P, LACAZE I, SOUYRIS J. Airbus fly-by-wire: a total approach to dependability [J]. IFIP International Federation for Information Processing,2004,156:192 - 212.

[22] Airbus. A340 aircraft maintenance manual [M]. Europe：Airbus Industry, 2005.

[23] Airbus. A380 - 800 Flight Deck and Systems Briefing for Pilots [R]. France：Airbus S. A. S. ,2006.

[24] 胡谋. 计算机容错技术[M]. 北京：中国铁道大学出版社,1995.

[25] 曹琦,蔡军,张晓军. 飞机可靠性分配方法研究[J]. 航空科学技术,2013(3)：18 - 20.

[26] 程明华,姚一平. 动态故障树分析方法在软、硬件容错计算机系统中的应用[J]. 航空学报, 2000(1),34 - 37.

[27] 曹晋华,程侃. 可靠性数学引论(修订版)[M]. 北京：高等教育出版社,2006.

[28] 秦旭东. 非相似余度飞控计算机及虚拟样机技术研究[D]. 北京：北京航空航天大学,2006.

[29] 孙晓哲,李卫琪,陈宗基. 飞控计算机系统分层混合可靠性建模方法[J]. 上海交通大学学报, 2011,45(2)：277 - 283.

[30] SAE. ARP 4761 Guidelines and Methods for Conducting the Salty Assessment Process on Civil Airborne Systems and Equipment, 1996. [S].

8 大型民机的飞行管理系统

8.1 大型民机的飞行管理系统概述

8.1.1 飞行管理系统的体系结构与功能构成

飞行管理系统(flight management system，FMS)是现代大型飞机航电系统的核心,已经发展成为集轨迹预测、性能优化、导航与制导等功能为一体的综合系统。飞行管理系统通过组织、协调和综合飞机上多个航电系统的功能,在飞行过程中管理飞行计划、提供参考轨迹、计算最优性能参数、按照参考轨迹与导航数据引导飞机飞行,保证飞行计划的实施,协助飞行员完成从起飞到着陆的各项任务,管理、监视和操纵飞机实现全航程的自动飞行。

飞行管理系统的定义有广义和狭义之分。狭义的飞行管理系统从硬件结构上讲,主要包括两部分:飞行管理计算机以及多功能控制显示组件(MCDU)。广义的飞行管理系统一般指飞机航电系统的核心部分,主要包括飞行管理计算机系统、综合导航系统、自动飞行控制系统和自动油门系统。此外,机上通信系统(电台、卫星通信终端、管制员-飞行员数据链通信 CPDLC 等设备)和机上监视系统(应答机、广播式自动相关监视 ADS-B 收发机、气象雷达等设备)也被包含在飞行管理系统的范畴内。广义飞行管理系统的基本结构如图 8-1 所示。

(1) 飞行管理计算机。

飞行管理计算机(FMC)是航电系统的核心,FMC 的主要功能逻辑是接收来自综合导航系统输入的当前阶段飞机位置、速度、姿态等导航信息以及机载传感器输入的发动机状态以及燃油状态数据,对比飞行计划以及飞行轨迹预测进行导航计算、性能优化并实施水平和垂直制导,生成飞行制导指令输出至自动驾驶仪和自动油门系统,实现自动飞行。同时将飞机当前阶段的信息输出至电子飞行仪表系统(electronic flight instrument system，EFIS)进行实时显示。多功能控制显示组件(MCDU)接收 FMC 输出的显示信息,同时也是机组人员输入控制信息的重要终端。FMC 还涉及飞行计划管理、性能计算、导航、通信管理和飞行监视等功能,其主要功能模块之间的关联关系如图 8-2 所示。

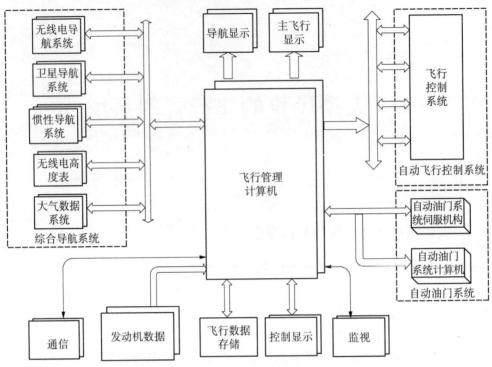

图 8-1 广义的飞行管理系统结构

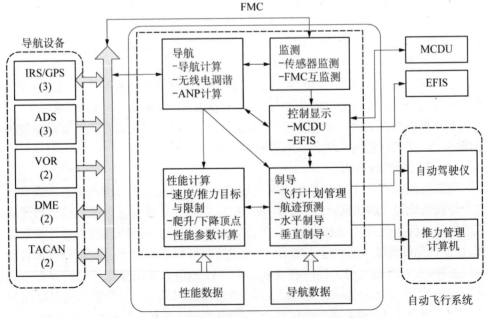

图 8-2 飞行管理计算机主要功能模块的关联关系

（2）综合导航系统。

综合导航系统由不同的传感器组成，主要向飞行管理计算机提供飞机的位置、速度、姿态等功能。综合导航系统主要包括以下部分：

● 大气数据与惯性基准系统（ADIRS），综合大气数据计算与惯性参数计算功能，向飞行管理计算机提供大气数据与惯性导航信息。

● 卫星导航系统（GNSS），利用卫星定位系统，通过选择最佳导航卫星进行导航计算获得飞机当前的位置信息。同时 GNSS 提供高精度位置信息，通过信息融合算法对惯性测量信息进行校准和修正。

● 无线电导航系统（INRS），利用伏尔导航系统（VHF omnidirectional range，VOR），测距设备（distance measuring equipment，DME），无方向性标台（non-directional (radio) beacon，NDB）等无线电导航台信号实现飞机的位置计算。

（3）自动飞行控制系统。

飞行控制系统是实现自动飞行的核心系统，主要包括自动驾驶仪以及基本飞行控制系统，其中自动驾驶仪接收来自 FMS 和驾驶员手动输入的轨迹控制指令（高度、速度、航向控制指令、下降顶点等），将其解算生成相应的姿态控制指令输出至基本飞行控制系统来控制飞机舵面，从而实现自动飞行控制。

（4）自动油门系统。

自动油门系统接收来自飞行管理计算机的油门控制指令，驱动油门杆，通过控制发动机推力实现预定的飞行速度。

典型的飞行管理系统采用双余度结构，包括两套飞行管理计算机以及多功能控制显示组件（MCDU），通过总线与其他机载航电系统实现数据通信和功能交联。

在 ARINC 702A-3《Advanced Flight Management Computer System》标准第 1.3 节 Functional Overview 中，规定飞行管理系统应具备以下功能：导航、飞行计划、横向与纵向制导、性能优化与预测、通信与监视以及电子飞行仪表系统（EFIS）人机接口和 MCDU 显示等。典型的飞行管理系统主要包括以下核心功能：

（1）飞行计划。

飞行管理系统的飞行计划功能主要包括两方面：第一个是飞行计划的制订与计算，通过载入公司航路或者人工输入航路点的方式，辅助驾驶员制订从起飞到着陆的全部飞行计划（包括主飞行计划和备用飞行计划），同时按照给定的航路点、标准航段和风的状况等信息预先算出的燃料消耗和到达时间。第二个功能是飞行计划编辑，在飞行计划的制定以及飞行过程中提供对飞行计划的编辑功能，飞行员可以对飞行计划进行编辑修改。

（2）综合导航。

飞行管理系统的导航功能主要包括以下方面：

● 导航参数计算，飞行管理系统从各种导航源（ADIRS，GNSS，INRS）中获取导航数据，经过信息融合获得最佳的飞机状态信息（飞机三维位置、速度、航向、风向、风速等）。

● 导航性能计算，是在飞行的各阶段根据导航传感器所得的导航信息计算所需导航性能（required navigation performance，RNP），当实际导航性能（actual position uncertainty，ANP）数值超过 RNP 值时提供告警功能。

● 无线电导航管理，包括对 DME，VOR 等导航系统的管理，以及对无线电导航台选台与调谐。

● GPS，飞行管理系统向 GPS 提供初始位置信息以减少 GPS 接收机的选星计算时间。某些飞行管理系统向 GPS 提供预计到达时间以及最终进近固定航路点，从而实现 GPS 的自主完好性监视（pseudorange-based receiver autonomous integrity monitoring，PRAIM）功能。

（3）轨迹预测。

飞行管理系统根据飞行计划数据、飞机性能限制和性能数据计算完整的水平和垂直飞行剖面。

● 水平轨迹预测，根据飞行计划提供的基本航路信息（航路点、航段信息等）计算完整的可飞水平轨迹，主要包括水平轨迹的建立、转弯半径的计算等。

● 垂直轨迹预测，是在飞行计划和水平轨迹的基础上，利用飞机的性能模型生成完整的包括起飞、爬升、巡航、下降、进近等阶段完整的垂直飞行剖面，主要包括爬升/下降顶点、速度变化点、巡航爬升顶点的计算，各航路点的高度、速度、航程、时间、燃油消耗的计算等。

（4）飞行制导。

飞行管理系统接收来自各种导航传感器的数据并经过融合后获得飞机当前状态信息，并通过对照导航信息与参考飞行轨迹生成水平和垂直导引指令提供给自动驾驶仪，以控制飞机按照预定飞行计划飞行。

● 水平导引，该功能计算动态的偏航角、偏航距、应飞航向等导引参数，同时对转弯段导引参数进行计算，经过解算得到滚转角控制指令输出至飞行控制系统。

● 垂直导引，该功能对照飞机当前导航信息与应飞轨迹，为自动驾驶仪提供高度和速度控制指令，经自动驾驶仪解算为俯仰角控制指令以及推力控制指令输出至飞行控制系统和推力控制系统，从而确定目标速度、目标高度以及目标垂直速度。

（5）性能计算。

在飞行全过程中，飞行管理系统依据飞行计划信息、飞机性能数据、环境参数、飞机状态信息等数据，进行性能计算，实现飞行剖面的最优化，并实时提供性能参数。性能计算功能主要包括速度和高度的计算。

● 飞行速度计算，针对爬升、巡航、下降等飞行阶段，计算相应速度模式下的目标飞行速度。

● 最大和最优高度计算,主要根据飞机性能参数和环境参数(风、温度模型)计算最大和最优高度。最优高度是使地速/燃油消耗率比例最大的高度;最大高度是根据飞机性能限制和环境参数,同时满足特定爬升率计算的最大高度。

● 阶段爬升/下降高度计算,根据飞行计划参数、飞机重量变化率以及风的参数计算的巡航阶段爬升/下降高度,使成本最优。

● 推力限制参数,是基于当前温度、高度、速度以及发动机参数计算推力限制参数。

● 起飞参考数据,主要包括 V_1,V_R,V_2,起飞速度等参数。

● 进近参考数据,主要包括降落速度的计算。

(6) 人机接口。

飞行管理系统的人机接口主要包括电子飞行仪表系统 EFIS 以及多功能控制显示组件 MCDU。电子飞行仪表系统 EFIS 主要包括三部分:

● 主飞行显示(primary flight display, PFD),显示关于维持飞机安全性和控制性飞行能力的信息,包括姿态、指示空速和马赫数、修正的气压高度和气压设置、航向等信息。

● 导航显示(navigation display, ND),显示飞机相对于其环境的位置信息,提供飞机由起始点到目的地的所有导引信息,包括计划飞行航线、无线电导航台、机场、航向和空速等信息。

● 多功能显示(multi-function display, MFD),显示飞机发动机系统、电气系统、液压系统的状态信息。

MCDU 以多功能页面检索的方式提供飞机的状态信息,同时接受飞行员输入的 FMS 控制和设定参数,作为飞行员与 FMS 进行交互的主要设备。

飞行管理系统在不同在飞行阶段,其功能的具体作用方式有所不同。

(1) 起飞。

飞行员通过 MCDU 载入飞行计划(或通过输入航路点制定飞行计划,编辑和修改飞行计划),输入飞机重量、燃油、成本指数等性能数据以及 V_1,V_2,V_R 等速度选择参数,实现 FMS 的初始化,随后 FMC 计算飞机的起飞速度和推力,保证飞机在规定时间内达到起飞速度。

(2) 爬升。

FMS 根据飞机性能参数、环境信息以及飞机状态信息计算最优的爬升剖面,预测爬升起点、爬升终点以及分段爬升阶段点,获得该过程中的最优速度和最优高度,实施水平和垂直导引,控制飞机按照最优爬升剖面飞行。

(3) 巡航。

FMS 根据飞机性能参数、环境信息和飞机状态信息计算最优巡航高度和速度,预测巡航阶段爬升剖面。实施水平和垂直导引,控制飞机以最优巡航剖面飞行。

（4）下降。

FMS 在下降阶段计算完整的下降段飞行轨迹，并提供最优下降速度，引导飞机按照最优下降剖面飞行。

（5）进近。

FMS 在下降结束点，在既定高度和确定航距上，实施水平和垂直导引，将飞机引导到跑道入口和着陆点。

飞行管理系统在飞行各阶段的功能如图 8-3 所示。

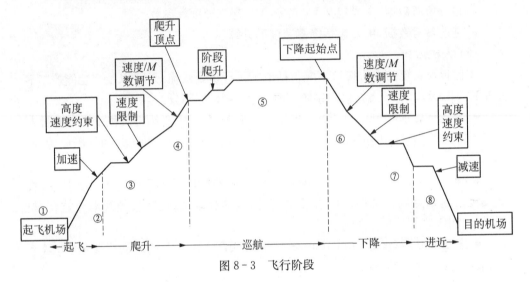

图 8-3　飞行阶段

（1）载入飞行计划，输入性能数据。

（2）实施水平和垂直导引。

（3）获得最优速度和速度、高度限制。

（4）计算爬升顶点。

（5）以最优速度和最优高度巡航，计算阶段爬升剖面，沿计划航路实施水平和垂直导引，计算各航路点的航程、时间和燃油消耗。

（6）计算下降起始点。

（7）实施水平和垂直导引。

（8）引导飞机进近。

8.1.2　波音飞机飞行管理系统

B737/B747 的飞行管理系统包括以下部分：

- 两台飞行管理计算机 FMC；
- 两台控制显示组件 CDU；
- 两套数据处理单元；
- 1 块模式控制面板 MCP；

- 6 块显示屏(ND，PFD，MFD)。

其系统结构如图 8 - 4 所示。

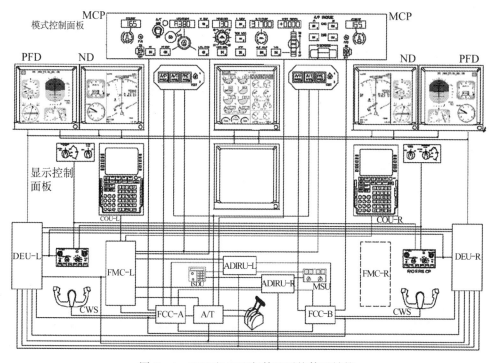

图 8 - 4 B737/747 飞行管理系统体系结构

两台飞行管理计算机 FMC 分别接收来自以下系统的输入数据：

- ADIRU 的导航数据；
- CDU 输入的参数和控制指令；
- MCP 输入的自动驾驶模式设定；
- DISP 输入的显示模式设定。

FMC 向以下系统输出数据：

- 飞行控制计算机 FCC：飞行控制指令；
- 自动油门系统 A/T：推力控制指令；
- 数据处理单元 DEU：显示信息。

B777 采用综合模块化航电架构 IMS，系统的核心为两套综合航电模块 AIMS，集成飞行管理、推力管理、综合显示、中央维护、飞行数据记录等功能。B777 航电系统由以下部分组成：

- 两套综合航电模块 AIMS；
- 3 套多功能控制显示组件 MCDU；
- 两套光标控制单元 CC；

- 6 块显示屏(PFD，ND，EICAS)。

其系统结构如图 8 - 5 所示。

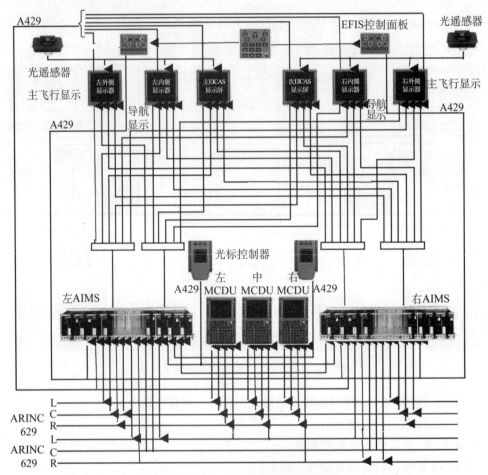

图 8 - 5   B777 飞行管理系统体系结构

B777 的飞行管理系统主要实现以下功能：

- 导航；
- 飞行计划；
- 性能管理；
- 飞行制导与控制；
- 推力管理；
- 显示与系统控制。

B787 飞行管理系统由霍尼韦尔公司设计，系统功能在 B777 飞机飞行管理系统的基础上更加注重飞机导航精度，并增加四维制导功能。

B787 航空电子设备采用了综合程度更高的模块化结构，称为通用核心系统

（CCS）。骨干网络采用 AFDX 数据总线，与 B777 的 ARINC629 总线相比具有更高的传输速率，能满足现代飞机对机载电子高带宽的要求。B787 上有更多的机载设备以软件的方式被集成到通用核心系统 CCS 主机中，包括飞行管理系统。

8.1.3 空客飞机飞行管理系统

A320 的飞行管理系统称为飞行管理制导系统（FMGCS），FMGCS 由以下部分组成：

- 两台飞行管理制导计算机 FMGC；
- 两台飞行增稳计算机 FAC；
- 两台多功能控制显示组件 MCDU；
- 两块飞行控制面板 FCU。
- FMGCS 系统结构如图 8-6 所示。

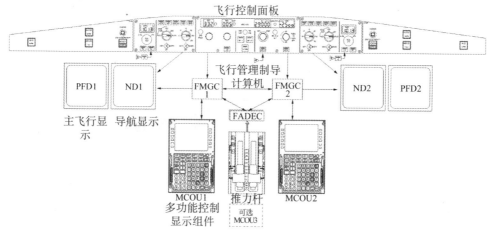

图 8-6　A320 FMGCS 体系结构

FMGCS 与其他航电系统间的接口关系如图 8-7 所示。

两台飞行管理制导计算机（FMGC）都与其他航电系统交换数据。每台 FMGC 接收来自以下系统的输入数据：

- 飞行控制单元 FCU，即模式选择与设定参数；
- 电子飞行控制系统 EFCS，即飞行控制系统信息；
- 燃油系统，即燃油总量以及燃油流量信息，实现性能预测、重量计算以及重心计算；
- 起落架控制接口单元 LGCIU；
- 导航系统，包括 ADIRS，GPS，VOR，DME，ILS 等系统输入的导航信息；
- 飞行增稳系统，即飞行增稳系统信息；
- 时钟，即时钟信息；
- 数据库，即导航数据与性能数据（包括导航信息、航路信息、燃油策略等）。

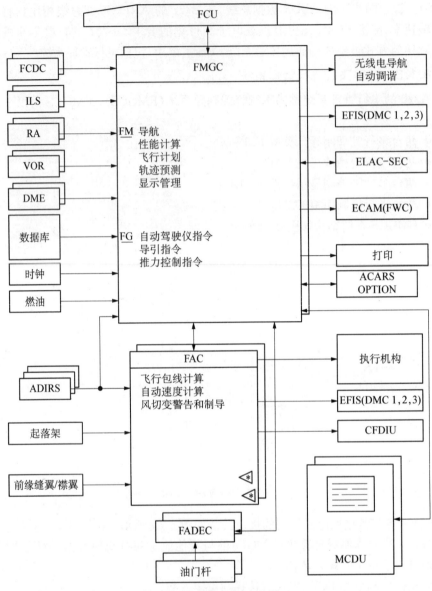

图 8-7　A320 FMGCS 接口

FMGC 将数据进行处理后,向以下系统输出数据:

● 无线电导航接收机,即自动调谐指令;

● EFIS,即飞行管理显示信息;

● ECAM 与飞行告警计算机,即监视信息与告警信息;

● 自动驾驶仪,即飞行导引指令;

● 自动推力系统,即推力控制指令。

A320 飞行管理系统的系统功能如图 8-8 所示。

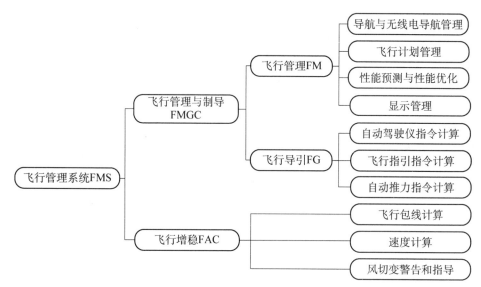

图 8-8 A320 飞行管理系统功能

A320 的飞行管理制导系统包括 3 部分功能模块：

（1）飞行管理 FM。

● 导航与无线电导航管理：计算飞机的精确导航信息，并实现无线电导航自动选台与自动调谐；

● 飞行计划管理：飞行计划的制定、编辑、修改与监视；

● 性能预测与性能优化：最优速度与最优高度计算以及航路点时间、油耗、航程等性能参数的计算；

● 显示管理：控制向 EFIS 提供信息以显示自动飞行方式和导航信息。

（2）飞行导引 FG。

● 自动驾驶仪指令计算：用于自动控制俯仰、横滚和偏航；

● 飞行制导指令计算：向飞行员提供飞行指引仪指令，用于俯仰，横滚和偏航的控制；

● 自动推力指令计算：用于自动控制推力。

（3）飞行增稳 FA。

● 飞行包线的计算（如超速，低速警告）；

● 自动计算速度（如显示在 PFD 上的襟翼极限速度）；

● 风切变警告和制导。

A380 的自动飞行系统 AFS 由两部分组成，第一部分为飞行制导 FG，由 3 台飞行控制与导引计算机（PRIMS）组成，执行自动驾驶仪、飞行制导和自动推力功能。第二部分是飞行管理 FM，由 3 台飞行管理计算机（FMC）组成，执行双余度飞行管理系统（FMS）功能（第三套飞行管理计算机在系统正常运行过程中为待机状态，作为备份）。A380 AFS 的系统结构如图 8-9 所示。

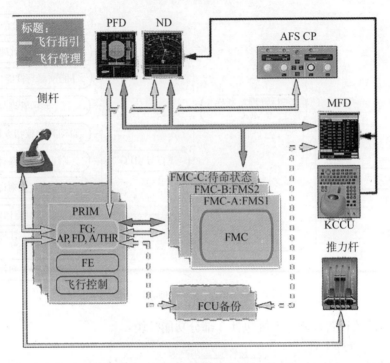

图 8 - 9 A380 的 AFS 结构图

A380 包括两套飞行管理系统 FMS,其中每套飞行管理系统包括图 8 - 10 所示的组成部分:

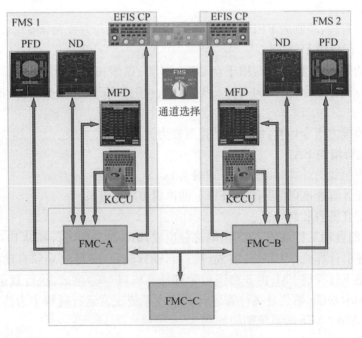

图 8 - 10 A380 的 FMS 结构图

（1）一台飞行管理计算机 FMC。

（2）驾驶舱接口设备包括：

- 一台多功能显示器 MFD；
- 一台键盘与光标控制组件 KCCU；
- 一台导航显示 ND；
- 一台主飞行显示 PFD；
- 一块 EFIS 控制面板 EFIS CP。

A380 AFS 系统功能包括：

（1）飞行制导 FG 功能。

如图 8-11 所示，飞行制导系统 FG 的主要功能是根据飞行计划目标提供水平和垂直导引能力。飞行制导系统通过控制以下模块实现导引功能：

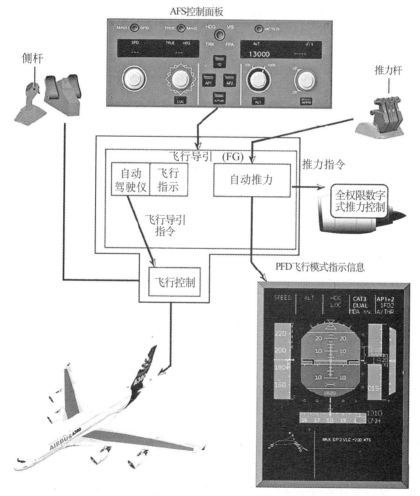

图 8-11　A380FG 系统

- 自动驾驶仪,包括计算俯仰、滚转和偏航指令实现飞行控制;
- 飞行指示:在 PFD 上显示控制指令执行情况,从而使机组人员可以实时监视飞行制导指令或者手动驾驶飞机;
- 自动推力系统:控制发动机推力。

飞行制导系统可通过两种方式运行:

- 手动选择模式:

如图 8-12 所示,机组人员可通过 AFS 控制面板手动选择目标高度、目标速度等参数。系统将这些参数直接输送至飞行制导系统并执行。在此模式下,手动选择模式拥有比飞行管理导引模式高的优先级。

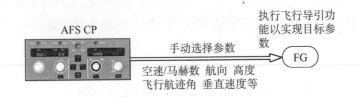

图 8-12 手动选择模式

- 飞行管理导引模式:

如图 8-13 所示,飞行制导系统执行由飞行管理系统计算的目标高度、目标参数指令。水平导引和垂直导引功能分别独立执行。当执行手动选择水平导引模式时,自动垂直导引功能无效。飞行制导系统的运行模式显示于主飞行显示(PFD)的飞行模式指示器(FMA)上。

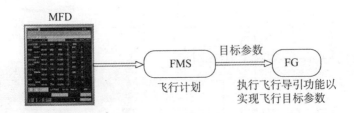

图 8-13 飞行管理导引模式

自动推力模式控制 4 台发动机的推力,可独立于自动驾驶仪/飞行制导(AP/FD)功能运行。若 AP/FD 功能关闭,自动推力模式控制空速和马赫数;若 AP/FD 功能开启,自动推力模式与自动驾驶仪/飞行指示功能交联。自动推力计算推力控制指令输出至全权限数字式发动机控制系统实现自动推力控制。

(2) 飞行管理 FM 功能。

A380 的飞行管理系统通过以下功能辅助机组人员执行飞行操作任务:

● 导航：

导航功能包括飞机位置计算和无线电导航调谐。

如图 8-14 所示，飞机位置解算功能包括两部分内容，飞机位置的最佳估计以及位置估计精度计算。每套 FMS 通过融合以下导航信息源的数据实现飞机位置计算以及估计精度计算：ADIRS 惯性导航信息、GPS 导航信息、无线电导航信息。同时飞行管理系统实时计算位置估计误差（EPU）。系统通过 EPU 与所需导航性能参数（RNP）来估计导航精度。

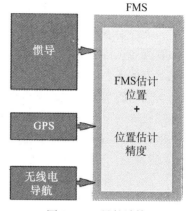

图 8-14　导航计算

如图 8-15 所示，每套飞行管理系统对其负责的一侧导航设备进行自动调谐，包括：1 台 VOR，4 台 DME，1 台 ILS，1 台 ADF。同时对导航台进行自动选择，用于无线电导航位置计算、自动着陆并将选台结果显示于导航显示 ND。

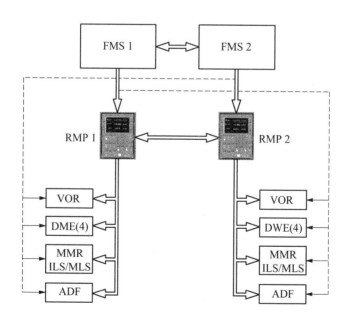

图 8-15　导航自动调谐

● 飞行计划：

飞行管理系统辅助机组人员进行飞行计划的管理。机组人员可向 FMS 输入飞行计划（包括水平和垂直飞行轨迹），随后 FMS 计算出与飞行计划相关的速度、高度、时间以及燃油预测，并将这些信息进行显示。另一方面，机组人员可随时对飞行计划(包括水平飞行计划和垂直飞行计划)进行修改。

飞行管理系统可在每次飞行中存储 4 条飞行计划,一条主飞行计划,用于实施长航程的飞行制导并进行无线电导航自动调谐;3 条备用飞行计划,用于在特定情况下进行飞行计划的切换。

完整的水平飞行计划包括起飞、巡航以及降落阶段,由一系列航路点、航段以及连接航段的过渡路径组成。飞行计划可通过以下方式建立:输入起飞/目的机场,并手动选择起飞降落程序、航路点和航段;从导航数据库中载入公司航路;通过地面上传飞行计划。

为执行性能计算和性能预测功能,机组人员需要输入零燃油重量(ZFW)和零燃油重心(ZFCG)、轮挡油量、航线成本指数、环境信息(巡航高度、温度、风)等数据。

飞行管理系统计算风和温度、速度变化、关键航路点计算(爬升/下降顶点、阶段爬升点等)、航路点信息(距离、预计到达时间(ETA)、速度、高度、预计剩余燃油、航路点风向、风速)、目的地机场信息(ETA、航线距离、目的地剩余油量)等飞行计划信息。

机组人员可通过删除或插入航路点,修改离场程序,修改进场程序,修改、插入或删除航段,插入或删除等待航段,更改目的地机场等方式编辑飞行计划。

(3) 性能计算与性能优化。

对于垂直飞行计划的每个阶段,飞行管理系统计算相关的速度/马赫数以及如下性能参数。

- 起飞参数:起飞速度;
- 爬升参数:最优爬升速度;
- 巡航参数:最优巡航高度以及巡航速度;
- 下降参数:最优下降速度及飞行剖面;
- 进近参数:进近速度。

(4) 长航程飞行制导。

飞行管理系统向飞行制导系统提供控制参数以实现以下功能:

- 引导飞机按照飞行计划飞行(自动驾驶功能开启);
- 在 PFD 上显示飞行制导信息。

(5) 综合显示。

FMS 的综合显示部分主要包括以下部分。

- 多功能显示 MFD:

MFD 以文本形式显示 FMS 的系统信息,包括超过 50 个页面,内容包括飞行计划、飞机位置以及飞行性能等信息。机组人员可通过 KCCU 查询、修改以及输入这些信息。

- 多功能键盘与光标控制单元 KCCU:

机组人员可通过 KCCU 模块实现以下功能:查询 MFD 的飞行管理页面、输入和修改 MFD 的数据、编辑修改飞行计划信息。

● 导航显示(ND)与主飞行显示(PFD)：

ND 与 PFD 以图形和文本的形式显示飞行管理信息。其中 ND 显示水平和垂直飞行计划信息。机组人员可通过 KCCU 结合 ND 修改水平飞行计划。

● EFIS 控制面板：

机组人员可通过 EFIS 控制面板控制 ND 的文本和图形显示格式。

8.2　飞行管理系统中的飞行计划

8.2.1　飞行计划模块的组成与系统结构

编制飞行计划涉及两个与安全相关的内容：①燃料计算，以确保飞机能够安全到达目的地；②遵守空中交通管制的要求，以尽量减少航班冲突。此外，编制飞行计划还应该考虑选择合适的航线、高度和速度，以及最低限度的所需燃料。

如图 8-16 所示，飞行管理系统飞行计划模块的主要功能包括以下几个方面。

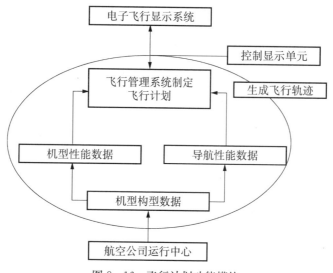

图 8-16　飞行计划功能模块

（1）飞行计划的制订。

根据用户输入信息和导航数据，生成完整的从起飞机场到目的机场的包括各航路点、航段以及离进场程序的完整飞行计划和备用飞行计划。给出有关航路资料，包括航路点的位置、经纬度、导航助航设备的电台频率、各航路点的代号、各航段间的航向或轨迹角、航路点间的距离等。

（2）飞行计划的编辑与管理。

在飞行计划制订以及飞行过程中提供对飞行计划的编辑功能，飞行员可以通过以下方式实现对飞行计划的编辑和修改：

　　插入、删除或飞越航路点；

- 插入或修改离进场程序；

- 插入飞越点/目标点；

- 插入或修改等待模式；

- 选择和激活备用飞行计划。

　　(3) 飞行计划参数的计算。

　　确定最大起飞重量和最大着陆重量；根据需要选定飞行剖面中各段的速度和高度；燃油计划计算；按照给定的航路点、标准航段和风的状况以及飞机性能数据等信息预先算出飞行计划参数，包括飞行计划各阶段的油量、时间和距离，以及各航路点的速度、高度、距离、累计距离、预计到达时间、航段时间、累计时间、航段油量、累计油量等参数。

8.2.2　导航数据库

　　导航数据库模块基于 ARINC424 标准存储飞行管理系统所需的导航数据，包括机场、航路点、导航台的地理位置、结构以及航路组成结构等方面的数据，为 FMC 的综合导航、飞行计划等其他功能模块提供数据支持。导航数据主要包括以下内容：

- 导航设备的类别：所有导航台的经纬度，各导航台的适用频率，各导航台所在位置的海拔高度，各导航台的标识和级别。

- 机场：归航位置，登机门参考位置，跑道长度和方位，机场海拔高度，仪表着陆系统(ILS)设备。

- 航路：航路分为高空、低空航路和机场附近的终端区程序等。航路数据包括航路类型、高度、航向、航段距离、航路点说明等。

- 公司航路：由飞机用户确定，它们是航空公司负责飞行的固定航线数据。

- 终端区域程序：包含标准仪表离场、标准仪表进场程序和进近程序。

- 仪表进近着陆系统：包含有仪表着陆系统的频率和标识，穿越高度、复飞程序以及距离等数据。

8.2.3　水平飞行计划

　　飞行计划功能使用两种方式构建水平飞行计划，一是通过组合机载导航数据库中储存的数据来构建水平飞行计划，二是机组人员通过 MCDU 和 ND 等人机接口手动修改水平飞行计划。前一种方法是正常情况下的通用做法，后一种则是特殊情况下灵活的补充。

　　ARINC424 导航数据库标准[1]的主要作用是为机载导航数据库的数据格式提供参考，ARINC424 数据库是机载导航数据库的主要数据来源。该标准采用 132 位文本记录对导航数据库各种元素进行编码[2]。如表 8-1 所示，存储这些要素的数据记录(data record)按照段代码和子段代码可分为 8 大类 43 小类，为飞行计划制订、导航自动选台以及轨迹预测和制导等功能提供数据支持。

表 8 - 1 **ARINC424 中的段(section)与子段(subsection)分类**

段代码 (section code)	段名称 (section name)	子段代码(subsection code)	子段名称 (subsection name)
A	最低偏航高度(MORA)	S	网格最低偏航高度(grid MORA)
D	助航设备(navaid)	Blank	甚高频助航设备(VHF navaid)
		B	无方向性信标助航设备(NDB navaid)
E	航路(enroute)	A	航路点(way points)
		M	航线指点标(airway markers)
		P	等待航线(holding patterns)
		R	航线和航路(airways and routes)
		T	偏好航路(preferred routes)
		U	航线限制信息(airway restrictions)
		V	通信信息(communications)
H	直升机机场(heliport)	A	直升机停机位(pads)
		C	终端区航路点(terminal waypoints)
		D	标准仪表离场程序(SIDs)
		E	标准终端区进场程序(STARs)
		F	进近程序(approach procedures)
		K	终端区进场高度(TAA)
		S	最低扇区高度(MSA)
		V	通讯信息(communications)
P	机场(airport)	A	机场参考点(reference points)
		B	停机门(gates)
		C	终端区航路点(terminal waypoints)
		D	标准仪表离场程序(SIDs)
		E	标准终端区进场程序(STARs)
		F	进近程序(approach procedures)
		G	跑道(runways)
		I	航向台/下滑道(localizer/glide slope)
		K	终端区进场高度(TAA)
		L	微波着陆系统(MLS)
		M	航向台指点标(localizer marker)
		N	终端区无方向性信标台(terminal NDB)
		P	通道关键点(path point)
		R	进场/离场飞行计划(flt planning ARR/DEP)
		S	最低扇区高度(MSA)
		T	微波着陆系统基站(GLS station)
		V	通信信息(communications)
R	公司航路(company routes)	Blank	公司航路(company routes)
		A	替换记录(alternate records)
T	表(tables)	C	巡航表(cruising tables)
		G	地理参照数据记录(geographical reference)
		N	区域导航名称表(RNAV name table)
U	空域(airspace)	C	管制空域(controlled airspace)
		F	(高空)飞行情报区(FIR/UIR)
		R	限制空域(restrictive airspace)

其中,构建水平飞行计划所涉及的航空要素主要有甚高频导航台(D),航路区航路点(EA),保持方式(EP),航线和航路(ER),机场参考点(PA),机场终端区航路点(PC),机场标准仪表离场程序(PD),机场标准仪表进场程序(PE),机场进近程序(PF),机场跑道(PG),机场终端 NDB 导航台(PN)。

用于构建水平飞行计划的数据源可以划分为两类,航路区和终端区飞行程序。前者主要依赖的数据类包括 D, EA, EP, ER,后者主要依赖 PA, PC, PD, PE, PF, PG, PN。

飞行计划中的航路由航线组合而成。航线信息的查询流程如图 8 - 17 所示。

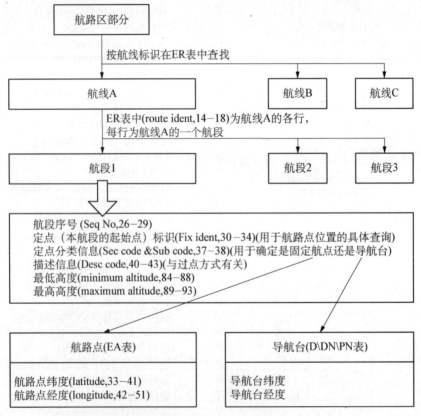

图 8-17 航路区飞行程序信息查询流程

终端区包括离场、进场、进近程序,这 3 种程序在 ARINC424 数据库中的定义格式相同。其查询流程如图 8-18 所示。

ARINC424 标准规定,终端区航段类型共有 23 种,表 8-2 给出了这 23 种航段类型在 ARINC424 数据库中的描述。

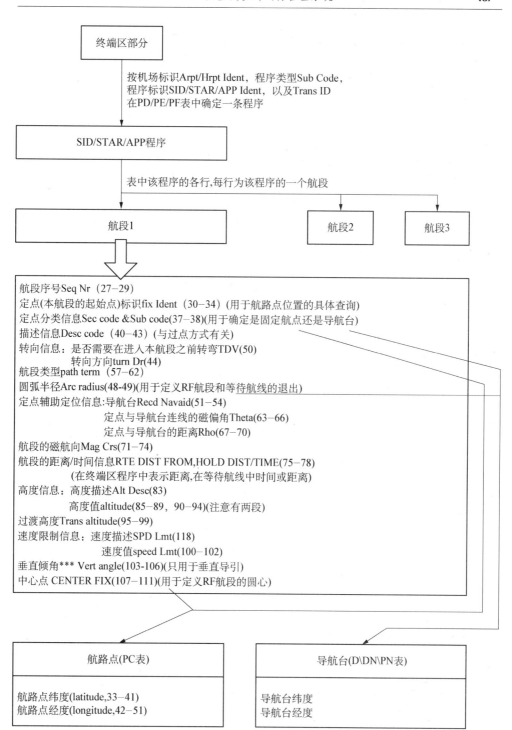

图 8-18 终端区飞行程序信息查询流程

表 8 - 2　终端区航段类型的代号和描述[1]

航段	说明	示意图（摘自 ARINC424 - 18）
IF	初始定位点	
TF	从定位点至定位点的（大圆）轨迹	
AF	从（该圆弧上）一不确定位置以某一DME 导航台为圆心，某一特定值为半径，沿圆弧飞行至一个定位点	
DF	从不确定位置飞行至一个定位点	
RF	从一个定位点以某一点为弧心，某一特定值为半径，飞行至一个定位点（起点、终点、中心点为已知）	
CA	沿航线飞行至一个特定的高度，到达该高度的位置不确定	
CD	沿航线飞行至距离 DME 导航台的特定距离处	
CF	沿航线飞行至一个定位点	
CI	沿航线飞行到与下一航段的交点，截获下一航段	
CR	沿航线飞行直到截获一条特定的从VOR 台引出的径向线	

（续表）

航段	说明	示意图（摘自 ARINC424 - 18）
FA	从定位点飞行至一个特定高度,到达该高度的位置不确定。	
FC	从定位点飞行至一个给定的距离的轨迹	
FD	从定位点飞行至距离 DME 导航台的特定距离处。	
FM	从定位点飞行直至人工终止	
VA	以一个特定航向飞行至一个给定高度,到达该高度的位置不确定。	
VD	以一个特定航向飞行至距离 DME 导航台的特定距离处	
VI	以一个特定航向飞行至与下一航段的交点,截获下一航段,与下一航段的交点不确定	
VM	以一个特定航向飞行直至人工终止	

（续表）

航段	说明	示意图（摘自 ARINC424 - 18）
VR	以一个特定航向飞行直到截获一条特定的从 VOR 台引出的径向线	
HA	盘旋等待，高度终止	
HF	盘旋等待，高度保持，定位点终止	
HM	盘旋等待，高度保持，人工终止	
PI	(45°/180°)程序转弯	

　　从机载导航数据库选取组合，经过机组人员修改，考虑各种限制后，飞行计划功能综合出一份构成简明但是内容详细的水平飞行计划。需要注意的是，水平飞行计划和水平预测轨迹的区别在于：水平飞行计划和飞机性能无关，水平预测轨迹是根据飞机性能对水平飞行计划进行细化的结果。这种功能边界的划分方式，可以使功能间的联系尽量简明，方便理解、开发和维护。

　　水平飞行计划的组成单元是航段。航段有直线和曲线两类，其中直线类的航段又分为起点、终点水平位置确定的普通直线段，起点水平位置确定、终点高度确定的高度截止型直线段，起点水平位置确定、终点不确定的人工截止型直线段，起点不确定、终点水平位置确定的直线段。

8.2.4　垂直飞行计划

　　垂直飞行计划也是由飞行计划功能生成，但是它的数据来源和数据组成相对比较复杂。一部分数据源于和水平航段相关的限制和信息，如水平航段的速度限制、高度限制和时间限制，再比如水平航段所在地区的大气状况，这些数据主要从机载导航数据库和航空天气预报获得；另一部分数据源于垂直飞行剖面，它和具体的航段关系不大，但是和飞机性能有一定的关系，如飞机何时开始收起落架、收襟翼、开始调整爬升率。

　　正常情况下，飞机的整个飞行过程大致可以分为起飞、爬升、巡航、下降、进近五个阶段，如果进近失败则需进入复飞阶段。其中起飞是指飞机从静止到高于地面1500 ft 并且完成起飞到进入航路的形态转换达到爬升梯度速度的过程；爬升是指飞机从起飞结束到进入设定的巡航高度的飞行阶段；巡航是指飞机进入巡航高度到下降顶点的飞行阶段;下降是指飞机从下降顶点开始到初始进近点(IAF)的飞行阶段;进近是指飞机从初始进近点(IAF)到着陆的过程。

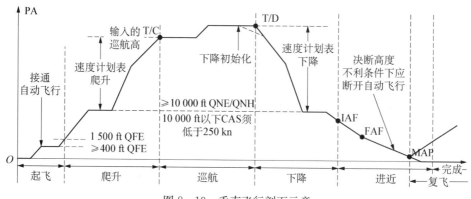

图 8-19 垂直飞行剖面示意

起飞过程可以细分成 5 个阶段,如图 8-20 所示。

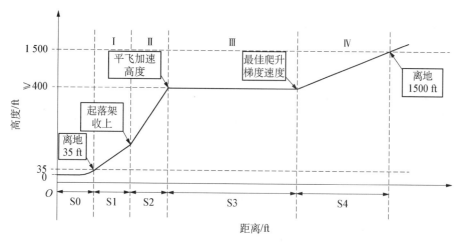

图 8-20 起飞垂直剖面示意图

S0:飞机从地面静止开始,加速滑跑直至起飞离地 35 ft。这一阶段的数据通常由性能计算模块查表获得。

S1:飞机从离地 35 ft,到起落架完全收上。发动机采用起飞推力,襟翼位置不变,速度保持起飞爬升速度。

S2:飞机从起落架完全收上到离地 400 ft。发动机采用起飞推力,起落架已经收上,襟翼采用起飞构型,速度保持起飞爬升速度。

S3:飞机到达离地 400 ft 后平飞加速至最佳爬升梯度速度。发动机采用起飞推力,襟翼择机收上,飞机平飞,速度不断增加直至达到最佳爬升梯度速度。

S4:飞机达到最佳爬升梯度速度后开始爬升,直到 1 500 ft。发动机采用最大连续推力,速度保持最佳爬升梯度速度。

爬升过程可以分为 5 个阶段,如图 8-21 所示。

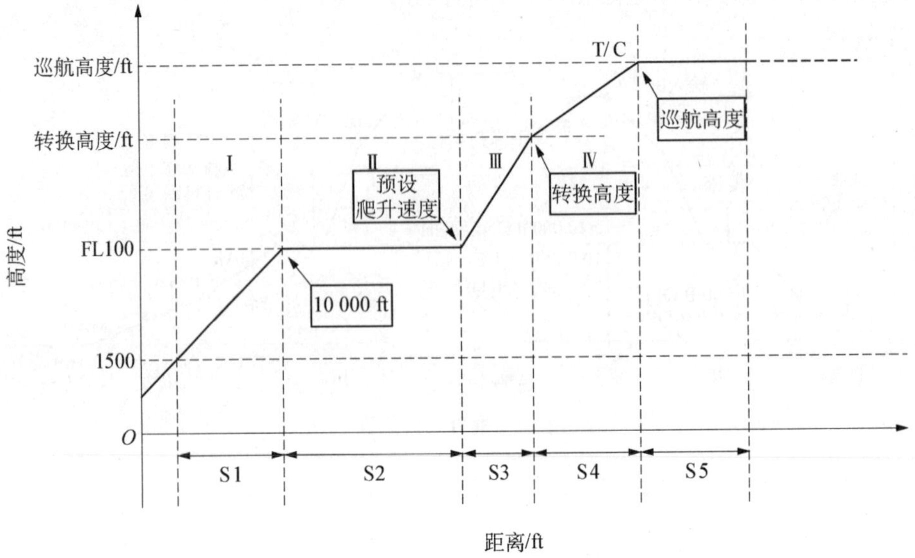

图 8-21　爬升垂直剖面示意

S1:飞机从 1500 ft 爬升到 10 000 ft。发动机使用最大连续推力,飞机保持最佳爬升梯度速度。

S2:飞机在 10 000 ft 高度加速至预设爬升速度。发动机使用最大连续推力,飞机平飞,速度逐渐升到预设爬升速度。

S3:飞机采用预设的校正空速爬升至转换高度。发动机使用最大连续推力,速度保持在预设的校正空速。

S4:飞机达到预设马赫数后定马赫数爬升到巡航高度。发动机使用最大连续推力,飞机保持预设马赫数。

S5:飞机达到巡航高度后加速到巡航速度。发动机使用最大连续推力,飞机平飞加速。

巡航是飞行中比例最大但是构成最简单的部分,一般包括一到两个阶段,如图 8-22所示。

S1:飞机在预设巡航高度以预设巡航速度巡航飞行,直到到达下降定点或者阶梯爬升点。发动机采用巡航推力,飞机平飞,速度保持巡航速度。

S2:飞机的阶梯爬升段。采用阶梯爬升巡航的情况下,飞机从当前高度层爬升到新的高度层以节省燃油消耗。

下降过程可以细分成 4 个阶段,如图 8-23 所示。

S1:飞机从下降顶点开始,以等马赫数下降到转换高度。发动机常采用下降推力,速度保持预设的马赫数。

S2:飞机达到转换高度后采用预设校正空速,继续下降至 10 000 ft。发动机常采

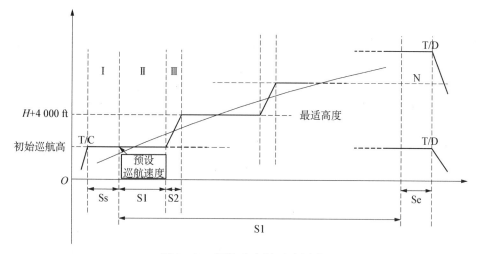

图 8-22 巡航垂直剖面示意图

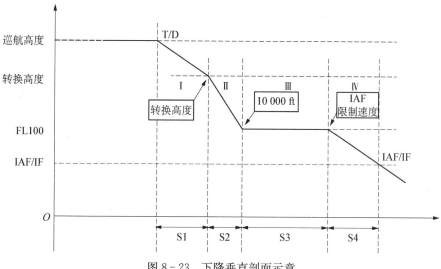

图 8-23 下降垂直剖面示意

用下降推力,速度保持预设的校正空速。

S3:飞机在 10 000 ft 做平飞减速,降到初始进近点(IAF)的限制速度。发动机常采用下降推力,飞机平飞减速。

S4:飞机从 10 000 ft 减速降到初始进近点(IAF)。发动机常采用下降推力,飞机保持定校正空速下降。

进近的垂直剖面几乎由导航数据库中的进近程序完全限定。飞行计划功能根据进近程序设计出一条空间中的固定轨迹。发动机采用下降推力,襟翼择机释放,飞机沿轨迹进近着陆。

垂直飞行计划的构成分为两类:第一类是垂直飞行计划点,它们主要反映前面介绍的垂直飞行剖面的信息,一般内容为飞机状态达到设定值之后应当进行某种操作;第二类是垂直飞行计划航段,它们主要反映和水平航段有关的信息和限制,一般内容为水平航段的高度限制、速度限制、时间限制和水平航段处的大气信息。

8.3　飞行管理系统中的综合导航

8.3.1　综合导航模块的组成和结构

飞行管理计算机系统的导航功能根据外部导航设备的工作状态选择最佳的导航组合模式,并接收导航设备的输出数据计算飞机的位置、速度、姿态以及风速风向、大气数据等信息,为制导、性能计算以及显示控制等功能提供导航数据,同时连续计算并监控系统的实际导航性能。

导航功能模块的数据流程如图 8-24 所示。

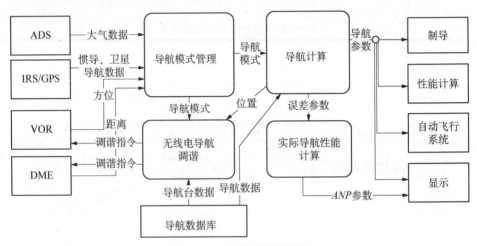

图 8-24　导航功能数据流

导航模块主要提供以下功能:

(1) 导航模式管理:导航功能模块根据导航设备的当前工作状态和精度,并运行内部逻辑自动选择最佳的导航设备组合,通常采用以下的组合导航模式优先级:

- ADS-INS/卫星;
- ADS-INS/DME/DME;
- ADS-INS/VOR/DME;
- 单纯 ADS-INS 模式。

导航功能模块首选的组合方式为大气数据-惯性导航/卫星组合模式,该模式下系统采用大气数据/惯导系统与卫星导航系统的数据进行融合;当卫星导航数据无效或完好性不能满足要求时,系统选择最优的一对 DME 导航台进行调谐,并根据 DME 导航台的距离信息与大气数据-惯导系统融合进行位置更新;如果当前范围内不存在满足要求的一对 DME 导航台,则系统采用共址安装的 VOR/DME 与大气数据-惯导系统组合进行位置更新计算;如果系统检测到卫星导航和无线电导航设备均失效,则 FMCS 将仅采用经过固定误差修正的大气数据/惯性导航数据。

(2) 导航功能模块对系统当前组合模式下不同导航设备输出数据进行融合滤波,并为飞行管理各功能模块提供以下主要导航数据:

- 飞机位置(纬度、经度、高度);
- 水平速度(东向、北向);
- 垂直速度;
- 姿态;
- 真/磁航向;
- 地速;
- 真空速;
- 磁航迹角;
- 轨迹角;
- 轨迹偏差。

(3) 无线电导航自动调谐:当卫星导航数据无效时,系统采用无线电导航设备与大气数据/惯导系统组合进行位置更新。在该模式下,FMCS 根据当前飞机位置,从导航数据库中选择最佳的导航台,并向无线电导航设备发送调谐指令进行自动调谐。

(4) 导航性能计算:根据当前采用的导航组合模式计算实际导航性能 ANP,当实际导航性能 ANP 超过当前飞行阶段的所需导航性能(RNP)时向机组提示告警信息。

8.3.2　导航模式管理

导航功能模块连续监控导航设备的工作状态,并根据当前状态自动选择一种最佳的导航组合模式,导航模式管理过程如下:

(1) 惯导系统通道选择。

系统首先接收不同通道惯导的 BITE 自检结果,基于 BITE 结果将检测到故障的惯导隔离。然后根据惯导数据的合理取值范围对各套惯导的输出数据进行直接合理性检查,若某套惯导数据输出不合理,则判定其发生故障并隔离;进一步对不同惯导的输出数据进行直接对比,若其中某套惯导的数据与其余两套惯导输出数据的差别超过阈值时,系统判定该惯导出现故障并进行隔离。同时对各套惯导输出数据在当前给定时间范围内的方差进行检查,并对数据超过阈值的惯导进行隔离。经过以上检测过程后,系统在所有正常工作的惯导中按照优先级进行选择,将该套惯导的输出数据作为导航计算的参考。

(2) GPS 通道选择。

系统首先判断 GPS 设备的信号完整性,若 GPS 设备不能满足完整性要求则将 GPS 通道隔离,并切换至其他导航组合模式。若 GPS 信号完整性满足要求,则检查各套 GPS 的 BITE 自检结果,将检测到故障的 GPS 通道隔离。系统进一步对 GPS 输出数据进行合理性检查,并将数据输出不合理的 GPS 通道隔离。经过以上检查后,系统从当前可用的 GPS 通道中进行选择,并优先选择与当前使用的惯导同侧的 GPS 通道,若当前可用的 GPS 与惯导不同侧,则对 GPS 的位置进行修正计算,使得当前惯导与 GPS 的定位点一致。若不存在可用 GPS,系统切换至其他导航组合模式并给出告警信息。

(3) 惯导/GPS 组合通道选择。

将当前选择的惯导通道数据和 GPS 通道数据采用卡尔曼滤波方法进行融合,并将融合结果与各套惯导/GPS 集成系统(或惯导/GPS 通道)的内部融合的输出结果进行比较,若其中某个通道的内部融合结果与 FMC 融合结果的差值超出阈值,则将该套惯导/GPS 集成系统(或惯导/GPS 通道)隔离,并按照前述的逻辑重新选择通道。

(4) 大气数据系统通道选择。

系统首先根据大气数据计算机的 BITE 自检结果进行判断,并将检测出故障的机器隔离。进一步对输出数据进行合理性检查,并隔离数据不合理的通道。系统同时对大气机计算机的输出数据进行直接对比,并将数据偏差过大的通道隔离。经过以上检查过程后,FMC 按照优先级在可用的通道中进行选择,将该通道的大气数据作为导航计算与更新的依据。

(5) 无线电设备通道选择。

系统首先检查无线电导航设备的 BITE 自检结果,并将检测出故障的通道隔离。进一步对各通道的输出数据进行合理性检查,若某通道的输出数据超出合理范围则将其隔离。经过以上检查过程后,系统从当前可用的设备中选择一个通道,并将其输出数据作为导航更新的依据。

导航模式管理的原理结构如图 8-25 所示。

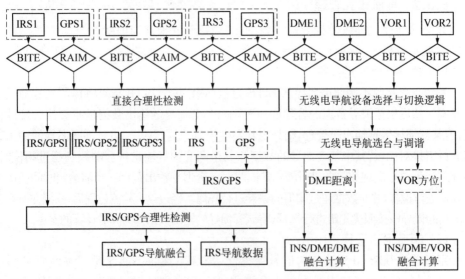

图 8-25　导航模式管理逻辑

8.3.3　导航计算

导航模块按照当前导航组合模式对导航设备的输出数据进行融合计算,该功能的数据流图如图 8-26 所示。

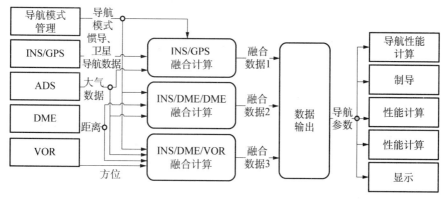

图 8-26 导航计算数据流

（1）INS/GPS 融合计算。

INS/GPS 数据融合一般采用卡尔曼滤波算法，将惯导的输出和 GPS 的输出数据进行融合以计算飞机的位置、速度参数。

INS/GPS 一般采用纬度、经度、东向速度、北向速度组合方式。INS/GPS 组合算法的典型流程如图 8-27 所示。

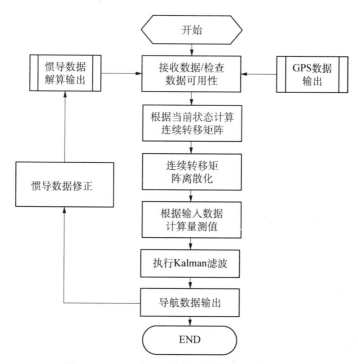

图 8-27 INS/GPS 导航融合算法的典型流程

（2）INS/无线电融合计算。

INS/无线电导航融合一般也采用卡尔曼滤波方法，其中系统状态方程与 INS/GPS 融合算法中所采用的方程相同。INS/无线电融合算法采用纬度、经度误差的组合方式。

如前所述，INS/无线电导航包括两种模式：INS/DME/DME 方式与 INS/VOR/DME 方式。若采用前一种方式，算法首先根据接收到的 DME 距离数据计算飞机的经纬度数据，而第二种模式中，算法根据 VOR 方位和 DME 距离计算飞机的经纬度数据，然后采用以上的量测方程执行卡尔曼滤波算法，进行数据融合，从而实现位置更新。

INS/无线电组合算法的典型流程如图 8-28 所示。

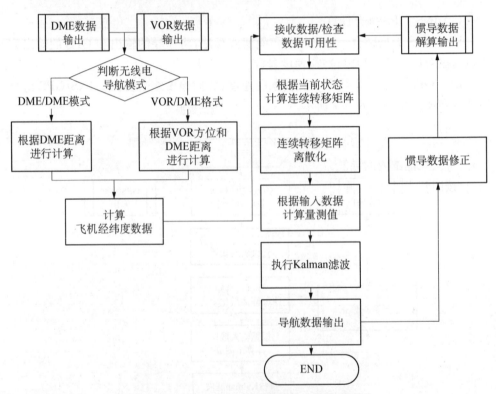

图 8-28　INS/无线电导航融合算法的典型流程

8.3.4　无线电自动调谐

飞行管理计算机根据当前飞机位置从导航数据库中筛选可用的导航台，并从中自动选择最佳的导航台组合，生成调谐指令发送到无线电导航设备进行自动调谐。无线电自动调谐算法的数据流图如图 8-29 所示。

无线电导航调谐算法主要包括以下步骤：

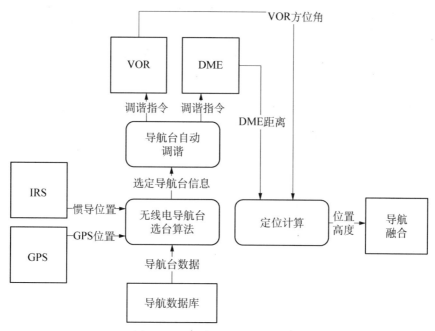

图 8-29 无线电导航调谐数据流

（1）根据 INS/GPS 系统估计的飞机位置从导航数据中搜索当前可用的导航台（即飞机可见范围内的导航台），生成由距飞机最近的一组导航台组成的可用导航台列表（按照到飞机当前位置的距离排列），并进行周期性的更新。

（2）根据约束条件和导航台选择规则，对可用导航台清单进行筛选，从中选择一组最优的导航台，并将选择台的频率信息发送给无线电导航设备进行调谐。

其中导航台的选择遵循以下规则：

● 优先选择 DME/DME 导航方式；

● 飞机必须在 DME 导航台的信号覆盖范围内，导航台必须在飞机的视距内，且与飞机的距离一般需要小于一定的限度；

● 飞机不在两个导航台的盲区内（即导航台上空 30°角锥范围内）；

● DME 台对测量交线夹角范围需满足 30°～150°，以 90°为最佳，选择测量交线夹角最接近 90°的一对导航台；

● 两个 DME 导航台都不在禁用导航台列表中；

● 若在可用列表内不存在满足要求的 DME 导航台，则选择距飞机当前位置最近的一组 VOR/DME 导航台进行调谐。

（3）导航设备按照选择的频率进行调谐，与对应导航台进行通信并锁定，根据导航台计算飞机的相对位置信息，若采用 DME/DME 方式，则根据 DME 的相对距离计算飞机经纬度；若采用 VOR/DME 方式，则根据 VOR 方位角以及 DME 距离计算飞机经纬度。

无线电导航调谐算法的典型流程如图 8-30 所示。

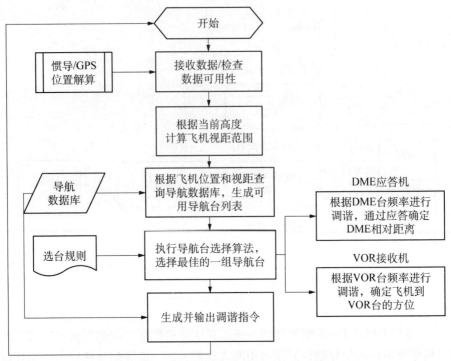

图 8-30　无线电导航调谐算法的典型流程

8.3.5　导航性能计算

　　组合导航模块通过卡尔曼滤波器实现各种不同的导航系统的组合,因此卡尔曼滤波器的协方差矩阵可表征导航系统的随机误差估计。基于此协方差矩阵和误差的概率模型(一般假设为正态分布)可以计算出 95% 概率下的飞机位置不确定度(EPU),并以 EPU 作为系统实际导航性能(ANP)的一部分。

　　根据多元正态分布的特性,将组合导航卡尔曼滤波器的协方差矩阵进行分割,获得组合导航系统的位置估计误差矩阵。从卡尔曼滤波器中获得的位置估计误差矩阵和协方差矩阵如下:

$$\boldsymbol{E}_{\text{pos}} = \begin{bmatrix} \varphi & \lambda \end{bmatrix}$$

$$\boldsymbol{P}_{\text{pos}} = \text{cov}[\boldsymbol{E}_{\text{pos}}] = \begin{bmatrix} \sigma_{\varphi}^2 & \sigma_{\varphi\lambda}^2 \\ \sigma_{\varphi\lambda}^2 & \sigma_{\lambda}^2 \end{bmatrix}$$

　　组合导航系统的位置估计误差在水平面内包括经度误差和纬度误差,用非水平面直角坐标表示,而 RNP 值用海里表示,因此需要将经纬度误差转化为水平面直角坐标内的误差(x, y):

$$\begin{cases} \sigma_x = \sigma_\lambda R \cos \varphi \\ \sigma_y = \sigma_\varphi R \end{cases}$$

式中:σ_λ 为经度误差;σ_φ 为纬度误差;R 为地球半径;λ 为飞机所在经度,φ 为飞机所在纬度。因此,位置误差的协方差矩阵可转换为

$$\boldsymbol{E}_{\text{pos}} = \begin{bmatrix} x & y \end{bmatrix}$$

$$\boldsymbol{P}_{\text{pos}} = \begin{bmatrix} \sigma_x^2 & \sigma_{xy}^2 \\ \sigma_{xy}^2 & \sigma_y^2 \end{bmatrix} = R^2 \begin{bmatrix} \cos \varphi \sigma_\lambda^2 & \cos \varphi \sigma_{\varphi\lambda}^2 \\ \cos \varphi \sigma_{\varphi\lambda}^2 & \sigma_\varphi^2 \end{bmatrix}$$

通常位置估计的水平随机误差服从二元正态分布。假设位置估计 $\boldsymbol{E}_{\text{pos}}$ 的二元正态分布概率密度函数可以写为

$$f(x,\, y) = \frac{1}{2\pi \sqrt{(\det \boldsymbol{P}_{\text{pos}})}} \exp(-1/2(\boldsymbol{e}_{\text{pos}}^{\text{T}} \boldsymbol{P}_{\text{pos}}^{-1} \boldsymbol{e}_{\text{pos}}))$$

由于飞机经纬度误差的不同,位置估计误差水平面内的二元正态分布等概率误差面是一个误差椭圆。通过坐标系旋转将协方差矩阵对角化,可得到误差椭圆的长短半轴并简化误差分布函数,使得标准差 σ 对应椭圆的长、短半轴 σ_{minor} 和 σ_{major}。由于位置不确定度 EPU 用的是 95%概率的误差圆边界值,进一步需要根据旋转后简化的坐标系下的概率分布函数(为二元正态分布)求取 95%概率圆半径。通常用一个误差椭圆到误差圆的转换因子 k 来表示误差椭圆半长轴、短轴和位置不确定度 $\text{EPU}_{95\%}$ 之间的关系。考虑到实时性的要求,通过数值近似的方法来确定转换因子 k,实现导航位置不确定度的实时计算。根据位置估计协方差矩阵的迹乘以转换因子 k,计算得到位置不确定度:

$$RSS_k = k \sqrt{\sigma_{\text{major}}^2 + \sigma_{\text{minor}}^2}$$

8.4 飞行管理系统中的轨迹预测与制导

8.4.1 性能计算

FMCS 中性能计算功能主要为垂直制导的轨迹预测子功能和制导子功能提供性能信息的计算和查询,在飞行过程中计算并提供其他性能提示信息的显示输出。

ARINC702 标准中规定了性能计算功能应具有的全部子功能,其中某些部分与垂直轨迹预测计算提供的功能相同,例如针对爬升/下降顶点的待飞距和 ETA 计算以及剩余燃油计算均由垂直轨迹预测子功能完成,本书中性能模块仅对性能计算功能独立运行的子功能进行介绍。主要包括以下部分:

- 爬升/巡航/下降各飞行阶段不同性能模式下的速度计划表;
- 最大高度和最优巡航高度;
- 短程巡航推荐高度;

- 远程巡航最佳阶梯爬升/下降点预测；
- 改飞备降机场信息及可用性判断；
- 发动机推力限制；
- 起飞参考速度；
- 进近参考速度；
- 发动机失效性能数据。

整个性能计算功能模块由这些可以独立运行的子功能模块组成。垂直轨迹预测和垂直制导在运行中根据需要调用其中的子功能，实现所需参数的计算或查询。

性能计算的数据流程图如图 8-31 所示。

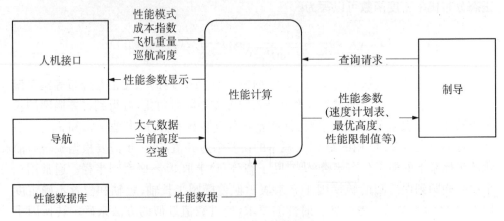

图 8-31　性能计算数据流程

性能计算模块功能结构如图 8-32 所示。

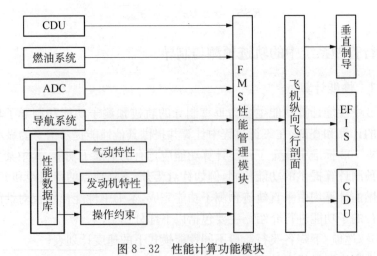

图 8-32　性能计算功能模块

性能数据库包含对飞机垂直导航进行性能计算所需的有关数据，它们是与飞机和发动机型号有关的参数。性能数据库有一类是详细的飞机空气动力模型;另一类是发动机的模型数据。性能数据库为飞行管理系统性能计算、轨迹预测等功能模块提供数据支持。图 8-33 给出了机上系统与性能数据库和导航数据库之间的关系。

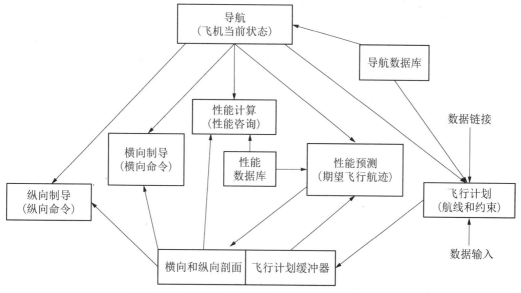

图 8-33　飞行管理功能模块与数据库之间的关系

8.4.2　水平轨迹预测

　　飞机的水平轨迹和飞机的性能关系较小。在轨迹预测之前,水平飞行计划几乎已经完全确定了飞机的水平轨迹。水平轨迹只有两个地方和飞机性能相关,一是高度截止型航段的终点水平位置,一个是两个直线航段间的过渡轨迹。高度截止型航段的终点确定和垂直轨迹预测紧密相关,可通过垂直轨迹预测过程得到。因此,水平轨迹预测实际上就是在水平计划航段的基础上计算水平过渡轨迹。

　　ARINC702 标准中规定,航段过渡路径的构建必须为 RNP 空域的运行满足RNP MASPS 指定的空域限制。在 RNP MASPS 中有 3 种指定的转弯方式:

　　(1) fly - by 型转弯——可以分为两个子类,高空(>FL195)和低空(<FL195)。

　　(2) fly - over 型转弯——特指 NDB 航段定义的一部分,只能用于低空(< FL195)。

　　(3) 固定转弯半径的过渡——一般通过在飞行程序中设置转弯类型的航段(如RF)来实现。

　　其中,(1)和(2)两种类型是需要轨迹预测功能处理的航段过渡方式。在ARINC424 导航数据库的航路区和终端区飞行程序中,航路点描述信息(Desc Code)规定第 42 位为"B"和"Y"的航路点必须使用 fly - over 的形式飞过(在终端区程序中,由于 DF 类型的航段从某一未知位置起始,因此如果 DF 航段之前的航段为 CF,DF,TF,FC 四种到点型的航段,那么这些航段的末点必须使用 fly-over 的形式飞过)。飞行计划功能会综合这些信息,在水平飞行计划航段中明确说明每个航段采用何种过渡方式。

RNP MSPS 规定一般在低空(<FL195)运行中航向变化不超过 $120°$,在高空(>FL195)运行中航向变化不超过 $70°$。在实际的运行中,当 fly-by 型转弯的轨迹变化小于 $135°$时,应当建立一个圆形的过渡路径与当前航段和下一航段相切。飞机当前所处航段的切换判断以角平分线为界。如果不能满足空域限制对 fly-by 型转弯的要求,系统需要告知机组人员。

当轨迹变化超过 $135°$时,应当建立一个圆形的过渡路径与当前航段和一条垂直于当前航段并通过航路点的直线相切。

构建 fly-by 型过渡轨迹的实质是规划内切于相邻两个航段的圆弧轨迹,如图 8-34(a)所示。计算结果包括圆弧轨迹的圆心位置、半径、圆弧轨迹的圆心角以及前后与其相切航段的切点位置。

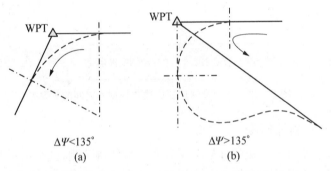

$\Delta\Psi<135°$ $\Delta\Psi>135°$
(a)   (b)

图 8-34　轨迹角变化在 $135°$以内和以外两种情况下的 fly-by 轨迹

fly-by 型过点方式在航向变化超过 $135°$时,图 8-34(b)所示第一个 $90°$转弯的步骤可以按以上方法计算准确的圆弧轨迹。之后的曲线部分则与 fly-over 型过渡轨迹相同。

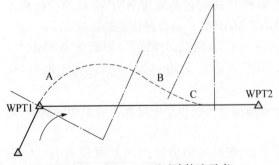

图 8-35　fly-over 型过渡轨迹示意

对于 fly-over 型航路点,其操作方式为:过点之后,水平轨迹跟踪所用的参考轨迹直接切换为下一航段的大圆航线,该制导方式决定了 fly-over 型的过渡航线并不是由规则的圆弧曲线构成,而是由飞机横侧向运动学特性和滚转姿态控制命令共同作用形成。这使得过渡轨迹预测在 fly‑over 型过点的制导中没有参考意义,因此在水平轨迹预测中得到的 fly‑over 型过渡路径,仅在水平飞行距离预测计算和 EFIS 显示时使用。典型 fly‑over 型过点方式的水平轨迹如图 8‑35 所示。

　　对该轨迹的计算除了需要转弯飞行的地速,飞机作协调转弯将使用的计划滚转角以外,还依赖制导功能所设定的部分参数。一般来讲,该轨迹由一条大圆弧、一段直线和一条小圆弧构成。

　　水平轨迹预测的流程如图 8‑36 所示。

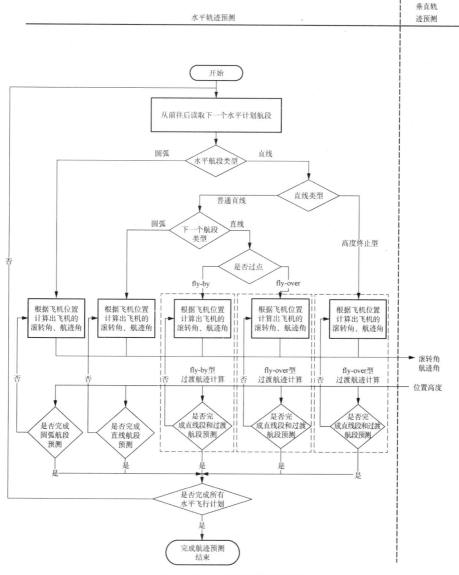

图 8‑36　水平轨迹预测流程

8.4.3　垂直轨迹预测

垂直轨迹预测和飞机性能关系密切。垂直飞行计划提供三方面的数据——水平轨迹的限制信息、大气信息和飞机的操作序列。轨迹预测功能综合这三方面信息,利用一系列的工程计算公式,以逐步积分的方式,计算出飞机在每步之后的垂直位置、速度、油耗、时间、滚转角、偏航角等信息,以供制导和显示。

垂直轨迹计算的基础是总能量模型,即作用在飞机上的推力功率等于势能和动能的增加率。不考虑扰流板、前缘缝翼或者后缘襟翼等硬件的使用,有两个独立的控制输入可以影响飞机的垂直轨迹。它们是油门和升降舵。这两个输入允许推力、速度或者升降率/下降率3个变量中的两个被控制。其他变量由总能量模型公式计算决定。因此,有3种可能的控制方法:

(1) 速度和油门控制(升降率计算)。

假设速度和推力被独立地控制,总能量模型用于计算升降率。这在爬升和下降中是非常常见的用例,油门被设定在固定的位置(最大爬升推力或用于下降的慢车)、速度保持在某个常值(修正空速或马赫数)。

(2) 升降率和油门控制(速度计算)。

假设升降率和推力被独立地控制,总能量模型用于计算速度。

(3) 速度和升降率控制(推力计算)。

假设升降率和速度都被控制,那么总能量模型被用于计算必要的推力。这个推力必须在所需升降率和保持速度的可用限制之内。

与水平轨迹预测相比,垂直轨迹预测的逻辑较为简单。因为性能计算所提供的数据都是稳态结果,所以垂直预测中没有过渡过程也无需处理复杂的衔接关系。预测时只需要按照计划点文件中的记录设定好飞机模型的控制模式和控制参数,然后循环地调用性能计算模块得到飞机的状态序列即可。在循环调用时,每次调用性能计算得到飞机的具体状态后,都需要检查是否达到计划点中的设定值,从而判断是否进入下一个计划点所记录的状态。整个预测过程如图 8 - 37 所示。

8.4.4　轨迹制导

水平制导功能从轨迹预测功能获得水平轨迹,结合从导航功能获得的飞机实时信息,计算制导数据。水平预测轨迹包括直线航段和圆弧过渡航段,各段水平轨迹起点、终点的位置和圆弧航段圆心的位置。

某些关于飞行制导功能设计方法的文献[3]在制导算法的设计中提及了航段过渡的处理,针对 fly - by 型的航段过渡给出了开始转弯机动进行圆弧过渡轨迹的起始点计算方法。而根据 ARINC702A 标准,在属于水平制导的功能——水平轨迹预测中已经进行了过渡轨迹的构建,将飞行计划中各个航段及其衔接关系所形成的预计水平飞行轨迹作为水平轨迹预测的设计输出结果,同时作为制导功能中水平制导子功能的输入。

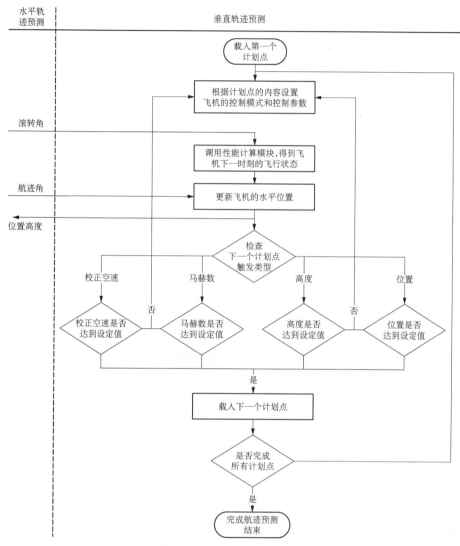

图 8-37　垂直轨迹预测流程

　　为水平制导提供输入的还有来自人机接口(对于波音公司的飞机一般为飞行方式控制面板 MCP,以下提到该面板均以波音公司机型为例)的控制信息和通过MCDU 建立的"direct to"型的向点直飞机动飞行指令。当水平制导接受这些人工干预指令时,根据计划轨迹的水平制导则会处于等待状态,而接通人工设置指令的水平制导。这些人工干预方式常常在按照 ATC 要求飞行时使用。

　　所有对水平轨迹所做的规划性质的工作都交给水平轨迹预测子功能,水平制导的任务则是根据这一规划完成的轨迹计算带有控制和指示性质的制导指令,为自动飞行系统和驾驶员提供一种飞行方式和控制参数上的指导。

根据 ARINC702A 标准,FMS 的水平制导功能包括对制导提示信息的显示和制导指令的计算输出。前者显示的参考数据包含了待飞时、待飞距、偏航距、轨迹角误差等量;而后者称为 FMS 的水平制导(LNAV)。LNAV 在运行中通过 FMS 与飞行控制系统的交联,向飞行控制系统输入水平制导指令,进行水平通道的控制。MCP 面板上设置有 LNAV 按钮,按下该按钮即接通 FMS 对飞行控制计算机(FCC)的控制,控制量一般为滚转姿态指令,是水平制导律的输出结果。

LNAV 有航向操纵方式、航路控制方式和航路截获方式。其中航向操纵方式有航向保持和航向选择两种,航路控制方式是使用水平制导率的工作方式,也是飞行中最主要的工作方式。航路截获方式是 LNAV 启动时的一种过渡操作。

根据 ARINC702A 标准的要求,水平制导根据导航系统提供的飞机当前参考位置、轨迹角等量和水平轨迹预测提供的水平飞行剖面实时地计算一个与自动飞行系统交联的滚转(有些资料中也称 bank angle,倾斜角或坡度)姿态控制指令。该算法称为水平制导律。

由水平轨迹预测功能构建的水平飞行剖面,在制导中根据各段所属飞行程序航段(leg)的类型决定航线的飞行方式。

在过去导航设备/设施比较落后时,不能在全程对飞机作较准确的定位,如果构建大圆航线,则无法准确地计算对大圆航线的偏航距。飞机只能按航向保持/轨迹角保持的制导方式以等角航线飞行。故常用的方法是整个航路以大圆航线方式构建,并划分为多个航段,每个航段都以等角航线的方式飞行[4]。

随着区域导航(RNAV)的实施和全球卫星定位系统如 GPS 等设施的完善,飞机的定位精度明显提高,大圆航线的基本参数计算变得可行。以偏航距和轨迹角为控制目标的大圆航线制导律开始得到广泛应用。

在 ARINC424 标准定义的终端区 23 种航段类型中,CX 类型航段的加入时间晚于 VX 类型航段。这是因为 VX 类型航段是保持航向飞行,适用于装备早期航电设备的飞机作等角航线飞行,而 CX 类型航段以规定的航线角(方位角/方向/航线/course/bearing)构建了大圆航线。故该标准中提到,任一给定系统不一定能够执行 CX 类型航段的飞行。

通过制导参数偏航距的计算方法和制导律的理论推导发现,实施大圆航线飞行需要已知该航线的起点/终点来构建大圆航线,大圆航线没有固定的轨迹角或航线角(方位/方向)。

对于航路区航线(enroute airway),没有航段类型的规定,对每个航段都已知起点、终点和两点处的轨迹角、航段距离。这一类型的航线都采取大圆航线飞行的方式进行制导。

对于终端区航线,包括 SID,STAR,Approach 程序,根据航段类型的不同应采取不同的制导方式。在 ARINC424 标准规定的终端区 22 种航段类型(IF 航段不需要进行讨论)中:

（1）VA，VD，VI，VR，VM 类型的航段其定义是以某一航向飞行，均采用航向保持的方式制导，无偏航距控制，其飞行结果相当于无风条件下的等角航线。

（2）TF 类型的航段根据起点终点定义了大圆航线，采用大圆航线的飞行方式制导。

（3）DF 类型的航段为"直飞到某点（direct to fix）"方式，以实际起始位置和目标点建立大圆航线，采用大圆航线的飞行方式制导。

（4）FD，FM，FC，FA，CF，CA，CD，CI，CR 类型的航段均定义了航线角（方位角/方向/航线），根据其在 ARINC424 标准中衔接航段类型的规定，这类航段还可通过自身的定义或与其相邻的航段确定一个起点或一个终点。但根据前文对 ARINC424 标准的研究，定义航线角的航段类型并不采用等角航线，而是采用大圆航线来飞行。这是由于航段完成方式的需求，如到达距 DME 台的一定距离或到达 VOR 台的某一径向线或到达某一高度，而无法直接给出终点位置，只能给出该航段的航线角。由于终端区航段较短，大圆航线上各点的轨迹角变化不大（注意，在接近南北极极高的纬线圈上，即使航段较短，大圆航线的轨迹角变化也会很大，但一般的飞行程序不会出现这种情况），因此可将这一给出的航线角作为该大圆航线的平均轨迹角，以该航线角作为该航段在已知起点处的出发轨迹角或在已知终点处的到达轨迹角来构建该段的大圆航线。

（5）AF，RF 类型的航段定义了圆弧轨迹，对圆弧轨迹的制导采用基于大圆航线水平制导律改进的方法。

（6）PI，HA，HF，HM 类型的轨迹包含了直线部分和圆弧轨迹部分，圆弧轨迹部分按照 AF，RF 类型圆弧轨迹的制导方法进行，直线部分按照大圆航线水平制导律进行。直线部分的结束判断在实际的制导中分为到达距离和到达时间两类，在飞行程序的数据记录中对此有相应的规定。

根据 ARINC702A 标准，垂直制导是基于垂直轨迹预测得到的垂直剖面进行的。水平制导控制飞机沿水平轨迹飞行，垂直制导根据飞机所在位置对应到垂直剖面上位置所在的垂直航段，以及航段所属飞行阶段进行垂直通道的爬升、平飞、下降控制。

垂直轨迹的基本单位为各飞行阶段内的垂直航段。垂直航段以垂直剖面关键点来划分和标记。每个垂直剖面关键点（也可能是航路点）都包括类型标识、位置、高度、时间、预计燃油消耗，以及在垂直轨迹预测过程中根据飞行阶段的特性给出的垂直通道操作参考信息。这些信息中包含了推力的设置模式、航段所属飞行阶段使用的速度计划表，以及根据飞行阶段内航段划分和飞行阶段过渡条件而得出的航段终止条件。

垂直制导在基于这一剖面进行制导计算时，由于不同飞行阶段的具体操作特性不同，可能不会完全按照剖面中的垂直操作建议信息进行工作。

垂直制导的输入还包括机组人员通过与自动飞行相关的面板设置的高度和速

度,如果在垂直制导中设置了这一高度和目标速度,则优先按照所选高度和目标速度执行。

垂直制导的制导功能如图 8-38 所示。

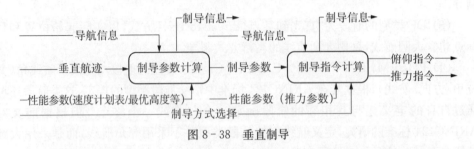

图 8-38　垂直制导

与水平制导相似,垂直制导的基本功能也可分为制导参数计算和制导指令计算。后者称为 FMS 的 VNAV 功能,是垂直制导的核心。VNAV 根据预测的垂直剖面给出目标速度、目标推力、目标高度和目标垂直速率(V/S),并针对这些制导目标通过垂直制导律计算俯仰控制量、俯仰速率控制量以及推力控制指令。其中推力控制指令包括由油门杆档位决定的推力限制和推力设置参数(发动机压力比 ERP 和低压转子转速 N1)。对于不同的飞管系统/飞行控制系统架构(FMS/FCS),VNAV 功能对飞控系统的输出可能为俯仰控制量和推力控制指令,也可能仅为前文提到的几个制导目标,由飞行控制系统和 FMS 外部的推力管理系统计算俯仰通道和推力通道的控制指令并进行作动器的控制。垂直制导输出的所有的目标量和控制量都可以分为对俯仰通道和推力通道两个通道的控制。

VNAV 的制导方式包括速度方式和轨迹方式两种。速度方式提供目标速度和目标推力(包括推力限制值),其中目标速度来自垂直剖面的垂直航段所应执行的速度计划表速度或来自机组人员通过 MCP 面板设置的目标速度。轨迹方式提供目标速度、目标推力以及目标 V/S,利用对 V/S 的控制将飞机控制在计划的垂直轨迹上。必须注意,轨迹方式仅在下降阶段中使用。MCP 面板上设置有 VNAV 按钮,当按下 VNAV 按钮且 FMS 检测当前状态满足垂直制导启动条件时,则接通 FMS 对 FCC 和推力控制系统的控制。

与水平剖面的制导不同,水平剖面仅和飞行程序密切相关,而垂直通道的轨迹预测和制导与飞机自身性能及操作方式紧密相关。因此需要按飞行全过程中垂直通道性能和操作特性的不同将垂直剖面划分为爬升(包括起飞和航路爬升)、巡航、下降(包括航路下降和进近、着陆)3 种基本阶段,在 FMS 的具体工作过程中,会根据飞机的运行状态不同划分更详细的飞行阶段。

在垂直轨迹预测中已经介绍了根据 ARINC702A 标准划分得更为完善的飞行阶段,包括起飞、爬升、巡航、下降、进近、复飞、完成 7 种阶段。以上飞行阶段的划分是按 ARINC702A 标准中规定的形式进行的。在文献[3,5]中给出的飞行阶段划分标志出了以上的唯一条件,还包括一些其他条件,如巡航阶段的结束标志为下降顶点或到下降顶点之前机组人员设置的初始下降高度,这是由于飞行阶段的过渡造成的。

根据 ARINC702A 标准,FMS 为飞行阶段之间的过渡实施以下的过渡逻辑。过渡逻辑的不同形式实质上是由各飞行阶段的不同操纵特性决定的。

(1) 起飞—爬升阶段过渡:飞机起飞离地到达距离机场表面 400 ft 高度后,机组人员接通自动驾驶仪或自动飞行系统,此时 LNAV 和 VNAV 可同时接通并开始工作。机组人员按 FMS 给出的收襟翼建议速度列表逐步收起襟翼。并将推力限制值从起飞/复飞推力(TO/GA)调至爬升推力(CLB),LNAV 工作在速度方式,控制俯仰通道使飞机保持 250 kn 的表速,飞机高度超过减推力高度(1500 ft)后飞行阶段自动切换为爬升阶段,机组人员将推力限制值调定为减推力爬升(CLB1 或 CLB2,以B747 为例)。飞机垂直通道的控制方式在这两个阶段的转换过程中没有改变。

(2) 爬升—巡航阶段过渡:由于爬升阶段和巡航阶段的垂直通道控制方式不同,因此需要设置一个过渡区域,即巡航初始高度截获区域(垂直方向)。当飞机在等马赫数爬升过程中,导航系统提供的飞机高度进入这一截获区域,则转入巡航阶段。由于进入该截获区域时可能还未到达 T/C,故爬升阶段与巡航阶段实际的划分标志为进入巡航高度截获区域。

(3) 巡航—下降阶段过渡:根据 ARINC702A 标准,在巡航到达 T/D 之前,机组人员应当对下降进行初始化,这一过程是需要人工干预,而非自动完成的。因此这一过渡过程中有两种形式。在人工进行下降初始化的情况下,FMS 会计算一个合适的提前下降距离,以保证有足够的飞行距离使发动机转速和推力降低,使得飞机的速度能够与下降的俯仰通道机动相协调,机组人员根据这一提示信息提前在MCP 面板上利用垂直制导的 LVL CHG/FL CH(高度层改变)方式输入低于巡航高度的初始下降高度层,并将发动机设置在慢车工作状态。飞机以较小的垂直速率下降,直到截获计划的下降轨迹并按计划下降轨迹下降。在未人工进行下降初始化的情况下,FMS 会默认原来的下降方案,巡航通过 T/D,直到把选择高度降下来并进行推力慢车调定,才开始下降。因此巡航阶段和下降阶段的划分标志为 T/D 或机组人员通过 MCP 面板设置初始下降高度或飞机开始产生下降的垂直速率[5]。

(4) 下降—进近阶段过渡:进近阶段属于有限制下降阶段,飞行程序中可能包括高度、速度或航段的垂直轨迹角(FPA)的限制。进近过渡段的起始点 IAF 或 IF可能存在高度或速度限制,或两者兼有。对于高度限制,垂直轨迹预测计算已经考虑了这一限制;对于速度限制,需要在到达速度限制点之前以足够的飞行距离来调整速度。根据文献[6],B737NG 在到达初始进近点或到达在 MCDU 进场(ARRIVALS)页上的选择的进近过渡之前 2 mile 处即进入进近阶段。FMS 的垂直制导会根据速度限制自动按计算的提前减速距离开始按进近起始限制速度飞行。因此下降阶段与进近阶段的划分标志实际为起始进近点前的某一初始化距离。

(5) 进近—复飞阶段过渡:在飞机进近过程中,对于Ⅱ类和Ⅲ类精密进近如果自动驾驶仪不能确保对正跑道中线并在可接地区域内落地则应在决断高度之前切断自动飞行,改为人工操纵。对于各类精密进近,如果在到达决断高度之前仍不能建立进近所需的目视参考,则应在决断高度之上复飞。对于非精密进近,如果在到达复飞点(MAP)之前仍不能建立进近所需的目视参考则应在复飞点之前复飞。开始复飞的标志并不是一定要到达决断高度或 MAP,在进近全过程都可以做出决断并进行复飞。

(6) 进近—完成阶段过渡:飞机着陆并停止后进入完成阶段。

在不同飞行阶段,FMS 会提供不同的垂直制导参数,用于制导律的计算和制导信息的显示。制导律计算的目标量和控制量包括对俯仰通道和推力通道两个通道的控制。下面分别对各飞行阶段的制导方式进行阐述。

(1) 起飞阶段。

根据垂直轨迹预测内容,起飞阶段分为滑跑起飞段和起飞爬升段。从起飞爬升段的第三阶段开始,飞机高度达到相对 QFE400ft,垂直通道接通自动飞行和 VNAV。在这之前俯仰通道的控制通过人工操纵(拉杆)。在起飞阶段,垂直制导根据性能计算和垂直轨迹提供制导提示信息 V_1,V_R,V_2,并显示在主飞行显示 PFD 的速度条上,提示机组人员此时的推力档位调定为 TO/GA,发动机提供的推力为起飞推力限制值。俯仰通道的人工操纵过程按垂直轨迹预测中介绍的过程进行,这里不再重复。

接通 VNAV 后,垂直制导提示信息和 VNAV 制导指令与爬升阶段相同。在爬升阶段结束之前,推力都为 TO/GA 推力。在起飞爬升的第三阶段,FMS 还应提供收襟翼到不同位置的参考速度信息。

(2) 爬升阶段。

起飞接通自动飞行后的平飞、爬升过程与爬升阶段的平飞和爬升过程制导方式相同。垂直制导功能提供的制导参数包括表 8-3 所示内容,其中的制导提示信息和制导控制参数都作为制导提示信息显示在设备上供机组人员参考。

表 8-3　爬升阶段垂直制导参数

制导控制参数	基于速度计划表的速度目标(250/CAS/Mach)/飞机计划限制速度
	推力目标(推力档位对应的推力限制值/平飞控速的所需推力)
	高度目标(当前目标垂直关键点高度/MCP 面板所选高度)
制导提示信息	至高度目标点的待飞距
	至高度目标点的预计到达时间 ETA(如果启动了 RTA,则需要提供到达时间估计误差)
	高度/速度限制违反信息

起飞阶段的爬升部分和爬升阶段都包括平飞和爬升段。在这一阶段,VNAV 工作在速度方式。在其中的调速平飞或等速平飞段,通过俯仰通道控制高度并保持高度,通过推力通道控制速度。在其中的爬升段,通过俯仰通道控制速度并保持速

度(表速或马赫数),推力通道将推力控制为定值(推力档位对应的限制值),如表 8-4 所示。

表 8-4 爬升阶段各类型垂直航段制导方式

飞行 阶段	垂直航 段类型	俯仰通道		推力通道	
		控制方式	数值	控制方式	数值
起飞爬升	平飞段	高度控制	平飞段高度	速度控制	在 TO 推力限制值内根据目标速度调节推力
	爬升段	速度控制	表速或马赫数	推力给定	CLB 推力限制值
爬升阶段	平飞段	高度控制	平飞段高度	速度控制	在 CLB 推力限制值内根据目标速度调节推力
	爬升段	速度控制	表速或马赫数	推力给定	CLB 推力限制值

(3)巡航阶段。

巡航阶段垂直制导功能提供的制导参数包括表 8-5 所列内容。

表 8-5 巡航阶段垂直制导参数

制导控制 参数	基于速度计划表的速度目标(包括 LRC/等马赫数/经济马赫数方式)
	高度目标(当前目标垂直关键点高度/MCP 面板所选高度)
制导提示 信息	至 T/D 的待飞距
	至 T/D 的 ETA(如果启动了 RTA,则需要提供到达时间估计误差)
	至下一爬升点的待飞距
	至下一爬升点的 ETA(如果启动了 RTA,则需要提供到达时间估计误差)
	最大巡航高
	最佳巡航高
	高度限制违反信息

由于可能进行阶梯巡航,故巡航阶段包括爬升段和巡航平飞段。推力目标并不是 ARINC702A 标准规定的巡航阶段应提供的垂直制导参数,但在巡航平飞和巡航爬升的制导律计算中,仍需要给出推力目标,包括巡航爬升推力档位对应的推力限制值和平飞控制巡航速度的所需推力。

在这一阶段,VNAV 工作在速度方式,在其中的平飞段,通过俯仰通道控制高度并保持高度,通过推力通道控制巡航速度。在其中的爬升段,制导方式与爬升阶段的爬升段制导方式相同,如表 8-6 所示。巡航阶段受航段最大高度限制,可能会出现巡航下降,其制导方式与下降阶段的制导方式相同。

表 8-6　巡航阶段各类型垂直航段的制导方式

飞行阶段	垂直航段类型	俯仰通道		推力通道	
		控制方式	数值	控制方式	数值
巡航阶段	平飞段	高度控制	分段巡航高度	速度控制	在 CRZ 推力限制值内根据目标速度调节推力
	爬升段	速度控制	巡航马赫数	推力给定	CLB 推力限制值
	下降段	与下降阶段的控制型下降段相同			

（4）下降阶段。

下降阶段垂直制导功能提供的制导参数包括表 8-7 所列内容。

表 8-7　下降阶段垂直制导参数

制导控制参数	基于速度计划表的速度目标（马赫数/CAS/250）/飞机计划限制速度
	推力目标（推力档位对应的推力限制值/慢车推力/平飞控速的所需推力）
	高度目标（当前目标垂直关键点高度/MCP 面板所选高度）
	垂直速率 V/S 目标
制导提示信息	至高度目标点的待飞距
	至高度目标点的 ETA（如果启动了 RTA,则需要提供到达时间估计误差）
	垂直偏差（当前高度与应飞垂直轨迹）
	高度/速度限制违反信息

在这一阶段，VNAV 主要工作在轨迹方式。这一阶段的等速平飞或调速平飞段制导方式与爬升阶段和巡航阶段的平飞段相同。而其下降段有不同的下降方式,分为自由型下降、速度控制型下降以及从巡航到下降阶段的过渡下降。如果是速度控制下降,则通过俯仰通道控制 V/S 进而跟踪航路高度,通过推力通道控制和保持下降速度。如果是自由下降,则推力通道设置为慢车状态,通过俯仰通道控制 V/S 进而跟踪航路高度。从巡航到下降阶段的过渡下降属于 VNAV 速度方式,将推力通道设置为慢车状态,通过俯仰通道控制和保持速度。

下降阶段中按速度计划表下降的垂直航段一般都采用控制型下降的 VNAV 轨迹制导方式。巡航阶段中的下降段即属于速度控制下降,保持的速度为巡航马赫数。下降阶段各航段的制导方式如表 8-8 所示。

表 8-8　下降阶段各类型垂直航段制导方式

飞行阶段	垂直航段类型	俯仰通道		推力通道	
		控制方式	数值	控制方式	数值
下降阶段	平飞段	高度控制	平飞高度	速度控制	在 CLB 推力限制值内根据目标速度调节推力

（续表）

飞行阶段	垂直航段类型	俯仰通道		推力通道	
		控制方式	数值	控制方式	数值
下降阶段	下降段（控制型）	轨迹控制	计算的垂直跟踪V/S	速度控制	在 CLB 推力限制值内根据目标速度调节推力
	下降段（自由型）	轨迹控制	计算的垂直跟踪V/S	推力给定	慢车状态的推力值
	下降段（过渡型）	速度控制	下降马赫数	推力给定	慢车状态的推力值

（5）进近阶段。

进近阶段的垂直制导方式与下降阶段相同,进近阶段垂直剖面的轨迹也是由平飞段、控制型下降段和自由型下降段组成,VNAV 工作在轨迹方式。在起始进近过程中机组人员按 FMS 给出的襟翼展开参考速度信息逐步调整飞机到着陆构型,并放下起落架。将推力设置到慢车状态,并将飞机速度调整至进近参考速度。最终进近段为自由型下降段,发动机工作在慢车状态,通过俯仰通道控制飞机沿下滑道进近。进近阶段的制导参考数据除速度目标外均与下降阶段相同。进近阶段的目标速度不包括速度计划表速度,只含飞行计划限制速度。另外进近阶段还要提供基于飞机构型的参考速度、进近参考速度以及着陆参考速度。

（6）复飞阶段。

复飞阶段的垂直制导方式以及制导参考数据和起飞阶段、爬升阶段相同,推力给定为 GA 推力限制值。

对各阶段的制导方式进行总结可以发现,各飞行阶段的制导方式存在一定程度的重叠。总的说来,垂直制导方式分为表 8-9 所列出的 5 种。

表 8-9　FMS 垂直制导工作方式

VNAV工作方式	制导方式	俯仰通道	推力通道
速度方式	爬升制导	速度控制	给定(TO/GA, CLB)
	下降剖面截获制导(从巡航到下降阶段的过渡下降)	速度控制	给定(IDLE)
轨迹方式	平飞制导	高度控制	速度控制(CRZ)
	速度控制下降制导(控制型下降)	轨迹控制	速度控制(CLB)
	无速度控制下降制导(自由型下降)	轨迹控制	给定(IDLE)

通过分别对各飞行阶段的分析,可以总结出垂直制导中需要提供的制导参数（见表 8-10）。

表 8 - 10　制导参数分类

分类	制导参数	飞行阶段					
		起飞	爬升	巡航	下降	进近	复飞
制导控制参数	速度目标	√	√	√	√	√	√
	推力目标	√	√	○	√	√	√
	高度目标	√	√	√	√	√	√
	V/S 目标				√	√	
制导提示信息	待飞距	○	√	√	○	○	○
	ETA		√	√	○	○	
	超限信息	√	√	√	√	√	√
	最大巡航高			√			
	最优巡航高			√			
	垂直偏差				√	√	
	起飞参考速度	√					
	进近参考速度					√	
	着陆参考速度					√	
	构型改变建议速度	√				√	○

注:标记"○"表示 ARINC702A 标准中没有规定但在垂直制导中应当提供的信息。

以下分别介绍这些参数的计算方法。

(1) 速度目标。

速度目标的来源有 3 个:基于垂直剖面飞行使用的速度计划表、飞行计划中的速度限制、机组人员通过 MCP 面板为 VNAV 设置的飞行速度(进近阶段没有速度计划表)。

性能计算功能根据性能数据库、机组人员通过 MCDU 输入的成本指数 CI(cost index)查询得到各飞行阶段的速度计划表,由机组人员选定其中的一种速度计划表使用。

垂直轨迹预测按速度计划表建立各阶段的垂直剖面并与水平轨迹整合,满足高度和速度限制要求的最终垂直剖面轨迹各段分别带有速度计划表速度目标或飞行计划速度限制的速度目标。

当机组人员通过 MCP 面板设置速度,VNAV 即转换到速度方式或控制型下降的轨迹方式。这一速度目标的执行优先级高于前两者。

(2) 推力目标。

推力目标包含两项内容:推力目标值和推力限制值。在各飞行阶段的取值如表 8 - 11 所示。

表 8 - 11　推力目标分类

飞行阶段和垂直航段类型		推力目标值	推力限制值（档位最大值）
推力调定前的起飞复飞	爬升	等于限制值	TO/GA
	平飞	调速所需推力	
推力调定后的起飞爬升	平飞	调速所需推力	CLB
	爬升	等于限制值	
巡航	平飞	控速所需推力	CRZ
	爬升	等于限制值	CLB
	下降（有速度控制）	控速所需推力	CRZ
下降进近	下降轨迹截获	慢车推力 IDLE	慢车推力 IDLE
	下降（有速度控制）	控速所需推力	CRZ
	下降（无速度控制）	慢车推力 IDLE	慢车推力 IDLE
	平飞	调速所需推力	CRZ

推力限制值由机组人员在不同飞行阶段设置的发动机工作状态和推力档位（油门杆位置）决定。根据 ARINC702A 标准，性能数据库中存储了用于计算各推力设置下推力限制值的数据，包括起飞推力、最大巡航推力、最大连续推力等。性能计算功能根据温度、高度、速度、发动机引气状态查询推力限制值和慢车状态的推力值，提供给垂直制导功能。

在不以推力限制值作为推力目标值的情况下，性能计算功能根据飞机的目标速度计算所需推力，并确保这一推力值满足当前推力设置的限制值，提供给垂直制导功能。

（3）高度目标。

垂直制导基于预测的垂直剖面进行。对于平飞段，高度目标为该段的保持高度，对于高度变化段，高度目标为该段的终点高度。这一高度信息在通过读取预测的垂直剖面各垂直航段即可得到。

（4）垂直速率目标。

下降阶段和进近阶段中通过俯仰通道进行垂直轨迹跟踪的垂直航段需要提供垂直速率目标。

（5）待飞距。

从飞机当前位置至垂直剖面某点的待飞距按水平制导中待飞距的计算方法计算。

（6）预计到达时间。

从飞机当前位置至垂直剖面某点的预计到达时间。

（7）超限信息。

垂直制导对飞机的高度和速度进行检测，如果超出高度和速度约束则向机组人员发出告警。

（8）最大巡航高和最优巡航高。

性能计算功能根据输入的飞机状态为垂直轨迹预测和垂直制导提供最大巡航高度和最优巡航高度信息。

（9）垂直偏差。

在下降阶段和进近阶段的高度变化段需要提供垂直偏差信息，该信息指飞机当前位置的高度与该位置在垂直轨迹上对应的应飞高度之间的偏差。

（10）起飞参考速度。

起飞参考速度包括 V_1，V_R，V_2。在系统进行初始化后由性能计算提供给垂直轨迹预测和垂直制导。

（11）进近参考速度和着陆参考速度。

性能计算功能在性能数据库中查询得到进近参考速度和着陆基准速度并提供给垂直制导。

（12）构型改变建议速度。

性能计算功能根据性能数据库中存储的襟翼/减速板/起落架收放参考速度数据查询，并向垂直制导提供这些调整飞机构型操作的参考速度。垂直制导将其显示给机组人员，为确保安全，收放襟翼/减速板/起落架必须由人工操作。

8.5 结语

本章介绍了大型民机飞行管理系统的体系结构，对波音飞机和空客飞机的飞行管理系统进行了比较和综述，并对飞行管理系统的主要功能模块，包括飞行计划、综合导航和轨迹预测的功能组成和基本运行逻辑进行了讨论。

飞行管理系统是大型民机上保证任务飞行的核心系统，随着空中交通管理模式的变革和计算机技术的发展，飞行管理系统也将得到持续发展。

参 考 文 献

[1] ARINC Specification 424 - 19 [S]. Navigation System Data Base. 2006.
[2] 宋柯. ARINC424 终端区程序编码解析与轨迹还原[J]. 空中交通管理，2010(8)：50 - 53.
[3] SPITZER C R. The aviation handbook [S]. CRC Press LLC，2001.
[4] 张焕. 空中领航学[M]. 成都：西南交通大学出版社，2003.
[5] Boeing. 737 flight manual [M]. Boeing Company. 2002.
[6] Boeing. 737NG34 - 61 - 00 飞行管理计算机系统[M]. Boeing Company. 2002.

9 结构弹性模态与飞行控制系统的耦合

大型民机一般具有宽体、大展弦比气动外形，飞行中机翼承载了主要的飞行载荷，飞机在大气中飞行时，经常会遇到阵风的干扰，会引起附加的气动载荷和机翼的弹性振动响应，严重时会造成结构疲劳、损伤甚至损坏。进一步来讲，现代飞机往往带有宽带宽、全权限的数字电传操纵系统和飞行控制增稳系统。同时民机设计不断追求重量最轻，以获得最佳的燃油效率，这使得飞机的弹性运动频率较低，其飞行控制系统传感器不仅能感受飞机的刚体运动信号，也能感知结构的弹性运动信号，会测量到由结构谐振或弹性模态所产生的高频振荡。如果传感器输出的高频部分没有被衰减，它将通过控制律来驱动飞机的飞行操纵面，驱动飞机控制，就会造成结构的弹性运动与飞行控制系统之间的耦合，由于控制本身就可能激励起振荡，于是会形成一个具有潜在不稳定性的闭环系统[6]。飞行中产生的结构弹性振荡通常称之为结构动响应，会造成飞机机翼疲劳、结构损伤甚至断裂。

在大型飞机的早期研制过程中，不乏因为气动弹性问题研究的缺失而造成严重飞行事故的例子。如 1959 年 9 月 29 日，Lockheed Braniff Electra 空中解体；1960年 3 月 17 日，NorthWest Airlines 失事；1972 年联邦德国与荷兰联合研制的 VF - W614 型短程运输机因颤振而失事。严重的飞行事故引起人们对大型飞机气动弹性问题研究的极大重视，建立了相应的试验设备、计算和分析技术以及大量的设计规范，对保障飞行试验安全及顺利完成研制进程起到了至关重要的作用[5]。

因此，在飞机结构设计阶段和飞控系统设计阶段都需要考虑飞机的弹性模态抑制问题。飞机的弹性模态抑制一般从两个方面进行：结构设计阶段和飞控系统设计阶段。

首先，飞机结构设计必须保证在整个飞行包线内不发生颤振，并保持一定的安全余量。在气动弹性技术里称为"颤振余量确定"(flutter clearance)，由一系列周密的分析、计算和试验研究来完成这一过程。如果在包线内发现有颤振发生的趋势，则必须对飞机结构进行改进；常用的手段如改变结构的刚度以调整结构振动模态的频率，在某些部位添加配重以调整结构的质心位置等。这些结构改动总是使结构重量增加，因此这些增加的重量被称为"颤振罚重"(flutter weight penalty)。现代大型飞机设计应强调"无罚重设计"的理念。因为对亚声速飞机而言,结构重量每节省1%,可增加有效载荷1%～2%,而对超声速飞机,更可增加4%的有效载荷。这就要求将气动弹性相关特性研究纳入设计的初始阶段目标,作为影响飞机总体设计的重大问题进行研究,是提高大型飞机设计水平的关键所在。先期建立适应大型飞机气动弹性问题的气动弹性试验和计算分析技术储备,对提高大型飞机设计水平具有关键作用[5]。

进一步要考虑大型飞机的高权限、高增益的控制系统可能引发的结构-气动的耦合效应问题,包括控制力与定常或非定常气动力、弹性力、惯性力以任意形式的耦合。气动伺服弹性稳定性是飞机设计的常规设计环节。规范要求,已设定的闭环控制系统在飞行包线内不能发生气动伺服弹性不稳定,且保有一定的稳定裕度(增益裕度至少为6dB,相位余量至少为±60°)。同时,设计主动控制律构成闭环控制以提高系统性能,也是大型飞机的弹性抑制研究的重要内容[5]。

在弹性模态抑制的动态响应控制技术中,一般重点考虑一阶弹性模态,因为一阶弹性模态通常集中了振动的主要能量,且最为接近飞机的刚体模态频率,最容易与飞控系统产生耦合,一阶弹性模态的抑制经常与主动控制技术联系起来。大气湍流中机翼一阶弹性模态主动抑制的方法实际上是主动控制中的阵风载荷减缓技术的一种体现。早在20世纪60年代后期,美国就开展了类似技术的研究,70年代,随着在DC-10飞机上的具体应用,该技术得到了进一步的发展。在随后的二十多年内,随着研究的不断深入,该项技术在国外的一些飞机上已有了较为成熟的应用,如洛克西德公司的L-1011,C-5A以及波音公司的13-52H飞机。近年来,该技术正逐步应用在一些先进的大型客机上,如A340飞机。A340飞机通过电传飞行控制系统首次实现了湍流风影响下对结构模态的控制,加装这种功能的飞机与没有加装的飞机相比,湍流产生的法向加速度的幅值减少了近50%[4]。

军机上飞机的结构弹性模态抑制主要关心闭环系统的稳定性问题,技术应用更为广泛。几乎所有的军机在设计阶段都使用了以结构陷幅滤波器为主的一阶弹性模态抑制技术,并形成了针对刚性飞机的飞控系统设计和进行弹性模态抑制的结构耦合(structural-coupling, SC)系统设计综合考虑进行的过程[6]。如:

● 美洲虎的飞控系统主俯仰操纵由全动水平尾翼实现。飞机基本是稳定的,具有低增益俯仰及偏航自动稳定器来增加系统阻尼,采用了控制律低增益、惯性主导结构模态耦合(SC)特性与自动稳定器(自身能通过FCS衰减任意结构频率反馈)的相对适中的作动器能力三者的结合,构成了一种相对易于处理的结构耦合问题,FCS对结构模态滤波(由名义上的10 Hz/20 dB陷波滤波器和50 ms低通滤波器构成)引入的附加相位延迟并不敏感。

● 旋风配装了全权限控制增稳系统(CSAS),也具有相对较低的增益并通过大的全动平尾操纵面实现主飞行控制。惯性主导的SC特性结合控制律增益随动压的倒数调参,选择把主飞行操纵面不安装在机翼上,干净得只留下高升力装置,也有利于机翼的变后掠这一特性。这意味着受外挂载荷影响最严重的模态(机翼和挂架模态),不会直接通过 FCS 被激励,也不会成为对 SC 最关键的模态(最关键的是由升降副翼动作所激励的模态)。因此,设计构型的特殊特征,对随着飞行条件而变化的 FCS 增益和结构耦合特性起了有利的和互补的效果。由于对外挂载荷影响的相对不敏感,就像美洲虎的案例一样,基于地面测试数据的可信度所构建的简单而鲁棒的结构耦合解决方案,仍被证明是适当的。

　　● EAP 验证机具有较高的机动能力,因此也具有较高的纵向不稳定度,它意味着 FCS 对附加低频相位延迟是敏感的,这导致在求解结构耦合问题时,相位的预留较为紧张,在开始设计时就要对控制律总的高频增益设置全面的限制,而系统的数字实现要求充分考虑频率混叠效应。文献[5]中对设计过程,包括弹性飞机建模、刚性飞机控制律设计和结构模态 SC 分析与陷波器设计、数字实现方面的要求等给出了较为详细的论述,该型飞机实现了刚性模态和结构模态设计的一体化过程。

　　至今为止,军用飞机的弹性模态抑制技术一般发展得较民机更快和更深入,由于军机需要进行大过载机动,常常面临高动压趋近临界飞行状态的挑战,因此多关注稳定性问题,且具有明确的军用设计规范要求。民机不需要做大的机动,但由于其大翼展、大柔性的结构特点,飞行中的弹性振动响应往往会影响乘坐品质和飞行性能,因此,在考虑结构弹性的飞行控制律设计中,侧重于考虑阵风响应主动减缓以及阵风载荷减缓控制等问题。总而言之,改善飞行控制律设计,在各种复杂的大气环境下充分地考虑结构弹性的影响,是飞控系统设计中不可忽视的问题。

　　本章即是分析与讨论飞机的这种耦合形式带来的运动稳定性与分析、设计方法。

9.1　结构的弹性振动

　　结构的弹性振动是飞机考虑结构弹性与飞行控制系统耦合的重要力学基础。本节将简要叙述结构动力学的基本概念,以期对本章后续内容的讨论有所帮助。

9.1.1　结构弹性振动的基本理论

9.1.1.1　结构模型化

振动分析的重要内容和前提是建立系统的数学模型。表达系统力学特性的数学方程称为系统的数学模型。实际的飞机结构具有无限个自由度,由力学特性各不相同的各种构件组成,直接建立系统的数学模型从工程的角度往往是不现实的。因而对实际结构进行分析计算之前,需要首先将真实结构简化为有限自由度的计算模型。这种简化过程称为结构模型化。

结构模型化有许多方法。通常采用广泛使用的有限元素法,将真实结构划分为有限个结点和连接这些结点的有限个元素。结构模型化的合理与否,直接影响到分析的工作量和结果的精度,甚至影响结构分析的成败。其一般原则是,在满足精度要求的前提下,尽量使模型简化,以减小分析工作量。结构模型化应结合结构的特点和分析的目的,抓住问题的主要矛盾。一般说来,结构的弹性分析模型和静力分析模型是不同的,弹性模型不考虑结构的细节特性,而着眼于结构的总体特性。通常,结构模型化可以分为以下几个工作步骤。

- 有限元划分:

根据结构的特点和构件的承力特性,按一定原则将真实结构离散为有限个元素,要求简化后模型能很好地模拟真实结构的动力学特性。

- 质量特性数据处理:

在有限元结构动力分析中,有两种质量模型:集中质量模型和一致质量模型。实际工程中大多采用集中质量法,即将结构质量堆聚到各个结点上。质量分配时,应遵守惯性等效的原则,即保证总质量保持不变,质心不变,转动惯量不变。

- 刚度特性数据处理:

结合问题的真实结构,按照刚度等效的原则,将真实结构的刚度折算到有限元模型上。这方面一般需要一定的经验而没有固定的模式,要具体问题具体分析。刚度折算的准确性需要通过结构地面振动试验来验证。

- 边界条件的设定:

对于有限元模型,需要引入必要的边界条件,即给出结构的约束信息和进行对称性处理。结构的约束信息对动力学特性的影响很大。因此,给出的约束信息应能较真实地模拟实际结构的约束情况(或工作状况)。当结构具有对称性时,振动计算可以只用一半的结构进行。当结构做对称振动时,对称面处结点的反对称位移为零;当结构作反对称振动时,对称面处结点的对称位移为零。

9.1.1.2 结构固有振动特性

结构固有振动特性计算是在无阻尼结构自由振动的基础上求解结构振动的频率与模态。当把结构离散为有限元素后,其无阻尼自由振动运动方程为

$$M_s \ddot{x} + K_s x = 0 \qquad (9-1)$$

式中:M_s 为结构整体质量矩阵;K_s 为结构整体刚度矩阵;x 为结点位移列阵。

该方程的解为简谐解,设 $x = f \cdot e^{i\omega t}$,代入式(9-1)中,得

$$(K_s - \omega^2 M_s) f = 0 \qquad (9-2)$$

要使方程(9-2)中的 f 有非零解,则

$$\det(K_s - \omega^2 M_s) = 0 \qquad (9-3)$$

此即为求矩阵特征值问题,方程(9-3)称为系统的特征方程。求解特征方程的根,即得到 ω。求出 ω_i(其中,$i=1, 2, \cdots, n$, $\omega_1 < \omega_2 < \cdots < \omega_n$)后,再分别代入方程(9-2)中,就可以求得特征向量 f_i。这里,ω_i 称为固有频率,f_i 称为固有振型(模态)。通常根据研究问题的具体需要,只算出结构的前若干阶频率与模态即可。

振动系统的模态之间存在着对于结构质量矩阵和刚度矩阵的加权正交性。设

系统第 i 阶和第 j 阶模态向量为 $\boldsymbol{f}_i$ 和 $\boldsymbol{f}_j$，则有

$$\boldsymbol{f}_i^{\mathrm{T}}\boldsymbol{M}_{\mathrm{s}}\boldsymbol{f}_j = \begin{cases} m_{ii}, & i = j \\ 0, & i \neq j \end{cases} \qquad (9-4)$$

$$\boldsymbol{f}_i^{\mathrm{T}}\boldsymbol{K}_{\mathrm{s}}\boldsymbol{f}_j = \begin{cases} k_{ii}, & i = j \\ 0, & i \neq j \end{cases} \qquad (9-5)$$

式中：m_{ii} 和 k_{ii} 分别是对应于第 i 阶模态的广义质量和广义刚度。

根据振动理论，一个无限多自由度的弹性体，可以通过广义坐标变换方法，并截取有限阶模态，化为由有限多个自由度表示的系统。采用模态叠加法，可以将结构弹性振动的物理位移 x_i 表示成若干个主要模态的线性组合，即

$$x_i = \sum_{j=1}^{m} f_{ij}q_j \qquad (9-6)$$

式中：f_{ij} 为第 i 个结点的第 j 阶固有模态；q_j 为第 j 个广义坐标；m 为所选的模态数。式（9-6）的矩阵表示形式为

$$\boldsymbol{x} = \boldsymbol{F}\boldsymbol{q} \qquad (9-7)$$

9.1.1.3　弹性飞机的结构动力学方程

根据分析力学理论，完整多自由度保守系统的拉格朗日（Lagrange）运动方程为

$$\frac{\mathrm{d}}{\mathrm{d}t}\left(\frac{\partial T}{\partial \dot{q}_i}\right) - \frac{\partial T}{\partial q_i} + \frac{\partial U}{\partial q_i} = Q_i \quad (i = 1, 2, \cdots, m) \qquad (9-8)$$

式中：T 为系统的动能；U 为系统的变形势能；Q_i 为对应于结构第 i 阶弹性振动模态的广义力（对于飞机而言，通常为广义非定常气动力）；q_i 为第 i 阶弹性振动模态的广义坐标。

对于弹性飞机的气动/结构耦合动力学系统，利用模态的正交性，其动能 T 可表示为

$$T = \frac{1}{2}\sum_{i=1}^{m} m_{ii}\dot{q}_i^2 \qquad (9-9)$$

同理，弹性飞机结构的变形势能 U 可以表示为

$$U = \frac{1}{2}\sum_{i=1}^{m} k_{ii}q_i^2 = \frac{1}{2}\sum_{i=1}^{m} m_{ii}\omega_i^2 q_i^2 \qquad (9-10)$$

当不计阻尼、忽略能量损耗时，系统可认为是完整的保守系统。运用拉格朗日运动方程，将式（9-9）、式（9-10）代入式（9-8）中，即得

$$m_{ii}\ddot{q}_i + k_{ii}q_i = Q_i \quad (i = 1, 2, \cdots, m)$$

写成矩阵方程的形式为

$$M\ddot{q} + Kq = Q \tag{9-11}$$

式中：$q = [q_1 \quad q_2 \quad \cdots \quad q_m]^T$ 为广义坐标列阵；$M = \mathrm{diag}[m_{11} \cdots m_{mm}]$ 为广义质量对角矩阵；$K = \mathrm{diag}[k_{11} \cdots k_{mm}]$ 为广义刚度对角矩阵；Q 为广义非定常气动力列阵，它可以表示成

$$Q = \frac{1}{2}\rho V^2 Aq \tag{9-12}$$

式中：ρ 为气流密度；V 为相对气流速度；A 为广义非定常气动力影响系数矩阵。在气动弹性领域的相关著作中，关于非定常气动力矩阵的计算有专题叙述，可参阅有关资料。式（9-11）即为描述弹性飞机动力学的基本运动方程。

9.1.2　典型民机结构弹性振动模态

典型的民机结构有限元模型如图 9-1 所示。全机结构划分为机身、机翼、T 型尾翼、升降舵、方向舵等几个主要结构部件。工程上对于弹性飞机的振动分析可由

梁单元模拟结构的动力学特性。模型的动力学特性主要取决于结构的质量分布和刚度分布。其中，结构的各个部件上分布有集中质量单元，用来模拟结构的质量分布；刚度分布则体现在结构单元的划分、梁单元的剖面属性参数和使用的材料特性参数。此模型可用于结构的弹性振动分析，将为后文要介绍的结构弹性模态与飞行控制系统的耦合分析提供动力学模型和模态数据。

图 9-1　全机结构有限元模型

结构的弹性振动模态数据主要由模态的频率和振型两方面构成。由于结构的动力学特性主要由低阶弹性模态表征，通常截断结构的前若干阶模态作为选取的分析模态。从弹性模态与飞行控制耦合的角度考虑，主要为机身的低阶弹性模态。以某民用飞机的典型燃油状态为例，该机前八阶主要模态和频率如表 9-1 所示。全机前八阶模态的振型如图 9-2 所示。

表 9-1　全机前 8 阶模态频率及振型描述

模态编号	频率/Hz	模态描述
1	2.791	机翼对称一弯
2	3.223	机翼反对称一弯带动平尾
3	3.567	垂尾一弯带动平尾
4	4.184	机翼反对称一弯
5	5.903	机翼反对称水平一弯
6	6.062	机翼对称水平一弯
7	6.337	平尾对称一弯
8	7.358	机翼反对称二弯

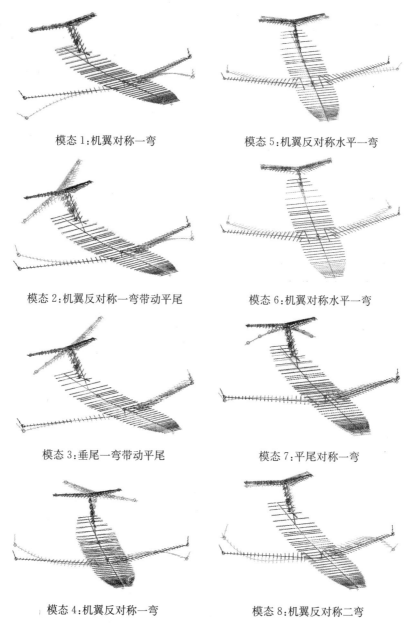

模态1:机翼对称一弯　　　　　　　　模态5:机翼反对称水平一弯

模态2:机翼反对称一弯带动平尾　　　　模态6:机翼对称水平一弯

模态3:垂尾一弯带动平尾　　　　　　　模态7:平尾对称一弯

模态4:机翼反对称一弯　　　　　　　　模态8:机翼反对称二弯

图9-2　某民用飞机前8阶自由振动模态振型

9.2　气动伺服弹性力学基础

　　大气中飞行的飞机,其弹性运动模态与控制系统发生相互作用,所产生的现象称为气动伺服弹性问题。本节着重介绍民用飞机的气动伺服弹性问题及稳定性分析方法。

9.2.1　气动伺服弹性概念

9.2.1.1　气动伺服弹性问题的由来

气动伺服弹性对于现代飞机的飞行控制系统设计而言是非常重要的,它将经典的气动力与柔性结构之间的气动弹性力学耦合问题扩展到了控制系统与气动力/柔性结构之间的耦合。飞行控制系统在其中起的作用,是使原本气动弹性稳定的系统变为不稳定的。这种类型的不稳定称为气动伺服弹性不稳定。所以,在飞机设计中,单独考虑飞机的气动弹性稳定性是不够的;同样,对于飞行控制系统而言,也必须考虑伺服控制系统与弹性飞机的相互作用。

如本书前面章节所述,现代飞机都不同程度地带有伺服控制系统。最初它只是一种装有助力器的操纵系统,用来推动舵面偏转。随后,它逐渐发展为几乎所有飞机都会使用的不同形式的飞行控制系统来改善整个飞行包线内的操稳特性、飞行性能和乘坐品质以及降低载荷、提高使用寿命。对于民用飞机的飞行控制系统,除了包含满足基本操纵要求的控制系统外,还可能会有阵风响应或载荷减缓系统。除此之外,在分析弹性结构与控制系统的耦合作用时,还必须包含伺服传动系统(即舵机)的动力学特性。

在前一节我们介绍了弹性飞机的振动模态,它与伺服控制系统是两类不同的系统,但它们之间存在直接的传递关系。飞机的运动信号是通过传感器感知并引入控制系统的,通过控制系统产生控制指令又输入给舵面,引起舵面偏转并产生控制力,最终作用于飞机。这个过程可以用图9-3所示的闭合回路来说明。由于飞机是弹性体,所以它在飞行中受到干扰后产生的运动,除了含飞机的刚体运动之外还包含弹性振动,这两种运动同时被传感器感知。只要伺服控制系统的通频带能覆盖飞机的主要固有频率,控制系统通过伺服传动施加于舵面的偏转δ就增加了一部分频率较高的成分,相应地增加了一部分舵面非定常气动力和惯性力。这就是经控制系统反馈额外产生的控制力。这部分控制力仍会继续影响飞机的运动。所以,把飞机当作弹性体考虑时,图9-3所示的闭合回路就是典型的气动伺服弹性系统。

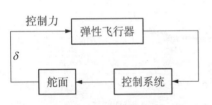

图9-3　飞机和控制系统构成的闭合回路

弹性飞机与飞行控制系统之间是互为反馈的。当弹性飞机作为闭环系统的正向回路时,控制系统就是闭环回路的反馈回路。通常会出现的问题是:单独的弹性飞机是动力稳定的(即不会发生颤振),单独的飞行控制系统的设计也是稳定的,而形成闭合回路以后,其稳定性显著改变,甚至变为气动伺服弹性不稳定的。这种气动伺服弹性效应,有时称为"结构耦合",能造成严重的结构破坏,这种破坏是由气动弹性系统和飞行控制系统的不利耦合引起的,也可能导致疲劳损伤和降低操纵面舵机的性能。在民用飞机的相关规范和适航条例中,有专门的条款要求飞机的气动弹性与飞控系统之间的耦合作用必须是稳定的,且要有足够的稳定裕度。它不仅告诫在飞机设计中必须重视耦合效应,也同时提示了在飞行控制系统的设计中,必须视飞机为弹性体。现代民用飞机严格的性能指标和结构的大柔性,使得气动伺服弹性稳定性分析愈加重要。

9.2.1.2　气动伺服弹性问题的分类

气动伺服弹性常常叙述为气动力、柔性结构弹性力与飞行控制系统之间的耦合,可形象地由气动伺服弹性四面体表示,如图 9-4 所示。四面体的四个面分别代表了 4 个不同的学科。由弹性力、惯性力和气动力相互作用,构成的学科是经典的气动弹性力学。在工程设计上所关心的是颤振,为了联系和气动伺服弹性的关系,常把它称为飞机开环颤振,把气动伺服弹性稳定性称为飞机闭环颤振,有时也

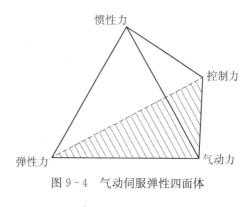

图 9-4　气动伺服弹性四面体

称伺服颤振。虽然颤振和气动伺服弹性稳定性的破坏形式是结构损坏,但是两者的作用机理是不同的,在设计中采取的方法也是不同的。

由弹性力、惯性力和控制力相互作用构成的学科称为伺服弹性力学。这里没有空气动力的参与,它在气动伺服弹性稳定性分析中,有着重要作用。在飞机研制过程中,常把伺服弹性地面试验作为试飞前的例行试验。这项试验有时称为飞行控制系统结构模态耦合试验。

由控制力、惯性力及气动力相互作用构成的学科称为气动伺服动力学。这里不考虑结构的弹性力,其研究的对象是具有伺服控制系统的刚性飞机,这也是传统的刚体飞行动力学研究的范畴。由控制力、气动力和弹性力构成气动伺服弹性静力学。

在气动伺服弹性问题中,还可以根据系统中是否作用有与飞机运动无关的外部扰动,把它区分为两类。凡不存在外部扰动的问题,称为气动伺服弹性稳定性问题;反之,就构成气动伺服弹性响应问题。

9.2.2　气动伺服弹性基本方程

从系统组成来看,气动伺服弹性系统包含弹性机体、非定常气动力、舵机与传感器、控制系统,以及阵风干扰等几大环节。各环节之间通过一定的物理关系联接在一起,并构成闭环系统。典型的气动伺服弹性系统框图如图 9-5 所示。下面分别介绍各环节的数学模型。

9.2.2.1　气动弹性一般运动方程

如图 9-5 所示,若暂不考虑阵风干扰输入,仅考虑气动力环节与弹性机体环节所构成的系统,则图 9-5 所代表的气动伺服弹性系统将退化为经典的气动弹性系

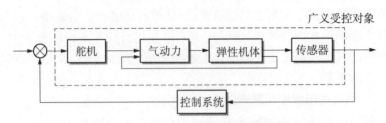

图 9-5 典型的气动伺服弹性系统框图

统。在 9.1 节我们介绍了飞机结构的弹性振动。对于自由振动情况,方程的右端外力项为零。现将飞机的弹性运动方程推广至带有外力(气动力)输入的情况,得到描述气动、弹性机体耦合的一般运动方程:

$$M\ddot{q} + C\dot{q} + Kq = f \tag{9-13}$$

式中:q 为广义模态坐标,则 M 为系统的广义质量矩阵;C 为系统的广义结构阻尼矩阵;K 为系统的广义刚度矩阵;f 为广义非定常气动力列向量。

工程上常常采用非定常气动力方法(如偶极子格网法)计算广义非定常气动力 f,如下所示

$$f = \frac{1}{2}\rho V^2 Aq \tag{9-14}$$

式(9-14)适用于一类非定常气动力计算方法的表达形式,具有一般性。其中,A 称为广义非定常气动力影响系数矩阵,通常为减缩频率 k 和计算参考马赫数 M 的函数,在经典的气动弹性分析与气动伺服弹性研究中,具有重要意义。

为满足气动伺服弹性研究的需要,在气动弹性一般运动方程的基础上,还需要定义系统的输入变量,以便随后与控制系统的反馈信号连接,构成互为反馈的耦合机制。通常,选取飞机的常用控制面作为输入端,定义输入变量(例如升降舵、副翼等舵面的输入指令)。于是,在系统广义模态坐标向量中增加了控制舵偏自由度 δ

$$q = \begin{bmatrix} q_s & \delta \end{bmatrix}^T$$

将式(9-13)与式(9-14)联立,略去控制自由度的阻尼项和刚度项,得到弹性机体与气动力环节的一般运动方程:

$$M_s\ddot{q}_s + C_s\dot{q}_s + K_sq_s = \frac{1}{2}\rho V^2 A_s q_s - M_\delta\ddot{\delta} + \frac{1}{2}\rho V^2 A_\delta\delta \tag{9-15}$$

9.2.2.2 系统传递函数

为了建立系统的传递函数。首先,对式(9-15)做拉氏变换,得到

$$s^2 M_s q_s(s) + s C_s q_s(s) K_s q_s(s) = \frac{1}{2}\rho V^2 A_s q_s(s) - s^2 M_\delta\delta(s) + \frac{1}{2}\rho V^2 A_\delta\delta(s)$$

$$\tag{9-16}$$

则结构广义坐标对控制舵偏输入的传递函数关系为

$$\boldsymbol{q}_{s}(s) = \left[s^2\boldsymbol{M}_{s} + s\boldsymbol{C}_{s} + \boldsymbol{K}_{s} - \frac{1}{2}\rho V^2\boldsymbol{A}_{s}\right]^{-1}\left[-s^2\boldsymbol{M}_{\delta} + \frac{1}{2}\rho V^2\boldsymbol{A}_{\delta}\right]\boldsymbol{\delta}(s) \quad (9\text{-}17)$$

以加速度过载输出情况为例,引入 9.1 节中的弹性模态(记为 F),得到

$$\boldsymbol{y}(s) = \frac{1}{g}s^2\boldsymbol{F}\boldsymbol{q}_{s}(s) \quad (9\text{-}18)$$

式(9-17)与式(9-18)联立,得到弹性机体环节的传递函数为

$$\boldsymbol{G}_{s}(s) = \frac{1}{g}s^2\boldsymbol{F}\left[s^2\boldsymbol{M}_{s} + s\boldsymbol{C}_{s} + \boldsymbol{K}_{s} - \frac{1}{2}\rho V^2\boldsymbol{A}_{s}\right]^{-1}\left[-s^2\boldsymbol{M}_{\delta} + \frac{1}{2}\rho V^2\boldsymbol{A}_{\delta}\right]$$

$$(9\text{-}19)$$

式(9-19)为开环系统的传递函数形式,适用于经典控制理论方法,与控制系统的传递函数构成控制框图,可用于乃奎斯特方法的闭环稳定性判据。

9.2.2.3 舵机环节

舵机是气动伺服弹性系统中的执行机构,它将舵面的控制指令信号转化为舵面的运动,从而驱动舵面偏转产生控制力。传感器是气动伺服弹性系统中的敏感元件,通常为布置在飞机结构上的加速度计或角速度计,用于感知弹性机体的运动。它们都是气动伺服弹性系统中必不可少的组成部分。忽略非线性影响,舵机传递函数一般可用三阶有理式表示:

$$\frac{\delta(s)}{u_{c}(s)} = \frac{b_0}{s^3 + a_2 s^2 + a_1 s + a_0} \quad (9\text{-}20)$$

式中:u_c 为舵机控制指令输入;δ 为控制面偏转位置;各参数 a_0,a_1,a_2,b_0 由舵机物理方程推导而得,也可由频率响应试验曲线拟合得到。传感器的频带与结构模态频率相比,通常具有足够高的带宽,可以近似为纯增益比例环节。

9.2.2.4 状态空间形式的建立

现代控制理论以状态空间模型为基础,是现代控制理论发展出来的较为成熟的方法,也是气动伺服弹性研究的重要理论基础。因此,气动伺服弹性研究往往需要将气动弹性运动方程改写为时域状态空间方程的形式。但是,由于工程中最为常用的非定常气动力计算方法(如偶极子格网法)得到的非定常气动力往往是频域离散矩阵的形式,即式(9-14)的右端项是减缩频率 k 的离散表达式。这使得式(9-16)难以改写为时域状态空间方程。线性非定常气动力近似方法,为解决该问题提供了思路。这类方法是通过有理函数拟合,将气动力延拓至 Laplace 域,进而通过 Laplace 反变换,得到方程时域状态空间的形式。Roger 提出的气动力影响系数表达式为

$$\boldsymbol{A}_{ap} = \boldsymbol{A}_0 + \boldsymbol{A}_1 p + \boldsymbol{A}_2 p^2 + \sum_{m=1}^{N}\frac{\boldsymbol{E}_m p}{p + r_m} \quad (9\text{-}21)$$

式中：$p = sb/V$ 为无量纲的拉氏变量（b 为参考半弦长，V 为参考速度，s 为拉氏变量）；r_m 为在进行气动力近似之前所选取的 N 个滞后根值（为正实数）；A_0，A_1，A_2 和 E_m 为待定矩阵。可利用拉氏域气动力在复平面虚轴上与频域气动力的对应关系，通过最小二乘拟合确定待定的系数矩阵的取值，从而确定式（9-21）。

为便于与伺服控制系统结合，研究气动伺服弹性问题，下面从式（9-16）出发，建立气动伺服弹性系统的状态空间方程。将式（9-21）代入至式（9-16），进行 Laplace 反变换，经过整理最终可以得到

$$\dot{\boldsymbol{x}} = \boldsymbol{A}\boldsymbol{x} + \boldsymbol{B}\boldsymbol{u} \tag{9-22}$$

其中：

$$\boldsymbol{A} = \begin{bmatrix} \boldsymbol{0}_{(n\times n)} & \boldsymbol{I}_{(n\times n)} & \boldsymbol{0}_{(n\times n)} & \cdots & \boldsymbol{0}_{(n\times n)} \\ -\overline{\boldsymbol{M}}_s^{-1}\overline{\boldsymbol{K}}_s & -\overline{\boldsymbol{M}}_s^{-1}\overline{\boldsymbol{C}}_s & \dfrac{1}{2}\rho V^2 \overline{\boldsymbol{M}}_s^{-1} & \cdots & \dfrac{1}{2}\rho V^2 \overline{\boldsymbol{M}}_s^{-1} \\ \boldsymbol{0}_{(n\times n)} & \boldsymbol{E}_{s,1} & -Vb^{-1}r_1\boldsymbol{I}_{(n\times n)} & & \boldsymbol{0}_{(n\times n)} \\ \vdots & \vdots & & \ddots & \\ \boldsymbol{0}_{(n\times n)} & \boldsymbol{E}_{s,N} & \boldsymbol{0}_{(n\times n)} & & -Vb^{-1}r_N\boldsymbol{I}_{(n\times n)} \end{bmatrix}, \quad \boldsymbol{x} = \begin{Bmatrix} \boldsymbol{q} \\ \dot{\boldsymbol{q}} \\ \boldsymbol{x}_{a,1} \\ \vdots \\ \boldsymbol{x}_{a,N} \end{Bmatrix}$$

$$\boldsymbol{B} = \begin{bmatrix} \boldsymbol{0}_{(n\times m)} & \boldsymbol{0}_{(n\times m)} & \boldsymbol{0}_{(n\times m)} \\ \overline{\boldsymbol{M}}_s\overline{\boldsymbol{K}}_c & \overline{\boldsymbol{M}}_s^{-1}\overline{\boldsymbol{C}}_c & \overline{\boldsymbol{M}}_s^{-1}\overline{\boldsymbol{M}}_c \\ \boldsymbol{0}_{(n\times m)} & \boldsymbol{E}_{c,1} & \boldsymbol{0}_{(n\times m)} \\ \vdots & \vdots & \vdots \\ \boldsymbol{0}_{(n\times m)} & \boldsymbol{E}_{c,N} & \boldsymbol{0}_{(n\times m)} \end{bmatrix}, \quad \boldsymbol{u} = \begin{Bmatrix} \boldsymbol{\delta} \\ \dot{\boldsymbol{\delta}} \\ \ddot{\boldsymbol{\delta}} \end{Bmatrix}$$

且有

$$\boldsymbol{x}_{a,t} = \frac{p}{p+r_t}\boldsymbol{E}_{s,t}\boldsymbol{q} + \frac{p}{p+r_t}\boldsymbol{E}_{c,t}\boldsymbol{\delta} \ (t = 1,\ \cdots,\ N)$$

$$\overline{\boldsymbol{M}}_s = \boldsymbol{M}_s - \frac{1}{2}\rho b^2 \boldsymbol{A}_{s,2},\ \overline{\boldsymbol{C}}_s = \boldsymbol{C}_s - \frac{1}{2}\rho Vb\boldsymbol{A}_{s,1},\ \overline{\boldsymbol{K}}_s = \boldsymbol{K}_s - \frac{1}{2}\rho V^2 \boldsymbol{A}_{s,0}$$

$$\overline{\boldsymbol{M}}_c = -\boldsymbol{M}_\delta + \frac{1}{2}\rho b^2 \boldsymbol{A}_{\delta,2},\ \overline{\boldsymbol{C}}_c = \frac{1}{2}\rho Vb\boldsymbol{A}_{\delta,1},\ \overline{\boldsymbol{K}}_c = \frac{1}{2}\rho V^2 \boldsymbol{A}_{\delta,0}$$

式中：$\boldsymbol{x}_{a,t}$ 为由气动力滞后根引入的气动力增广向量。

输出方程形式取决于选择何种物理量作为输出，这与机体弹性运动信号的测量手段密切相关。航空航天领域以加速度计、角速度陀螺、应变片等敏感元件的使用最为常见。若取结构模型若干点处的加速度过载作为系统输出，输出方程为

$$\boldsymbol{y} = \boldsymbol{n}_z = \frac{1}{g}\boldsymbol{F}\ddot{\boldsymbol{q}} \tag{9-23}$$

式中：$\boldsymbol{y}$ 为系统的输出向量；$\boldsymbol{F}$ 为机体的弹性模态矩阵（见 9.1 节）；g 为重力加速度。

需注意,式(9-23)针对的是加速度过载输出的情况,若气动伺服弹性系统的输出并非加速度过载,则应根据物理关系具体推导,输出方程的形式会有所变化。以加速度过载输出为例,参考状态方程,得到机体环节的输出方程为

$$y = Cx + Du \tag{9-24}$$

其中:

$$C = \frac{1}{g}F\overline{M}_s^{-1}\left[-\overline{K}_s \quad -\overline{C}_s \quad \frac{1}{2}\rho V^2 \quad \cdots \quad \frac{1}{2}\rho V^2\right]$$

$$D = \frac{1}{g}F\overline{M}_s^{-1}\left[\overline{K}_c \quad \overline{C}_c \quad \overline{M}_c\right]$$

将状态方程与输出方程联立在一起,得到弹性机体与气动力环节的状态空间方程统一表示为

$$\begin{cases} \dot{x}_s = A_s x_s + B_s u_s \\ y = C_s x_s + D_s u_s \end{cases} \tag{9-25}$$

将式(9-20)改写为状态空间方程的形式:

$$\begin{cases} \dot{x}_c = A_c x_c + B_c u \\ y_c = C_c x_c = u_s \end{cases} \tag{9-26}$$

再将式(9-25)与式(9-26)联立,可得到广义受控对象的状态空间方程:

$$\begin{cases} \dot{x}_a = A_a x_a + B_a u \\ y = C_a x_a \end{cases} \tag{9-27}$$

式中:u 为舵机控制输入指令向量。系数矩阵具体形式如下:

$$x_a^T = \begin{bmatrix} x_s^T & x_c^T \end{bmatrix}$$

$$A_a = A_{\text{open}} = \begin{bmatrix} A_s & B_s C_c \\ 0 & A_c \end{bmatrix}, \quad B_a = \begin{bmatrix} 0 \\ B_c \end{bmatrix}, \quad C_a = \begin{bmatrix} C_s & D_s C_c \end{bmatrix}$$

n_s 表示状态向量 x_s 的维数,与非定常气动力有理函数近似方法的选择有关。A_{open} 表示广义受控对象无控状态的开环系统矩阵,其特征值代表了系统开环状态的稳定性。

若图9-5中控制系统的状态空间形式为

$$\begin{cases} \dot{x}_k = A_k x_k + B_k u_k \\ y_k = C_k x_k + D_k u_k \end{cases} \tag{9-28}$$

其中:

$$\begin{cases} u_k = y \\ y_k = u - r \end{cases} \tag{9-29}$$

r 表示闭环系统参考输入。将式(9-27)与式(9-28)联立,得到气动伺服弹性系统的状态空间方程:

$$\begin{cases} \begin{bmatrix} \dot{\boldsymbol{x}}_a \\ \dot{\boldsymbol{x}}_k \end{bmatrix} = \begin{bmatrix} \boldsymbol{A}_a + \boldsymbol{B}_a \boldsymbol{D}_k \boldsymbol{C}_a & \boldsymbol{B}_a \boldsymbol{C}_k \\ \boldsymbol{B}_k \boldsymbol{C}_a & \boldsymbol{A}_k \end{bmatrix} \begin{bmatrix} \boldsymbol{x}_a \\ \boldsymbol{x}_k \end{bmatrix} + \begin{bmatrix} \boldsymbol{B}_a \\ \boldsymbol{0} \end{bmatrix} r \\ \boldsymbol{y} = \begin{bmatrix} \boldsymbol{C}_a & \boldsymbol{0} \end{bmatrix} \begin{bmatrix} \boldsymbol{x}_a \\ \boldsymbol{x}_k \end{bmatrix} \end{cases} \tag{9-30}$$

式(9-30)代表了气动伺服弹性闭环系统。若给定初始状态,式(9-30)可用于系统的闭环时域仿真分析。同时,式(9-30)系统矩阵特征值随速度参数的根轨迹亦可用于气动伺服弹性闭环系统的稳定性分析。

9.2.3　气动伺服弹性稳定性分析方法

9.2.3.1　乃奎斯特方法

乃奎斯特稳定性判据是在频域内判断系统稳定性的准则,根据开环传递函数幅相曲线来判断闭环系统稳定性。对于如图 9-6 所示的负反馈控制系统,其开环传递函数为 $H(s)G(s)$。当复变量 s 沿虚轴由 $-\infty$ 变到 $+\infty$ 时,$H(s)G(s)$ 在复平面上的轨迹称为开环乃氏曲线。

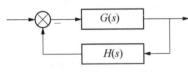

图 9-6　负反馈系统框图

乃奎斯特稳定性判据可叙述为:反馈控制系统稳定的充要条件是开环乃氏曲线顺时针包围临界点 $(-1, 0)$ 的圈数 R 等于开环传递函数右半平面的极点数 P,即 $R = P$;当开环传递函数没有右半 s 平面的极点时,闭环系统稳定的充要条件为乃氏曲线不包围临界点 $(-1, 0)$。如果 R 不等于 P,则闭环不稳定。

对于飞机和控制回路组成的系统,在气动伺服弹性稳定性分析条件下,飞机弹性系统是稳定的,控制回路开环是稳定的,所以 $P = 0$,因此乃氏判据就变为:闭环系统稳定的充要条件为乃奎斯特曲线不包围临界点。在实际分析中,可以只绘制频率由 0 到 $+\infty$ 的开环乃氏曲线,如曲线不包围 $(-1, 0)$ 点,则系统是稳定的,否则系统不稳定。

稳定裕度是衡量闭环系统稳定程度的指标,常用的指标有两个:幅值裕度 L 和相位裕度 γ,这表示了系统距临界点(等幅振荡)的远近程度。幅值裕度 L,即开环乃氏曲线与负实轴相交点模值的倒数,一般取分贝(dB)作单位。在伯德图上,即相当于相位为 $-\pi$ 时,幅值的绝对值

$$L = 20\lg \frac{1}{|HG|} \tag{9-31}$$

相位裕度 γ,即开环乃氏曲线上模值等于 1 的矢量与负实轴的夹角,在伯德图上相当于幅值裕度为零时的相位与 $-\pi$ 的差值,如图 9-7 所示。

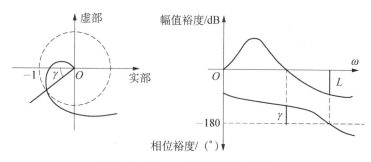

图 9 - 7 频域方法稳定裕度示意图

飞机、导弹的结构强度规范、适航条例中均规定,气动伺服弹性系统必须稳定,且满足幅值裕度 6 dB,相位裕度±60°(有人驾驶飞机)或±45°(导弹和无人机)的稳定裕度要求。

9.2.3.2 最小奇异值法

经典的乃奎斯特方法仅适用于单输入/单输出系统,对于多输入/多输出系统则可通过系统的奇异值获得稳定性信息。首先给出系统奇异值的定义,对于矩阵 $\boldsymbol{A}(\text{rank}(\boldsymbol{A}) = r)$,记 $\sigma_i(i = 1, 2, \cdots, r)$ 为矩阵的汉克尔奇异值,则有

$$\sigma_i(\boldsymbol{A}) = \sqrt{\lambda_i(\boldsymbol{A}\boldsymbol{A}^{\mathrm{H}})} = \sqrt{\lambda_i(\boldsymbol{A}^{\mathrm{H}}\boldsymbol{A})} \tag{9-32}$$

图 9 - 8 所示系统为受乘法摄动的闭环控制系统。其中,$\boldsymbol{H}(s)$ 是控制系统;$\boldsymbol{G}(s)$ 表示标称对象;$\boldsymbol{L}$ 是在输入点处施加的乘法摄动,对于标称系统有 $\boldsymbol{L} = \boldsymbol{I}$。受乘法摄动的闭环控制系统,标称系统的回差矩阵为

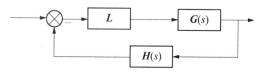

图 9 - 8 反馈系统乘法摄动框图

$$\boldsymbol{W} = \boldsymbol{I} + \boldsymbol{H}(s)\boldsymbol{G}(s) \tag{9-33}$$

系统回差矩阵的最小奇异值 σ_{m} 是一个与系统稳定裕度相关联的量,它同样可以折算成幅值裕度 K_{n} 和相位裕度 φ_{n}。最小奇异值与稳定裕度之间有如下关系

$$\sigma_{\mathrm{m}}^2 = \left(1 - \frac{1}{K_{\mathrm{n}}}\right)^2 \frac{2}{k_{\mathrm{n}}}(1 - \cos\varphi_{\mathrm{n}}) \tag{9-34}$$

若给定幅值裕度 K_{n} 的取值,则相位裕度为

$$\varphi_{\mathrm{n}} = \arccos\left\{1 - \left[\sigma_{\mathrm{m}}^2 - \left(1 - \frac{1}{K_{\mathrm{n}}}\right)^2\right]\frac{K_{\mathrm{n}}}{2}\right\} \tag{9-35}$$

若给定相位裕度 φ_{n} 的取值,则幅值裕度为

$$\frac{1}{K_{\mathrm{n}}} = \cos\varphi_{\mathrm{n}} - \sqrt{\cos^2\varphi_{\mathrm{n}} - 1 + \sigma_{\mathrm{m}}^2} \tag{9-36}$$

当系统为单输入/单输出系统时,最小奇异值法可得到与乃奎斯特方法相对应的稳定裕度信息。通常,最小奇异值法得到的稳定裕度,与乃奎斯特方法相比偏保守。

9.2.3.3 时域分析方法

气动伺服弹性分析的时域方法是相对于频域方法而言的,首先需要将气动伺服弹性系统建立为状态空间方程的形式,因而离不开频域气动力的有理函数近似。

时域分析方法的求解过程,本质上是时域微分方程的数值求解过程。对于稳定性分析,可以依靠闭环系统矩阵的速度根轨迹分析获得,也可以给定系统的初始条件,采用数值仿真的方法,计算某速度状态系统输出变量的时间响应历程,从而观察给定速度状态点的稳定性。对于响应分析,则主要依靠数值计算的手段,直接求解系统的时域微分方程,得到系统的时域响应。经典的龙格-库塔法是时域求解的常用方法。

9.2.4 民机气动伺服弹性稳定性分析算例

以某民用飞机为例,开展全机气动伺服弹性分析。由于9.1.2节已经介绍了该飞机弹性振动模态的有关内容,有关该飞机的弹性结构环节这里不再赘述。

1) 气动网格的划分

气动力是气动伺服弹性的另一个重要的组成环节,这部分的主要工作是全机气动网格的划分,以及采用现有的工程方法进行非定常气动力计算。全机的主要气动面划分为若干气动力区域,以本示例飞机为例,分别是:机翼内侧气动面、机翼外侧气动面、翼梢小翼气动面、T型尾翼安定面、垂尾安定面、方向舵和升降舵,如图9-9所示。

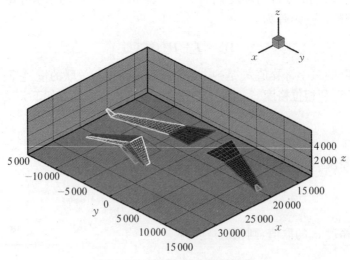

图9-9 全机气动力网格划分

目前,有关非定常气动力的计算,工程上主要是采用平板面元方法。民用飞机主要在亚声速马赫数范围内飞行,其非定常气动力计算主要采用偶极子格网法。

2) 增稳控制系统环节疏理

气动伺服弹性分析所需的控制系统环节,主要为飞机的增稳控制回路。该回路主要描述的是飞行控制系统中,从飞机机体的传感器信号输入到操纵飞机运动的各个舵面之间的控制系统传递环节。以本机为例,气动伺服弹性稳定性分析相关的飞机增稳控制律主要包含两个控制回路:从沉浮加速度过载传感器到升降舵的纵向回路;从偏航角速度传感器到垂尾方向舵的航向回路。经过适当的处理和简化,得到用于气动伺服弹性稳定性分析的伺服控制系统框图如图9-10所示。框图中的一阶环节和二阶环节为控制面舵机的传递函数,K_1和K_2为控制指令的增益,它们的具体参数如表9-2所示。

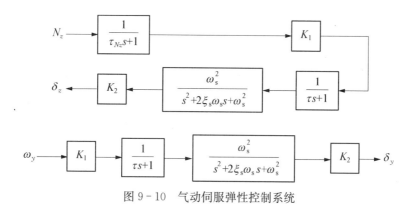

图9-10 气动伺服弹性控制系统

表9-2 增稳控制律参数

	K_1	τ	ξ_s	ω_s	K_2
纵向回路	1.455/27	0.0279	0.39	113.1	27/1.455
航向回路	2.297/25	0.0279	0.3	138.2	25/2.297

根据控制系统与机体环节的框图连接关系,构造气动伺服弹性系统模型。计算并绘制计算状态点的乃奎斯特曲线如图9-11和图9-12所示。

从乃奎斯特曲线中可以看出,曲线顺时针方向不包含(-1,0)点,且曲线实轴交点与(-1,0)点有一定距离,因此,该状态下气动伺服弹性闭环系统具有稳定性且有一定稳定裕度。根据幅频特性和相频特性计算闭环系统的稳定裕度如表9-3所示。从计算结果中可以看出,系统的幅值裕度大于6 dB,相位裕度大于60°,满足民用飞机适航条例中的气动弹性稳定性要求。

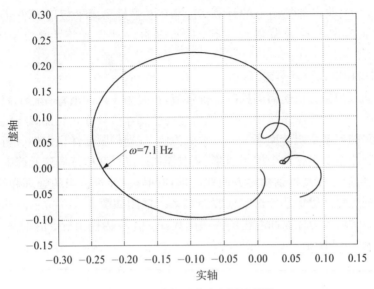

图 9-11　纵向通道乃奎斯特曲线

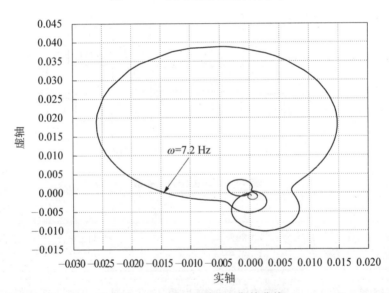

图 9-12　航向通道乃奎斯特曲线

表 9-3　气动伺服弹性系统稳定裕度

	幅值裕度/dB	相位裕度/(°)
纵向通道	12.7	180
航向通道	37.0	180

闭环系统回差矩阵的最小奇异值同样可以反映系统的稳定性,并可转换为幅值

裕度和相位裕度,与经典的乃奎斯特方法相对应。本算例全频域的奇异值曲线如图 9-13 所示。

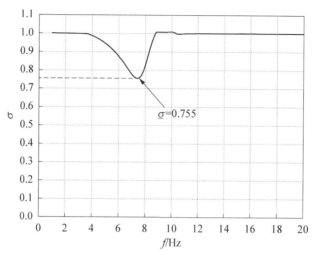

图 9-13 闭环系统回差矩阵奇异值曲线

系统全频域的最小奇异值为 0.755,参考 9.2.3.2 节理论,稳定裕度结果如下:

$$M = 12.2\,\mathrm{dB},\ \varPhi = 44.6°$$

最小奇异值方法适用于多输入、多输出情况,通过系统回差矩阵的奇异值得到一个综合的稳定裕度值。但最小奇异值方法是一种保守的稳定性分析方法,从计算结果可以看出,幅值裕度和相位裕度均小于经典乃奎斯特方法结果。

9.3 增稳控制律中的结构滤波器设计

现代飞机设计中,弹性飞机结构的振动特性与伺服控制反馈系统的动力学耦合是客观存在的。但这种耦合可以采取不同的方法去减弱,甚至排除。其基本途径可以有两种:一种是尽量减少传感器所感受到的结构反馈信号;另一种是在反馈回路中增设滤波器,对信号进行陷幅或移相。本节着重介绍结构滤波器方法。

9.3.1 增稳控制律中的结构滤波器设计方法

在反馈控制回路中增加结构陷幅滤波器,这是一种通用、可靠的解决气动伺服弹性不稳定的方法。假如飞机气动伺服弹性不稳定中有某个主要的危险频率,在这个频率附近,其响应幅值有急剧升高,相位又很不利,则陷幅滤波器的作用可以使系统在危险频率附近振幅迅速变小,呈陷落状态,并产生合适的相移。有无结构陷幅滤波器在乃奎斯特图(或伯德图)上有明显的区别,如图 9-14 和图 9-15 所示。以某飞机为例,对于同一给定速度状态,图 9-14 表示无结构陷幅滤波器时的乃奎斯特图线,复平面实轴负穿越点为(-1.5,0),说明闭环系统不稳定。图 9-15 是有结构陷幅滤波器时,负穿越点移至$(-0.27,0)$,说明闭环稳定,并且前者的相位裕度很小,后者则位于单位圆内,相位裕度足够。由此可见,由于陷幅滤波器的设置,使原来不稳定的气动伺服弹性系统转变为稳定的。所以设置陷幅滤波器是设计者不可缺少的措施。

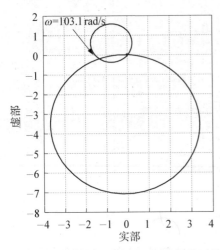

图 9 - 14　不带陷幅滤波器的乃奎斯特图线

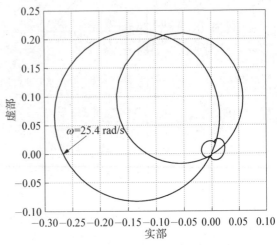

图 9 - 15　带有陷幅滤波器的乃奎斯特图线

　　一般地,陷幅滤波器的传递函数形式为

$$W_{\mathrm{n}} = \frac{s^2 + 2\xi_1\omega_1 s + \omega_1^2}{s^2 + 2\xi_2\omega_2 s + \omega_2^2} \tag{9-37}$$

式中:ω_1,ω_2接近陷幅频率,其参数选择应保证总开环传递函数的频率响应降至有6 dB 的稳定裕度。这种滤波器的优点是凹口的深度和宽度可以独立地调节,且其相位特性较好。图 9 - 16 所示是典型的结构陷幅滤波器的幅频、相频特性。图中的幅值用 dB 表示。

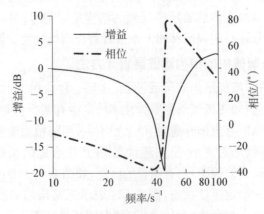

图 9 - 16　陷幅滤波器的幅频、相频特征

9.3.2 民机结构滤波器设计示例

仍然取 9.2.4 节中的民机对象为例,在图 9-10 的控制律框架基础上,选择另外一组控制律参数搭配。

1) 气动伺服弹性稳定性初始状态

经过气动伺服弹性系统的建模与分析,得到系统的开环传递函数的乃奎斯特曲线如图 9-17 所示。从图中可以看出,乃奎斯特曲线逆时针包含(−1, 0)点,气动伺服弹性闭环系统在该速度状态下是不稳定的。经过分析,曲线逆时针穿越实轴的频率范围在 6~8 Hz 之间,与飞机纵向模态中的机翼对称二弯和平尾对称一弯模态靠近。因此,该增稳控制律与飞机的这两阶弹性模态存在一定的耦合关系。

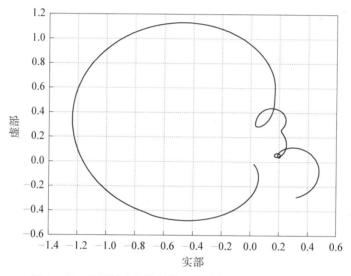

图 9-17 某民用飞机控制律 2 的纵向通道乃奎斯特曲线

2) 陷幅滤波器的设计

按照式(9-37)的形式设计陷幅滤波器,取 ω_1,ω_2 值分别为陷幅频率对应于 6 Hz 和 8 Hz 的圆频率。调试阻尼比 ξ_1,ξ_2 分别为 0.3 和 0.5,构造陷幅滤波器,并将其串入纵向控制律环节。再次进行气动伺服弹性的闭环频响计算,得到控制律 2 作用下的闭环乃奎斯特曲线,如图 9-18 所示。可见,在陷幅滤波器作用下,系统恢复了稳定性。

采用陷幅滤波器设计来避免或削弱控制系统与结构弹性模态的不利耦合,这种方式物理概念清晰,通常都能收到良好效果。但是,在实际应用中,陷幅滤波器的设计需要兼顾飞行控制系统的性能和要求,不能干扰飞控系统的正常使用。因此,陷幅滤波器还需经过飞控系统的全面仿真和考核,将其作为控制系统的一个环节来统筹设计,方能使用。

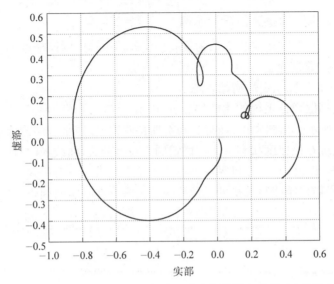

图 9-18　某民用飞机控制律 2 加陷幅滤波器的纵向通道乃奎斯特曲线

9.4　弹性飞机的阵风响应分析与减缓

当飞机穿越阵风区域时,其产生的气动力和力矩给飞机带来附加过载,该附加载荷将降低飞机的飞行品质,使飞机承受很大的结构动态载荷并导致机翼、机体等部件的疲劳寿命降低。阵风引起的颠簸导致飞机的乘座品质下降,甚至会影响驾驶员的操纵,危及飞行安全。本节着重考虑阵风引起的动力学响应,以及飞行控制系统中的阵风响应减缓控制。

9.4.1　阵风模型与描述

大气扰流场包含风速、风向、温度等的空间和时间变化,也包含降水(雨、雪等)特性。这里所关心的大气扰动主要指风速、风向特性。湍流是指叠加在平均风上的连续随机脉动。平均风是指特定时间内风速的平均值。突风或者阵风是指一种离散的或确定的风速变化。阵风可表现为离散风切变、大气湍流中的峰值、飞机尾流区流动、地形诱导的气流等。

实际的湍流场非常复杂,为了使飞机阵风响应问题的研究不致过分复杂,可对它作几条基本假设:①平稳性和均匀性假设,即大气湍流的统计特性既不随时间而变,也不随空间而变;②各向同性假设,即大气湍流的统计特性与方向无关;③Gauss分布假设,即认为大气湍流的速度大小服从于正态分布;④Taylor 冻结场假设,即飞机飞行速度远大于湍流速度及其变化量,飞机飞过相当长的距离所需时间很短,因此,湍流速度的改变足够小,可以忽略不计。

基于以上假设,工程对阵风的描述一般包括连续阵风和离散阵风两类。图 9-19所示的飞机穿越的连续阵风模型主要有 Dryden 模型和 von Karman 模型。Dryden

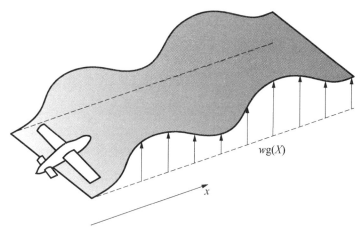

图 9-19　飞机穿越连续阵风区域

模型和 von Karman 模型的理论体系有所不同。Dryden 模型先根据经验建立大气湍流相关函数,然后推导频谱函散,而 von Karman 模型则先根据大量的测量统计数据建立大气湍流的频谱函数,再推导出相关函数。

　　由两种模型的纵向和横向相关函数以及纵向频谱函数的比较可以看出,这两种模型的差别是不大的。如果再考虑到测量的误差,可以认为,这两种模型的差别对于工程问题来说是微不足道的。但两种模型的频谱函数在高频端的斜率不同,因此,在研究涉及飞机结构振动的飞行品质、飞机的结构疲劳等问题时,只要可行,最好使用 von Karman 频谱。由于 Dryden 模型的优点在于频谱形式简单,是有理式,可进行因式分解,并且自然界的阵风通常都是低频阵风,两种模型效果基本一致。后文建立连续阵风响应分析数学模型还会提到 von Karman 频谱的应用。这里以 Dryden 模型为例说明连续阵风模型,其功率谱密度表达式可写为

$$\Phi(\omega) = \sigma_g^2 \tau_g \frac{1 + 3(\omega\tau_g)^2}{[1 + (\omega\tau_g)^2]^2} \tag{9-38}$$

式中:σ_g 表示阵风强度;$\tau_g = L_g/V$ 表示时间尺度;V 表示来流风速;ω 为圆频率。

　　为了便于采用现代数学工具计算连续阵风响应,需将阵风环节写为由单位白噪声激励的状态空间方程形式。形成 Dryden 阵风的成型滤波器可写为

$$T_g(s) = \frac{w_g(s)}{\eta(s)} = \sigma_g \frac{\sqrt{3}\,\tau_g^{-1/2}s + \tau_g^{-3/2}}{(s + \tau_g^{-1})^2} \tag{9-39}$$

式中:s 表示拉氏算子;η 为白噪声;w_g 为阵风输出;σ_g 为阵风强度;$\tau_g = L_g/V$ 表示时间尺度。

　　对于离散阵风情况,在飞行品质评定、飞机强度计算和飞行控制系统设计中,广泛使用 $1-\cos$ 型阵风模型,如图 9-20 所示。该阵风模型为

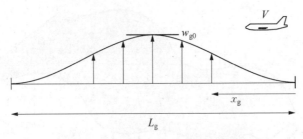

图 9-20 离散"1-cos"阵风模型

$$\begin{cases} w_g(x_g) = 0, & x_g < 0 \\[2mm] w_g(x_g) = \dfrac{\sigma_g}{2}\left(1 - \cos\dfrac{2\pi x_g}{L_g}\right), & 0 \leqslant x_g \leqslant L_g \\[2mm] \omega_g(x_g) = 0, & x_g > L_g \end{cases} \qquad (9-40)$$

式中：σ_g 表示阵风速度；x_g 表示飞机的位置；L_g 表示阵风尺度。

　　阵风响应计算包含一维阵风响应计算和二维阵风响应计算。在现有的飞行载荷规范中，连续阵风和离散阵风模型均被指定为一维模型，即假定阵风速度只在飞行方向上发生变化，而沿展向方向是均匀不变的。

9.4.2　连续阵风响应分析的数学建模

　　民用客机在大气中飞行遭遇到随机的湍流激励，会影响客机的乘坐品质，严重时甚至会影响飞行的安全。这种随机的阵风激励与响应通常表现为连续阵风激励及响应，故连续的阵风响应建模与分析对于民用飞机具有实际意义。

　　在气动伺服弹性系统框图 9-5 基础上，气动力环节加入阵风扰动，即可得到如图 9-21 所示的带有阵风输入的典型气动伺服弹性闭环系统。在此图基础上建立连续阵风响应分析模型。

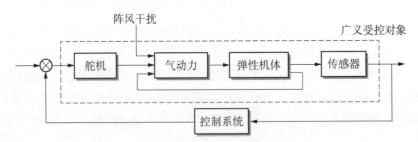

图 9-21　典型的气动伺服弹性系统

　　考虑有阵风干扰的气动伺服弹性闭环系统如图 9-22 所示。利用 Laplace 变量 s 与简谐振动圆频率 ω 的关系 $s = \mathrm{i}\omega$，以及使用气动弹性动力响应的基本运动方程，可以得到系统输出向量 $\boldsymbol{y}$ 的传递函数，形式如下：

$$\boldsymbol{G}_g(s) = \frac{1}{2}\rho V s^2 \boldsymbol{\Phi}\left[s^2 \boldsymbol{M}_s + s\boldsymbol{C}_s + \boldsymbol{K}_s - \frac{1}{2}\rho V^2 \boldsymbol{A}_s \right]^{-1} \boldsymbol{A}_g \qquad (9-41)$$

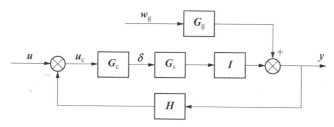

图 9 - 22　有阵风干扰时的气动伺服弹性系统

根据图 9 - 23 系统的反馈特性和传递关系,再考虑到

$$\boldsymbol{u}_{c}(s) = -\boldsymbol{H}(s)\boldsymbol{y}(s), \ \boldsymbol{\delta}(s) = \boldsymbol{G}_{c}(s)\boldsymbol{u}_{c}(s)$$

可以得到阵风下洗 w_{g} 与飞行器运动信号输出之间的关系

$$\boldsymbol{y}(s) = [\boldsymbol{I} + \boldsymbol{G}_{s}(s)\boldsymbol{G}_{c}(s)\boldsymbol{H}(s)]^{-1}\boldsymbol{G}_{g}(s)w_{g}(s) \tag{9 - 42}$$

式中:$\boldsymbol{H}(s)$ 代表反馈的飞控系统的传递函数;$\boldsymbol{G}_{c}(s)$ 代表驱动舵面的舵机环节的传递函数。将从 w_{g} 到某一输出分量的传递函数记为 R_{w}。根据随机理论,飞行器阵风响应的功率谱密度和均方根值可由以下公式求得:

$$\Omega_{y}(\omega) = |R_{w}(\omega)|^{2}\Omega_{g}(\omega) \tag{9 - 43}$$

$$\sigma_{y} = \sqrt{\int_{0}^{\omega_{c}}\Omega_{y}(\omega)\,\mathrm{d}\omega} \tag{9 - 44}$$

式中:ω_{c} 为截止频率;$\Omega_{g}(\omega)$ 为连续阵风功率谱密度,一般采用 von Kármán 连续阵风模型,其功率谱密度函数为

$$\Omega_{g}(\omega) = \sigma_{w}^{2}\frac{1}{\pi V}\frac{1 + \frac{8}{3}(1.339\omega L/V)^{2}}{[1 + (1.339\omega L/V)^{2}]^{\frac{11}{6}}} \tag{9 - 45}$$

式中:σ_{w} 为连续阵风均方根值;L 为阵风尺度。

　　由于阵风激励为一种随机激励,从时域上无法确切地获得阵风气动力的大小。然而连续阵风在频域上具有频谱特征。因此,连续阵风响应通常在频率下进行,可以得到飞机在连续阵风激励下的频谱响应。依据响应的频谱特性,可以对飞机的结构或控制系统加以设计和改进。例如,可以通过结构滤波器的设计,消除影响乘坐品质的频段的振动响应,改善飞机的振动环境。

9.4.3　国外大型飞机的阵风减缓活动

　　现代大型飞机上装有诸如加速度传感器、角速率陀螺等不同类型的传感器,除了副翼、升降舵和方向舵这 3 种常规控制面外,还有襟翼、鸭翼、扰流片和翼梢小翼等非常规控制面。因此,选择哪些位置上的传感器采集的数据作为反馈信号,选取哪些控制面作为阵风减缓控制系统采用的控制面,即阵风减缓控制方案设计,因其在阵风减缓技术中的重要地位成为国外研究的热点。

早在 20 世纪 60 年代,美国就开展了阵风减缓控制方案的研究工作。美国 NB-52E 验证机的控制方案如图 9-23 所示。该验证机在驾驶舱位置处增加两个水平鸭翼和一个垂直鸭翼,并且在驾驶舱处安装垂直加速度计和侧向加速度计,将垂直加速度计采集的信号通过控制增益驱动水平鸭翼和垂直鸭翼偏转,用于减缓驾驶舱处的阵风响应。另外该验证机又增加了操纵控制系统和安全监控系统。

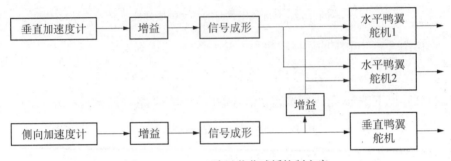

图 9-23 B-52 阵风载荷减缓控制方案

DHC-6 的乘坐品质控制系统应用副翼、升降舵及扰流片实现了垂直运动的阵风减缓控制。为了使乘坐品质控制系统与人工操纵兼容使用各操纵面,将该飞机的原有操纵面进行分割,提供部分但足够的权限用于阵风减缓。其中副翼分割出 40% 的翼面用于阵风减缓控制,升降舵提供了 20% 的翼面。扰流片仅用于进场着陆,它从基本位置开始动作,以增强副翼产生直接升力,实现着陆过程中的乘坐品质控制。DHC-6 垂直方向的乘坐品质控制方案如图 9-24 所示。由图可知,质心处的法向

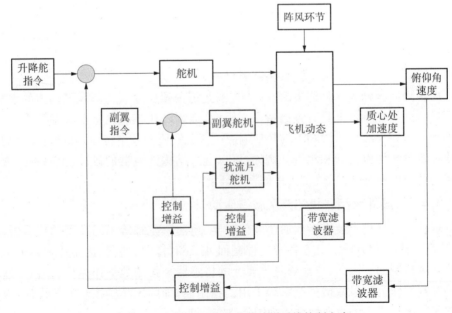

图 9-24 DHC-6 阵风载荷减缓系统控制方案

加速度信号通过洗出网络馈送给副翼和扰流片,以改善飞机的乘坐品质。在该系统中俯仰角速度信号通过低通滤波器和洗出网络对升降舵实现控制,以改善飞机的操纵品质。各反馈通道均采用了洗出网络以消除转弯时对稳态加速度和俯仰速率的影响。

德国 DLR 飞行学院研制的阵风减缓和驾驶平稳系统(LARS)包括两个子系统,一个为开环系统,主要针对飞机的刚性扰动运动,可有效地改善飞机的操纵品质;另一子系统采用的是闭环控制,主要用于减缓弹性机翼的弯矩。LARS 阵风减缓控制面为襟翼、升降舵和扰流片。阵风会引起升力的改变,升力的改变由机翼的直接升力控制(DLC)襟翼来补偿,而 DLC 襟翼偏转的动量则由升降舵来补偿。LARS 提供三对襟翼,可以实现升力和推力的独立控制,从而达到抑制阵风响应的目的。该阵风载荷减缓控制方案如图 9-25 所示。

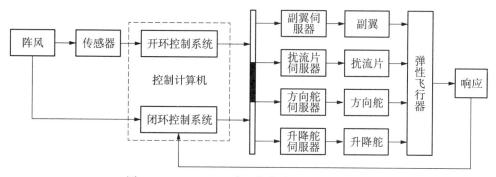

图 9-25　Do128-6 阵风载荷减缓系统控制方案

C-5A 的主动升力分布控制系统(ALDCS)中的阵风载荷减缓控制方案如图9-26所示。C-5A 采用的传感器有两类:①机翼翼尖过载传感器(共 4 个);②机身角速率传感器(俯仰陀螺)。所采用的控制面为副翼和内侧升降舵。该控制系统通过机翼的翼根弯矩、疲劳寿命等参数对比来衡量该系统的优劣。副翼和内侧升降舵偏转与垂直加速度、俯仰速率、控制杆位置和马赫数有关。俯仰速率输入提供俯仰阻尼,机翼垂直加速度计输入提供机翼一阶弯曲响应控制,机翼垂直加速度计输入抵消副翼俯仰力矩。

B-1 轰炸机的驾驶舱位于细长机身的前端。低空飞行时,由于大气扰动会引起机身结构的剧烈振动,严重影响机组乘员的乘坐品质和正常操纵。为此,B-1 飞机在驾驶舱下方机身两侧安装了一对 30°下反角的水平前翼,当其对称偏转时,可形成垂直控制力;差动偏转时,可形成水平控制力,从而可用来改善飞机的乘坐品质(见图 9-27)。

A320 阵风减缓控制系统较为特殊。该系统测量机身的法向过载,当机身的法向过载系数超过飞行员操纵给定的过载值 0.3g 时,副翼及外侧扰流片以很高的调节角速度作卸载调节偏转。该偏转至少保持 0.5s,然后减速收回。操纵面偏转角度

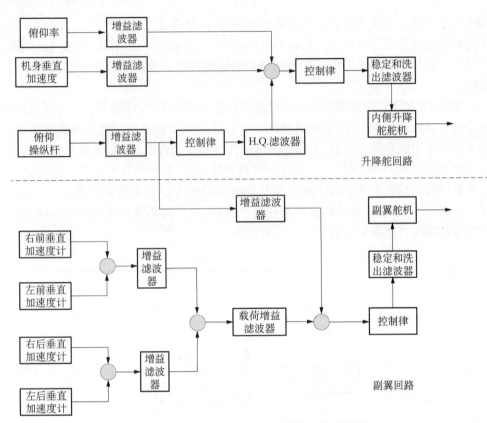

图 9-26　C-5A 阵风载荷减缓控制方案设计

图 9-27　B-1 轰炸机实现结构模态控制的小翼配置

与法向过载成比例,副翼最大调节偏角为 10°,扰流片的最大调节偏角为 25°。副翼及扰流片偏转所造成的俯仰力矩由升降舵偏转来平衡。

　　21 世纪初,以色列开展并完成的弹性飞机阵风减缓风洞试验,如图 9-28 所示。该风洞试验是欧洲主动气动弹性飞机结构(3AS)项目之一,其目的是探索利用飞机的气动弹性效应获得更好的飞机设计方法。该风洞为椭圆形,风洞试验段尺寸为

图 9 - 28　以色列开展的全机阵风减缓试验

24 m×14 m。该模型为全模,模型机翼展长为 5.3 m。模型采用钢索悬吊方式支撑风洞模型。阵风发生器依靠两叶片产生"1-cos"正弦阵风。阵风减缓控制律基于经典控制理论设计,且仅以翼尖过载作为反馈信号,分别采用三种控制面抑制翼尖过载和翼根弯矩。计算结果表明,在一定速度范围内,翼尖过载减小 26%～33%,翼根弯矩减小 9%～16%。由于速度较大时会出现副翼反效,故分别采用伸出机翼前缘的特殊控制面和翼梢小翼前缘控制面的控制方案的效果优于采用副翼控制方案的。

9.4.4　阵风响应主动减缓的试验研究与验证

阵风响应的主动减缓主要是在飞机的控制系统中引入一个阵风减缓控制律,利用飞机的操纵面或阻力板等辅助气动面实现飞机机体弹性振动响应的快速衰减。

机翼是飞机的主要升力部件,特别是对于大型的民用客机,机翼的结构和气动效率对于飞机的燃油经济性具有重要意义。轻质和大翼载特点,使得机翼的阵风响应减缓对于整架飞机而言占有较大的比重。因此,阵风响应主动减缓研究往往从机翼部件开始。图 9 - 29 为某带有双后缘控制面的真实机翼风洞试验模型(北京航空航天大学气动弹性研究室设计,于 2007 年 9 月在北京航天空气动力研究院 FD - 09 低速风洞中进行),用于阵风减缓主动控制律设计与试验验证。机翼来流前方为一组阵风发生器叶片,由电机驱动做恒定频率的周期运动,以产生连续的正弦阵风扰动。阵风频率随电机输入电压的变化,可以在一定范围内调节。试验监测系统如图 9 - 30 所示。在机翼表面布置有加速度传感器,用于感知机翼的运动信号。传感器信号经低通滤波器消去高频噪声,再由数据采集卡测得,传入测控计算机。设计出的阵风减缓控制律,经数字离散化处理,使用数采卡测得的实时数据,运算生成控制指令。最终,再经过数采卡输出给机翼舵面的舵机系统,驱动舵面偏转,实现主动抑制的目的。

图 9-29 放置在风洞中的大展弦比机翼模型

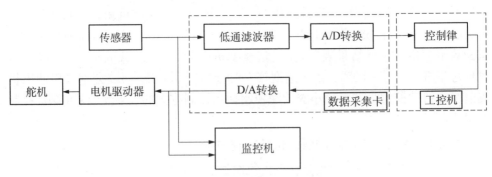

图 9-30 数据采集与试验监控系统

针对该机翼模型的阵风减缓控制律设计及试验研究结果表明:①采用双控制面设计的控制律,其控制效果优于单控制面情况;②控制律的作用效果与风速状态及阵风扰动频率有关,综合来看,阵风加速度响应减缓效果可达10%~40%;③阵风载荷减缓与阵风响应减缓有所不同,针对低频段的阵风响应进行主动抑制,可具有阵风载荷减缓的效果。

在机翼部件阵风响应减缓研究的基础上,加入机身、尾翼等部件,可进一步深入研究全机的阵风响应减缓。通过低速风洞试验来验证弹性飞机阵风响应建模的有效性以及阵风减缓控制系统的有效性。相对机翼部件而言,全机的阵风响应减缓试验系统更为复杂。弹性飞机阵风减缓风洞试验主要包括以下子系统:①弹性飞机全机有限元模型设计;②模型结构设计;③支撑系统设计;④阵风发生器设计;⑤舵机选取及建模;⑥加速度传感器以及动态应变仪的选取;⑦测控系统设计;⑧阵风减缓控制方案设计;⑨数据处理。图 9-31 为某大型民用飞机外形阵风响应减缓风洞试验的模型图片。

相比于机翼部件阵风响应减缓试验,全机试验的最大区别是其增加了一套将机身安装在风洞中的支撑系统与机构,保留了飞机机体纵向的两个刚度运动自由度。并且需要一套纵向稳定回路的设计,使机体的纵向刚体自由度运动能够在风洞中稳定。纵向增稳回路如图 9-32 所示。该回路采用飞机的俯仰角速率、角位移以及飞机高度作为反馈信号,通过比例控制将信号反馈给升降舵,以此保证飞机纵向回路的稳定。这样,全机的阵风响应减缓控制系统就包括了两个控制回路:①内回路,飞机纵向增稳回路;②外回路,阵风减缓控制回路。内回路是阵风减缓控制系统有效的前提;外回路是阵风减缓控制系统的关键。

图 9-31　全机阵风响应减缓风洞试验模型

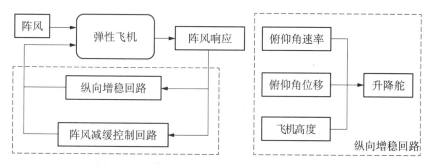

图 9-32　弹性飞机全机阵风减缓控制方案设计

9.5　结构模态耦合试验与气动伺服弹性飞行试验

9.5.1　飞机结构模态耦合试验方法简介

9.5.1.1　结构模态耦合试验概述

飞机结构模态耦合试验也称作地面伺服弹性试验,其试验目的主要有两方面:

(1) 验证飞机在无气动力作用的地面情况下结构与飞行控制系统耦合的稳定性。在无气动力作用时,对飞机结构起激励作用的是控制面偏转所带来的惯性力,且此时对振动响应起抑制作用的只有结构阻尼,因此大惯量的控制面容易在结构固有频率处激起较大的振动响应。若飞行控制系统增益也较大,则容易发生结构与飞行控制的耦合失稳。飞机设计应避免发生结构模态耦合失稳,且具有一定的稳定裕度。

（2）测定回路中的相关传递函数，为气动伺服弹性分析计算模型的验证与修正提供依据。由于无气动力的作用，地面伺服弹性稳定并不能代表气动伺服弹性稳定。但在结构模态耦合试验中通过测量回路相关环节的输入和输出数据，可以得到这些环节的传递函数。利用这些试验数据可校正理论计算模型，在此基础上加上非定常气动力进行气动伺服弹性稳定性计算，可以得到更加可信的分析结果。

结构模态耦合试验一般有两种内容：开环频率响应试验和闭环脉冲响应试验。从安全性的角度考虑，一般先做开环试验，再做闭环试验。

9.5.1.2 开环频率响应试验

开环频率响应试验的原理如图 9-33 所示。将飞行控制系统解算后的信号流断开，在舵机输入端加入激励信号，同时测量舵机输入端（测量 1）和飞控系统输出端（测量 2）的信号。对所测量的信号进行数学处理，可以求得从舵机输入端到飞行系统输出端的传递函数，这正是伺服弹性闭环系统的开环传递函数，利用乃奎斯特判据可判断闭环系统的稳定性，并估计稳定裕度。如果也测量惯导组件输出端（测量 3）的信号，那就可以求得其他环节的传递函数。在此方法中，由于系统处于开环状态，因此不会发生失稳，这对试验是安全的。

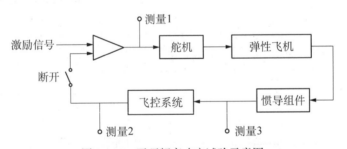

图 9-33　开环频率响应试验示意图

前文及图 9-33 描述了结构模态耦合试验的一般过程和试验飞机的基本环节。对于真实的飞机对象而言，在试验状态的编制过程中，往往还要考虑飞机控制系统的俯仰、横滚和偏航回路的差别，针对不同通道各自的耦合情况，开环试验通道的开闭及数据的采集有针对性的处理。

典型的飞行控制系统及输入输出信号的交联关系如图 9-34 所示。图中，飞控系统的输入信号为飞机的加速度过载、姿态角及角速率，输出信号为各个通道的控制指令。其中，纵向通道的典型输入为纵向加速度过载、俯仰角及角速度。可以看到，飞机的纵向飞行控制律不含飞机的横航向运动信号，因此飞机的纵向通道通常是与横航向通道解耦的。在进行纵向通道的开环频响试验时，仅需要将纵向和横航向通道全部断开，测量纵向的开环传递函数即可。横向和航向通道的典型输入有偏航角、滚转角等，同时还可能含有纵向通道的俯仰角信号。飞机的横向控制与航向控制通常是交联耦合在一起的，无法简单解耦。因此，在进行横航向试验时，可以在

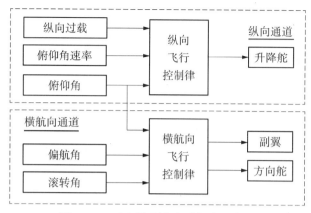

图 9 - 34　飞行控制律交联耦合示意图

航向通道开环的条件下,测量横滚回路的开环传递函数。然后,再在闭合航向通道的条件下,测量横滚回路的开环传递函数。也可以反过来,在横向通道开环的条件下,测量航向通道的开环传递函数,再在横向通道闭合的条件下,测量航向通道的开环传递函数,以考虑横航向通道的耦合。

在考虑试验状态的编制时,还应包括实际飞行情况下不同的装载、不同的控制律和系统故障情况(例如,助力器主系统和助力系统分别单独工作)。通常,对于每种控制律,取高增益状态作为典型试验状态;对于每种试验状态,应该分别取操纵面中立位置,80%操纵面最大下偏角为操纵面初始位置;对于每个操纵面初始位置,以几种振幅进行试验,应从小的输入幅值开始,逐渐加大,达到"最佳"输入幅值;最佳输入幅值,应足以克服系统的非线性,而且不至于损坏系统或结构;对于试验频率范围的设定,应该至少包括飞机主要结构的一级弯曲和一级扭转频率。在试验过程中,以一定的频率间隔连续扫频,测量飞机结构-飞行控制系统组合回路的开环传递函数,并记录传感器输出和操纵面的振动信号。

试验状态往往与飞机的支持方式具有一定的关联。飞机的支持方式决定了飞机结构所处的边界条件。例如,在试验时飞机的支持形式可分为起飞、着陆滑跑状态和飞行状态。可用起落架支持飞机模拟起飞、着陆滑跑状态,用气囊和空气弹簧支持飞机模拟飞行状态。

除此之外,结构模态耦合试验对试验的模型对象也有一定的要求。试验的飞机和飞行控制系统应该处于可以试飞的状态;机上各种装备齐全,或经过必要的代用处理;如果需要装载燃油进行试验,应该有相应的保安措施。

试验的激励信号通常为舵面偏转指令。常用的激励信号有快速扫频信号和步进正弦激励两种方式。快速扫频激励能够快速地在一定频率范围对飞机进行激励,试验耗时较短,但测得的信号信噪比较差。步进正弦激励试验的测试信号相对较为理想,但每个试验状态的耗时较长。典型的开环频响试验结果如图9-35所示。

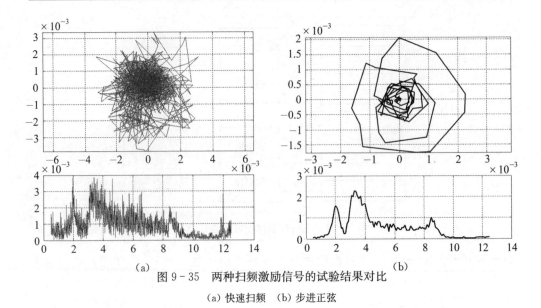

(a)　　　　　　　　　　　　　　(b)

图 9-35　两种扫频激励信号的试验结果对比

(a) 快速扫频　(b) 步进正弦

9.5.1.3　脉冲响应试验

　　脉冲响应试验是在飞机结构-飞行控制系统闭环的条件下,通过增加系统增益,取得飞机结构-飞行控制系统组合回路的稳定裕度的一种试验方法。

　　典型的飞机结构-飞行控制系统闭环脉冲响应试验原理如图 9-36 所示。首先给定飞行控制系统一个额定增益,由脉冲信号发生器产生脉冲信号输入舵机,对飞机产生激励,观察并记录操纵面的响应。如果操纵面的响应是衰减的,就逐步增大控制系统的增益。增益增大的范围,可以是额定增益的某个倍数,或者增大到系统不稳定为止。

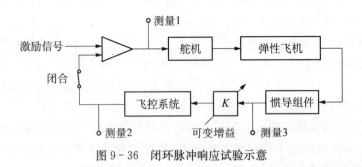

图 9-36　闭环脉冲响应试验示意

　　有时,也可以采用人工的方式代替脉冲发生器,即采用脉冲驾驶杆或脚蹬的方法,进行激励来开展这类试验。

　　对于闭环脉冲响应试验状态的设计,可以参考开环频率响应试验的内容。如果事先已经做过开环频率响应试验,则可选择稳定裕度较小的几个状态进行试验。试验时,应逐步调整脉冲信号的宽度和强度,选择"最佳"脉冲信号宽度和强度,使之既能够克服系统的非线性,又不致损伤结构和系统。

在试验中如果出现不稳定现象,就有可能损坏飞机结构或飞行控制系统,因此应该有迅速切断液压系统能源的应急保护装置。为了避免发生不稳定现象,应在飞机结构-飞行控制系统组合回路的开环频率响应试验结果满足伺服弹性稳定裕度要求的情况下,再进行闭环脉冲响应试验。

9.5.2 气动伺服弹性飞行试验方法简介

9.5.2.1 气动伺服弹性飞行试验概述

气动伺服弹性飞行试验是在飞机的飞行测试中完成气动伺服弹性系统各传递环节动态信号的采集、测量、分析的试验项目,并为气动伺服弹性分析提供最具参考价值的数据。由于飞行试验往往处于飞机研制的设计定型阶段,与气动伺服弹性相关的飞机结构、气动外形等设计基本固化,通过开展飞行试验能够获得最贴近飞机真实特性的数据[1]。

相对于地面的结构模态耦合试验,飞行试验的最大区别在于它包含了飞机在空中的非定常气动力特性,并且随着速度(或动压)的变化,非定常气动力与飞机结构之间的相互耦合作用,以及气动伺服弹性系统的动态响应都在不断变化着。由于飞行试验需要在实际飞行中进行采测,因此需要与飞行有关的飞机各子系统配合,准备工作相比结构模态试验更为复杂,试验成本较高。而从获取的数据信息来看,气动伺服弹性飞行试验与结构模态耦合试验均为系统的动态信号测量,数据的格式、采样率和分析方法是基本相同的。

气动伺服弹性是有飞行控制系统参与耦合的一类动力学稳定性问题,它的发生与颤振现象十分相似,因此也称为伺服颤振。正因如此,气动伺服弹性稳定边界测试的飞行试验与颤振边界试飞有着密切联系。通常气动伺服弹性分析的前提是要求系统开环是稳定的,即颤振速度高于气动伺服弹性的稳定速度。因此,在气动伺服弹性飞行试验之前,应先开展颤振试飞,或者预先掌握较为可靠的颤振包线边界。气动伺服弹性飞行试验要在颤振包线之内进行。对于稳定边界的测量,可采用与颤振边界预测(如阻尼外推法)类似的方法,同样可获得气动伺服弹性稳定边界的预测。为了使稳定性指标与行业规范中的表述形成一致,气动伺服弹性飞行试验有时更关注实测的动态响应信号,绘制成复平面的乃奎斯特曲线,可得到给定速度边界下的幅值、相位裕度参考。

9.5.2.2 飞行中的激励方式

气动伺服弹性飞行试验主要包含振动激励、数据采集和结果分析几项内容。其中,结构振动的激励是与飞机动态特性有关的一项重要专题。一方面,激振力必须是可靠的,不能影响飞行安全;另一方面,激振力又需要达到一定的作用量级,使动态信号具有足够的信噪比。用于飞机动态特性飞行试验的激励大致可分为两类:一类是依靠自然界提供的能量激励,即大气湍流激励;一类是人工激励,即借助某种激励装置驱动,激起结构的振动响应,测量动态响应的时间历程与衰减情况[2]。具体而言,又有几种常用的方式。

1) 利用舵面和飞控系统进行激励

对于带有多个操纵面的飞机,可采用类似于地面结构模态耦合试验的正弦激励办法,即通过在舵面的输入端加入某种形式的给定激励信号,采集测量结构传感器处的动态响应输出信号,由此获得从该舵面输入到结构动态输出之间的传递函数,用于检验气动弹性系统的动态分析模型;或直接测量系统的开环传递函数,得到实际飞行状态下的乃奎斯特曲线。

大型客机具有大展弦比、大柔性的结构特征,其低阶的弹性模态频率相对较低,有时直接使用正弦信号在低频段难以获得理想的激振效果。文献[3]中提到一种正弦-脉冲激励方式,以下式的正弦-脉冲型信号作为输入,可改善气动伺服弹性飞行试验的低频动态信号:

$$u(t) = \frac{\sin t}{t}$$

无论采用何种激振方式和信号采集、处理方法,飞行安全是首要的。因此,以操纵面作为激振输入的方式,操纵面的使用不能影响飞机的正常操控;飞机在该试验状态下应是气动伺服弹性稳定的,试验以测量系统的开环频响为主要目的;激振的幅值要在飞机的操纵和动态信号的信噪比之间权衡。

2) 翼尖小翼激励

这种方式是在飞机的翼尖部位对称地安装小翼,通过电机驱动小翼运动使其产生振荡的非定常气动载荷,从而达到激励飞机结构响应的目的。电机驱动器的输入信号可由专门设置的信号发生器产生,具有一定的灵活性。这种方式不受飞行控制系统的制约,也不会对飞行控制系统造成直接的影响。并且对于大型飞机而言,其机翼的结构柔性相对较大,只要激振信号的幅值得当,在翼尖激励应能够激起机翼的弹性振动,进而激起飞机的主要弹性振动模态。但这种方式不可避免地会对飞机外侧翼尖的流动特性造成影响;并且带来机翼结构重量的增加,对机翼的动态特性有所影响。

3) 小火箭激励

小火箭激励是在飞机上感兴趣的结构部位安装小火箭,通过试飞员控制点火开关,利用火箭反冲力激励结构的振动响应。这种激励的特点是简单易行,不需要对飞机的结构进行改造,也不影响飞机的飞行控制系统,并且激励力的大小可通过火药的填充量调节。由于这种激励力与脉冲信号极为类似,因此,可作为飞行中的闭环脉冲响应试验的激励方式使用。但其激振力不可测量,因此无法用于系统传递函数的测量试验。

4) 大气湍流激励

大气湍流激励不同于上述的几种激励方式。这是一种非人工激励,利用飞机在飞行中受到自然存在的大气湍流作用来实现对飞机结构的激励。这种激励的方式成本最低,不需要附加任何装置。但这种激励不受人为的控制,激励的效果有时无法保障,测得的动态响应信号的信噪比一般较低。

总而言之,各种激励方式各具特点,有时需要结合大型飞机的特点和飞行试验的目的,有针对性地选用。有时是几种激励方式的组合应用。

9.6 结语

本章从飞机的结构弹性振动入手,概述了民用飞机的结构弹性模态与飞行控制系统耦合产生的相关问题。文中介绍了气动伺服弹性力学的基本概念,以及弹性飞机的气动伺服弹性一般运动方程。针对气动伺服弹性的稳定性问题,用实例说明了增稳控制律中的结构陷幅滤波器设计。而针对气动伺服弹性的动响应问题,则从阵风模型为切入点,概述了弹性飞机阵风响应分析与主动减缓的一般情况。最后,本章介绍了结构模态耦合试验和气动伺服弹性飞行试验两类与飞行控制系统和弹性模态耦合相关的试验科目。

参 考 文 献

[1] PITT D M, HAYES W B, GOODMAN C E. F/A‐18E/F Aeroservoelastic design, analysis, and test [C]. AIAA paper 2003‐1880,2003.

[2] 周自全. 飞行试验工程[M]. 北京:航空工业出版社,2010,12.

[3] BRENNER M, PERON E. Wavelet analyses of F/A‐18 aeroelastic and aeroservoelastic flight test data[C]. AIAA paper 97‐1216,1997.

[4] 张军红,李振水,詹孟权.大气湍流中机翼一阶弹性模态主动振荡抑制方法研究[J].飞机工程,2006(3):22‐24.

[5] 刘子强,崔尔杰,傅光明,等.大型飞机的气动弹性力学问题[C].中国航空学会2007年年会,2007.

[6] PRATT R W. Flight control systems, practical issues in design and implementation [M]. UK: The institution of Electrical Engineers, 2000.

10 民机飞控系统的评估与确认简介及飞行控制律评估与确认

飞行控制系统常称为安全关键系统(safety critical systems)。由于现代飞行器载体、计算精度、实时响应的要求,这类系统现在变得越来越复杂,因而在工程实践中自然面临一个重要的问题:如何确保飞行控制系统设计正确、功能完善、稳定可靠,以保证飞机在全包线内,在设定的故障范围内安全有效地飞行? 这一问题需要通过飞控系统评估与确认来有效解决。

飞控系统评估与确认是飞控系统研制流程中非常重要的环节,自始至终贯穿于飞控系统开发设计过程中,其基本目标是证明所设计的飞控系统在飞行包线内任意处,针对所有可预测的参数变化或故障,满足安全性和操纵性要求。它是飞行器放飞前的最终确认,为放飞许可提供飞控系统安全可用的证明。

10.1 飞行控制系统开发过程

10.1.1 系统开发过程

一个具有可跟踪性和符合性的系统开发过程可以确保需求的双向对应,即每个高层次的需求由一个或多个低层次需求来涵盖,而对于每个低层次的需求都有一个高层次的需求来对应。供应商以同样的系统化方式生产硬件和软件,飞机制造商(对飞机总体负责)严密地监控这一过程。设备制造和软件开发位于 V 形的底部。

描述飞行控制系统的开发过程可用一些不同的模型,一般常用的是如图 10-1 所示的 V 形模型,分析步骤列在 V 形的左侧,综合步骤列在 V 形的右侧[1]。

对于"验证"和"确认",存在一些不同的定义,文献[2]给出的定义如下:

验证(verification):对一个过程结果的评估,以确保相对于该过程的输入和标准而言该结果的正确性和一致性。

确认(validation):一个确定需求是正确的和完备的过程。

验证和确认的测试活动被描绘在 V 形的两边之间。产品规范在 V 形的左边,自顶向下进行,始于飞机的总体规范,系统级规范来自飞机的总体规范,但包含更多细节要求。设备级规范同样来自系统规范,设备规范可以分为硬件规范和软件规

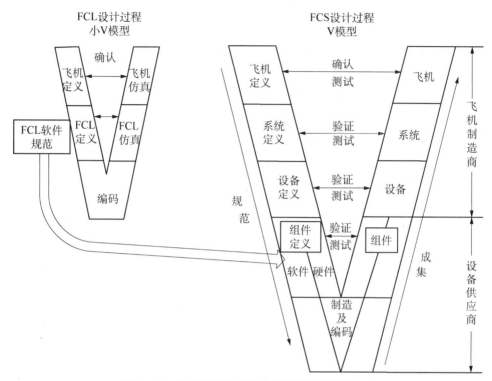

图 10-1　由 V 模型定义的飞行控制系统设计流程

范,它常常代表着与设备供应商的合同界面。每个高层次的需求由一个或多个低层次需求来涵盖,而对于每个低层次的需求都有一个高层次的来对应。

　　产品集成在 V 形的右边,自底向上进行,只有当验证测试完全通过,集成步骤才告完成。对于每一项需求,必须定义一组预期结果和适宜的测试,以便进行符合性验证。每个处理过程的验证结果都被正式文档化,以获得符合性证据和提供可追溯性。V 形两边之间的连线定义了不同层次的验证和确认活动:

  - 设备测试在专用测试装置上进行;
  - 系统测试在铁鸟台架上进行;
  - 飞机级别的测试首先在飞行模拟器上进行,然后是铁鸟台试验,接着是地面试验,最后是飞行试验。

　　当所有的认证和合格鉴定测试通过后,飞机进入服役阶段。当飞机成功地完成所有的运行任务后,飞机规范才达到最终确认。

　　对于复杂的数字系统,以上过程必须是非常正规的,以保证研制过程的可见性、安全性、正确性和文档化。在 FCS 开发过程中,一个修改必然带来下游产品的更改,造成飞控及相关部门(如载荷、颤振、系统和试验部门)的重复性工作,从而极大地增加了成本。这就要求必须在第一时间就做正确,以减少修改的次数,尤其在开发过程的后期。

10.1.2　飞行控制系统开发计划

图 10-2 给出了一个典型的自动飞行控制系统的开发计划，还标明了相关活动为了指定的目标所占用的时间（以季度为单位）。任何一个活动的持续时间取决于系统设计和开发的复杂性，以及关于资料或文档的相关合同要求。该图阐明了在开发计划中需要开展的主要活动，并且明确了在 AFCS 设计中必须满足的基本的系统考虑。

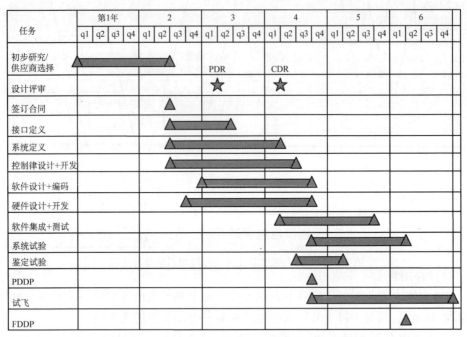

图 10-2　典型自动飞行控制系统开发计划（6 年）

1）研究阶段/开发商选择

自动飞行控制系统开发项目将从预先研究阶段开始，在此阶段将建立飞机顶层要求，并提出一个初步飞控系统设计建议书以便选择供应商。设计建议书将采用若干设计资料合订本的形式，它们将提及每一个顶层要求，并且说明其实现方式。建议书会详细说明公司的组织机构、财务状况、商业条款、质量程序，以及已取得的业绩及其他相关内容；该阶段结束时会与中标企业签订设计开发该自动飞行控制系统并供应相关设备以支持该项目的合同。

2）接口定义

选择自动飞行控制系统供应商可能比选择传感器设备的供应商稍微提前或者同时进行。一旦与所有其他供应商的合同签署完毕，就可着手进行自动飞行控制系统接口的完整定义。该任务对于保证在后续过程不遇到系统设计隐患是相当关键的。既要关注传感器性能，又要关注电信号接口，以保证飞控系统接收和传输合适的运行数据。

3）系统定义

在编制接口文件的同时，系统定义文件也开始编写，划分飞控系统功能要求，并给出顶层体系架构。在开发计划的这一阶段还要同时开展系统设计考虑，这是保证成功实施整个飞控系统研发的基础。控制律设计也在这一阶段开发。

4）软件设计和编码

在给出接口完整性、系统和控制律的定义之后，执行飞控系统运行的软件根据硬件结构被适当划分为高完整性、低完整性的软件任务模块。一个在飞控系统开发过程中始终如一需关注的主题是软件设计的验证和确认，本章稍后将给出更详细的介绍。

5）硬件设计和开发

自动飞行控制系统将分割成许多外场可更换部件(LRU)，它们接受嵌入式飞行操作程序的指令，实现接口、控制和作动器驱动的功能。每一个外场可更换部件由许多模块组成，例如输入/输出、中央处理器单元、电源和调理单元等。硬件的设计和开发任务将涉及所有这些模块，其目的是提供一些原型装置，基于软件的控制律将在这些原型装置上进行最终测试。

6）系统集成和测试

硬件和软件集成起来，并逐步地包含越来越多的功能，直到整个系统在专门设计的系统平台中进行测试。这为系统设计团队提供了一个闭环环境，以模拟飞行动力学特性并用自动飞行控制系统进行控制。

7）合格鉴定试验

合格性测试用来确定组成飞控系统的外场可更换部件的适航性。要通过一系列的测试，例如振动、变温度/变高度、湿度、电磁干扰、坠撞/冲击、污染和抗霉菌增长，以及其他与应用有关的试验。这种试验将选用和最终飞行完全相同的部件，以证明在典型的飞行环境中硬件性能不会降低。

8）设计和性能的初步/最终报告

设计和性能的初步/最终报告是一份汇集外场可更换部件和系统文档的技术报告，其目的在于报告已进行的测试，以及相关的证明设备具备适航性的结果。设计和性能的初步报告包含了一个测试的子集，用来申请启动试飞的许可，它将与长周期的测试和验证工作平行进行，这些测试结果都将整理成文纳入最终报告中。

9）试飞

飞机制造商进行一系列的测试以证明机体和自动飞行控制系统的适航性。自动飞行控制系统的供应商会进行平行的工作，如有必要，在此期间进行修改或改进。

10）合格审定

在自动飞行控制系统项目的所有阶段中编制和成文的资料将提交给相应的适航管理当局，以审定自动飞行控制系统/飞机适于飞行运行。当对方满意时，该设计谱系才是可接受的。

11) 设计评审

如图 10-3 所示,在开发计划的各个阶段都要开展评审,以确认本设计阶段的完成和下一阶段的开始。自动飞行控制系统的用户一般要求至少进行两次合同性评审——初步设计评审(PDR)和关键设计评审(CDR),来分别处理方案设计和详细设计。这些评审安排在开发计划节点上。

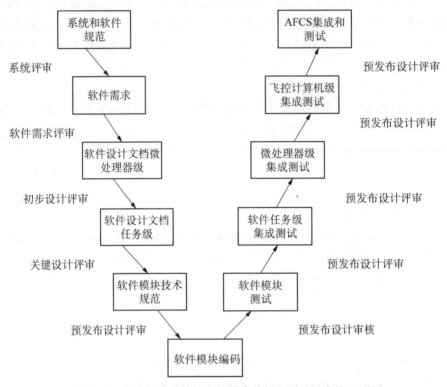

图 10-3 含有相关设计评审的需求分解和测试组成的 V 形图

10.2 飞控系统评估与确认

飞控系统的评估与确认用以确定飞控系统产品是否准确实现设计需求、设计需求是否正确完善并在实际环境中是否满足使用要求的过程。如图 10-1 所示,飞控系统的验证与确认体现在整个飞控系统开发过程的各个阶段,它起始于系统需求分析阶段,贯穿整个飞控系统的开发研制过程,最后确认系统是否满足项目开发之初设定的各项要求。正是由于这一系列活动的存在,构成了开发过程中的逆向信息反馈,保证技术或工程方面的改进和完善,形成一个嵌套的开发过程。飞控系统的评估与确认已成为整个研制过程中一个关键性部分,对飞行安全、飞机的生命周期以及研发成本等都有很大的影响[3]。

在这一过程中,评估与确认活动通常可以归为 4 种基本类型:

● 检查(inspection)：用于确认产品(包括软件、硬件或者综合后的软/硬件)是否符合应用文档，例如图纸、流程、计算机列表、使用者需求、系统规范等。这一活动主要是基本的文档核对和简单的测量。

● 试验(test)：用于确定产品的功能特性是否满足操作和技术要求。这一过程的技术含量相对要高，提出需要专业的设备和规范化的操作程序。试验中的产品在激励输入作用下产生被控响应，与期望的结果进行比较，所得数据通过后续详细分析以判断产品是否满足各项规定的要求。

● 证实(demonstration)：用于向用户或官方表明产品是否合格，是否能够满足各种所需功能的要求。

● 分析(analysis)：由于现实技术条件有限等原因使试验难以付诸实施时，可以考虑使用分析的手段来对试验活动进行补充，利用仿真或模型解析分析的结果来验证设计是否满足需求。

由于计算机和相关技术的飞速发展，仿真技术的应用也越来越广泛，在系统的评估和确认中起着重要的作用。在系统的不同开发阶段，这些作用也有所区别。

(1) 在原理件没有制造出来前，用于回答有关拟建系统能力等性能问题(数学仿真)。

(2) 在开发过程中，用于验证设计性能(数学仿真或半实物仿真)。

(3) 在原理件研制出来后，用于确认系统具有期望的性能(人造环境下的实物仿真)。

(4) 最后，仿真可以支持测试和验证系统是否满足要求(实物环境下的实物仿真)。

10.2.1　系统级评估和确认

一般而言，飞行控制系统级的验证与确认包含以下几个方面的内容：系统需求定义的确认、系统设计与实现的确认、系统综合与实验验证，及机上地面试验与飞行试验[3]。

10.2.1.1　系统需求定义的确认

往往最初来自飞机用户的需求并不是十分清晰，需要通过严格的确认过程来得出完整的需求描述。要从整个飞机的角度对用户的需求进行描述和确认，制订相应的用户需求规范。

通常，用户需求中与飞控系统直接相关并需要确认的内容有以下几个方面：

(1) 飞行包线的定义；

(2) 操纵品质需求、乘坐品质需求；

(3) 模态划分；

(4) 可靠性、安全性、可用性和保障性要求；

(5) 维护性和测试性要求；

(6) 潜在的升级扩充需求；

(7) 设计和实现中必须采用的设计方法和标准等。

总的来说,要综合考虑设计、制造等各方面的因素和约束条件对用户需求进行确认,系统地考察需求的完整性、一致性、设计可追溯性等特性;要充分借鉴以往经验,并结合其他相关方面的规范协议,同时还可以利用现阶段不断发展的各种仿真分析工具和方法对用户需求进行建模和分析,以确保需求具备上述特性。

在综合考虑各方面的因素和约束条件,对系统需求进行有效确认后,完成需求分析和定义,并通过内部交流或专家评审等方式予以确认。

10.2.1.2 系统设计与实现的确认

系统/子系统的设计和实现本身就包含着一系列的验证与确认活动。在系统/子系统的工程设计、加工制造、装配调试中,要通过各种有效的验证活动,发现问题,改进设计,实现系统的优化迭代。

经过验证后常见的情况是:部件的方案改进,或分系统级甚至系统级方案的改进。设计优化与完善的迭代次数取决于:需求提出的准确性,设计者对用户需求的认知程度,分系统与部件设计者们的工作经验,甚至质量与管理体系的保证。

10.2.1.3 系统综合与实验验证

当研制的飞控系统的组件均已设计、生产、调试完毕,并经过单独的验证测试确认后,系统开发进入到系统综合与试验验证阶段。系统综合试验一般分为两个阶段,分别是台架综合试验及铁鸟综合试验。这一过程是在尽可能真实的模拟环境中,对整个系统进行验证和确认,主要目的如下:

(1) 验证各子系统、部件之间接口的正确性和兼容性;

(2) 验证整个系统的功能和技术性能;

(3) 暴露和确定潜在的软、硬件故障模式与机理,采取改正措施,提高系统的可靠性;

(4) 通过驾驶员在环试验,使驾驶员熟悉飞机的操纵特点,及早暴露设计的潜在问题,制订操作程序和应急处理措施,确保飞行安全;

(5) 确认对整个系统设计要求的正确性,即确认系统设计要求满足飞机使用要求。

最后,应通过相应的验收试验程序,确认系统满足详细规范要求。

10.2.1.4 机上地面试验与飞行试验

对飞控系统设计的最终验证是将其按规定的技术要求集成到飞机上并进行演示。这种对符合性和安全性设计的演示,必须在正常和极端环境条件的全部范围内对整个飞机及其控制系统的运行性能进行评估。唯一的途径是:把飞行控制系统全部集成到飞机中,然后在飞机的整个运行包线内进行测试评估。

当飞控系统按规定要求装到飞机上,首先进行飞机地面试验。飞机地面试验一般包括三部分:飞行控制系统性能校核试验、结构模态耦合试验及全机电磁干扰试验。

经过系统综合和机上地面试验对飞控系统的验证后,进入飞行试验阶段。飞行试验是评定飞行控制系统性能的最终阶段,其验证结果也最具有权威性。通过在飞行包线内各种飞行科目试飞,系统的全部本质特性才会表现出来,因此该阶段对飞行控制系统的研制至关重要。

飞行试验通常要在几架飞机上进行,每架飞机有专门的测试目标。飞行试验详细内容主要是依据有关标准、条例以及研制单位提交的试飞任务书来确定,主要是检验飞控系统的各项功能和技术指标是否满足要求。

图10-4表明了整个系统的需求定义和验证过程。

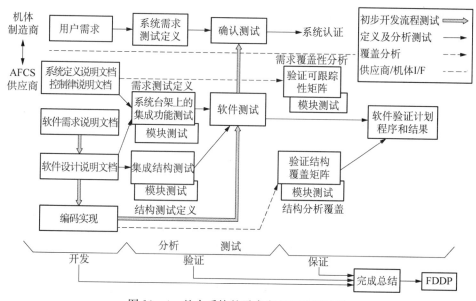

图10-4 整个系统的需求定义和验证过程

10.2.2 软件及控制律的评估和确认

飞行控制系统由软件和硬件两部分组成,飞行控制系统软件作为现代数字式飞行控制系统的核心,承担着实现系统控制律计算、余度管理、BIT 等任务,同时指挥协调系统有序地工作,管理系统硬件资源,是实现系统功能和保证飞行安全的关键。系统控制律的设计则与系统性能和飞行品质直接相关,是保证系统控制功能和飞行品质的最直接、最重要的关键因素。因此,软件和控制律的确认尤为重要[3~5]。

另一方面,软件和控制律以非硬件形式存在,其缺陷容易隐形化,因而验证与确认也更难。根据美国国防部和 NASA 的统计,目前武器系统和航空、航天领域中软件的可靠性比硬件系统的可靠性约低 1 个数量级,软件失效已逐步成为系统故障的主要原因之一,软件可靠性已成了制约发展的瓶颈。以软件密集为特点的第四代战机研制为例,美国 F-22 战机(其功能的 80% 是由软件实现的)在 2003 年的试验中多次出现软件错误;2004 年 12 月 21 日 F/A-22 发生坠毁事故,原因就归咎于飞控系统软件故障。由此可见,为了保证现代航空、航天飞行器的研制成功,如何设计与实现高质量的复杂嵌入式实时软件系统,有效控制开发时间与成本,加强软件的验证和确认,是学术界和工业界共同面临的难题之一。

10.2.2.1　软件部分的验证与确认

软件的验证和确认贯穿软件全生命周期的各个阶段,一般相应地分为 5 个阶段:需求分析、软件设计、编码实现、测试验收、运行维护等,如图 10-5 所示。

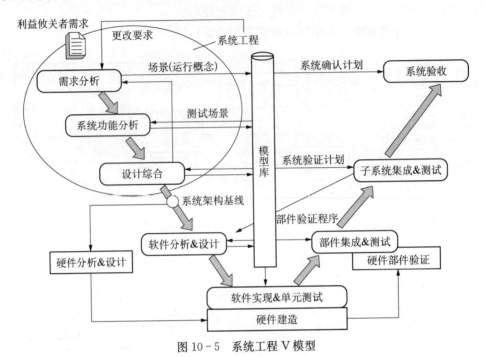

图 10-5　系统工程 V 模型

需求分析阶段的主要工作是评审和分析软件需求分析说明书、制订项目验证与确认和测试计划以及对初步用户手册进行评审和分析;

软件设计阶段则要进行概要设计评审、详细设计评审、更新验证与确认和测试计划、完成测试的技术准备;

编码实现阶段主要的验证与确认活动包括编码审查和软件测试用例规格说明;

测试验收阶段包括模块级测试、功能级测试、软件综合测试、软/硬件系统综合测试、验收测试以及撰写软件测试报告等活动;

运行维护阶段含软件评价、回归测试、软件修改评价等。

软件验证与确认中最主要的活动是软件程序测试,测试方法一般有两种:黑箱法和白箱法。软件程序测试应由第三方进行。

除了上述介绍的专门测试活动外,在系统开发的各阶段还经常通过自审与互审、仿真测试、固化程序的正确性检验、台架/铁鸟试验、机上地面试验等手段对软件进行验证与确认。

10.2.2.2　控制律部分的验证与确认

飞行控制律的验证与确认用来检验其设计是否满足飞行品质要求,其功能和性能的确认是通过对系统稳定性、时域响应、频域响应等指标进行评定。应针对不同的模态和功能选取不同的评定准则,以保证优良的闭环飞行品质;同时还应考虑按任务需求而裁减的控制律设计、解耦设计以及模态转换瞬态抑制等问题。

另外,为确保飞行安全,尤其是新研制飞机往往存在较大的不确定性,在考虑上述各种要求的飞行品质性能要求之外,还需要更多地关注控制律设计的鲁棒性。

10.3　飞行控制律的评估与确认

近年来,为了满足飞行任务和实现特殊功能的需要,现代飞机一般采用先进的气动布局,使飞行包线不断扩展和机动性能不断提高。随着对象的复杂程度和控制要求的不断提高,再加上飞机本身所具有的非线性多输入多输出特性以及模型的不确定性,飞行控制律的设计日渐趋于复杂,呈现出多模态、多约束、多准则、高风险的特征。

在现代飞行控制律设计中,要在整个飞行包线内保证系统稳定,且在各种不确定性存在的条件下具有良好的动静态操纵品质并不是一件容易的事,这使得飞行控制律的设计面临极大的挑战[6~8]。

10.3.1　飞行控制律开发过程

飞行控制律的开发过程如图 10-1 中的小 V 形图所示[1],与系统的研发同步进行,其研发过程类似,但具有更大的灵活性。飞行控制律的研发过程是建立在分析和仿真的基础上,FCL 的功能开发必须达到高成熟度以减小设计或规范错误的风险。

图 10-6 给出一个简化的典型FCL 设计过程。FCL 设计理念不仅取决于 FCS 体系结构,还要受到飞机物理特性的影响。当设计理念确立后,需作出如下各方面的重要决策:手动和自动控制策略、驾驶员控制权限、驾驶员与飞机交互界面、如何提高飞行品质和增强控制功能等,以确保 FCS 研发的性能、质量和成本。

图 10-6 显示了 4 个主要的迭代回路。

● 回路 1,离线设计:确定控制系统和控制律的结构,设计和调整

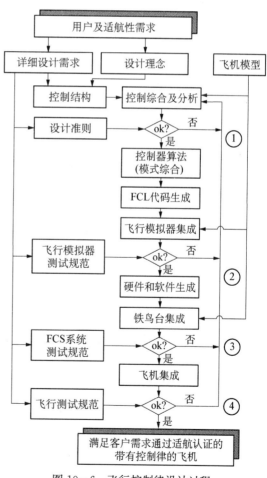

图 10-6　飞行控制律设计过程

控制器参数以达到期望的飞行品质和闭环性能。

    ● 回路 2,驾驶员在回路的仿真:在有人驾驶仿真中评估操纵品质及其他有关的功能和特性。

    ● 回路 3,铁鸟台试验:验证 FCL 的硬件实现,以保证在实际条件下的正确运行。

    ● 回路 4,飞行试验:针对客户和适航要求提出的飞机规范,进行设计结果确认。

这 4 个设计回路必须彻底执行,以防止飞机进入服役时还有未发现的重大设计缺陷。首先最重要的是安全性,让驾驶员和乘客的生命处于危险中是完全不可接受的;其次是经济性,对正在服役的机群纠正设计缺陷的成本异常巨大,可能会对公司的生存造成威胁。

从图 10-6 可以看出,在控制律开发的每个过程,都涉及评估和确认,以确保所设计的飞行控制律在包线内任意处,所有可预测参数变化或者故障条件下满足安全性和操纵性的要求。

首先,飞机本质上都具有非常强的非线性特性,而控制器却往往是在离散点设计的线性控制器,两者之间的差异将可能导致当飞行状态处在控制器设计点时,飞机具有预期的稳定性及操纵特性,而当飞行状态不在控制器设计点时,飞机的稳定性及操纵特性得不到保障。

另外,飞机本身具有一定的不确定性,这也使得控制律设计人员在进行控制律设计的过程中,无法准确地获得飞机模型,设计出来的控制器也只是针对某一个标称飞机模型的。

因此,飞行控制系统中飞行状态的不确定性、飞机构型的不确定性以及飞机的建模误差等一系列不确定因素,使得飞行控制律的评估与确认成为控制律开发过程中不可缺少的一个重要环节。可以说,飞行控制律的评估与确认是控制律的一种可用性和安全性证明,广义上说也是飞行控制系统验证与确认的一个部分。我们知道,一般的确认方法有两类:试验方法(如在试验室、飞机地面或飞行试验等)和分析方法(如统计、安全性、容错性分析、稳定性分析等)。控制律评估与确认属于分析方法类,所以一般不需要硬件在回路试验。该方法可以提高控制律评估与确认的效率,减少试飞风险,为提高先进飞行控制系统的开发质量提供了新的方法,对飞行控制系统的开发与研究具有十分重要的意义。

飞行控制律评估与确认的过程包括如下几方面的内容:不确定性因素的分析与建模、评估准则的选择、确定评估方法进行分析和评估并以给出结论和建议、评估与确认可视化环境的建立等。

10.3.2　飞行控制系统中不确定性分析

众所周知,飞机、控制器、传感器及舵机等建模和仿真在飞行控制律系统中扮演着重要的角色,所有设计和评估都依赖准确的模型和可靠的数据,但遗憾的是不确定性始终存在[9]。对何处会出现不确定性以及不确定性出现原因的了解,有助于估计不确定性出现的范围,以及对系统产生的影响。

针对设计中客观存在的不确定性,一方面可以采用计算流体动力学(CFD)、风洞试验、模拟器和原理实验等方法尽早减少模型中的不确定性。另一方面,可以采用先进的方法设计鲁棒控制律,使得系统具有相当大的稳定储备,以便应对可能出现的各种不确定性;利用控制律评估与确认技术对控制律进行评估确认,选用相关的评估准则来评价设计的鲁棒性,并找出最坏情况,给飞行员操纵飞机提供必要的建议。

对不确定性分析是飞行控制律评估与确认的重要基础。模型中的不确定性通常由气动参数、重心位置、质量、惯性矩、作动系统动态和大气数据系统等的变化引起。这些不确定性可以归纳为惯性因素变化、气动参数不准确、硬件变化、大气数据系统的测量误差四种类型。

考虑惯性因素引起的不确定性,如外挂布局和携带燃油变化带来的质量、重心以及惯性矩等的变化等,通常这些因素对系统的性能影响显著。文献[11]针对重心位置、转动惯量等参数的变化对系统 Nichols 曲线的影响进行了分析。重心前移,Nichols 曲线将上移,同时低频段右移,飞机静稳定性增加;反之亦然。转动惯量减小,会使得系统的稳定储备减少。相对重心位置和转动惯量而言,质量的变化对飞机特性的影响要小一些,但仍然是一个需要考虑的重要因素。

对于气动不确定性,主要是气动力和力矩系数中存在的不确定性,这些参数一般通过吹风试验和理论计算推导而来,实际中不确定量的大小取决于当前飞机的外形轮廓等。需要说明的是,就纵向而言,C_{m_α} 作为一个非常重要的参数定义了飞机的纵向静稳定性。硬件变化引起的不确定性,如舵机和传感器动力学的变化,以及计算延时等引起的不确定性,对系统的影响也是直接的。例如舵机和传感器的动力学特性相当于滤波器,其滤波时间常数的变化会导致相位的超前或滞后,以及系统增益的变化,从而对系统的性能产生影响。最后,不确定性建模涉及的是大气数据系统的测量偏差,如迎角、高度、马赫数、动压等的测量误差。这类不确定性也可能对稳定性、操纵性和飞行品质带来极大的影响。

本章中,考虑到问题的复杂性,对于纵向及横侧向控制律分别选取具有代表性的几个参数作为不确定参数,即选择对飞行控制律的性能影响较大的参数作为摄动参数,忽略某些影响度较低的参数的摄动,在此基础上进行不确定性模型的建立。所选择的纵向及横侧向不确定性参数如表 10-1 和表 10-2 所示。

表 10-1 飞机纵向模型中的不确定参数

参数	摄动范围		备注
	下界	上界	
m/kg	110 000	140 000	飞机总质量
$I_y/(\mathrm{kg \cdot m^2})$	8 890 000	12 340 000	飞机 Y 轴转动惯量

参数	摄动范围		备注
	下界	上界	
C_{m_q}	-15%	15%	气动参数 C_{m_q} 误差，标称值为 -17.72
C_{m_α}	-20%	20%	气动参数 C_{m_α} 误差，标称值为 -1.081
C_{m_η}	-10%	10%	气动参数 C_{m_η} 误差，标称值为 -0.771

表 10 - 2　飞机横侧向模型中的不确定参数

参数	摄动范围		备注
	下界	上界	
$I_z/(\text{kg} \cdot \text{m}^2)$	14 240 000	17 310 000	飞机 z 轴转动惯量
C_{n_β}	-20%	20%	气动参数 C_{n_β} 误差，标称值为 1.616
C_{l_β}	-15%	15%	气动参数 C_{l_β} 误差，标称值为 -1.598
C_{n_ζ}	-20%	20%	气动参数 C_{n_ζ} 误差，标称值为 -0.057
C_{l_γ}	-10%	10%	气动参数 C_{l_γ} 误差，标称值为 -9.82

以上介绍的是高度和马赫数固定的情况下，针对单个状态点的飞行控制律评估与确认时模型的不确定性情况。对飞行包线内非定点飞行控制律评估与确认，此时对不确定性的建模，除了考虑上述不确定参数，还要将高度和马赫数（或速度）设为不确定参数，使其在一定范围内摄动，以此来实现对飞行包线内非定点飞行的评估。

10.3.3　评估准则

飞行品质评估准则有很多类，但总结起来无外乎稳定性、操纵性以及非线性分析，通常存在三类常用于飞行控制律评估与确认的准则[12~17]。

第一类线性稳定准则主要用于验证飞机是否能够在全包线内稳定地飞行，同时是否具有足够的稳定储备来抵消不确定性的影响。本章采用不稳定特征值准则和线性稳定储备准则。对于不稳定特征值准则，检测系统是否存在不稳定的闭环特征值；对线性稳定储备准则，要获取开环频域响应特性，并将结果以 Nichols 图进行可视化表达，以检测系统是否具有足够的线性稳定储备。

第二类飞机操纵/PIO 准则主要用于验证飞机（特别是电传飞机）是否具有良好的操纵性，而且是否不易引起驾驶员诱发振荡（PIO），这对于降低试飞验证的风险具有重要的意义。例如,美军标 F－8785C 明确规定了操纵品质的三个级别,对于作战飞机,在工作包线内,所设计的控制律必须满足一级品质。本章采用平均相位速率和绝对幅值准则,来考察飞机的操纵性和 PIO 趋势。

第三类非线性分析准则指非线性稳定准则和非线性响应准则,用于验证非线性情况下,飞机是否满足稳定性、操纵性和控制的设计要求,包括指令响应准则、速率/位置饱和准则、极限环准则、积分饱和准则、控制律淡化/切换准则、故障后响应准则等。

本章选用的不稳定特征值准则、线性稳定储备准则、平均相位速率准则和绝对幅值准则以及迎角/过载响应限制准则分别属于以上三类准则,下面对各个准则的内容进行详细的介绍[3,4]。

10.3.3.1 不稳定特征值准则

用于验证在不确定性存在的情况下,系统的闭环线性化模型状态矩阵 $\boldsymbol{A}_d$ 的特征值的实部是否位于特定边界之左。

首先将飞机配平,在飞机平飞的情况下直接将闭环系统线性化,得到系统矩阵 $\begin{bmatrix} \boldsymbol{A}_{cl} & \boldsymbol{B}_{cl} & \boldsymbol{C}_{cl} & \boldsymbol{D}_{cl} \end{bmatrix}$,然后直接计算状态矩阵 $\boldsymbol{A}_d$ 的特征值。

考虑特征值 $\lambda = a + jb$,满足该准则要求的特征值实部为

$$a < \begin{cases} 0, & |b| \geqslant 0.15 \\ \ln 2/20, & 0 < |b| < 0.15 \\ \ln 2/7, & b = 0 \end{cases} \tag{10-1}$$

如图 10-7 所示,如果特征值落在图中边界的左边,即认为满足准则要求。从图中边界可以看出,该准则允许系统状态矩阵存在实部稍微大于零的特征值,对应到飞行品质要求上,即允许闭环飞行控制系统具有较弱的不稳定性。例如就纵向而

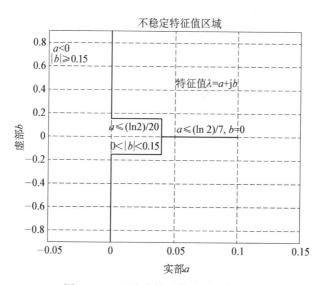

图 10-7 不稳定特征值准则限制边界

言,以空速和俯仰姿态变化为特征的长周期模态沉浮运动,可以是不稳定的,但是振荡发散的倍幅时间必须满足一定的要求;又如滚转轴缓慢的螺旋运动模态,通常也呈现为一种不稳定的发散,但是对发散趋势的速度有所限制,不能发散过快。

10.3.3.2 线性稳定储备准则

线性稳定储备准则要求系统具有一定的开环幅值、相位储备。例如在美军标9094D中规定系统必须具有±6 dB 的幅值储备和 45°的相位储备;欧洲的研究则普遍规定在 Nichols 图中,系统的开环 Nichols 曲线不能穿越特定的梯形区域,即所谓的稳定储备边界,一种情形下的稳定储备边界如图 10-8 中梯形区域所示。

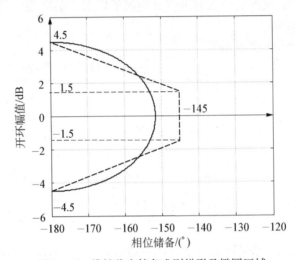

图 10-8 线性稳定储备准则梯形及椭圆区域

为求取系统的开环 Nichols 曲线,可以是从舵面位置处将控制回路断开,然后加上一个负 1 的常值增益环节以获取正确的相位,进而求取频率响应做出 Nichols 曲线。

上述梯形区域在实际应用中往往难于处理,为计算和应用方便,在 Nichols 平面中可以用以(-180, 0)为中心的椭圆区域来近似准则要求的上述梯形区域。如图 10-8 中半椭圆区域所示,该椭圆区域满足下式:

$$\frac{|L(\mathrm{j}\omega)|^2}{G_\mathrm{m}^2} + \frac{(\angle L(\mathrm{j}\omega) + 180)^2}{P_\mathrm{m}^2} = 1 \qquad (10-2)$$

式中:$L(\mathrm{j}\omega)$ 为系统开环频率响应;G_m 和 P_m 分别为准则梯形区域对应的幅值和相位储备边界。

10.3.3.3 平均相位速率准则和绝对幅值准则

PIO 是指当飞行员致力于操纵飞机时,有时会出现持续或不可控的飞机响应振荡。产生 PIO 的原因很复杂,可能的原因之一是系统中元件的饱和以及过大的传输延迟。

针对可能出现的 PIO,Gibson 提出了两种准则——平均相位速率准则和绝对幅值准则[13, 18, 35]，用于评估系统俯仰和滚转控制回路发生 PIO 的趋势。

1）平均相位速率准则

在控制律评估与确认中，该准则主要用于检查飞机在存在不确定性时是否具有满意的动态响应特性。

假设从（纵杆或侧杆）杆力到俯仰角或侧滑角的传递函数为 $g(s)$，对某一给定的频率 f（Hz），则有

$$g(\mathrm{j}2\pi f) = A_f \mathrm{e}^{\mathrm{j}\Phi_f} \qquad (10-3)$$

式中：A_f 和 Φ_f 分别为频率 f 处的幅值和相位。定义平均相位速率为

$$APR = \frac{\Phi_{f_\mathrm{c}} - \Phi_{2f_\mathrm{c}}}{f_\mathrm{c}} = \frac{-180 - \Phi_{2f_\mathrm{c}}}{f_\mathrm{c}} \qquad (10-4)$$

式中：f_c 是相角为 $\Phi_{f_\mathrm{c}} = -180°$ 时的穿越频率；Φ_{2f_c} 为两倍穿越频率处的相角。

针对平均相位速率，图 10-9 给出了准则要求其落在不同区域所对应的不同评价等级划分，对应库珀-哈珀（Cooper-Harper）评价尺度中的评价等级。其中一级 L1 的平均相位速率上限为 87.5，二级 L2 的平均相位速率上限为 140，三级 L3 的平均相位速率上限为 190，如果没有 PIO 发生的趋势，平均相位速率的值应至少应落在图 10-9 中二级品质对应区域的范围内，保证飞机具有满意的动态响应特性。

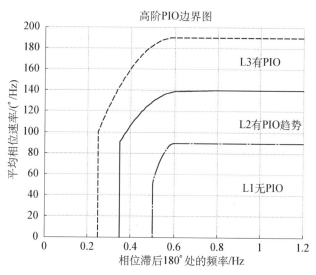

图 10-9 平均相位速率准则等级划分

2）绝对幅值准则

绝对幅值准则仅适用于飞机的纵向通道，用于检查系统是否对于"飞行员增益"不够敏感。

绝对幅值定义为杆力到俯仰姿态频率响应在穿越频率处的幅值 $AA = A_{f\mathrm{c}}$。

准则要求绝对幅值不大于 $-29\,dB°/N$，即不穿过图 10-10 中粗线部分，目的是验证穿越频率处姿态角响应对杆力的幅值衰减是否足够大，A_f 如果足够大，则认为不会引起 PIO，针对不同的飞行员均能提供满意的操纵品质。

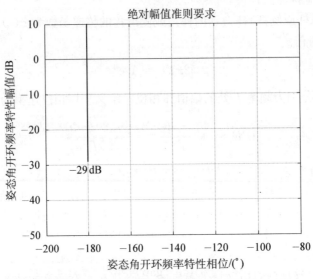

图 10-10　绝对幅值准则的 $-29\,dB$ 线

10.3.3.4　迎角/过载响应限制准则

对于该准则，可以采用两种不同的操纵杆指令输入来加以考察[18,35]。考虑不确定参数在一定的范围内摄动，在给定的飞行状态，通过图 10-11 中的操纵杆指令输入，分别为

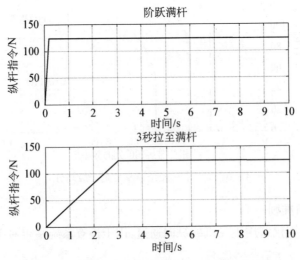

图 10-11　迎角/过载响应限制准则对应的纵杆输入

（1）阶跃满杆：飞机配平后给 10 s 的阶跃拉满杆输入。

（2）斜坡满杆：配平后用 3 s 将纵杆拉至满杆，持续到第 10 s。

然后记录动态过程中迎角/过载时域响应应达到的最大值，看是否超出该状态下设计的迎角/过载限制边界。如果最坏情况下未超过限制值，则控制律得以确认；如果超过，则控制律设计仍需优化。显然，当输入为阶跃满杆时，对控制系统的性能要求更为严格。

10.4　控制律确认方法

前面已经提到过，一般的确认方法有两类：试验方法（如在试验室、飞机地面或飞行试验等）和分析方法（如统计、安全性、容错性分析、稳定性分析等），控制律评估与确认属于分析方法类。

到目前为止已有的控制律确认的方法主要有以下几种：μ 分析方法、υ - gap 分析方法、基于多项式的分析方法、分叉分析方法、基于优化的分析方法及蒙特卡罗仿真验证方法。

* μ 分析方法：在系统模型存在不确定性时，基于线性分式变换（LFT）用结构奇异值分析闭环系统的鲁棒稳定性。
* υ - gap 分析方法[24]：采用通用 υ - gap 度量分析闭环系统的稳定性。
* 基于多项式的分析方法[25]：通过检查特征多项式的不确定性系数来确定动态系统的鲁棒稳定性。
* 分叉分析方法[26]：通过分析非线性微分方程系统的稳态和非稳态平衡解来评估系统。
* 基于优化的分析方法：基于最优方法的概念，把评估准则转化为距离最小问题。采用某种最优算法，找到不确定模型参数的最坏值情况。
* 蒙特卡罗仿真验证方法：基于随机抽样的概率检验方法。

我们把前面几种称为解析方法，而蒙特卡罗方法称为统计方法。在解析方法中，μ 分析方法是比较有代表性的方法；而基于优化的分析方法基于函数优化的思想，可以和当前受到广泛关注的一些智能优化算法相结合，具有较大的灵活性和发展空间。因此，本书主要介绍 μ 分析方法、基于优化的分析方法以及蒙特卡罗方法。

10.4.1　基于结构奇异值分析（μ 分析）的评估与确认

10.4.1.1　线性分式变换与结构奇异值分析（μ 分析）

μ 分析方法，即在系统模型存在不确定性时，基于线性分式变换（linear fractional transformation，LFT）模型，用结构奇异值（structured singular value，SSV）理论分析闭环系统的鲁棒稳定性[37, 38]。

该方法具有以下优点：

* 提供了在连续的频率域内对在变化范围内连续变化参数的分析方法，进而找出最坏参数组合。

● 对仅已知系统矩阵的上下界的对象,采用黑箱方法来生成系统的 LFT 模型,这种方法简单、快捷,但是其具有一定的保守性。

● 对于已知不确定参数与系统矩阵各元素间函数关系的对象,在进行 LFT 模型建立之后,可以通过 μ 理论对系统进行鲁棒稳定性分析,并得到保守性较小的分析结果。

● μ 理论的飞行控制律确认方法是基于鲁棒控制理论的,但是在实际运用过程中,并不需要对鲁棒控制理论有深刻的了解。

以上四点是用 μ 理论进行飞行控制律确认的优点。但是这种方法也有其局限性。由于 μ 理论是一种线性的分析方法,因此在对飞行控制系统进行分析之前,必须首先将系统进行线性化。

1) 线性分式变换(linear fractional transformation,LFT)

从单变量复变函数理论可以得知一个形如

$$F(s) = \frac{a + bs}{c + ds} \tag{10-5}$$

的映射 $F: C \mapsto C$,a,b,c,$d \in \mathbf{C}$ 称为线性分式变换。特别的,若 $c \neq 0$,则 $F(s)$ 也可记为

$$F(s) = \alpha + \beta s (1 - \gamma s)^{-1} \tag{10-6}$$

对某些 α,β,$\gamma \in \mathbf{C}$ 成立。将以上标量描述的线性分式变换推广到矩阵形式可得如下定义。

定义 10-1:令 $\boldsymbol{M}$ 是一个复矩阵,分块为

$$\boldsymbol{M} = \begin{bmatrix} \boldsymbol{M}_{11} & \boldsymbol{M}_{12} \\ \boldsymbol{M}_{21} & \boldsymbol{M}_{22} \end{bmatrix} \in \mathbf{C}^{(p_1+p_2)\times(q_1+q_2)} \tag{10-7}$$

令 $\boldsymbol{\Delta}_l \in \mathbf{C}^{q_2 \times p_2}$,$\boldsymbol{\Delta}_u \in \mathbf{C}^{q_1 \times p_1}$ 为另外两个复矩阵,则可以在形式上定义一个关于 $\boldsymbol{\Delta}_l$ 的下 LFT 映射:

$$F_l(\boldsymbol{M}, \cdot): \mathbf{C}^{q_2 \times p_2} \mapsto \mathbf{C}^{q_1 \times p_1}$$

只要逆 $(\boldsymbol{I} - \boldsymbol{M}_{22}\boldsymbol{\Delta}_l)^{-1}$ 存在,则有

$$F_l(\boldsymbol{M}, \boldsymbol{\Delta}_l) = \boldsymbol{M}_{11} + \boldsymbol{M}_{12}\boldsymbol{\Delta}_l(\boldsymbol{I} - \boldsymbol{M}_{22}\boldsymbol{\Delta}_l)^{-1}\boldsymbol{M}_{21} \tag{10-8}$$

也可以定义一个关于 $\boldsymbol{\Delta}_u$ 的上 LFT 为

$$F_u(\boldsymbol{M}, \cdot): \mathbf{C}^{q_1 \times p_1} \mapsto \mathbf{C}^{q_2 \times p_2}$$

只要逆 $(\boldsymbol{I} - \boldsymbol{M}_{11}\boldsymbol{\Delta}_u)^{-1}$ 存在,则有

$$F_u(\boldsymbol{M}, \boldsymbol{\Delta}_u) = \boldsymbol{M}_{22} + \boldsymbol{M}_{21}\boldsymbol{\Delta}_u(\boldsymbol{I} - \boldsymbol{M}_{11}\boldsymbol{\Delta}_u)^{-1}\boldsymbol{M}_{12} \tag{10-9}$$

以上 LFT 中的矩阵 $\boldsymbol{M}$ 称为系数矩阵。$F_l(\boldsymbol{M}, \boldsymbol{\Delta}_l)$ 称为下 LFT,而 $F_u(\boldsymbol{M}, \boldsymbol{\Delta}_u)$

则称为上 LFT。

定义 10-2：若 $(\boldsymbol{I}-\boldsymbol{M}_{22}\boldsymbol{\Delta})$ 可逆，则一个 LFT $F_1(\boldsymbol{M},\boldsymbol{\Delta})$ 称为有定义的（或适定的）。

图 10-12(a) 和图 10-12(b) 分别为下 LFT 和上 LFT 的方块图。

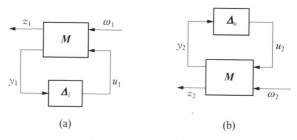

图 10-12 LFT 的方块图

图 10-12(a) 的方块图表示如下方程组：

$$\begin{cases} \begin{bmatrix} z_1 \\ y_1 \end{bmatrix} = \boldsymbol{M} \begin{bmatrix} \omega_1 \\ u_1 \end{bmatrix} = \begin{bmatrix} \boldsymbol{M}_{11} & \boldsymbol{M}_{12} \\ \boldsymbol{M}_{21} & \boldsymbol{M}_{22} \end{bmatrix} \begin{bmatrix} \omega_1 \\ u_1 \end{bmatrix} \\ u_1 = \boldsymbol{\Delta}_l y_1 \end{cases} \tag{10-10}$$

图 10-12(b) 的方块图表示如下方程组：

$$\begin{cases} \begin{bmatrix} y_2 \\ z_2 \end{bmatrix} = \boldsymbol{M} \begin{bmatrix} u_2 \\ \omega_2 \end{bmatrix} = \begin{bmatrix} \boldsymbol{M}_{11} & \boldsymbol{M}_{12} \\ \boldsymbol{M}_{21} & \boldsymbol{M}_{22} \end{bmatrix} \begin{bmatrix} u_2 \\ \omega_2 \end{bmatrix} \\ u_2 = \boldsymbol{\Delta}_u y_2 \end{cases} \tag{10-11}$$

显然，图 10-12(a) 方块图所定义的映射等于 $F_l(\boldsymbol{M},\boldsymbol{\Delta}_l)$，而图 10-12(b) 方块图所定义的映射等于 $F_u(\boldsymbol{M},\boldsymbol{\Delta}_u)$。

容易看出，当 $\boldsymbol{N} = \begin{bmatrix} \boldsymbol{M}_{22} & \boldsymbol{M}_{21} \\ \boldsymbol{M}_{12} & \boldsymbol{M}_{11} \end{bmatrix}$ 时，有 $F_u(\boldsymbol{N},\boldsymbol{\Delta}) = F_l(\boldsymbol{M},\boldsymbol{\Delta})$。因此在实际中采用哪一种 LFT 形式并不重要，关键在于 $\boldsymbol{M}$ 分块的维数应该与 $\boldsymbol{\Delta}$ 相匹配。

LFT（例如 $F_l(\boldsymbol{M},\boldsymbol{\Delta})$）可以理解为：$F_l(\boldsymbol{M},\boldsymbol{\Delta})$ 有一个标称映射 $\boldsymbol{M}_{11}$，并且被 $\boldsymbol{\Delta}$ 所摄动。而 $\boldsymbol{M}_{12}$，$\boldsymbol{M}_{21}$ 和 $\boldsymbol{M}_{22}$ 则反映了该摄动是如何影响这个标称映射的。也就是说，LFT 的实质可以视为将系统中的不确定性从原系统中分离出来，并将原系统变换为一个线性定常系统与一个不确定模块互联的形式。

在控制科学中，LFT 的物理意义是显然的。若取 $\boldsymbol{M}$ 为一正则传递函数矩阵，则此时按以上定义的 LFT 恰恰是分别从 $\omega_1 \mapsto z_1$ 及 $\omega_2 \mapsto z_2$ 的闭环传递函数矩阵。即

$$T_{z_1\omega_1} = F_l(\boldsymbol{M},\boldsymbol{\Delta}_l) \tag{10-12}$$

$$T_{z_2\omega_2} = F_u(\boldsymbol{M},\boldsymbol{\Delta}_u) \tag{10-13}$$

这里，M 可以是被控对象，Δ 可以是系统的模型不确定性，或者是控制器。

线性分式变换作为一种矩阵函数，是表示矩阵和系统摄动的一种灵活有效的方法。近年来，如何有效准确地生成复杂不确定系统的基于 LFT 的不确定模型也逐渐成为一个重要的研究方向。

2) 结构奇异值(structured singular value，μ)理论

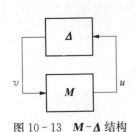

图 10-13 $M-\Delta$ 结构

结构奇异值理论将古典单输入单输出(single input single output，SISO)系统鲁棒性概念及检验方法推广到多输入多输出(multi input multi output，MIMO)系统。这种新的分析方法使反馈控制系统性能与不确定性影响之间的折中成为可能。μ 理论的关键思想是：通过输入、输出、传递函数、参数变化、摄动等所有线性关联重构，以隔离所有摄动，得到如图 10-13 的块对角有界摄动问题。

定义 10-3：块结构 $\Delta \in \underline{\Delta} \subseteq \mathbf{C}^{n \times n}$ 可定义为

$$\underline{\Delta} = \left\{ \mathrm{diag}[\delta_1 I_{r_1} \cdots \delta_S I_{r_S} \quad \Delta_1 \cdots \Delta_F] : \delta_i \in \mathbf{C}, \right.$$
$$\left. \Delta_j \in \mathbf{C}^{m_j \times m_j}, 1 \leqslant i \leqslant S, 1 \leqslant j \leqslant F \right\}.$$

为了保证维数的一致性，必须满足 $\sum_{i=1}^{S} r_i + \sum_{j=1}^{F} m_j = n$。通常还需定义 $\underline{\Delta}$ 的范数边界子集 $B\underline{\Delta}$，即

$$B\underline{\Delta} = \{\Delta \in \underline{\Delta}, \bar{\sigma}(\Delta) \leqslant 1\} \tag{10-14}$$

式中：$\bar{\sigma}$ 代表矩阵的最大奇异值。则 μ 的定义可表述如下：

定义 10-4：对于 $M \in \mathbf{C}^{m \times n}$，其结构奇异值 $\mu_{\underline{\Delta}}(M)$ 定义为[38,39]：

$$\mu_{\underline{\Delta}}(M) = \begin{cases} \{\min_{\Delta \in \underline{\Delta}}[\bar{\sigma}(\Delta) : \Delta \in \underline{\Delta}, \det(I - M\Delta) = 0]\}^{-1} \\ 0, \det(I - M\Delta) \neq 0, \forall \Delta \in \underline{\Delta} \end{cases} \tag{10-15}$$

从定义 10-4 中可以看出，首先，$\mu(\cdot)$ 是矩阵 M 和 Δ 的函数；其次，结构奇异值 μ 实际上可以理解为使闭环系统不稳定时[即 $\det(I - M\Delta) = 0$ 时]最小容许摄动的最大奇异值的倒数。所以，结构奇异值是结构化不确定性的稳定裕度的原形。事实上，如果从"反馈"的角度来考虑结构奇异值 μ 的物理意义，则更容易理解。对于 $M \in \mathbf{C}^{n \times n}$，考虑图 10-8 中的 $M-\Delta$ 结构，它可以用如下的回路方程形式来表示：

$$\begin{cases} u = Mv \\ v = \Delta u \end{cases} \Rightarrow (I - M\Delta)u = 0 \tag{10-16}$$

当 $(I - M\Delta)$ 非奇异时，回路方程的唯一解为 $u = v = 0$。然而，当 $(I - M\Delta)$ 为奇

异时,则该方程有无穷多个解,并且解的范数 $\|\boldsymbol{u}\|$,$\|\boldsymbol{v}\|$ 可以任意大。从系统稳定性的角度来看,这个反馈系统是不稳定的。因此,$(\mu_\Delta(\boldsymbol{M}))^{-1}$ 是使系统稳定受到破坏的最小 $\Delta \in \underline{\Delta}$ 的量度,而且这个 Δ 满足 $\det(\boldsymbol{I}-\boldsymbol{M}\boldsymbol{\Delta})=0$。不确定参数模块 Δ 通常会被归一化,使得 $\|\boldsymbol{\Delta}\|_\infty \leqslant 1$,因此在这种情况下,闭环系统鲁棒稳定的条件为 $\mu_\Delta \leqslant 1$。

由于结构奇异值的计算属于 NP(Nonpolynominal time hard)问题,理论上准确值很难获得,而且一直以来也是一个重要的研究方向。因此工程上,通过求解 μ 的上下界来获得 μ 的取值区间的方法在工程上非常的有效且易于处理。这样不但减少了计算量,而且只要上下界区间长度足够小,用 μ 的上下界就可以近似代替 μ 的准确值。

在 $\mathbf{C}^{n \times n}$ 中定义如下两个子集:

$$\underline{\boldsymbol{U}} = \{\boldsymbol{U} \in \underline{\boldsymbol{\Delta}} : \boldsymbol{U}\boldsymbol{U}^* = \boldsymbol{I}_n\} \tag{10-17}$$

$$\underline{\boldsymbol{D}} = \left\{ \begin{matrix} \text{diag}[\boldsymbol{D}_1 \cdots \boldsymbol{D}_s \quad d_1\boldsymbol{I}_{m_1} \cdots d_{F-1}\boldsymbol{I}_{mF-1} \quad \boldsymbol{I}_{mF}] : \\ \boldsymbol{D}_i \in \mathbf{C}^{r_i \times r_i}, \ \boldsymbol{D}_i = \boldsymbol{D}_i^* > 0, \ d_j \in \mathbf{R}, \ d_j > 0 \end{matrix} \right\} \tag{10-18}$$

对任意 $\boldsymbol{\Delta} \in \underline{\boldsymbol{\Delta}}$,$\boldsymbol{U} \in \underline{\boldsymbol{U}}$ 和 $\boldsymbol{D} \in \underline{\boldsymbol{D}}$,都有

$$\boldsymbol{U}^* \in \underline{\boldsymbol{U}}$$

$$\boldsymbol{U}\boldsymbol{\Delta} \in \underline{\boldsymbol{\Delta}}$$

$$\boldsymbol{\Delta}\boldsymbol{U} \in \underline{\boldsymbol{\Delta}}$$

$$\bar{\boldsymbol{\sigma}}(\boldsymbol{U}\boldsymbol{\Delta}) = \bar{\boldsymbol{\sigma}}(\boldsymbol{\Delta}\boldsymbol{U}) = \bar{\boldsymbol{\sigma}}(\boldsymbol{\Delta})$$

$$\boldsymbol{D}\boldsymbol{\Delta} = \boldsymbol{\Delta}\boldsymbol{D} \tag{10-19}$$

关于结构奇异值的上下界,则有

$$\max_{\boldsymbol{U} \in \underline{\boldsymbol{U}}} \rho(\boldsymbol{U}\boldsymbol{M}) \leqslant \mu_\Delta(\boldsymbol{M}) \leqslant \inf_{\boldsymbol{D} \in \underline{\boldsymbol{D}}} \bar{\sigma}(\boldsymbol{D}\boldsymbol{M}\boldsymbol{D}^{-1}) \tag{10-20}$$

其中 $\max\limits_{\boldsymbol{U} \in \underline{\boldsymbol{U}}}\rho(\boldsymbol{U}\boldsymbol{M})$ 为结构奇异值的下界,$\inf\limits_{\boldsymbol{D} \in \underline{\boldsymbol{D}}} \bar{\sigma}(\boldsymbol{D}\boldsymbol{M}\boldsymbol{D}^{-1})$ 为结构奇异值的上界。

求解 μ 上界的方法可理解为一种凸优化问题,因此可以求出折合后系统的真实的最大 μ 值。然而,由于折合的过程具有保守性,因此该最大值并不是真实系统的最大值。对于上述优化方法,可用 MATLAB 中的鲁棒控制工具箱提供的命令进行计算。

在处理不稳定特征值准则时,遇到的是纯实数不确定性的情况,根据奇异值计算理论,这时候 μ 值的下界计算比较困难,甚至会出现不连续的情况,这里,工程上通常添加一个小的复数,例如可采用如图 10-14 所示的方法:

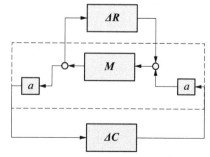

图 10-14　用复不确定性代替实不确定性

这样每个实不确定性参数 δ_R 被实参数加上一个小的复参数 $a^2\delta_C$ 所代替,相当于对原来的 M 和 Δ 进行了增广处理:

$$M_{aug} = \begin{bmatrix} I \\ a \end{bmatrix} M \begin{bmatrix} I & a \end{bmatrix} \tag{10-21}$$

$$\Delta_{aug} = diag[\Delta_R \quad \Delta_C] \tag{10-22}$$

虽然这样对原系统做了改动,但是可以方便地计算出结构奇异值的下界。其中 a 越大,最终计算结果上界和下界越接近,但是上界会有所增大,引入了更大的保守性。

10.4.1.2 基于 μ 分析的评估与确认

1) 飞控系统的 LFT 建模

用 μ 分析方法进行飞行控制律确认是建立在 LFT 模型基础之上的。因此,在进行飞行控制律确认之前,必须对确认对象进行 LFT 模型的建立[39]。

LFT 模型的建立有两种方法,即黑箱法和有理分式法。其中黑箱法简单易行,所需信息少,但具有一定的保守性,而有理分式法可以解决黑箱法有可能导致的保守性和不可行性,但方法应用起来较为复杂。

黑箱法适用于不确定参数对系统动力学方程影响的信息无法获取,没有不确定参数与系统矩阵各元素之间关系的情况。这种方法简便易行,并且所需信息少。只需要已知系统矩阵各个元素的上界与下界即可进行建模运算。

对于用状态方程描述的 q 个输入、p 个输出的系统:

$$\begin{cases} \dot{x} = Ax + Bu \\ y = Cx + Du \end{cases} \tag{10-23}$$

式中:$A \in \mathbf{R}^{n \times n}$, $B \in \mathbf{R}^{q \times n}$, $C \in \mathbf{R}^{p \times n}$, $D \in \mathbf{R}^{p \times q}$,且 A, B, C, D 均在某一范围内变化,并已知系统矩阵每一个元素的上界及下界,即

$$a_{ij0} = \frac{1}{2}(a_{ij\max} + a_{ij\min}) \tag{10-24}$$

$$b_{ij0} = \frac{1}{2}(b_{ij\max} + b_{ij\min}) \tag{10-25}$$

$$c_{ij0} = \frac{1}{2}(c_{ij\max} + c_{ij\min}) \tag{10-26}$$

$$d_{ij0} = \frac{1}{2}(d_{ij\max} + d_{ij\min}) \tag{10-27}$$

式中:a_{ij0}, b_{ij0}, c_{ij0} 和 d_{ij0} 分别为系统矩阵 A, B, C, D 中元素的标称值;$a_{ij\max}$, $b_{ij\max}$, $c_{ij\max}$ 和 $d_{ij\max}$ 分别对应标称值 a_{ij0}, b_{ij0}, c_{ij0} 和 d_{ij0} 所表示元素的最大值;$a_{ij\min}$, $b_{ij\min}$, $c_{in\min}$ 和 $d_{ij\min}$ 分别对应标称值 a_{ij0}, b_{ij0}, c_{ij0} 和 d_{ij0} 所表示元素的最小值。

因此可以将系统矩阵写为以下的形式:

$$
\begin{bmatrix} \boldsymbol{A} & \boldsymbol{B} \\ \boldsymbol{C} & \boldsymbol{D} \end{bmatrix} = \begin{bmatrix} A_0 & B_0 \\ C_0 & D_0 \end{bmatrix} + \sum_{i=1}^{n_A} \Delta_i \begin{bmatrix} A_i & 0 \\ 0 & 0 \end{bmatrix} + \sum_{i=n_A+1}^{n_B} \Delta_i \begin{bmatrix} 0 & B_i \\ 0 & 0 \end{bmatrix} +
$$
$$
\sum_{i=n_B+1}^{n_C} \Delta_i \begin{bmatrix} 0 & 0 \\ C_i & 0 \end{bmatrix} + \sum_{i=n_C+1}^{n_D} \Delta_i \begin{bmatrix} 0 & 0 \\ 0 & D_i \end{bmatrix} \qquad (10-28)
$$

式中：A_0，B_0，C_0，D_0 分别为 $\boldsymbol{A}$，$\boldsymbol{B}$，$\boldsymbol{C}$，$\boldsymbol{D}$ 矩阵的标称值；n_A，n_B，n_C，n_D 分别为 $\boldsymbol{A}$，$\boldsymbol{B}$，$\boldsymbol{C}$，$\boldsymbol{D}$ 矩阵中不确定元素的个数；Δ_i 为权值系数，可在 $[-1,\ 1]$ 之间变化。

将 A_i，B_i，C_i，D_i 做如下的满秩分解：

$$
\begin{bmatrix} A_i & 0 \\ 0 & 0 \end{bmatrix} = \begin{bmatrix} \boldsymbol{E}_i \\ \boldsymbol{F}_i \end{bmatrix} \begin{bmatrix} \boldsymbol{G}_i & \boldsymbol{H}_i \end{bmatrix} \quad i = 1,\ 2,\ \cdots,\ n^2
$$

$$
\begin{bmatrix} 0 & B_i \\ 0 & 0 \end{bmatrix} = \begin{bmatrix} \boldsymbol{E}_i \\ \boldsymbol{F}_i \end{bmatrix} \begin{bmatrix} \boldsymbol{G}_i & \boldsymbol{H}_i \end{bmatrix} \quad i = n^2+1,\ \cdots,\ n^2 + q \times n
$$

$$
\begin{bmatrix} 0 & 0 \\ C_i & 0 \end{bmatrix} = \begin{bmatrix} \boldsymbol{E}_i \\ \boldsymbol{F}_i \end{bmatrix} \begin{bmatrix} \boldsymbol{G}_i & \boldsymbol{H}_i \end{bmatrix} \quad i = n^2 + q \times n + 1,\ \cdots,\ n^2 + q \times n + p \times n
$$

$$
\begin{bmatrix} 0 & 0 \\ 0 & D_i \end{bmatrix} = \begin{bmatrix} \boldsymbol{E}_i \\ \boldsymbol{F}_i \end{bmatrix} \begin{bmatrix} \boldsymbol{G}_i & \boldsymbol{H}_i \end{bmatrix} \quad i = n^2 + q \times n + p \times n + 1,\ \cdots,\ n^2 + q \times n +
$$
$$
p \times n + p \times q
$$

式中：$\boldsymbol{E}_i$，$\boldsymbol{F}_i$ 为相应的行向量，$\boldsymbol{G}_i$，$\boldsymbol{H}_i$ 为相应的列向量，得到如下式所示的增广系统：

$$
\begin{bmatrix} \dot{x} \\ y \\ z_1 \\ \vdots \\ z_m \end{bmatrix} = \begin{bmatrix} A_0 & B_0 & E_1 & \cdots & E_m \\ C_0 & D_0 & F_1 & \cdots & F_m \\ G_1 & H_1 & 0 & \cdots & 0 \\ \vdots & \vdots & \vdots & \ddots & \vdots \\ G_m & H_m & 0 & \cdots & 0 \end{bmatrix} \begin{bmatrix} x \\ u \\ \omega_1 \\ \vdots \\ \omega_m \end{bmatrix} \qquad (10-29)
$$

式中：$m = n^2 + q \times n + p \times n + p \times q$，$[\omega_1 \ \cdots \ \omega_m]^{\mathrm{T}}$ 为不确定参数输入，不确定参数输出为 $[z_1 \ \cdots \ z_m]^{\mathrm{T}}$。从式(10-29)可以明显地看出，不确定参数模块从原系统中分离出来，作为一组增广的输入对标称系统产生摄动。

控制系统黑箱法模型示意图如图 10-15 所示。

图中，$\boldsymbol{A}$，$\boldsymbol{B}$，$\boldsymbol{C}$，$\boldsymbol{D}$ 为标称系统矩阵；$E = [E_1 \ \cdots \ E_m]$；$F = [F_1 \ \cdots \ F_m]$；$G = [G_1 \ \cdots \ G_m]^{\mathrm{T}}$，$H = [H_1 \ \cdots \ H_m]^{\mathrm{T}}$。

前面所介绍的黑箱建模方法非常简单实用，但是该方法有以下两点不足之处。首先，由于不确知

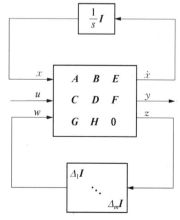

图 10-15　控制系统黑箱法模型

变化参数(如高度,马赫数等)与系统矩阵各元素之间的关系,黑箱法中可能会忽略变化参数之间的耦合关系,从而在建模过程中引入一定程度的保守性;其次,由于不确知变化参数与系统矩阵各元素之间的关系,当某些参数改变时(例如飞机质量、重心等),无法获得系统矩阵中各元素的上界及下界,从而导致该方法不可行。因此,为了解决黑箱建模方法有可能导致的保守性和不可行性,另一种 LFT 建模方法——有理分式法,可以用来建立更加准确的 LFT 模型。

考虑一个线性系统 $G_\delta(s)$,该系统由 k 个不确定参数 $\delta_1, \cdots, \delta_k$,并有

$$G_\delta(s) = \begin{bmatrix} A + \sum_{i=1}^{k} \delta_i \widetilde{A}_i & B + \sum_{i=1}^{k} \delta_i \widetilde{B}_i \\ C + \sum_{i=1}^{k} \delta_i \widetilde{C}_i & D + \sum_{i=1}^{k} \delta_i \widetilde{D}_i \end{bmatrix} \qquad (10-30)$$

式中:$A, \widetilde{A}_i \in \mathbf{R}^{n \times n}$;$B, \widetilde{B}_i \in \mathbf{R}^{n \times n_u}$;$C, \widetilde{C}_i \in \mathbf{R}^{n_y \times n}$;$D, \widetilde{D}_i \in \mathbf{R}^{n_y \times n_u}$。在标称系统$(A, B, C, D)$中参数不确定性反映在 k 个不确定性参数 $\delta_1, \cdots, \delta_k$ 上,并规定 $\delta_i \in [-1, 1]$。而参数不确定性的结构方面的信息包含在 $\widetilde{A}_i, \widetilde{B}_i, \widetilde{C}_i$ 以及 $\widetilde{D}_i$ 当中。

用 LFT 来描述该摄动系统,其目的是使所有不确定性可以表示为一个标称系统,而未知参数则作为反馈增益进入该标称系统中。

令 $P_i = \begin{bmatrix} \widetilde{A}_i & \widetilde{B}_i \\ \widetilde{C}_i & \widetilde{D}_i \end{bmatrix} \in \mathbf{R}^{(n+n_y) \times (n+n_u)}$,并且 $\mathrm{rank}(P_i) = q_i$。将 P_i 做满秩分解如下:

$$P_i = \begin{bmatrix} L_i \\ W_i \end{bmatrix} \begin{bmatrix} R_i \\ Z_i \end{bmatrix}^* \qquad (10-31)$$

式中:$L_i \in \mathbf{R}^{n \times q_i}$;$W_i \in \mathbf{R}^{n_y \times q_i}$;$R_i \in \mathbf{R}^{n \times q_i}$;$Z_i \in \mathbf{R}^{n_u \times q_i}$。那么,

$$\delta_i P_i = \begin{bmatrix} L_i \\ W_i \end{bmatrix} [\delta_i I_{q_i}] \begin{bmatrix} R_i \\ Z_i \end{bmatrix}^* \qquad (10-32)$$

进而有

$$G_\delta = \begin{bmatrix} A & B \\ C & D \end{bmatrix} + \begin{bmatrix} L_1 & \cdots & L_k \\ W_1 & \cdots & W_k \end{bmatrix} \begin{bmatrix} \delta_1 I_{q1} & & \\ & \ddots & \\ & & \delta_k I_{qk} \end{bmatrix} \begin{bmatrix} R_1^* & Z_1^* \\ \vdots & \vdots \\ R_k^* & Z_k^* \end{bmatrix} \qquad (10-33)$$

这样,原来受不确定参数扰动的系统 $G_\delta(s) = \begin{bmatrix} A + \sum_{i=1}^{k} \delta_i \widetilde{A}_i & B + \sum_{i=1}^{k} \delta_i \widetilde{B}_i \\ C + \sum_{i=1}^{k} \delta_i \widetilde{C}_i & D + \sum_{i=1}^{k} \delta_i \widetilde{D}_i \end{bmatrix}$ 就被分离

成了标称系统 $\begin{bmatrix} A & B \\ C & D \end{bmatrix}$ 与不确定模块 $\begin{bmatrix} L_1 & \cdots & L_k \\ W_1 & \cdots & W_k \end{bmatrix} \begin{bmatrix} \delta_1 I_{q1} & & \\ & \ddots & \\ & & \delta_k I_{qk} \end{bmatrix} \begin{bmatrix} R_1^* & Z_1^* \\ \vdots & \vdots \\ R_k^* & Z_k^* \end{bmatrix}$ 两

个部分,形成了标称系统与不确定模块互联的形式。

令 $M_{11} = \begin{bmatrix} A & B \\ C & D \end{bmatrix}$, $M_{12} = \begin{bmatrix} L_1 & \cdots & L_k \\ W_1 & \cdots & W_k \end{bmatrix}$, $M_{21} = \begin{bmatrix} R_1^* & Z_1^* \\ \vdots & \vdots \\ R_k^* & Z_k^* \end{bmatrix}$, 那么,

$$G_\delta = F_l\left(\begin{bmatrix} M_{11} & M_{12} \\ M_{21} & 0 \end{bmatrix}, \Delta_p \right) \quad (10-34)$$

图 10-16 给出了系统在参数变化情况下的 LFT 模型,其中 B_2, C_2, D_{12}, D_{21} 和 D_{22} 分别为

$$\begin{cases} B_2 = \begin{bmatrix} L_1 & L_2 & \cdots & L_k \end{bmatrix} \\ D_{12} = \begin{bmatrix} W_1 & W_2 & \cdots & W_k \end{bmatrix} \\ C_2 = \begin{bmatrix} R_1 & R_2 & \cdots & R_k \end{bmatrix}^* \quad (10-35) \\ D_{21} = \begin{bmatrix} Z_1 & Z_2 & \cdots & Z_k \end{bmatrix}^* \\ D_{22} = 0 \end{cases}$$

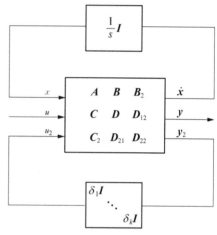

图 10-16　系统有理分式法 LFT 模型结构

闭环传递函数:

$$G_\delta(\Delta) = F_u\left(F_l\left(\begin{bmatrix} M_{11} & M_{12} \\ M_{21} & 0 \end{bmatrix}, \Delta \right), \frac{1}{s}I \right) \quad (10-36)$$

从黑箱法与有理分式法的比较中不难看出,黑箱法其实是有理分式法的一种特殊情况。也就是说,黑箱法中系统矩阵的每个元素被表示为其最大值和最小值的函数,而不表达为某些具体变化参数的函数。

2) 评估准则建模及相应的分析方法

下面介绍利用结构奇异值分析进行控制律评估和确认时,评估准则建模及相应的分析方法。

(1) 不稳定特征值准则。

不稳定特征值准则要求系统存在不确定性的情况下,系统的闭环线性化模型状态矩阵的特征值的实部是否在特定边界之左。

满足特征值准则的特征值 $\lambda = a + jb$ 的实部为

$$a < \begin{cases} 0, & |b| \geqslant 0.15 \\ \ln 2/20, & 0 < |b| \leqslant 0.15 \\ \ln 2/7, & b = 0 \end{cases} \quad (10-37)$$

　　对于不稳定特征值准则如果按照上述特定的边界来计算会带来比较复杂的计算,这里采用相对保守一些的做法,直接沿 s 轴虚轴计算 μ 值,这样会大大减少计算量,得到结果不会相差很多。

　　(2) 线性稳定储备准则。

　　对于线性稳定储备准则考虑的是 Nichols 曲线不穿越如图 10-17 的椭圆曲线,其对应的幅值相位稳定裕度区域是 $\pm4.5\,\mathrm{dB}$ 和 $\pm28.44°$。

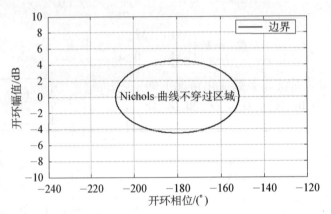

图 10-17　Nichols 图中线性稳定准则的近似椭圆区域

　　然后将准则对应到 Nyquist 平面内处理,这里就可以将 Nichols 曲线不穿过特定区域这一准则转换成对引入乘性输入不确定模块的新系统的稳定准则判断(见图 10-18)。则所有包含评估准则的不确定新系统可以表示如下:

$$P(s) = 1.14 P_1(s)(1 + 0.47\boldsymbol{\Delta}_M) \tag{10-38}$$

式中：$\|\boldsymbol{\Delta}_M\|_\infty \leqslant 1$。

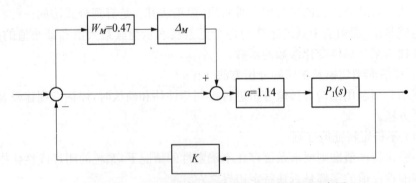

图 10-18　引入乘性输入不确定性新系统闭环示意图

　　这样就得到 μ 理论分析的标准结构,通过分析新系统是稳定的就可以得到原系统是否满足幅值相位储备准则的结果。同时,还注意到对于此准则实际上已经引入了复不确定性,不存在计算下界的困难,直接计算 μ 值即可。

（3）基于 μ 分析方法的控制律评估与确认。

由以上讨论可以得出基于 μ 分析方法进行控制律评估确认步骤的一般步骤（见图 10-19）[3]：

第一步：首先选择状态点，按照某种方法将飞机配平；

第二步：在此基础上得到线性化的飞机对象；

第三步：考虑不确定参数的影响，将含不确定性的闭环飞机模型描述为基于线性分式变换表达的形式；

第四步：通过频域分析和时域仿真验证生成的基于 LFT 的模型是否与原模型匹配；

第五步：在要求的飞行状态处验证所选的准则，对每一准则，μ 分析的上界用于验证是否满足准则要求，下界则用于确定最坏参数组合；

第六步：对于得到的最坏情况和不确定参数组合，利用传统方法或者仿真分析手段加以检查，进一步确认。

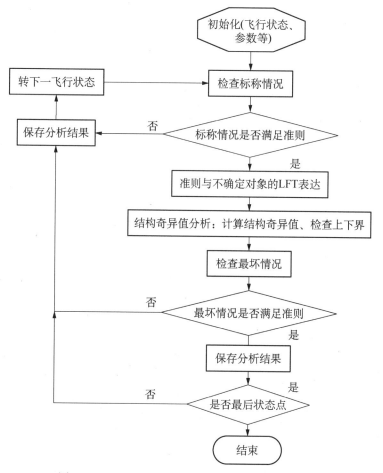

图 10-19　基于 μ 分析方法的飞行控制律确认流程

10.4.2 基于优化算法的评估与确认

基于优化的分析方法进行飞行控制律的评估,主要思想是将评估准则转化为函数寻优问题,即将各个评估准则表示成具有参数摄动的适应度函数的形式,通过寻优来求取参数摄动范围内适应度函数的极值,以及此时的最坏参数组合。

1) 优化算法介绍

本节介绍两种优化算法,一种是基于文化算法的微粒群算法(particle swarm optimization based on cultural algorithm,PSO_CA),另一种为结合捕食逃逸的微粒群算法(particle swarm optimization combined with predator and escape,PSO_PE),用两种方法来完成适应度函数的寻优。

这两种算法的基础框架均是基本的微粒群算法,不同的是在基本微粒群算法基础上,引入了各自的改进思想,以使得算法的寻优效果得到提高。

微粒群优化(particle swarm optimization,PSO)是由 Kennedy 和 Eberhart 等人于 1995 年提出的一种演化计算技术[40],其基本思想源于他们早期参照生物学家的群体模型,对鸟类群体行为的规律性研究。PSO 中每个优化问题的潜在解都是搜索空间中的一只鸟,称之为"粒子"。所有的粒子都有一个由被优化的函数决定的适应值,每个粒子还有一个速度决定它们飞翔的方向和距离。然后粒子们就追随当前的最优粒子在解空间中搜索。目前,PSO 已成功地应用于多目标优化、模式识别、信号处理和决策支持等应用领域[41~44]。其中 PSO 直接的应用是函数优化问题,包括多元函数优化、带约束优化问题[45]。

微粒群算法是一种基于迭代模式的优化算法,最初用于连续空间的优化。在连续空间坐标系中,微粒群算法的数学描述如下:

假设搜索空间是 D 维的,微粒群中第 i 个微粒的位置用 $X_i = (x_{i1}, x_{i2}, \cdots, x_{iD})$ 表示,第 i 个微粒的速度用 $V_i = (v_{i1}, v_{i2}, \cdots, v_{iD})$ 表示。第 i 个微粒迄今为止搜索到的最好位置用 $P_i = (p_{i1}, p_{i2}, \cdots, p_{iD})$ 表示,整个微粒群迄今为止搜索到的最好位置用 $P_g = (p_{g1}, p_{g2}, \cdots, p_{gD})$ 表示。对于每一个微粒,其第 d 维($1 \leqslant d \leqslant D$)根据如下等式变化:

$$v_{id} = w v_{id} + c_1 rand_1()(p_{id} - x_{id}) + c_2 rand_2()(p_{gd} - x_{id}) \qquad (10-39)$$

$$x_{id} = x_{id} + v_{id} \qquad (10-40)$$

式中:w 为惯性权重;c_1 和 c_2 为加速常数(acceleration constants);$rand_1()$ 和 $rand_2()$ 为两个在[0,1]范围内变化的随机数。此外,微粒的速度 V_i 被一个最大速度 V_{max} 所限制。如果当前对微粒的加速导致它在某维的速度 v_{id} 超过该维的最大速度 V_{maxd},则该维的速度被限制为该维最大速度 V_{maxd}。

根据约束条件,为微粒位置的每一维设定取值范围 X_{ranged},V_{maxd} 可由 X_{ranged} 的值来确定:

$$X_{ranged} = [-X_{maxd}, X_{maxd}];$$

$$X_{\text{span}d} = 2 \cdot X_{\text{max}d}$$

$$V_{\text{range}d} = [-V_{\text{max}d}, V_{\text{max}d}] = [-k_v \cdot X_{\text{span}d}, k_v \cdot X_{\text{span}d}] \tag{10-41}$$

式中：$k_v \in (0, 1)$ 为可调系数。

微粒自身位置的调整是通过将当前位置向量与更新后速度向量进行叠加来实现的,该运算是一种数值关系的叠加。微粒的运动速度增量与其历史飞行经验和群体飞行经验相关,并受最大飞行速度的限制。因此,这样的运动模式可被用于各类寻优问题的求解。

标准微粒群优化算法流程图如图 10-20 所示。

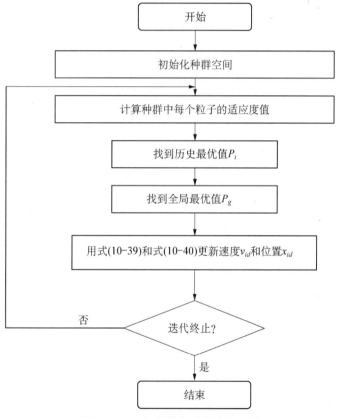

图 10-20　标准微粒群算法流程图

文化算法(cultural algorithm, CA)是由 Robert G. Reynolds 于 20 世纪 90 年代初期提出,它也是智能优化方法的一种,主要用于解决各种函数优化问题,如全局优化问题、约束优化问题、动态优化问题、多目标优化问题以及多种群文化算法。在实际问题中也得到了广泛的应用,如农业进化、语义网络、数据挖掘、聚类分析、阵列天线方向图综合、机器学习、概念学习、Web 集群系统、制造装配过程的重新设计和布局设计等[46]。

　　人类社会中个体所获得的知识,以一种公共认知的形式影响着社会中的其他个体,加速整体进化,帮助个体更加适应环境,从而形成文化。已证明,在文化加速进化作用下的进化远优于单纯依靠基因遗传的生物进化。文化算法模拟人类文化进化的过程,采用双层进化机制,在传统的基于种群的进化算法基础上,构建信度空间来提取隐含在进化过程中的各类信息,并以知识的形式加以存储,最终用于指导进化过程。其基本结构如图 10-21 所示。

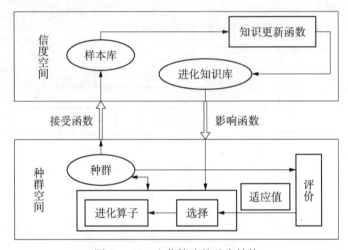

图 10-21　文化算法的基本结构

　　种群空间用于实现任何基于种群的进化算法,如遗传算法、微粒群优化算法、进化规划等诸多智能计算方法都可应用于其中。种群空间个体在进化过程中,形成个体经验。

　　信度空间通过接受函数从种群空间各代已评价种群中选取样本个体,并在知识更新函数的作用下,提取样本个体经验信息,以知识的形式加以概括、描述和储存。最终各类知识通过影响函数作用于种群空间,从而实现对进化操作的引导,以加速进化收敛,并提高算法随环境变化的适应性。

　　接受函数和影响函数统称为接口函数,为连接底层种群空间和上层信度空间的通道。

　　文化算法研究的内容主要包括 3 个部分:种群空间的算法形式,信度空间的知识表示形式和接口函数形式。

　　(1) 种群空间的算法形式。

　　任何基于种群的进化算法都可以应用,如遗传算法、进化规划、遗传规划、粒子群优化算法以及微分进化算法、交互式进化计算等。

　　(2) 信度空间的知识表示形式。

　　信度空间的知识表示和更新策略根据种群空间所采用的进化算法的不同而不同。一般而言,信度空间知识可分为 5 类:状况知识、规范知识、拓扑知识、领域知识和历史知识。每一种知识都有特定的表示方法和更新准则,对种群进化具有不同的引导作用,在实际应用中,可以根据优化问题的不同,选取不同的知识类型。

（3）接口函数形式。

● 接受函数:

接受函数从种群空间选取较优个体,提交给信度空间用于知识更新。其研究核心在于选取较优个体数目。目前,已有的接受函数有3种:固定比率接受函数、动态接受函数和模糊接受函数。3类接受函数各有特点,在实际应用中,应根据具体优化问题进行选择。

● 影响函数:

影响函数的主要作用是使用信度空间中的各类知识引导种群进化。其关键问题在于各类知识何时作用于种群,及其所引导的种群比例。依据信度空间的知识构成,影响函数分为两类:单类知识的影响函数,m 类知识的影响函数。其中 m 类知识的影响函数又分为随机型和轮盘赌型。

因为可以积累经验知识,文化算法可以被用来对进化演变问题进行建模[47]。文化算法是一种思想、一个框架,是对传统进化算法的一种改进。它模拟人类社会的文化进化过程,在传统的基于种群的进化算法基础上,构建信度空间来提取隐含在进化过程中的各类信息,并以知识的形式加以存储,最终用于指导进化过程。这种双层进化机制是其显著的特征。

真正应用时,文化算法还是要结合传统的智能计算方法,如遗传算法、进化规划、遗传规划、微粒群优化算法、微分进化算法、交互式进化计算等。该算法在诸多实际复杂优化问题中的应用表明,各类知识在进化过程中的引导作用可以有效加速进化收敛,提高算法性能。

基于微粒群算法中参数设置少,易于实现,采用文化算法与微粒群算法的结合,从而实现控制律确认中的最坏情况搜索问题。基于文化算法的微粒群算法流程图如图 10 - 22 所示,其中灰色代表文化算法部分。

受捕食逃逸现象启发而提出的捕食逃逸粒子群优化算法把原单一粒子群分成两个子群体:捕食粒子群（predator swarm, PS）和逃逸粒子群（escaping swarm, ES）[48]。PS 粒子和 ES 粒子的行为将依据各自定义的简单规则加以约束,其中 PS 粒子追捕 ES 的 g_{Best} 粒子（见图 10 - 23）,因此对 ES 粒子造成不等的捕食风险,即 g_{Best} 粒子也能从 PS 粒子获取信息,实现了群体的对称社会认知。当 ES 粒子与 PS 粒子的距离接近逃逸开始距离[49]（flight initiation distance, FID）时产生逃逸,逃逸速度依赖于自身的能量状态（适应度）,能量越大逃逸能力越强;若 ES 粒子与 PS 粒子的距离小于 FID,则对 ES 粒子进行确定性变异,变异前后的 ES 粒子优胜劣汰。因而,在进化前期,算法具有较好的全局搜索能力。随着迭代增加,将逐步降低 PS 粒子对 ES 粒子的影响,以增加群体的局部搜索能力,进而实现算法的全局性收敛。

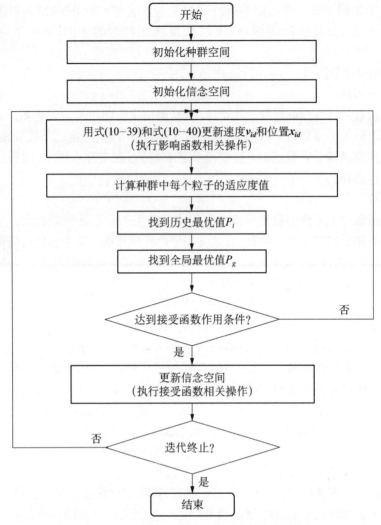

图 10 - 22 结合文化算法的微粒群算法流程

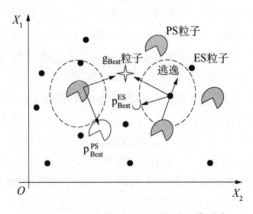

图 10 - 23 PS 粒子和 ES 粒子二维示意

相关定义如下。

定义 10-5:捕食风险[49]也称为捕食压力,是指在一定时间内 ES 粒子被捕食的概率,即 $P_i^{ES}(t) = \exp(-\alpha_i k t')$;其中,$\alpha_i$ 为 ES 粒子 i 与 PS 粒子相遇的概率,取决于它们之间的距离和当前 PS 粒子的密度,即 $\alpha_i = \exp(-(distance \times \beta)/n_1)$,$\beta$ 为控制参数,n_1 为 PS 的规模,$distance$ 为 ES 粒子 i 与最近 PS 粒子之间的距离;k 表示 PS 粒子攻击 ES 粒子的概率(固定为 1);$t' = (t+T)/T$,t 为当前代数,T 为最大代数,迭代时间会逐步降低捕食粒子对被捕食粒子的影响。

定义 10-6:能量状态指 ES 粒子当前饥饿状态,表现为该粒子的适应度(考虑最小化问题)与 ES 平均适应度的比值,即

$$E_i^{ES}(t) = f_i^{ES}(t)/f_{avg}^{ES}(t) \tag{10-42}$$

定义 10-7:警觉距离[49](alert distance,AD)反映了 ES 粒子对 PS 粒子的警惕能力,是一种普遍的社群现象,其大小随群体密度和群体规模增加而减小,即

$$D^{ES} = FID \times \left(1 + \frac{n_1}{\rho \times n_2}\right) \tag{10-43}$$

式中:ρ 表示当前群体局部密度;n_1,n_2 分别表示 PS 粒子和 ES 粒子的规模。

结合捕食逃逸的微粒群算法流程如下所示:

步骤 1:随机产生并初始化 n_1 个 PS 粒子和 n_2 个 ES 粒子,$m = n_1 + n_2$;设置 $t = 0$,β,FID 控制参数;

步骤 2:计算每个粒子的适应度;

步骤 3:对每个粒子 i,将其适应度值与其历史最好位置 p_{Best_i} 进行比较,更新 p_{Best_i} 和 g_{Best}。

步骤 4:对每个 PS 粒子 i,更新速度和位置:

$$V_{id}^{PS}(t+1) = \omega V_{id}^{PS}(t) + c_1 r_1 [p_{Best_{id}}^{PS}(t) - X_{id}^{PS}(t)) + c_2 r_2 (g_{Best_d}^{ES}(t) - X_{id}^{PS}(t)] \tag{10-44}$$

$$X_{id}^{PS}(t+1) = X_{id}^{PS}(t) + V_{id}^{PS}(t+1) \tag{10-45}$$

步骤 5:对每个 ES 粒子 i:

a. 若 $distance_d \geqslant FID$,按式(10-46)、式(10-47)更新其速度和位置:

$$V_{id}^{PS}(t+1) = \omega V_{id}^{ES}(t) + c_1 r_1 (p_{Best_{id}}^{ES}(t) - X_{id}^{ES}(t)) + c_2 r_2 (g_{Best_d}^{ES}(t) - X_{id}^{ES}(t)) + c_3 r_3 \text{sign}(D^{ES} - distance_d) E_i^{ES}(t)$$
$$X_{max}(1 - P_i^{ES}(t)) \tag{10-46}$$

$$X_{id}^{ES}(t+1) = X_{id}^{ES}(t) + V_{id}^{ES}(t+1) \tag{10-47}$$

式中:$distance_d$ 表示 ES 粒子 i 与第 d 维最近 PS 粒子之间的距离;sign()为 0—1 阀

值函数;X_{max} 表示位置的最大取值;c_3 为捕食影响因子;r_3 为[0,1]范围内均匀分布的随机数。

b. 若 $distance_d < FID$,则粒子 i 被捕食,即对其位置进行变异,变异前后的粒子优胜劣汰,但维持变异前粒子的速度 $V_i^{PS}(t)$ 和 p_{Best_i}。

步骤6:判断满足终止条件,若未满足,则 $t = t + 1$,转步骤2。

其中,算法终止条件根据具体问题一般选为迭代次数或粒子群迄今为止搜索到的最优位置满足预定最小适应阀值。

由分析可知,捕食粒子在捕食被捕食粒子的过程中,将会威胁甚至取代粒子群 g_{Best} 的位置,即通过捕食粒子能够较好地收集已被捕食粒子发现的有价值信息,然后将这些信息传递给 g_{Best} 粒子,实现 g_{Best} 对群体信息的对称性共享,进而调整其社会认知能力,扩大搜索空间范围。另外,这种机制将会减少 w 的值,即促使收敛速度加快,但捕食粒子能够有效维持群体的多样性,进而使算法在收敛速度和收敛效果上达到互补。

2)适应度函数的设计

在优化算法中,使用适应度函数来度量群体中各个个体在优化计算中的能达到或者有助于找到最优解的优良程度。利用优化算法进行控制律评估与确认,关键是将各种评估准则转化成相应的适应度函数。设计适应度函数应遵循以下原则:函数是单值、连续、非负的;连续值能反映对应解的优劣程度;函数应尽可能简单,以便减少计算时间、降低计算成本。

(1)不稳定特征值准则。

根据不稳定特征值准则,要求系统的闭环线性化模型状态矩阵 $\boldsymbol{A}_d$ 的特征值的实部位于特定边界之左。先将飞机配平,在飞机平飞的情况下将闭环系统线性化,得到系统矩阵,再计算特征值。设计适应度函数为该特定边界与特征值的实部之间的距离:

$$f_1 = \begin{cases} d_1 = -\operatorname{Re}\lambda(A_{cl}), & |\operatorname{Im}\lambda(A_{cl})| \geqslant 0.15 \\ d_2 = \ln 2/20 - \operatorname{Re}\lambda(A_{cl}), & 0 < |\operatorname{Im}\lambda(A_{cl})| < 0.15 \\ d_3 = \ln 2/7 - \lambda(A_{cl}), & \operatorname{Im}\lambda(A_{cl}) = 0 \end{cases} \quad (10-48)$$

若 $f_1 > 0$ 则说明特征值的实部位于该特定边界之左,即满足准则要求,且 f_1 的值越大,表示特征值距离该边界越远,稳定裕度越大。

(2)线性稳定储备准则。

线性稳定储备准则要求系统具有一定的开环幅值、相位储备。根据上节给出的定义,设计适应度函数为

$$f_2(x) = d(\omega) - 1 \quad (10-49)$$

其中 $d(\omega) = -\left(\dfrac{20\lg(G(\omega))}{G_m}\right)^2 + \left(\dfrac{P(\omega)}{P_m}\right)^2$,$G_m$,$P_m$ 分别为准则椭圆区域对应的幅值和相位储备边界。

若满足 $f_2(x) \geqslant 0$，则认为该状态控制律的设计满足准则要求。

(3) 平均相位速率准则和绝对幅值准则。

在控制律评估与确认中，平均相位速率准则主要用于检查飞机在存在不确定性时是否具有满意的动态响应特性。定义适应度函数为

$$f_3(x) = 1/APR \tag{10-50}$$

式中：平均相位速率定义为 $APR = \dfrac{\Phi_{f_c} - \Phi_{2f_c}}{f_c} = \dfrac{-180 - \Phi_{2f_c}}{f_c}$；$f_c$ 是相角为 $\Phi_{f_c} = -180°$ 时的穿越频率；Φ_{2f_c} 为两倍穿越频率处的相角。

绝对幅值准则仅适用于飞机的纵向通道，用于检查系统是否对于"飞行员增益"不够敏感。定义适应度函数为

$$f_4(x) = -A_{f_c} - 29 \tag{10-51}$$

若 $f_4 \geqslant 0$ 则满足准则要求。

(4) 迎角/过载响应限制准则。

设计迎角/过载限制边界的适应度函数如下：

$$f_5(x) = -\alpha(t) \quad t \leqslant 10\,\mathrm{s} \tag{10-52}$$
$$f_6(x) = -n_y(t) \quad t \leqslant 10\,\mathrm{s} \tag{10-53}$$

如果找到最坏情况下的迎角/过载响应超出了限制边界，则控制律需要进一步优化设计。

10.4.3　基于蒙特卡洛仿真的评估与确认

蒙特卡洛方法（Monte-Carlo method）是 20 世纪 40 年代中期，由于科学技术的发展和电子计算机的发明而提出的以概率统计理论为指导的一类非常重要的数值计算方法。蒙特卡洛方法是指使用随机数（或更常见的伪随机数）来解决很多计算问题的方法，与它对应的是确定性算法。蒙特卡洛仿真验证方法由于需要随机设置参数变化和环境变化参数，需要几百次、几千次的运行才能覆盖所有随机抽样要求和反映参数变化范围与影响，其数学分析建立在概率分析的基础上，所以一般仅能在全数字环境下进行，而不采用实际系统或物理样机进行[50, 51]。

10.4.3.1　蒙特卡洛方法原理

蒙特卡洛方法亦称为随机模拟（random simulation）方法，有时也称做随机抽样（random sampling）技术或统计试验（statistical testing）方法。具体来说，蒙特卡洛方法是一种试验数学方法，它利用随机数进行统计试验，以求得统计特征值（如均值、概率等）作为待解问题的数值解，所做的统计试验称为蒙特卡洛仿真或者蒙特卡洛模拟。

蒙特卡洛仿真一般可以分为下面 4 个步骤：

● 建立系统的数学模型：$y = f(x, u, p)$，其中：x 为设计变量；u 为系统输入；p 为不确定性参数。

- 不确定性参数建模：蒙特卡洛仿真中需要采用随机数进行统计试验，所以需要建立系统不确定输入的概率模型，即选择系统参数的不确定输入的分布类型和分布幅值。其中，较为普遍的方法是采用不确定性参数的标称值作为均值的正态分布作为不确定性的概率模型。
- 对 p 随机抽样仿真，记录仿真结果和系统相关性能指标。
- 对仿真结果进行概率分析。

10.4.3.2 蒙特卡洛方法的应用

作为基于随机抽样的概率检验方法，蒙特卡洛仿真验证方法具有很高的可信度，由于它要求对全系统、各个部件的参数特性均进行参数不确定设置，通过成百上千次（所有参数随机变化）的仿真，通过统计特性表示仿真结果和获得结论，比起目前大多数研究仅有一次或几次仿真，其结论更为可信。

国内外航空航天飞行器飞行控制、导弹打靶、发射、航空发动机故障检测诊断、结构可靠性等方面都有应用研究，如在导弹末段制导雷达对目标的位置捕获概率估计、反坦克导弹射击散布仿真、战术飞行器打靶仿真、空空导弹制导系统导弹发射仿真、X-33 的特定任务飞行试验蒙特卡洛散布分析、NASA-X45 的飞行器控制律设计与蒙特卡洛仿真验证、固体火箭发动机结构系统可靠性 Monte-Carlo 数字仿真、发动机动态特性仿真研究和电传飞控系统飞行品质评估等方面，都应用了蒙特卡洛仿真方法得出了有益的结论。

对控制系统而言，蒙特卡洛仿真本身不是目的，蒙特卡洛方法中更重要的是对蒙特卡罗仿真的结果进行充分有效的分析，使其能更好地服务于控制系统的设计及性能优化。控制系统蒙特卡洛分析可从以下方面进行。

- 概率统计：

蒙特卡洛仿真最直接的应用就是进行任务成功概率分析。首先需要确定任务成功的准则，如飞行器着陆控制系统中设定成功着陆的准则，也可以对阶段性任务进行研究，如成功进入预设轨道的准则等，通过蒙特卡罗仿真可以得到任务成功概率，能够直接对控制系统的性能进行评价。

- 仿真模型的验证：

对于仿真模型中的某些错误和缺陷，单次的仿真通常难以发现。对于现有控制系统的仿真模型，加入随机扰动及随机初始状态，进行蒙特卡洛仿真。在进行系统验证时，为充分暴露仿真系统的缺陷，设定的随机扰动的幅值可大于正常扰动幅值。通过对仿真统计结果和失败案例的概率分析，有可能查找出仿真系统的设计缺陷。

- 控制系统灵敏度分析：

采用灵敏度分析技术，确定特定输出与随机输入变量之间的灵敏度。采用最小二乘估计回归建立线性模型，使用多重测量的相关系数评估灵敏度。采用线性回归方法搜索仿真输入空间，来找出对仿真输出影响最大的变量。得到了灵敏度信息，使得为提高系统性能,进行元部件升级或改进算法具有更高的目标性。

- 定量的系统鲁棒性分析:

采用蒙特卡洛方法计算系统的随机鲁棒性,能得到定量的稳定性描述。

采用具有随机鲁棒性的特征结构分配方法,可以处理线性时不变系统的鲁棒控制律设计问题。

将统计指标作为一项优化指标引入控制系统设计的过程中,可以直接处理具有不确定性及参数变化的控制问题,减少设计迭代次数,缩短开发周期。

- 控制器参数优化:

在最优化计算中,当目标函数为非线性、存在多峰值或维数较高时,往往受到限制。这时应用蒙特卡洛法比较有效,如随机模拟算法,序贯随机模拟算法及随机搜索法等[7]。

随机模拟算法:在被选参数的约束区间内,按预先确定的分布规律,进行多次抽样,分别计算其目标函数值进行比较,选其最小(或最大)者所对应的参数为最优解。

序贯随机模拟算法:在被选参数的约束区间内,按预先确定的分布规律(如均匀分布),进行多次抽样(如 n 次),分别计算其目标函数值,然后按其大小顺序排列起来,取最小的 m 个($m<n$),将所对应的 m 组参数,分别计算其均值和均方差,据此缩小原来的约束区间,在新的约束区间内再重复上述过程,直到区间缩小到给定精度为止。

随机搜索法主要步骤是由对方向的搜索和对步长的搜索组成。

- 系统稳定性及飞行品质分析:

对于电传飞控系统,通常考核它的动态特性和飞行品质,即输入驾驶员杆指令,考察时间响应、短周期阻尼、CAP、延迟时间等品质指标。

通过蒙特卡洛仿真,可获得阶跃响应时间常数、稳态误差、短周期阻尼、CAP、延迟时间等指标的散布点,计算各品质的数学期望、方差,可获得飞行品质的概率估计值。

应用灵敏度分析技术可以找出对特定飞行品质影响较大的参数,采用参数优化技术可以改善多参数变化下的飞行品质。

10.4.3.3 蒙特卡洛方法用于飞控系统的控制律检验

蒙特卡洛方法用于飞控系统控制律设计和结构的检验,其基本步骤如下:

(1) 建立飞行器基本特性或标称特性仿真数学模型。

(2) 确定飞行器在飞行过程中的各种随机偏差因素及各种偏差因素的分布规律。

(3) 根据各随机变量的分布规律,构造相应的数学概率模型,以产生各随机变量的抽样值。

(4) 将随机变量的抽样值送入数学模型。进行多次飞行模拟试验,获得随机飞行轨迹参量的数据。

　　(5) 对结果进行统计处理。

　　(6) 由获得数据分析影响的主要因素及其灵敏度。

　　主要工作内容包括：

　　(1) 确定飞机结构、气动参数与特性的不确定性与扰动特性,如结构参数、气动参数、质量特性、大气环境扰动;飞控系统分系统的不确定性,如舵机、传感器、导航引导系统、机载计算机等的不确定性。

　　(2) 确定各种扰动特性的特征(确定形态)、概率模型(随机分布)、分布特性(正态分布)。

　　(3) 确定环境变化模型,如大气环境(随机湍流,突风模型等)、温度环境等(随机分布)。

　　(4) 构造相应的随机数和概率模型,产生各随机变量的抽样值。

　　(5) 编制自动仿真试验程序,可以非实时进行,次数多,系统复杂,需要集中统一进行,编制脚本文件,批处理完成。

　　(6) 数据采集与处理技术。

　　a. 采集方案:

　　针对不同飞行阶段、飞行任务要求和不同变量、部件的特性,充分论证设置多种采样速率,减少数据采集量,避免海量数据的处理。

　　b. 处理方案:

　　对采集的随机数据进行统计学处理(去除野点、均值、方差、协方差等),针对每一种数据特性,分析采用合适的处理方法以获得可靠的分析数据。

　　获得的数据进一步可以进行以下分析:

- 平稳随机过程概率分析;
- 参数灵敏度分析;
- 协方差分析;
- 正交化仿真试验法;
- 进行时频转换进行频率域指标分析。

　　(7) 对飞行器及飞控系统的主要影响因素分析。

　　主要影响因素、反应的部件特性等,按照各部件和整体特性及要求进行详细分析。

10.5　飞行控制律评估与确认软件及算例分析

　　前文介绍了飞行控制律评估与确认的意义及其重要性,在完成飞行控制律设计之后,飞行控制律的评估与确认过程是非常必要的,这对每一个型号的飞机都不例外。而飞行控制律的评估与确认过程是一个非常烦琐的过程,如果需要评估与确认的飞行状态和飞机结构不确定参数组合较多,研究人员的工作量将会非常大。如果完全采用人工建模和计算,不仅耗费时间长,还非常容易产生差错。这样势必会对整个飞行控制律的设计、修改过程产生负面的影响。飞行控制律评估与确认软件可以减轻研究人员的负担,提高效率并减少错误出现的可能性。

　　本小节将主要介绍飞行控制律确认软件,并以空客 A300 的模型为对象,进行纵向控制律的评估与确认。在飞机模型的建立过程中不可避免地存在各种建模误差,由于建模过程中引入的不确定性可能对控制系统造成极大的影响,因此案例分析中考虑和评估了这些影响。

10.5.1　飞行控制律评估与确认软件

　　开发现代飞行控制律评估与确认环境的目标是为了实现控制律评估与确认的可视化、自动化。此环境提供了用户与评价方法、评价准则之间的界面。通过用户的选择,对算法及计算结果进行封装,通过图形显示出来,实现评价与确认过程的易用性。

　　评估与确认最基本的要求是整个分析流程的自动化。实际过程中,通过飞行包线内飞行状态点的选择,用户可以很容易地实现初始化、计算、分析结果,而不必要了解具体评价方法的细节以及整个开发环境的构架。

　　通过按钮、下拉菜单、选择框,用户使用鼠标可以简便快捷地实现一系列评估与确认活动,一般的,用飞行控制律评估与确认软件进行控制律评估与确认的过程可以归纳如下:

　　(1) 在飞行包线内选择飞行状态点。

　　(2) 设置气动参数标称值。

　　(3) 输入待评估的飞行控制律。

　　(4) 选择不确定参数。

　　(5) 设置不确定参数的上下界。

　　(6) 选择评估确认准则。

　　(7) 选择评估方法。

　　(8) 选择评估按钮,等待结果显示。

　　为了增强该飞行控制律评估与确认软件的可操作性和通用性,北京航空航天大学自动化学院基于 MATLAB 的开发环境,设计了一个具有图形用户界面的飞行控制律评估与确认软件环境。该环境集成了用 μ 分析方法、优化方法以及蒙特卡洛方法 3 种方法进行飞行控制律评估的功能,用户可通过界面自行选定飞行包线、待评估状态点、待评估控制律、评估方法以及评估准则,并可自行设定各个参数的标称值和摄动范围。

　　以下为该软件说明:

　　(1) 参数输入与控制律设定界面。

　　启动该软件,进入的第一个界面为参数输入与控制律设定界面,该界面主要包含飞行包线显示、相关参数输入和飞行控制律设定及输入 3 部分的功能。

　　● 飞行包线显示:

　　默认飞行包线,手动绘制包线。用户可以根据自己的需要,操作包线取点和输入高度、马赫数。

- 相关参数输入：

包括评估状态点的输入、飞机一般构型数据的输入以及飞机气动参数的输入,其中飞机气动参数的输入又分为纵向相关气动导数输入和横侧向相关气动导数输入。

- 飞行控制律设计及输入：

点击进入相应的控制律,可打开默认的 Simulink 下待评估的飞行控制律,用户也可根据需要修改飞行控制律,以进行后续的评估与确认。

(2) 不确定参数输入与控制律确认界面。

主要包含纵向及横侧向不确定参数选择及摄动范围输入、评估方法的选择、评估准则的选择、高级选项设置以及评价结果的显示。

- 不确定参数选择及摄动范围输入：

纵向不确定参数选择及摄动范围输入,横侧向不确定参数选择及摄动范围输入。可通过勾选相应参数前的复选框来选择评估中所考虑的不确定性参数,同时可输入相应的摄动边界。

- 评估方法及评估准则选择：

有 μ 分析方法、优化方法、蒙特卡洛 3 种评估方法可供选择。每一种评估方法有多个评估准则可以选择,也可对不同算法的一些参数进行设置。

(3) 评价结果显示。

评估得到的曲线及文字描述型结果均可显示,多个结果曲线及文字描述之间可通过选择按钮进行切换显示。

10.5.2 算例分析

以空客 A300 的模型为对象,进行纵向控制律的评估与确认[8]。

对 μ 分析方法,采用的评估准则分别为不稳定特征值准则、线性稳定储备准则。

采用最优二次型显模型跟踪法设计最优控制律,其标称控制状态满足 C^* 响应品质。采用不稳定特征值准则和相位幅值稳定裕度准则等对系统建模不确定性进行分析。本算例对飞机不确定参数的具体变化范围如表 10-3 所示,其中的误差是相对标称值而言。

表 10-3 飞机模型中的不确定参数误差

参数误差	(变化范围)下界	上界	备注
m/kg	110 000	140 000	飞机总质量
$I_y/(\text{kg} \cdot \text{m}^2)$	8 890 000	12 340 000	飞机 y 轴转动惯量
$C_{m_q}/\%$	-15	15	气动参数 C_{m_q} 误差
$C_{m_\alpha}/\%$	-20	20	气动参数 C_{m_α} 误差
$C_{m_\eta}/\%$	-10	10	升降舵气动参数误差

采用飞机的纵向短周期状态方程如下:

$$\begin{bmatrix} \dot{q} \\ \dot{\alpha} \end{bmatrix} = \begin{bmatrix} M_q & M_\alpha \\ 1 & Z_\alpha \end{bmatrix} \begin{bmatrix} q \\ \alpha \end{bmatrix} + \begin{bmatrix} Z_\eta \\ X_\eta \end{bmatrix} \delta_\eta$$

式中：q，α，δ_η 分别表示俯仰角速率，迎角和升降舵控制输入。

$$Z_\alpha = -\bar{q}\frac{S}{mV_0}[C_{A_\alpha} + C_{W_0} + \alpha_0 C_{W_\alpha}]$$

$$M_\alpha = \bar{q}\frac{S\bar{c}}{I_y}C_{m_\alpha}$$

$$M_{\dot{\alpha}} = \bar{q}\frac{S\bar{c}}{I_y}\frac{\bar{c}}{V_0}C_{m_{\dot{\alpha}}}$$

$$M_{\dot{q}} = \bar{q}\frac{S\bar{c}}{I_y}\frac{\bar{c}}{V_0}C_{m_q}$$

$$M_q = M_{\dot{q}} + M_{\dot{\alpha}}$$

$$Z_\eta = -\bar{q}\frac{S}{mV_0}[C_{A_\eta} + \alpha_0 C_{W_q}]$$

$$X_\eta = -\bar{q}\frac{S\bar{c}}{mV_0}[C_{W_q} - \alpha_0 C_{A_\alpha}]$$

代入数据后可得状态方程 $\dot{x} = Ax + Bu$ 所对应的矩阵：

$$A = \begin{bmatrix} -1.545 & -2.534 \\ 1 & -0.7238 \end{bmatrix}, B = \begin{bmatrix} -1.807 \\ -0.02114 \end{bmatrix}$$

控制律结构如图 10 - 24 所示。

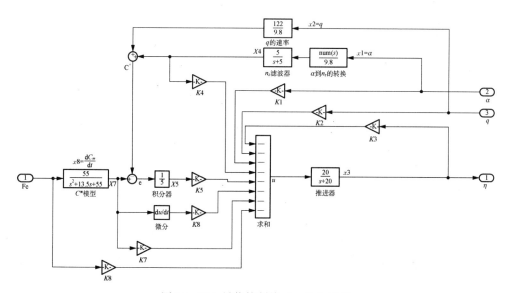

图 10 - 24 最优控制律 simulink 示意

图 10-25 中包线范围为高度 0~14 km,马赫数 0~0.88,选取其中 5 个飞行状态点作测试,首先进行 FC1 处的测试,结果如图 10-26 所示。

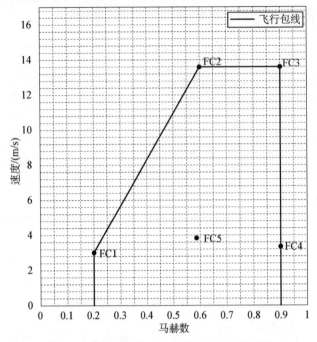

图 10-25　选取的 5 个飞行状态及气动参数

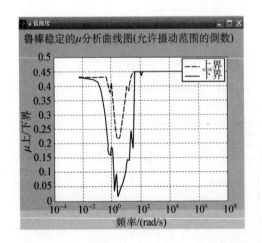

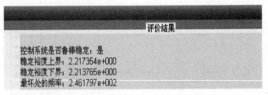

图 10-26　FC1 μ 分析结果

由 μ 值曲线可得其最大值小于 1,稳定裕度下界值为 2.21(即 μ 最大值的倒数),说明系统在给定的摄动范围是鲁棒稳定的,允许摄动最大范围为原先设定范围的 2.21 倍。可用蒙特卡洛仿真来验证结果(见图 10-27),可见满足准则要求。

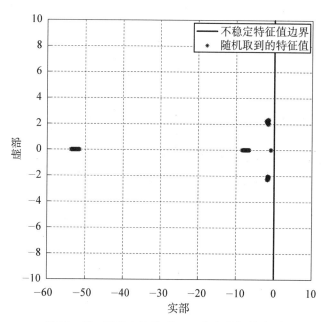

图 10-27 蒙特卡洛仿真 FC1 稳定特征值准则

同理可分别检验 FC2-5,结果都是满足鲁棒稳定特征值准则,然后对 FC1 进行幅值相位储备准则检验结果如图 10-28 所示:

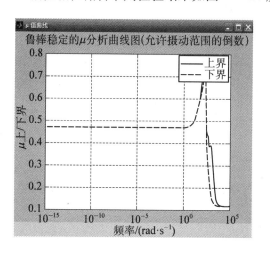

图 10-28 μ 分析 FC1 幅值相位储备

可见满足幅值相位储备准则要求,同时进行蒙特卡洛仿真验证如图 10-29 所示:

然后依次验证其他飞行状态点,通过检验其中有飞行状态 FC3 不满足要求,其 μ 的最大值大于 1,稳定上界为 0.96,也可通过蒙特卡洛仿真验证,如图 10-30 所示,明显有 Nichols 曲线穿越椭圆区域。

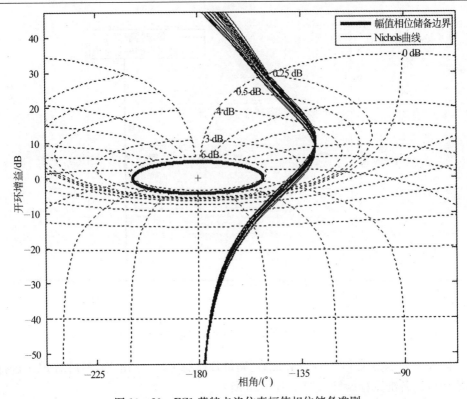

图 10 - 29 　FC1 蒙特卡洛仿真幅值相位储备准则

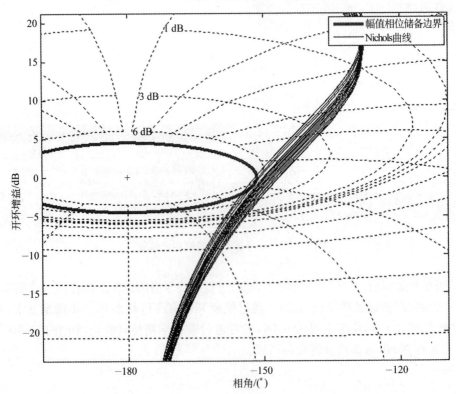

图 10 - 30 　FC3 蒙特卡洛仿真幅值相位储备准则

其他各个飞行状态评价不再详述,由于篇幅限制略去截图,具体评价结果数值如表10-4所示。

表 10-4 μ 分析稳定幅值相位储备准则结果

	FC1	FC2	FC3	FC4	FC5
稳定上界	1.30	1.25	0.96	0.96	1.31
稳定下界	1.27	1.22	0.95	0.95	1.27

10.6 结语

通常飞行控制律都是基于标称模型设计的,但是客观上存在各种各样的不确定性,因此设计过程中不得不考虑这些不确定因素对控制律性能的影响。于是,飞行控制律的评估与确认成为飞行控制律开发流程中不可或缺的重要环节。随着现代飞行控制律的发展,工程上迫切需要研究和开发各种先进技术在这一领域的应用,以提高评估与确认过程的可信性和效率。

本章在介绍了飞行控制系统开发过程的基础上,给出了飞控系统评估与确认的基本概念和内容,论述了系统级评估与确认的过程和内容,提供了评估与确认的整体思路和内容框架。之后,详细分析和讨论了飞行控制律评估与确认技术,包括不确定因素的分析和建模、评估准则。并且详细介绍了基于结构奇异值分析的、基于优化算法的、基于蒙特卡洛仿真的评估与确认方法。最后,介绍了"飞行控制律评估与确认"软件,该软件通过图形用户界面的形式,将多种评估方法及评估准则集成到界面中,使用户可以通过按钮的选择、可视化的参数设置等操作实现评估与确认,操作简便,易于实现,实现了飞行控制律评估与确认的可视化与自动化。

数字化技术已渗透到飞控系统设计和制造环节,大大提高了飞控系统设计质量,缩短了设计周期,但是飞控系统评估与确认环节目前还是一个瓶颈,严重影响了飞控系统的研制质量和周期。相信在不久的将来,必然会开发出基于先进的理论与方法、采用数字化技术的、高效、高可信度的飞控系统评估与确认方法。

参 考 文 献

［1］ PRATT R W. Flight control systems practical issues in design and implementation[M]. UK: The Institution of Electrical Engineers，2000.

［2］ RTCA DO-178B. Software considerations in airborne systems and equipment certification. [S]. Washington D. C. ，1992.

［3］ 刘林. 现代飞行控制系统的评估与确认方法[M]. 北京:国防工业出版社,2010.

［4］ 刘林. 现代飞行控制律评估与确认先进方法研究[D]. 北京:北京航空航天大学,2006.

［5］ STAHL T, VOLTER M. 模型驱动软件开发:技术、工程与管理[M]. 杨华,高猛,译. 北京: 清华大学出版社,2009.

［6］ 文传源. 现代飞行控制［M］. 北京：北京航空航天大学出版社，2004：25－197.

［7］ 张明廉. 飞行控制系统［M］. 北京：航空工业出版社，1994：79－231.

［8］ 鲁道夫·布罗克豪斯. 飞行控制［M］. 北京：国防工业出版社，1999：568.

［9］ 刘林，车军，唐强，等. 现代飞行控制律评估与确认先进方法研究［J］. 飞行力学，2007，25(1)：1－4.

［10］ 刘林，车军，唐强，等. 飞行控制律开发中的不确定性及评估确认方法［J］. 系统仿真学报，2007，19：840－878.

［11］ FIELDING C, VARGA A, BENNANI S, et al. Advanced techniques for clearance of flight control laws ［M］. Springer-Verlag, 2002.

［12］ VARGA A. Robust stability and performance analysis of flight control laws using optimization-based worst-case search：linear stability and handling criteria［R］. GARTEUR FM(AG11)/TP－119－15,2001.

［13］ 高金源，李陆豫，冯亚昌，等. 飞机飞行品质［M］. 北京：国防工业出版社，2003.

［14］ 中华人民共和国航空部. 飞机飞行品质——计算手册，1983；Miliary specification of flying qualities of piloted airplanes MIL－F－8785C［S］. USAF, 1980.

［15］ USAF. Military specification of flight control systems：design, installation and test of piloted aircraft MIL－9094D［S］. 1975.

［16］ USAF. Military handbook of flying qualities of piloted airplanes HDBK－1797［S］. 1997. USAF. Military standard of qualities of piloted vehicles MIL－STD－1797A［S］. 1990.

［17］ KARLSSON F, KORTE U, SCALA S. Selected criteria for clearance of the HIRMplus Flight Control Laws［R］. GARTEUR FM(AG11)/TP－119－2－A1,2001.

［18］ FIELDING C, VARGA A, BENNANI S, et al. Advanced techniques for clearance of flight control laws ［M］. Springer-Verlag, 2002.

［19］ 刘林，陈宗基，唐强，等. 飞行控制律评估与确认的 μ 分析方法［J］. 北京航空航天大学学报，2007，33(2)：141－144.

［20］ 纪多红，刘林，唐强. μ 分析在飞控系统稳定裕度评估中的应用［J］. 飞行力学，2007，25(4)：64－68.

［21］ 纪多红，刘林，唐强. μ 分析在单变量飞行控制律评估中的应用［J］. 自动化技术与应用，2007，26(8)：11－13.

［22］ KUREEMUN R, BATES D G. LFT-based uncertainty modeling and μ-analysis of the HIRM ＋RIDE flight control law ［C］. IEEE International Symposium on Computer Aided Control System Design Proceedings, 2002：242－247.

［23］ BATES D G, MANNCHEN T, KUREEMUN R, et al. μ-tools for the clearance of flight control laws ［C］. Proceeding of the 2004 American Control Conference, Boston, Massachusetts, 2004：5616－5621.

［24］ 刘林，纪多红，唐强. ν－gap 度量及其在飞行控制律评估中的应用［J］. 航空学报，2007，28(4)：930－934.

［25］ CORRARO F, VIRGILIO M. A polynomial based clearance method ［C］. AIAA Guidence, Navigation, and Control Conference and Exhibit, 2003.

［26］ IQBAL S. Analysis of flight test manoeuvres using bifurcation analysis methods in support of flight of flight test ［C］. AIAA Guidance, Nacigation and Control Conference and Exhibit, 2003.

［27］ PATEL Y. Flight clearance tools using a non-linear bifurcation analysis framework ［C］. AIAA Guidance, Navigation, and Control Conference and Exhibit, 2003.

[28] LOWENBERG M H, RICHARDSON T S, JONES C D C. Aircraft control law clearance analysis using bifurcation and continuation methods [C]. 2003.

[29] LOWENBERG M H, MENON P P. An analyzable nonlinear criterion for clearance of flight control laws [C]. AIAA Guidance, Navigation and Control Conference and Exhibit, 2003.

[30] MENON P P, KIM J, BATES D G, et al. Improved clearance of flight control laws using hybrid optimization [C]. IEEE Conference on Cybernetics and Intelligent System, 2004:677 - 682.

[31] MENON P P, BATES D G, POSTLETHWAITE I. Computation of worst-case pilot inputs fotr nonlinear flight control system analysis [J]. Journal of Guidance, Control and Dynamice, 2006,29(1).

[32] FORSSELL L S. Flight clearance analysis using global nonlinear optimisation-based search algorithms [C]. AIAA Guidance, Navigation, and Control Conference and Exhibit, 2003.

[33] MENON P P, BATES D G, POSTLETHWAITE I. Hybrid evolutionary optimisation Methods for the clearance of nonlinear flight control laws [C]. Proceedings of the 44th IEEE Conference on Decision and Control, and the European Control Conference, 2005:4053 - 4058.

[34] MENON P P, KIM J, BATES D G, et al. Clearance of nonlinear flight control laws using hybrid evolutionary Optimization [J]. IEEE Transactions on Evolutionary Computation, 2006,10(6):689 - 698.

[35] KARLSSON F, KORTE U, SCALA S. Selected criteria for clearance of the hIRMplus flight control laws [R]. GARTEUR FM(AG11)/TP - 119 - 2 - A1,2001.

[36] ROGALSKY T, DERKSEN R W. Hybridization of differential evolution for aerodynamic design [C]. Proc. 8th Annu. Conf. Comput. Fluid Dynamics Society of Canada, 2000:729 - 736.

[37] 周克敏,DOYLE J C, GLOVER K. 鲁棒与最优控制[M]. 毛剑琴,钟宜生,林岩,等译. 北京:国防工业出版社,2002:281 - 339.

[38] 史忠科,吴方向,王蓓,等. 鲁棒控制理论[M].北京:国防工业出版社,2003:187 - 256.

[39] 周希. 飞行控制律的确认方法研究[D].北京:北京航空航天大学,2006.

[40] EBERHART R, KENNEDY J. A new optimizer using particle swarm theory, Proceedings of the Sixth International Symposium on Micro Machine and Human Science, Nagoya, Japan [C]. USA: IEEE Computer Society Press, 1995:39 - 43.

[41] PARSOPOULOS K E, VRAHATIS M N. On the computation of all global minimizers through particle swarm optimization [J]. IEEE Trans. on Evolutionary Computation (S1541 - 1672), 2004,8(3):11 - 224.

[42] ZHANG X, YU L, ZHENG Y, et al. Two-stage adaptive PMD compensation in a 10 Gbit/s optical communication system using particle swarm optimization algorithm [J]. Optics Communications, 2004,231(1 - 6):233 - 242.

[43] RICHER T J, BLACKWELL T M. The levy particle swarm, proceedings of IEEE congress on evolutionary computation, Canada[C]. USA: IEEE Computer Society Press, 2006:808 - 815(S0030 - 4018).

[44] 肖本贤. 基于粒子群算法混合优化的广义预测控制器研究[J].系统仿真学报,2007,19(4):820 - 824.

[45] 谭伟,李向. 微粒群优化算法的研究[J].计算机技术与发展,2009,19(3):87 - 90.

[46] 郭一楠,王辉. 文化算法研究综述[J].计算机工程与应用,2009,45(9):41 - 46.

[47] REYNOLDS R G, Chung C. The use of cultural algorithms to evolve multiagent cooperation

　　　　　［C］. Proc. Micro-Robot World Cup Soccer Tour-nament，1996，53 - 56.

［48］ 姚金涛，祝胜林，周敏，等. 一种具有捕食逃逸的粒子群优化算法［J］. 系统仿真学报，
　　　　2010，22(5)：1151 - 1154.

［49］ JOHN A. Animal behavior ［M］. UK：Sinsuer Associate，Inc. ，1993：321 - 395.

［50］ 杨云. 蒙特卡罗分析方法在飞控系统设计仿真中的应用［D］. 北京：北京航空航天大学，2006.

［51］ 杨云，张平. 无人机飞控系统的蒙特卡罗分析与设计［J］. 航空学报，2007.

11 民机飞控系统的发展及挑战

11.1 引言

11.1.1 飞行器发展对飞行器控制技术的新需求[1]

1903年,莱特兄弟在前人研究的基础上,重点解决了飞机平衡和三轴可控问题,实现了动力飞机的首次飞行[2]。此后的60年,驾驶员利用机械链通过气动操纵面来控制稳定飞机飞行成为经典的主飞行控制系统,先后研制了自动驾驶仪、助力操纵系统,限权的增稳系统和控制增稳系统、自动进场/着陆系统等,以机械操纵系统为主体的飞机飞行控制系统发展到了顶峰。

到了20世纪60年代,飞机的发展遇到了瓶颈,常规设计不再满足对飞机性能的新需求,在随后出现的新设计中,飞机设计成中立稳定的或静不稳定的构型,且新设计能主动控制飞机的结构模态响应。从而产生了两个具有划时代意义的飞行控制新概念:主动控制技术(ACT)和电传飞行控制(FBW)系统。这两项新技术的出现对飞机的发展所产生的巨大影响一直延续至今[3],使飞行控制技术与气动力、结构和动力装置一起成为保证先进飞机平台性能的四大技术支柱。

基于飞机状态反馈的闭环控制系统成为现代飞机的主飞行控制系统,飞行控制系统不仅用于提高飞机刚体运动特性,同时也用于解决飞机弹性模态的控制问题,使飞机主要控制功能(飞行控制、推力控制和火力控制)的综合成为可能。

数字电传飞行控制系统和主动控制技术已广泛地应用于军机和民机。

90年代后期以来,航空飞行器向新构型(无尾、飞翼、变体)、高超声速($M \geqslant 5$)、高隐身化、无人化(各类无人机)和近空间(高度从20～40 km)发展的趋势日见明显;飞行器的空天一体化,航空飞行器进入亚轨道,航天飞行器可重回大气层并自主着陆,可重复发射和回收的运载器等成为大国竞相研究目标的趋势日见明显;基于多信息融合的资源分配、任务规划和指挥决策促进飞行器控制、决策与管理一体化和计算、通信和控制的一体化的趋势日见明显。为满足飞行器技术发展的新需求,现代飞行器必须满足以下新的技术特征:

- 飞行包线——更高、更快、更宽(过失速、高过载);

- 布局——非常规先进布局：无尾、变体、分布式推进；
- 结构——更多地采用整体加强的复合材料和灵巧材料结构；
- 信息——计算、通信与敏感系统更广泛、深入应用、网络化；
- 控制——控制对象为复杂、变体、多平台、体系、分布、跨空域：

  　　　　控制功能为控制、决策与管理一体化，

  　　　　控制作用为创新、多元、混合、异构控制效应，

  　　　　容错控制、控制可重构；
- 环境——更大不确定性；
- 其他——低可探测性、低成本、环境友好。

11.1.2　民用飞机的发展及展望[4]

民用飞机的喷气时代始于二战之后的德哈维兰彗星 1 号(1949 年 7 月 27 日首飞)和波音 B707 飞机(1954 年)。四发的 B707 可以运载 200 名乘客。尽管飞机重量达 150 t,飞控系统只需要在方向舵和扰流板上使用液压助力器,升降舵和副翼都是气动力内平衡的,以降低操纵力。早期方向舵的弹簧调整片设计进行了改进,以防止方向舵卡死的可能性(在高侧滑角时,反向气动铰链力矩会驱使方向舵卡死)。

第二代民机的研发始于 20 世纪 60 年代和 70 年代初(如空客 A300、波音 B727、B737、B747,洛克希德 L1011 和麦道 DC9,DC10),在飞行关键功能中引入和使用了液压助力器和液压执行机构后,人感系统变得必不可少。非全时的稳定功能,如偏航阻尼器加入到飞控系统中。安装了具有全天候运行的自动着陆模态的,基于模拟电子技术的自动驾驶仪。自动驾驶仪指令通过电机到钢索扇形摇臂,交联到机械信号通道。霍克·西德利和英国飞机公司率先开发了三叉戟 Trident 和 BAC 1 - 11 的自动着陆系统。B737 的自动驾驶仪首先提供了所谓的驾驶盘操纵(CWS)模态,允许手动控制增强操纵。

俄罗斯的图波列夫 144(1968 年)和英法的"协和号"(1969 年)是唯一的超声速民用运输机。"协和号"装备了三轴全权限模拟电子飞控系统,在每一个操纵面上有一个机械备份;电气连接为三余度,提供驾驶员到操纵面的直接指令,类似于机械连接;使用电子信号简化和提供了信号处理能力,例如,可以增加阻尼反馈,切换到自动驾驶仪。

第三代民机(如空客 A300 - 600,A310,波音 B747 - 400,B757,B767,麦道 MD80,MD90,MD11)的特征是具有改进功能的玻璃座舱和数字系统。模拟设备更多地被数字设备代替,完成了从可逆到不可逆的伺服控制转换,但是对于所有关键飞行功能,驾驶员输入和作动器之间仍然是机械连接的。在 A310 上,对于非关键功能,如滚转扰流板、配平和前缘缝翼/襟翼控制,电信号传输获得重视并被采用。飞行自动化的一个重大进展是引入了可以自动执行预编飞行计划的飞行管理系统。

第四代民机(即 A319/A320/A321,A330/A340,B777)的特点是全时域、全权限的电子飞控系统(电传),采用具有更低故障概率的电子和液压设备(即期望飞机

在 10 亿飞行小时中失事概率低于 1 次）。A320(1987 年)是首架民用电传飞机,它的侧杆概念和飞行控制功能在"协和号"飞机和 A300 的试验机上进行了评估,以降低开发风险。所有 A320 的操纵面都是液压驱动和电信号传输的。还提供了可机械操纵安定面和方向舵的备份模态。FCS 的结构特征是采用非相似余度和能故障自检测的全双工飞控计算机。在 B777 上,驾驶员指令自传统驾驶盘引入,由具备 3×3 三余度结构的飞控系统来处理。正常的指令通道由一个可转换的指令通道(直连模态)做备份,最终的机械备份模态使用了水平安定面和一对扰流板。

下一代大型客机发展的主要设计要求仍然是安全性、经济性、环保性和舒适性。波音公司将重点从气动、推进、材料和系统技术入手,力图从提高推进系统可靠度、材料、电击保护、结构和系统健康监测等方面增强飞机安全性,从减少耗油率和维护费用、减轻材料和结构重量、降低制造成本等方面提高飞机的经济性,从降低推进系统噪声、减少排放物污染、能源优化等方面加强环境保护、从降噪和人性化客舱设计等方面提高乘坐的舒适性。空客公司也提出了下一代民机发展的战略目标,明确了更安全、更经济、更环保和更舒适的设计思想。

针对未来航空环境,美国航空航天局(NASA)于 2008 年启动了工业界和学术单位对满足 2030 年代能源效率、环境和运营目标要求的未来商用飞机的先进概念的研究,即 $N+3$ 代客机计划,也就是在 20~25 年之后投入使用比现役客机先进三代的飞机[5]。

$N+3$ 代客机的初步设计目标如下:

- 飞行噪声比现在使用的联邦航空管理局噪声标准低 71 dB,当前的标准在机场边界内允许部分有害噪声;
- 氮氧化物排放比现在标准减少 75% 以上,现在使用的国际民航组织航空环境保护第六阶段标准旨在改善机场周边的空气质量;
- 燃料消耗降低超过 70%,以此降低航空旅行的温室气体排放和旅行成本;
- 具备在大都会地区优化使用多个机场跑道起降的能力,以减轻空中交通拥堵和延误,具体说就是要能在 1500 m 长的备用机场跑道起落。

根据以上设计要求,由波音公司、诺斯罗普格鲁门、麻省理工学院牵头的 3 个团队完成了 $N+3$ 代亚声速大型客机第一阶段的研究工作。

剑桥和 MIT 也开展了类似的研究计划 SAI。以上两个研究的成果具有共同的特点,即均选择了"飞翼式"、"分布式推进"布局作为其主要方案。

11.1.3 飞行器控制的新特征

飞行器控制面临的机遇与挑战首先源于飞行器技术发展的新需求,以上述飞行器的基本技术特征为代表的新技术需求,为创新性飞行器布局、创新性控制作用、创新性控制概念、理论和方法的研究提供了广泛的机遇,同时又提出了如下的挑战。

1) 飞行器动力学模型的复杂化

飞行控制系统设计是基于飞行器动力学模型 $\dot{x} = f(x, u, p, w)$ 的设计活动,多数情况下还是基于飞行器动力学模型的线性化模型 $\dot{x} = Ax + Bu$ 开展设计。但是，由于先进布局飞行器动力学涉及非线性、非定常气动力及强耦合问题，传统以配平状态小扰动线性化和线性控制理论为基础的飞行控制系统设计方法面临挑战。由于动力学的非线性特性本质、气动参数进入非线性区域，纵向运动与横侧向运动耦合严重、导致飞行器运动控制的复杂性，气动参数取值范围宽、数值变化大、无法通过拟合获取动力学模型的参数等原因，所以一方面，我们不得不直接面向非线性动力学模型来设计和分析飞行控制系统；另一方面，我们还需要基于有别于 $\dot{x} = f(x, u, p, w)$ 形式的动力学模型的描述形式设计和分析飞行控制系统的理论和方法。

2) 多学科交叉分析与设计

以往多学科交叉分析与设计往往停留在飞机总体设计阶段，综合考虑气动力、结构、动力装置和飞行控制技术来保证先进飞机平台性能。未来飞行器的新需求、新布局、新控制作用使得气动力、结构、动力装置和飞行控制耦合更紧密，动力装置不仅提供动力，还产生重要的控制作用，不同控制作用之间存在有利的和不利的相互影响，多轴控制力矩引起高度耦合。于是，多学科交叉分析与设计不再停留在飞机总体设计阶段，还会深入到控制系统设计和实现层次。

先进布局飞行器常采用创新、多元、混合、异构控制作用，如多操纵面控制、主动重心控制和分布式推进控制。多控制作用之间存在耦合作用，主动重心控制会影响飞行器的气动参数，形成较强的耦合作用，姿态的变化同时也影响到推力的控制作用。采用传统的通道解耦来分析飞行运动的方法已不能真实反映其动力学特征，我们需要寻找多学科交叉分析与设计的研究方法，深入探索这类复杂动力学对象的控制问题。

3) 创新、多元、混合、异构、分布控制作用

创新、多元、混合、异构、分布控制效应包括主动重心控制、主动气流控制、射流矢量喷管、灵巧材料变形控制、连续气动控制面、分布式推进控制等，这些创新控制作用与常规气动控制面结合使用可以解决满足未来使用条件的新气动布局航空器的控制性能。

为此，要深入研究各类创新、多元、混合、异构、分布控制效应器的控制机理，多元异构受限操纵器控制分配效能；要深入研究多元异构控制作用的线性/非线性控制分配方法以及相关的复合控制、解耦控制、重构控制的方法及其实时算法。

4) 实时、大范围、多学科优化

飞行器控制基于指令和传感器测量信息，来计算控制律，产生控制作用，合成控制力和力矩，获得飞行器期望的姿态和轨迹。未来航空器的创新、多元、混合、异构、分布控制作用增加到十几甚至超过二十个，控制问题具有无穷解。出于舵机能力及空气动力学的考虑，所有控制作用都有一定的运动空间限制和运动速率限制，从而在控制律计算中，需要采用在线、实时有约束、多目标优化算法，进行受限多元、混

合、异构、分布控制作用的实时最优控制分配，以获得最优的控制力和力矩。

11.1.4 信息化环境与飞行器控制

由飞速发展的信息技术驱动而形成的前所未有的信息化环境，正在不断进化与发展成为我们很难预知的未来的信息化环境，现有的飞行器尚未能适应现有的信息化环境，我们如何设计飞行器来适应未来的信息化环境？人们应自觉地、主动地思考信息化技术、信息化环境与飞行器技术发展的关系。

随着分布式计算、通信与敏感系统的出现，飞行器在网络化飞行环境中可以访问、处理和传输大量的数据；廉价和普遍深入的计算、通信与敏感系统使得基于信息的平台级和体系级飞行控制系统日益广泛和重要。从而，使控制对象和控制功能产生了两个深刻的变化：

（1）控制对象从单一对象拓展为大量互联和互操作的异构物理和信息系统，该系统在分布式计算、通信与传感环境中运行。

（2）在控制对象扩大的同时，控制功能从底层向高层移动，从自动控制向智能控制发展，从常规控制拓展为控制、决策与管理。

以上两个深刻的变化促进了控制系统的两个一体化：控制、计算与通信一体化以及控制、决策与管理一体化，信息化环境提出了对两个一体化的需求，信息化技术提供了两个一体化的使能技术，而两个一体化对飞行器控制的发展既是机遇，又提出了如下的挑战：

1）网络化环境下的控制、计算与通信一体化

分布式计算、通信与传感环境下的飞行器控制系统中，分布的计算单元基于分布的指令及传感信息计算控制律，通过分布的执行器控制分布的对象，以达到系统的控制目标，这些分布的活动是借助于分布的通信交互联系，以及共同的任务协同而构成一个系统。

因此，网络化环境下的控制、计算与通信一体化要求我们从一体化的要求出发，系统地设计和分析控制、计算与通信各环节，系统地考虑通信、计算和传感的约束及误差，系统地设计稳定的、具有要求品质的控制系统。控制、计算与通信一体化呼唤控制、计算与通信广泛领域的信息科学技术研究者共同探索和构建。

2）面向不确定性的控制、决策与管理一体化

对有人飞行器而言，其优势在于处理不确定性的能力强，但是，"信息爆炸"正在危及驾驶员的承受能力；对于大型民机而言，减轻驾驶员的负担是永恒的设计挑战。这些都要求飞行控制系统提供驾驶员智能决策辅助，包括认知辅助、决策辅助、执行辅助，适时、适量地提供信息，适时、正确地提供决策支持，适时、正确地指导驾驶操纵。

在飞行控制技术发展进程中，自动控制替代了飞行员的"飞行"能力，使飞行员由传统意义上的"飞行"向着"任务"的角色转变。随着飞行控制技术的进一步发展，控制将进一步替代飞行员的"任务"能力。飞行控制系统的控制功能从底层不断向

高层移动,从常规控制拓展为控制、决策与管理,从而驱动了有人机向具有智能决策辅助的有人机以及向具有处理不确定性能力的无人机的发展。

11.1.5　高可靠可重构容错系统

使用可靠性低的部件/器件构建高可靠系统是当前控制界面临的重大挑战之一。例如,大型民机要求电传飞行控制系统的安全可靠性达到 10^{-9}/飞行小时,目前单套电气控制系统的安全可靠性仅能达到 2×10^{-3}/飞行小时,因此必须采用基于资源冗余的多余度容错方案,来支持使用较不可靠的器件组成高可靠的飞行控制系统。为保证系统的高可靠性,主要采用的容错技术包括:冗余、非相似、隔离、动态重构、应急备份等技术。飞行器高可靠、高安全性对可重构容错飞控系统的挑战主要表现如下。

1) 余度容错结构

飞控系统为适应高可靠性和安全性要求,普遍采用具有较高的通道故障检测覆盖率的自监控结构,飞控系统普遍设计为多余度容错结构,有的采用了非相似的硬件和软件,避免同态故障。至今,余度容错结构的选用与设计主要是依据系统可靠性规范,采用概率论与统计学理论方法来实现的。

2) 故障检测与诊断方法

当系统发生故障时,系统中的各种量(可测的或不可测的)或它们的一部分表现出与正常状态不同的特性,这种差异包含了故障信息,故障诊断的任务就是要找到故障的特征表现,并利用它来进行故障的检测与隔离。根据故障特征描述和决策方法的不同形成了不同的故障诊断方法,概括起来有依赖于模型的故障诊断方法和不依赖于模型的故障诊断方法两大类。依赖于模型的方法有基于状态估计的方法和基于参数估计的方法,它们的前提条件是对诊断对象的模型有确切的了解,建模误差、环境干扰和检测噪声的存在将破坏残差的独立性,影响故障检测与诊断的准确性。不依赖于模型的方法有基于输入输出信号处理的方法和基于经验知识的方法,这些方法有的不能覆盖所有故障,有的实时性不满足要求。

3) 控制重构

容错控制能力是指系统在某些部件发生故障的情况下,仍能按原定性能指标或性能指标略有降低(但可以接受),完成控制任务或保证安全飞行的能力。容错控制能力基于系统故障后的控制重构。控制重构分为物理冗余和解析冗余两大类方法。物理冗余方法通过对重要部件及易发生故障部件提供备份,故障后启用备份,完成控制重构,已广泛应用于工程实践中,但是物理冗余技术在提高系统可靠性的同时,带来额外的成本、结构、重量、体积的增加。解析冗余方法利用控制系统不同部件之间的内在联系和信息及功能上的冗余性,故障后启用完好部件部分甚至全部地承担起故障部件所丧失的控制作用,完成控制重构,解析冗余不需要增加硬件设备,具有性能好、功能强、成本低和易实现的特点。

新型飞行器均发展了多操纵面技术,在传统的三翼面布局上,采用了翼面分段、前后缘边条翼、传统操纵面独立偏转控制等技术,使得飞机的控制操纵具备冗余度。基于故障诊断与控制重构的主动容错控制技术可充分利用控制操纵的冗余度,在某一个或多个操纵面发生故障时,利用剩余的完好操纵面,重新构造出已经损坏的操纵面的功能,这项技术提高了飞行控制系统的容错能力,也为减少执行机构硬件余度提供了可行性。实时性强的受限广义多操纵面最优控制分配算法是应用这项技术的瓶颈。

4) 可靠性建模与分析方法

设计余度容错系统的困难还在于如何对所设计的系统进行正确的可靠性分析和评估。可靠性建模与分析方法分为静态和动态可靠性建模与分析方法。静态方法有可靠性框图(RBD)和故障树分析法(FTA)。静态方法简单、直观,求解算法快速、精确,但是不能描述余度飞控系统在故障下的动态特性和故障的相关性。动态可靠性建模与分析方法有动态故障树分析(DFTA)、Markov 方法和 Petri 网分析法。三种方法都可以反映系统故障发生时序等动态特性,但是采用 DFTA 方法建立复杂系统的正确模型非常困难,Markov 模型不能直观描述系统的静态结构以及系统各部分并发等相互关系,它同 Petri 网方法都会随着建模组件的增加而出现状态组合空间爆炸问题。

平台级飞控系统的可靠性建模与分析方法呼唤综合静态和动态可靠性建模与分析方法特点的动静态可靠性混合建模与分析方法。

5) 软件可靠性

在高可靠容错飞控系统中,软件的可靠性分析、设计与评估验证技术是一个薄弱环节。目前在这类系统中都采用了非相似软件设计来解决软件共态故障的问题。在工程实现中缺少高效的软件可靠性建模方法,缺少可供安全关键性系统定量分析用的软件可靠性数据库以及高置信度的分析和设计工具和方法。飞控系统软件的评估验证主要手段仍是基于故障注入方式的大量仿真试验,缺乏完备性。基于形式化方法的验证与确认技术在实际工程中尚无成功应用。人们对软件可靠性的认识正在不断深化,但对于软件故障识别和因果关系尚有不少工作要做。

11.1.6　飞控系统评估与确认

飞控系统评估与确认是飞控系统研制流程中非常重要的环节,其基本目标是证明所设计的飞控系统在飞行包线内任意处,针对所有可预测的参数变化或故障,满足安全性和操纵性要求。它是飞行器放飞前的最终确认,为放飞许可提供飞控系统安全可用的证明。

数字化技术已渗透到飞控系统设计和制造环节,大大提高了设计质量,缩短了设计周期,但是飞控系统评估与确认环节目前还是一个瓶颈,严重影响了飞控系统的研制质量和周期。

常规的评估与确认过程缺乏明确的定位,缺乏系统性和完整性;缺乏对多类、多参数同时摄动的有效方法和手段;只能评估与确认设计点系统的稳定性,而设计点间的只能依靠大量仿真;对变化参数的处理缺乏弹性,不能分析上下界之间的情况。

2000 年以来国际学术界开始重视飞控系统评估与确认的理论和方法研究,μ 分析方法基于线性分析变换用奇异值 μ 测试闭环系统的鲁棒稳定性,ν-gap 分析方法采用通用稳定边界 ε 测试闭环系统稳定性,分叉分析法通过分析非线性微分方程的稳态和非稳态平衡解来评估系统,基于优化的分析方法采用最坏情况搜索,把评估准则转化为距离最小问题;随机鲁棒分析基于蒙特卡罗仿真,可以得到在不确定条件下,控制系统性能指标的统计分布特性,分析系统的鲁棒性能。这些方法各有特点,也都存在应用局限。飞控系统研制迫切需要先进的理论与方法指导的,采用数字化技术实现的,高效、高可信度的飞控系统评估与确认方法。

本节综述了飞行器控制技术的发展及挑战,所论述的大部分问题与挑战对于军机、民机、甚至空天飞行器都是共同的。本章其他内容将简介与民机相关性更大的一些技术挑战。

11.2　飞控系统的主动容错技术

为了在所有可能外部干扰下对整个飞行包线进行保护,目前飞机制造商主要以高等级的硬件余度实现故障的诊断和容错。在这种强硬件冗余下,故障检测主要是通过交叉检查、一致性检查、表决机制和自检技术实现的。故障容错则主要依赖于硬件余度、严格的安全性分析、非相似、物理安装隔离及软/硬件重构。重构意味着故障后的自动管理,包括系统级重构和控制律重构。系统级重构是基于硬件余度的,对由多个舵机控制的操纵面,在检测主动工作模式的舵机故障后,主动工作模式的舵机进入备用模式,原备用模式的舵机进入主动模式。而控制律重构则是因为飞控计算机、设备(传感器、舵机、伺服回路)、液压系统的完整性或余度发生变化而进行的控制律降级。备用控制律失去了全包线保护功能,而直接控制律没有任何保护。综上所述,当前民机的控制律重构没有考虑未被余度舵机隔离的操纵面故障。

飞控系统过多的硬件余度配置会导致机载设备过多、重量增加、系统复杂性提高、成本提高、基本可靠性下降和维修困难等问题,因此,研究利用故障检测与重构技术减少硬件余度的飞控系统余度结构和余度配置方案是有意义的。包括研究如何利用传感器信息重构方法提供传感器信号的解析余度,降低传感器系统的硬件余度;研究利用飞机的操纵面控制冗余,降低舵机/执行机构的硬件余度等。

操纵面故障检测与控制重构和传感器的故障检测与信息重构提供了解析余度概念,即利用故障检测与重构算法提高系统的故障/工作等级,在不增加硬件余度的基础上可以进一步提高飞控系统的可靠性,也可以适当减少飞控系统的硬件余度,提高基本可靠性的同时不降低飞控系统的任务可靠性。控制重构系统和信息重构系统与飞控系统的适当综合可以形成新的主动容错电传飞控系统,将硬件余度和解析余度结合,在适当降低或保持原样硬件余度的基础上有效提高飞控系统的可靠性。

主动容错电传飞控系统的结构如图 11 - 1 所示。

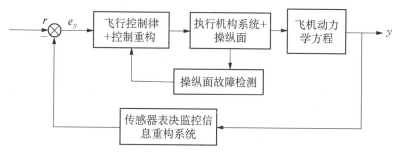

图 11 - 1　主动容错电传飞控系统

近年来,关于操纵面的故障检测与故障下的控制重构技术的研究日益深入,虽然在大型民机上还没有具体应用,但在军机铁鸟台架试验上已有部分试验验证,验证结论是:操纵面的故障检测与故障下的控制重构技术对于故障下的安全飞行是具有重要价值的。关于飞控系统的传感器的故障检测与传感器故障下的信息重构技术也已开展了多年,虽然进入应用尚需时日,但研究结果表明,传感器的信息重构技术可以补偿当前的多数表决余度系统的不足,有效提高传感器系统的故障/工作等级。

对于大型民机的电传飞控系统来说,飞控计算机系统由于故障的失效可以通过模拟备份系统代替,而当前的执行机构系统(含操纵面)和传感器系统的余度系统尚存在不足和技术瓶颈,严重时会影响到飞行安全。主动容错技术可以补偿这种不足,有效提高余度系统的故障/工作等级和飞行安全性。下面分别加以介绍。

11.2.1　操纵面故障检测与控制重构

针对飞行中操纵面的故障诊断、隔离与故障下的控制重构方面的研究很多,20世纪 80～90 年代开展的自修复飞控技术,就是针对操纵面的突发卡死、损伤故障开展故障检测、定位、隔离和故障下的控制重构技术的相关研究。

目前的大型民机都配置了三或四余度的电传系统,保证了飞行控制系统的任务可靠性,但它同时也增加了电缆的重量和系统复杂化程度,由于部件的增多而使得飞控系统的基本可靠性(平均无故障时间 $MTBF$)降低。进一步来讲,虽然电传飞控系统有较高的余度配置,但对于飞行中飞机的操纵面故障或者翼面损伤造成的危害基本不能起到容错和补偿作用,飞机的升降舵、副翼和方向舵是飞机三轴控制的主要关键翼面,飞行中一旦某个翼面发生故障,会形成单通道甚至继而三通道控制的失控,虽然大型民机的操纵面是分块的,单个操纵面故障不会进入不可控状态,但严重的操纵面故障也会造成飞机失事事故。因此,对于传统气动布局的飞机,在已有余度结构和安全性设计的基础上,操纵面故障成为提高飞控系统可靠性的瓶颈。

1977 年 4 月 12 日 Delta 航空公司 1080 航班的 DC - 10 飞机在芝加哥坠毁,原因是在起飞过程中飞机的左升降舵卡死在上偏 19°的位置。20 世纪 90 年代一架台湾客机从日本成田机场起飞不久,由于升降舵卡死造成了机毁人亡。经验表明,传统气动控制布局下关键操纵面的卡死故障一旦发生,就会造成严重的飞行事故,对于民用飞机,会直接影响到人身安全。因此对于民航客机,采用操纵面故障检测与控制重构技术对于提高飞行安全性和飞机的生存性是非常必要的。

操纵面故障一般可分为操纵面卡死、损伤、松浮等几种故障,其中,操纵面卡死故障会造成瞬时大干扰力矩,极易造成重大飞行事故,因此需要故障检测和控制重构时间短、重构能力强;操纵面的松浮和损伤等故障虽然不像卡死故障那样具有威胁性,但它减少或失去了飞机的操纵效益,造成控制不对称或失效,严重时控制重构也是必需的。下面分别就故障检测与控制重构进行介绍。

1) 操纵面故障检测

针对不同的故障,操纵面故障检测要求是不同的。对于卡死故障,要求检测和定位的速度快、精度高,以便及时进行控制重构,保证飞行安全;对于损伤、松浮甚至操纵面脱落等故障,可以适当放宽故障检测和重构的时间。

自修复系统的研究开展二十余年以来,关于操纵面的故障检测技术的研究发表了大量的论文。操纵面故障检测方法可分为基于模型的方法和基于输入输出的方法两类。基于模型的方法又可分为基于飞机全局模型的方法和基于舵机(舵回路)模型的方法。

基于飞机全局模型的方法利用观测滤波器原理,利用实际信号与模型观测信号的残差进行故障的检测和定位,这种方法依赖于飞机模型尤其是气动模型的准确性,对于实际的非线性飞机对象,模型误差严重影响到故障检测的精度和成功率。

基于舵机模型的方法利用舵机内部参数与铰链力矩之间的关系进行故障检测,具有较高的工程应用前景。对于液压舵机,滑阀输出流量和负载之间存在一定的非线性对应关系,可以做线性的近似处理。对于电动舵机,舵机的电枢电流与负载之间存在比例关系。操纵面松浮或损伤时,负载铰链力矩下降,可根据对这些内部参数的测量进行舵机故障的检测[6]。

基于输入输出的方法依赖于舵机或操纵面位置传感器,对于操纵面卡死或漂浮故障,检测速度快,算法简单,易于工程实现。

2) 操纵面故障下的控制重构

操纵面故障下的控制律重构技术的应用首先要求将飞机各舵面改为独立控制。传统飞控系统是左右升降舵联动控制,左右副翼差动控制,因此当一个操纵面发生故障时不能单独利用同一通道的剩余有效舵面进行控制。控制重构技术将各舵面改为独立控制,当一个操纵面故障时可以利用同一通道的剩余有效舵面和其他独立控制的有效操纵面进行控制补偿,各个舵面改为独立控制,相当于增加了飞机的控制冗余。另外,现今的新型大型民机基本都发展为多操纵面气动布局,除了三通道主控翼面分片外,机翼上布局了前后缘襟翼、扰流片、襟副翼等,因此具有了更多的控制冗余。在飞行中某个操纵面发生故障时,可以利用其他有效操纵面,重构新的控制律,补偿故障操纵面的气动作用,抵消故障操纵面影响。具有多操纵面控制冗余是操纵面故障下进行控制重构的前提。

控制律重构方法一般分为依赖故障检测与诊断(FDI)信息的主动重构和不依赖FDI信息的被动重构。前者根据FDI信息可以得到故障后的飞机对象模型,可采用各种控制律设计方法实现对故障飞机的有效控制。在故障种类有限的情况下可采用离线设计在线切换的方法得到更好的控制性能。在操纵面数量及考虑的故障类型较多的情况下,目前研究中采用的主要方法是控制力矩多操纵面在线分配方法。后者利用控制系统的鲁棒性实现对操纵面故障的容错,对于多操纵面布局飞机,单个操纵面在总的控制力矩中所占比重减小,使得鲁棒容错及一定的容错性能成为可能。

飞机多操纵面力矩控制分配,是指在约束条件下(操纵面偏转范围限制、舵机速率限制),寻找多操纵面偏转组合,产生所需三轴控制力矩的方法。在军机自修复飞控系统研究中,最早进行了试飞应用的控制重构方法——伪逆法,就是一种未考虑约束的控制分配方法。未考虑约束的控制分配,在操纵面故障后,解算出的操纵面指令可能会超出实际偏转能力,不能得到期望的力矩。对伪逆法的改进包括加权伪逆法、再分配伪逆法、多级伪逆法等,在优化性能上得到一定的改善,但都不能实现多操纵面系统本身的最大控制能力。链式融合方法也是一种得到应用的控制分配方法,将操纵面按使用优先级分成不同组,每一组都能独立产生三轴力矩,在高优先级组分配产生饱和后再启动低优先级组参与控制。这种方法同样无法充分使用飞机所具有的控制能力。直接控制分配方法是一种几何方法,可以实现所有方向上飞机所具有的最大力矩矢量。此外,对控制分配问题进行合理描述的一些数学优化算法,也可以实现飞机的最大控制力矩。直接控制分配的一些改进算法和数学优化算法中的有效集法,具有在线实时应用的可能。

大型民机的飞行控制采用的是常规的力矩控制方式,因此控制分配技术可以得到直接的应用。控制分配既可以用于正常时的鲁棒控制,增加控制效益,又可以在操纵面故障下进行有约束的重新分配,以保证操纵面故障时飞控系统仍可以安全飞行。

在飞控系统中采用控制分配方法的优点在于:

● 不需要考虑控制律设计的问题,受限的控制量分配问题只关心如何将控制律所要求的控制量最优的分配给控制面,简化了控制律的设计。

● 在有控制面出现故障失效时,能够重新进行控制作用的分配,提高系统的鲁棒性。

● 能直接处理控制量的约束问题,包括位置约束和速率约束。

针对飞机操纵面故障,采用控制分配技术的飞控系统结构如图11-2所示。其中故障检测与诊断模块实现操纵面故障的故障检测功能,而控制律重构功能在控制分配模块中实现。

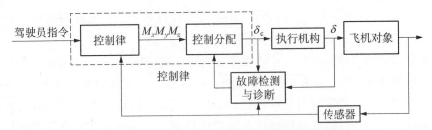

图 11-2　具有控制重构功能的飞行控制系统结构

以某大型运输机为例。飞机模型采用线性方程,采用某一飞行条件放宽稳定性的模型数据。执行机构模型考虑了位置限制、速率限制和舵机特性。其中扰流片的偏转速率限制取为 $200°/s$,其他操纵面取为 $100°/s$。传感器模型中考虑了速率陀螺及过载传感器特性。控制律模型中的常规控制律模块,纵向采取俯仰速率和俯仰角速率反馈,横侧向采用角速率反馈的阻尼系统。控制律中的控制分配采用直接控制分配方法。

仿真时在第 $0\,s$ 设置故障,在第 $2\,s$ 时加入 $4\,s$ 的方波指令。

(1) 正常情况。

正常情况仿真结果如图 11-3 所示。图中表明,阶跃输入获得了稳定的俯仰速率。过载曲线中瞬时扰动是由于模型中计算过载时考虑到了操纵面升力作用。横侧向响应均接近于 0。左下角曲线为左右升降舵、左右副翼、方向舵偏角,右下角曲线为扰流片偏角。

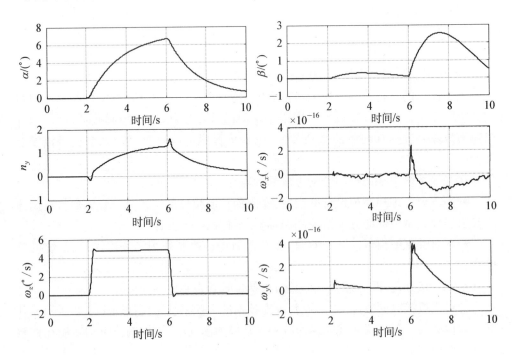

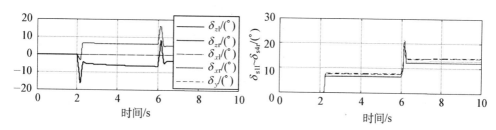

图 11 - 3　正常情况仿真结果

（2）左升降舵卡死－21°重构。

故障检测与诊断模块能够准确检测卡死故障时可以进行重构控制。对于卡死故障的重构就是在控制分配时将故障操纵面的位置约束设为卡死值。仿真结果如图 11 - 4 所示。

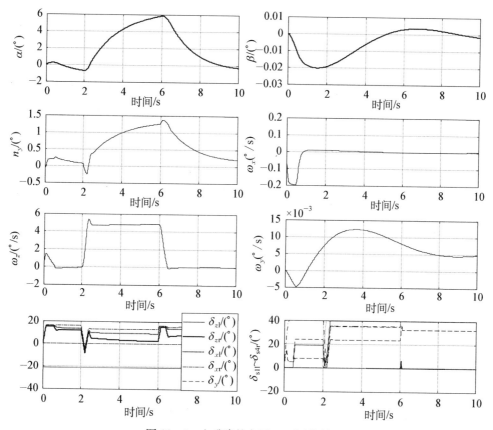

图 11 - 4　左升降舵卡死－21°重构结果

由图可见，在开始时系统有一定的扰动，这是因为将左升降舵直接设置为－21°，给系统带来了阶跃性的扰动，如果舵面卡死在当前位置则不会产生这种扰动。从图中可以看到，故障设置带来的瞬态响应幅值范围并不大，并且在第 2 s 时已收敛。由于控制分配模块根据实际操纵能力对力矩进行了准确的分配,在第 2 s 加入纵向阶跃指令时,俯仰响应与无故障时十分接近,横侧向没有出现不期望的耦合响应。从图中可以看出,在故障设置后所有操纵面都投入了使用。

11.2.2　传感器故障检测与信息重构

电传主飞控系统中的传感器系统主要是协助提供增稳功能和增加闭环系统的阻尼,包括角速率陀螺和迎角、线加速度等传感器。由于传感器系统都具备较高的三或四余度结构,原理上具有较高的余度等级。但具体分析表明,在三余度系统出现 1∶1 和四余度系统出现 2∶2 的表决结果时,余度系统表决失效,飞控系统会切断所有传感器,这时,飞控系统相当于开环状态,即控制律不再起作用,驾驶员需要驾驶飞机本体飞行。所以,三余度系统仅具有单故障/工作能力,四余度系统如果故障是单独依次出现,可实现双故障/工作,而如果出现 2∶2 结果,则完全没有故障/工作能力,说明当前的余度配置所获得的可靠性指标并不高。特别对于具有主动控制布局、放宽静稳定性的飞机就更具有威胁性,传感器故障下,有时驾驶员将很难甚至无法操纵飞机进行安全飞行。另一方面,当前的监控表决系统都采用了认为多数正确的决策,一旦出现少数正确的情况,也会切断正确的反馈信号,保留错误的信号,造成飞行控制律输出错误,控制失效或完全错误。这一类问题在我国的军机训练中已经出现过。因此,针对关键传感器,如角速率陀螺、迎角或加速度传感器故障的信息重构技术也是保证飞行安全的关键技术之一。

1) 传感器故障检测与定位

这里只考虑增稳回路的关键传感器,即三轴角速率传感器、迎角(侧滑角)传感器、线加速度(过载)传感器。这几个传感器的故障会直接影响到增稳回路的闭环阻尼或系统的稳定性,因此在飞行中需要重点考虑。

具有余度结构的传感器系统依据多数表决决定传感器是否故障和进行隔离,因此飞行中一般不进行传感器本身的故障检测,但当出现 1∶1 或 2∶2 状态,表决无效时,如果能够提供一个基本正确的信号加以判别,有利于判断当前是哪一个传感器或传感器通道故障,从而可以进一步提高余度系统的故障/工作等级。在这种状态下,给出一个正确有效的信号,用以判断故障传感器通道是很有意义的,因此需要研究各个传感器的具体故障检测方法。

传感器的故障检测与精确定位方法,已经有了多年研究,多数研究是依据故障检测滤波器方法,比较滤波器的输出与传感器输出,超出阈值时即判断为故障。但故障检测滤波器仍然是依赖飞机线性模型,对于具有较大不确定性的模型、飞行中气流参数变化、具有较大测量噪声等情况,这种滤波器方法的检测时间、定位精度都不能保证,且多传感器并发故障时也很难及时准确进行信息解耦和定位。

因此建议针对关键传感器的一些具有威胁性的故障采用直接自检方法进行故障检测与隔离。飞控系统的角速度、角加速度或迎角等传感器的故障模式依据传感器的不同而不同,但归纳起来一般包括几种典型模式:传感器无输出、输出大幅值突变和漂移过大,大范围超出正常值。这些类的故障对飞控系统的影响很大,且容易检测,各个传感器通道可以自行进行检测和精确定位,不受飞机模型、外界环境和噪声影响,适用于多传感器并发故障。

2) 传感器故障下的信息重构

传感器信息重构方法,可分为基于模型的重构方法和基于传感器信号解析关系的重构方法,这两类都属于解析冗余方法。基于飞机线性模型的观测器方法理论上可以实现各传感器信号的重构,但重构信号的质量严重依赖于飞机模型的准确性。基于传感器信号解析关系的方法是利用不同传感器测量值之间固有解析关系实现传感器信号的重构。如:基于俯仰角信号和俯仰角速率之间的关系,采用非线性微分跟踪微分滤波器计算俯仰角的微分信号,根据欧拉角公式重构俯仰角速率信号;根据迎角/侧滑角与速度矢量的关系,利用导航信息及飞机姿态信息进行迎角/侧滑角信号的重构;利用飞机法向过载与飞行速度、俯仰速率、重力分量之间的解析关系,进行法向过载信号的重构。

11.2.3　容错控制技术的应用

伴随着数字飞行控制系统的发展,飞机设计中需要考虑的故障情况的数量随着设备与系统复杂度的增加有极大的增长。同时,在飞机设计中,数字飞行控制系统的引入会涉及与飞行物理规律之间的大量相互作用,在故障情况尤甚。对这些交互影响的考虑必须在飞机概念阶段尽早进行,并贯穿整个开发过程。因此故障容错及故障检测是数字飞行控制系统设计满足安全关键系统严酷要求的重点。

主动容错控制技术利用解析冗余的概念进行故障检测及传感器信号和控制律重构,目前在大型民机上还没有得到系统的应用。但基于解析冗余的故障检测技术及控制律重构已经在空客飞机上得到了一定的应用。

1) 非正常飞机构型控制律补偿[7]

数字飞控系统故障,如操纵面失控(runaway)或不正确的侧向重心位置(燃油不平衡),可能会引起飞机的不对称。在操纵面失控或卡死的情况,如果不期望的偏转足够大,专门的监控会触发,在短暂瞬态阶段后系统重构(转换到可靠的冗余舵机)将能够消除不对称。然而,如果错误偏转过小而无法被检测到时,不对称将由自动驾驶仪或飞行员人工操纵相应操纵面补偿。任何会导致飞机不对称的故障都将产生以下的效果:滚转运动由滚转轴操纵面补偿、偏航运动由偏航轴操纵面补偿、俯仰运动由俯仰轴操纵面补偿。由于不同轴之间的耦合,多个轴的操纵面可以用于补偿。用来补偿故障的操纵面偏转方向和大小取决于不对称方向、故障类型和故障幅度。

在传统飞机上,发动机不对称故障会引起持续的侧滑和滚转速率,并严重偏离航向。在 A380 之前,空客电传系统横侧向控制律校正并稳定飞机,使飞机进入带有缓慢航向偏离的恒定滚转角和侧滑角的稳定状态。A380 的横侧向控制律,可以自动补偿侧向不对称(被动容错):维持侧滑角接近于 0°,有很小的滚转角。由于这种自动补偿,飞行员可能会忽视发动机故障,因此应该设计专门告警提示飞行员有发动机发生了故障。

然而,在 A380 的试飞过程中,飞行员表示需要通过飞机运动察觉发动机故障,而不仅仅是通过告警或显示得知。于是,选择通过横侧向控制律模拟发动机故障的响应,即由控制律给出与发动机故障时相同的侧滑指令,这样飞行员可以像其他飞机一样感知到发动机故障,但这个侧滑比较小且更容易控制。在 A380 上,横侧向控制律被称为 Y* 控制律。该飞机安装了专门的传感器测量侧滑信息,而其他空客飞机都只是进行估计的。Y* 控制律的一个特点是采用侧滑角测量信息和估计信息的混合,飞行员指令(侧滑指令)与反馈(混合侧滑信息)偏常经过一个积分支路,与之前的电传操纵空客飞机相比可以更好地控制侧滑。

2) A380 振荡故障检测[8]

适航要求规定系统设计不能在飞机上产生任何危险的载荷。对飞机结构载荷有影响的数字飞行控制系统故障主要是操纵面失控或卡死、机动时失去限制(方向舵偏转限制是空速的函数)、失去数字飞行控制系统降低结构设计载荷的专门功能(如结构载荷减缓功能),或偏转速率降级。有些数字飞行控制系统故障可能还会引起不期望的操纵面振荡,在舵机频带范围内时产生结构载荷。这种故障称为舵面振荡故障(oscillatory failure case, OFC)。与飞机的气动弹性耦合时,这种故障可能会引起不可接受的高载荷或颤振。最坏的情况下会与飞机的固有模态发生共振。由于 OFC 的频率是均匀分布的,这种可能几乎不存在。但是由于无法证明这是不可能的,因此这种情况必须覆盖到。必须由系统设计来确保 OFC 幅值在频率包络函数内。普通的监控技术无法保证系统以可以接受的鲁棒性能保持在包络范围内,因此必须使用专门的 OFC 检测。由于载荷包线约束必须遵守,而 OFC 对飞机的结构设计有影响,因此检测这种故障的能力非常重要。换句话说,如果一个给定振幅的 OFC 不能被检测并钝化,那么这个振幅在载荷计算中必须考虑进去,计算的结果会导致飞机结构的加强。为避免加强结构及减重,小振幅的 OFC 必须被及时检测到。只有在驱动操纵面的伺服回路控制中的 OFC 才需要考虑,即飞控计算机到操纵面之间的部分。

研究中考虑的 OFC 可分为两类,空客将其称为"液态(liquid)"故障和"固态(solid)"故障,液态故障指振荡信号叠加在正常信号上(控制回路内部的加性故障),而固态故障则是完全取代了正常信号。OFC 检测算法考虑了这两种情况。

为检测 OFC, A380 使用了解析冗余的概念。通过比较舵面的实际功能和无故障的理想功能来检测故障。为检测 OFC,用一个非线性的基于知识的舵机模型来提供理想功能。这个非线性舵机模型并不是一个动态模型,而是一个代数方程表示的函数,根据控制律的舵面位置指令、舵机液压压力、估算的操纵面气动载荷、估算的舵机阻尼载荷等计算理想作动杆速率,然后积分得到估计的舵机位置。故障检测过程分为两步:残差生成和残差估计。首先,通过比较操纵面的真实位置 p(由传感器得到)和舵机模型产生的估计位置$\hat{p}$得到残差,其中舵机模型的输入是飞行控制律指令(操纵面伺服控制指令)。接着,使用考尔回归数字滤波器将残差分解到一些子频带。针对液态和固态 OFC 采用不同的方法对滤波后的残差进行振荡计数以检测故障,对固态 OFC 计数时还加上了残差能量的门限检测以消除误报。检测到 OFC 故障后进行重构,将相应操纵面的伺服控制切换到备用舵机(见图 11-5)。

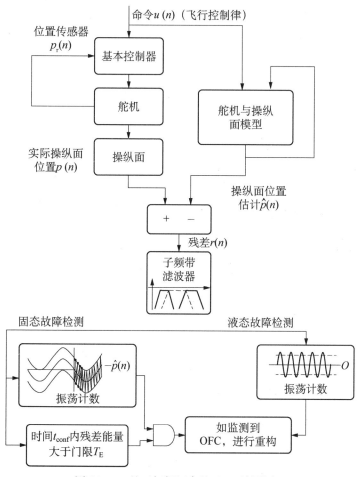

图 11-5 基于解析冗余的 OFC 检测原理

11.2.4 发展趋势与挑战

大型民机是非常复杂的工业产品,其开发过程必然涉及大量设备与系统之间的诸多相互影响。故障检测与故障容错的基本原则是:主要依靠硬件余度,使用简单(与文献中描述的理论设计相比)但鲁棒的算法,用专门的计算机进行诊断并给出高层次的诊断信息。

基本的解析余度技术已经得到了使用(A340 中对水平安定面的监控),更为先进的方法也已经应用于 A380 中（用于检测 OFC）及风速检测（迎角及飞机速度估计）。

考虑到未来的发展趋势，我们将面临越来越迫切的来自结构设计约束的系统设计目标。为满足新的社会发展趋势，更加环保的飞机（更安静、更清洁、更智能、更低成本）成为当前研究工作的重点。注意到飞机耐久性与故障检测之间的关系，数字飞控系统中故障诊断性能的提高可以优化飞机的结构设计（减重）从而改进飞机的性能以降低实际对环境的影响（更低的燃油消耗及噪声）。因此，对影响飞机结构的系统故障，如操纵面失控、卡死及类似 OFC 的故障，故障检测方法的性能必须在保持鲁棒性的前提下得到改进。对于 OFC 故障的检测，意味着要求更早检测到更小幅度的 OFC。为改善飞机性能，在更小的角度检测到操纵面卡死故障也是一个挑战。如何更好地隔离检测到的故障是另一个引人关注的挑战。考虑到舵机故障，如果能定位控制回路中的故障源，就可以减轻维护任务。同样的，以视情维修替代定期检查，是现代 FDI 技术在飞控系统中应用的长期目标。

安全性对飞机制造商有最高的优先级。这可以通过增加额外越来越多的的传感器或探针等支持的软件监控来实现。这些增加的设备对飞机的重量有负面影响，于是对成本和性能会有负面影响。因此，整个飞行控制系统要有合理的结构。一种可能的方法是，使用可靠的飞行参数估计来替代额外的传感器。这又增加了附加的条件，即要求估计是准确和足够可靠的。使用估计值的另一个好处与维护有关，即与硬件相比软件更容易控制和检查。另一项相关的挑战是降低飞行员负担。为符合适航规定，空客推荐由飞行员对座舱显示的一些飞行参数进行交叉检查。在由飞行员进行的检查不是必要的情况下，通过在更加上游的位置选择并监控飞行参数，可以从降低飞行员负担的角度使交叉检查得到改进。

空客作为主要成员参加了欧盟第七框架计划中的 ADDSAFE 项目的研究，该项目致力于故障检测与诊断方面的一项挑战，即弥补学术界和研究机构提出的科学方法与飞机工业领域为满足社会急需的环保空中运输所提出的技术需求之间的差距。新的故障检测与诊断及容错控制技术在真实的非线性飞行控制系统中适用性的评估及应用将是一项巨大的工作[8]。

11.3　主动重心控制技术

主动重心控制技术（active center of gravity control, ACGC）是针对传统的重心被动控制方式提出的一种新技术[9]，它是通过管理燃油系统或其他机载设备实现飞机重心位置的主动控制，用于实现飞行过程中重心和气动焦点的匹配，有效提升飞机的飞行性能和安全性能。

11.3.1　主动重心控制技术的研究进展

20 世纪 70 年代末 80 年代初，欧洲率先开展了主动重心控制技术的研究工作，取得了突破性的进展。至世纪末，主动重心控制技术就已在"协和号"超声速客机、空客 A310，A330，A340 系列客机中得到了广泛的应用，并取得了显著的经济效益。

"协和号"客机是世界上最先采用主动重心控制技术的飞机。"协和号"的机载燃油管理系统不仅管理和监控燃油消耗顺序，而且可根据需要传输燃油来调整飞机的重心位置，这也成为"协和号"客机的突出特点之一[10]。"协和号"客机超声速飞行时，气动焦点大幅度后移（约后移 2 m），由此产生了很大的负俯仰力矩，要求平尾偏转相应的角度生成补偿力矩，进而导致飞行阻力增加。针对"协和号"客机超声速飞行时阻力过大的问题，设计人员提出了采用移动重心的方法减小飞行阻力的设计思路。该机前后机身各设有平衡油箱，在超声速飞行时，向后油箱传输燃油，使重心后移以减小静稳定度，降低飞行阻力，维持飞机在超声速飞行时的易操纵性；当超声速巡航结束时，又向前油箱传输燃油使重心前移以保持稳定。

由于"协和号"客机采用主动重心控制技术获得了显著的经济效益，欧洲空客工业设计中心开始深入研究主动重心控制技术。目前，国外以欧洲空客工业和 MBB（Messerschmitt-Bolkow-Blohm，MBB）机构共同研发的主动重心控制系统最具代表性，该系统已成功应用于空客 A310 - 300 等系列飞机中，并已在瑞士、印度和肯尼亚等多国航空公司正式投入使用[11]。

空客 A310 - 300 飞机是最先采用主动重心控制技术的亚声速客机，该机在水平安定面附近配置了 6 150 L 容量的平衡油箱，并由机载计算机管理燃油传输以实现对飞机重心的主动控制。与"协和号"客机相似，A310 - 300 飞机也是在巡航飞行时向平衡油箱输油使重心后移，从而降低飞行阻力，减少燃油消耗。A310 系列飞机的飞行试验数据表明，此型飞机采用主动重心控制技术可使飞行阻力减小 1.5%，进而可获得飞行性能和经济性等方面的收益[12~15]。之后，A300 - 600R，A330，A340 系列客机均开始应用主动重心控制技术，相关情况如表 11 - 1 所示。

表 11 - 1　主动重心控制技术在空客客机中的应用情况

机型 参数	最大起飞重量/t	应用主动重心控制的航程/km	航程增加量/km
A310 - 300	150～157	8 150	926
A300 - 600R	171	8 050	1 390
A340 - 300	249	12 600	—
A340 - 200	249	14 080	—
A330	208	9 170	—

11.3.2　主动重心控制应用实例

空客 A310 - 300 设有四组油箱，分别为机翼内侧油箱（27 900 L）、机翼外侧油箱（7 400 L）、中央油箱（19 640 L）和平衡油箱（6 150 L），平衡油箱初始油量为 0 L，其余各油箱满油。A310 - 300 不同飞行阶段的重心前限如表 11 - 2 所示，重心后限如

表11-3所示,重心在控制过程中需始终满足前后限边界约束。

表 11 - 2 A310 - 300 不同飞行阶段的重心前限

重量/kg	起飞/(%RC)	飞行中/(%RC)	着陆/(%RC)
80 000	18	16	16
113 000	18	16	16
118 000	18	18	18
150 000	18	18	18

表 11 - 3 A310 - 300 不同飞行阶段的重心后限

重量/kg	起飞/(%RC)	飞行中/(%RC)		着陆/(%RC)
		高度<20 000 ft	高度>20 000 ft	
80 000	31.5	36.5	40	36.5
100 000	31.5	36.5	40	36.5
150 000	36.5	36.5	40	36.5

当飞行高度<20000ft(约6096m)时,A310-300 主动重心控制系统不工作;当飞行高度>20000ft 时,通过自动燃油传输装置将中央油箱或机翼内侧油箱的燃油传输到平衡油箱,重心向期望位置 C.G. Target 移动(C.G. Target 曲线见图 11-6)。当重心达到期望位置后,燃油消耗可能导致重心超出后限,一旦重心超过期望位置即将平衡油箱内的燃油向中央油箱传输,使重心前移 0.5%RC。当飞行高度下降至 20000ft 以下时,重心控制系统停止工作,平衡油箱内的剩余燃油全部传回前油箱,使重心满足进场着陆要求。A310-300 重心控制曲线如图 11-7 所示。

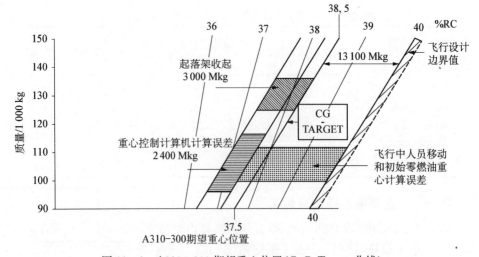

图 11 - 6 A310 - 300 期望重心位置(G.G. Target 曲线)

图 11-6 中 C. G. Target 表示期望重心位置。

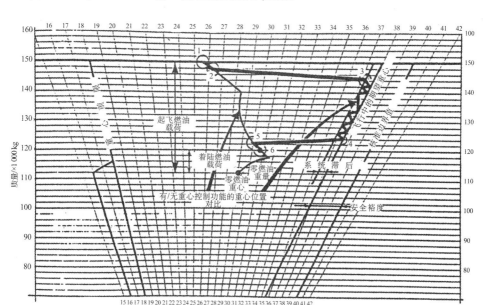

图 11-7　A310-300 重心控制曲线

图 11-7 中曲线边的数字 1～6 表示重心控制不同阶段：1—起飞；2—飞行高度＞20 000 ft；3—重心达到期望位置；4—飞行高度＜20 000 ft；5—平衡油箱无剩余燃油；6—着陆。

由 A310-300 重心变化对比曲线可以看出，主动重心控制系统在巡航飞行时向平衡油箱输油使重心后移至期望位置附近，进而达到降低飞行阻力、减小燃油消耗的目的。对比数据表明，A310-300 应用主动重心控制后，在巡航阻力、燃油消耗、载油量以及航程等方面均获得了显著的效益，如表 11-4 所示。

表 11-4　A310-300 应用主动重心控制效益分析

对比项目	应用主动重心控制前	应用主动重心控制后	效益/（%）
载油量/L	54 940	61 090	增加 11.2
巡航阻力	重心位置 27%RC	重心位置 37%RC	减小 1.5
燃油消耗	无附加重量	①巡航阻力因素减小 1.5%	减少 1.2
		② 附加重量 310 kg 增加 0.3%	
航程/n mile	3 900 n mile	4 400 n mile	增加 12.8
	（约 7 223 km）	（约 8 150 km）	

A310-300 在高度 37 000 ft(约 11 278 m)，0.79M 的巡航状态，标准载客量 243 条件下，由于载油量增加使得航程由 3 900 n mile 增至 4 350 n mile，如图 11-8 所示，同时燃油消耗减小使得航程增大 50 n mile，综合上述因素航程共增加 500 n mile(约 926 km)。

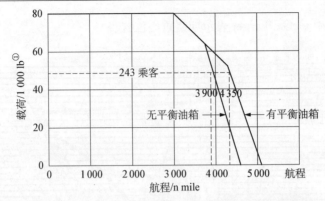

图 11-8 A310-300 应用重心控制前后航程对比曲线(载客量 243)

由对比数据可知,空客 A310-300 应用主动重心控制技术可有效降低飞行阻力,增加载油量,减小燃油消耗,增大巡航航程。目前,主动重心控制技术多用于增程型客机中,如 A300-600R,A340-300 等。对于大型客机而言,主动重心控制是一项增大航程、提高巡航效率的关键技术。

11.3.3 主动重心控制系统设计

主动重心控制系统通常是在飞机的机身前后设置平衡油箱,通过前、后油箱之间的燃油自动传输,实现重心的控制。空客系列客机(见图 11-9)在机身尾部配置了平衡油箱,进入巡航阶段时,由中央油箱、机翼油箱向平衡油箱自动传输燃油,实现重心后移,降低巡航时的飞行阻力,节省燃油;巡航阶段结束时,则由平衡油箱将剩余燃油传回中央油箱,使重心前移满足着陆要求。

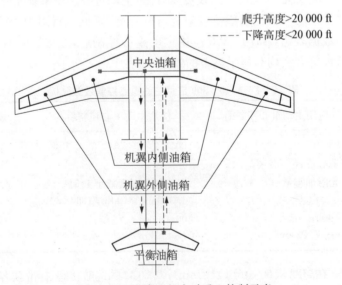

图 11-9 空客飞机主动重心控制示意

---

① 1 lb=0.453 59 kg。

主动重心控制系统通常由多个传感器测量、计算飞机的飞行参数和重量参数，由机载计算机解算生成重心期望位置和重心调节规律，通过燃油自动传输装置调整机身前、后的燃油分布，实现飞机重心位置的主动控制。主动重心控制系统通常由以下几部分组成：

（1）最佳重心计算：根据不同的飞行状态，在重心前限、后限边界范围内，由选定的优化目标求解最优的重心位置，实现飞行性能优化。

（2）重心估计：将多个传感器所采集的飞行状态参数、重量参数进行融合处理，在线估算飞机重心的位置和变化信息。

（3）重心控制律：依据最佳重心计算和重心估计的结果，由机载重心控制计算机生成调节指令，并将结果发送给燃油自动传输装置，通过燃油自动传输实现重心调整，使重心能够达到最佳位置。

（4）重心位置和系统状态显示：将飞机重心变化信息、系统关键参数信息进行实时显示，便于实现系统工作状态监控。

主动重心控制系统的结构如图 11-10 所示。

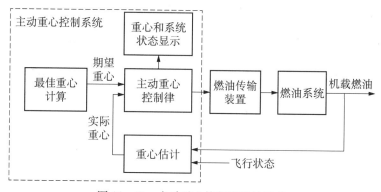

图 11-10　主动重心控制系统的组成

以某静稳定飞机为对象，选取高度 11 km，马赫数 1.2 巡航状态进行仿真。飞机设有中央油箱、前平衡油箱和后平衡油箱，中央油箱和前平衡油箱的初始油量为 2500 L，后平衡油箱初始油量为 0 L。巡航状态下重心前、后限分别为 28%RC 和 45%RC。选取"巡航阻力最小"作为设计指标计算最佳重心位置，重心控制律采用最优控制与干扰观测器相结合的控制结构，以实现重心的精确抗扰控制。

综合考虑最小阻力重心和重心前、后限约束范围两个因素，最佳重心位置计算结果如图 11-11 所示。

由阻力随重心变化曲线可知，在 28%RC～45%RC 的重心约束范围内，满足阻力最小的重心位置为重心后限，即 45%RC。该最佳重心位置可在满足安全约束条件下实现阻力最小，进而优化飞行性能。

设初始重心位置为 30%RC，平衡燃油流量约束为 $Q \leqslant 0.025 \, \text{m}^3/\text{s}$，加入随机干

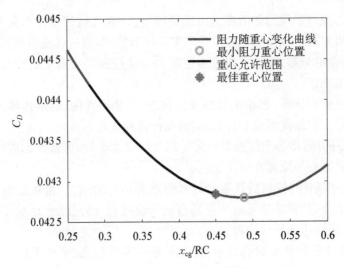

图 11 - 11　最佳重心位置计算结果

扰后重心控制律的仿真曲线如图 11 - 12 所示。

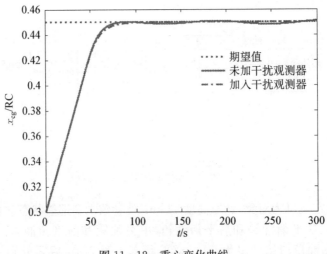

图 11 - 12　重心变化曲线

通过前、后平衡油箱之间的燃油传输,重心在 120 s 内即由初始重心 30%RC 平稳后移到最佳重心位置 45%RC,实现了重心的精确调节。加入干扰观测器后,重心控制律能有效补偿未知干扰的影响,具有良好的控制性能。

重心由初始位置调节至最佳重心位置后,巡航状态下的升致阻力和总阻力系数变化曲线如图 11 - 13 所示。

由图可知,应用主动重心控制技术后,重心的变化使升致阻力减小约 20%,阻力系数由约 0.044 减小至 0.0428,相应的总阻力由原 70.2 kN 减小至 68.4 kN。由于阻力减小,使得巡航状态下油耗降低 2.48%,获得了显著的效益。

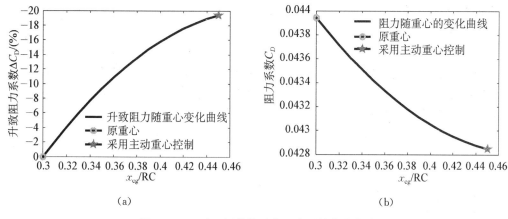

图 11-13　重心调节前后的阻力系数变化曲线
（a）升致阻力变化百分比　（b）总阻力系数

11.4　分布式推进设计技术

分布式推进布局(distributed propulsion configuration)是应用于民用飞机的一项新型综合设计布局,其推进系统由多个推进单元组成,可以大幅度提升飞机燃油经济性、航程,同时降低污染排放及噪音影响。分布式推进布局已经成为欧美下一代民用航空的首选发展方向。

11.4.1　分布式推进技术的发展概况

近年来,经济性和绿色环保成为航空界关注的热点,传统的飞机布局由于其固有的结构限制,很难进一步发掘其性能潜力,因此探索新型分布式推进布局飞机成为航空界亟待突破的瓶颈之一。国外的科研机构和院校已开展了多项研究计划对分布式推进技术进行研究,包括剑桥和 MIT 开展的 SAI(Silent Aircraft Initiative)计划、NASA 的 N＋3 代飞机研究计划、超绿色飞机计划（research ultra-green airliner，RUA)等[16~23]。这些研究的成果具有共同的特点,即均选择了"飞翼式""分布式推进"布局作为其主要方案,如图 11-14 所示。

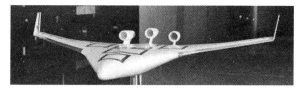

图 11-14　典型的分布式推进、飞翼布局飞机

（1）SAI 计划是英国剑桥大学和美国麻省理工学院的联合研究所于 2003 年开展的,该计划的核心就是设计低噪声、低排污和高经济性的民航机。该计划的代表

性成果是 SAX 系列飞机,包括 SAX-12,SAX-20,SAX-40,如图 11-15 所示,均采用翼身融合体(blended wing body,BWB)结构,同时配置先进的分布式推进系统。SAX-40 等应用了埋入式发动机(embedded engines)、推力矢量(thrust vector)、附面层吞吸(boundary layer ingestion,BLI)等多项新技术,其中可吞吸附面层的多风扇埋入式发动机组、喷口截面可调节的推力矢量喷管是提高 SAX-40 油耗和噪声等指标的关键。

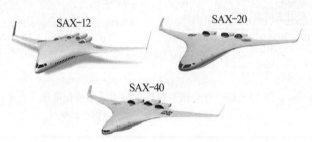

图 11-15 SAI 项目 SAX 系列飞机布局

目前 SAI 计划已经相继完成了 SAX-12,SAX-20 和 SAX-40 三代布局设计,并针对最新一代构型 SAX-40 开展气动特性、经济性能和噪声性能的计算分析,分析表明,如果能够很好地协调气动与分布式推进的控制,相比于 B777 其经济性可提升约 20%,比 A320 可提升约 30%。

(2) N+3 代飞机是美国 NASA 研发中的领先现有三代技术的新型飞机,符合燃油和环保设计目标,预计 2030—2035 年左右服役。N+3 代飞机采用三角形混合机翼和分布式推进系统,其中分布式推进系统由分布在翼身上表面的发动机组构成,能有效减小阻力,提高燃油效率并降低噪声,如图 11-16 所示。

图 11-16 NASA 研发中心 N+3 代新型飞机

除上述研究计划外,欧洲其他国家也积极开展相关研究计划,包括德国宇航局 DLR 开展的 LEISA(Low Noise Exposing Integrated Design For Start And Approach)计划,DLR、空客等联合组织研究的 ROSAS(Research on Silent Aircraft Concepts)项目等。

11.4.2 分布式推进系统的特点及其关键技术

现代分布式推进系统的形式大概可以分为分立式发动机阵列(见图 11-17A, B, E)、涡轮发电和风扇阵列(见图 11-17D, F)、多喷管阵列(见图 11-17C)以及

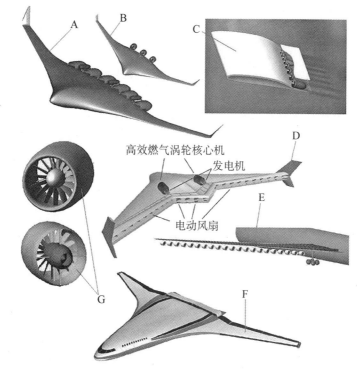

图 11-17 分布式推进系统

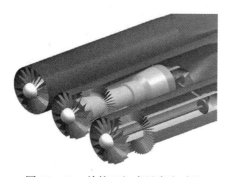

图 11-18 单核心机多风扇发动机

SAX-40 飞机的单核心机多风扇阵列(见图 11-18)等。

NASA、克兰菲尔德大学主要研究涡轮发电分布式推进系统,该方案利用电力作为能量传输手段,将由核心机驱动的超导发电机产生的电流传送到多个风扇,从而显著提高涵道比,降低油耗和噪声。

MIT,剑桥大学则主要研究分立式多风扇发动机,SAX 分布式推进系统设计的演变证明了多风扇埋入式可吞吸附面层的发动机组和喷口截面可变的推力矢量喷管的联合使用不仅可极大地提高涵道比,还可满足起飞/进场的低噪声及发动机尺寸等要求,是实现静音飞机对噪声和经济性要求的最具优势的方案之一。

分布式推进系统主要包含以下几项关键技术:

(1) 多风扇和齿轮传输系统。多风扇配置可大大减小每一个风扇的直径,有利于安装隔音衬管,有效地减少风扇的后向噪声。低压涡轮和多风扇之间的齿轮传输系统应保证使涡轮在最佳转速下工作,传输系统要求高效,即产生的热量尽可能小,以减小冷却系统的重量和大小,并具有高可靠性。

(2) 可吞吸附面层的发动机组。分布式发动机组埋入机体上表面,推进系统与机体高度融合,可吞吸机体附面层流以提高燃油消耗效率、减少机体尾流,并减小发动机装置引起的阻力。埋入式发动机组设计时需考虑进入进气道附面层的状态、非均匀(畸变)来流通过风扇和进气道的演变、风扇对非均匀来流的响应等,气流的非均匀性对于风扇和发动机本身的性能及设计有很大的影响。

(3) 喷口截面可调的矢量喷管。喷口截面可调节能使发动机有效满足起飞、爬升、巡航等不同飞行状态的要求。巡航时喷口截面正常,起飞时调节喷口截面面积使其增大,可使发动机远离不稳定工作区,实现巡航、起飞两种状态工作线解耦,保证发动机在巡航时工作于最高效率点,提高燃油经济性。

11.4.3　分布式推进布局飞机综合控制

分布式推进布局采用半埋入式进气道和二元推力矢量喷管,使得推进系统与机体高度融合,引入了两种特殊的气动效应,即附面层吞吸效应(BLI)和超环量效应。推进系统通过这两种效应对气动特性产生明显影响,而飞行状态又会对推进系统的进气/排气特性产生强烈影响进而改变推进性能,这就导致分布式推进布局飞机的飞行、推进系统之间交联耦合特性更为紧密、复杂。在这种强耦合特性作用下,必须采用推进、飞行控制相结合的策略才能实现分布式推进布局飞机的有效控制。

分布式推进构型对控制带来的挑战主要表现在:

(1) 由于分布式推进构型特殊的附面层吞吸和超环量效应,使得气动、飞行与推进系统之间产生了复杂的强耦合特性,尤其是附面层吞吸效应在改善推进效率的同时直接影响飞机的升阻特性,这就使得传统民用飞机飞行/推进弱耦合的控制模式不再适用,必须针对新构型研究多系统复杂耦合特性规律及相应的综合控制策略。

(2) 附面层吞吸效应、超环量效应及独立可调的分布式发动机极大地扩展了系统的设计空间,使推进系统更为直接地参与到飞行控制中,控制变量急剧增加,控制能力冗余。如何有效利用推进、飞行间的有利耦合作用,实现分布式推进的协调控制,有效调节载荷、辅助姿态控制,是分布式推进系统面临的另一难题。

针对分布式推进构型,基于综合飞行/推进模型的分布式推进控制结构如图11-19所示。BLI效应和超环量效应显著增强了气动、飞行和推进之间的耦合关系,使得非线性特性加剧、控制变量/约束条件急剧增加,控制能力的冗余不可避免地带来了对优化控制的需求。因此,分布式推进控制本质上可描述为基于综合飞行/推进系统模型的优化控制问题。

综合飞行/推进系统模型用于准确描述由推力矢量、BLI效应和超环量效应所引起的飞行/推进强耦合特性;优化控制问题数学描述是在综合飞行/推进模型的基础上考虑优化控制的目标而抽象出的优化问题;特定优化控制问题是进一步根据飞行状态,对优化变量范围和优化问题结构加以限制,转化为特定的优化控制问题;最后,针对给定的优化控制问题,在充分考虑 BLI 效应和超环量效应的情况下,以综合

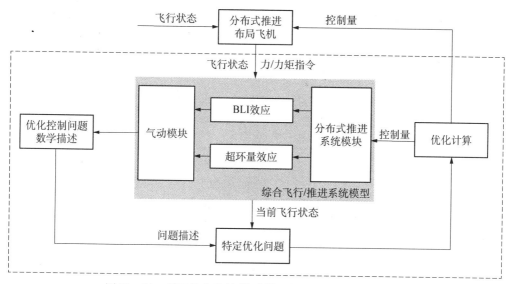

图 11 - 19　基于综合飞行/推进模型的分布式推进控制结构

飞行/推进模型为基础,通过优化计算求解最佳的气动舵面和分布式推进控制指令。

11.4.4　分布式推进控制仿真算例

以分布式推进布局飞机 SAX - 40 为例,计算分析分布式推进构型下附面层吞吸 BLI 效应对气动特性的影响,并实现 SAX - 40 飞机分布式推进构型下的飞行/推进综合控制。

SAX - 40 的分布式推进系统共有 3 组发动机,每组发动机的参数均独立可调,每一组发动机包含 3 个相互独立的通道,共用进气道和尾喷管,中间的核心机为两侧通道内的风扇提供动力,其间用齿轮机构传动,如图 11 - 20 所示。

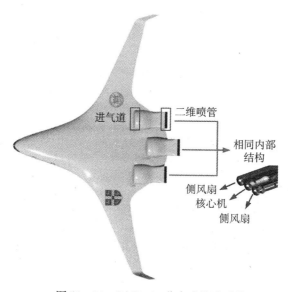

图 11 - 20　SAX - 40 分布式推进系统

由于 BLI 效应主要发生在推进系统进气道入口之前区域,即机身中部上表面,因此提取图 11-21 中"7"位置所对应的二维切片模型进行分布式推进 BLI 效应的 CFD 计算分析。

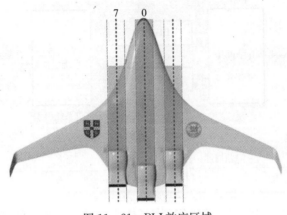

图 11-21　BLI 效应区域

在高度 $10\,000\,\mathrm{m}$, $0.6\,M$ 的飞行状态下,切片"7"干净翼型和带有分布式推进 BLI 效应的速度云图、压力云图如图 11-22 所示。

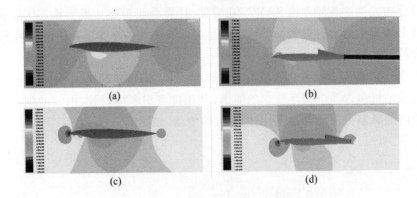

图 11-22　速度云图和压力云图对比

(a) 速度云图(无 BLI 效应)　(b) 速度云图(有 BLI 效应)
(c) 压力云图(无 BLI 效应)　(d) 压力云图(有 BLI 效应)

由对比图可以看出,在分布式推进构型 BLI 效应作用下,推进系统的附面层吞吸作用使得翼身上表面气流呈现较高流速,因而压力减小,上下表面压力差增大,升力系数必然有所增加。

在相同飞行状态、迎角为 0° 时,切片"7"干净翼型的气动特性 CFD 计算结果为升力系数 $C_L = 0.0276$,阻力系数 $C_D = 0.0153$,升阻比 $K = 1.8$。加入分布式推进 BLI 效应后,升力系数、阻力系数和升阻比随 BLI 吞吸程度的 CFD 计算结果曲线如图 11-23 所示。

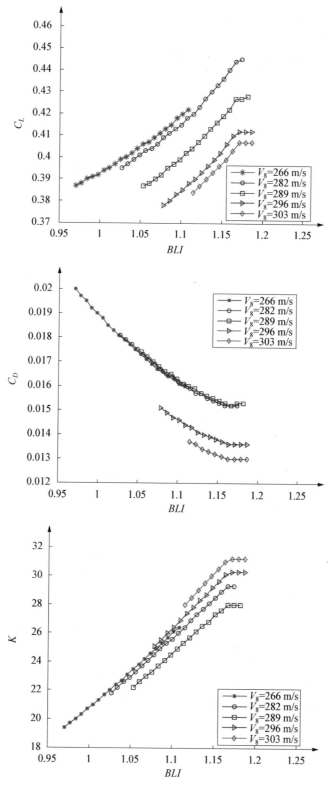

图 11-23　气动特性随 *BLI* 程度的变化曲线

图中 V_8 为尾喷管喷流速度；BLI 变化范围为 $0.95\sim1.2$，BLI 数值越大表示附面层吞吸程度越强。

对比加入 BLI 效应前后的气动特性 CFD 计算结果可知，升力系数和升阻比在引入 BLI 效应后显著增大，且随着 BLI 吞吸程度的加深，气动特性的改善更为明显，这说明分布式推进构型 BLI 效应在改善翼面流场、提升飞机性能方面具有很大的潜力。

在计算分析 BLI 效应的基础上，实现 SAX-40 飞机的分布式推进控制。飞行条件为高度 $10000\,\mathrm{m}$，$0.6M$ 的巡航状态，推进系统模型采用基于部件特性的非线性模型，模型涵盖了进气道、风扇、尾喷管等关键部件，其可调节变量为风扇增压比 π_k^*、尾喷口面积 A_8 和推力矢量偏角 α_T。SAX-40 气动模型采用基于 CFD 方法建立的准三维模型，影响气动特性的主要因素为迎角 α，舵偏角 δ_e，推进系统控制参数 $(\pi_k^*,\ A_8,\ \alpha_T)$ 等。选取整机需用功率 P_R 最小为优化目标，优化计算过程中假设 SAX-40 的各组发动机控制参数相同且舵面对称偏转。基于综合飞行/推进模型的综合优化控制问题可描述为

$$\min P_R(\alpha,\ \pi_k^*,\ A_8,\ \alpha_T,\ \delta_e)$$
$$s.t.\ L_R(\alpha,\ \pi_k^*,\ A_8,\ \alpha_T,\ \delta_e) = L_{RC}$$
$$T_R(\alpha,\ \pi_k^*,\ A_8,\ \alpha_T,\ \delta_e) = T_{RC}$$
$$M_R(\alpha,\ \pi_k^*,\ A_8,\ \alpha_T,\ \delta_e) = M_{RC}$$
$$\alpha_l < \alpha < \alpha_u$$
$$\pi_{kl}^* < \pi_k^* < \pi_{ku}^*$$
$$A_{8l} < A_8 < A_{8u}$$
$$\alpha_{Tl} < \alpha_T < \alpha_{Tu}$$
$$\delta_{el} < \delta_e < \delta_{eu}$$

L_{RC}，T_{RC}，M_{RC} 表示纵向合外力、力矩指令，巡航状态下满足 $L_{RC}=0$，$T_{RC}=0$，$M_{RC}=0$。α_l，α_u 分别代表 α 的下界和上界，其他变量类似。优化计算时取迎角变化范围为 $-2°\sim6°$，风扇增压比范围为 $1.38\sim1.6$，尾喷口面积范围为 $1.48\sim1.6$，推力矢量偏角范围为 $-7°\sim5°$，舵面偏角范围为 $-25°\sim20°$。优化计算方法采用基于改进遗传算法和随机模式搜索的两阶段优化算法[24]，第一阶段遗传优化中最优区域的优化过程如图 11-24 所示，第二阶段随机模式搜索的优化过程如图 11-25 所示。

由仿真结果可知，第一阶段采用了并行遗传计算的优化策略，遗传算法可以迅速找到满足约束条件的可行解，等式约束偏差快速收敛。第二阶段采用了随机模式搜索的策略，该方法可以较快地找到满足约束条件的最优解。

优化算法第一阶段求解获得的综合飞行/推进系统控制指令为

$$[a\quad \pi_k^*\quad A_8\quad \alpha_T\quad \delta_e] = [2.6664°\quad 1.4067\quad 1.5850\,\mathrm{m}^2\quad 1.4624°\quad 0.9275°]$$

此时相应的需用功率为 $P_R = 4.2954\times10^7\,\mathrm{W}$，BLI 吞吸程度为 $\eta_{BLI} = 1.120$。

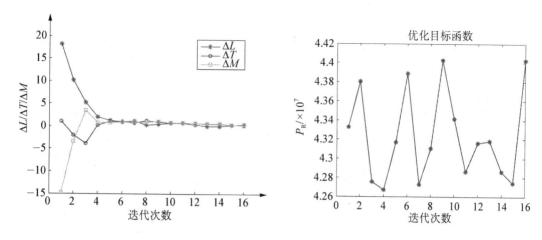

图 11-24 第一阶段优化计算结果

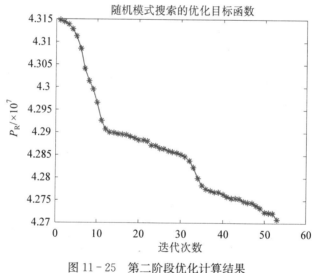

图 11-25 第二阶段优化计算结果

第二阶段求解获得的系统全局最优控制指令为

$$[a \quad \pi_k^* \quad A_8 \quad \alpha_T \quad \delta_e] = [2.527\,2° \quad 1.402\,2 \quad 1.595\,2\,\text{m}^2 \quad 2.845\,9° \quad 0.932\,4°]$$

此时相应的需用功率为 $P_R = 4.274\,1 \times 10^7$ W，BLI 吞吸程度为 $\eta_{BLI} = 1.124$。

由仿真结果可知，通过优化计算可以求解满足约束条件的综合飞行/推进最优控制指令，实现了最小需用功率的优化目标。另外，通过对比不同优化阶段的风扇增压比、尾喷口面积和推力矢量偏角等控制量可知，优化计算过程中 BLI 效应和超环量效应不断增强，这表明通过充分利用这两种气动效应可以有效降低 SAX-40 飞行中的能耗。

11.5　结语

本章简述了民用飞机的发展历史,论证了下一代大型客机发展的设计要求和设计目标。针对大型飞机的快速发展,指出了飞行控制面临的新挑战:动力学模型的复杂化、先进气动布局的多学科交叉分析与设计概念,混合异构的控制技术和多学科优化设计方法。进一步论证了网络环境与信息化、高可靠容错和对飞控系统的评估与确认等方面的技术需求。在综述的基础上,较详细地给出了包括操纵面与传感器的故障检测、重构及主动容错技术的概念、方法研究结果及其对飞控系统的意义;研究给出了大型民机在主动重心控制、分布式推进控制技术方面的最新进展和关键技术。这两方面的技术都给出了具体实例,表明其应用效果,代表了大型民机飞控技术和飞控系统部分领域的发展方向,对我国进一步发展大型民机飞行控制技术和飞控系统具有较好的参考意义。

参 考 文 献

[1] 陈宗基,张汝麟,张平,等.航空航天和运动体控制中的共性科学问题[R].中国控制科学学科发展战略研究,2014.

[2] PATTERSON D W, In pursuit of wings: the Wright brothers decide to fly [EB/OL]. (1999 - 08 - 22) News-Record. com.

[3] 李明,张汝麟.我国飞机主动控制技术的开发与验证,《钱学森技术科学思想与力学》[M].北京:国防工业出版社,2001.

[4] 陈宗基,张平.飞行控制系统设计和实现中的问题[M].上海:上海交通大学出版社,2015.

[5] PRITESH C M, SHO S, DAVID K H, et al. Conceptual design of an $N+3$ hybrid wing body subsonic transport [C]. The 28th AIAA Applied Aerodynamics Conference,2010.

[6] XIONG X, ZHANG P, ZHANG P. Failure detection for control surface of aircraft based on electric actuator [C]. The 2th International Conference on Intelligent Control and Information Processing (ICICIP 2011), Harbin, China, 2011.

[7] GOUPIL P. Airbus state of the art and practices on FDI and FTC in flight control system [J]. Control Engineering Practice, 2011,19:524 - 539.

[8] GOUPIL P. Oscilatory failure case detection in the A380 electrical flight control system by analytical redundancy [J]. Control Engineering Practice, 2010,18:1110 - 1119.

[9] BERNARD H. Center of gravity control on airbus aircraft: fuel, range and loading[C]. The 47th Annual Conference of the Society of Allied Weight Engineers, 1988.

[10] CANDEL S. Concorde and the future of supersonic transport[J]. Journal of Propulsion and Power, 2004,20(1):59 - 68.

[11] DRACHENBERG H. In-flight CG control system aspects [C]. The 46th Annual Conference of the Society of Allied Weight Engineers, 1987.

[12] BUISSON D, IRVOAS J. Process and system for determining the longitudinal position of the center of gravity of an aircraft provided with an adjustable horizontal stabilizer: france, 4949269[P]. 1990 - 08 - 14.

［13］ LEE H, MORGENSTERN J M, AMINPOUR H. Aircraft with active center of gravity control: US, 6913228［P］. 2005 - 07 - 05.

［14］ 马界祥,彭青,段琼. 主动控制技术对平尾面积的影响分析［J］. 航空科学技术,2006,6:26 - 29.

［15］ HEIDMANN H. Trim tank system for optimizing drag at the center of gravity［R］. Deutsche GesellschaftfuerLuft-und Raumfahrt, Jahrestagung, Stuttgart, Germany, 1982.

［16］ NICKOL C L. Silent aircraft initiative concept risk assessment ［S］. NASA/TM - 2008 - 215112,2008.

［17］ DOWLING A, GREITZER E. The silent aircraft initiative overview ［C］. The 45th AIAA Aerospace Sciences Meeting, Reno, Nevada, 2007.

［18］ HILEMAN J I, REYNOLDS T G, BLANCO E R, et al. Development of approach procedures for silent aircraft. The 45th AIAA Aerospace Sciences Meeting ［C］. Reno, Nevada, 2007.

［19］ HILEMAN J I, SPAKOVSZKY Z S, DRELA M. Airframe design for "silent aircraft" ［C］. The 45th AIAA Aerospace Sciences Meeting and Exhibit, Reno, Nevada, 2007.

［20］ BRODERSEN O, TAUPIN K, MLAURY E, et al. Aerodynamics investigations in the european project ROSAS (Research on Silent Aircraft Concepts) ［C］. The 35th AIAA Fluid Dynamics Conference and Exhibit, Toronto, Ontario Canada, 2005.

［21］ DANGELO M M, GALLMAN J, JOHNSON V, et al. $N+3$ small commercial efficient and quiet transportation for year 2030 - 2035［R］. NASA/CR - 2010 - 216691,2010.

［22］ BLANCO E R. Aircraft and technology concepts for an $N+3$ subsonic transport ［R］. Aurora Flights Science, MIT, 2010

［23］ 康文文. 面向分布式推进构型的飞行/推进综合优化控制方法研究［D］. 北京:北京航空航天大学硕士学位论文,2014.

索　引

大飞机出版工程

书　目

一期书目(已出版)

《超声速飞机空气动力学和飞行力学》(俄译中)

《大型客机计算流体力学应用与发展》

《民用飞机总体设计》

《飞机飞行手册》(英译中)

《运输类飞机的空气动力设计》(英译中)

《雅克-42M 和雅克-242 飞机草图设计》(俄译中)

《飞机气动弹性力学和载荷导论》(英译中)

《飞机推进》(英译中)

《飞机燃油系统》(英译中)

《全球航空业》(英译中)

《航空发展的历程与真相》(英译中)

二期书目(已出版)

《大型客机设计制造与使用经济性研究》

《飞机电气和电子系统——原理、维护和使用》(英译中)

《民用飞机航空电子系统》

《非线性有限元及其在飞机结构设计中的应用》

《民用飞机复合材料结构设计与验证》

《飞机复合材料结构设计与分析》(英译中)

《飞机复合材料结构强度分析》

《复合材料飞机结构强度设计与验证概论》

《复合材料连接》

《飞机结构设计与强度计算》

三期书目(已出版)

《适航理念与原则》

《适航性:航空器合格审定导论》(译著)

《民用飞机系统安全性设计与评估技术概论》

《民用航空器噪声合格审定概论》

《机载软件研制流程最佳实践》

《民用飞机金属结构耐久性与损伤容限设计》

《机载软件适航标准 $DO-178B/C$ 研究》

《运输类飞机合格审定飞行试验指南》（编译）

《民用飞机复合材料结构适航验证概论》

《民用运输类飞机驾驶舱人为因素设计原则》

四期书目（已出版）

《航空燃气涡轮发动机工作原理及性能》

《航空发动机结构强度设计问题》

《航空燃气轮机涡轮气体动力学：流动机理及气动设计》

《先进燃气轮机燃烧室设计研发》

《航空燃气涡轮发动机控制》

《航空涡轮风扇发动机试验技术与方法》

《航空压气机气动热力学理论与应用》

《燃气涡轮发动机性能》（译著）

《航空发动机进排气系统气动热力学》

《燃气涡轮推进系统》（译著）

五期书目

《民机飞行控制系统设计的理论与方法》

《现代飞机飞行控制系统工程》

《民机导航系统》

《民机液压系统》

《民机供电系统》

《民机传感器系统》

《飞行仿真技术》

《民机飞控系统适航性设计与验证》

《大型运输机飞行控制系统试验技术》

《飞控系统设计和实现中的问题》（译著）

六期书目

《民用飞机构件先进成形技术》

《航空材料连接与技术》

《民用飞机全生命周期构型管理》

《民用飞机特种工艺技术》

《飞机材料与结构检测技术》

《民用飞机大型复杂薄壁铸件精密成型技术》

《先进复合材料制造工艺》(译著)

《民用飞机复合材料构件制造技术》

《民用飞机构件数控加工技术》

《民用飞机自动化装配系统与装备》

《聚合物基复合材料——材料性能》(译著)

《复合材料夹层结构》(译著)

《ARJ21飞机技术管理》

《新支线飞机设计流程》

《ARJ21飞机技术创新之路》

《驾驶舱人素工程》

《支线飞机的健康监控系统》

《支线飞机的市场工程》

七期书目

《民机航空电子系统综合化原理与技术》

《民用飞机飞行管理系统》

《民用飞机驾驶舱显示与控制系统》

《民用飞机机载总线与网络》

《航空电子软件工程》

《航空电子硬件工程技术》

《民用飞机无线电通信导航监视系统》

《综合环境监视系统》

《民用飞机维护与健康管理系统》

《航空电子适航性设计技术与管理》

《民用飞机客舱与信息系统》